STRUKTUR DER MATERIE
IN EINZELDARSTELLUNGEN

HERAUSGEGEBEN VON

M. BORN-GÖTTINGEN UND J. FRANCK-GÖTTINGEN

IX

ELEMENTARE QUANTENMECHANIK

(ZWEITER BAND DER VORLESUNGEN ÜBER ATOMMECHANIK)

VON

DR. MAX BORN
PROFESSOR AN DER UNIVERSITÄT
GÖTTINGEN

UND

DR. PASCUAL JORDAN
PROFESSOR AN DER UNIVERSITÄT
ROSTOCK

SPRINGER-VERLAG BERLIN HEIDELBERG GMBH 1930

ISBN 978-3-662-00271-1 ISBN 978-3-662-00291-9 (eBook)
DOI 10.1007/978-3-662-00291-9

NIELS BOHR

GEWIDMET

Vorwort.

Dieses Buch ist die Fortsetzung der im Jahre 1925 erschienenen „Vorlesungen über Atommechanik"; es ist der dort im Vorwort angekündigte „zweite Band", dessen „virtuelle Existenz dazu dienen sollte, Ziel und Sinn dieses Buches deutlich zu machen". Die Hoffnung, daß der Schleier, der damals noch über der eigentlichen Struktur der Atomgesetze hing, bald fallen müsse, hat sich in überraschend schneller und gründlicher Weise erfüllt. Kurz nach dem Erscheinen des ersten Bandes — und im Zusammenhang mit den im Göttinger Kreise bei der Ausarbeitung des Werkes betriebenen Studien — entstand die Quantenmechanik, an der gleich nach HEISENBERGS grundlegender Abhandlung die beiden Verfasser dieses Buches mitarbeiten konnten. Bald darauf erwuchs ganz unabhängig aus den kühnen Gedanken DE BROGLIES SCHRÖDINGERS Wellenmechanik. Es folgte eine stürmische Entwicklung, die in wenigen Jahren eine ungeheure Fülle von Ergebnissen ans Licht brachte. Dabei erwies sich die SCHRÖDINGERsche Methode als besonders fruchtbar und übte durch ihre Ähnlichkeit mit den bekannten Vorstellungsweisen der älteren theoretischen Physik (die Verwendung von Differentialgleichungen in einem Kontinuum) eine große Anziehungskraft aus. So ist es gekommen, daß es bereits einige zusammenfassende Darstellungen gibt, die fast ausschließlich die Wellenmechanik behandeln (wir nennen die in deutscher Sprache geschriebenen Bücher: A. HAAS, Materiewellen und Quantenmechanik; A. SOMMERFELD, Atombau und Spektrallinien, Wellenmechanischer Ergänzungsband; L. DE BROGLIE, Einführung in die Wellenmechanik; J. FRENKEL, Einführung in die Wellenmechanik).

Um so mehr schien es angebracht, ein Bild der neuen Mechanik zu entwerfen, das von einem ganz anderen Gesichtspunkt aufgenommen ist. Wir sind überzeugt, daß die wahre Verbindung zwischen klassischer und neuer Mechanik nicht so sehr auf der formalen Ähnlichkeit der wellenmechanischen Differentialgleichungen und Randwertprobleme mit den Methoden der klassischen Kontinuumsphysik beruht, als auf dem Korrespondenzprinzip von NIELS BOHR; ja, wir sehen in der neuen Mechanik die strenge Durchführung des BOHRschen Programms, wie es im 1. Bande dieses Buches entwickelt worden ist. Wir sind der Meinung, daß die neue Mechanik keine Annäherung an die klassischen Vorstellungen und keine Abkehr von den BOHRschen Begriffsbildungen (stationäre Zustände, Quantensprünge, Übergangswahrscheinlichkeiten usw.) bedeutet, sondern gerade ihren systematischen Ausbau zu einem logisch geschlossenen System. Dies haben wir zum Ausdruck gebracht, indem wir den Begründer der modernen Atomtheorie baten, ihm dieses Buch widmen zu dürfen.

Bei der Durchführung unserer Absicht haben wir uns von dem Gedanken leiten lassen, einmal zu versuchen, wie weit man mit elementaren, d. h. in der Hauptsache algebraischen Mitteln kommen kann; wir wollten alle grundlegenden Begriffe und Vorstellungen in engem Anschluß an das Korrespondenzprinzip entwickeln und durch Beispiele erläutern, dann erst die wellentheoretischen Methoden SCHRÖDINGERS heranziehen. Aber die Beispiele wuchsen uns unter den Händen in solchem Maße, daß wir einen ganzen Band vom üblichen Umfang dieser Sammlung beisammen hatten, ehe wir noch zur Wellenmechanik gelangen konnten. Wir waren also gezwungen, für diese einen neuen Band in Aussicht zu nehmen, den wir schreiben wollen, sobald Zeit und Kraft es gestatten. Hier aber sei betont, daß die Vermeidung der Wellenmechanik keinerlei Werturteil bedeuten soll, sondern nur einen Versuch, die Zusammenhänge von einem anderen Standpunkt aus zu beleuchten, der in gewisser Hinsicht als elementarer bezeichnet werden kann. Wer von dieser Seite in die neue Atommechanik eingedrungen ist, wird dann um so leichter die wundervollen Gedanken DE BROGLIES und SCHRÖDINGERS auffassen können.

Wir haben nach einer kurzen Einleitung die mathematischen Hilfsmittel in einem besonderen Kapitel zusammengestellt, weil es uns nicht angebracht schien, es dem Leser zu überlassen, sie aus mathematischen Lehrbüchern zusammenzusuchen; für einen Anhang aber schienen sie uns zu wichtig. (In den Anhängen haben wir nur solche Gegenstände behandelt, die eigentlich in den ersten Band gehören, aber dort fehlen, sowie einen kleinen mathematischen Hilfssatz.) Im folgenden Kapitel sind möglichst solche Gegenstände behandelt, die in den genannten Büchern über Wellenmechanik wenig oder gar keine Beachtung finden. Natürlich mußten die wichtigsten Eigenschaften des Wasserstoffatoms als Paradigma abgeleitet werden (in engem Anschluß an PAULIS diesbezügliche Arbeit); sie erscheinen aber als Anwendung von allgemeinen Sätzen über den Drehimpuls, die für beliebige Atome gelten — wobei der Spin des Elektrons allerdings noch unberücksichtigt bleibt. Eine strenge Ableitung dieser Sätze auf wellenmechanischer Grundlage, wie sie WEYL in seinem inhaltreichen aber schwierigen Werk „Gruppentheorie und Quantenmechanik" gibt, erfordert einen beträchtlich größeren Aufwand an abstrakter Mathematik, als unsere Darstellung. Das folgende Kapitel über Störungsrechnung hat sich zu einer vollständigen Übersicht über die Dispersionsoptik, insbesondere die elektro- und magnetooptischen Effekte ausgewachsen und bietet manches, was in der Literatur nicht zu finden ist. Dann kommt ein Kapitel über die statistische Deutung der Quantenmechanik, wobei wir auch den von J. v. NEUMANN durchgeführten weiteren Ausbau der statistischen Transformationstheorie gebührend berücksichtigen. Das letzte Kapitel enthält die Quantenmechanik des Strahlungsfeldes, welche zur Aufklärung des Lichtquantenproblems führt, und im Anschluß daran die strenge DIRACsche Theorie von Emission und Absorption des Lichts; es führt so gewissermaßen zum Ausgangspunkt der HEISENBERGschen Theorie zurück, deren Grundannahmen von dem schrittweise gewonnenen höheren Standpunkt aus gerechtfertigt werden.

Wir haben mehreren freundlichen und eifrigen Helfern zu danken: zunächst den Herren W. PAULI JR. und J. v. NEUMANN, denen wir wichtige Hinweise und Anregungen verdanken; sodann Herrn Dr. L. ROSENFELD, der von Anfang fast bis zum Abschluß mitgewirkt und manche Abschnitte, besonders über Optik, selbständig entworfen hat; Frl. TATJANA EHRENFEST, die ihn am Schluß ablöste, den ganzen Text kritisch durchsah und viele wertvolle Ratschläge gab; Herrn Dr. W. HEITLER, der an den magnetooptischen Paragraphen mitwirkte; Frl. MARIA GÖPPERT, die DIRACS Theorie der Emission, Absorption und

Dispersion darstellen half. Außer diesen haben auch die Herren Dr. W. Gordon und H. A. Senftleben beim Lesen der Korrekturen geholfen.

Dem Verlage danken wir für großes Entgegenkommen bei der Drucklegung, die sich infolge äußerer Hinderungen sehr verzögerte, und für die schöne Ausstattung des Werkes.

Göttingen, Rostock, den 6. Dezember 1929.

M. Born. P. Jordan.

Inhaltsverzeichnis

Seite

Viertes Kapitel: **Die Sätze über den Drehimpuls.**

Fünftes Kapitel: **Störungstheorie.**

Sechstes Kapitel: **Statistische Deutung der Quantenmechanik.**

Erstes Kapitel.

Physikalische Grundlegung.

§ 1. Rückblick auf die BOHRsche Theorie. Der erste Band dieses Werkes schloß mit der Einsicht ab, daß die darin entwickelten Prinzipien der Quantentheorie zu keiner vollständigen Darstellung der physikalischen Tatsachen führen; sie ermöglichen zwar eine allgemeine Übersicht über die qualitativen Erfahrungen im Bereiche der Atomprozesse, aber sie geben außer in seltenen Sonderfällen (Energiestufen beim Ein-Elektron-Problem) keine quantitativ richtigen Ergebnisse.

Die Fortentwicklung der Quantentheorie, die den Gegenstand dieses Bandes bilden soll, brauchte daher eine ganze Reihe neuer Gedanken. Aber ehe wir diese darstellen, wollen wir betonen, daß die grundlegenden Annahmen, welche die Quantentheorie von der klassischen Theorie unterscheiden, nicht nur ihre Geltung bewahrt haben, sondern erst recht fest begründet worden sind: Wir meinen das Auftreten von Diskontinuitäten (Quanten-Zuständen und Quanten-Sprüngen), die Existenz von Energiequanten, bestimmt durch die PLANCKsche Konstante h.

Es ist also keine Rede von einer „Erklärung" der fremdartigen Quantengesetze durch eine Zurückführung auf klassische Vorstellungen; im Gegenteil ist der prinzipielle, primäre Charakter der quantentheoretischen Grundannahmen erst durch die neuere Entwicklung klar zum Vorschein gekommen. Der Fortschritt besteht gerade im Abstreifen der Reste klassischer Betrachtungsweise; dadurch ist eine in sich geschlossene Theorie entstanden, die alle Atomvorgänge widerspruchsfrei zu beschreiben gestattet und die klassische Theorie als speziellen Grenzfall enthält.

Die klassische Theorie beruht ja im wesentlichen auf Erfahrungen mit greifbaren und sichtbaren, „makroskopischen" Körpern. Als nun die experimentelle Forschung der letzten Jahrzehnte die Realität der Atome und Elektronen zur Gewißheit machte, war es selbstverständlich zunächst geboten, diese kleinen Partikel genau so wie gewöhnliche Körper zu behandeln. Aber die wachsende Erfahrung lehrte bald, daß die Realität der Atome doch von anderer Art sein müßte als die der makroskopischen Körper; die bekannten physikalischen Begriffe wollten nicht mehr passen. Man folgte den neuartigen Erscheinungen der Atomphysik mit den geläufigen Vorstellungsweisen so weit wie möglich; aber die Erscheinungen selbst zwangen allmählich zu Verallgemeinerungen und Umwandlungen. So entstand die im ersten Bande dargestellte BOHRsche Theorie; diese stellt eine Verknüpfung der klassischen Gesetze mit den von PLANCK und EINSTEIN aufgedeckten Gesetzmäßigkeiten der Energie- und Wirkungsquanten dar, also zweier Vorstellungsweisen, die sich im Grunde durchaus widersprechen. Und doch macht dieses Verfahren, wie BOHR zeigen konnte, einen großen Teil der Tatsachen der Atomphysik verständlich. Die Brücke bildet das von BOHR formulierte *Korrespondenzprinzip*, das den diskontinuierlichen Quantenprozessen gewisse Eigenschaften der kontinuierlichen klassischen Prozesse zuordnet.

Will man einsehen, wie die neue Theorie eine natürliche Fortentwicklung der BOHRschen Ideen bedeutet, ist es notwendig, sich die ältere Theorie deutlich vor Augen zu halten. Darum wollen wir hier ihre wesentlichen Züge noch einmal kurz zusammenstellen.

Als Modell eines Atoms dient nach RUTHERFORD ein System, bestehend aus einem schweren Kern und einer Anzahl Elektronen, die um den Kern kreisen. Diese Bewegung ist nach den Gesetzen der klassischen Theorie näherungsweise mehrfach periodisch, aber nicht exakt, weil das System dauernd und stetig Energie durch Aussendung elektromagnetischer Kugelwellen verliert. Eine solche Welle läßt sich als Superposition monochromatischer Kugelwellen auffassen, deren Frequenzen mit denen der Elektronenbewegung im Atom übereinstimmen.

Bei Systemen, die mehrfach periodische Bewegungen ausführen können, gibt es kanonisch konjugierte Winkel- und Wirkungsvariable w_k, J_k, die durch einfache Periodizitätsforderungen im wesentlichen[1] eindeutig festgelegt sind. Die Energie wird eine

---

[1] „Im wesentlichen" bedeutet: Die Wirkungsvariabeln J_k sind eindeutig bestimmt bis auf eine lineare Transformation, die nebst ihrer Umkehrung ganzzahlige Koeffizienten hat (sogenannte „unimodulare" Transformation).

Funktion $W(J_1, J_2, \ldots) = W(J)$ der Wirkungsvariabeln allein. Daher werden diese auf Grund der kanonischen Bewegungsgleichungen zeitlich konstant und die Winkelvariabeln lineare Funktionen der Zeit:

$$w_k = \nu_k t + \delta_k, \tag{1}$$

wobei die Koeffizienten

$$\nu_k = \frac{\partial W}{\partial J_k} \tag{2}$$

Funktionen der J_k und die δ_k neue Integrationskonstanten sind. Da die geometrischen Bestimmungsstücke der Bewegung periodisch von den w_k abhängen, so bedeuten die ν_k die *Grundfrequenzen*, die δ_k die *Phasenkonstanten* der Bewegung. Die Gesamtheit der Frequenzen des Systems wird gegeben durch

$$\sum_k \tau_k \nu_k = (\tau \nu), \tag{3}$$

wo $\tau_1, \tau_2, \ldots$ ganze Zahlen sind.

Die Amplituden der monochromatischen Kugelwellen, die von dem Atom emittiert werden, sind in erster Annäherung proportional den Fourierkoeffizienten des *Moments des schwingenden elektrischen Dipols* des Atoms. Dieses läßt sich darstellen durch die Fourierreihe

$$\mathfrak{P} = \sum_\tau \mathfrak{P}_\tau e^{2\pi i (\tau w)}, \tag{4}$$

wo das System der ganzen Zahlen $\tau_1, \tau_2, \ldots$ kurz mit τ bezeichnet, also $\mathfrak{P}_\tau = \mathfrak{P}_{\tau_1, \tau_2, \ldots}$ und

$$(\tau w) = \sum_k \tau_k w_k$$

gesetzt ist.

Damit $\mathfrak{P}$ *reell* ist, muß

$$\mathfrak{P}_{-\tau} = \mathfrak{P}_\tau^* \tag{5}$$

angenommen werden[1].

[1] Wir bezeichnen hier, wie überall in diesem Buche, die zu einer komplexen Zahl $z = x + iy$ konjugierte mit $z^* = x - iy$. In der Mathematik ist statt dessen das Zeichen $\bar{z}$ gebräuchlich; da aber in der Physik das Überstreichen zur Bezeichnung der zeitlichen oder statistischen Mittelbildung unentbehrlich ist und der Stern sonst nicht gebraucht wird, haben wir uns nach reiflicher Überlegung zu dieser Festsetzung entschlossen.

Setzt man in (4) den Ausdruck (1) für w_k ein, so erhält man den zeitlichen Ablauf des elektrischen Moments:

$$\mathfrak{P} = \sum_{\tau} \mathfrak{P}_{\tau} e^{2\pi i [(\tau\nu)t + (\tau\delta)]}. \tag{6}$$

Die Intensität der monochromatischen Kugelwelle ist $|\mathfrak{P}_{\tau}|^2$ proportional, d. h. dem skalaren Produkt des Vektors $\mathfrak{P}_{\tau}$ mit dem konjugiert komplexen $\mathfrak{P}_{\tau}^*$:

$$|\mathfrak{P}_{\tau}|^2 = |P_{x\tau}|^2 + |P_{y\tau}|^2 + |P_{z\tau}|^2. \tag{7}$$

Der genaue Wert der Ausstrahlung innerhalb einer Zeit Δt, in der viele Schwingungen der Frequenz $(\nu\tau)$ vor sich gehen, aber nur eine relativ geringe Änderung der Atomenergie eintritt, läßt sich auf Grund der klassischen Elektrodynamik berechnen, indem man die bekannte Formel von HERTZ für die Emission eines Dipols anwendet[1]; man erhält für die Energie, die von der Kugelwelle der Frequenz $(\tau\nu)$ während der Zeit Δt in den Raum fortgetragen wird:

$$\Delta E^{(e)}_{(\tau\nu)} = \frac{64\pi^4}{3c^3} (\tau\nu)^4 |\mathfrak{P}_{\tau}|^2 \cdot \Delta t. \tag{8}$$

Dieselben Größen $\mathfrak{P}_{\tau}$ bestimmen aber auch die *Absorption* des Atoms, und zwar ergibt die klassische Theorie folgendes (s. Anhang I):

In einem Strahlungsfeld der monochromatischen Raumdichte $\varrho(\omega)$ ist die während der Zeit Δt absorbierte Energie:

$$\Delta E^{(a)}_{(\tau\nu)} = \frac{8\pi^3}{3} \sum_k \tau_k \frac{\partial}{\partial J_k} [(\tau\nu) \cdot |\mathfrak{P}_{\tau}|^2 \cdot \varrho(\tau\nu)] \cdot \Delta t. \tag{8a}$$

Diese Formeln (8) und (8a) sind Folgen der MAXWELLschen Gleichungen des Feldes. Aber die vorher genannten Hauptpunkte, nämlich die Formel (3) für das Spektrum des Atoms, die *stetige* Energieabgabe und die *gleichzeitige* Emission *aller* Spektrallinien, sind von viel allgemeinerer Art; sie beruhen unmittelbar auf den Grundvorstellungen der klassischen Physik, verbunden mit der — durch die Erfahrung erzwungenen — Annahme, daß die Atome aufgebaut sind aus Elementarteilchen, deren Ausdehnung klein ist gegen ihre mittleren Abstände.

[1] Da diese Formel und die entsprechende für Absorption im 1. Bande nicht enthalten sind, werden sie hier im Anhang I abgeleitet.

Nun widerlegt aber die Erfahrung gerade diese allgemeinen Aussagen der klassischen Theorie. Und zwar ersetzt sie diese Aussagen durch folgende Feststellungen:

Statt der Formel (3) gilt empirisch das *Kombinationsgesetz*, nach welchem die Frequenzen aller Spektrallinien eines Atoms darzustellen sind als Differenzen von gewissen, dem Atom eigentümlichen *Termen* T_n:

$$\nu_{mn} = T_n - T_m . \tag{9}$$

Statt der gleichzeitigen Emission aller Spektrallinien vermag man experimentell in mannigfachster Weise die Emission nur eines Teils des Spektrums zu erzeugen (in gewissen Fällen bis herab zu einer einzigen Spektrallinie).

Und was endlich die stetige Energieausstrahlung betrifft, so ist auch diese Vorstellung mit elementaren Erfahrungen im Widerspruch, wie zuerst PLANCK durch theoretische Erwägungen bei der Untersuchung der Gesetze der schwarzen Strahlung erschlossen hat. Die von ihm postulierten quantenhaften Energieänderungen stehen in schroffem Gegensatz zu den Grundlagen der klassischen Theorie. Aber ihre empirische Existenz wurde durch EINSTEINS Deutung des lichtelektrischen Effekts und eine große Reihe weiterer experimenteller Entdeckungen über allen Zweifel erhoben.

In diese zunächst unverständlichen Ergebnisse hat BOHR im Anschluß an die PLANCK-EINSTEINschen Gedanken in folgender Weise eine logische Ordnung bringen können.

Man muß sich vorstellen, daß ein isoliertes Atom im Gegensatz zum klassischen Verhalten nur in gewissen diskreten Zuständen auftreten kann. Jeder solche stationäre Zustand n besitzt eine bestimmte Energie W_n, und die optischen Spektralterme T_n sind diesen Energiestufen proportional; es gilt

$$W_n = -h T_n, \tag{10}$$

wo h das PLANCKsche Wirkungsquantum ist. Dann ist (9) gleichbedeutend mit

$$\nu_{nm} = \frac{1}{h} (W_n - W_m). \tag{11}$$

Die Emission von Strahlung ist in Verbindung zu bringen mit endlichen, unstetigen Zustandsänderungen des Atoms, wobei die

Frequenz der ausgesandten Strahlung mit Hilfe von (11) aus der Energieabnahme des Atoms zu berechnen ist. Entsprechendes gilt für die Absorption von Strahlung durch Atome. Ebensolche sprungartigen Zustandsänderungen der Atome sind auch anzunehmen bei energieändernden Prozessen anderer Art, bei denen keine Strahlung wirksam ist, wie bei Zusammenstößen von Atomen mit Elektronen oder von Atomen untereinander.

Diese Annahmen genügen bereits, um ein fast unübersehbar großes Gebiet experimenteller Erfahrung über die Anregungsbedingungen spektraler Emissionen weitgehend verständlich zu machen, während die klassische Theorie vollkommen versagte[1].

Was nun die theoretische Berechnung der Zustandsenergien W_n anbetraf, so hat man sich, wie im 1. Bande gezeigt wurde, zunächst in der Weise geholfen, daß man auf die inneratomaren Bewegungen die klassische Mechanik anwandte und dabei die stetige Ausstrahlung fortließ. Besondere Überlegungen erfordert dann die Auswahl der „stationären" Bewegungen aus der kontinuierlichen Mannigfaltigkeit der klassisch möglichen Bahnen. Sucht man nach mechanischen Größen, die sich ganzen Zahlen proportional setzen lassen, so bieten sich sogleich die Wirkungsvariabeln J_k dar, weil diese bis auf lineare, ganzzahlige Transformationen eindeutig definiert sind. Sie haben überdies die Eigenschaft, dem EHRENFESTschen Adiabatenpostulat zu genügen, d. h. sie bleiben bei hinreichend langsamer Beeinflussung des Systems durch äußere Kräfte mit beliebiger Annäherung konstant. Auf Grund dieser Eigenschaften der J_k ist es möglich, Quantenbedingungen der Form

$$J_k = h n_k \tag{12}$$

vorzuschreiben, wo n_k ganze Zahlen, die Quantenzahlen sind. Dadurch wird aus dem Kontinuum der klassischen Bewegungen eine diskrete Folge von „stationären" ausgesondert mit den Energiewerten

$$W(J_1, J_2, \ldots) = W(hn_1, hn_2, \ldots) = W_{n_1, n_2, \ldots} = W_n. \tag{13}$$

[1] Eine Übersicht über diese Erfahrungen und die Grundlagen ihrer Deutung findet man in dem Buche von J. FRANCK und P. JORDAN: Anregung von Quantensprüngen durch Stöße (diese Sammlung Nr. III), und in dem Buche von P. PRINGSHEIM: Fluorescenz und Phosphorescenz (diese Sammlung Nr. VI).

Nunmehr erkennt man, daß die BOHRsche Frequenzbedingung (11) eine rationelle Verallgemeinerung der klassischen Frequenzbedingung (3) ist. Schreibt man nämlich (11) in der Form

$$\nu_{n,\,n-\tau} = \frac{1}{h}(W_n - W_{n-\tau})$$
$$= \frac{1}{h}\{W(J_1, J_2, \ldots) - W(J_1 - \tau_1 h_1, J_2 - \tau_2 h_2, \ldots)\},$$

so erhält man im Limes $h \to 0$

$$\nu = \sum_k \tau_k \frac{\partial W}{\partial J_k}, \tag{14}$$

was auf Grund von (2) mit (3) gleichbedeutend ist.

Diese Zuordnung zwischen den wirklichen Quantenfrequenzen des Atoms und den behelfsmäßig aus dem klassischen Modell berechneten Frequenzen $(\tau\nu)$ ermöglichte BOHR auch eine Zuordnung (das sog. *Korrespondenzprinzip*) der klassischen Fourierkoeffizienten $\mathfrak{P}_\tau$ zu den wirklichen Quantenfrequenzen (allerdings nur mit einer gewissen Mehrdeutigkeit): Man wird dem Quantenübergang vom Zustande $n_1, n_2, \ldots$ nach dem Zustande $n_1 - \tau_1, n_2 - \tau_2, \ldots$ den klassischen Fourierkoeffizienten

$$\mathfrak{P}_\tau(J) = \mathfrak{P}_{\tau_1 \tau_2 \ldots}(J_1, J_2, \ldots) \tag{15}$$

zuordnen, wobei man die J_k entweder dem Anfangszustande

$$J_k = h n_k \tag{16a}$$

oder dem Endzustande

$$J_k = h(n_k - \tau_k) \tag{16b}$$

anpassen oder schließlich einen Zwischenwert wählen kann.

Diese Zuordnung kann man nun nach BOHR benützen, um die Aussagen der klassischen Theorie bezüglich der *Strahlungsintensitäten* auf die wirkliche, in Quantensprüngen erfolgende Ausstrahlung des Atoms anzuwenden, und zwar natürlich in folgendem Sinne: Wenn viele Atome im Zustande n sind und ein Zustand $n - \tau$ kleinerer Energie existiert, so wird man eine Strahlungsenergie im Mittel pro Atom der Frequenz $\nu_{n,\,n-\tau}$ definieren können für eine Zeit Δt, die groß ist gegen eine Schwingungsperiode, aber klein gegen die mittlere Lebensdauer der Atome im Zustande n. Diese mittlere Strahlungsintensität soll nach BOHR angenähert der entsprechenden klassischen gleich sein. Freilich ist im allgemeinen die Genauigkeit einer solchen Intensitätsberechnung von vornherein durch die Unbestimmtheit der Zuordnung (16a) oder (16b) beschränkt. Trotzdem hat es sich gezeigt, daß die mit dieser Methode erzielten Resultate, insbesondere bezüglich der sog. *Auswahlregeln* bei Rotations- und Schwingungsfrequenzen (sowie z. B. beim Starkeffekt des Wasserstoffatoms) mit den Beobachtungen bemerkenswert gut übereinstimmen.

§ 2. Vorläufer der Quantenmechanik. Die Erfolge des BOHRschen Korrespondenzprinzips bei der Abschätzung von Intensitäten spektraler Feinstrukturen und bei andern, mehr qualitativen Betrachtungen legten den Gedanken nahe, daß hinter diesem halbklassischen Formalismus eine nicht sehr davon verschiedene, allgemeine Quantenmechanik verborgen sein müsse, in der die Begriffe der Frequenz und Amplitude von Schwingungen ebenfalls sinnvoll sind. So wird man erwarten, daß es in der wahren Quantenmechanik *exakt definierte Dipolamplituden*

(1) $$\mathfrak{P}(n, n-\tau) = \mathfrak{P}(n_1, n_2, \ldots; n_1 - \tau_1, n_2 - \tau_2, \ldots)$$

geben wird, aus denen sich die Emission und Absorption von Strahlung in ähnlicher Weise berechnen lassen wie in der klassischen Theorie; und zwar insbesondere die emittierte Energie entsprechend der klassischen Formel § 1 (8) gemäß:

(2) $$\Delta E^{(e)}_{n, n-\tau} = \frac{64\pi^4}{3c^3} \nu^4_{n, n-\tau} \,|\, \mathfrak{P}(n, n-\tau) \,|^2 \Delta t.$$

Das quantentheoretische Analogon der Absorptionsformel § 1 (8a) liegt nicht so auf der Hand; wir kommen unten darauf zurück.

Durch die empirisch meßbaren Strahlungsintensitäten (in verdünnten Gasen) sind zwar nach (2) die $\mathfrak{P}(n, n-\tau)$ als komplexe Vektoren noch nicht bestimmt, sondern nur ihre absoluten Beträge. Aber nach HEISENBERG und KRAMERS[1] gewinnt man aus einer korrespondenzmäßigen Untersuchung der Dispersion polarisierten Lichts durch Atome die Überzeugung, daß auch gewisse Phasenbeziehungen zwischen den zu verschiedenen Übergängen gehörigen Lichtemissionen empirisch beobachtbar sind; das bedeutet aber, daß die quantentheoretischen Amplitudenvektoren $\mathfrak{P}(n, n-\tau)$ selbst beobachtbare Größen sind, und zwar

[1] HEISENBERG, W. u. H. A. KRAMERS: Z. Phys. Bd. 31, S. 681. 1925.

in ähnlichem Maße empirisch bestimmbar wie die klassischen Amplitudenvektoren $\mathfrak{P}_\tau$. Wie ein Blick auf die Formel § 1 (6) zeigt, kann man wegen der Willkür der Phasenkonstanten δ die klassischen Amplituden $\mathfrak{P}_\tau$ ersetzen durch

$$\mathfrak{P}_\tau' = \mathfrak{P}_\tau e^{2\pi i(\tau\alpha)}, \quad (\tau\alpha) = \sum_k \tau_k \alpha_k,$$

wobei die α_k reelle Phasenkonstanten sind. Ein entsprechendes Maß von Willkür wird bei den Quantenamplituden erlaubt sein: man wird $\mathfrak{P}(n, n-\tau)$ ersetzen dürfen durch

$$\mathfrak{P}'(n, n-\tau) = \mathfrak{P}(n, n-\tau)\, e^{2\pi i(\alpha_n - \alpha_{n-\tau})}. \tag{3}$$

Dabei ist also jedem Zustande n eine willkürliche, reelle Phasenkonstante α_n zugeordnet.

Die Einführung der Quantenamplituden ermöglicht es, bis zu einem gewissen Grade zu erraten, wie die exakten quantentheoretischen Analoga zu bekannten klassischen Formeln lauten werden. Dies ist zuerst von KRAMERS und HEISENBERG[1] durch Aufstellung der allgemeinen quantentheoretischen Dispersionsformel gezeigt worden, wobei sie einen älteren Ansatz von LADENBURG[2] in die korrespondenzmäßig richtige Form brachten und wesentlich verallgemeinerten. Diese Dispersionsformel wurde der Ausgangspunkt verschiedener ähnlicher Korrespondenzbetrachtungen[3], die wichtige Unterlagen für die Begründung der Quantenmechanik geliefert haben.

Als einfaches Beispiel hierfür betrachten wir die Absorptionsformel § 1 (8a); doch kann man nicht den monochromatischen Anteil direkt analogisieren, sondern muß zunächst die Gesamtabsorption

$$\Delta E^{(a)} = \frac{8\pi^3}{3} \sum_{(\nu\tau)>0} \left(\tau, \frac{\partial}{\partial J}\left[(\nu\tau)\cdot|\mathfrak{P}_\tau|^2\cdot\varrho(\nu\tau)\right]\right)\cdot\Delta t \tag{4}$$

---

[1] KRAMERS, H. A.: Nature Bd. 113, S. 673. 1924; Bd. 114, S. 310. 1924. KRAMERS, H. A. u. W. HEISENBERG: Z. Phys. Bd. 31, S. 681. 1925.

[2] LADENBURG, R.: Z. Phys. Bd. 4, S. 451. 1921. LADENBURG, R. u. F. REICHE: Naturwissensch. Bd. 11, S. 584. 1923.

[3] BORN, M.: Z. Phys. Bd. 26, S. 379. 1924. VLECK, J. v.: J. Opt. Soc. Bd. 9, S. 27. 1924; Phys. Rev. Bd. 24, S. 330. 1924. BORN, M. u. P. JORDAN: Z. Phys. Bd. 33, S. 479. 1925. JORDAN, P.: Z. Phys. Bd. 33, S. 506. 1925. PAULI, W. jr.: Det Kgl. Danske Vid. Selskab Bd. 7, S. 3. 1925. THOMAS, W.: Naturwissensch. Bd. 13, S. 627. 1925. KUHN, W.: Z. Phys. Bd. 33, S. 408. 1925. REICHE, F. u. W. THOMAS: Z. Phys. Bd. 34, S. 510. 1925.

bilden. Hier ist das Operatorsymbol

$$(5)\qquad \left(\tau, \frac{\partial}{\partial J}\right) = \sum_k \tau_k \frac{\partial}{\partial J_k}$$

verwandt. Zu (4) kann man das Quantenanalogon bilden und dieses dann in monochromatische Bestandteile zerlegen[1].

Die Differentiationsoperation $\left(\tau, \frac{\partial}{\partial J}\right)$ wird durch eine Differenzbildung zu ersetzen sein, ähnlich wie die klassische Frequenz- nach § 1 (14) durch die Quantenfrequenz § 1 (11) zu ersetzen ist. So erhält man aus (4) für die Gesamtabsorption

$$\Delta E^{(a)} = \frac{8\pi^3}{3h} \sum_{\tau>0} \{\nu_{n+\tau,n} \cdot |\mathfrak{P}(n+\tau, n)|^2 \varrho(\nu_{n+\tau,n}) - \nu_{n,n-\tau} \cdot |\mathfrak{P}(n, n-\tau)|^2 \varrho(\nu_{n,n-\tau})\} \Delta t.$$

Ersetzt man hier in der zweiten Summe τ durch $-\tau$ und beachtet, daß $\nu_{n+\tau,n} = -\nu_{n,n+\tau}$ ist, so kann man beide Summen in eine zusammenziehen, in der die Summationsindizes τ positive und negative Werte durchlaufen:

$$(6)\qquad \Delta E^{(a)} = \frac{8\pi^3}{3h} \sum_{\tau} \nu_{n+\tau,n} \cdot |\mathfrak{P}(n+\tau, n)|^2 \cdot \varrho(\nu_{n+\tau,n}) \cdot \Delta t.$$

Nunmehr kann man wieder in monochromatische Bestandteile zerlegen; wir schreiben

$$(7)\qquad \Delta E^{(a)} = \sum_{\tau} \Delta E^{(a)}_{n,n+\tau},$$

wo

$$(8)\qquad \Delta E^{(a)}_{n,n+\tau} = \frac{8\pi^3}{3h} \nu_{n+\tau,n} \cdot |\mathfrak{P}(n+\tau, n)|^2 \cdot \varrho(\nu_{n+\tau,n}) \cdot \Delta t$$

die Absorption beim Sprunge $n \to n+\tau$ darstellt. Sie ist positiv für $\tau > 0$, weil dann $\nu_{n+\tau,n} > 0$ ist; das ist die eigentliche Absorption. Dagegen liefern Sprünge zu tieferen Energiestufen, $\tau < 0$, eine negative Absorption (erzwungene Emission), in Übereinstimmung mit dem Ansatz Einsteins zur Ableitung der Planckschen Strahlungsformel (Bd. 1, § 2, S. 11, 12). Die Einsteinschen Übergangskoeffizienten sind durch (2) und (8) vollständig auf

[1] Vgl. die soeben zit. Arbeiten von J. van Vleck, Born und Jordan.

Atomeigenschaften zurückgeführt. Die in Bd. 1, § 2 mit A_{12} bezeichnete spontane Übergangswahrscheinlichkeit erhält man aus (2) durch Division mit der emittierten Energie $h\nu_{n,n-\tau}$

$$A_{n,n-\tau} = \frac{64\pi^4}{3hc^3}\nu^3_{n,n-\tau}\,|\,\mathfrak{P}(n, n-\tau)\,|^2 . \tag{9}$$

Die Wahrscheinlichkeit der erzwungenen Übergänge (für $\varrho = 1$), dort mit $B_{12} = B_{21}$ bezeichnet, erhält man ebenso aus (8) durch Division mit der bei dem Sprunge verbrauchten Energie $h\nu_{n,\,n-\tau}$:

$$B_{n,n-\tau} = B_{n-\tau,n} = \frac{8\pi^3}{3h^2}\cdot|\,\mathfrak{P}(n, n-\tau)\,|^2 . \tag{10}$$

Durch Division beider Ausdrücke folgt

$$\frac{A_{n,\,n-\tau}}{B_{n,\,n-\tau}} = \frac{8\pi h}{c^3}\nu^3_{n,\,n-\tau} \tag{11}$$

in Übereinstimmung mit der in Bd. 1, § 2, S. 13 angegebenen Formel, die dort rückwärts aus der PLANCKschen Strahlungsgleichung erschlossen wurde.

Als zweites Beispiel für das Erraten der richtigen Quantengesetze durch Analogisieren der klassischen Formeln betrachten wir den Fall, wo ein Atom in ein konstantes elektrisches Feld $\mathfrak{E}$ gebracht wird[1]; dann ist die Störungsfunktion, ausgedrückt durch die Winkel- und Wirkungsvariabeln

$$H^{(1)} = -\mathfrak{P}\mathfrak{E} = \sum_\tau H_\tau^{(1)} e^{2\pi i(\tau w)}, \tag{12}$$

mit

$$H_\tau^{(1)} = -\mathfrak{P}_\tau\mathfrak{E}. \tag{12a}$$

Die Energiekonstante W läßt sich, wie in Bd. 1, § 41, gezeigt wurde, durch sukzessive Näherungen berechnen:

$$W = W^0 + W^{(1)} + W^{(2)} + \cdots,$$

und zwar ergibt sich[2] nach Bd. 1, § 41, (10) und (24)

$$W^{(1)} = \overline{H^{(1)}} = H_0^{(1)}(J) = H_0^{(1)}(hn), \tag{13}$$

$$W^{(2)} = -\sum_{(\tau\nu)>0}\sum_k \tau_k \frac{\partial}{\partial J_k}\left(\frac{|H_\tau^{(1)}|^2}{(\tau\nu)}\right). \tag{13a}$$

[1] BORN, M.: Z. Phys. Bd. 26, S. 379. 1924.

[2] Für irgend eine Zeitfunktion $f(t)$ soll $\overline{f(t)}$ den zeitlichen Mittelwert bedeuten.

Man errät nun leicht, wie diejenigen Quantenformeln lauten werden, die für $h \to 0$ in diese Ausdrücke übergehen. Man hat wieder die $H_\tau^{(1)}$ durch Einführung von Quantenamplituden zu analogisieren:

$$(14) \qquad H^{(1)}(n, n-\tau) = -\mathfrak{P}(n, n-\tau)\,\mathfrak{E}.$$

Dann hat man offenbar zunächst an Stelle von (13):

$$(15) \qquad W^{(1)} = H^{(1)}(n, n).$$

Ferner wird der Differentiation in (13a) wie oben eine Differenzbildung entsprechen; so erhält man statt (13a)

$$W^{(2)} = -\frac{1}{h}\sum_{\tau_k > 0}\left(\frac{|H^{(1)}(n+\tau, n)|^2}{\nu_{n+\tau, n}} - \frac{|H^{(1)}(n, n-\tau)|^2}{\nu_{n, n-\tau}}\right),$$

oder, ohne Beschränkung der Summation auf positive Werte von τ_k, mit Rücksicht auf $\nu_{n+\tau, n} = -\nu_{n, n+\tau}$:

$$(16) \qquad W^{(2)} = \sum_\tau \frac{|H^{(1)}(n, n-\tau)|^2}{h\,\nu_{n, n-\tau}}.$$

Hierhin gehörte auch als weiteres Beispiel der sogenannte „Summensatz“ von THOMAS und KUHN[1], der gewisse Beziehungen zwischen den sämtlichen Übergangswahrscheinlichkeiten eines Atoms ausspricht. Wir wollen jedoch hier darauf nicht eingehen, da wir später in der systematischen Quantenmechanik darauf zurückzukommen haben.

Auch eine große Reihe *speziellerer* Formeln über die Intensitäts- und Polarisationsverhältnisse von Feinstrukturen der Spektrallinien, sowohl für natürliche Multipletts als auch für Aufspaltungen im Magnetfeld (ZEEMAN-Effekt), ferner für Bandenstrukturen von Molekeln, sind durch verfeinerte Korrespondenzbetrachtungen im Anschluß an empirische, gleichfalls korrespondenzmäßig verständliche „Summenregeln“ gefunden worden. Diese Ableitungen beruhen auf der Betrachtung von Modellen, an denen verhältnismäßig einfache, aus überlagerten Rotationen und Präzessionen bestehende Bewegungen auftreten. In der klassischen Theorie bedingt der kinematische Charakter dieser Bewegungsformen einfache mathematische Beziehungen zwischen den

[1] THOMAS, W.: Naturwissensch. Bd. 13, S. 627. 1925. KUHN, W.: Z. Phys. Bd. 33, S. 408. 1925.

Fourierkoeffizienten der rechtwinkligen Koordinaten des bewegten Elektrons. Die Intensitätsformeln ergaben sich durch eine sinngemäße, die empirischen Kenntnisse berücksichtigende Übersetzung dieser klassischen Beziehungen in korrespondierende quantenmechanische Formeln[1]. Als ein allgemeineres Ergebnis dieser Untersuchungen ist die von HEISENBERG als *spektroskopische Stabilität* bezeichnete Gesetzmäßigkeit hervorzuheben, auf die wir noch zurückkommen werden[2].

Alle diese Resultate sind nachher durch die vollständige Quantenmechanik bestätigt worden. Es sind Vorläufer dieser Theorie, aus denen sie in natürlicher Weise erwachsen ist.

§ 3. HEISENBERGS korrespondenzmäßige Kinematik. Es handelt sich nun darum, das durch das Korrespondenzprinzip geleitete und kontrollierte Raten der richtigen Quantenformeln durch ein exaktes Verfahren zu ersetzen. Den entscheidenden Schritt hierzu tat HEISENBERG[3], indem er sich von dem zu engen Bilde der klassischen Bewegungen im Atom befreite und eine neue, natürliche Deutung der atomphysikalischen Tatsachen anbahnte.

Unsere Kenntnis vom Bau der Atome beruht in überwiegendem Maße auf der von ihnen emittierten Strahlung. Würde die klassische Theorie bestehen, so müßten wir erwarten, daß die Frequenzen des ausgestrahlten Lichts mit den Frequenzen $(\tau\nu)$ der atomaren Bewegungen übereinstimmen. Nun lassen sich aber die empirischen Spektrallinien nicht in der Form $(\tau\nu)$ darstellen, sondern folgen der Kombinationsregel § 1, (9).

Man kann nun entweder die Identität der Lichtfrequenzen mit den Bewegungsfrequenzen aufgeben — das hat die Theorie von BOHR getan —; oder man muß auf die klassische Beschrei-

---

[1] Von den Arbeiten, die zu dieser Richtung gehören, sind folgende die wichtigsten: HÖNL, H.: Z. Phys. Bd. 31, S. 340. 1925. GOUDSMIT, J. u. R. DE L. KRONIG: Naturwissensch. Bd. 13, S. 90. 1925. KRONIG, R. DE L.: Z. Phys. Bd. 31, S. 885. 1925; Bd. 33, S. 261. 1925. SOMMERFELD, A. u. H. HÖNL: Berl. akad. Ber. 1925, IX, S. 141. RUSSELL, H. N.: Proc. nat. Acad. Sci. U. S. A. Bd. 11, S. 314 u. 322. 1925. HEISENBERG, W.: Z. Phys. Bd. 31, S. 617. 1925. FOWLER, R. H.: Phil. Mag. Bd. 49, S. 1272; Bd. 50, S. 1079. 1925. HÖNL, H. u. F. LONDON: Z. Phys. Bd. 33, S. 803. 1925. HÖNL, H.: Ann. Phys. Bd. 79, S. 273. 1926.

[2] HEISENBERG, W.: Z. Phys. Bd. 31, S. 617. 1925.

[3] HEISENBERG, W.: Z. Phys. Bd. 33, S. 879. 1925.

bung der inneratomaren Bewegungen durch Fouriersche Reihen verzichten — das ist der von HEISENBERG eingeschlagene Weg. Zur Begründung der Ansicht, daß die Frequenzen des emittierten Lichts tatsächlich den Frequenzen der Prozesse im Atom entsprechen, hat HEISENBERG das folgende heuristische Prinzip herangezogen: Eine physikalische Theorie soll Beziehungen zwischen beobachtbaren Größen darstellen; daher soll sie nach Möglichkeit nur solche Begriffe einführen, die eine unmittelbare Deutung im Experiment zulassen. Eine solche Regel hat natürlich Sinn nur im Hinblick auf eine unfertige, erst zu schaffende Theorie; denn sobald ein theoretisches Begriffssystem abgeschlossen vorliegt, besteht kein Unterschied mehr zwischen beobachtbaren und nicht beobachtbaren Größen. Jede Messung wird ja erst durch die theoretische Interpretation sinnvoll. Wenn man aber das theoretische Begriffssystem, das einem Erfahrungskomplex entspricht, noch nicht kennt, besteht ein Unterschied zwischen den Begriffen: Es gibt solche, die notwendig erscheinen, um überhaupt das Resultat von Experimenten aussprechen zu können, und andere, die nur bei der theoretischen Diskussion der Zusammenhänge eingeführt werden. Der ersten Klasse von Begriffen entsprechen Größen, die man „direkt beobachtbar“ nennen wird; diese sucht man solange wie möglich zu erhalten. Die übrigen Begriffe wird man eher zu opfern bereit sein.

Nun gehören offenbar die von einem Atom ausgesandten Lichtfrequenzen zu den in diesem Sinne direkt beobachtbaren Größen; ohne diesen Begriff läßt sich ja überhaupt die Messung mit einem Spektralapparat nicht beschreiben. Dagegen sind die Umlaufsfrequenzen der Elektronen in ihren Bahnen keineswegs von dieser Art; sie haben vielmehr hypothetischen Charakter und waren nur eingeführt, um das Verhalten des Atoms in Anlehnung an bekannte Gesetze, nämlich die der klassischen Mechanik, zu berechnen. Aber die Gültigkeit dieser Gesetze ist mehr als zweifelhaft. Man wird daher dazu gedrängt, die Existenz der Umlaufsfrequenzen ($\tau\nu$) aufzugeben und anzunehmen, daß die Vorgänge im Atom keine andern Frequenzen enthalten als die im emittierten Licht erscheinenden $\nu_{n,\,n-\tau}$. Hierfür ist es aber nötig, schon den elementaren Begriff der *Bewegung* abzuändern; denn wenn Bewegungen durch Angabe der Koordinaten $q(t)$ als Zeitfunktionen beschrieben werden können, so führt die FOURIERzerlegung

(1) $$q(t) = \sum_{\tau} q_{\tau}(J)\, e^{2\pi i (\tau\nu) t}$$

immer auf die Frequenzen $(\tau\nu)$. Man muß also zunächst eine neue *Kinematik* aufbauen. Hierzu dient der im vorigen Paragraph eingeführte Begriff der quantentheoretischen Amplitude.

Man kann ja auch in der klassischen Theorie eine (mehrfach periodische) Größe q durch die Angabe der Amplituden ihrer harmonischen Bestandteile, d. h. der in (1) auftretenden FOURIER-Koeffizienten

(2) $$q_{\tau}(J), \qquad J_k = n_k h$$

vollständig charakterisieren. Bildet man die Summe und das Produkt zweier FOURIER-Reihen der Form (1)

(3) $$\begin{cases} q = q^{(1)} + q^{(2)}, \\ Q = q^{(1)} \cdot q^{(2)}, \end{cases}$$

so sind diese wieder FOURIER-Reihen derselben Form (1) mit *denselben* Frequenzen $(\tau\nu)$, und ihre Koeffizienten lassen sich aus denen von $q^{(1)}$ und $q^{(2)}$ berechnen:

(4) $$\begin{cases} q_{\tau}(J) = q_{\tau}^{(1)}(J) + q_{\tau}^{(2)}(J), \\ Q_{\tau}(J) = \sum_{\sigma} q_{\sigma}^{(1)}(J)\, q_{\tau-\sigma}^{(2)}(J). \end{cases}$$

Demnach läßt sich auch jedes Polynom und mit Hilfe von Grenzübergängen (unendlichen Reihen) jede Funktion von Größen, die zu denselben Grundfrequenzen gehören, durch FOURIER-Koeffizienten beschreiben, die sich aus den FOURIER-Koeffizienten der ursprünglichen Größen herstellen lassen.

Dieses Verfahren läßt sich nun nach HEISENBERG auf die quantentheoretischen Größen übertragen. Zwar existiert hier zur Beschreibung einer Größe q keine, einem Zustande zugeordnete Zeitfunktion, wohl aber ein System bestimmter, je zwei Zuständen zugeordneter Amplituden

(5) $$q_{n,\, n-\tau}.$$

Man kann nun Addition und Multiplikation für solche Systeme nach Regeln definieren, die korrespondenzmäßige Verallgemeinerungen von (4) sind: Man nennt symbolisch eine Größe q die

Summe

$$q = q^{(1)} + q^{(2)}, \tag{6a}$$

bzw. Q das Produkt

$$Q = q^{(1)} q^{(2)} \tag{6b}$$

zweier Größen $q^{(1)}$ und $q^{(2)}$, wenn

$$\begin{cases} q_{n,\, n-\tau} = q^{(1)}_{n,\, n-\tau} + q^{(2)}_{n,\, n-\tau}, \\ Q_{n,\, n-\tau} = \sum_{\sigma} q^{(1)}_{n,\, n-\sigma}\, q^{(2)}_{n-\sigma,\, n-\tau} \end{cases} \tag{7}$$

ist. Dabei ist die Summe σ über alle möglichen Zustände des Atoms zu erstrecken.

Um aus (7) durch Grenzübergang $h \to 0$ die klassischen Formeln (4) zu erhalten, muß man annehmen, daß im Limes $h \to 0$ die Größe

$$q_{n,\, n-\tau} = q\,(J,\, J - \tau\, h)$$

nur wenig von dem Absolutwert der beiden Argumente J, $J - \tau h$, wohl aber merklich von ihrer Differenz τh abhängt; man kann dann für kleine h die Schreibweise $q_\tau(J)$ wählen und

$$q^{(2)}_{n-\sigma,\, n-\tau} = q^{(2)}\,(J - \sigma\, h, \quad J - \tau\, h)$$

durch

$$q_{\tau-\sigma}\,(J)$$

ersetzen. Dann gehen durch diesen Grenzprozeß die Formeln (7) direkt in die klassischen Formeln (4) über.

Die Gleichungen (7) werden übersichtlicher, wenn man $n - \tau = m$, $n - \sigma = k$ setzt:

$$\begin{cases} q_{nm} = q^{(1)}_{nm} + q^{(2)}_{nm}, \\ Q_{nm} = \sum_{k} q^{(1)}_{nk}\, q^{(2)}_{km}. \end{cases} \tag{8}$$

In dieser Form lassen sie erkennen, daß die HEISENBERGsche Multiplikation der quantenmechanischen Amplituden dasselbe ist wie die von den Mathematikern viel untersuchte *Multiplikation von Matrizen*. Man bezeichnet daher auch das Schema der Amplituden $q_{n,\, n-\tau} = q_{nm}$ als *Matrix* der Größe q. Numeriert man die Zustände des Atoms in irgend einer Reihenfolge mit

$n = 0, 1, 2, \ldots$, so bilden die q_{nm} ein quadratisches Schema, die Matrix[1]

(9) $$q = (q_{nm}) = \begin{pmatrix} q_{00} & q_{01} & q_{02} & \cdot & \cdot & \cdot & \cdot & \cdot \\ q_{10} & q_{11} & q_{12} & \cdot & \cdot & \cdot & \cdot & \cdot \\ q_{20} & q_{21} & q_{22} & \cdot & \cdot & \cdot & \cdot & \cdot \\ - & \cdot & \cdot & \cdot & \cdot & \cdot & \cdot & \cdot \end{pmatrix}.$$

Die *Diagonalelemente* q_{nn} entsprechen dabei verschwindenden Frequenzen, $\nu_{nn} = 0$; sie sind nicht den *Übergängen*, sondern den *Zuständen* zugeordnet.

Es ist nun sehr wichtig, daß die Addition und Multiplikation der Matrizen genau wie in der klassischen Theorie die Eigenschaft hat, keine neuen Frequenzen einzuführen. Lag es dort an der Ganzzahligkeit der τ-Werte im Ausdruck $(\tau\nu)$, so hier an der Gültigkeit der Kombinationsregel § 1, (9). Versieht man nämlich das Matrixelement q_{nm} mit dem zugehörigen Zeitfaktor $e^{2\pi i \nu_{nm} t}$, so sieht man aus den Gleichungen (8), daß derselbe Faktor bei den Elementen der Summe und des Produkts auftritt. Bei der Summe ist das trivial. Beim Produkt hat man rechter Hand in jedem Summenglied den Faktor

$$e^{2\pi i \nu_{nk} t} e^{2\pi i \nu_{km} t} = e^{2\pi i (\nu_{nk} + \nu_{km}) t}$$

anzubringen; aus dem Kombinationsgesetz der Frequenzen folgt aber

(10) $$\nu_{nk} + \nu_{km} = \nu_{nm}.$$

Diese Eigenschaft der Quantenfrequenzen ist also eine starke Stütze der Multiplikationsregel von HEISENBERG.

Man bemerkt ferner, daß die Definition (8) der Addition und Multiplikation invariant bleibt, wenn man für *alle* vorkommenden Größen die Matrixelemente q_{nm} gemäß § 2, (3) ersetzt durch

(11) $$q'_{nm} = q_{nm}\, e^{2\pi i (\delta_n - \delta_m)}$$

mit beliebigen reellen Phasenkonstanten δ_n.

Die Matrizenmultiplikation unterscheidet sich von der Multiplikation gewöhnlicher Zahlen dadurch, daß es dabei auf die

[1] Wir benutzen neben q_{nm} auch die Schreibweise $q(n, m)$, je nachdem es für die Deutlichkeit der Formeln angemessen erscheint.

Reihenfolge der Faktoren ankommt: Die Produkte $q^{(1)}q^{(2)}$ und $q^{(2)}q^{(1)}$ mit den Elementen

$$(q^{(1)}q^{(2)})_{nm} = \sum_k q^{(1)}_{nk} q^{(2)}_{km}$$
$$(q^{(2)}q^{(1)})_{nm} = \sum_k q^{(2)}_{nk} q^{(1)}_{km}$$

sind im allgemeinen voneinander *verschieden*. Auf diesem Umstande beruht der Hauptunterschied zwischen den Formeln der neuen Theorie und denen der alten Mechanik.

Unter dem *zeitlichen Mittelwert* $\bar{q}$ einer Matrix q versteht man die Matrix, deren Elemente die Zeitmittel der $q_{nm}e^{2\pi i\nu_{nm}t}$ sind; diese verschwinden, wenn $\nu_{nm} \neq 0$ ist. Nimmt man an, daß alle Terme T_n voneinander verschieden sind, so ist $\nu_{nm} = 0$ nur für $n = m$; dann bleiben bei der Mittelbildung nur die Diagonalelemente übrig, und man erhält für $\bar{q}$ eine sogenannte *Diagonalmatrix*

$$(12) \qquad \bar{q} = (q_{nn}\delta_{nm}) = \begin{pmatrix} q_{00} & 0 & 0 & \cdots \\ 0 & q_{11} & 0 & \cdots \\ 0 & 0 & q_{22} & \cdots \\ \cdots & \cdots & \cdots & \cdots \end{pmatrix}.$$

Hier ist das WEIERSTRASSsche Symbol

$$\delta_{nm} = \begin{cases} 1 & \text{für } n = m \\ 0 & \text{für } n \neq m \end{cases}$$

benutzt. Das *Diagonalelement* q_{nn} einer Matrix ist daher physikalisch zu deuten als *Zeitmittelwert der Größe q im Zustande n.* Das gilt für den Fall ungleicher Terme. Es ist aber bekannt, daß auch übereinstimmende Terme vorkommen können. Dieser Fall wurde in Bd. 1, S. 101 als „Entartung" bezeichnet. Genauer sprechen wir künftig in diesem Falle von einem mechanischen System mit „*entarteter Energie*". Es gibt dann Nullfrequenzen, $\nu_{nm} = 0$ für $n \neq m$, und $\bar{q}$ hat Elemente außerhalb der Diagonale. Die physikalische Bedeutung dieser Verhältnisse kann erst an späterer Stelle geklärt werden. Die *zeitliche Ableitung* $\dot{q}$ einer Matrix q ist naturgemäß als die Matrix mit den Elementen

$$(13) \qquad \dot{q}_{nm} = 2\pi i\nu_{nm}q_{nm}$$

zu definieren. Damit eine FOURIER-Reihe wie (1) eine reelle

Größe darstellt, müssen die Koeffizienten offenbar die Bedingung [s. auch § 1, (5)]

$$q_{-\tau}(J) = q_\tau(J)^* \tag{14}$$

erfüllen. Da hier τ der Differenz $n - m$ der Indizes von q_{nm} entspricht, so korrespondiert mit (14) die Forderung

$$q_{mn} = q_{nm}^*. \tag{15}$$

Solche Matrizen nennt man *hermitesche Matrizen*; wir werden ihre mathematischen Eigenschaften im nächsten Kapitel besonders untersuchen. Hier bemerken wir nur, daß, wenn q hermitisch ist, auch die in (13) definierte zeitliche Ableitung $\dot{q}$ hermitisch wird.

Durch die vorstehenden Definitionen ist es möglich, mit Matrizen in nahezu derselben Weise zu rechnen wie mit Zahlen und eine Algebra und Analysis der Matrizen aufzubauen. Sodann kann man mit HEISENBERG versuchen, das *Analogon der Bewegungsgleichungen der klassischen Mechanik* zu formulieren. Man könnte ja auch in der klassischen Theorie die mechanischen Gleichungen als Beziehungen zwischen den FOURIER-Koeffizienten der zu bestimmenden Größen darstellen. Eine solche Formulierung erfüllt in vollkommener Weise die Forderung, daß die Theorie nur Beziehungen zwischen beobachtbaren Größen angeben soll: die Atommechanik wird in dieser Gestalt ein System von Beziehungen zwischen Energien, Frequenzen und Amplituden. HEISENBERG hat sich in seiner grundlegenden Arbeit auf den Standpunkt gestellt, daß diese Größen bereits alles darstellen, was man in der Atomphysik beobachten kann. Der heutige Standpunkt ist allerdings ein anderer: man kann — wie von HEISENBERG selber später klargestellt wurde — sehr wohl z. B. auch den Ort eines Elektrons im Atom beobachten.

Wie wir später sehen werden, besteht nur eine prinzipielle Beschränkung für die *gleichzeitige* Beobachtbarkeit verschiedener Größen (wie Zustandsenergie und Ort des Elektrons). Hier soll zunächst der ursprüngliche HEISENBERGsche Standpunkt festgehalten werden, daß zwar Energien, Frequenzen, Amplituden beobachtbar sind, Koordinaten, Geschwindigkeiten, Impulse von Teilchen innerhalb der Atome aber nicht. Diese Beschränkung unseres Stoffes hängt eng damit zusammen, daß der HEISENBERGsche Ansatz nur das quantenmechanische Analogon der *periodi-*

schen bzw. mehrfach periodischen Bewegungen der klassischen Theorie ist. Später werden wir allgemeinere Methoden kennen lernen, die auch die aperiodischen Bewegungen (z. B. die Trägheitsbewegung oder die „Hyperbelbahnen" beim Wasserstoffatom) quantenmechanisch darzustellen erlauben. In diesem Teil des Buchs wollen wir uns bezüglich dieser Fragen mit einigen Hinweisen begnügen, die an folgende Bemerkung anknüpfen: Bekanntlich kann man eine gewisse Klasse nichtperiodischer Funktionen $f(t)$ durch ein FOURIER-*Integral*

$$f(t) = \int_{-\infty}^{\infty} g(\nu)\, e^{2\pi i \nu t}\, d\nu$$

(anstatt durch eine FOURIERsche Reihe) darstellen. Man wird dann mit HEISENBERG annehmen, daß in der Quantenmechanik analoge Größen dargestellt werden durch „Matrizen mit kontinuierlichem Index", d. h. durch Funktionen $g(n, m)$ zweier kontinuierlich veränderlichen Variabeln n, m, die an die Stelle der diskreten Indizes n, m der eigentlichen Matrizen (9) treten. Der BOHRsche Satz, daß eine eigentliche „Quantelung" mit diskreten Energiewerten nur bei den (mehrfach) *periodischen* Bewegungen eintritt, erweist sich damit als unmittelbare Folgerung aus dem Matrizenansatz. Überhaupt zeigt sich erst von dem allgemeinsten Standpunkte der Theorie, der periodische und aperiodische Vorgänge in gleicher Weise umfaßt, wie natürlich die HEISENBERGschen Begriffsbildungen dem Wesen der Quantenerscheinungen angepaßt sind.

Die in diesem Teil des Buchs entwickelte Theorie gibt also nur ein unvollständiges Bild der physikalischen Zusammenhänge, das später ausgebaut werden muß. Doch enthält dieses Bild so viele wesentliche Züge des ganzen Geschehens, daß es gerechtfertigt erscheint, es vollständig auszuführen. Hierzu sind einige mathematische Vorbereitungen notwendig, die wir hier einschalten, um später den physikalischen Gedankengang nicht unterbrechen zu müssen[1].

[1] Der Leser, der sich scheut, das folgende, ziemlich umfangreiche Kapitel rein mathematischen Inhalts durchzulesen, mag sich zunächst auf die ersten Abschnitte beschränken und die Lektüre des Restes je nach Bedarf nachholen. Jedoch wollen wir gleich hier versichern, daß in den mathematischen Abschnitten dieses Buches nur das zum Verständnis der Quantenmechanik wirklich Notwendige zu finden ist.

Zweites Kapitel.

Mathematische Grundlagen.

§ 4. Das Rechnen mit quadratischen Matrizen. Die folgenden Betrachtungen über das Rechnen mit Matrizen sind insofern formaler Natur, als wir Konvergenzfragen ganz unberücksichtigt lassen. Die Formeln gelten unter allen Umständen für endliche, quadratische Matrizen; bei unendlichen Matrizen muß vorausgesetzt werden, daß alle vorkommenden Summen (z. B. bei der Produktbildung) konvergieren.

Wir gehen davon aus, daß das Verschwinden einer Matrix bedeuten soll, daß alle Elemente Null sind:

$$A = 0, \quad A_{nm} = 0. \tag{1}$$

Sodann schreiben wir die (bereits in § 3 gegebene) Definition der Addition und Multiplikation nochmals an:

$$\begin{cases} (A + B)_{nm} = A_{nm} + B_{nm}, \\ (A\, B)_{nm} = \sum\limits_k A_{nk}\, B_{km}. \end{cases} \tag{2}$$

Zwei (oder mehr) quadratische *endliche* Matrizen können also dann und nur dann addiert oder multipliziert werden, wenn sie dieselbe Anzahl von Zeilen besitzen. Wir werden solche Matrizen kurz als *gleichartig* bezeichnen. Unendliche Matrizen sind immer gleichartig[1]. Führt man in beiden Matrizen ein und dieselbe Permutation der Zeilen und Spalten aus, so bleiben die Gleichungen (2) ungeändert; bei der ersten ist das trivial, bei der zweiten folgt es daraus, daß man den Summationsindex k auch über die permutierte Reihenfolge der Indizes laufen lassen kann. Daraus geht hervor, daß jede, durch wiederholte Anwendung von Additionen und Multiplikationen entstehende Gleichung zwischen Matrizen gegen eine auf beide Indizes angewandte Permutation invariant ist. Die Reihenfolge der Diagonalglieder ist also ganz unwesentlich.

Man kann daher die Diagonale in beliebiger Weise ordnen, etwa als einfache, abzählbare Reihe, wie $1, 2, 3, \ldots$, oder als zweiseitige Reihe wie $\ldots -2, -1, 0, 1, 2, \ldots$ oder als mehrere

---

[1] Wir meinen hier die *eigentlichen* Matrizen mit diskreten Indizes. Später werden wir den Begriff der Matrix in erweitertem Sinne gebrauchen, wobei dann der Begriff der Gleichartigkeit wieder eine Rolle spielen wird.

einfache Reihen, wie 1, 2, 3, . . . 1, 2, 3, . . . usw., kurz mit beliebigem „Ordnungstypus". In jedem Einzelfalle zeigt sich gewöhnlich eine bestimmte Ordnung der Diagonalelemente als vorteilhaft.

Ferner kann man jeden Index in mehrere aufspalten, also etwa n durch $n_1 n_2 \ldots n_f$ ersetzen; man hat dann Matrizen „in f Dimensionen", mit Elementen $A_{n_1 n_2 \cdots n_f;\, m_1 m_2 \cdots m_f}$. Umgekehrt kann man immer eine solche mehrdimensionale Matrix in eine eindimensionale umordnen. Die Multiplikationsregel für mehrdimensionale Matrizen lautet:

$$(3)\quad (A\,B)_{n_1, n_2, \ldots n_f;\, m_1, m_2, \ldots m_f} = \sum_{k_1, \ldots k_f} A_{n_1, \ldots n_f;\, k_1, \ldots k_f} B_{k_1, \ldots k_f;\, m_1, \ldots m_f}.$$

Ein besonders wichtiges Beispiel für den Fall $f = 2$ wird im folgenden Paragraphen ausführlich behandelt (Matrix-Matrizen, Übermatrizen). Überall, wo es die Deutlichkeit gestattet, werden wir die eindimensionale Schreibweise der Matrizen bevorzugen, also das Indizessystem $n_1, \ldots n_f$ durch einen Index n ersetzen.

Im Gegensatz zu der gewöhnlichen Zahlenrechnung gilt in der Matrizenrechnung *nicht* der Satz, daß aus $A\,B = 0$ entweder $A = 0$ oder $B = 0$ folgt. So ist z. B. das Produkt der beiden nicht verschwindenden Matrizen

$$A = \begin{pmatrix} 1 & 0 & 0 & . & . & . \\ 0 & 0 & 0 & . & . & . \\ 0 & 0 & 0 & . & . & . \\ . & . & . & . & . & . \end{pmatrix}, \quad B = \begin{pmatrix} 0 & 0 & 0 & . & . & . \\ 0 & 1 & 0 & . & . & . \\ 0 & 0 & 0 & . & . & . \\ . & . & . & . & . & . \end{pmatrix}$$

gleich Null. Wenn es zu einer Matrix A eine andere, von 0 verschiedene B gibt, so daß entweder $AB = 0$ oder $BA = 0$, so nennt man A einen *Teiler der Null* oder *Nullteiler*.

Für die beiden Grundoperationen (2) gilt das *assoziative Gesetz*:

$$(4)\quad \begin{cases} (A + B) + C = A + (B + C), \\ (A\,B)\,C = A\,(B\,C). \end{cases}$$

Für die Addition gilt das *kommutative Gesetz*:

$$(5)\quad A + B = B + A;$$

für die Multiplikation dagegen im allgemeinen *nicht*. Wenn in besonderen Fällen für zwei Matrizen A und B

$$AB = BA \tag{6}$$

ist, so heißen A und B *vertauschbar.*

Die Differenz $AB - BA$ ist ein Maß der Abweichung von der Vertauschbarkeit und soll durch ein Klammersymbol abgekürzt werden; wir setzen unter Hinzufügung eines konstanten, später geeignet zu wählenden Zahlfaktors[1] $\frac{1}{\varkappa}$:

$$[A, B] = \frac{1}{\varkappa}(AB - BA)\,. \tag{7}$$

Das *distributive Gesetz* zwischen Addition und Multiplikation folgt unmittelbar aus den Definitionen (2), und zwar gilt

$$\begin{cases} A(B + C) = AB + AC\,, \\ (B + C)A = BA + CA\,, \end{cases} \tag{8}$$

Diese beiden Formeln sind wegen der Ungültigkeit des kommutativen Gesetzes der Multiplikation voneinander logisch unabhängig.

Nach (4) ist auch eine Summe

$$A = A_1 + A_2 + \cdots + A_s \tag{9}$$

oder ein Produkt

$$A' = A_1 A_2 \ldots A_s \tag{9a}$$

eindeutig definiert, ohne daß man angeben muß, welche Additionen oder Multiplikationen *zuerst* auszuführen sind. Ist insbesondere $A_1 = A_2 = \cdots = A_s$, so schreiben wir kurz

$$\begin{cases} A = A_1 + A_1 + \cdots + A_1 = s A_1\,, \\ A' = A_1 A_1 \ldots A_1 = A_1^s\,. \end{cases} \tag{10}$$

Als *Einheitsmatrix* bezeichnet man die Matrix

$$E = (\delta_{nm})\,; \quad \delta_{nm} = \begin{cases} 1 & \text{für } n = m\,, \\ 0 & \phantom{\text{für }} n \neq m\,. \end{cases} \tag{11}$$

[1] Die Definition der Multiplikation einer Matrix mit einem Zahlfaktor werden wir sogleich nachholen. [Vgl. (14), (15), (15a).]

Sie hat die Eigenschaft, daß für jede beliebige Matrix A die Gleichung

(12) $$E A = A E = A$$

besteht. Man schreibt deshalb statt E oft auch einfach 1.

Bei endlichen Matrizen A existiert eine *Determinante* Det A. Wegen der bekannten Multiplikationsregel der Determinanten gilt

(13) $$\mathrm{Det}\,(A B) = \mathrm{Det}\,A \cdot \mathrm{Det}\,B\,.$$

Als *Repräsentant einer gewöhnlichen Zahl* in der Matrizenrechnung definieren wir die Matrix

(14) $$c = (c\,\delta_{n\,m})\,,$$

die aus E durch Multiplikation jedes Elements mit c hervorgeht. Dann ist das *Produkt der Zahl c mit der Matrix A* als das Matrixprodukt

(15) $$c A = (\sum_k c\,\delta_{n\,k} A_{k\,m}) = (c\,A_{n\,m})$$

zu bestimmen, d. h. jedes Element von cA entsteht aus dem von A durch Multiplikation mit der Zahl c. Offenbar ist

(15a) $$c A = A c\,.$$

Für ganzzahlige c ist die Definition (14) im Einklang mit der ersten Gleichung (10).

Diese Matrizen c sind spezielle Fälle von *Diagonalmatrizen*, d. h. solchen, bei denen alle außerhalb der Diagonale stehenden Elemente verschwinden:

(16) $$a = (a_n\,\delta_{n\,m})\,.$$

Sind insbesondere die Diagonalelemente komplexe Zahlen vom Betrage 1, so sprechen wir von einer *Phasenmatrix*:

(17) $$f = (e^{i\,\varphi_n}\,\delta_{n\,m})\,.$$

Wenn zu einer Matrix A eine zweite Matrix A' existiert, für die

(18) $$A\,A' = A' A = E$$

ist, so nennt man A' *Reziproke* von A und schreibt

(19) $$A' = A^{-1}\,.$$

Es gibt nur *eine* Reziproke; denn wäre außer (18) noch $A A'' = E$, so folgte daraus durch vordere Multiplikation mit

A', daß $A'AA'' = A'E$, folglich wegen (18): $EA'' = A'E$, also $A'' = A'$.

Bei *endlichen* Matrizen ist die notwendige und hinreichende Bedingung für die Existenz der Reziproken das Nichtverschwinden der Determinante:

$$\mathrm{Det}\, A \neq 0\,.$$

Bei *unendlichen* Matrizen hat im allgemeinen der Determinantenbegriff keinen Sinn. Bei diesen kann es vorkommen, daß es zu einer Matrix A eine andere A' gibt, für die zwar $AA' = E$, aber zugleich $A'A \neq E$ ist, oder umgekehrt; dann existiert nach unserer Definition *keine* Reziproke. Bei endlichen Matrizen aber folgt aus $AA' = E$ immer auch $A'A = E$.

Aus der Definition folgt unmittelbar für die Reziproke eines Produkts

(20) $$(AB)^{-1} = B^{-1}A^{-1}\,.$$

Die Summe der Diagonalglieder einer Matrix A nennt man die *Spur* von A,

(21) $$Sp\, A = \sum_n A_{nn}\,.$$

Für diese Größe gelten die Regeln

(22) $$\begin{cases} Sp\,(A + B) = Sp\, A + Sp\, B\,, \\ \quad Sp\,(AB) = Sp\,(BA)\,; \end{cases}$$

für die letzte Gleichung kann man nach (7) auch schreiben

(22a) $$Sp\,[A, B] = 0\,.$$

Wir bemerken aber ausdrücklich, daß dies *nur für endliche Matrizen* allgemein gilt; bei unendlichen können die Reihen $Sp(AB)$ und $Sp(BA)$ divergieren, auch wenn die Produkte AB und BA existieren. Offenbar kann schließlich nach (22) auch

(23) $$Sp\,(ABA^{-1}) = Sp\,(B)$$

behauptet werden.

Die Spur der endlichen Einheitsmatrix $E^{(N)}$ von N Zeilen und Spalten ist gleich N:

(24) $$Sp\, E^{(N)} = N\,.$$

Wenn die Elemente einer Matrix von einem Parameter abhängen, so versteht man unter der *Ableitung der Matrix nach dem Parameter* die Matrix, deren Elemente die Ableitungen der Elemente der gegebenen Matrix nach dem Parameter sind. Sehr häufig ist der Fall, daß der Parameter die Zeit t ist. Unter der *Ableitung der Matrix* $x = (x_{nm}(t))$ *nach der Zeit* verstehen wir also die Matrix

$$\dot{x} = (\dot{x}_{nm}(t)) . \tag{25}$$

Hierfür gelten die Rechenregeln

$$\begin{cases} \dfrac{d}{dt}(x + y) = \dot{x} + \dot{y} , \\[2ex] \dfrac{d}{dt} x y = x \dot{y} + \dot{x} y , \end{cases} \tag{26}$$

die sofort aus der Definition folgen.

Aus der Definition der Reziproken $x x^{-1} = 1$ folgt nach (25) $\dot{x} x^{-1} + x \dot{x}^{-1} = 0$, also

$$\dot{x}^{-1} = - x^{-1} \dot{x} x^{-1} . \tag{27}$$

In § 3 hatten wir insbesondere Matrizen mit rein-periodischen (harmonischen) Elementen betrachtet von der Form

$$x = (x_{nm}) = (a_{nm} e^{2\pi i \nu_{nm} t}), \quad h \nu_{nm} = W_n - W_m . \tag{28}$$

Man kann die zeitliche Ableitung solcher Matrizen durch das Klammersymbol (7) ausdrücken, indem man die Diagonalmatrix

$$W = (W_n \delta_{nm}) \tag{29}$$

einführt; dann ist offenbar

$$\begin{aligned} \dot{x} = (\dot{x}_{nm}) &= (2 \pi i \nu_{nm} x_{nm}) \\ &= \frac{2\pi i}{h} ((W_n - W_m) x_{nm}) \\ &= \frac{2\pi i}{h} (W x - x W) . \end{aligned}$$

Wählt man nun für den in (7) vorläufig unbestimmt gelassenen Faktor $\varkappa$ den Wert:

$$\varkappa = \frac{h}{2\pi i} , \tag{30}$$

so wird

$$\dot{x} = [W, x] . \tag{31}$$

Wir werden später diese Wahl von $\varkappa$ als sehr zweckmäßig für die Formulierung der Quantenmechanik erkennen.

Im allgemeinen werden wir jedoch nicht, wie in (28), die mit den Zeitfaktoren $e^{2\pi i \nu_{nm} t}$ versehenen Matrizen für die Quantenmechanik benutzen, sondern mit Matrizen $q = (q(nm))$ rechnen, deren Zeitableitung *definitionsgemäß* durch § 3 (13) gegeben ist. Dabei gilt offenbar ebenfalls die Beziehung $\dot{q} = [W, q]$.

§ 5. Rechteckige Matrizen und Übermatrizen. Bisher haben wir von endlichen Matrizen vorausgesetzt, daß sie „quadratisch" sind, d. h. daß die Anzahl der Zeilen gleich der der Spalten ist. Man kann aber auch *rechteckige Matrizen* bilden. Diese haben zwar keine unmittelbare physikalische Bedeutung, sind aber für manche Rechnungen als Hilfsbegriff nützlich. Wir nennen die Anzahl der Zeilen r und die der Spalten s; dann schreiben wir die rechteckige Matrix

$$(1) \qquad A = \begin{pmatrix} A_{11} & A_{12} & . & . & . & A_{1s} \\ A_{21} & A_{22} & . & . & . & A_{2s} \\ . & . & . & . & . & . \\ A_{r1} & A_{r2} & . & . & . & A_{rs} \end{pmatrix}.$$

Man kann zwei solche Matrizen, A mit r, s und B mit r', s' offenbar nach der Regel § 4, (2) *addieren, wenn* $r = r'$, $s = s'$ ist und ferner *in der Reihenfolge* AB *multiplizieren, wenn* $s = r'$ *ist*; im letzteren Falle definiert man als *Produkt eine neue Matrix von* r *Zeilen und* s' *Spalten*:

$$(2) \qquad (AB)_{nm} = \sum_{k=1}^{s} A_{nk} B_{km}, \qquad \begin{cases} n = 1, 2, \ldots r \\ m = 1, 2, \ldots s'. \end{cases}$$

Soll es auch möglich sein, das Produkt BA *zu bilden, so muß noch weiter* $s' = r$ *sein.* Bildet man nun die Spuren der beiden Produkte

$$Sp(AB) = \sum_{n=1}^{r} \sum_{k=1}^{s} A_{nk} B_{kn},$$

$$Sp(BA) = \sum_{n=1}^{s} \sum_{k=1}^{r} B_{nk} A_{kn},$$

so sieht man, daß sie einander gleich sind: *Wenn es möglich ist, aus zwei rechteckigen Matrizen* A, B *die beiden Produkte* AB

und BA zu bilden, so gilt

$$Sp\,(A\,B) = Sp\,(B\,A). \tag{3}$$

Diese Regeln benutzen wir, um das Produkt zweier endlicher quadratischer oder zweier unendlicher Matrizen in eine Matrix von Produkten rechteckiger Teilmatrizen aufzulösen. Wir spalten den Index n in zwei r, ϱ auf, indem wir die Zahlenreihe

$$n = 1, 2, 3, \ldots$$

zunächst in Gruppen mit den Nummern $r = 1, 2, \ldots$ zu je $g_1, g_2, \ldots g_r, \ldots$ Zahlen teilen und die Zahlen jeder Gruppe mit $\varrho = 1, 2, \ldots g_r$ durchnumerieren:

$n = 1, 2, \ldots g_1$	$g_1 + 1, g_1 + 2, \ldots g_1 + g_2$	$g_1 + g_2 + 1, \ldots$
$r =$ 1	2	3
$\varrho = 1, 2, \ldots g_1$	1, 2, ... g_2	1, ...

Ebenso spalten wir den Index m in s, σ mit den Teilungszahlen $\bar{g}_1, \bar{g}_2, \ldots \bar{g}_s, \ldots$.

Das Element einer quadratischen oder unendlichen Matrix $A_{n,m} = A^{(r,s)}_{\varrho,\sigma}$ läßt sich dann als Element einer rechteckigen Matrix

$$A^{(r,s)} = \begin{pmatrix} A^{(r,s)}_{11}, & A^{(r,s)}_{12}, & \ldots & A^{(r,s)}_{1,\bar{g}_s} \\ \cdot & \cdot & \cdot & \cdot \\ A^{(r,s)}_{g_r,1}, & A^{(r,s)}_{g_r,2}, & & A^{(r,s)}_{g_r,\bar{g}_s} \end{pmatrix} = (A^{(r,s)}_{\varrho,\sigma}) \tag{4}$$

von g_r Reihen und $\bar{g}_s$ Spalten auffassen, und die ganze Matrix A schreibt sich als *Übermatrix* (Matrizen-Matrix):

$$A = (A^{(r,s)}) = \begin{pmatrix} A^{(1,1)} & A^{(1,2)} & \ldots \\ A^{(2,1)} & A^{(2,2)} & \ldots \\ \cdot & \cdot & \cdot \end{pmatrix}. \tag{5}$$

Die $A^{(r,s)}$ nennen wir „*Untermatrizen*" oder auch „Teilmatrizen".

Hat man zwei allgemeine Übermatrizen A, B mit den Teilungszahlen g_r, $\bar{\bar{g}}_t$ und $\bar{\bar{g}}_t$, $\bar{g}_s$, so daß also die Spaltenteilung von A mit der Zeilenteilung von B übereinstimmt, so ist das Element des Produkts

$$(A\,B)^{(r,s)}_{\varrho\sigma} = \sum_t \sum_{\tau=1}^{\bar{\bar{g}}_t} A^{(r,t)}_{\varrho\tau}\, B^{(t,s)}_{\tau\sigma}$$

$$= (\sum_t A^{(r,t)}\, B^{(t,s)})_{\varrho\sigma}.$$

In der Klammer steht das Produkt der beiden Matrizen A, B so gebildet, als wenn die Teilmatrizen $A^{(r,t)}$, $B^{(t,s)}$ Zahlen wären. AB ist also eine Matrizenmatrix mit den Teilungszahlen g_r, $\bar{g}_s$ von der Form

(6) $$AB = (A^{(r,t)}) \cdot (B^{(t,s)}) = (\sum_t A^{(r,t)} B^{(t,s)}) .$$

Wir werden später hauptsächlich mit solchen Fällen zu tun haben, wo bei allen in Betracht kommenden Matrizen Zeilen und Spalten in *derselben* Weise eingeteilt sind, d. h. wo $\bar{g}_r = g_r$ ist.

Sind in einem solchen Falle alle $A^{(r,s)} = 0$ für $r \neq s$, so sprechen wir von einer *Stufenmatrix*:

(7) $$A = (A^{(r)} \delta_{r,s}) = \begin{pmatrix} A^{(1)} & 0 & \ldots \\ 0 & A^{(2)} & \ldots \\ \cdot & \cdot & \cdot \end{pmatrix} .$$

Sie kann als Verallgemeinerung der Diagonalmatrix aufgefaßt werden.

Sind A, B zwei Stufenmatrizen mit gleichen Stufen, also $g_1 = \bar{g}_1 = \bar{\bar{g}}_1$, $g_2 = \bar{g}_2 = \bar{\bar{g}}_2, \ldots$ und

(8) $$A^{(r,s)} = A^{(r)} \delta_{rs}, \quad B^{(r,s)} = B^{(r)} \delta_{rs} ,$$

so ist AB wieder eine Stufenmatrix derselben Art:

(9) $$(A^{(r)} \delta_{rs}) \cdot (B^{(r)} \delta_{rs}) = (A^{(r)} B^{(r)} \delta_{rs}) .$$

Ist P eine beliebige Matrix und A eine Stufenmatrix mit der Stufengröße g_r, wie (7), so kann man die Zeilen von P ebenfalls nach je g_r abteilen, die Spalten nach beliebigen Zahlen $\bar{g}_s$; dann wird nach (6)

(10) $$AP = (A^{(r)} P^{(r,s)}) .$$

In analoger Weise erhält man

(11) $$PA = (P^{(r,s)} A^{(s)}) ,$$

Formeln, die ganz analog zu denen sind, die man bei der Multiplikation einer beliebigen Matrix mit einer Diagonalmatrix erhält; nur sind hier die Elemente selber Matrizen, also im allgemeinen nicht vertauschbar.

Ist aber speziell jede Untermatrix $A^{(r)}$ ein Vielfaches der g_r-dimensionalen Einheitsmatrix, $A^{(r)} = a^{(r)} E^{(g_r)}$, so kann man $A^{(r)}$ mit $P^{(r,s)}$ vertauschen. In diesem Falle ist A eine *geordnete*

Diagonalmatrix, in deren Diagonale die Zahlen

$$a^{(1)}\,a^{(1)}\,\ldots\,a^{(1)}\,a^{(2)}\,a^{(2)}\,\ldots\,a^{(2)}\,a^{(3)}\,\ldots$$

stehen, und zwar g_1 mal $a^{(1)}$, g_2 mal $a^{(2)}$ usw. Man hat also den

Satz: *Für eine geordnete Diagonalmatrix A und eine beliebige Matrix P* gilt

(12) $$\varkappa\,[A, P] = (A\,P - P\,A) = ((a^{(r)} - a^{(s)})\,P^{(r,s)})\,,$$

wo $a^{(r)}$ eine g_r-faches Diagonalelement von A ist ($a^{(r)} \neq a^{(s)}$ für $r \neq s$).

Als *Korrolar* hat man:

(13) $$\textit{Aus } [A, P] = 0 \quad \textit{folgt} \quad P^{(r,s)} = 0 \quad \textit{für } r \neq s\,.$$

Die Gleichung für P bei gegebenem Q

(14) $$\varkappa\,[A, P] = A\,P - P\,A = Q$$

ist dann und nur dann lösbar, wenn $Q^{(r,r)} = 0$; die Lösung lautet

(15) $$P^{(r,s)} = \frac{Q^{(r,s)}}{a^{(r)} - a^{(s)}}\,, \quad r \neq s$$

und $P^{(r,r)}$ bleibt unbestimmt.

Hiervon werden wir später viel Gebrauch machen.

Aus den beiden gleichstufigen Matrizen A, B (8) und einer beliebigen Matrix P erhält man nach (10) und (11)

(16) $$A\,P\,B = (A^{(r)}\,P^{(r,s)}\,B^{(s)})\,.$$

§ 6. Matrizen mit Symmetrien. Wir haben in § 3 gesehen, daß in der Atommechanik eine besondere Klasse von Matrizen eine Rolle spielt, die hermitischen, deren Elemente bei Vertauschung der Indizes in den konjugiert komplexen Wert übergehen. Wir wollen hier diese und ähnliche Arten von Matrizen mit Symmetrieeigenschaften der Elemente untersuchen.

Wir bezeichnen die aus einer Matrix $A = (A_{nm})$ durch Vertauschung von Zeilen und Spalten hervorgehende *transponierte* oder *gestürzte Matrix* mit $\tilde{A}$:

(1) $$\tilde{A}_{nm} = A_{mn}\,.$$

Es gelten die Regeln:

(2) $$\begin{cases} \widetilde{A + B} = \tilde{A} + \tilde{B}\,, \\ \widetilde{A\,B} = \tilde{B}\,\tilde{A}\,. \end{cases}$$

Für die Matrix, die aus $\tilde{A}$ dadurch entsteht, daß man jedes Element durch die konjugiert komplexe Zahl ersetzt, gebrauchen wir ein besonderes Zeichen:

$$\tilde{A}^* = A^\dagger, \tag{3}$$

und nennen sie die zu A *adjungierte Matrix*. Wegen (2) gilt dann auch:

$$\begin{cases} (A+B)^\dagger = A^\dagger + B^\dagger, \\ (AB)^\dagger = B^\dagger A^\dagger. \end{cases} \tag{4}$$

Eine Matrix, für die

$$A^\dagger = A \tag{5}$$

gilt, heißt „*sich selbst adjungiert*" oder „*hermitisch*"; man nennt sie auch „symmetrisch" im übertragenen Sinne (nämlich für komplexe Elemente) oder endlich „reell", letzteres, weil die zugehörige hermitische Form, wie wir im § 9 sehen werden, reelle Werte hat.

Aus (4) folgt unmittelbar, daß die Summe zweier hermitischer Matrizen A und B auch hermitisch ist, das Produkt aber dann und nur dann, wenn A, B vertauschbar sind:

$$\begin{cases} (A+B)^\dagger = A+B, & \text{für } A^\dagger = A,\ B^\dagger = B, \\ (AB)^\dagger = AB, & \text{für } A^\dagger = A,\ B^\dagger = B,\ [A,B]=0. \end{cases} \tag{6}$$

Jede Matrix A läßt sich auf eine und nur eine Weise darstellen in der Form

$$A = A_1 + iA_2 \tag{7}$$

mit hermitischen Matrizen A_1, A_2; nämlich:

$$A_1 = \frac{1}{2}(A + A^\dagger), \quad A_2 = \frac{1}{2i}(A - A^\dagger).$$

Eine Matrix, für die

$$A^\dagger = -A \tag{8}$$

ist, heißt „schiefsymmetrisch" oder „alternierend" oder kurz „schief", im übertragenen Sinne (für komplexe Elemente); man sagt auch „rein imaginär", wie man die hermitischen Matrizen „reell" nennt. Die schiefen Matrizen sind nicht wesentlich von den hermitischen verschieden; denn wenn A schief ist, so ist offenbar iA hermitisch, und umgekehrt. Wir werden daher von dem Begriff der schiefen Matrizen so gut wie keinen Gebrauch machen.

Bildet man aus einer hermitischen Matrix A mit Hilfe einer beliebigen Matrix S die Matrix

(9) $$B = S^\dagger A S,$$

so ist diese wieder hermitisch. Denn man hat

(9a) $$B^\dagger = S^\dagger A^\dagger S = S^\dagger A S = B.$$

Die Spur des Produkts einer von Null verschiedenen Matrix A mit ihrer Adjungierten ist eine positive Zahl:

(10) $$Sp(A A^\dagger) = \sum_{nm} |A_{nm}|^2 .$$

Für die *Reziproke der Adjungierten* hat man einen besonderen Namen; man nennt

(11) $$\breve{A} = (A^\dagger)^{-1}$$

die zu A kontragrediente Matrix. Da nach (4)

$$A^\dagger (A^{-1})^\dagger = (A^{-1} A)^\dagger = E^\dagger = E$$

ist, so hat man

(12) $$\breve{A} = (A^\dagger)^{-1} = (A^{-1})^\dagger .$$

Danach ist umgekehrt A kontragredient zu $\breve{A}$. Ferner folgt aus (4) mit Rücksicht auf § 4, (20), daß

(13) $$\text{mit} \quad AB = C \quad \text{auch} \quad \breve{A}\breve{B} = \breve{C}$$

ist. Die zu $A, B, \ldots$ kontragredienten Matrizen $\breve{A}, \breve{B}, \ldots$ verhalten sich also hinsichtlich der Multiplikation, wie man in der Gruppentheorie sagt, „isomorph“ zu den $A, B, \ldots$.

Zu jeder hermitischen Matrix, insbesondere zu jeder reellen Diagonalmatrix, ist ihre Reziproke kontragredient.

Eine Matrix, die mit ihrer kontragredienten Matrix identisch ist, heißt *unitär* (oder hermitisch orthogonal); man hat also für *unitäre Matrizen* folgende äquivalente Definitionen:

(14) $$\breve{U} = U, \quad U^\dagger = U^{-1}, \quad UU^\dagger = U^\dagger U = E.$$

Zugleich mit U ist wegen (12) auch U^{-1} eine unitäre Matrix.

Als Beispiel einer unitären Matrix erwähnen wir die *Permutationsmatrix*, die dadurch entsteht, daß man die Zeilen (oder die

Spalten, aber nicht beides) der Einheitsmatrix einer beliebigen Permutation unterwirft.

Eine *unitäre Diagonalmatrix* ist offenbar eine *Phasenmatrix* [s. § 4, (17)].

Wir stellen eine Reihe von

Sätzen über unitäre Matrizen

zusammen.

a) *Das Produkt zweier unitärer Matrizen ist wieder unitär:*

(15) $$(U_1 U_2)^{\dagger} = (U_1 U_2)^{-1}.$$

Das folgt, wie (13), aus (4) und § 4, (20).

b) *Ist A eine beliebige und U eine unitäre Matrix, so folgt*

(16) *aus* $B = U^{-1} A U$ *auch* $B^{\dagger} = U^{-1} A^{\dagger} U$.

Denn es ist nach (12)

$$B^{\dagger} = U^{\dagger} A^{\dagger} (U^{-1})^{\dagger} = U^{-1} A^{\dagger} U.$$

Aus diesem Satze folgt unmittelbar:

c) *Wenn A hermitisch ist und U unitär, so ist auch*

(17) $$B = U^{-1} A U$$

hermitisch.

Eine Umkehrung des Satzes lautet:

d) *Sind A und B hermitisch und gilt*

(18) $$B = U^{-1} A U,$$

so ist $U U^{\dagger}$ mit A und $U^{\dagger} U$ mit B vertauschbar. Denn man hat dann

$$B^{\dagger} = U^{\dagger} A (U^{-1})^{\dagger} = B = U^{-1} A U$$

und schließt daraus durch vordere Multiplikation mit U und hintere mit $U^{\dagger}$:

(18a) $$U U^{\dagger} A = A U U^{\dagger};$$

daraus folgt sofort

(18b) $$U^{\dagger} U B = B U^{\dagger} U$$

e) *Ist U eine* e n d l i c h e *unitäre Matrix, so ist die Determinante von U eine Zahl vom Betrage 1:*

(19) $$|\operatorname{Det} U| = 1.$$

Denn man hat

$$\text{Det}\, U^\dagger = \text{Det}\, \tilde{U}^* = (\text{Det}\, \tilde{U})^* = (\text{Det}\, U)^*,$$

also

$$\begin{aligned} |\text{Det}\, U|^2 &= (\text{Det}\, U)\cdot(\text{Det}\, U)^* \\ &= (\text{Det}\, U)\cdot(\text{Det}\, U^\dagger) \\ &= \text{Det}\,(U U^\dagger) = 1. \end{aligned}$$

Man kann den Begriff und das Symbol der adjungierten Matrix auch auf rechteckige Matrizen übertragen. Wir definieren zunächst die Transponierte wieder durch die Formel (1) und dann die Adjungierte nach (3). Die Formeln (4) bleiben erhalten. Zu beachten ist, daß die Adjungierte ebenso viele Zeilen hat wie die ursprüngliche Matrix Spalten, und umgekehrt. Wenn also für eine Matrix $A = A^\dagger$ gilt, ist sie notwendig quadratisch.

Schreibt man nun eine quadratische Matrix A als Übermatrix mit den Diagonal-Teilungszahlen g_r,

$$(20)\qquad A = (A^{(r,s)}), \quad A^{(r,s)} = (A^{(r,s)}_{\varrho,\sigma}), \quad \begin{matrix} \varrho = 1, 2, \ldots g_r, \\ \sigma = 1, 2, \ldots g_s, \end{matrix}$$

so entsteht die Frage, wie die transponierte und die adjungierte Übermatrix aussieht.

Offenbar hat man

$$(21)\qquad \tilde{A} = (\tilde{A}^{(r,s)}) = (\widetilde{A^{(s,r)}}), \quad \widetilde{A^{(s,r)}_{\varrho,\sigma}} = A^{(s,r)}_{\sigma,\varrho},$$

also auch

$$(22)\qquad A^\dagger = (A^{\dagger\,(r,s)}) = (A^{(s,r)\,\dagger}), \quad A^{(s,r)\dagger}_{\sigma,\varrho} = A^{(s,r)*}_{\varrho,\sigma}.$$

Ist A *hermitisch,* so folgt für die Untermatrizen:

$$(23)\qquad A^{(r,s)} = A^{(s,r)\dagger};$$

insbesondere sind die Diagonal-Untermatrizen selbst hermitisch:

$$(24)\qquad A^{(r,r)} = A^{(r,r)\dagger}.$$

Für eine *unitäre Übermatrix* $U = U^{(r,s)}$ hat man:

$$(25)\qquad \sum_t U^{(r,t)}\, U^{(s,t)\dagger} = \sum_t U^{(t,r)\dagger}\, U^{(t,s)} = \delta_{rs}\, E^{(r)},$$

wo $E^{(r)}$ die g_r-dimensionale Einheitsmatrix ist.

Handelt es sich insbesondere um eine unitäre Stufenmatrix $U = (U^{(r)}\delta_{rs})$, so folgt aus (25)

$$U^{(r)}U^{(r)\dagger} = U^{(r)\dagger}U^{(r)} = E^{(r)}, \tag{26}$$

d. h. die Diagonal-Untermatrizen sind selbst unitär.

§ 7. Matrizenfunktionen. Aus Matrizen $X_1, X_2, \ldots X_f$, die man sich als variabel vorstellt, kann man durch endlich viele Additionen und Multiplikationen Polynome mit Zahlenkoeffizienten

$$P(X_1, X_2, \ldots X_f) = \sum_{\nu} \sum_{n_1 n_2 \ldots n_\nu} c^{(\nu)}_{n_1 n_2 \ldots n_\nu} X_{n_1} X_{n_2} \ldots X_{n_{\nu-1}} X_{n_\nu} \tag{1}$$

bilden; dabei ist $n_1, n_2, \ldots n_\nu$ irgend eine Anordnung der Zahlen $1, 2, \ldots f$ mit Wiederholungen und ν kennzeichnet den Grad des betreffenden Gliedes[1].

Wir definieren das *adjungierte Polynom* durch

$$P^\dagger(X_1, X_2, \ldots X_f) = \sum_{\nu} \sum_{n_1 n_2 \ldots n_\nu} c^{(\nu)*}_{n_1 n_2 \ldots n_\nu} X_{n_\nu} X_{n_{\nu-1}} \ldots X_{n_2} X_{n_1}, \tag{2}$$

d. h. durch die Regel: *Man kehre in allen Gliedern die Reihenfolge der Matrixfaktoren um und ersetze die Zahlenkoeffizienten durch ihre konjugiert komplexen Werte.*

Das Polynom (2) hat offenbar nach § 6, (3), (4) die Eigenschaft, daß es die zur Matrix $P(X_1, \ldots X_f)$ adjungierte Matrix darstellt, wenn man in $P^\dagger(X_1, \ldots X_f)$ die adjungierten Argumentmatrizen $X_1^\dagger, \ldots X_f^\dagger$ einsetzt:

$$P^\dagger(X_1^\dagger, X_2^\dagger, \ldots X_f^\dagger) = (P(X_1, X_2, \ldots X_f))^\dagger. \tag{3}$$

Das Polynom $P(X_1, \ldots X_f)$ heißt *sich selbst adjungiert*, wenn identisch in den $X_1, X_2, \ldots X_f$

$$P^\dagger(X_1, \ldots X_f) = P(X_1, \ldots X_f) \tag{4}$$

ist. Dann ist nämlich für sich selbst adjungierte, d. h. hermitische Argumentmatrizen $X_1^\dagger = X_1, \ldots X_f^\dagger = X_f$:

$$\begin{aligned} (P(X_1, \ldots X_f))^\dagger &= P^\dagger(X_1^\dagger, \ldots X_f^\dagger), \\ &= P^\dagger(X_1, \ldots X_f), \\ &= P\ (X_1, \ldots X_f). \end{aligned}$$

[1] Diese Schreibweise ist nötig, weil die Matrizen X_k im allgemeinen nicht kommutativ sind.

Ausgehend von den Polynomen kann man durch Grenzübergang zu unendlichen Potenzreihen — falls sie konvergieren — allgemeinere *Matrizenfunktionen* definieren:

$$f(X_1, \ldots X_f).$$

Für diese gilt der

Satz 1: *Ersetzt man in einer Matrizenfunktion* $f(X_1, \ldots X_f)$ *die Argumente durch*

$$Y_1 = T^{-1} X_1 T, \ldots Y_f = T^{-1} X_f T, \tag{5}$$

wo T *eine beliebige Matrix ist, so geht die Funktion über in*

$$f(Y_1, \ldots Y_f) = T^{-1} f(X_1, \ldots X_f) T. \tag{5a}$$

Die Behauptung ist offenbar richtig, wenn f eine Summe $X_1 + X_2$ oder ein Produkt $X_1 X_2$ ist:

$$T^{-1} X_1 T + T^{-1} X_2 T = T^{-1} (X_1 + X_2) T,$$
$$T^{-1} X_1 T \cdot T^{-1} X_2 T = T^{-1} X_1 X_2 T.$$

Daher gilt sie auch für Polynome und überträgt sich von da durch Grenzübergang auf beliebige Potenzreihen.

Auch die Begriffe der *adjungierten Funktion* und der *Sichselbstadjungiertheit* übertragen sich sofort auf beliebige Funktionen. Matrixfunktionen *vertauschbarer* Argumente, definiert durch die Potenzreihe

$$f(X_1, \ldots X_f) = \sum_{n_1 \ldots n_f} c_{n_1 \ldots n_f} X_1^{n_1}, \ldots X_f^{n_f}, \tag{6}$$

sind offenbar sich selbst adjungiert, wenn die Koeffizienten c *reell* sind. Speziell ist jede Funktion eines Arguments mit reellen Koeffizienten

$$f(X) = \sum_n c_n X^n \tag{7}$$

sich selbst adjungiert. Als Beispiel einer solchen betrachten wir die *Exponentialfunktion*

$$e^X = \sum_{n=0}^{\infty} \frac{X^n}{n!}. \tag{8}$$

Wenn X und Y *vertauschbare* Matrizen sind, so gilt offenbar, wie bei Zahlen

$$e^X e^Y = e^{X+Y}. \tag{9}$$

Da X und $-X$ vertauschbar sind, und nach (8) $e^0 = 1$ ist, so folgt aus (9), daß e^{-X} die Reziproke zu e^X ist.

Ist A eine hermitische Matrix, so ist es auch e^A wegen der Selbstadjungiertheit der Funktion e^X. Dagegen ist e^{iA} unitär; denn aus $A = A^\dagger$ folgt $(e^{iA})^\dagger = e^{-iA^\dagger} = e^{-iA}$. Wir werden nachher die Umkehrung beweisen, daß jede unitäre Matrix sich durch eine hermitische A in der Form $U = e^{iA}$ darstellen läßt.

Man kann auch auf andere Weise aus hermitischen Matrizen unitäre gewinnen und umgekehrt. Nach CAYLEY gilt z. B. folgendes: *Die Matrix*

$$U = \frac{1 - iA}{1 + iA} \tag{10}$$

ist dann und nur dann unitär, wenn A hermitisch ist. Dabei ist die Schreibweise als Bruch erlaubt, weil Zähler und Nenner als Funktionen derselben Matrix vertauschbar sind. Man hat nach (3)

$$U^\dagger = \frac{1 + iA^\dagger}{1 - iA^\dagger}; \tag{11}$$

also folgt für $A = A^\dagger$ in der Tat

$$UU^\dagger = U^\dagger U = 1.$$

Man kann ferner die Gleichung (10) auflösen und hat

$$A = i\frac{U - 1}{U + 1}, \quad A^\dagger = -i\frac{U^\dagger - 1}{U^\dagger + 1}; \tag{12}$$

daraus folgt für $U^\dagger = U^{-1}$ auch $A = A^\dagger$. Nach (12) kann *jede* unitäre Matrix U in der Form (10) geschrieben werden, abgesehen von den singulären Fällen, bei denen $U + 1$ keine Reziproke hat. Die Formel (10) zeigt daher, wieviele *unabhängige Parameter* eine unitäre Matrix enthält: Nämlich ebensoviele, wie eine hermitische Matrix von gleich vielen Zeilen und Spalten. Ist f deren Anzahl, so stehen

$$\tfrac{1}{2} f(f - 1)$$

komplexe Zahlen oberhalb der Diagonale und f reelle Zahlen in der Diagonale; im ganzen hat man also $f(f-1) + f = f^2$ reelle Konstanten.

An die hier entwickelte Matrizenalgebra kann man eine *Matrizenanalysis* anschließen. Differentiationsartige Prozesse kann man natürlich in mannigfaltiger Weise definieren. Hier kommt vor allem der einfachste solche Prozeß in Betracht, bei dem die Variation der unabhängigen Matrixvariabeln nur in der Diagonale vorgenommen wird. Ist $f(x, y, z, \ldots)$ eine Funktion der unabhängigen Matrizen $x, y, z, \ldots$, so definieren wir als *partielle Ableitung nach* x:

$$\frac{\partial f}{\partial x} = \lim_{a \to 0} \frac{f(x + aE, y, z, \ldots) - f(x, y, z, \ldots)}{a}; \tag{13}$$

dabei ist a eine gewöhnliche Zahl[1].

Hiernach ist z. B.

$$\begin{aligned} \frac{dx}{dx} &= E = 1, \\ \frac{dx^2}{dx} &= \left(\lim_{a \to 0} \frac{1}{a} \sum_k \left\{(x_{nk} + a\delta_{nk})(x_{km} + a\delta_{km}) - x_{nk} x_{km}\right\}\right) \\ &= (2x_{nm}) = 2x. \end{aligned} \tag{14}$$

Man sieht, daß die gewöhnlichen Regeln für die Differentiation von Summen und Produkten gelten, wobei man nur zu beachten hat, daß die Reihenfolge der Faktoren gewahrt bleibt:

$$\left\{ \begin{aligned} \frac{\partial}{\partial x}(f + g) &= \frac{\partial f}{\partial x} + \frac{\partial g}{\partial x}, \\ \frac{\partial}{\partial x} fg &= f \frac{\partial g}{\partial x} + \frac{\partial f}{\partial x} g. \end{aligned} \right. \tag{15}$$

[1] Man kann nach einer Bemerkung von REICHENBACH die Definition (13) auch durch folgende ersetzen: Man bilde aus den Matrixelementen f_{nm} von f, welche Funktionen der Matrixelemente x_{kl} von x sind, zunächst die Ableitungen $\frac{\partial f_{nm}}{\partial x_{kl}}$. Man erhält dann das Element $\left(\frac{\partial f}{\partial x}\right)_{nm}$ von $\frac{\partial f}{\partial x}$, indem man über $k = l$ summiert:

$$\left(\frac{\partial f}{\partial x}\right)_{nm} = \sum_k \frac{\partial f_{nm}}{\partial x_{kk}}.$$

Wenn man aber statt dessen definitionsgemäß

$$\left(\frac{\partial f}{\partial x}\right)_{nm} = \sum_k \frac{\partial f_{kk}}{\partial x_{mn}}.$$

setzt, so bekommt man eine andere Differentiation, deren Gesetze gleichfalls verschiedentlich untersucht worden sind. (Vgl. BORN, M. u. P. JORDAN: Z. Phys. Bd. 34, S. 858. 1925; BORN, M., W. HEISENBERG u. P. JORDAN: Z. Phys. Bd. 35, S. 557. 1926. LANCZOS, K.: Z. Phys. Bd. 36, S. 401. 1926. LONDON, F.: Z. Phys. Bd. 37, S. 915. 1926.) Erwähnt sei lediglich, daß für diese „Differentiation zweiter Art“ die Formel (16) des Textes erhalten bleibt, dagegen (15) i. A. nicht.

Die erste von diesen Gleichungen ist trivial, die zweite ergibt sich genau wie in der gewöhnlichen Analysis aus der Umformung

$$\begin{aligned} & f(x + aE, y \ldots)\; g(x + aE, y \ldots) - f(x, y \ldots)\; g(x, y \ldots) \\ = & f(x + aE, y \ldots)\{g(x + aE, y \ldots) - g(x, y \ldots)\} \\ - & \{f(x + aE, y \ldots) - f(x, y \ldots)\}\; g(x, y \ldots). \end{aligned}$$

Aus (15) sieht man, daß die gewöhnliche Regel für die Differentiation von Potenzen

$$\frac{d x^n}{d x} = n x^{n-1} \tag{16}$$

gilt. Daher kann man auch Polynome und (gleichmäßig konvergente) Potenzreihen von Matrizen in gewöhnlicher Weise differenzieren. Z. B. erhält man für die durch (8) definierte Exponentialfunktion durch gliedweise Differentiation der Reihe

$$\frac{d e^x}{d x} = e^x . \tag{17}$$

Wir bemerken noch, daß *keine* einfache Regel für die Differentiation einer Funktion von Funktionen gilt, wie in der Zahlenanalysis. Ist z. B.

$$F(f(x),\; \varphi(x),\; \psi(x)) = f(x) \cdot \varphi(x) \cdot \psi(x),$$

so folgt aus (15)

$$\frac{dF}{dx} = \frac{df}{dx}\varphi\psi + f\frac{d\varphi}{dx}\psi + f\varphi\frac{d\psi}{dx},$$

und hier läßt sich im allgemeinen das mittlere Glied nicht als Produkt von $\frac{d\varphi}{dx}$ mit der partiellen Ableitung $\frac{\partial F}{\partial \varphi} = f\psi$ schreiben. Dieselbe Bemerkung gilt übrigens auch für die früher [§ 4, (25)] definierte Differentiation nach einem Parameter, da diese offenbar ein Spezialfall der allgemeinen Matrizendifferentiation ist; endlich ist sie auch anzuwenden auf die in (13), Kap. I § 3 definierte Differentiation nach der *Zeit*, da diese formal als Differentiation nach einer als Parameter betrachteten Größe t dargestellt werden kann.

§ 8. Einzelmatrizen. Als Beispiel für die im vorstehenden entwickelten Begriffsbildungen betrachten wir eine besondere Klasse von hermitischen Matrizen, die *Einzelmatrizen*[1]; unter ihnen kommen die Nullmatrix und die Einheitsmatrix als Sonderfälle vor, und sie haben sämtlich mit diesen die Eigenschaft gemein, daß sie mit ihrem Quadrat übereinstimmen. Wir definieren also eine *Einzelmatrix* F durch die Forderungen

$$F^\dagger = F, \quad F^2 - F = F(1 - F) = 0. \tag{1}$$

Allgemeinere Beispiele als $F = 0$ und $F = E$ erhält man, indem man Diagonalmatrizen bildet, deren Diagonalelemente teilweise gleich 1 und teilweise gleich 0 sind. Diese besitzen offenbar keine Reziproke, außer im Falle der Einheitsmatrix, wo keine Null in der Diagonale vorkommt. Das gilt allgemein; denn wenn es zu einer Einzelmatrix F_1 eine andere Matrix A gibt, so daß

$$F_1 A = E$$

ist, so folgt

$$F_1 = F_1 E = F_1^2 A = F_1 A = E.$$

Dies Resultat formulieren wir als ersten einer Reihe einfacher Sätze über Einzelmatrizen:

α) *Wenn eine Einzelmatrix eine Reziproke hat, so ist sie die Einheitsmatrix.*

β) *Mit F ist auch $1 - F$ eine Einzelmatrix und umgekehrt.*

Denn es wird ja

$$(1 - F)^2 = 1 - 2F + F^2 = 1 - F$$

und andererseits

$$1 - (1 - F) = F.$$

γ) *Das Produkt zweier Einzelmatrizen $F_1 F_2$ ist dann und nur dann wieder eine Einzelmatrix, wenn F_1, F_2 vertauschbar sind.*

Denn erstens ist die Vertauschbarkeit nach § 6, (6) notwendig und hinreichend bereits dafür, daß $F_1 F_2$ hermitisch ist. Zweitens hat man dann

$$(F_1 F_2)^2 = F_1 F_2 F_1 F_2 = F_1^2 F_2^2 = F_1 F_2.$$

δ) *Die Summe $F_1 + F_2$ ist dann und nur dann wieder eine Einzelmatrix, wenn $F_1 F_2 = 0$ ist (natürlich auch: wenn $F_2 F_1 = 0$ ist).*

[1] Von den Mathematikern auch als „idempotente" (hermitische) Matrizen bezeichnet.

Aus $F_1F_2 = 0$ folgt nämlich zunächst, daß auch $(F_1F_2)^2 = 0$, also F_1F_2 eine Einzelmatrix ist. Nach γ) ist $F_2F_1 = F_1F_2 = 0$. Somit wird daher

$$(F_1 + F_2)^2 = F_1^2 + F_2^2 + F_1F_2 + F_2F_1 = F_1 + F_2 .$$

Umgekehrt folgt daraus, daß F_1, F_2 sowie $F_1 + F_2$ Einzelmatrizen sind, offenbar nach derselben Formel

$$F_1F_2 + F_2F_1 = 0 .$$

Multipliziert man dies hinten mit F_2, so erhält man

$$F_1F_2 + F_2F_1F_2 = 0$$

und daraus durch vordere Multiplikation mit F_2

$$F_2F_1F_2 + F_2F_1F_2 = 2F_2F_1F_2 = 0 .$$

Dies in die vorhergehende Gleichung eingesetzt, liefert

$$F_1F_2 = 0 , \qquad \text{w. z. b. w.}$$

ε) *Die Differenz $F_1 - F_2$ ist dann und nur dann wieder eine Einzelmatrix, wenn $F_1F_2 = F_2$ (oder, was nach γ) dasselbe bedeutet, $F_2F_1 = F_2$) ist.*

Nach β) ist nämlich $F_1 - F_2$ dann und nur dann Einzelmatrix, wenn $1 - (F_1 - F_2) = (1 - F_1) + F_2$ es ist; also ist nach δ) notwendig und hinreichend, daß $(1 - F_1)F_2 = 0$ oder $F_1F_2 = F_2$.

§ 9. Vektoren im HILBERT-Raum. Wir haben die Matrizen als Repräsentanten physikalischer Größen eingeführt. Nun liegt die Frage nahe, ob diese Beziehung eindeutig ist. In den ursprünglichen HEISENBERGschen Aufstellungen wurde in der Tat einer bestimmten physikalischen Größe nur eine, bis auf Phasenkonstanten [vgl. § 3, (11)] fest bestimmte Matrix zugeordnet. In späteren Entwicklungen (Kap. VI) wird sich jedoch eine etwas andere Auffassung bewähren: Jeder Größe ist nicht *eine* Matrix zugeordnet, sondern ein System von Matrizen, die auseinander durch „Transformation" hervorgehen. Man übersieht diese Transformationstheorie, deren mathematischen Teil wir hier zu entwickeln haben[1], am besten im Zusammenhange einer allgemeinen *Vektor-* und *Tensorrechnung*, ähnlich der, die in der Relativitätstheorie gebraucht wird.

---

[1] Unter Beschränkung auf Größen mit diskreten Eigenwerten. Vgl. die diesbezüglichen Bemerkungen § 4.

Wir denken uns einen Raum von zunächst endlich viel, etwa N Dimensionen (später werden wir die Betrachtungen auf unendlich viele Dimensionen übertragen). In diesem Raume soll ein Punkt bezüglich eines bestimmten Koordinatensystems Σ durch eine Reihe komplexer Zahlen $x_1, x_2, \ldots x_N$ als Koordinaten gegeben sein. Statt von einem „Punkt" werden wir meist von einem „Vektor" x mit den Komponenten $x_1, x_2, \ldots$ sprechen.

Wir nennen den betrachteten Raum einen *affinen* Vektorraum, wenn die Einführung eines neuen Koordinatensystems Σ' durch lineare Gleichungen der Form

(1) $$x_n = \sum_k A_{nk} x'_k$$

erfolgt; dabei sind die A_{nk} die Elemente einer Matrix A, die eine *Reziproke* A^{-1} besitzt. Statt (1) schreiben wir auch kurz

(2) $$x = A x'.$$

Der Vektor x im affinen Raum ist also zu definieren als der *Inbegriff* der Komponentenreihen $x_1, x_2, \ldots$, die durch die Transformationen (1) ineinander übergehen.

Hat man ein weiteres Koordinatensystem Σ'', das mit Σ' durch die Transformation

(3) $$x'_k = \sum_m B_{km} x''_m \quad \text{oder} \quad x' = B x''$$

verknüpft ist, so erhält man durch Elimination von x' die Verknüpfung von Σ mit Σ'':

(4) $$x_n = \sum_{km} A_{nk} B_{km} x''_m = \sum_m (AB)_{nm} x''_m$$

oder

(5) $$x = A B x''$$

Die Matrixmultiplikation erscheint hier in natürlichster Weise als Zusammensetzung von Transformationsmatrizen. Doch werden wir sogleich noch andere Auffassungsweisen betrachten. Zunächst kann man die Gleichung (2) anders deuten, nicht als Koordinatentransformation desselben Vektors, sondern als *affine Abbildung des Vektorraums auf sich selbst.* Man wird dann besser schreiben

(6) $$y = A x,$$

wo jetzt x und y *verschiedene* Vektoren sind. Die Matrix A spielt dann die Rolle eines *Operators,* der aus dem Vektor x den Vektor y

erzeugt. Dann erscheint das Produkt AB als Aufeinanderfolge der Operationen: erst B, dann A, angewandt auf x. Diese Auffassung wird in einem späteren Teil des Buchs bevorzugt werden.

Hier werden wir eine dritte Deutung ins Auge fassen, die mit der Tensorrechnung zusammenhängt.

Wir spezialisieren den affinen Vektorraum durch Einführung einer *Metrik*, und zwar ist es eine der euklidischen Metrik nahe verwandte, aber dadurch unterschieden, daß man bei der Definition der Länge eines Vektors der komplexen Natur der Komponenten Rechnung tragen muß.

Als Vorbereitung führen wir einige gebräuchliche Begriffe ein.

Die *Summe* zweier Vektoren x und y ist der Vektor $x + y$ mit den Komponenten $x_n + y_n$. Diese Addition ist kommutativ und assoziativ. Das *skalare Produkt* zweier Vektoren x und y ist

$$(x, y) = \sum_n x_n y_n^* . \tag{7}$$

Außer wenn (x, y) reell ist, hängt der Wert von (x, y) von der *Reihenfolge* ab:

$$(y, x) = \sum_n y_n x_n^* = (x^*, y^*) = (x, y)^* . \tag{8}$$

Zwischen beiden Operationen gilt das distributive Gesetz

$$(x + y, z) = (x, z) + (y, z) .$$

Wenn

$$(x, y) = 0 \tag{9}$$

ist, so sagen wir, die Vektoren x und y seien *senkrecht, normal oder orthogonal* zueinander.

Die Gesamtheit aller auf einem festen Vektor a normalen Vektoren x, für die also $(a, x) = 0$ ist, erfüllen einen *linearen Unterraum* (*Hyperebene*) des gegebenen Vektorraumes; hat dieser endlich viele, etwa N Dimensionen, so hat der Unterraum $(a, x) = 0$ $N - 1$ Dimensionen. Durch eine Reihe von Gleichungen

$$(a_1, x) = 0, \quad (a_2, x) = 0, \quad \ldots \quad (a_n, x) = 0$$

wird, wenn diese linear unabhängig sind, ein Unterraum von $N - n$ Dimensionen festgelegt.

Das skalare Produkt eines Vektors mit sich selbst ist

$$(x, x) = \sum_n x_n x_n^* = \sum_n |x_n|^2 \geqq 0; \tag{10}$$

man nennt die reelle Größe

$$|x| = \sqrt{(x, x)} \tag{11}$$

die *Länge des Vektors* x.

Ersetzt man in (x, y) den Vektor x durch $A x$, wo A irgend eine Matrix bedeutet, so wird

$$(A x, y) = \sum_{mn} A_{mn} x_n y_m^* = (x, A^\dagger y) \tag{12}$$

eine zur Matrix A gehörige *Bilinearform*. Wenn A hermitisch, also $A = A^\dagger$ ist, hat die Form für $y = x$ reelle Werte; denn es ist nach (8) und (12)

$$(A x, x)^* = (x, A x) = (x, A^\dagger x) = (A x, x). \tag{13}$$

Solche *hermitische Formen*

$$(A x, x) = \sum_{mn} A_{mn} x_m^* x_n \tag{14}$$

verhalten sich in ihren Haupteigenschaften wesentlich wie reelle quadratische Formen. Man kann sie daher, wie diese, durch eine Fläche zweiter Ordnung veranschaulichen, deren Gleichung $(A x, x) = 1$ lautet. Nur muß man mit Rücksicht auf die komplexe Natur der Koeffizienten und Variabeln bei dem Gebrauch der geometrischen Ausdrucksweise eine gewisse Vorsicht walten lassen.

Transformiert man eine hermitische Form $(A x, x)$ auf neue Variable durch $x = S x'$, so erhält man nach (13)

$$(A x, x) = (A S x', S x') = (S^\dagger A S x', x') = (B x', x'), \tag{15}$$

wo also

$$B = S^\dagger A S \tag{16}$$

ist; diese Matrix ist nach § 6, (9a) wieder hermitisch:

$$B^\dagger = B. \tag{17}$$

Der Einheitsmatrix entspricht als hermitische Form das skalare Produkt eines Vektors mit sich selbst, oder die *Einheitsform* (10).

Durch die Transformation $x = S x'$ geht die Länge (11) nach (15) über in

$$\sqrt{(S^\dagger S x', x')}.$$

Umkehrbare Transformationen des Vektorraums bzw. Koordinatentransformationen $x = U x'$, die die *Länge invariant lassen*, heißen *hermitisch orthogonal* oder *unitär*; für sie gilt also

$$(x, x) = (U^{\dagger} U x', x') = (x', x') , \tag{18}$$

d. h. es muß

$$U^{\dagger} U = 1 \tag{19}$$

sein. Dies hat weiter

$$U U^{\dagger} = 1 \tag{19a}$$

zur Folge; man multipliziere nämlich (19) links mit U und dividiere rechts durch U, was wegen der vorausgesetzten Umkehrbarkeit statthaft ist. *Die Matrix U ist also in dem durch* § 6, (14) *definierten Sinne unitär.*

Ist U eine endliche Matrix, so braucht man zur Ableitung von (19a) aus (19) die Umkehrbarkeit nicht besonders vorauszusetzen [vgl. die Bemerkungen zu § 4, (19)]; bei unendlichen Matrizen aber muß die Umkehrbarkeit besonders vorausgesetzt werden, damit aus (19) auch (19a) folgt.

Als Beispiel einer unitären Transformation $x = U x'$ erwähnen wir die *Permutation der Variabeln*; wählt man nämlich für U die in § 6, S. 32 definierte *Permutationsmatrix*, so sind die Komponenten x_n bis auf die Reihenfolge mit den x'_n identisch.

Nunmehr sind wir in der Lage, die Metrik zu definieren. *Wir fordern, daß die Länge eines Vektors $\sqrt{(x, x)}$ invariant ist. Die zugelassenen Koordinatentransformationen sind infolgedessen die unitären.* Der so definierte Raum soll HILBERT-*Raum* genannt werden[1].

Zum Unterschiede von Vektoren und Tensoren im gewöhnlichen 3-dimensionalen Raum, wie sie in der Physik auftreten und die wir *Raumvektoren* und *Raumtensoren* nennen, sprechen wir im vieldimensionalen (bzw. ∞-dimensionalen) HILBERT-Raum von HILBERT-*Vektoren* und HILBERT-*Tensoren*. Letztere werden wir im folgenden Paragraphen untersuchen.

Die *Achsen* eines Koordinatensystems im HILBERT-Raum sind die Vektoren

$$e_1 = (1, 0, 0, \ldots 0), \quad e_2 = (0, 1, 0, \ldots 0), \quad \ldots \quad e_N = (0, 0, \ldots 1) . \tag{20}$$

[1] HILBERT hat nämlich in der Theorie der Integralgleichungen den euklidischen Raum von ∞ vielen Dimensionen mit großem Erfolge benutzt.

Sie bilden ein *vollständiges (normiertes) Orthogonalsystem*, d. h. es gilt

$$(e_k, e_l) = 0, \qquad |e_k|^2 = 1 \tag{21}$$

und *jeder* Vektor x $(x_1, \ldots x_N)$ ist linear durch die Achsenvektoren darstellbar:

$$x = x_1 e_1 + x_2 e_2 + \cdots + x_N e_N . \tag{22}$$

Außer diesem gibt es noch unendlich viele vollständige Orthogonalsysteme im HILBERT-Raum. Es gilt der Satz:

Im Raume von N Dimensionen seien n $(n \leqq N)$ linear unabhängige Vektoren $x_1, x_2, \ldots x_n$ gegeben. Dann kann man immer n linear unabhängige, lineare Kombinationen $y_1, \ldots y_n$ von $x_1, \ldots x_n$ wählen, die normiert und aufeinander orthogonal sind, d. h. den Gleichungen

$$(y_k, y_l) = \delta_{kl}, \qquad k, l = 1, \ldots n \tag{23}$$

genügen. Dazu bilde man aus den x_k der Reihe nach[1]

$$\left\{\begin{array}{ll} z_1 = x_1, & y_1 = \dfrac{z_1}{\sqrt{(z_1, z_1)}}, \\[2ex] z_2 = x_2 - (x_2, y_1)\, y_1, & y_2 = \dfrac{z_2}{\sqrt{(z_2, z_2)}}, \\[2ex] z_3 = x_3 - (x_3, y_1)\, y_1 - (x_3, y_2)\, y_2, & y_3 = \dfrac{z_3}{\sqrt{(z_3, z_3)}}, \\ \ldots\ldots\ldots\ldots & \ldots\ldots \end{array}\right. \tag{24}$$

Keiner der Vektoren z_k, also auch keiner der y_k $(k = 1, 2, \ldots n)$ kann identisch verschwinden, weil sonst eine lineare Beziehung zwischen den x_k bestände, gegen die Voraussetzung. Ferner sieht man, daß jedes z_k auf allen voraufgehenden y_l orthogonal ist; dasselbe gilt also auch für y_k, das überdies normiert ist.

Wenn $n = N$ ist, kann man keinen weiteren, von Null verschiedenen Vektor y finden, der zu allen $y_1, y_2, \ldots y_N$ orthogonal wäre. Denn y müßte (weil N die Dimensionszahl ist) linear von den $y_1, \ldots y_N$ abhängen, etwa $y = \sum_{k=1}^{N} c_k y_k$, und aus $(y, y_l) = 0$

[1] Das Verfahren stammt von E. SCHMIDT: Math. Ann. Bd. 63, S. 433. 1907.

folgt dann, da $(y_k, y_l) = \delta_{kl}$ ist: $c_k = 0$, $k = 1, 2, \ldots N$. Das System $y_1, y_2, \ldots y_N$ ist daher ein (normiertes) *vollständiges Orthogonalsystem.*

Jedes vollständige Orthogonalsystem $y_1, \ldots y_N$ kann man durch eine unitäre Transformation („Koordinatentransformation") in das System $e_1, e_2, \ldots e_N$ überführen.

Es sind jedenfalls alle y_k linear von den e_k abhängig und umgekehrt; man hat daher eine umkehrbare lineare Transformation

$$y_k = U e_k,$$

bei der die l-te Komponente des k-ten Vektors durch

$$y_{kl} = \sum_j U_{lj} \delta_{jk} = U_{lk}$$

gegeben ist. Die Komponenten von y_k bilden also die k-te Spalte der Matrix U. Ferner ist

$$(U^\dagger U)_{lk} = \sum_j U^\dagger_{lj} U_{jk} = \sum_j U^*_{jl} U_{jk} = \sum_j y_{kj} y^*_{lj} = (y_k, y_l) = \delta_{kl};$$

da U eine Reziproke hat, ist sie also nach § 6, (14) unitär.

Demnach können zwei vollständige Orthogonalsysteme $y_k = Ue_k$, $y'_k = U'e_k$ durch die unitäre Transformation UU'^{-1} ineinander übergeführt werden.

Die vollständigen Orthogonalsysteme sind also mit den Achsen aller erlaubten Koordinatensysteme im HILBERT-Raume identisch.

Wir leiten einen später viel benutzten Satz über einparametrige Scharen von Orthogonalsystemen ab.

Sei $H(t)$ eine hermitische, von dem Parameter t (den wir Zeit nennen wollen) abhängige Matrix, und $\varkappa$ eine rein-imaginäre Zahl. Ein Vektor $x(t)$ genüge der Differentialgleichung

$$\varkappa \dot{x} + H x = 0. \tag{25}$$

Wir behaupten zunächst, daß das skalare Produkt irgend zweier Lösungen $x_1(t)$, $x_2(t)$ von t unabhängig ist.

Multipliziert man nämlich

$$\varkappa \dot{x}_1 + H x_1 = 0, \qquad \varkappa \dot{x}_2 + H x_2 = 0$$

skalar mit x_2 bzw. x_1 und subtrahiert, so kommt

$$(\varkappa \dot{x}_1, x_2) - (x_1, \varkappa \dot{x}_2) + (H x_1, x_2) - (x_1, H x_2) = 0.$$

Nun ist nach (7)

$$(\varkappa \dot{x}_1, x_2) = \varkappa (\dot{x}_1, x_2), \qquad (x_1, \varkappa \dot{x}_2) = -\varkappa (x_1, \dot{x}_2),$$

und wegen $H = H^\dagger$

$$(x_1, H x_2) = (H x_1, x_2).$$

Also folgt

$$(\dot{x}_1, x_2) + (x_1, \dot{x}_2) = \frac{d}{dt}(x_1, x_2) = 0,$$

(26) $$(x_1, x_2) = \text{konst.}$$

Wenn also x_1, x_2 für einen bestimmten Wert von t orthogonal sind, so bleiben sie immer orthogonal. Daraus folgt der Satz:

Bilden die Lösungsvektoren $x_1, x_2, \ldots$ der Gleichung (25) *zu einer bestimmten Zeit t_0 ein Orthogonalsystem, so bilden sie zu jeder Zeit t ein Orthogonalsystem.* Gibt man zur Zeit t_0 ein vollständiges Orthogonalsystem $x_1^0, x_2^0, \ldots$ und bestimmt die Lösung $x_k(t)$, für die $x_k(t_0) = x_k^0$ wird, so bilden die Vektoren $x_1(t)$, $x_2(t), \ldots$ für beliebige Zeiten aus Stetigkeitsgründen ebenfalls ein *vollständiges* Orthogonalsystem[1]. Nach dem oben Bewiesenen gibt es also eine unitäre Matrix $U(t)$, so daß

(27) $$x_k(t) = U(t)\, x_k^0$$

ist.

Wir fügen noch eine Bemerkung an, die sich an die Eigenschaft der unitären Transformationen anknüpft, längentreu zu sein. Wir haben in § 6, (11) die *kontragredienten Matrizen* formal definiert. Man kann sie aber auch durch eine geometrische Forderung ähnlicher Art wie die Invarianz der Länge kennzeichnen. Dazu betrachtet man Abbildungen des Vektorraums auf sich selbst und stellt die Forderung, die simultane Transformation zweier Vektoren x und y zu finden, durch welche das *skalare Produkt* nicht geändert wird. Sei also

(28) $$X = A x, \quad Y = \breve{A} y$$

und man fordere

(29) $$(X, Y) = (A x, \breve{A} y) = (x, y),$$

[1] Vgl. auch Kap. III, § 22.

so schließt man zunächst auf

$$(30) \qquad (x, A^{\dagger} \breve{A}\, y) = (x, y)$$

und daraus auf

$$(31) \qquad A^{\dagger} \breve{A} = 1 \quad \text{oder} \quad A = (\breve{A}^{\dagger})^{-1}$$

in Übereinstimmung mit der in § 6, (11) gegebenen Definition.

§ 10. HILBERT-Tensoren und metrische Eigenschaften des HILBERT-Raums. Die Tensorrechnung im HILBERT-Raum ist der gewöhnlichen im euklidischen Raume sehr ähnlich, nur muß man darauf achten, daß alle Definitionen mit dem Auftreten komplexer Zahlen in der Längendefinition im Einklang sind.

Während sich ein HILBERT-Vektor mit den Komponenten x_n gemäß

$$(1) \qquad x_n = \sum_k U_{nk}\, x'_k$$

transformiert, so transformiert sich das System der komplex konjugierten Werte x_n^* der x_n gemäß

$$(1') \qquad x_n^* = \sum_l U_{nl}^*\, x_l'^* = \sum_l x_l'^*\, U_{ln}^{-1}.$$

Die Analogie zur gewöhnlichen Tensorrechnung tritt am deutlichsten zutage, wenn wir die x_n fernerhin als *kovariante Komponenten*, die sich gemäß (1′) transformierenden komplex konjugierten x_n^* dagegen als *kontravariante* Komponenten des Vektors bezeichnen. Statt x_n^* wollen wir demgemäß auch $x_{\underline{n}}$ schreiben.

Wir definieren allgemein einen *gemischten Tensor* $(r + s)$*-ter Stufe*: Er ist in einem bestimmten Koordinatensystem des HILBERT-Raumes darzustellen durch das Schema seiner *r-fach kovarianten und s-fach kontravarianten Komponenten*

$$A_{n_1 n_2 \ldots n_r \underline{m_1}\, \underline{m_2} \ldots \underline{m_s}},$$

die sich bei Änderung des Koordinatensystems transformieren wie die Produkte

$$x^{(1)}_{n_1}\, x^{(2)}_{n_2} \ldots x^{(r)}_{n_r}\, y^{(1)}_{\underline{m_1}}\, y^{(2)}_{\underline{m_2}} \ldots y^{(s)}_{\underline{m_s}}$$

der kovarianten Komponenten

$$x^{(1)}_{n_1},\ x^{(2)}_{n_2},\ \ldots\ x^{(r)}_{n_r}$$

von r Vektoren und der kontravarianten Komponenten

$$\overset{(1)}{y}_{\underline{m_1}},\ \overset{(2)}{y}_{\underline{m_2}},\ \ldots\ \overset{(s)}{y}_{\underline{m_s}}$$

von s weiteren Vektoren. D. h. also, es gilt:

$$(2)\quad \left\{\begin{aligned} &A_{n_1 \ldots n_r \underline{m_1} \ldots \underline{m_s}} \\ &= \sum_{\substack{k_1 \ldots k_r \\ l_1 \ldots l_s}} U_{n_1 k_1} \ldots U_{n_r k_r} A'_{k_1 \ldots k_r \underline{l_1} \ldots \underline{l_s}} U^{-1}_{\underline{l_1}\, \underline{m_1}} \ldots U^{-1}_{\underline{l_s}\, \underline{m_s}}. \end{aligned}\right.$$

Derselbe Tensor kann auch durch seine *adjungierten* (*s-fach kovarianten und r-fach kontravarianten*) *Komponenten*

$$(3)\qquad A^{\dagger}_{m_1 m_2 \ldots m_s \underline{n_1}\, \underline{n_2} \ldots \underline{n_r}} = A^{*}_{n_1 n_2 \ldots n_r \underline{m_1}\, \underline{m_2} \ldots \underline{m_s}}$$

dargestellt werden.

Eine auf Tensorkomponenten angewandte Operation heißt *kovariant*, wenn die entstehenden Größen wieder die Komponenten eines Tensors sind. Es gibt drei elementare kovariante Operationen:

Die *Addition* gleichartiger Tensoren:

$$(4)\qquad C_{n_1 \ldots n_r \underline{m_1} \ldots \underline{m_s}} = A_{n_1 \ldots n_r \underline{m_1} \ldots \underline{m_s}} + B_{n_1 \ldots n_r \underline{m_1} \ldots \underline{m_s}}.$$

Die (*direkte*) *Multiplikation* beliebiger Tensoren:

$$(5)\; C_{n_1 \ldots n_r \nu_1 \ldots \nu_\varrho \underline{m_1} \ldots \underline{m_s} \underline{\mu_1} \ldots \underline{\mu_\sigma}} = A_{n_1 \ldots n_r \underline{m_1} \ldots \underline{m_s}} B_{\nu_1 \ldots \nu_\varrho \underline{\mu_1} \ldots \underline{\mu_\sigma}}.$$

Die *Verjüngung* gemischter Tensoren; d. h. Summation über ein Paar gleich gesetzter Indizes, wo ein Index kovariant (nicht unterstrichen) und ein Index kontravariant (unterstrichen) ist. Also etwa:

$$(6)\qquad C_{n_2 \ldots n_r \underline{m_2} \ldots \underline{m_s}} = \sum_{n_1 = m_1} A_{n_1 n_2 \ldots n_r \underline{m_1}\, \underline{m_2} \ldots \underline{m_r}}.$$

Der kovariante Charakter dieser Bildungen leuchtet unmittelbar ein.

Die Tensoren erster Stufe sind die kovarianten bzw. kontravarianten Vektoren. Die *gemischten Tensoren zweiter Stufe*, also diejenigen mit einem kovarianten und einem kontravarianten Index, entsprechen den *Matrizen*: Die Komponenten $A_{n\underline{m}}$ des Tensors in einem bestimmten Koordinatensystem bilden eine Matrix $A = (A_{n\underline{m}})$, die bei unitären Transformationen des HILBERT-Raums zufolge (2) dem Transformationsgesetz

$$(7)\qquad A = U A' U^{-1}$$

unterworfen ist. Das Schema der adjungierten Komponenten liefert die zu A adjungierte Matrix $A^\dagger$:

$$A^\dagger_{m\underline{n}} = A^*_{n\underline{m}}.$$

Durch Verjüngung eines gemischten Tensors zweiter Stufe erhält man die invariante *Spur* der zugehörigen Matrizen A:

$$Sp\,A = \sum_{\underline{k}} A_{k\underline{k}}.$$

Aus zwei gemischten Tensoren zweiter Stufe, die in einem gewissen Koordinatensystem durch die Matrizen A, B dargestellt sein mögen, erhält man durch direkte Multiplikation und nachfolgende Verjüngung einen neuen gemischten Tensor zweiter Stufe. Dabei gibt es zwei Möglichkeiten (Verjüngung nach dem einen oder dem andern Indexpaar); die Matrix des neuen Tensors ist das Produkt AB oder BA der ursprünglichen Matrizen:

$$(8)\qquad (A\,B)_{n\underline{m}} = \sum_k A_{n\underline{k}} B_{k\underline{m}}\,; \quad (B\,A)_{n\underline{m}} = \sum_k A_{k\underline{m}} B_{n\underline{k}}.$$

Alle Sätze des § 7 über *Matrixfunktionen* bleiben infolge des Satzes 1, § 7 für die entsprechenden Tensorfunktionen bestehen. Insbesondere ist z.B. die Definitionsgleichung der Einzelmatrizen $F^2 = F$ kovariant, und da auch die Bedingung der Hermitizität kovariant ist, besitzen die durch $F^2 = F = F^\dagger$ definierten *Einzeltensoren* in jedem Koordinatensystem eine Einzelmatrix als Komponentenschema. Insbesondere ist das Komponentenschema des *invarianten Einheitstensors* in jedem Koordinatensystem gleich der *Einheitsmatrix*.

Die *Determinante* einer Matrix ist (falls sie existiert) eine Invariante des zugehörigen Tensors, da

$$\text{Det}\,(U^{-1} A\, U) = \text{Det}\,(U^{-1})\,\text{Det}\,(A)\,\text{Det}\,(U) = \text{Det}\,(A)\,.$$

Durch *direkte Multiplikation eines kovarianten und eines kontravarianten Vektors* erhält man einen gemischten Tensor zweiter Stufe

$$(9)\qquad C_{n\underline{m}} = x_n\, y_{\underline{m}} = x_n\, y^*_m.$$

Wir schreiben symbolisch

$$(9\text{a})\qquad C = x \times y\,.$$

Nachfolgende Verjüngung liefert das skalare Produkt (x, y). Durch Multiplikation eines gemischten Tensors zweiter Stufe mit einem Vektor und nachfolgende Verjüngung ergibt sich ein neuer Vektor Ax mit den Komponenten:

$$(A\,x)_n = \sum_k A_{n\underline{k}}\, x_k\,.$$

Die Bilinearform endlich

$$(A\,x, y) = \sum_{kl} A_{k\underline{l}}\, x_l\, y_{\underline{k}} = \sum_{kl} A_{k\underline{l}}\, x_l\, y_k^*$$

entsteht z. B. durch zweimalige Verjüngung des direkten Produktes von A mit dem Tensor C in (9).

Wir wollen jetzt einige metrische Eigenschaften des HILBERT-Raums ins Auge fassen.

Das skalare Produkt erfüllt folgende *Ungleichungen*:

$$|(x, y)| \leqq \sqrt{(x, x)\cdot(y, y)} = |x|\cdot|y|, \tag{10}$$

$$|x + y| \leqq |x| + |y|, \tag{11}$$

von denen die erste die SCHWARZ*sche Ungleichung* genannt wird. Um sie zu beweisen, bilde man mit Hilfe zweier reeller Zahlen α, β

$$|\alpha x + \beta y|^2 = \alpha^2 (x, x) + \alpha\beta\{(x, y) + (y, x)\} + \beta^2 (y, y)\,.$$

Die linke Seite ist $\geqq 0$, also muß die Diskriminante der rechtsstehenden quadratischen Form

$$(x, x)\cdot(y, y) - \tfrac{1}{4}\{(x, y) + (y, x)\}^2 \geqq 0$$

sein, oder mit $(x, y) = \xi + i\eta$, $(y, x) = \xi - i\eta$:

$$\xi \leqq |x|\cdot|y|\,.$$

Ersetzen wir hier x durch $e^{i\varphi}x$, wo φ reell ist, so bleibt die rechte Seite ungeändert, während $\xi = \frac{1}{2}\{(x, y) + (y, x)\}$ in

$$\tfrac{1}{2}\{e^{i\varphi}(x, y) + e^{-i\varphi}(y, x)\} = \xi\cos\varphi - \eta\sin\varphi$$

übergeht. Also gilt für alle φ

$$\xi\cos\varphi - \eta\sin\varphi \leqq |x|\cdot|y|\,.$$

Das Maximum der linken Seite ist

$$\sqrt{\xi^2 + \eta^2} = |(x, y)|,$$

also gilt in der Tat die Ungleichung (10). Ferner haben wir

$$\begin{aligned}(x+y, x+y) &= (x,x) + (x,y) + (y,x) + (y,y)\\ &= (x,x) + 2\,\xi + (y,y)\\ &\leqq (x,x) + 2\sqrt{(x,x)\,(y,y)} + (y,y)\\ &= \left\{\sqrt{(x,x)} + \sqrt{(y,y)}\right\}^2\end{aligned}$$

und daraus folgt (11) durch Wurzelziehen.

Eine hermitische Form und die zugehörige Matrix A heißen *positiv definit* (kurz: definit), wenn die Form für alle Vektoren x von endlicher Länge, etwa der Länge 1, nur positive Werte annimmt:

$$(A\,x, x) > 0 \quad \text{für} \quad (x,x) = 1\,. \tag{12}$$

Läßt man auch den Wert Null für die Form zu, so nennt man sie *semidefinit. Die Einheitsform ist trivialer Weise positiv definit. Die Summe zweier definiter Formen ist wieder definit.* Ferner gilt: *Ist A eine beliebige Matrix, so ist $AA^\dagger$ semidefinit,* denn

$$(A\,A^\dagger x, x) = (A^\dagger x, A^\dagger x) \geqq 0\,.$$

Daraus folgt weiter, daß $AA^\dagger = 0$ *nur für* $A = 0$ stattfindet; denn für $AA^\dagger = 0$ gilt identisch in x

$$0 = (A\,A^\dagger x, x) = (A^\dagger x, A^\dagger x),$$

also ist $A^\dagger x = 0$ identisch in x, was $A^\dagger = 0$, mithin $A = 0$, zur Folge hat.

Ist A eine hermitische semidefinite Matrix, so gilt für irgend zwei Vektoren x, y

$$|(x, Ay)| \leqq \sqrt{(x, A\,x)\,(y, Ay)}\,. \tag{13}$$

Der Beweis verläuft ganz analog dem der Formel (10). Man bilde die quadratische Form

$$\begin{aligned}(\alpha\,x + \beta\,y, A(\alpha\,x + \beta\,y)) = \alpha^2 (x, A\,x) + \alpha\beta\{(x, A\,y) + (y, A\,x)\}\\ + \beta^2 (y, A\,y)\end{aligned}$$

mit irgend zwei reellen Zahlen α, β; diese ist $\geqq 0$, wenn A semidefinit ist. Folglich ist die Diskriminante

$$(x, A\,x)\cdot(y, A\,y) - \tfrac{1}{4}\{(x, A\,y) + (y, A\,x)\}^2 \geqq 0\,.$$

Setzt man nun $(x, A y) = \xi + i\eta$, so ist wegen $A = A^\dagger$

$$(y, A x) = (A y, x) = (x, A y)^* = \xi - i\eta;$$

also hat man

$$\xi^2 \leqq (x, A x) \cdot (y, A y).$$

Ersetzt man nun wieder x durch $e^{i\varphi} x$ mit reellem φ, so erhält man wie oben, S. 52,

$$\xi^2 + \eta^2 = |(x, A y)|^2 \leqq (x, A x) \cdot (y, A y)$$

und daraus (13).

Als Korrolar folgt hieraus:

Wenn A eine hermitische, semidefinite Matrix ist und für einen Vektor $A y \neq 0$ ist, so ist

$$(y, A y) > 0. \tag{14}$$

Es ist nämlich jedenfalls $(y, A y) \geqq 0$; wäre aber $(y, A y) = 0$, so würde aus (13) die Beziehung $(x, A y) = 0$ für jeden Vektor x folgen, also $A y = 0$ gegen die Voraussetzung.

§ 11. Hauptachsentransformation der hermitischen Formen. Die Analogie der hermitischen Formen mit den reellen quadratischen Formen führt zu der Frage, ob es etwas der Hauptachsentransformation der Flächen 2. Ordnung Entsprechendes auch bei den hermitischen Formen gibt. Während der Übergang von einem reellen Koordinatensystem zu einem andern, dagegen gedrehten durch eine reelle orthogonale Transformation vermittelt wird, werden wir hier mit unitären Transformationen zu tun haben. Man wird also zu der Frage geführt: Gibt es eine unitäre Transformation $x = U y$, durch die die hermitische Form $(A x, x)$ in die Gestalt $(a y, y)$ gebracht wird, wo a eine Diagonalmatrix bedeutet? Oder geometrisch: Gibt es zu einem hermitischen Tensor 2. Stufe A ein Koordinatensystem, in dem die darstellende Matrix Diagonalform hat? Nach § 10, (7) hat dann U den Gleichungen

$$U^\dagger = U^{-1}, \qquad U^{-1} A U = a \tag{1}$$

zu genügen, wo $a = (a_n \delta_{nm})$ ist.

Schreibt man die letztere

$$A U = U a, \tag{2}$$

so bedeutet sie für die Elemente die Relation

$$\sum_k A_{nk} U_{km} = U_{nm} a_m . \tag{3}$$

Dies kann man auch als ein System von Vektorgleichungen lesen, indem man bemerkt, daß die Elemente U_{km} der m-ten Spalte von U die Komponenten eines Vektors U_m bilden, so daß die Gleichungen (3) sich in der Form

$$A U_m = a_m U_m \qquad m = 1, 2, \ldots \tag{4}$$

schreiben lassen. Transformiert man nämlich hierin A unitär auf ein andres Koordinatensystem mittels $A' = V^{-1} A V$, so geht (4) über in

$$V A' V^{-1} U_m = a_m U_m \quad \text{oder} \quad A' V^{-1} U_m = a_m V^{-1} U_m$$

und das hat wieder die Form (4), wenn man

$$U'_m = V^{-1} U_m \quad \text{oder} \quad U_m = V U'_m$$

setzt, d. h. U_m wie einen Vektor transformiert [s. § 9, (2)]. Alle diese Vektoren U_m sind offenbar wegen der Unitarität von U aufeinander normal. Die ursprüngliche Aufgabe ist also mit der Forderung äquivalent, eine Zahlenreihe $a_1, a_2, \ldots$ und ein System aufeinander normaler Vektoren $U_1, U_2, \ldots$ so zu bestimmen, daß die Vektorgleichungen (4) erfüllt sind. Diese haben die Form

$$A x = a x; \tag{5}$$

man hat zu untersuchen, ob es Zahlen a und Vektoren x gibt, die ihr genügen.

Im folgenden soll bis zu ausdrücklichem Widerruf angenommen werden, daß die Zahl der Dimensionen des betrachteten Vektorraumes *endlich*, gleich N ist. Dann bedeutet (5) für festes a ein System von N linearen, homogenen Gleichungen für die N Unbekannten $x_1, x_2, \ldots x_N$. Sie sind dann und nur dann lösbar, wenn die Determinante verschwindet:

$$\operatorname{Det}(A - aE) = \begin{vmatrix} A_{11} - a & A_{12} & \ldots & A_{1N} \\ A_{21} & A_{22} - a & \ldots & A_{2N} \\ \cdot & \cdot & \cdot & \cdot \\ A_{N1} & A_{N2} & \ldots & A_{NN} - a \end{vmatrix} = 0. \tag{6}$$

Das ist eine algebraische Gleichung N-ten Grades, die N Wurzeln $a = a_1, a_2, \ldots a_N$ hat, von denen auch einige gleich sein können; man nennt sie *Eigenwerte*, ihre Gesamtheit das *Spektrum* der Matrix bzw. Form A.

Die Eigenwerte sind reell; denn wenn a ein Eigenwert ist, dann ist (5) durch einen Vektor x erfüllt, und es folgt durch skalare Multiplikation mit x aus (5)

$$(A\,x,\, x) = a\,(x,\, x)\,. \tag{7}$$

a ist also als Quotient der beiden hermitischen Formen $(A\,x,\, x)$ und (x, x) eine reelle Zahl.

Unterwirft man x der unitären Transformation $x = U\,y$, so geht nach § 9, (16) A über in $B = U^{\dagger}\,A\,U = U^{-1}\,A\,U$; daher wird

$$\begin{aligned}\operatorname{Det}(B - a\,E) &= \operatorname{Det}(U^{-1}\,(A - a\,E)\,U)\\ &= \operatorname{Det}(U^{-1})\cdot\operatorname{Det}(A - a\,E)\cdot\operatorname{Det} U\,,\end{aligned}$$

also wegen $\operatorname{Det}(U^{-1}) = (\operatorname{Det} U)^{-1}$:

$$\operatorname{Det}(B - a\,E) = \operatorname{Det}(A - a\,E)\,. \tag{8}$$

Die Determinantengleichung (6) *ist also unitär invariant, mithin auch ihre Koeffizienten und ihre Wurzeln: die Eigenwerte* a_k, *einschließlich ihrer Vielfachheit.*

Unter den Koeffizienten, den elementarsymmetrischen Funktionen der Wurzeln, findet sich auch, als Faktor von a^{N-1}, die Spur der Matrix A [s. § 4, (21)]:

$$\sum_k a_k = \sum_n A_{n\,n} = Sp\,A\,. \tag{9}$$

Daß diese Größe invariant ist, ist ein Spezialfall des allgemeinen Satzes [§ 4, (23)], daß für beliebige Matrizen $Sp(B^{-1}\,A\,B) = Sp\,A$ gilt.

Nun können wir den Hauptsatz formulieren und durch vollständige Induktion beweisen.

Satz 1: *Es gibt eine unitäre Transformation*

$$x = U\,y\,, \qquad y = U^{-1}x = U^{\dagger}\,x\,, \tag{10}$$

durch welche die zur Matrix A gehörige hermitische Form auf eine Summe von Quadraten gebracht wird:

$$(A\,x,\, x) = (a\,y,\, y)\,, \qquad U^{-1} A\,U = a\,, \tag{11}$$

oder ausführlich:

$$\sum_{mn} A_{mn} x_m^* x_n = \sum_k a_k y_k y_k^* . \tag{11a}$$

Das Koordinatensystem, in dem der Tensor A durch die Diagonalmatrix a dargestellt wird, heißt Hauptachsensystem.

Es sei a_1 ein Eigenwert und x_1 ein zugehöriger Lösungsvektor der Gleichung (5),

$$A x_1 = a_1 x_1 , \qquad x_1 \neq 0 \tag{12}$$

den wir durch

$$(x_1, x_1) = 1$$

normieren. Den Einheitsvektor x_1 können wir (s. § 9) zu einem normierten vollständigen Orthogonalsystem $x_1, x_2, \ldots x_n$ ergänzen. Es sei U die unitäre Transformation, welche diese Vektoren x_i in das spezielle Orthogonalsystem e_i [s. § 9, (20)] überführt:

$$x_i = U e_i . \tag{13}$$

Dann ist nach § 6, (c) auch

$$A' = U^{-1} A U \tag{14}$$

hermitisch, und aus (12) folgt durch vordere Multiplikation mit U^{-1} und Beachtung von (13) und (14)

$$A' e_1 = a_1 e_1 .$$

Diese Gleichung besagt, daß die erste Zeile (und infolge der Hermitizität auch die erste Spalte) von A' so lautet:

$$a_1, 0, 0, \ldots 0 .$$

Somit hat A' die Form (als Übermatrix geschrieben):

$$A' = \begin{pmatrix} a_1 & 0 \\ 0 & \bar{A} \end{pmatrix}, \tag{15}$$

wo $\bar{A}$ eine $(N-1)$-dimensionale hermitische Matrix ist.

Nehmen wir nun an, daß der Satz 1 für $N-1$-dimensionale hermitische Matrizen, also insbesondere für $\bar{A}$ gilt. Dann gibt es eine unitäre Matrix $\bar{V}$ derart, daß

$$\bar{V}^{-1} \bar{A} \bar{V} = \begin{pmatrix} a_2 & 0 & \ldots & 0 \\ 0 & a_3 & \ldots & 0 \\ \cdot & \cdot & \cdot & \cdot \\ 0 & 0 & \ldots & a_N \end{pmatrix} \tag{16}$$

ist. Setzen wir (als Übermatrix)

$$V = \begin{pmatrix} 1 & 0 \\ 0 & \overline{V} \end{pmatrix}, \tag{17}$$

so ist nach (15) und (16)

$$V^{-1} A' V = (a_k \delta_{kl}). \tag{18}$$

Nach (14) ist aber

$$V^{-1} A' V = V^{-1} U^{-1} A U V = (U V)^{-1} A U V,$$

und mit U und $\overline{V}$ ist auch $U V$ unitär. Somit ist unter Voraussetzung der Gültigkeit des Satzes für $N-1$ eine unitäre Transformation gefunden, die die N-dimensionale hermitische Matrix A auf die Diagonalform bringt. Da der Satz für $N = 1$ trivial ist, so ist der Beweis erledigt.

Bezeichnen wir wieder die transformierende Matrix mit U, wie in (10), so kann man die Elemente U_{km} einer einzelnen Spalte m als Komponenten eines Vektors U_m auffassen. Diese Vektoren bilden offenbar ein vollständiges Orthogonalsystem und genügen den Gleichungen (4); sie heißen *Eigenvektoren* der hermitischen Matrix A. Sind mehrere, etwa g_r Eigenwerte einander gleich, so sprechen wir auch von einem *g_r-fachen Eigenwert*; zu einem solchen gehören offenbar *g_r linear unabhängige Eigenvektoren.*

Die in Satz 1 gegebene Darstellung einer hermitischen Form als Summe von Quadraten ist aber nicht vollständig eindeutig. Zwar sind die Eigenwerte a_k eindeutig bestimmt, da sie notwendig der Gleichung (6) genügen müssen; wenn es also zwei unitäre Transformationen $x = U_1 y$, $x = U_2 z$ gibt, die die Form $(A x, x)$ auf die Diagonalgestalt bringen, so muß

$$(a y, y) = (a z, z) \tag{19}$$

sein. Doch brauchen dazu U_1 und U_2 nicht identisch zu sein. Wir wollen die noch bleibende Willkür feststellen.

Durch Elimination von x erhält man eine Transformation von y nach z, die wieder unitär ist:

$$y = \mathring{U} z, \qquad \mathring{U} = U_1^{-1} U_2, \qquad \mathring{U} \mathring{U}^{\dagger} = 1. \tag{20}$$

Setzt man das in (19) ein, so folgt nach § 10, (7)

$$\mathring{U}^{-1} a \mathring{U} = a \tag{21}$$

oder

$$a\mathring{U} - \mathring{U}a = 0\,.$$

Das gibt für die Elemente die Relation:

$$(a_k - a_l)\,\mathring{U}_{kl} = 0\,.$$

Sobald also zu den Indizes k, l *verschiedene* Eigenwerte gehören, ist $\mathring{U}_{kl} = 0$ [s. auch § 5, (13)]. Wir bezeichnen nun die nach der Größe geordneten, *verschiedenen* Eigenwerte mit einem *oberen* Index r:

$$a^{(1)} < a^{(2)} < \cdots < a^{(M)} \qquad M \leqq N\,. \tag{22}$$

Die g_r Eigenwerte a_k, die gleich $a^{(r)}$ sind, unterscheiden wir durch einen zweiten Index $\varrho = 1, 2, \ldots g_r$. Dann können wir das über die Matrix $\mathring{U}$ gewonnene Resultat so aussprechen: $\mathring{U}$ muß durch Aneinanderreihen von M je g_r-reihigen Matrizen $U^{(r)}$ längs der Diagonalen entstehen, also eine *unitäre Stufenmatrix* [s. § 5, (7)] sein:

$$\mathring{U} = \begin{pmatrix} U^{(1)} & 0 & \ldots & 0 \\ 0 & U^{(2)} & \ldots & 0 \\ \cdot & \cdot & \cdot & \cdot \\ 0 & 0 & \ldots & U^{(M)} \end{pmatrix}. \tag{23}$$

Da $\mathring{U}$ unitär in N Dimensionen ist, sind es die $U^{(r)}$ in g_r Dimensionen.

Die unitäre Transformation (20) zerfällt also in M je g_r-dimensionale Transformationen, die man

$$y^{(r)} = U^{(r)} z^{(r)} \tag{24}$$

schreiben kann, wo die g_r-dimensionalen Vektoren $y^{(r)}$ die Komponenten $y_1^{(r)}, y_2^{(r)}, \ldots y_\varrho^{(r)}, \ldots y_{g_r}^{(r)}$ haben. Daß umgekehrt die Form

$$\sum_{k=1}^{N} a_k y_k y_k^* = \sum_{r=1}^{M} a^{(r)} \sum_{\varrho=1}^{g_r} y_\varrho^{(r)} y_\varrho^{(r)*} \tag{25}$$

gegen die Transformationen (24) invariant ist, leuchtet ein. Demnach gilt der

Satz 2: *Die unitäre Stufenmatrix* (23) *stellt die Willkür dar, die bei der Transformation auf Hauptachsen noch übrig bleibt.*

Um eine eindeutige Normalform zu erhalten, führen wir die *Einzelformen*

$$(E^{(r)}y, y) = \sum_{\varrho=1}^{g_r} y_\varrho^{(r)} y_\varrho^{(r)*} \tag{26}$$

ein, so genannt, weil ihre Matrix $E^{(r)}$ eine (N-dimensionale) Einzelmatrix ist, deren Elemente sämtlich Null sind, außer den zu $a^{(r)}$ gehörigen Diagonalelementen, die gleich 1 sind; daher gilt

$$E^{(r)}E^{(s)} = 0 \quad \text{für} \quad r \neq s. \tag{27}$$

Nun schreibt sich die Form A nach (25)

$$(Ax, x) = \sum_r a^{(r)} (E^{(r)}y, y) \tag{28}$$

oder, wenn man mittels $y = U^{-1}x$ zurücktransformiert, nach § 10, (7):

$$(Ax, x) = \sum_r a^{(r)} (UE^{(r)}U^{-1}x, x). \tag{29}$$

Nun ist mit $E^{(r)}$ auch

$$F^{(r)} = UE^{(r)}U^{-1} \tag{30}$$

eine Einzelmatrix als Darstellung desselben Einzeltensors im ursprünglichen Koordinatensystem (s. § 10). Ferner sind je zwei verschiedene der $F^{(r)}$ aufeinander „orthogonal", d. h. es gilt

$$F^{(r)}F^{(s)} = 0 \quad \text{für} \quad r \neq s, \tag{31}$$

wie sofort aus (27) folgt.

Man kann also die Formel (29) so schreiben:

$$(Ax, x) = \sum_r a^{(r)} (F^{(r)}x, x) \tag{32}$$

oder für die Matrizen:

$$A = \sum_r a^{(r)} F^{(r)}. \tag{32a}$$

Dieselben Überlegungen, angewandt auf die Einheitsform, liefern

$$(x, x) = \sum_r (F^{(r)}x, x), \tag{33}$$

oder

$$1 = \sum_r F^{(r)}. \tag{33a}$$

Damit ist eine eindeutige Normalform der hermitischen Matrix

(Form) A erreicht; wir sprechen das Resultat in kovarianter Form so aus:

Satz 3: *Zu den verschiedenen Eigenwerten $a^{(r)}$ eines hermitischen Tensors A gibt es ein System aufeinander orthogonaler Einzeltensoren $F^{(r)}$, deren Summe die Einheit ist und die erlauben, den Tensor eindeutig in die Gestalt*

$$A = \sum_r a^{(r)} F^{(r)}$$

zu bringen.

Man nennt das System der Tensoren $F^{(r)}$ die zum hermitischen Tensor A gehörige Zerlegung der Einheit.

Aus der Hauptachsendarstellung (11a) liest man folgenden Satz ab:

Satz 4: *Eine hermitische Form ist dann und nur dann positiv definit, wenn alle Eigenwerte a_k positiv sind.*

Wäre nämlich ein Eigenwert $a_l \leqq 0$, so könnte man alle Variabeln y_k gleich Null wählen, außer y_l und dies gleich 1; dann wäre $(x, x) = (y, y) = 1$ und $(A x, x) = a_l \leqq 0$.

Zusatz: *Eine hermitische Form ist semidefinit, wenn kein Eigenwert negativ ist.*

Alle diese Sätze gelten zunächst für endliche Matrizen und Formen von endlich vielen Variabeln. Die Übertragung auf unendliche Matrizen und Formen mit unendlich vielen Variabeln erfordert besondere Untersuchungen; wir werden darauf später von einem allgemeineren Standpunkte (dem der Operatorenrechnung) aus eingehen. Hier sei nur vorweg genommen, daß selbst unter sehr allgemeinen Voraussetzungen die Hauptsätze richtig bleiben, vor allem der Satz über die Zerlegbarkeit einer hermitischen Form in Einzelformen (die man bei endlichen Matrizen als „Hauptachsentransformation" bezeichnen kann), mit dem einzigen Unterschied, daß die Eigenwerte $a^{(r)}$ im allgemeinen außer einer diskontinuierlichen Wertereihe auch einen kontinuierlichen Bereich erfüllen können. Dann treten z. B. in den Formeln (32a), (33a), die die Zerlegung der Einheit für eine Form A darstellen, neben der Summe noch Integralbestandteile auf:

$$A = \sum_r a^{(r)} F^{(r)} + \int a\, dF(a),$$

$$1 = \sum_r F^{(r)} \qquad + \int dF(a),$$

wo $dF(a)$ differentielle Einzelformen sind. So wichtig gerade dieser Umstand für das Verständnis der physikalischen Tatsachen (kontinuierliche Spektren) ist, soll doch vorläufig von dieser Komplikation abgesehen werden. In der Tat gibt es weite Klassen unendlicher hermitischer Formen, die nur diskrete Eigenwerte, ein „Punktspektrum", haben.

Wir werden im folgenden bis auf weiteres voraussetzen, daß wir es mit endlichen oder solchen unendlichen Matrizen zu tun haben, die nur diskrete, abzählbare Eigenwerte besitzen.

§ 12. Extremaleigenschaften der Eigenwerte. Die geometrische Darstellung der reellen quadratischen Formen durch Flächen 2. Ordnung erlaubt es, die Eigenwerte (Hauptachsen) durch Extremaleigenschaften zu definieren. Fragt man nach dem größten Radiusvektor vom Nullpunkt nach der Fläche, d. h.

$$(x, x) = \text{Max.} \quad \text{für} \quad (A x, x) = 1,$$

so entspricht dieser offenbar dem kleinsten Eigenwert; denn man erhält nach § 11, (7) für $(A x, x) = 1$ als Länge des Radiusvektors

$$\sqrt{(x, x)} = \frac{1}{\sqrt{a}}.$$

Ist die größte Hauptachse gefunden, so kann man die nächstgrößte so charakterisieren: Man suche in der „Ebene", die auf der größten Hauptachse senkrecht ist, den größten Radiusvektor der Schnittfigur. In dieser Weise kann man der Reihe nach alle Eigenwerte erhalten.

All das läßt sich ohne weiteres auf die hermitischen Formen übertragen. Da aber hier die geometrische Sprechweise doch nur einen beschränkten Sinn hat, ist es bequemer, das Extremalproblem etwas anders zu formulieren, nämlich so, daß die Eigenwerte selbst als Minimalwerte erscheinen. Wir behaupten:

Der kleinste Eigenwert a_1 ist das Minimum der Form

$$(1) \qquad (A x, x) = (a y, y)$$

unter der Nebenbedingung

$$(2) \qquad (x, x) = (y, y) = 1.$$

Es ist nämlich für $a_1 \leqq a_k$ $(k = 2, 3, \ldots)$

$$(a y, y) = \sum_{k=1}^{N} a_k \, | y_k |^2 \geqq a_1 \sum_{k=1}^{N} | y_k |^2 ,$$

also wegen $\sum_{k=1}^{N} | y_k |^2 = (y, y) = 1$:

$$(a y, y) \geqq a_1 ,$$

und der Wert a_1 wird für den Vektor y mit den Komponenten $1, 0, 0, \ldots$ erreicht. Im x-Koordinatensystem hat dieser auf Grund der Transformationsgleichungen $x = U y$ die Komponenten $x_n = U_{n1}$, ist also identisch mit dem Vektor U_1.

Wir fügen nun die Nebenbedingung

$$(x, U_1) = 0 \tag{3}$$

hinzu und suchen wieder das Minimum der Form. Diese Nebenbedingung lautet im y-Koordinatensystem, wo U_1 die Komponenten $1, 0, 0, \ldots$ hat, einfach $y_1 = 0$. Die Form reduziert sich also auf

$$\sum_{k=2}^{N} a_k \, | y_k |^2$$

und hat als Minimum den kleinsten der übrigen Eigenwerte $a_2, a_3, \ldots$, der auch gleich a_1 sein kann. Der zugehörige Lösungsvektor ist $U_2 (0, 1, 0, 0, \ldots)$. Fügt man nun die weitere Nebenbedingung

$$(x, U_2) = 0 \quad \text{oder} \quad y_2 = 0 \tag{4}$$

hinzu, so erhält man als Minimum der Form den nächsten Eigenwert a_3 usw.

Satz 1: *Der kleinste Eigenwert der Form $(A x, x)$ ist ihr Minimum unter der Nebenbedingung $(x, x) = 1$; wird es für den Vektor $x = U_1$ erreicht, so ist der zweitkleinste Eigenwert das Minimum der Form unter den beiden Nebenbedingungen $(x, x) = 1$, $(U_1, x) = 0$. In analoger Weise erhält man alle Eigenwerte durch Hinzufügen der Nebenbedingungen $(U_2, x) = 0$, $(U_3, x) = 0 \ldots$, wo die Vektoren $U_2, U_3, \ldots$ jedesmal die vorangehende Minimalaufgabe lösen.*

Anstatt in dieser Weise die Eigenwerte durch eine Reihe von Minimalproblemen zu charakterisieren, von denen jedes die Kenntnis der Lösung der vorhergehenden voraussetzt, kann man auch direkt den k-ten Eigenwert in der nach ansteigender Größe geordneten Reihe $a_1 \leqq a_2 \leqq \cdots \leqq a_N$ als Lösung eines bestimmten Extremalproblems bestimmen. Nach R. COURANT[1] denke man sich außer der Nebenbedingung $(x, x) = 1$ noch $k - 1$ weitere lineare Bedingungen

$$(5) \qquad (x, \alpha_p) = 0, \qquad p = 1, 2, \ldots k - 1$$

vorgegeben. Man suche zunächst das Minimum der Form $(A\,x, x)$ bei allen diesen Nebenbedingungen; dieses wird eine Funktion der Vektoren α_p (mit den Komponenten $\alpha_{n\,p}$) sein. Sodann suche man dieses Minimum von $(A\,x, x)$ durch geignete Wahl der $\alpha_{n\,p}$ zum Maximum zu machen.

Bezogen auf die Hauptachsen hat man also zunächst

$$(6) \qquad (a\,y, y) = \sum_n a_n \,|\, y_n \,|^2 = \text{Min.},$$

$$(7) \qquad (y, y) = \sum_n |\, y_n \,|^2 = 1,$$

$$(8) \qquad (y, \beta_p) = \sum_n \beta_{n\,p}\, y_n = 0, \qquad p = 1, 2, \ldots k - 1.$$

Wählt man $y_{k+1} = \cdots = y_N = 0$, so ergeben sich aus (8) bei beliebigen $\beta_{n\,p}$ jedesmal $k - 1$ homogene Gleichungen für die k Unbekannten $y_1, \ldots y_k$; sie haben sicher eine Lösung, die nur bis auf einen Faktor bestimmt ist, und dieser kann so gewählt werden, daß (7) erfüllt ist. Für diese Werte wird

$$(a\,y, y) = \sum_{n=1}^{k} a_n \,|\, y_n \,|^2 \leqq a_k \sum_{n=1}^{N} |\, y_n \,|^2 = a_k.$$

Das zunächst gesuchte Minimum ist also für kein Wertsystem der $\beta_{n\,p}$ größer als a_k. Es wird aber gerade gleich a_k, wenn für (8) die Gleichungen

$$y_1 = \cdots = y_{k-1} = 0$$

genommen werden. So ergibt sich der

Satz 2: *Der k-te Eigenwert a_k der hermitischen Form $(A\,x, x)$ ist der größte Wert, den das Minimum von $(A\,x, x)$ annehmen kann, wenn dem Vektor x außer der Bedingung $(x, x) = 1$ noch vorgeschrieben wird, auf $k - 1$ beliebigen Vektoren α_p orthogonal zu sein*: $(x, \alpha_p) = 0$.

---

[1] R. COURANT hat die entsprechenden Betrachtungen für reelle quadratische Formen angestellt (s. etwa COURANT, R. u. D. HILBERT: Methoden der mathematischen Physik I, 1. Kap., § 4).

Auf Grund dieser Maximum-Minimum-Eigenschaft läßt sich besonders leicht übersehen, in welcher Weise die Eigenwerte sich verändern, wenn die Variabilität der x_k durch j unabhängige „Bindungen“

$$(9) \qquad (x, \gamma_m) = 0, \qquad m = 1, 2, \ldots, j$$

eingeschränkt wird, so daß sich $(A x, x)$ auf eine hermitische Form von $N - j$ unabhängigen Variabeln $(A'x, x)$ reduziert. Der k-te Eigenwert von $(A'x, x)$ entsteht durch dasselbe Maximum-Minimum-Problem, wobei nur der Bereich der zur Konkurrenz zugelassenen Wertsysteme $x_1, x_2, \ldots x_N$ durch (9) verengert ist. Daher unterschreitet das einzelne Minimum und somit auch der Eigenwert (als Maximalwert dieses Minimums) bei $(A'x, x)$ sicher nicht die entsprechende Größe bei $(A x, x)$.

Ferner ist a_{j+k} das größte Minimum, das $(A x, x)$ besitzen kann, wenn außer $(x, x) = 1$ noch $k + j - 1$ beliebige lineare Bedingungen für x vorgeschrieben sind, und daher sicher nicht kleiner als a_k', für welches j dieser Bedingungen durch die festen Gleichungen (9) dargestellt werden. Also ist

$$a_k \leqq a_k' \leqq a_{k+j},$$

oder in Worten:

Satz 3: *Geht eine hermitische Form $(A x, x)$ durch j Bedingungen $(x, \gamma_m) = 0$ in eine hermitische Form $(A'x, x)$ von $N - j$ Variabeln über, so sind die Eigenwerte $a_1', a_2', \ldots a_{N-j}'$ der letzteren nicht kleiner als die entsprechenden Zahlen der Reihe $a_1, a_2, \ldots a_{N-j}$ und nicht größer als die entsprechenden Zahlen der Reihe $a_{j+1}, \ldots a_N$.*

Anstatt ein Maximum-Minimum-Problem zur Kennzeichnung der Eigenwerte zu benutzen, kann man ebensogut ein Minimum-Maximum-Problem zum Ausgang nehmen. Man erhält dann wiederum die a_k, nur in umgekehrter Reihenfolge.

Diese Sätze gestatten, den Einfluß von „Bindungen“ auf die Lage der Eigenwerte abzuschätzen.

§ 13. Gleichzeitige Hauptachsentransformation vertauschbarer hermitischer oder unitärer Matrizen. Es seien eine Reihe von hermitischen Matrizen (Tensoren) $A^{(1)}, A^{(2)}, \ldots A^{(f)}$ gegeben, die alle untereinander vertauschbar sind:

$$(1) \qquad [A^{(k)}, A^{(l)}] = 0, \qquad k, l = 1, 2, \ldots f.$$

Wir zeigen, daß sie sich gleichzeitig auf Hauptachsen transformieren lassen.

Zunächst denke man sich $A^{(1)}$ auf die Diagonalform gebracht mit Hilfe der unitären Matrix U; es sei also

$$U^{-1} A^{(1)} U = a^{(1)} = (a_n^{(1)} \delta_{nm}) . \tag{2}$$

Zugleich gehe $A^{(2)}$ über in

$$U^{-1} A^{(2)} U = B^{(2)} . \tag{3}$$

U ist nur bis auf einen Faktor $\mathring{U}$ bestimmt; dabei ist $\mathring{U}$ die durch § 11, (23) dargestellte unitäre Stufenmatrix, deren Stufenlängen die Gewichte (Vielfachheiten) $g_r^{(1)}$ von $A^{(1)}$ sind. Aus (1) folgt nun für $k = 1$, $l = 2$

$$U^{-1} [A^{(1)}, A^{(2)}] U = 0 ,$$

$$[U^{-1} A^{(1)} U, \; U^{-1} A^{(2)} U] = 0 ,$$

$$[a^{(1)}, B^{(2)}] = 0 . \tag{4}$$

Das bedeutet aber

$$(a_n^{(1)} - a_m^{(1)}) B_{nm}^{(2)} = 0 . \tag{4a}$$

Folglich ist $B_{nm}^{(2)} = 0$, wenn $a_n^{(1)} \neq a_m^{(1)}$; wenn man $a^{(1)}$ als geordnete Diagonalmatrix (mit den Multiplizitäten $g_r^{(1)}$) wählt, ist also $B^{(2)}$ eine Stufenmatrix

$$B^{(2)} = \begin{pmatrix} B^{(2,1)} & 0 & \cdot & 0 & \cdots \\ 0 & & B^{(2,2)} & 0 & \cdots \\ \cdot & \cdot & \cdot & \cdot & \cdots \end{pmatrix} , \tag{5}$$

wobei $B^{(2,r)}$ eine $g_r^{(1)}$-reihige Matrix ist. $B^{(2)}$ ist also mit der durch § 11, (23) definierten unitären Matrix $\mathring{U}$ stufengleich. Daher kann man in U den noch willkürlichen Faktor $\mathring{U}$ so bestimmen, daß $B^{(2)}$ eine Diagonalmatrix $a^{(2)}$ wird. Dann hat man

$$U^{-1} A^{(2)} U = a^{(2)} = (a_n^{(2)} \delta_{mn}) . \tag{6}$$

Diese Schlußweise kann fortgesetzt werden: Die Transformationsmatrix U ist durch (2) und (6) noch nicht eindeutig bestimmt, sondern nur bis auf einen Faktor, dessen Elemente sämtlich verschwinden, wenn für die Indizes n, m entweder $a_n^{(1)} \neq a_m^{(1)}$ oder $a_n^{(2)} \neq a_m^{(2)}$ ist. Ist nun

$$U^{-1} A^{(3)} U = B^{(3)} , \tag{7}$$

so folgt aus der Vertauschbarkeit von $A^{(3)}$ mit $A^{(1)}$ und $A^{(2)}$ wie oben, daß auch die Elemente $B^{(3)}_{nm}$ verschwinden, wenn entweder $a^{(1)}_n \neq a^{(1)}_m$ oder $a^{(2)}_n \neq a^{(2)}_m$ ist. Also reicht die Willkür in U aus, um $B^{(3)}$ in eine Diagonalmatrix $a^{(3)}$ zu verwandeln. Das Verfahren läßt sich fortsetzen, bis alle Matrizen $A^{(1)}, A^{(2)}, \ldots A^{(f)}$ auf die Diagonalform gebracht sind, und wir haben den

Satz 1: *Zu jedem System* $A^{(1)}, A^{(2)}, \ldots A^{(f)}$ *hermitischer Matrizen, die paarweise miteinander vertauschbar sind, gibt es eine unitäre Matrix* U, *die sie zugleich auf die Diagonalform bringt:*

$$(8) \qquad U^{-1} A^{(k)} U = a^{(k)}, \qquad k = 1, 2, \ldots f.$$

Eine wichtige Anwendung dieses Satzes ist der Nachweis, daß man jede unitäre Matrix U durch eine unitäre Transformation auf die Diagonalform bringen kann. Es sind nämlich wegen $U U^{\dagger} = U^{\dagger} U = 1$ die Matrizen

$$(9) \qquad A = \tfrac{1}{2}(U + U^{\dagger}), \qquad B = \frac{1}{2i}(U - U^{\dagger})$$

hermitisch und miteinander vertauschbar. Also kann man sie nach Satz 1 simultan auf Hauptachsen transformieren; dann sind aber auch

$$(10) \qquad U = A + iB, \qquad U^{\dagger} = A - iB$$

in Diagonalmatrizen (Phasenmatrizen) verwandelt.

Satz 2: *Jede unitäre Matrix läßt sich durch eine unitäre Transformation in eine Phasenmatrix transformieren.*

Hieraus folgt die Umkehrung eines in § 7 bewiesenen Satzes, wonach man aus jeder hermitischen Matrix A eine unitäre durch den Ansatz

$$(11) \qquad U = e^{iA}$$

gewinnen kann: Man kann auch umgekehrt zu jeder unitären Matrix U eine hermitische A so bestimmen, daß die Gleichung (11) gilt. Dazu nehme man U nach Satz 2 in der Diagonalform $U = (e^{i a_n} \delta_{nm})$ an, wo a_n reelle Konstanten sind. Dann hat die hermitische Diagonalmatrix $A = (a_n \delta_{nm})$ offenbar die gewünschte Eigenschaft, und diese bleibt bei unitärer Transformation erhalten.

Satz 3: *Zu jeder unitären Matrix U gibt es eine hermitische Matrix A und umgekehrt, so daß*

$$U = e^{iA}$$

ist.

Den Satz 2 kann man ohne weiteres auf den Fall mehrerer vertauschbarer unitärer Matrizen verallgemeinern:

Satz 4: *Eine Reihe miteinander vertauschbarer unitärer Matrizen* $U^{(1)}, U^{(2)}, \ldots U^{(f)}$ *kann durch eine einzige unitäre Transformation U in eine Reihe von Phasenmatrizen transformiert werden:*

$$U^{-1}\, U^{(k)}\, U = \varepsilon^{(k)}, \qquad |\varepsilon_n^{(k)}| = 1 \cdot \tag{12}$$

Mit $U^{(1)}, \ldots U^{(f)}$ sind auch $U^{(1)-1} = U^{(1)\dagger}, \ldots U^{(f)-1} = U^{(f)\dagger}$ miteinander und mit $U^{(1)}, \ldots U^{(f)}$ vertauschbar, also auch alle

$$A_1 = \tfrac{1}{2}\,(U^{(1)} + U^{(1)\dagger}), \ldots A_f = \tfrac{1}{2}\,(U^{(f)} + U^{(f)\dagger}),$$

$$B_1 = \frac{1}{2i}(U^{(1)} - U^{(1)\dagger}), \ldots B_f = \frac{1}{2i}(U^{(f)} - U^{(f)\dagger}).$$

Diese sind auch hermitisch, also können sie gleichzeitig auf die Diagonalform gebracht werden, und mit ihnen

$$U^{(1)} = A_1 + iB_1, \ldots. U^{(f)} = A_f + iB_f.$$

§ 14. Funktionen vertauschbarer hermitischer oder unitärer Matrizen. Wir hatten in § 7 Matrizenfunktionen mit Hilfe von Polynomen und Grenzwerten von Polynomen definiert. Man kann nun die Hauptachsentransformation der hermitischen oder der unitären Matrizen benutzen, um Funktionen von solchen Matrizen (oder von Tensoren), sofern sie vertauschbar sind, unabhängig von der Darstellbarkeit als Grenzwert von Polynomen (etwa als Potenzreihe) zu erklären. Betrachten wir zunächst Funktionen eines einzigen Arguments. Es sei eine *eindeutige* Funktion $f(\xi)$ des reellen Arguments ξ gegeben; wir können dann willkürfrei bestimmen, was unter *derselben* Funktion der hermitischen Matrix A, $f(A)$ zu verstehen sei.

U sei eine unitäre Matrix, die A auf die Diagonalform $U^{-1}AU = a$ bringt; ist dann $f(a) = f(U^{-1}AU)$ die Diagonalmatrix, die in der Diagonale die Elemente $f(a_n)$ hat, so definieren wir

$$f(A) = U f(a)\, U^{-1} = U \cdot f(U^{-1} A U) \cdot U^{-1}. \tag{1}$$

Die Definition ist unabhängig von der noch in U steckenden Willkür, dargestellt durch die unitäre Stufenmatrix $\overset{\circ}{U}$, § 11, (23); denn $f(a)$ ist eine Diagonalmatrix, deren Diagonalelemente immer innerhalb jeder Stufe von U konstant[1], nämlich gleich $f(a^{(r)})$ sind; für jede Teiltransformation $U^{(r)}$ hat man also $U^{(r)} f(a^{(r)})\, U^{(r)-1} = f(a^{(r)})$. Eine kovariante Formulierung der Definition (1) gewinnt man mit Hilfe der Zerlegung des Tensors A in Einzeltensoren (§ 11, Satz 3). Ist

$$A = \sum_r a^{(r)} F^{(r)}, \tag{2}$$

so hat man offenbar

$$f(A) = \sum_r f(a^{(r)})\, F^{(r)}. \tag{3}$$

Hier springt die Eindeutigkeit der Definition sofort ins Auge.

Ist $f(\xi)$ eine Funktion, die aus ihrem Argumente ξ durch *endlich* viele rationale Operationen (Addition, Multiplikation Division) herzustellen ist, so stimmt offenbar für eine beliebige Matrix A die neue Definition von $f(A)$ mit der früheren überein. Dasselbe gilt für eine solche Potenzreihe $f(\xi)$, die für alle (reellen) ξ konvergiert, sofern sie auch für A konvergent ist. (Nur unter dieser letzten Bedingung ist die frühere Definition $f(A)$ überhaupt anwendbar).

Betrachten wir jetzt eine Funktion $f(A)$, die für eine *spezielle* Matrix A mit bestimmten Eigenwerten a_n gebildet werden soll, so können wir behaupten: Wenn man die Funktion $f(\xi)$ für die in Frage kommenden Stellen $\xi = a_n$ durch eine konvergente Potenzreihe darstellen kann (bei den endlichen Matrizen kann man, wie wir weiter unten [Formel (7), (8)] zeigen werden, immer mit einem Polynom $(N-1)$-ten Grades in ξ auskommen) und wenn diese Potenzreihe auch dann konvergiert, wenn man ξ durch die Matrix A ersetzt, so kommt man auf die ursprüngliche

[1] Wenn $f(a^{(r)})$ eine *mehrdeutige* Funktion ist, braucht das nicht der Fall zu sein. Das hat zur Folge, daß mehrdeutige Funktionen einer und derselben entarteten Matrix nicht miteinander vertauschbar zu sein brauchen. So sind z. B. die Matrizen $x_1 = \begin{pmatrix} 1 & 0 \\ 0 & -1 \end{pmatrix}$ und $x_2 = \begin{pmatrix} 0 & 1 \\ 1 & 0 \end{pmatrix}$ beide Einheitswurzeln, sowohl nach der alten $\left[x_1^2 = x_2^2 = \begin{pmatrix} 1 & 0 \\ 0 & 1 \end{pmatrix}\right]$, wie auch nach der neuen Definition (vgl. Satz 2), aber $x_1 x_2 = -x_2 x_1$.

Potenzreihen-Definition von $f(A)$ zurück. Doch ist die neue Definition (1) oder (3) wichtig für die spätere Behandlung unendlicher Matrizen, besonders wenn es sich um unstetige Funktionen $f(\xi)$ handelt, z. B. um die Funktion, die in einem gewissen Intervalle gleich 1 und sonst gleich 0 ist.

Als Anwendung dieser Betrachtungen diene die Bemerkung, daß eine hermitische Matrix A nur dann eine Reziproke A^{-1} besitzt, wenn alle ihre Eigenwerte von Null verschieden sind. Denn in diesem Falle ist, wie oben bemerkt wurde, $f(\xi) = \xi^{-1}$, d. h. $f(a_n) = a_n^{-1}$, und wenn ein $a_n = 0$ ist, so ist das entsprechende $f(a_n) = \infty$. Dies stimmt für endliche Matrizen mit der gewöhnlichen Formulierung der Bedingung für die Existenz von A^{-1} überein, daß $\operatorname{Det} A \neq 0$ sein muß. Es ist nämlich $\operatorname{Det} A = \operatorname{Det}(U^{-1}A\,U) = \operatorname{Det} a = a_1 a_2 \ldots$.

Die Definition (1) kann nach § 13, Satz 1 auf Funktionen $f(A^{(1)}, A^{(2)}, \ldots A^{(r)})$ von r untereinander *vertauschbaren* Matrizen $A^{(k)}$ ausgedehnt werden, sofern $f(\xi^{(1)}, \xi^{(2)}, \ldots \xi^{(r)})$ als eindeutige Funktion von r gewöhnlichen Zahlen gegeben ist. Dann gibt es nämlich eine unitäre Matrix U, die alle $A^{(k)}$ gleichzeitig auf Hauptachsen bringt:

$$U^{-1} A^{(k)} U = a^{(k)},$$

und man hat zu definieren:

$$\begin{aligned} f(A^{(1)}, A^{(2)}, \ldots A^{(r)}) &= U f(a^{(1)}, a^{(2)}, \ldots a^{(r)})\, U^{-1} \\ &= U f(U^{-1}A^{(1)}U, \ldots U^{-1}A^{(r)}U)\, U^{-1}, \end{aligned} \tag{4}$$

wo $f(a^{(1)}, a^{(2)}, \ldots a^{(r)})$ die Diagonalmatrix mit den Elementen $f(a_n^{(1)}, a_n^{(2)}, \ldots a_n^{(r)})$ bedeutet.

Im Anschluß hieran beweisen wir den

Satz 1: *Mehrere vertauschbare Matrizen* $A^{(1)}, A^{(2)}, \ldots A^{(r)}$ *sind darstellbar als Funktionen einer einzigen Matrix* B:

$$A^{(1)} = f_1(B), \quad A^{(2)} = f_2(B), \ldots A^{(r)} = f_r(B). \tag{5}$$

Zum Beweise bringe man $A^{(1)}, \ldots A^{(r)}$ gleichzeitig auf die Diagonalform:

$$U^{-1} A^{(k)} U = a^{(k)}.$$

Wir wählen nun eine Diagonalmatrix b mit lauter verschiedenen Diagonalelementen $b_1, b_2, \ldots$ und definieren die Funktionen f_k

in der Weise, daß

$$f_k(b_1) = a_1^{(k)}, \quad f_k(b_2) = a_2^{(k)}, \ldots .$$

Diese Funktionen leisten das Gewünschte; denn man hat für $B = U b U^{-1}$

$$A^{(k)} = U a^{(k)} U^{-1} = U f_k(b) U^{-1} = f_k(U b U^{-1}) = f_k(B).$$

Wir wollen eine später nützliche Bezeichnung einführen. Die Systeme von zusammengehörigen Eigenwerten der vertauschbaren Matrizen $A^{(1)}, A^{(2)}, \ldots A^{(r)}$, die sich bei der gleichzeitigen Hauptachsentransformation ergeben, also die Zahlensysteme

$$(6) \qquad a_n^{(1)}, \quad a_n^{(2)}, \ldots a_n^{(r)}$$

nennen wir kurz *die Eigenwerte des Matrizensystems* $A^{(1)}, \ldots A^{(r)}$. Die Berechtigung dieser Bezeichnung ergibt sich daraus, daß offenbar die in der Transformationsmatrix U verbleibende Willkür lediglich Permutationen der Zahlenreihen (6) untereinander zuläßt.

Alle diese Definitionen und Sätze übertragen sich ohne weiteres auf Funktionen von unitären Matrizen.

Wir fügen noch einige einfache Bemerkungen über Matrizenfunktionen eines Arguments an, von denen man oft Gebrauch macht. Sind $a^{(1)}, a^{(2)}, \ldots a^{(M)}$ die *verschiedenen* Eigenwerte einer (endlichen) hermitischen Matrix A, so betrachten wir die Funktion

$$(7) \qquad F(\xi) = (\xi - a^{(1)})(\xi - a^{(2)}) \ldots (\xi - a^{(M)})$$
$$= \xi^M + c_1 \xi^{M-1} + \cdots + c_{M-1}\xi + c_M .$$

Bilden wir jetzt nach der Definition (1) die entsprechende Matrixfunktion $F(A)$, so verschwindet diese, da $F(\xi)$ gerade so konstruiert ist, daß es Null wird, wenn man für ξ irgend einen Eigenwert a_n von A einsetzt. So erhalten wir die sogenannte HAMILTON-CAYLEY*sche Gleichung*

$$(8) \qquad F(A) = 0 .$$

Jede hermitische Matrix mit M voneinander verschiedenen Eigenwerten genügt also einer Gleichung M-ten Grades, ein Resultat, das wir oben schon erwähnt haben.

Allgemeiner kann man offenbar (auch für unendliche Matrizen mit diskreten Eigenwerten) sagen: Ist $R(\xi)$ eine Funktion der reellen Variabeln ξ, die für alle Eigenwerte $a^{(k)}$ einer hermitischen Matrix A verschwindet, so gilt $R(A) = 0$. Es gilt aber auch die wichtigere Umkehrung: wenn eine hermitische Matrix einer Gleichung $R(A) = 0$ genügt, so folgt aus (1) sofort $R(a) = 0$, d. h. alle Eigenwerte sind Wurzeln der Gleichung $R(\xi) = 0$. Wir haben also den

Satz 2: *Eine hermitische Matrix A genügt dann und nur dann einer Gleichung*

$$R(A) = 0,$$

wenn alle Eigenwerte Wurzeln der Gleichung

$$R(\xi) = 0$$

sind.

Daraus folgt, daß für eine endliche Matrix die HAMILTON-CAYLEYsche Gleichung die Gleichung niedersten Grades ist, der die Matrix genügen kann.

Wir machen eine Anwendung auf die *Einzelmatrizen* F (s. § 8), die definitionsgemäß der Gleichung

$$R(F) = F^2 - F = 0 \tag{9}$$

genügen. Aus Satz 2 folgt dann sogleich:

Satz 3: *Jeder Eigenwert einer Einzelmatrix ist entweder gleich* 0 *oder gleich* 1. *Man kann daher jede Einzelmatrix durch unitäre Transformation in eine Diagonalmatrix $E^{(m)}$ transformieren, bei der m Stellen der Diagonale mit* 1, *alle übrigen mit* 0 *besetzt sind.*

Dieser Satz gibt die anschaulichste Erläuterung des eigentlichen Wesens der Einzelmatrizen.

Man kann die Elemente der Einzelmatrix F durch die Komponenten derjenigen Eigenvektoren ausdrücken, die zu den Eigenwerten 1 gehören. Jeder Vektor y läßt sich nämlich durch das vollständige Orthogonalsystem der Eigenvektoren $x^{(1)}, x^{(2)}, \ldots$ ausdrücken in der Form

$$y = \sum_n (y, x^{(n)})\, x^{(n)}.$$

Daher wird

$$F y = \sum_n (y, x^{(n)})\, F x^{(n)},$$

und hier ist $Fx^{(n)} = 0$, außer, wenn $x^{(n)}$ zum Eigenwert 1 gehört, wo dann $Fx^{(n)} = x^{(n)}$ ist. Folglich wird

$$F y = \sum_{(n)} (y, x^{(n)})\, x^{(n)},$$

wo die Summe jetzt nur über die zum Eigenwert 1 gehörigen Eigenvektoren zu erstrecken ist. Das bedeutet aber für die Elemente:

(10) $$F_{kl} = \sum_{(n)} x_k^{(n)} x_l^{(n)*},$$

oder mit der Bezeichnung des direkten Produktes (s. § 10, (9a)):

(11) $$F = \sum_{(n)} x^{(n)} \times x^{(n)}.$$

§ 15. Einfache (irreduzible) und zerlegbare (reduzible) Matrizensysteme. Für Systeme beliebiger gleichartiger (s. § 4), im allgemeinen *nicht vertauschbarer* Matrizen $T_1, T_2, \ldots$ haben wir eine wichtige kovariante Begriffsbildung zu formulieren und einige Sätze darüber abzuleiten. *Man nennt ein System von gleichartigen Matrizen* $T_1, T_2, \ldots,$ *die sämtlich hermitisch oder sämtlich unitär sind, einfach oder irreduzibel, wenn es nicht möglich ist, sie alle gleichzeitig durch eine unitäre Transformation auf die Form von Stufenmatrizen*

(1) $$T_k = \begin{pmatrix} T_k^{(1)} & 0 \\ 0 & T_k^{(2)} \end{pmatrix}$$

mit übereinstimmender Stufenteilung zu bringen. Ist eine Transformation auf die Form (1) *möglich, so wird das Matrizensystem als zerlegbar oder reduzibel bezeichnet.*

Die Matrizen (1) sind offenbar mit der gleichstufigen Diagonalmatrix

(2) $$a = \begin{pmatrix} a' E^{(1)} & 0 \\ 0 & a'' E^{(2)} \end{pmatrix}$$

vertauschbar, wo a', a'' beliebige Zahlen und $E^{(1)}$, $E^{(2)}$ die entsprechenden Einheitsmatrizen zu den Teilmatrizen $T_k^{(1)}$ bzw. $T_k^{(2)}$ sind. Daraus folgt, daß ein Matrizensystem sicher nicht die Form (1) haben kann, also irreduzibel ist, wenn man weiß, daß es keine andere, mit allen Matrizen des Systems vertauschbare Matrix gibt als ein Vielfaches der Einheitsmatrix.

Es gilt aber auch das Umgekehrte: Wenn eine Matrix A mit allen Matrizen T_k des einfachen Systems vertauschbar ist, so ist A bis auf einen Zahlenfaktor gleich der Einheitsmatrix.

Man kann A sogleich als hermitisch voraussetzen. Wäre nämlich A nicht hermitisch, so könnte man statt A die hermitischen Matrizen $A_1 = A + A^\dagger$ und $A_2 = i(A - A^\dagger)$ betrachten; denn mit A muß auch $A^\dagger$ und daher auch A_1 und A_2 mit allen $T_1, T_2, \ldots$ vertauschbar sein, weil diese entweder alle als hermitisch oder alle als unitär vorausgesetzt wurden.

Eine hermitische Matrix A aber kann man durch eine unitäre Transformation auf die Diagonalform $(a_n \delta_{nm})$ mit reellen a_n bringen. Transformiert man die T_k durch dieselbe unitäre Transformation, so bleiben die Voraussetzungen $[T_k, A] = 0$ erhalten und nehmen die einfache Gestalt

$$(a_n - a_m)\, T_k(n, m) = 0 \tag{3}$$

an. Wir denken uns nun A als geordnete Diagonalmatrix, so daß die einander gleichen a_n aufeinander folgen. Gäbe es nun solche a_m, die nicht gleich dem zuerst angeschriebenen a_1 sind, so wäre für alle Indizes n, für die $a_n = a_1$ ist, nach (3)

$$T_k(n, m) = 0, \qquad T_k(m, n) = 0,$$

d. h. alle T_k hätten die verbotene Form (1). Folglich sind alle a_n einander gleich, etwa gleich a, und man hat $A = aE$. Diese Eigenschaft bleibt bei unitären Transformationen erhalten.

Wir haben also das Resultat gewonnen:

Satz 1: *Ein System von gleichartigen Matrizen $T_1, T_2, \ldots$ ist dann und nur dann einfach, wenn jede Matrix A, die mit allen T_k vertauschbar ist, bis auf einen Zahlenfaktor die Einheitsmatrix ist.*

Aus diesem Satze oder auch unmittelbar aus (1) entnimmt man den

Zusatz: *Ein einfaches oder zerlegbares Matrizensystem $T_1, T_2, \ldots$ bleibt einfach oder zerlegbar, wenn man ihm Summen oder Produkte oder sonstige Funktionen der $T_1, T_2, \ldots$ hinzufügt. Auch kann man dem System $T_1, T_2, \ldots$ die zugehörige Einheitsmatrix $T_0 = E$ hinzufügen, ohne seine Einfachheit bzw. Zerlegbarkeit aufzuheben.*

In vielen mathematischen und physikalischen Problemen spielt ein Prozeß eine Rolle, der aus f Systemen von jeweils gleichartigen Matrizen

$$(4)\qquad \begin{cases} t_0^{(1)}, & t_1^{(1)}, & t_2^{(1)}, & \ldots \\ \cdot & \cdot & \cdot & \cdot \\ t_0^{(k)}, & t_1^{(k)}, & t_2^{(k)}, & \ldots \\ \cdot & \cdot & \cdot & \cdot \\ t_0^{(f)}, & t_1^{(f)}, & t_2^{(f)}, & \ldots \end{cases}$$

ein neues Matrizensystem abzuleiten gestattet, welches wir als „*Verschmelzung*" der Matrizensysteme (4) bezeichnen wollen. Wir betonen ausdrücklich, daß zwei zu verschiedenen k gehörige Matrizen (4) *nicht* gleichartig zu sein brauchen.

Die zum System k gehörigen Indizes seien n_k, m_k, so daß für alle s

$$(5)\qquad t_s^{(k)} = (t_s^{(k)}(n_k, m_k)).$$

Wir bezeichnen abkürzend mit Δ_k das, was übrig bleibt, wenn man in dem Produkt

$$\delta_{n_1 m_1}\,\delta_{n_2 m_2}\ldots\delta_{n_f m_f}$$

den Faktor $\delta_{n_k m_k}$ ausläßt.

Dann bilden wir das „*Verschmelzung*" genannte System gleichartiger Matrizen gemäß der Vorschrift:

$$(6)\qquad \begin{cases} T_s^{(k)} = (T_s^{(k)}(n_1, n_2, \ldots n_f;\ m_1, m_2, \ldots m_f)); \\ T_s^{(k)}(n_1, n_2, \ldots n_f;\ m_1, m_2, \ldots m_f) = \Delta_k\, t_s^{(k)}(n_k, m_k). \end{cases}$$

Bilden wir aus den $t_0^{(k)}, t_1^{(k)}, \ldots$ für ein festes k eine Funktion

$$(7)\qquad F(t_0^{(k)}, t_1^{(k)}, \ldots) = (f(n_k, m_k)),$$

so ist dieselbe Funktion der $T_s^{(k)}$ gegeben durch

$$(8)\qquad \begin{cases} F(T_0^{(k)}, T_1^{(k)}, \ldots) = (F(n_1, n_2, \ldots n_f;\ m_1, m_2, \ldots m_f)); \\ F(n_1, \ldots n_f;\ m_1, \ldots m_f) = \Delta_k f(n_k, m_k). \end{cases}$$

Ferner geht $T_s^{(k)\dagger}$ durch den gleichen Prozeß aus $t_s^{(k)\dagger}$ hervor, wie $T_s^{(k)}$ aus $t_s^{(k)}$. Danach ergibt sich

Satz 2: *Besteht zwischen den Matrizen* $t_0^{(k)}, t_1^{(k)}, t_2^{(k)}, \ldots$ *eine Gleichung*

$$F(t_0^{(k)}, t_1^{(k)}, \ldots;\ t_0^{(k)\dagger}, t_1^{(k)\dagger}, \ldots) = 0,$$

so bleibt diese bestehen, wenn man die $t_s^{(k)}$ *durch die* $T_s^{(k)}$ *nach* (6) *ersetzt.*

Als Sonderfälle dieses Satzes hat man:

Zusatz: *$T_s^{(k)}$ ist gleichzeitig mit $t_s^{(k)}$ hermitisch bzw. unitär.*

Man entnimmt ferner aus (6) mit Rücksicht auf die Definition von Δ_k den

Satz 3: *Es ist stets*

$$[T_s^{(k)}, T_r^{(l)}] = 0 \quad \text{für} \quad k \neq l. \tag{9}$$

Ferner gilt

Satz 4: *Die Verschmelzung von f einfachen Matrizensystemen ist wieder ein einfaches Matrizensystem.*

Sei nämlich $A = (A(n_1, n_2, \ldots n_f; m_1, m_2, \ldots m_f))$ eine mit allen $T_s^{(k)}$ vertauschbare Matrix:

$$A\,T_s^{(k)} - T_s^{(k)} A = 0. \tag{10}$$

Nun wird nach (6)

$$\left\{\begin{aligned} &A\,T_s^{(k)}(n_1, \ldots n_f;\ m_1, \ldots m_f) \\ &\quad = \sum_{p_k} A\,(n_1, \ldots n_f;\ m_1, \ldots m_{k-1},\ p_k,\ m_{k+1}, \ldots m_f)\ t_s^{(k)}(p_k, m_k), \\ &T_s^{(k)} A\,(n_1, \ldots n_f;\ m_1, \ldots m_f) \\ &\quad = \sum_{p_k} t_s^{(k)}(n_k, p_k)\, A\,(n_1, \ldots n_{k-1}, p_k, n_{k+1}, \ldots n_f;\ m_1, \ldots m_f). \end{aligned}\right. \tag{11}$$

Nehmen wir also aus der Matrix A alle Elemente heraus, bei denen sämtliche Indizes außer n_k und m_k bestimmte spezielle Werte haben, so erhalten wir, wie (11) zeigt, eine Teilmatrix, die mit $t_s^{(k)}$ gleichartig und *vertauschbar* ist, wenn (10) gilt. Also muß diese Teilmatrix wegen der vorausgesetzten Einfachheit des Systems $t_0^{(k)}, t_1^{(k)}, \ldots$ nach Satz 1 der Einheitsmatrix $E^{(k)}$ proportional sein oder in Formeln

$$\begin{aligned} &A\,(n_1, n_2, \ldots, n_f;\ m_1, m_2, \ldots, m_f) \\ &= \delta_{n_k m_k} A'(n_1, \ldots n_{k-1}, n_{k+1}, \ldots n_f;\ m_1, \ldots m_{k-1}, m_{k+1}, \ldots m_f), \end{aligned}$$

wo also A' von n_k, m_k unabhängig ist. Diese Gleichung muß aber für alle $k = 1, 2, \ldots f$ gelten und führt somit zu

$$\begin{aligned} &A\,(n_1, n_2, \ldots n_f, m_1, m_2, \ldots m_f) \\ &\qquad = a\,\delta_{n_1 m_1}\delta_{n_2 m_2} \ldots \delta_{n_f m_f} = a\,E_{n_1 \ldots n_f, m_1 \ldots m_f} \end{aligned}$$

als notwendiger Bedingung für die Gültigkeit von (10). Das ist aber nach Satz 1 gleichbedeutend mit der behaupteten Einfachheit des Systems aller $T_s^{(k)}$.

Eine wichtige, wenn auch fast triviale Eigenschaft des Prozesses der Bildung von Verschmelzungen sei hervorgehoben: Wenn man statt der Verschmelzung *aller* f Matrizensysteme (4) zunächst die Verschmelzung etwa der ersten f' ($f' < f$) dieser Matrizensysteme bildet und das so entstehende System mit den übrigen verschmilzt (die ihrerseits gleichfalls zuvor schon teilweise verschmolzen werden dürfen), so entsteht *dasselbe* System wie durch Verschmelzung aller einzelnen Systeme (4). Indem wir die in den Zeilen (4) stehenden Matrizensysteme $\mathfrak{T}^{(1)}, \mathfrak{T}^{(2)}, \ldots \mathfrak{T}^{(f)}$ nennen und die Verschmelzung von $\mathfrak{T}^{(1)}$ und $\mathfrak{T}^{(2)}$ mit $\mathfrak{T}^{(1)} \vee \mathfrak{T}^{(2)}$ bezeichnen, können wir diesen Sachverhalt ausdrücken als ein *assoziatives Gesetz*

$$(\mathfrak{T}^{(1)} \vee \mathfrak{T}^{(2)}) \vee \mathfrak{T}^{(3)} = \mathfrak{T}^{(1)} \vee (\mathfrak{T}^{(2)} \vee \mathfrak{T}^{(3)}) = \mathfrak{T}^{(1)} \vee \mathfrak{T}^{(2)} \vee \mathfrak{T}^{(3)}.$$

Die Verschmelzung aller Systeme (4) ist entsprechend durch

$$\mathfrak{T} = \mathfrak{T}^{(1)} \vee \mathfrak{T}^{(2)} \vee \cdots \vee \mathfrak{T}^{(k)} \vee \cdots \vee \mathfrak{T}^{(f)}$$

zu bezeichnen.

Für die durch (6) definierten Matrizen $T_s^{(k)}$ von $\mathfrak{T}$ werden wir auch die Bezeichnung

$$(12) \quad T_s^{(k)} = E^{(1)} \times E^{(2)} \times \cdots \times E^{(k-1)} \times t_s^{(k)} \times E^{(k+1)} \times \cdots \times E^{(f)}$$

gebrauchen, wo die $E^{(l)}$ wieder die Einheitsmatrizen der Systeme $\mathfrak{T}^{(l)}$ sind.

Wir betrachten nun ein zerlegbares Matrizensystem $T_1, T_2, \ldots$ Durch eine unitäre Transformation kann man alle T_k in die Form von gleichstufigen Stufenmatrizen

$$(13) \qquad T_k = (T_k^{(r)} \delta_{rs})$$

bringen, und zwar derart, daß jedes der zu einem bestimmten Werte r gehörigen Matrizensysteme $T_1^{(r)}, T_2^{(r)}, \ldots$ *einfach* ist. Wir nennen dann diese Systeme $T_1^{(r)}, T_2^{(r)}, \ldots$ *die einfachen oder irreduzibeln Bestandteile* des Matrizensystems $T_1, T_2, \ldots$ Das in die Gestalt (13) transformierte Matrizensystem wird auch als die *direkte Summe* der irreduzibeln Bestandteile bezeichnet.

In dem besonderen Falle, daß alle T_k miteinander *vertauschbar* sind, kann die Zerlegung (13) so weit geführt werden, daß die

Stufengrößen gleich 1 und die Matrizen $T_k^{(r)}$ gewöhnliche Zahlen werden: das ist offenbar nur eine andere Formulierung des Inhalts von Satz 1, § 13. In diesem Falle sind die irreduzibeln Bestandteile einfach die *Eigenwerte des Matrizensystems* (s. § 14, S. 71). Die Transformation eines Matrizensystems in die Gestalt (13) ist also als Verallgemeinerung der Hauptachsentransformation einer einzigen Matrix oder eines Systems vertauschbarer Matrizen anzusehen.

Im allgemeinen Falle ist offenbar nicht nur die Reihenfolge der irreduzibeln Bestandteile in (13) willkürlich, sondern es kann überdies jeder irreduzible Bestandteil $T_1^{(r)}, T_2^{(r)}, \ldots$ noch mit einer gleichartigen, sonst beliebigen unitären Matrix $U^{(r)}$ transformiert werden. In Verallgemeinerung unserer früheren Sätze über die eindeutige Bestimmtheit der Eigenwerte läßt sich jedoch zeigen, daß *im übrigen* die irreduzibeln Bestandteile *eindeutig* bestimmt sind. Dies ist ein tiefer liegender mathematischer Satz, dessen Beweis wir hier nicht geben wollen, da die weiter ausholenden Überlegungen und Begriffsbildungen, die dazu erforderlich sind, später[1] in andern Zusammenhängen noch eingehend betrachtet werden müssen.

Wir formulieren und beweisen endlich den

Satz 5: *Es sei* $T_s^{(k)}$ $(k = 1, 2, \ldots f;\ s = 1, 2, \ldots s_k)$ *ein einfaches System von hermitischen Matrizen, bestehend aus f Teilsystemen* $T_s^{(k)}$ *(mit jeweils bestimmtem k) der folgenden Eigenschaften:*

a) *Zwei Matrizen aus zwei verschiedenen Teilsystemen sind stets vertauschbar:*

$$[T_s^{(k)}, T_r^{(l)}] = 0 \quad \text{für} \quad k \neq l. \tag{14}$$

b) *Jedes einzelne Teilsystem* $T_s^{(k)}$ *(mit festem k) besitzt einfache Bestandteile* $t_s^{(k)}$, *die sich alle unitär ineinander transformieren lassen.*

Dann geht das System $T_s^{(k)}$ *durch eine unitäre Transformation hervor aus der Verschmelzung der Systeme* $t_s^{(k)}$.

Der *Beweis* braucht nur für den Fall $f = 2$ ausgeführt zu werden, da man nach den obigen Bemerkungen eine Verschmelzung

[1] In der geplanten Fortsetzung dieses Buchs.

von f Systemen stets durch wiederholte Verschmelzung von je zwei Systemen erzeugen kann. Wir transformieren also das System

$$T_1^{(1)},\ T_2^{(1)}, \ldots\ T_{s_1}^{(1)};$$
$$T_1^{(2)},\ T_2^{(2)}, \ldots\ T_{s_2}^{(2)}$$

unitär derart, daß das Teilsystem $T_s^{(1)}$ ausreduziert erscheint; wegen b) kann dabei mit entsprechender Indizierung der Matrixelemente die Form

$$\text{(15)} \qquad \begin{cases} U^{-1}\, T_s^{(1)}\, U = (T_s'(n_1\, n_2\,;\, m_1\, m_2)) \\ \qquad\qquad = (\delta_{n_2\, m_2}\, t_s^{(1)}\, (n_1\,, m_1)) \end{cases}$$

hergestellt werden. Andererseits sei

$$\text{(16)} \qquad U^{-1}\; T_r^{(2)}\, U = (T_r''\, (n_1\, n_2\,;\, m_1\, m_2))\,.$$

Aus der Voraussetzung (14) wird dann:

$$\sum_{k_1} \{T_r''\, (n_1\, n_2\,;\, k_1\, m_2)\, t_s^{(1)}\, (k_1\,,\, m_1) - t_s^{(1)}\, (n_1\, k_1)\, T_r''(k_1\, n_2; m_1\, m_2)\} = 0;$$

jeder Ausschnitt der Matrix $T_r''\ (n_1 n_2;\, m_1 m_2)$ mit *festen* n_2, m_2 ist also eine mit dem einfachen System der $t_s^{(1)}$ vertauschbare Matrix,. und folglich ein Vielfaches der Einheitsmatrix. Wir erhalten:

$$T_r''\, (n_1\, n_2\,;\, m_1\, m_2) = \delta_{n_1\, m_1}\, t_r''\, (n_2\,,\, m_2)\,.$$

Das bedeutet aber, daß das System $T_s^{(1)}$, $T_r^{(2)}$ aus $t_s^{(1)}$ und t_r'' durch Verschmelzung hervorgeht. Soll nun das Gesamtsystem *einfach* sein, so muß auch das System t_r'' $(r = 1, 2, \ldots)$ einfach sein, also mit $t_r^{(2)}$ (bis auf eine unitäre Transformation) übereinstimmen.

§ 16. Simultane Diagonaltransformation zweier Formen. Reelle Formen. Die unitäre Diagonaltransformation einer hermitischen Form kann man auffassen als simultane Diagonaltransformation der beiden Formen

$$(x, x) \quad \text{und} \quad (A\, x, x),$$

von denen die erste definit ist und von vornherein die Diagonalform hat. Man kann nun leicht sehen, daß es nicht darauf ankommt, daß die erste Form gerade die Einheitsform ist; vielmehr lassen sich zwei Formen

$$(A\, x, x) \quad \text{und} \quad (B\, x, x),$$

von denen die eine definit ist, stets gleichzeitig (durch eine im allgemeinen *nicht unitäre* Transformation) auf eine Summe von Quadraten transformieren. Sei etwa A definit, dann transformiere man zunächst A unitär auf die Diagonalform durch $x = U_1 x'$, so daß

$$(1) \qquad (A\,x, x) = (a\,x', x'), \quad U_1 U_1^\dagger = 1, \quad U_1^{-1} A\, U_1 = a.$$

Dann transformiere man die neue Form durch

$$x' = a^{-\frac{1}{2}} x'' \quad \text{oder} \quad a^{\frac{1}{2}} x' = x'',$$

ausführlich

$$\sqrt{a_n}\, x_n' = x_n'',$$

in die Einheitsform,

$$(2) \qquad (a\,x', x') = \sum_n a_n |x_n'|^2 = (x'', x'') = \sum_n |x_n''|^2;$$

wegen der Voraussetzung, daß A definit ist, ist die Diagonalmatrix $a^{\frac{1}{2}} = (\sqrt{a_n}\,\delta_{nm})$ reell. Durch die Aufeinanderfolge dieser beiden Transformationen $x = U_1 a^{-\frac{1}{2}} x''$ geht B über in

$$(3) \qquad B' = a^{\frac{1}{2}} U_1^{-1} B\, U_1\, a^{-\frac{1}{2}}.$$

Diese Matrix bringe man nun unitär durch $x'' = U_2 \xi$ auf die Diagonalform

$$(4) \qquad (B' x'', x'') = (b\,\xi, \xi),$$

wobei

$$(5) \qquad (A\,x, x) = (x'', x'') = (\xi, \xi)$$

erhalten bleibt.

Das Ergebnis ist also, daß durch die Transformation

$$(6) \qquad x = U_1\, a^{-\frac{1}{2}}\, U_2\, \xi$$

die definite Form $(A\,x, x)$ in die Einheitsform (ξ, ξ), die Form $(B x, x)$ in eine Diagonalform $(b\,\xi, \xi)$ übergeht.

Natürlich kann man auch *beide* Formen A und B in Diagonalmatrizen mit von 1 verschiedenen Elementen verwandeln; man braucht nur nachträglich noch mit $\xi = \sqrt{\alpha}\,\xi'$ zu transformieren, wo α eine Diagonalmatrix mit positiven Elementen ist, und erhält mit $\beta = \alpha b$

$$(7) \qquad (A\,x, x) = (\alpha\,\xi', \xi'), \quad (B\,x, x) = (\beta\,\xi', \xi').$$

Da offenbar die Diagonalmatrix b, d. h. die b_n und ihre Vielfachheit, eindeutig bestimmt ist, so ist $\alpha^{-1}\beta$ unabhängig von der transformierenden Matrix.

Wir haben also bewiesen:

Satz 1: *Zwei hermitische Formen,* $(A x, x)$ *und* $(B x, x)$, *von denen die eine positiv definit ist, lassen sich immer simultan in Summen von Quadraten mit reellen Koeffizienten transformieren:*

$$(A x, x) = (\alpha \xi, \xi), \quad (B x, x) = (\beta \xi, \xi), \quad x = S \xi; \tag{8}$$

dabei ist das Produkt $\alpha^{-1}\beta$ *von der Transformationsmatrix* S *unabhängig.*

Ein ähnlicher Satz gilt für den Fall, daß man zwei Formen *verschiedener* Variabelnreihen, $(A x, x)$ und $(B y, y)$ hat, von denen eine definit ist; man kann zeigen, daß diese sich gleichzeitig auf die Diagonalform bringen lassen, während die bilineare Einheitsform (x, y) invariant ist, also mit Hilfe von kontragredienten Transformationen $x = S \xi$, $y = \breve{S} \eta$.

Hierzu transformiere man zunächst, ganz wie oben, die Form A auf die Einheitsform mittels $x = U_1 a^{-\frac{1}{2}} x'$, wo U_1 unitär und a die Eigenwertmatrix von A ist; zugleich transformiere man y kontragredient, d. h. man setze $y = U_1 a^{\frac{1}{2}} y'$, da nach § 6, (11), (14) $U_1 = U_1$, $\breve{a}^{-\frac{1}{2}} = a^{\frac{1}{2}}$ ist. Dann hat man

$$\begin{cases} (A x, x) = (x', x') \\ (B y, y) = (B' y', y'), \quad B' = a^{-\frac{1}{2}} U_1^{-1} B U_1 a^{\frac{1}{2}}. \end{cases} \tag{9}$$

Nunmehr transformiere man $(B' y', y')$ unitär durch $y' = U_2 \eta$ auf die Diagonalform $(b\eta, \eta)$ und lasse zugleich x' kontragredient in ξ übergehen; da aber $\breve{U}_2 = U_2$, so hat man $x' = U_2 \xi$ und erhält

$$\begin{cases} (A x, x) = (\xi, \xi), \quad x = U_1 a^{-\frac{1}{2}} U_2 \xi, \\ (B y, y) = (b \eta, \eta), \; y = U_1 a^{\frac{1}{2}} U_2 \eta. \end{cases} \tag{10}$$

Auch hier kann man endlich mit Hilfe der Diagonalmatrix α mit *positiven* Elementen durch die Transformationen

$$\xi = \alpha^{\frac{1}{2}} \xi', \quad \eta = \breve{\alpha}^{\frac{1}{2}} \eta' = \alpha^{-\frac{1}{2}} \eta' \tag{11}$$

die Gestalt

$$(12)\qquad \begin{cases} (A\,x, x) = (\alpha\,\xi', \xi'), \\ (B\,y, y) = (\beta\,\eta', \eta') \end{cases}$$

erreichen, wo

$$(13)\qquad \beta = \alpha^{-1}\,b\,.$$

Da offenbar b eindeutig bestimmt ist, so gilt dasselbe für das Produkt $\alpha\,\beta$, d. h. für die Produkte entsprechender Diagonalglieder $\alpha_n\,\beta_n$ und ihre Vielfachheit.

Satz 2: *Zwei hermitische Formen verschiedener Variabelnreihen, $(A\,x, x)$ und $(B\,y, y)$, von denen die eine positiv definit ist, lassen sich simultan kontragredient in Quadratsummen mit reellen Koeffizienten transformieren:*

$$(14)\qquad \begin{cases} (A\,x, x) = (\alpha\,\xi, \xi), & x = S\,\xi, \\ (B\,y, y) = (\beta\,\eta, \eta), & y = \breve{S}\,\eta; \end{cases}$$

dabei ist das Produkt $\alpha\,\beta = (\alpha_n\,\beta_n\,\delta_{n\,m})$ von der Transformationsmatrix S unabhängig. Diese Matrix S läßt nämlich noch eine gewisse Willkür zu: Man kann zunächst durch $\xi = \alpha^{-\frac{1}{2}}\xi'$ die Form $(\alpha\,\xi, \xi)$ in (ξ', ξ') verwandeln, sodann ξ' beliebig unitär transformieren in $\xi' = U\,\xi''$, endlich (ξ'', ξ'') in $(\gamma\,\xi''', \xi''')$ mit einer beliebigen reellen Diagonalmatrix $\gamma = (\gamma_n\,\delta_{n\,m})$ verwandeln durch $\xi'' = \gamma^{\frac{1}{2}}\,\xi'''$. Das gibt zusammen die Transformation $\xi = T\,\xi'''$ mit $T = \alpha^{-\frac{1}{2}}\,U\,\gamma^{\frac{1}{2}} = \breve{T}$. *Daher kann man zu S hinten den Faktor $T = \alpha^{-\frac{1}{2}}\,U\,\gamma^{\frac{1}{2}}$ hinzufügen, wo U eine beliebige unitäre und γ eine reelle Diagonalmatrix ist.*

Wir haben uns in allen diesen Erörterungen auf Matrizen mit komplexen Elementen bezogen. Sämtliche Sätze gelten natürlich insbesondere auch für *reelle Matrizen*, lassen aber bei diesen noch Verschärfungen zu von folgender Art:

Reelle hermitische Matrizen sind *symmetrische Matrizen* im eigentlichen Sinne; man ordnet einer symmetrischen Matrix $A = (A_{n\,m})$ zweckmäßigerweise nicht eine hermitische Form $\sum\limits_{n\,m} A_{n\,m}\,x_n^*\,x_m$ mit komplexen x_n zu, sondern eine *quadratische Form* $\sum\limits_{n\,m} A_{n\,m}\,x_n\,x_m$ mit reellen x_n. Das skalare Produkt definiert man in diesem reellen Bereiche durch $(x, y) = \sum\limits_{n} x_n\,y_n$; dann kann man die quadratische Form wieder $(A x, x)$ schreiben. Eine unitäre Matrix mit reellen Koeffizienten ist eine *orthogonale Matrix* im gewöhnlichen Sinne. Der Satz von der Hauptachsentransformation (Einzelform-Zerlegung) hermitischer Formen verschärft sich dann in der Weise, daß eine *reelle quadratische Form durch eine orthogonale Transformation auf Hauptachsen gebracht werden kann.* Dagegen läßt der Satz von der Hauptachsentransformation *unitärer* Matrizen keine solche Verschärfung zu. Man kann zwar aus ihm schließen, daß jede reelle *orthogonale* Matrix auf die Diagonalform gebracht werden kann; doch ist diese Transformation — von trivialen Ausnahmen abgesehen — *nicht* mehr unter Beschränkung auf das reelle Gebiet möglich.

Die in diesem Paragraphen abgeleiteten Sätze über die Simultantransformation zweier hermitischer Formen, deren eine definit ist, gelten ebenso für reelle quadratische Formen mit der Verschärfung, daß die Transformationsmatrix S reell ist, also auch ihre kontragrediente $\breve{S} = \tilde{S}^{-1}$.

Drittes Kapitel.

Die Gesetze der Matrizenmechanik[1].

§ 17. Die kanonischen Vertauschungsregeln. Nachdem wir die Grundzüge der Algebra und Analysis der Matrizen kennen gelernt haben, wenden wir uns nun der eigentlichen Aufgabe zu, der Formulierung einer *Matrizenmechanik.* Diese muß eine Verallgemeinerung der durch Quantenbedingungen *ergänzten* klassischen Mechanik sein; wir werden daher die neuen Gesetze durch korrespondenzmäßige Übertragung der mechanischen Bewegungsgleichungen und der Quantenbedingungen gewinnen.

Wir beginnen mit dem einfachen Fall eines Systems von nur *einem* Freiheitsgrad. Dieses beschreiben wir, wie in der klassischen Theorie, durch zwei Größen q und p, die wir, wie dort, *Koordinate* und *Impuls* nennen, die aber nicht Zahlen, sondern *hermitische Matrizen* sein sollen:

(1) $$q^{\dagger} = q, \quad p^{\dagger} = p.$$

[1] Born, M. u. P. Jordan: Z. Phys. Bd. 34, S. 858. 1925. Dirac, P. A. M.: Proc. Roy. Soc. Lond. (A) Bd. 109, S. 642. 1925. Born, M., W. Heisenberg u. P. Jordan: Z. Phys. Bd. 35, S. 557. 1926. Vgl. auch den Bericht von W. Heisenberg: Math. Ann. Bd. 95, S. 683. 1926.

Dann korrespondieren sie nach § 3 mit *reellen* Größen der klassischen Theorie. Alle mechanischen Eigenschaften des Systems werden sich dann als (sich selbst adjungierte) Funktionen von q und p, also wieder als (hermitische) Matrizen darstellen lassen. Da nun in der Matrizentheorie im allgemeinen das kommutative Gesetz der Multiplikation nicht gilt, wird die erste Frage sein: sind q und p vertauschbar oder nicht? Und im letzteren Falle, welches ist der Wert des Klammersymbols $[p, q]$?

Die Antwort hierauf erhält man durch korrespondenzmäßige Übertragung der Quantenbedingung, die für ein periodisches System in der BOHRschen Theorie lautet:

$$J = \oint p\, d\, q = h\, n. \tag{2}$$

Dabei ist also vorausgesetzt (s. Bd. 1, § 9), daß die Energiegleichung $H(p, q) = W$ geschlossene Kurven in der p, q-Ebene definiert, und die Forderung (2) besagt, daß man aus dieser Kurvenschar durch Wahl der Energiekonstanten W solche Kurven auswählen soll, für die das über einen Umlauf erstreckte Integral ein ganzzahliges Vielfaches der PLANCKschen Konstanten h wird.

Nun formulieren wir diese Bedingung um in eine Gleichung zwischen den Fourierkoeffizienten von q und p. Es sei

$$q(t) = \sum_\tau q_\tau e^{2\pi i\cdot\nu\tau\cdot t}, \quad p(t) = \sum_\tau p_\tau e^{2\pi i\cdot\nu\tau\cdot t}; \tag{3}$$

hier sind p_τ, q_τ, ν Funktionen der durch (2) definierten Wirkungsvariabeln J. Andererseits folgt durch Einsetzen von (3) in (2):

$$\begin{aligned} J = \oint p\dot{q}\, dt &= \int_0^{\frac{1}{\nu}} dt \sum_{\tau,\sigma} p_\tau 2\pi i\nu\sigma\, q_\sigma e^{2\pi i(\tau+\sigma)\nu t} \\ &= -\sum_\tau 2\pi i\cdot\tau\cdot p_\tau q_{-\tau}. \end{aligned}$$

Differenzieren wir dies nach J, so folgt

$$1 = -2\pi i \sum_\tau \tau \frac{d}{dJ}(p_\tau q_{-\tau}).$$

Hierauf kann man nun die in § 2 an mehreren Beispielen erläuterten Übertragungsprinzipien anwenden[1]: Man ersetze $p_\tau(J)$

[1] HEISENBERG, W.: Z. Phys. Bd. 33, S. 879. 1925.

durch $p_{n,n-\tau}, q_{-\tau}(J)$ durch $q_{n-\tau,n}$ und den Differentialoperator $\tau \frac{\partial}{\partial J}$ durch Differenzbildung. So erhält man

$$1 = -\frac{2\pi i}{h}\left\{\sum_\tau p_{n+\tau,n} q_{n,n+\tau} - \sum_\tau p_{n,n-\tau} q_{n-\tau,n}\right\}.$$

Der Summationsbuchstabe τ durchläuft positive und negative Werte derart, daß in der ersten Summe die Zahl $n+\tau$ und in der zweiten Summe die Zahl $n-\tau$ stets einem möglichen Werte des Index(Zustandes) entspricht. Damit jetzt τ in beiden Summen denselben Wertebereich durchläuft, schreibe man im ersten Gliede $-\tau$ statt τ; dann wird

$$\frac{2\pi i}{h}\sum_\tau (p_{n,n-\tau} q_{n-\tau,n} - q_{n,n-\tau} p_{n-\tau,n}) = 1. \tag{4}$$

Dies ist im wesentlichen der in § 2 bereits erwähnte THOMAS-KUHN*sche Summensatz*[1], der von diesen Verfassern auf Grund seines Zusammenhanges mit der Dispersionstheorie aufgefunden wurde (s. § 46). Der Summationsbuchstabe τ durchläuft jetzt in beiden Gliedern der Differenz positive und negative Werte derart, daß durch $n-\tau$ *jeder* stationäre Zustand des Systems dargestellt wird. Die linke Seite ist also das n-te Diagonalelement der Matrix

$$\frac{1}{\varkappa}(pq - qp) = [p, q], \tag{5}$$

des in § 4, (7) eingeführten Maßes der Nichtvertauschbarkeit, und zwar ist die Konstante [s. auch § 4, (30)]

$$\varkappa = \frac{h}{2\pi i}, \tag{6}$$

ein Wert, den wir im folgenden durchweg beibehalten werden. Da die Diagonalelemente von $[p, q]$ gleich 1 sind, so sind also p und q sicher *nicht* kommutativ.

Eine Aussage über die übrigen Elemente von $[p, q]$ kann man auf diesem korrespondenzmäßigen Wege nicht bekommen. Wir machen die Hypothese (die wir später durch andere Betrachtungen stützen werden), daß alle übrigen Elemente von $[p, q]$

[1] THOMAS, W.: Naturwissensch. Bd. 13, S. 627. 1925. KUHN, W.: Z. Phys. Bd. 33, S. 408. 1925.

verschwinden[1]; das heißt, die Vertauschbarkeit soll gewissermaßen „beinahe“ gewahrt sein. Demnach formulieren wir die „verschärfte“ Quantenbedingung oder besser die *kanonische Vertauschungsregel für einen Freiheitsgrad*

$$[p, q] = E = 1 . \tag{7}$$

Die *Funktion* $[p, q]$ ist *sich selbst adjungiert* [s. § 7, (4)]; denn man hat nach § 7, (2)

$$[p, q]^\dagger = \frac{1}{\varkappa^*}(q p - p q) = \frac{1}{\varkappa}(p q - q p) = [p, q] ,$$

weil $\varkappa$ nach (6) rein imaginär ist.

Daher ist die Vertauschungsregel (7) im Einklang mit der Forderung (1), daß p, q hermitische Matrizen sind.

Bei Systemen von mehreren, etwa f Freiheitsgraden benützen wir zur Beschreibung *2f hermitische Matrizen* q_k, p_k, die f Paare konjugierter Koordinaten und Impulse bilden. Es liegt nahe, in Analogie zu (7) für diese folgende *kanonische Vertauschungsregeln*[2] anzusetzen:

$$\begin{aligned} &[p_k, q_l] = \delta_{kl} , \\ &[p_k, p_l] = 0 , \quad [q_k, q_l] = 0 . \end{aligned} \tag{8}$$

Da die Klammersymbole sämtlich sich selbst adjungierte Funktionen der p_k, q_k sind, sind diese Bedingungen im Einklang mit der Forderung, daß alle p_k, q_k hermitische Matrizen sind.

Um diese Vertauschungsregeln zu rechtfertigen, kann man zunächst den Fall betrachten, daß das mechanische System aus f Teilsystemen von je einem Freiheitsgrad besteht, die *völlig ungekoppelt* sind und einzeln durch die Matrixgrößen $q_k(n_k, m_k)$, $p_k(n_k, m_k)$ mit

$$[p_k, q_k] = 1 \tag{9}$$

dargestellt werden. Auf welche Weise man nun Matrizen zur Darstellung des Gesamtsystems zu bilden hat, erkennt man durch eine Korrespondenzüberlegung. Es seien in der klassischen Theorie f ungekoppelte Systeme von je einem Freiheitsgrad vorgelegt;

---

[1] BORN, M. u. P. JORDAN: Z. Phys. Bd. 34, S. 858. 1925. DIRAC, P. A. M.: Proc. Roy. Soc. Lond. (A) Bd. 109, S. 642. 1925.

[2] DIRAC, P. A. M.: Proc. Roy. Soc. Lond. (A) Bd. 109, S. 642. 1925. BORN, M., W. HEISENBERG u. P. JORDAN: Z. Phys. Bd. 35, S. 557. 1926.

J_k, w_k seien Wirkungs- und Winkelvariable für das k-te System, so daß q_k, p_k periodische Funktionen von w_k sind, deren FOURIER-Koeffizienten von J_k abhängen, also z. B.

$$q_k(w_k, J_k) = \sum_{\tau_k} q_{\tau_k}^{(k)}(J_k)\, e^{2\pi i \tau_k w_k}.$$

Dann kann man die f Systeme zu einem einzigen zusammengefaßt denken, indem man jedes der q_k, p_k formal als Funktion *aller* $2f$ Größen $J_1, \ldots J_f, w_1, \ldots w_f$ auffaßt, also z. B. schreibt:

$$q_k(w_1, \ldots w_f; J_1, \ldots J_f) = \sum_{\tau_1, \ldots \tau_f} q_{\tau_1, \ldots \tau_f}^{(k)}(J_1, \ldots J_f)\, e^{2\pi i (w_1 \tau_1 + \cdots w_f \tau_f)}.$$

Damit dies nun mit $q_k(w_k, J_k)$ identisch ist, müssen die FOURIER-Koeffizienten offenbar folgende Bedingungen erfüllen:

$$(10) \quad q_{\tau_1, \ldots \tau_f}^{(k)}(J_1, \ldots J_f) = \begin{cases} q_{\tau_k}^{(k)}(J_k), & \text{wenn } \tau_l = 0 \text{ für alle } l \neq k, \\ 0, & \text{wenn } \tau_l \neq 0 \text{ für mindestens ein } l \neq k. \end{cases}$$

Dies hat man sinngemäß in die Quantenmechanik zu übertragen: Die beiden Matrizen q_k, p_k des k-ten Teilsystems, dem der Index n_k zur Unterscheidung von Zeilen und Spalten zugehört, ersetzt man durch Matrizen Q_k, P_k, deren Zeilen und Spalten durch das Indexsystem $n_1, n_2, \ldots n_l, \ldots n_f$ unterschieden werden, entsprechend *allen* verschiedenen Zuständen des Gesamtsystems. Da ferner J_k mit $h n_k$ korrespondiert und τ_k mit $n_k - m_k$, so übertragen sich die klassischen Formeln (10) für die FOURIER-Koeffizienten folgendermaßen auf die Matrixelemente:

$$(11) \quad \begin{cases} Q_k(n_1, n_2, \ldots n_f; m_1, m_2, \ldots m_f) \\ \quad = \begin{cases} q_k(n_k, m_k), & \text{wenn } n_l = m_l \text{ für alle } l \neq k, \\ 0, & \text{wenn } n_l \neq m_l \text{ für mindestens ein } l \neq k; \end{cases} \\ P_k(n_1, n_2, \ldots n_f; m_1, m_2, \ldots m_f) \\ \quad = \begin{cases} p_k(n_k, m_k), & \text{wenn } n_l = m_l \text{ für alle } l \neq k, \\ 0, & \text{wenn } n_l \neq m_l \text{ für mindestens ein } l \neq k. \end{cases} \end{cases}$$

Dies ist aber nichts anderes als die in § 15, (6) definierte *Verschmelzung* der Matrizensysteme $q_1, p_1; q_2, p_2; \ldots q_f, p_f$, und man kann mit dem dort gebrauchten Symbol Δ_k schreiben

$$(11\text{a}) \quad \begin{cases} Q_k(n_1, \ldots n_f; m_1, \ldots m_f) = \Delta_k\, q_k(n_k, m_k), \\ P_k(n_1, \ldots n_f; m_1, \ldots m_f) = \Delta_k\, p_k(n_k, m_k); \end{cases}$$

oder, in der Bezeichnungsweise von § 15, (12):

$$
(11\,\mathrm{b})\left\{\begin{aligned} Q_k &= E^{(1)} \times \cdots \times E^{(k-1)} \times q_k \times E^{(k+1)} \times \cdots \times E^{(f)}, \\ P_k &= E^{(1)} \times \cdots \times E^{(k-1)} \times p_k \times E^{(k+1)} \times \cdots \times E^{(f)}. \end{aligned}\right.
$$

Aus § 15, (8) und (9) folgt dann sofort unter Voraussetzung von (9) die Gültigkeit von (8).

Daß überdies nach § 15, Satz 4, die durch (11) definierten Matrizen wieder ein einfaches System bilden, wenn jedes der Paare q_k, p_k ein einfaches System darstellt, wird sogleich von Wichtigkeit werden (§ 18).

Für eigentliche mechanische Systeme, deren Freiheitsgrade sich beeinflussen, kann man den Ansatz (8) durch eine Korrespondenzbetrachtung stützen[1]. Es handelt sich darum, festzustellen, was die Gleichungen (8) im Grenzfall der klassischen Mechanik bedeuten. Hierzu muß man die Matrixelemente mit großen Werten von n und m ins Auge fassen.

Das Matrixelement x_{nm} soll in den Fourier-Koeffizienten $x_\tau(J)$ der korrespondierenden klassischen Größe $x(J, w)$ übergehen, wo J_k, w_k die Wirkungs- und Winkelvariabeln sind und $\tau = n - m$ ist. Indem wir nun, wie oben bei dem aus f ungekoppelten Einzelsystemen gebildeten System, den Index n in so viele Indizes $n_1, n_2, \ldots$ spalten, als es unabhängige Wirkungsvariable des korrespondierenden klassischen Systems gibt, setzen wir

$$
(12) \qquad x_{nm} = x_{n, n-\tau} = x_\tau(nh) = x_\tau(J)
$$

und führen den Grenzprozeß so, daß

$$
(13) \qquad \left\{\begin{aligned} & n_k \to \infty, \text{ zugleich } h \to 0, \\ & \text{aber } n_k h = J_k \text{ endlich} \end{aligned}\right.
$$

bleibt. Die mit τ, σ bezeichneten Indizes sind endliche Zahlen.

Für irgend zwei Größen x, y bilden wir nun

$$
\begin{aligned}
(xy - yx)_{nm} &= \sum_k x_{nk} y_{km} - \sum_l y_{nl} x_{lm} \\
&= \sum_{\tau+\sigma=n-m} (x_{n, n-\tau} y_{n-\tau, n-\tau-\sigma} - y_{n, n-\sigma} x_{n-\sigma, n-\sigma-\tau}) \\
&= \sum_{\tau+\sigma=n-m} \{(x_{n, n-\tau} - x_{n-\sigma, n-\tau-\sigma}) y_{n-\tau, n-\tau-\sigma} \\
&\qquad - (y_{n, n-\sigma} - y_{n-\tau, n-\tau-\sigma}) x_{n-\sigma, n-\tau-\sigma}\}.
\end{aligned}
$$

[1] Dirac, P. A. M.: Proc. Roy. Soc. Lond. (A) Bd. 111, S. 281. 1926.

Nach (12) ist

$$\frac{1}{h}(x_{n,n-\tau} - x_{n-\sigma,n-\tau-\sigma}) = \frac{1}{h}(x_\tau(J) - x_\tau(J - \sigma h)) \rightarrow \sum_k \sigma_k \frac{\partial x_\tau(J)}{\partial J_k}$$

und

$$y_{n-\tau,n-\tau-\sigma} = y_\sigma(J - \tau h) \rightarrow y_\sigma(J).$$

Mithin wird

$$(14)\quad \frac{2\pi i}{h}(xy - yx)_{nm} \rightarrow 2\pi i \sum_{\substack{\tau+\sigma\\=n-m}} \sum_k \left\{ \sigma_k y_\sigma(J) \frac{\partial x_\tau(J)}{\partial J_k} - \tau_k x_\tau(J) \frac{\partial y_\sigma(J)}{\partial J_k} \right\}.$$

Denkt man sich nun die x, y korrespondierenden klassischen Größen als mehrfache FOURIER-Reihen nach den Winkelvariabeln w_k angesetzt, z. B.

$$x(w, J) = \sum_\tau x_\tau(J) e^{2\pi i(w\tau)},$$

so sind die Ableitungen $\frac{\partial x}{\partial J_k}$, $\frac{\partial x}{\partial w_k}$ FOURIER-Reihen derselben Form mit den Koeffizienten

$$(15)\quad \begin{cases} \left(\frac{\partial x}{\partial J_k}\right)_\tau = \frac{\partial x_\tau(J)}{\partial J_k}, \\ \left(\frac{\partial x}{\partial w_k}\right)_\tau = 2\pi i \tau_k x_\tau(J). \end{cases}$$

Daher kann man (14) so schreiben:

$$(16)\quad \frac{2\pi i}{h}(xy - yx)_{nm} \rightarrow \sum_k \sum_{\substack{\tau+\sigma\\=n-m}} \left\{ \left(\frac{\partial y}{\partial w_k}\right)_\sigma \left(\frac{\partial x}{\partial J_k}\right)_\tau - \left(\frac{\partial x}{\partial w_k}\right)_\tau \left(\frac{\partial y}{\partial J_k}\right)_\sigma \right\}.$$

Rechts steht aber der zum Index $n - m$ gehörige FOURIER-Koeffizient von

$$\sum_k \left(\frac{\partial x}{\partial J_k} \frac{\partial y}{\partial w_k} - \frac{\partial x}{\partial w_k} \frac{\partial y}{\partial J_k} \right);$$

das ist die in der klassischen Mechanik als JACOBI-POISSON*sches Klammersymbol* $[x, y]$ bezeichnete Größe (s. Anhang 2). Da diese kanonisch invariant ist, hat man für irgendwelche kanonischen Variabeln p_k, q_k:

$$\frac{2\pi i}{h}(xy - yx) \to \sum_k \begin{vmatrix} \frac{\partial x}{\partial p_k} & \frac{\partial x}{\partial q_k} \\ \frac{\partial y}{\partial p_k} & \frac{\partial y}{\partial q_k} \end{vmatrix}, \tag{17}$$

wobei der Pfeil bedeuten soll, daß das Element n, m der Matrix für große n, m asymptotisch in den FOURIER-Koeffizienten $(n - m)$ der klassischen Größe übergeht. Es ist daher gerechtfertigt, für die korrespondierenden Größen der klassischen Theorie und der Quantentheorie dasselbe Zeichen $[x, y]$ zu verwenden.

Tut man das aber, so sieht man, daß die Vertauschungsregeln (8) mit den Identitäten korrespondieren, die man erhält, wenn man in den JACOBI-POISSONschen Klammern x und y gleich irgendwelchen der Größen q_k, p_k setzt (s. Anhang 2)[1].

Damit sind die Vertauschungsrelationen als sinngemäße Verallgemeinerungen klassischer Formeln nachgewiesen, und zwar gerade der Bedingungen dafür, daß ein Variabelnsystem p_k, q_k *kanonisch* ist. Man wird daher auch in der Quantentheorie jedes System von Matrixpaaren p_k, q_k, die den Vertauschungsrelationen (8) genügen, als *kanonische Variable* bezeichnen. Wir werden im § 19 sehen, daß für jedes System kanonischer Variabeln die Grundgleichungen der Mechanik auf eine Form gebracht werden können, die mit der kanonischen Form der klassischen Bewegungsgleichungen formal übereinstimmt.

§ 18. Folgerungen aus den Vertauschungsregeln. Wir wollen aus den Vertauschungsregeln einige Folgerungen ziehen.

Zunächst sieht man, daß keine der Matrizen q_k, p_k endlich sein darf. Denn wäre es der Fall, so wäre auch die Matrix $[p, q]$ endlich, und ihre Spur nach § 4, (22a) gleich Null; da aber $[p, q] = E$ sein soll und SpE gleich der Ordnung der Matrix ist, so hat man einen Widerspruch. Wir haben also das Ergebnis: *Die Matrizen der Quantenmechanik sind unendliche Matrizen.*

Später[2] werden wir allerdings sehen, daß es gelingt, auch end-

[1] Natürlich darf man nicht verlangen, daß das klassische Klammersymbol $[x, y]$ auch für zwei beliebige mechanische Größen x und y mit dem entsprechenden quantenmechanischen $[x, y]$ genau übereinstimmt.

[2] In der geplanten Fortsetzung des Buches.

liche Matrizen in die Quantenmechanik einzuführen, und zwar dadurch, daß man unsere Definition kanonisch konjugierter Größen durch die Vertauschungsregeln durch eine andere, allgemeinere ersetzt. Vorläufig aber halten wir an der Unendlichkeit der Matrizen fest.

Keine der Matrizen p_k, q_k kann eine Diagonalmatrix sein, solange wir daran festhalten, daß der Index n einen diskreten Wertbereich durchläuft (wovon wir später absehen werden). Denn wäre etwa $p_k = (p_k(n)\,\delta_{nm})$, so hätte man

$$[p_k, q_k]_{nm} = \frac{1}{\varkappa}\left(p_k(n) - p_k(m)\right) q_k(n, m) = \delta_{nm},$$

was bei endlichem $q_k(n, m)$ für $n = m$ einen Widerspruch gibt. Dieser Umstand ist z. B. von Bedeutung für die Frage nach der Definition von Wirkungs- und Winkelvariabeln J_k, w_k in der Quantenmechanik.

Wir haben nun einige formale Eigenschaften der quantentheoretischen Klammersymbole

$$(1) \qquad [x, y] = \frac{1}{\varkappa}(xy - yx), \qquad \varkappa = \frac{h}{2\pi i}$$

anzugeben. Es gelten, wie in der klassischen Theorie [s. Anhang 2, (11)] die trivialen Identitäten

$$(2) \qquad \begin{cases} [x, y] = -[y, x], \\ [x + y, z] = [x, z] + [y, z], \\ [xy, z] = [x, z]\,y + x\,[y, z]. \end{cases}$$

Aus diesen folgt, *daß man auch hier die partielle Differentiation einer Funktion $x(p_1, \ldots p_f, q_1, \ldots q_f)$ nach den Argumenten auf Bildung von Klammersymbolen zurückführen kann* [entsprechend den klassischen Gleichungen Anhang 2, (12)]:

$$(3) \qquad \frac{\partial x}{\partial q_r} = -[x, p_r], \qquad \frac{\partial x}{\partial p_r} = [x, q_r].$$

Zunächst sieht man, daß diese Gleichungen sich für $x = p$ und $x = q$ einfach auf die Vertauschungsregeln § 17, (8) reduzieren. Sodann nehme man an, sie seien für zwei Funktionen φ und ψ schon bewiesen; dann folgt aus (3) ihre Gültigkeit für $\varphi + \psi$

und $\varphi\psi$. Für $\varphi + \psi$ ist das trivial. Für $\varphi\psi$ hat man nach § 7, (15)

$$\frac{\partial \varphi\psi}{\partial q_r} = \varphi \frac{\partial \psi}{\partial q_r} + \frac{\partial \varphi}{\partial q_r} \psi = \varphi [p_r, \psi] + [p_r, \varphi] \psi .$$

Andererseits ist nach (2)

$$[\varphi\psi, p_r] = [\varphi, p_r]\psi + \varphi[\psi, p_r],$$

also

$$\frac{\partial \varphi\psi}{\partial q_r} = -[\varphi\psi, p_r].$$

In derselben Weise behandelt man die Ableitung nach p_r.

Daraus folgt, daß (3) für Polynome, also auch für beliebige, durch Potenzreihen darstellbare Funktionen gilt.

Endlich hat man auch das Analogon zur JACOBI*schen Identität* [s. Anhang 2, (17)]:

$$[x, [y, z]] + [y, [z, x]] + [z, [x, y]] = 0 . \tag{4}$$

Der Beweis ist hier viel einfacher als in der klassischen Theorie: man sieht beim Ausschreiben der Klammersymbole, daß sich je zwei Glieder fortheben.

Nach Feststellung dieser formalen Regeln haben wir nun Schlüsse über den Charakter der Matrizen q_k, p_k aus den kanonischen Vertauschungsregeln zu ziehen.

Es gilt folgender wichtige

Satz 1: *Wenn die hermitischen Matrizen* q_k^0, p_k^0 $(k = 1, 2, \ldots f)$ *ein kanonisches System bilden, also den Vertauschungsregeln*

$$[p_k^0, q_l^0] = \delta_{kl}, \qquad [p_k^0, p_l^0] = [q_k^0, q_l^0] = 0 \tag{5}$$

genügen, und wenn U *eine unitäre Matrix ist, also*

$$U^{\dagger} = U^{-1}, \tag{6}$$

so ist

$$q_k = U^{-1} q_k^0 U, \qquad p_k = U^{-1} p_k^0 U \tag{7}$$

wieder ein hermitisches, kanonisches Matrizensystem.

Man sieht nämlich nach § 7, Satz 1 sofort, daß aus (7) auch für die q_k, p_k die Gültigkeit der kanonischen Vertauschungsregeln folgt. Daß die p_k, q_k überdies hermitisch werden, folgt aus § 6, Satz c, (17).

Wenn ein kanonisches Matrizensystem q_k, p_k *zerlegbar* (reduzibel) ist (vgl. § 15), also mit geeignetem unitärem U in der Form (7) geschrieben werden kann derart, daß

$$q_k^0 = \begin{pmatrix} q_k^{(1)} & 0 \\ 0 & q_k^{(2)} \end{pmatrix}, \quad p_k^0 = \begin{pmatrix} p_k^{(1)} & 0 \\ 0 & p_k^{(2)} \end{pmatrix} \tag{8}$$

ist, so sind die irreduziblen Bestandteile des Systems q_k^0, p_k^0 selbst wieder kanonische Matrizensysteme. Zur vollständigen mathematischen Untersuchung der kanonischen Matrizensysteme genügt also die Betrachtung der *einfachen* kanonischen Matrizensysteme.

Wir werden im folgenden stets voraussetzen, daß die kanonischen Matrizen q_k, p_k ein einfaches oder irreduzibles System bilden.

Nunmehr können wir beweisen, daß Transformationen, die einem Matrizensystem q_k, p_k den kanonischen Charakter und gleichzeitig die Realität wahren sollen, notwendig unitär sein müssen:

Satz 2: *Soll ein (einfaches, hermitisches) kanonisches Matrizensystem q_k^0, p_k^0 durch eine Transformation*

$$q_k = U^{-1} q_k^0 U, \quad p_k = U^{-1} p_k^0 U \tag{9}$$

wieder in hermitische Matrizen q_k, p_k übergehen, so unterscheidet sich U von einer unitären Matrix nur durch einen Zahlenfaktor. Denn aus § 6, Satz d, folgt, daß die Matrix $UU^\dagger = V$ mit *allen* q_k^0, p_k^0 vertauschbar ist. Ferner ist $V^\dagger = (UU^\dagger)^\dagger = UU^\dagger = V$, d. h. V ist hermitisch. Folglich ist nach § 15, Satz 1, V bis auf einen Zahlenfaktor a gleich der Einheitsmatrix, also $UU^\dagger = aE$. Hier ist a erstens reell wegen des hermitischen Charakters von $V = UU^\dagger$, und zweitens auch positiv, da $UU^\dagger$ definit ist (vgl. § 10, S. 53). Dividiert man also U durch die reelle Zahl $\sqrt{a}$, so wird es unitär.

Für die späteren Entwicklungen ist die Frage wichtig, ob es in Umkehrung der Sätze 1, 2 stets möglich ist, zwei einfache kanonische Matrizensysteme q_k, p_k und q_k^0, p_k^0 durch eine unitäre Transformation ineinander überzuführen. Mit gewissen Einschränkungen werden wir diese Frage später (§ 23) bejahen können.

Matrizentransformationen der Gestalt (9) treten in der Quantenmechanik in ganz verschiedenen Bedeutungen auf, die scharf auseinander gehalten werden müssen. Erstens können wir für die unitäre Matrix U eine *Funktion der Matrizen* p_k^0, q_k^0 wählen; dabei werden die p_k^0, q_k^0 als *unbestimmte* (variable) Matrizen aufgefaßt, die lediglich den kanonischen Vertauschungsregeln genügen müssen. Dann werden auch die p_k, q_k gewisse Funktionen der p_k^0, q_k^0:

(10) $$p_k = p_k(p_k^0, q_k^0), \qquad q_k = q_k(p_k^0, q_k^0),$$

welche die Eigenschaft besitzen, ihrerseits wieder die kanonischen Vertauschungsregeln zu befriedigen. Als Umkehrung der Gleichungen (10) werden gewisse Gleichungen

(10′) $$p_k^0 = p_k^0(p_k, q_k), \qquad q_k^0 = q_k^0(p_k, q_k)$$

die p_k^0, q_k^0 als Funktionen der p_k, q_k darstellen. Jede als Funktion der kanonischen Grundgrößen p_k^0, q_k^0 definierte mechanische Größe kann auch als Funktion der p_k, q_k dargestellt werden (und umgekehrt). Die Einführung der p_k, q_k an Stelle der p_k^0, q_k^0 entspricht dem klassischen Begriff der *kanonischen Transformationen* (z. B. Übergang von rechtwinkligen Koordinaten zu schiefwinkligen oder zu Polarkoordinaten). Ihre Darstellung durch die Formeln (9) ist allerdings äußerlich ganz verschieden von allen in der gewöhnlichen Mechanik bekannten Darstellungen kanonischer Transformationen. Doch besteht trotzdem ein enger Korrespondenzzusammenhang, auf den wir später zurückkommen.

In ganz anderem Sinne werden wir in Kap. VI Matrizentransformationen (9) betrachten. Wir werden dort nämlich, wie schon zu Anfang des § 9 angedeutet wurde, nicht mehr eindeutig bestimmte Matrizen, sondern *Tensoren des* HILBERT-*Raums* als mathematische Darstellungen physikalischer Größen benützen; dabei betrachten wir q_k und q_k^0 als verschiedene Matrixdarstellungen (Komponentenschemata) ein und desselben Tensors, also ein und derselben physikalischen Größe, in verschiedenen Koordinatensystemen des HILBERT-Raums. Die Gleichung (9) mit einer bestimmt vorgegebenen Matrix U entspricht dann einer bestimmten unitären Transformation des HILBERT-Raumes.

Wir wollen hier noch einen Spezialfall der *kanonischen Transformationen* betrachten, nämlich linear-homogene „Punkttransformationen", bei der die q_k linear-homogene Funktionen der q_k^0 sind. Damit diese sich selbst adjungiert sind, müssen die Koeffizienten reelle Zahlen sein. Unsere Aufgabe ist die Bestimmung geeigneter p_k zu den q_k. Diese Aufgabe kann durch Aufsuchung einer geeigneten Matrix U entsprechend (7) gelöst werden, doch schlagen wir hier einen anderen Weg ein. Ist f die Anzahl der Freiheitsgrade und $S = (S_{kl})$ eine beliebige *reelle* Matrix von f Reihen und f Spalten,

$$\breve{S} = (\breve{S}_{kl})$$

ihre kontragrediente Matrix, so behaupten wir, daß die lineare Transformation

$$q_k = \sum_{l=1}^{f} S_{kl} q_l^0, \qquad p_k = \sum_{l=1}^{f} \breve{S}_{kl} p_l^0 \tag{11}$$

oder kurz

$$q = S q^0, \qquad p = \breve{S} p^0 \tag{11a}$$

die Vertauschungsregeln in sich überführt. Zunächst sind nämlich alle q_k unter sich und alle p_k unter sich vertauschbar, wenn es die q_k^0 und p_k^0 sind. Sodann hat man

$$\begin{aligned} p_k q_l - q_l p_k &= \sum_{mn} (\breve{S}_{km} p_m^0 S_{ln} q_n^0 - S_{ln} q_n^0 \breve{S}_{km} p_m^0) \\ &= \sum_{mn} \breve{S}_{km} S_{ln} (p_m^0 q_n^0 - q_n^0 p_m^0) \\ &= \varkappa \sum_{n} \breve{S}_{kn} S_{ln}; \end{aligned}$$

nun ist aber nach Definition [§ 6, (11)] $\breve{S} S^{\dagger} = 1$ oder, da S reell ist, $\breve{S}\tilde{S} = 1$, d. h.

$$\sum_{n} \breve{S}_{kn} S_{ln} = \delta_{kl}.$$

Daher erhält man in der Tat

$$[p_k, q_l] = \delta_{kl}.$$

Ist insbesondere S eine *reelle, orthogonale Matrix* O, so ist [s. § 6, (14)] $\breve{O} = O$ und man hat statt (11a)

$$q = O q^0, \qquad p = O p^0. \tag{12}$$

Das Ergebnis formulieren wir als

Satz 3: *Eine lineare reelle Transformation der Koordinatenmatrizen q_k und eine dazu kontragrediente Transformation der Impulsmatrizen p_k läßt die Vertauschungsregeln invariant. Ins-*

besondere gilt das für simultane, reelle, orthogonale Transformationen der q_k *und* p_k.

Dieser Satz ist offenbar wesentlich dafür, daß man die kanonischen Vertauschungsregeln auf die *rechtwinkligen Raumkoordinaten* x, y, z eines Massenpunktes und die zugehörigen Impulse p_x, p_y, p_z anwenden kann: *Bei einer Drehung des dreidimensionalen räumlichen Koordinatensystems bleiben, wie es verlangt werden muß, nach Satz 3 die Vertauschungsregeln invariant.*

§ 19. Die kanonischen Bewegungsgleichungen für abgeschlossene Systeme. Wir gelangen nunmehr zur Übertragung der Grundgleichungen der klassischen Mechanik in die Matrizentheorie.

Ein bestimmtes System (etwa ein Wasserstoffatom) wird in seinen mechanischen Eigenschaften am einfachsten dadurch beschrieben, daß man die *Energie als Funktion der Koordinaten und Impulse*, die sogenannte HAMILTON*sche Funktion*, angibt:

$$H(q, p) = H(q_1, \ldots q_f; p_1, \ldots p_f); \tag{1}$$

wir nehmen hier zunächst an, daß diese HAMILTONsche Funktion nicht explizit von der Zeit abhängig sei. H soll also in bestimmter, eindeutig definierter Weise aus den Argumentmatrizen q_k, p_k durch die Rechenprozesse der Matrizenaddition und Multiplikation aufgebaut sein. Auf welche Weise man zu der Kenntnis kommt, daß gerade eine bestimmte Funktion H für ein physikalisch gegebenes System die richtige Energiefunktion ist, diese Frage liegt — genau wie in der klassischen Theorie — außerhalb des Rahmens der Mechanik im engeren Sinne. Man muß annehmen, daß die Funktion H entweder aus einer tiefer gehenden physikalischen Theorie — etwa einer quantenmäßigen Formulierung der Elektronentheorie — deduktiv ableitbar ist, oder aber, daß man, geleitet durch Analogien zur klassischen Mechanik, auf induktivem Wege, durch Probieren und Vergleich der Folgerungen mit der Erfahrung, die richtige Form von H gefunden hat. Wir werden auf diese Fragen noch verschiedentlich zurückkommen. An dieser Stelle wollen wir lediglich untersuchen, wie bei gegebener Energiefunktion H die Quantenmechanik aufzubauen ist.

Durch eine Bedingung haben wir freilich die Willkür in der Wahl von H einzuschränken: *H soll eine sich selbst adjungierte Funktion der Argumentmatrizen sein.* Denn dann wird H eine hermitische Matrix, sobald man hermitische Matrizen für q_k, p_k einsetzt, und korrespondiert mit einer *reellen* Energiefunktion der klassischen Theorie.

Nunmehr kann man *die kanonischen Bewegungsgleichungen* ohne Änderung aus der klassischen Mechanik übernehmen:

$$\dot{q}_k = \frac{\partial H}{\partial p_k}, \qquad \dot{p}_k = -\frac{\partial H}{\partial q_k}. \tag{2}$$

Neben diesen Gleichungen haben wir entsprechend dem HEISENBERGschen Ansatz (13), § 3 die Beziehungen

$$\left\{\begin{aligned} \dot{q}_k(nm) &= 2\pi i \nu(nm)\, q_k(nm), \\ \dot{p}_k(nm) &= 2\pi i \nu(nm)\, p_k(nm), \\ h\nu(nm) &= W_n - W_m \end{aligned}\right. \tag{3}$$

mit zunächst unbestimmt gelassenen Termen $\frac{1}{h} W_n$ zu fordern.

Verbinden wir diese Gleichungen (2), (3) mit der Forderung, daß die Matrizen q_k, p_k ein einfaches kanonisches System bilden sollen, so können wir folgende Schlüsse ziehen:

Gemäß § 4, (31) ist auf Grund von (3):

$$\dot{q}_k = [W, q_k], \qquad \dot{p}_k = [W, p_k], \tag{4}$$

wo W wie in § 4, (29) die Diagonalmatrix

$$W = (W_n \delta_{nm}) \tag{5}$$

bezeichnet.

Gemäß § 18, (3) ist andererseits auf Grund von (2):

$$\dot{q}_k = [H, q_k], \qquad \dot{p}_k = [H, p_k]. \tag{6}$$

Es wird dann nach (4), (6):

$$[W - H, q_k] = 0, \qquad [W - H, p_k] = 0.$$

Da aber die q_k, p_k ein *einfaches* Matrizensystem bilden, muß, nach § 15, Satz 1, $W - H$ ein Vielfaches der Einheitsmatrix sein; also

$$H = W + aE \tag{7}$$

mit einem reellen Zahlfaktor a.

In dieser Gleichung (7) sind in Rücksicht auf (5) zwei wichtige physikalische Sätze enthalten:

I. *Energiesatz*: *Die Energie H ist eine Diagonalmatrix, also zeitlich konstant.*

II. BOHRsche *Frequenzbedingung*: *Die mit h multiplizierten Spektralterme (die W_n) stimmen bis auf eine additive Konstante überein mit den Energiewerten $H(nn)$ des Systems.*

Da die additive Konstante in den Spektraltermen willkürlich ist, können und wollen wir im folgenden stets die W_n so normieren, daß

(8) $$H = W$$

wird.

Es ist nun für die weitere Entwicklung von entscheidender Bedeutung, daß man die eben ausgeführte Überlegung umkehren kann. Wir betrachten[1] nämlich jetzt als ursprüngliche Forderungen die, daß erstens die q_k, p_k ein einfaches kanonisches System bilden sollen, und daß zweitens *die Energie $H(q, p)$ eine Diagonalmatrix sei*:

(9) $$H = W = \text{Diagonalmatrix.}$$

Ferner definieren wir gemäß (3) die Frequenzen $\nu(nm)$ und die zeitlichen Ableitungen $\dot{q}_k$, $\dot{p}_k$. Man sieht dann: *Als Folgerungen ergeben sich die kanonischen Bewegungsgleichungen* (2). Diese Formulierungsweise werden wir im folgenden als die eigentlich sinngemäße erkennen.

Es folgt jetzt sofort: *Die kanonischen Bewegungsgleichungen* (2) *sind invariant gegen kanonische Transformationen*. Es sei nämlich

(10) $$Q_k = Q_k(q, p), \qquad P_k = P_k(q, p)$$

eine kanonische Transformation im Sinne von § 18, d. h. es mögen die Funktionen Q_k, P_k der q_l, p_l stets ein kanonisches System bilden, wenn die Argumentmatrizen q_l, p_l ein kanonisches System sind[2]. Ferner sei auf Grund von (10)

(11) $$H'(Q, P) = H(q, p).$$

Dann sind die kanonischen Gleichungen (2) in den q_k, p_k gleich-

[1] Vgl. BORN, M. u. P. JORDAN: Z. Phys. Bd. 34, S. 858. 1925.

[2] Die oben besprochene Frage, ob bzw. unter welchen Bedingungen (10) in der Form $Q_k = U q_k U^{-1}$, $P_k = U p_k U^{-1}$ geschrieben werden kann, spielt an *dieser* Stelle *keine* Rolle.

wertig mit den kanonischen Gleichungen

$$\dot{Q}_k = \frac{\partial H'}{\partial P_k}, \qquad \dot{P}_k = -\frac{\partial H'}{\partial Q_k} \tag{12}$$

in den Q_k, P_k. Das folgt unmittelbar daraus, daß wir die Gleichungen (2), also auch entsprechend (12), ersetzen können durch die Forderung (9), deren Inhalt wegen (11) unabhängig ist von der Wahl des kanonischen Systems der Argumentmatrizen.

Es seien $H^{(1)}(q^{(1)}, p^{(1)})$, $H^{(2)}(q^{(2)}, p^{(2)})$, ..., $H^{(r)}(q^{(r)}, p^{(r)})$ die HAMILTON-Funktionen von r verschiedenen, völlig getrennten mechanischen Systemen; dabei möge das s-te System f Freiheitsgrade haben. Es wird also zum s-ten System, wenn es isoliert betrachtet wird, ein gewisses kanonisches Matrizensystem

$$q_k^{(s)}, \; p_k^{(s)} \qquad (k = 1, 2, \dots f_s)$$

gehören, dessen Einsetzung als Argumentsystem die Funktion $H^{(s)}(q, p)$ zur Diagonalmatrix macht:

$$H^{(s)}(q^{(s)}, p^{(s)}) = W^{(s)}. \tag{13}$$

Die zum Matrizensystem

$$q_k^{(s)}, \; p_k^{(s)} \qquad (k = 1, 2, \dots f_s)$$

gehörige Einheitsmatrix sei $E^{(s)}$. Wir wollen jetzt aber alle r Systeme zusammengenommen als ein einziges System auffassen. Wir haben dann entsprechend den Betrachtungen von § 17 statt der r einzelnen Matrizensysteme $q_k^{(s)}$, $p_k^{(s)}$ ihre *Verschmelzung* einzuführen. Dabei möge jeweils $Q_k^{(s)}$ bzw. $P_k^{(s)}$ an Stelle von $q_k^{(s)}$, $p_k^{(s)}$ treten. Daß die durch den Prozeß der Verschmelzung gebildeten Matrizen $Q_k^{(s)}$, $P_k^{(s)}$ ein kanonisches System bilden, nachdem die einzelnen Systeme $q_k^{(s)}$, $p_k^{(s)}$ kanonisch waren, folgt aus § 15, Satz 2.

Nunmehr aber ist auch zu sehen, daß die neuen $Q_k^{(s)}$, $P_k^{(s)}$ — wie es physikalisch verlangt werden muß — die zur HAMILTON-Funktion

$$H(Q, P) = \sum_{s=1}^{r} H^{(s)}(Q^{(s)}, P^{(s)}) \tag{14}$$

gehörigen *kanonischen Bewegungsgleichungen* ohne weiteres erfüllen, nachdem für jedes s die Gleichung (13) erfüllt war. Es werden nämlich die Summanden in (14) einzeln Diagonalmatrizen:

$$H^{(s)}(Q^{(s)}, P^{(s)}) = E^{(1)} \times \cdots \times E^{(s-1)} \times W^{(s)} \times E^{(s+1)} \times \cdots \times E^{(r)}. \tag{15}$$

Wir haben in § 3 hervorgehoben, daß die ganze hier entwickelte Theorie, die nur Matrizen mit diskreten Indizes benützt, nur zur Beschreibung *„periodischer“ Bewegungen* geeignet ist; wir haben ferner angedeutet, daß man sich durch Benützung von allgemeineren Matrizen mit kontinuierlich veränderlichen Indizes von dieser Beschränkung befreien und aperiodische Vorgänge in formal ähnlicher Weise behandeln kann. Hier jedoch wollen wir noch den quantenmechanischen *Virialsatz* aussprechen und beweisen, der in charakteristischer Weise auf der Voraussetzung „periodischer“ Bewegungen bzw. diskreter Matrizen beruht und sich keineswegs auf aperiodische Bewegungen ausdehnen läßt. Wir behaupten[1]:

Bei einer Energiefunktion der Form

$$H = T(p) + \Phi(q) = \frac{1}{2} \sum_k \frac{p_k^2}{m_k} + \Phi(q), \tag{16}$$

bei welcher die potentielle Energie $\Phi(q)$ eine homogene Funktion ϱ-ten Grades der Koordinaten ist, besteht zwischen den Zeitmittelwerten $\overline{T}$, $\overline{\Phi}$ der kinetischen und der potentiellen Energie die Beziehung

$$\overline{T} = \frac{\varrho}{2} \overline{\Phi}. \tag{17}$$

Denn es gilt nach den kanonischen Bewegungsgleichungen

$$\frac{d}{dt} \sum_k p_k q_k = \sum_k (\dot{p}_k q_k + p_k \dot{q}_k)$$
$$= \sum_k \left(- q_k \frac{\partial \Phi}{\partial q_k} + \frac{p_k^2}{m_k} \right);$$

und nach der EULERschen Formel

$$\Phi(q) = \frac{1}{\varrho} \sum_k q_k \frac{\partial \Phi}{\partial q_k}$$

wird

$$\frac{d}{dt} \sum_k p_k q_k = 2T - \varrho \Phi. \tag{18}$$

[1] BORN, M., W. HEISENBERG u. P. JORDAN: Z. Phys. Bd. 35, S. 557. 1926.

Nun gilt, wie schon aus § 3, (12), (13) hervorgeht, für jede diskrete Matrix a:

$$\overline{\frac{d}{dt} a} = 0 , \tag{19}$$

woraus die Behauptung (17) folgt. Man sieht, daß der wesentliche Punkt des Beweises die Annahme „periodischer“ p_k, q_k ist. Der Satz selbst sowie seine Beschränkung auf periodische (bzw. mehrfach periodische) Bewegungen besteht ebenso in der klassischen Theorie.

Als Beispiel nehmen wir den *harmonischen Oszillator*, der ausführlich in § 23 behandelt werden wird, oder allgemeiner ein *System von harmonischen Oszillatoren* (§ 24). Hier ist $\varrho = 2$; es wird also (wie in der klassischen Theorie):

$$\overline{T} = \overline{\Phi} . \tag{20}$$

Als Verallgemeinerung von (17) für den Fall einer *beliebigen* potentiellen Energie $\Phi(q)$ gilt offenbar[1]:

$$\overline{T} = \frac{1}{2} \sum_k \overline{q_k \frac{\partial \Phi}{\partial q_k}} . \tag{21}$$

§ 20. Existenz und Bestimmtheit der Lösung der Bewegungsgleichungen. Zurückführung auf ein Eigenwertproblem[2]. Die kanonischen Bewegungsgleichungen führten uns auf das Problem der Konstruktion eines kanonischen Matrizensystems q_k, p_k, welches für eine bestimmte HAMILTON-Funktion die Beziehung

$$H(q, p) = W = \text{Diagonalmatrix} \tag{1}$$

befriedigt. Wir haben nun zu zeigen, daß dieses mathematische Problem im allgemeinen (abgesehen von etwaigen singulären Fällen usw.) wirklich lösbar ist. Allerdings werden wir uns dabei vorläufig mit rein formalen Überlegungen begnügen müssen, ohne auf Konvergenzfragen usw. einzugehen.

Wir setzen voraus, daß jedenfalls ein kanonisches Matrizensystem konstruierbar sei. Später (§ 23) werden wir in der Tat ein spezielles kanonisches Matrizensystem von einem Freiheits-

---

[1] FINKELSTEIN, B. N.: Z. Phys. Bd. 50, S. 293. 1928.

[2] BORN, M., W. HEISENBERG u. P. JORDAN: Z. Phys. Bd. 35, S. 557. 1926.

grade explizit angeben; durch den Prozeß der Verschmelzung können wir dann gemäß § 17 ein kanonisches System von f Freiheitsgraden gewinnen.

Es sei also q_k^0, p_k^0 ein spezielles kanonisches System; wir gebrauchen die Bezeichnung

$$H(q^0, p^0) = H_0. \tag{2}$$

Dann suchen wir eine Lösung der Bewegungsgleichungen bzw. der Gleichung (1) durch den Ansatz

$$q_k = U^{-1} q_k^0 U, \qquad p_k = U^{-1} p_k^0 U \tag{3}$$

mit $U^{-1} = U^\dagger$.

Diese q_k, p_k werden dann und nur dann (1) befriedigen, wenn

$$U^{-1} H_0 U = W = \text{Diagonalmatrix} \tag{4}$$

wird. Damit ist aber das Problem der Lösung der Bewegungsgleichungen *zurückgeführt auf das Problem der Hauptachsentransformation der hermitischen Matrix* H_0.

Wir haben dieses mathematische Problem in § 11, Kap. II, ausführlich behandelt für *endliche* Matrizen; es ist damals auch gesagt worden, daß die mathematische Theorie sich entsprechend auf unendliche Matrizen ausdehnen läßt. Das mathematische Problem, auf das wir durch die physikalisch sinngemäße Fortentwicklung der HEISENBERGschen Ansätze zur Quantenmechanik geführt wurden, ist also wirklich ein allgemein lösbares Problem. Allerdings muß, wie schon in § 11 bemerkt wurde, mit der Möglichkeit eines *kontinuierlichen Eigenwertspektrums* der Matrix H_0 gerechnet werden. Physikalisch bedeutet das, entsprechend unseren früheren Bemerkungen, das Auftreten *aperiodischer* Bewegungen (z. B. Hyperbelbahnen beim H-Atom). Wir werden später auf diese Verhältnisse ausführlicher eingehen. Hier wollen wir uns zunächst auf Systeme mit diskreten Energiewerten beschränken, weil bei diesen viele physikalische Zusammenhänge in besonders durchsichtiger Form erläutert werden können.

Es wird in § 23 bewiesen, daß zwei verschiedene kanonische Systeme von je f Freiheitsgraden unter gewissen zusätzlichen Bedingungen (die ganz dem physikalischen Sinn der Sache entsprechen) gewiß unitär ineinander transformiert werden können. Infolgedessen erhalten wir durch die soeben beschriebene Konstruktion *alle* zulässigen Lösungen unseres Problems; und wir können die *Mannigfaltigkeit der Lösungen* unseres Problems übersehen, indem wir eben die Mannigfaltigkeit der durch diese Konstruktion gelieferten Lösungen betrachten.

Willkürlich ist zunächst die *Reihenfolge* (Numerierung) der Eigenwerte der Energie; wir dürfen also voraussetzen, daß W als *geordnete* Diagonalmatrix geschrieben sei, so daß übereinstimmende Eigenwerte stets zusammenliegen. Die Vielfachheit (das Gewicht) des r-ten Eigenwertes sei g_r.

Wir wollen g_r als endlich voraussetzen, oder wenigstens annehmen, daß die Sätze von § 11 anwendbar sind.

Ist p_k, q_k eine Lösung des mechanischen Problems, so erhält man nach § 11, Satz 2 die *allgemeinste Lösung* in der Form

$$(5) \qquad P_k = \mathring{U}^{-1} p_k \mathring{U}, \qquad Q_k = \mathring{U}^{-1} q_k \mathring{U},$$

dabei ist $\mathring{U}$ eine *unitäre Stufenmatrix* mit den Stufengrößen g_r:

$$(6) \qquad \mathring{U} = \begin{pmatrix} U^{(1)} & 0 & \dots \\ 0 & U^{(2)} & \dots \\ \dots & \dots & \dots \end{pmatrix},$$

wo $U^{(r)}$ eine g_r-reihige unitäre Matrix bedeutet. Ist insbesondere jeder Eigenwert *einfach*, so bleibt als Willkür nur eine *Phasenmatrix*.

Spaltet man nun die p_k, q_k; P_k, Q_k in rechteckige Matrizen mit g_s Zeilen und g_r Spalten entsprechend der Vielfachheit der Eigenwerte, also z. B.

$$(7) \qquad p_k = (p_k^{(r,s)}), \quad p_k^{(r,s)} = (p_k^{(r,s)}(\varrho, \sigma)), \quad \begin{matrix} \varrho = 1, 2 \dots g_r, \\ \sigma = 1, 2 \dots g_s, \end{matrix}$$

so erhält man nach § 5, (16)

$$(8) \qquad \begin{cases} P_k^{(r,s)} = (U^{(r)})^{-1} p_k^{(r,s)} U^{(s)}, \\ Q_k^{(r,s)} = (U^{(r)})^{-1} q_k^{(r,s)} U^{(s)}. \end{cases}$$

Wir suchen nun *die einfachsten, von jeder Unbestimmtheit freien Funktionen der Matrixelemente der* p_k, q_k. Wir nennen diese *relativinvariant* bezüglich des mechanischen Systems. Die allereinfachsten sind

$$(9) \qquad Sp\, p_k^{(r,r)}, \qquad Sp\, q_k^{(r,r)}.$$

Denn $p_k^{(r,r)}$, $q_k^{(r,r)}$ sind (quadratische, hermitische) Matrizen, die sich nach (8) unitär transformieren, wobei nach § 4, (23) ihre Spur invariant bleibt.

Die nächst einfachen Größen dieser Art sind

$$Sp\,(q_k^{(r,s)}\,q_k^{(s,r)})\,, \qquad Sp\,(p_k^{(r,s)}\,p_k^{(s,r)})\,. \tag{10}$$

Denn nach (8) gelten die Transformationsgleichungen

$$Q_k^{(r,s)}\,Q_k^{(s,r)} = (U^{(r)})^{-1}\,q_k^{(r,s)}\,q_k^{(s,r)}\,U^{(r)}\,,$$

$$P_k^{(r,s)}\,P_k^{(s,r)} = (U^{(r)})^{-1}\,p_k^{(r,s)}\,p_k^{(s,r)}\,U^{(r)}\,;$$

die Spuren (10) sind also nach § 4, (23) invariant.

Die Spuren

$$Sp\,(q_k^{(r,s)}\,q_k^{(s,r)}) = \sum_{\varrho=1}^{g_r}\sum_{\sigma=1}^{g_s} |\,q_k^{(r,s)}(\varrho,\sigma)\,|^2 \tag{10a}$$

sind sämtlich reell und positiv. Sind speziell alle Eigenwerte einfach, so reduzieren sie sich auf die quadrierten Beträge $|\,q_k(n,m)\,|^2$ aller Elemente von q_k.

Ist allgemeiner $f(q,p)$ irgend eine Funktion der q_k, p_k, so kann man auch diese in rechteckige Matrizen entsprechend den Vielfachheiten g_r der Eigenwerte zerlegen:

$$f(q,p) = \left(f^{(r,s)}(q,p)\right). \tag{11}$$

Dann transformieren sich die $f^{(r,s)}$, wie die Teilmatrizen der Koordinaten und Impulse selber, nach (8). Also ist

$$Sp\,f^{(r,r)} \tag{12}$$

eine Relativinvariante.

Ist $\varphi(q,p)$ eine zweite solche Funktion, so gilt dasselbe für

$$Sp\,(f^{(r,s)}\,\varphi^{(s,r)}) = \sum_{\varrho=1}^{g_r}\sum_{\sigma=1}^{g_s} f_{\varrho\sigma}^{(r,s)}\,\varphi_{\sigma\varrho}^{(s,r)}\,. \tag{13}$$

Ist insbesondere $f = \varphi$, so wollen wir für diese Größe ein besonderes Zeichen benutzen:

$$\|\,f^{(r,s)}\,\|^2 = Sp\,(f^{(r,s)}\,f^{(s,r)}) = \sum_{\varrho=1}^{g_r}\sum_{\sigma=1}^{g_s} |\,f_{\varrho\sigma}^{(r,s)}\,|^2\,. \tag{14}$$

Sie ist immer reell und positiv. *Alle physikalisch beobachtbaren Eigenschaften müssen durch willkürfreie Relativinvarianten, wie insbesondere* (12), (13), (14) *darstellbar sein.*

Bei fehlender Entartung der Energie ($g_r = 1$) gehen sie in

$$f(n, m)\, \varphi(m, n) \quad \text{bzw.} \quad |f(n, m)|^2$$

über.

Die einfachste Anwendung hiervon bekommen wir, wenn wir an den Ausgangspunkt HEISENBERGS bei der Aufstellung der Quantenmechanik denken (s. § 2). Er ordnet den Komponenten des *elektrischen Moments* $\mathfrak{P}$ des mechanischen Systems je eine Matrix mit den Elementen

$$(15) \qquad \mathfrak{P}_x(n, m) = X_{nm}, \quad \mathfrak{P}_y(n, m) = Y_{nm}, \quad \mathfrak{P}_z(n, m) = Z_{nm}$$

zu; sind e_k die Ladungen, x_k, y_k, z_k die rechtwinkligen Koordinaten der Teilchen ($k = 1, 2 \ldots$), so ist

$$(16) \qquad \mathfrak{P}_x = X = \sum_k e_k x_k, \ldots,$$

wo mit den $x_k, \ldots$ auch die $\mathfrak{P}_x = X, \ldots$ Matrizen sind. Die pro Zeiteinheit emittierte Energie beim Übergang $n \to m$ soll dann nach § 2, (1)

$$(17) \qquad J_{nm} = \frac{\Delta E^{(e)}_{nm}}{\Delta t} = \frac{64\,\pi^4}{3\,c^3} \nu^4_{n,m} |\mathfrak{P}_{nm}|^2$$

sein, wo

$$(18) \qquad |\mathfrak{P}_{nm}|^2 = |X_{nm}|^2 + |Y_{nm}|^2 + |Z_{nm}|^2$$

ist.

Diese Annahme ist zulässig, wenn das System nicht entartet ist; denn dann sind die Größen $|\mathfrak{P}_{nm}|^2$ eindeutig durch das mechanische System bestimmt. Im Falle der Entartung aber ist das nicht der Fall; offenbar hat man dann an die Stelle von $|\mathfrak{P}_{nm}|^2$ die Größe

$$(19) \qquad \|\mathfrak{P}^{(r,s)}\|^2 = \|X^{(r,s)}\|^2 + \|Y^{(r,s)}\|^2 + \|Z^{(r,s)}\|^2$$

zu setzen; dann gehört zu jedem *Übergang zwischen Zuständen verschiedener Energie*, $r \to s$, eine *eindeutig bestimmte Lichtintensität*

$$(20) \qquad J^{(r,s)} = \frac{64\,\pi^4}{3\,c^3} \nu^{(r,s)4} \|\mathfrak{P}^{(r,s)}\|^2.$$

Dieser Umstand hat aber eine einfache physikalische Bedeutung. Denkt man sich die Entartung durch irgend eine kleine Störung, im Falle einer *Richtungsentartung* (vgl. § 28) z. B. durch ein äußeres elektrisches oder magnetisches Feld, aufgehoben, so wird jeder g_r-fache Term in g_r Einzelterme aufgespalten; zwischen zwei solchen Termsystemen r und s gibt es dann maximal $g_r \cdot g_s$ Übergänge.

Die relativen Intensitäten der Einzellinien (Komponenten) einer solcherart aufgespaltenen Spektrallinie sind nun in verschiedenen Fällen vollkommen verschieden, je nach der qualitativen Natur der Störung, welche die Aufspaltung verursacht. Man muß aber offenbar vom Standpunkte der Physik folgende Gesetzmäßigkeit erwarten, die von HEISENBERG[1] schon vor Aufstellung der Quantenmechanik als *Satz von der spektroskopischen Stabilität* ausgesprochen worden ist:

Die Summe der Intensitäten der Komponenten einer aufgespaltenen Spektrallinie strebt bei abnehmender Größe der Aufspaltung einem von der Art der Aufspaltung unabhängigen Grenzwert zu; dieser ist gleich der Intensität der unaufgespaltenen Linie des ungestörten (entarteten) Systems.

Wäre es nicht so, dann könnte man an einer unaufgespaltenen Spektrallinie durch Erzeugung einer geeigneten unendlich kleinen Aufspaltung eine endliche Intensitätsänderung erhalten.

Dieser Satz ergibt sich also als Folgerung der exakten deduktiven Theorie[2], nämlich daraus, daß im entarteten Grenzfall

$$\| \mathfrak{P}^{(r,s)} \|^2 = \sum_{\varrho=1}^{g_r} \sum_{\sigma=1}^{g_s} | \mathfrak{P}^{(r,s)}_{(\varrho,\sigma)} |^2$$

eine Relativinvariante, also unabhängig ist von der Verschiedenheit der Lösungen des entarteten Problems, die sich als Grenzfälle qualitativ verschiedener gestörten Lösungen ergeben.

Den Zusammenhang dieses Satzes mit den „Summenregeln" der Intensitäten von Multipletts, ZEEMAN-Aufspaltungen usw., die gleichfalls schon vor der Begründung der Quantenmechanik bekannt waren und als Leitfaden eine wichtige Rolle gespielt haben, werden wir später [§ 31] erörtern.

Der HEISENBERGsche Ansatz für die Ausstrahlung muß natürlich selbst wieder als Folge der Quantentheorie erwiesen werden, indem die Wechselwirkung eines Atoms mit dem elektromagne-

[1] HEISENBERG, W.: Z. Phys. Bd. 31, S. 617. 1925.

[2] BORN, M., W. HEISENBERG u. P. JORDAN: Z. Phys. Bd. 35, S. 557. 1926.

tischen Strahlungsfelde quantenmechanisch untersucht wird. Wir werden dies später tun und zeigen, daß tatsächlich die Größen (19) in erster Näherung für die Emission und Absorption einer $g_r g_s$-fachen Spektrallinie maßgebend sind, sofern sie nicht identisch verschwinden. In letzterem Falle hat man die Absorption bzw. Emission des betreffenden Übergangs $r \to s$ aus der Matrix des Quadrupolmoments (gegebenenfalls noch höherer Momente) in analoger Weise [gemäß (12)] zu berechnen.

Wir wollen endlich hervorheben, daß unsere Ergebnisse bezüglich der teilweisen Unbestimmtheit der Lösung eines quantenmechanischen Problems bei entarteter Energie korrespondenzmäßig vollkommen analog sind den in Bd. I, § 14, § 15 besprochenen Lehren der BOHRschen Theorie. In der BOHRschen Theorie konnte die Bewegungsform eines Systems von f Freiheitsgraden nur im Falle nicht entarteter Energie durch f Quantenbedingungen bis auf Phasenkonstanten eindeutig festgelegt werden. Bei Entartung der Energie konnte nur eine entsprechend geringere Anzahl von Quantenbedingungen vorgeschrieben werden (Bd. I, § 15), so daß zwar die Energiewerte eindeutig festgelegt, aber die Bewegungsform teilweise willkürlich wurde. Entsprechend sind in der Quantenmechanik die Matrizen q_k, p_k, welche die Kinematik des Systems beschreiben, nur im Falle nichtentarteter Energie bis auf Phasenkonstanten festgelegt und besitzen im Entartungsfall eine gewisse, oben untersuchte Unbestimmtheit.

§ 21. Integrale der Bewegungsgleichungen und kontinuierliche Gruppen. Wenn bei einem abgeschlossenen System eine selbstadjungierte Funktion der Koordinaten und Impulse $F(q, p)$ die Eigenschaft

$$(1) \qquad \dot{F} = 0$$

besitzt, so nennen wir F (entsprechend dem Sprachgebrauch der klassischen Theorie) ein *Integral der Bewegungsgleichungen.* Nach § 4, (31) und § 19, (8) kann die Definition (1) eines Integrals auch durch

$$(2) \qquad [H, F] = 0$$

ersetzt werden, wiederum in formaler Übereinstimmung mit der klassischen Theorie [s. Anhang 2, (19)]. Das Analogon des *Satzes* von POISSON (Anhang 2) ist hier trivial; denn wenn F und G

mit H vertauschbar sind, so ist selbstverständlich auch die daraus *rational* gebildete Größe $[F, G]$ mit H vertauschbar. Übrigens folgt das auch aus der Formel § 18, (4).

Während nun bei der Energie H nicht nur die Erhaltungsgleichung $\dot{H} = 0$, sondern auch die schärfere Beziehung $H =$ Diagonalmatrix allgemein gültig ist, müssen wir uns bei einem beliebigen Integrale F mit der schwächeren Aussage begnügen [vgl. § 5, (13)]:

Satz 1: *Schreibt man die Matrizen so, daß H als geordnete Diagonalmatrix erscheint, so werden alle Integrale der Bewegungsgleichungen .Stufenmatrizen, deren Stufengrößen den statistischen Gewichten g_r gleich sind.*

Wenn insbesondere die Energie *nicht entartet* ist, dann (und nur dann) werden die Integrale sämtlich Diagonalmatrizen. Da aber zwei Diagonalmatrizen stets vertauschbar sind, so ergibt sich umgekehrt:

Satz 2: *Gibt es zwei (oder mehr) Integrale F_1, F_2, die nicht vertauschbar sind,*

$$[F_1, F_2] \neq 0, \tag{3}$$

so ist die Energie notwendig entartet.

Die Kenntnis von Integralen erleichtert wesentlich die Untersuchung der Lösungen eines quantenmechanischen Problems. Hat man nämlich ein oder mehrere Integrale $F_1, F_2, \ldots F_l$, die sämtlich *vertauschbar* sind,

$$[F_\lambda, F_\mu] = 0, \qquad \lambda, \mu = 1, 2, \ldots l \tag{4}$$

so kann man, auch bei entarteter Energie, zunächst eine Lösung suchen, bei der alle $F_1, \ldots F_l$ *Diagonalmatrizen* sind. Denn nach § 13, Satz 1 können alle F_λ und H gleichzeitig auf Hauptachsen transformiert werden. Die allgemeinste Lösung des Problems erhält man dann nach den Ergebnissen des § 20, indem man die so gefundene besondere Lösung mit einer unitären Stufenmatrix der Stufengrößen g_r transformiert.

Für ein System von nicht durchweg vertauschbaren Integralen $F_1, F_2, \ldots F_l$ kann man allgemeiner zeigen:

Satz 3: *Es gibt stets eine spezielle Lösung der Bewegungsgleichungen, bei welcher das Matrizensystem $F_1, F_2, \ldots F_l$ voll-*

ständig ausreduziert ist, also als direkte Summe seiner einfachen Bestandteile erscheint.

Denn da, wie wir sahen, die $F_1, \ldots F_l$ notwendig Stufenmatrizen mit den Stufengrößen g_r sind, kann man ihre Reduktion zu Ende führen mit Hilfe einer unitären Stufenmatrix $\mathring{U}$ mit denselben Stufengrößen; diese ist mit der Energiematrix W vertauschbar, also sind die mit $\mathring{U}$ transformierten Matrizen q_k, p_k wiederum Lösungen der Bewegungsgleichungen.

Aus einer hermitischen Matrix F kann man nach § 7, (7) und (10) die unitären Matrizen

(5) $$U = e^{iF}$$

und

(6) $$V = \frac{1 - iF}{1 + iF}$$

bilden. Wenn F ein Integral, also mit H vertauschbar ist, so gilt dasselbe für U und V. Man kann aber auch eine Art Umkehrung davon beweisen, indem man statt (5) und (6) die Formeln

(5a) $$U(\lambda) = e^{i\lambda F},$$

(6a) $$V(\lambda) = \frac{1 - i\lambda F}{1 + i\lambda F}$$

ansetzt, wobei λ eine reelle Zahl ist. U und V sind dann für jedes λ zugleich mit F Integrale; man hat zwei einparametrige Scharen unitärer Integrale. Wenn nun bekannt ist, daß U und V für alle reellen Werte von λ Integrale sind, so muß es auch F sein. Denn man kann dann λ insbesondere klein annehmen, so daß λ^2 vernachlässigt werden kann; dann ist $HU = UH$ gleichbedeutend mit

$$H(1 + i\lambda F) = (1 + i\lambda F) H$$

oder

$$[H, F] = 0,$$

und das analoge gilt für V.

Man kann diese Verhältnisse besonders klar überblicken vom *Standpunkte der Theorie der kontinuierlichen Gruppen.* Wir werden auf diese Theorie später ausführlich einzugehen haben; hier genügt es, die Begriffsbestimmung einer Gruppe und einige einfache Folgerungen anzuführen.

Als *Gruppe* bezeichnet man ein System von endlich oder unendlich vielen Elementen, das folgende Eigenschaften hat:

1. Zu je zwei, in bestimmter Reihenfolge gegebenen, gleichen oder verschiedenen Elementen A, B ist eindeutig ein Element C des Systems zugeordnet, das man das *Produkt* nennt; in Zeichen

$$A\,B = C\,.$$

2. Es gilt das Assoziativgesetz

$$(A\,B)\,C = A\,(B\,C)\,.$$

(Nicht zu gelten braucht das Kommutativgesetz $A\,B = B\,A$.)

3. Es gibt ein *Einheitselement* E, das für jedes Element A der Gruppe der Formel

$$A\,E = E\,A = A$$

genügt.

4. Zu jedem Element A gibt es ein inverses Element $X = A^{-1}$, das der Gleichung

$$X\,A = A\,X = E$$

genügt.

Bildet eine kleinere Menge unter den Elementen einer Gruppe wieder für sich eine Gruppe, so nennt man diese eine *Untergruppe* der umfassenderen Gruppe.

In unserm Falle werden wir als Elemente der Gruppe lineare, insbesondere unitäre Transformationen bzw. die zugehörigen Matrizen betrachten. Die Gesamtheit aller gleichartigen Matrizen, die eine Reziproke besitzen, bilden offenbar eine Gruppe. Sie enthält als Untergruppe die Gesamtheit aller gleichartigen *unitären* Matrizen [nach § 6, (15)]; hier wird es sich um Untergruppen dieser unitären Gruppe handeln.

Die durch (5a) definierte Schar von unitären Matrizen,

$$U\,(\lambda) = e^{i\lambda F}\,, \tag{7}$$

ist offenbar eine Gruppe; da sie von *einem* kontinuierlich veränderlichen Parameter abhängt, nennt man sie eine *eingliedrige kontinuierliche Gruppe*. Das Produkt zweier Matrizen der Form (7), $U(\lambda_1)$ und $U(\lambda_2)$, ist nämlich

$$U\,(\lambda_1)\,U\,(\lambda_2) = e^{i\lambda_1 F}\,e^{i\lambda_2 F} = e^{i(\lambda_1+\lambda_2)F} = U\,(\lambda_1 + \lambda_2)\,,$$

gehört also wieder zu den Matrizen der Form (7) mit $\lambda = \lambda_1 + \lambda_2$; ferner ist die Identität in der Schar vorhanden (für $\lambda = 0$) und auch die zu $U(\lambda)$ inverse Matrix $U(-\lambda) = e^{-i\lambda F} = U(\lambda)^{-1}$.

Die Bedeutung des Gruppenbegriffs für das mechanische Problem erkennt man durch folgende Betrachtung.

Transformiert man die Koordinaten und Impulse mit Hilfe der zunächst beliebigen unitären Matrix V in neue,

$$p_k' = V^{-1} p_k V, \quad q_k' = V^{-1} q_k V, \tag{8}$$

so geht irgend eine Funktion $\varphi(p, q)$ über in

$$\varphi(p', q') = V^{-1} \varphi(p, q) V. \tag{9}$$

Es sei nun V eine Funktion der p_k, q_k; dann liefern die Gleichungen (8) die p_k', q_k' ebenfalls als Funktionen der p_k, q_k. Setzt man diese in $\varphi(p', q')$ ein, so entsteht eine Funktion $\Phi(p, q)$, die im allgemeinen von $\varphi(p, q)$ verschieden ist. Man kann nun fragen, wann $\Phi(p, q)$ mit $\varphi(p, q)$ identisch ist, d. h. wann φ in sich transformiert wird oder *invariant* ist. Die Antwort liest man aus (9) ab: Es ist notwendig und hinreichend, daß

$$V\varphi(p, q) = \varphi(p, q) V$$

oder

$$[\varphi, V] = 0. \tag{10}$$

Satz 4: *Eine Funktion $\varphi(p, q)$ ist dann und nur dann invariant gegen eine unitäre Transformation* (8):

$$p_k' = V^{-1} p_k V, \quad q_k' = V^{-1} q_k V,$$

wenn die unitäre Matrix V mit φ vertauschbar ist.

Die Formel (7) liefert nun zu jedem Integral F eine Gruppe unitärer Matrizen, die H in sich transformieren; man sagt dann, *H ist eine Invariante der Gruppe.*

Da man die Entwicklung von (7)

$$U(\lambda) = 1 + i\lambda F + \cdots \tag{11}$$

hat, so bestimmt F die *infinitesimale Transformation* der Gruppe. Denkt man sich nämlich U als Transformation der Vektoren des Hilbertschen Raumes,

$$x = U(\lambda) x_0, \tag{12}$$

so hat man für kleine λ nach (11)

$$x = (1 + i\lambda F)\, x_0 \tag{13}$$

oder

$$\frac{x - x_0}{\lambda} = i F x_0. \tag{13a}$$

Im $\lim \lambda \to 0$ gibt das die Differentialgleichung

$$\frac{dx}{d\lambda} = i F x, \tag{14}$$

welche die infinitesimale Änderung des Vektors x infolge der Transformation mit der Matrix $iFd\lambda$ bestimmt.

Ist F als beliebige hermitische Matrix gegeben, so führt die Lösung der Gleichung (14) notwendig wieder auf die Formel (7) zurück. Denn denkt man sich das Intervall der λ-Achse von 0 bis λ in n gleiche Teile der Länge $\frac{\lambda}{n}$ geteilt, so hat man nach (13) für die den Teilpunkten entsprechenden Vektoren $x_0, x_1, \ldots x_n$ approximativ

$$x_1 = \left(1 + i\frac{\lambda}{n}F\right)x_0,$$

$$x_2 = \left(1 + i\frac{\lambda}{n}F\right)x_1,$$

$$\cdots\cdots\cdots\cdots\cdots$$

$$x_n = \left(1 + i\frac{\lambda}{n}F\right)x_{n-1}$$

und daraus

$$x_n = \left(1 + i\frac{\lambda}{n}F\right)^n x_0.$$

Das gibt aber im $\lim n \to \infty$

$$x = \lim_{n\to\infty} x_n = e^{i\lambda F} x_0, \tag{15}$$

woraus im Hinblick auf (12) die Behauptung hervorgeht.

Ist umgekehrt irgend eine kontinuierliche, eingliedrige Gruppe unitärer Transformationen $U(\lambda)$ gegeben, so kann man λ so normiert denken, daß $\lambda = 0$ der Einheitsmatrix entspricht und $U(\lambda_1)\, U(\lambda_2) = U(\lambda_1 + \lambda_2)$ ist. Dann ist die Matrix der infinitesimalen Transformation F zu definieren durch den Koeffizienten der Entwicklung (11) von $U(\lambda)$. F ist dann notwendig hermitisch; denn aus $UU^{\dagger} = 1$ folgt

$$(1 + i\lambda F + \cdots)(1 - i\lambda F^{\dagger} + \cdots) = 1,$$

also

$$F - F^{\dagger} = 0. \tag{16}$$

Wir fassen das Ergebnis so zusammen:

Satz 5: *Jedes Integral F der Bewegungsgleichungen bestimmt als Matrix der infinitesimalen Transformation eine eingliedrige Gruppe $U(\lambda) = e^{i\lambda F}$ unitärer Matrizen, die Integrale sind; die zu $U(\lambda)$ gehörige kanonische Transformation führt die Energiefunktion H in sich über. Umgekehrt gehört zu jeder Gruppe kanonischer Transformationen $U(\lambda)$, die H invariant läßt, ein von λ unabhängiges Integral F, das der infinitesimalen Transformation der Gruppe entspricht und aus dem sich die Gruppenelemente nach der Formel $U(\lambda) = e^{i\lambda F}$ ableiten.*

In vielen Fällen ist eine Gruppe von Transformationen, die H zur Invariante hat, auf Grund der geometrischen und physikalischen Eigenschaften des Systems durch Gleichungen der Form

$$q_k' = q_k'(p, q; \lambda), \quad p_k' = p_k'(p, q; \lambda) \tag{17}$$

gegeben. Wir haben die Frage zu beantworten, wie daraus die Matrix F der infinitesimalen Transformation der Gruppe und damit auch die endliche Transformationsmatrix $U(\lambda)$ gewonnen werden kann.

Die Gleichungen (17) müssen sich mit Hilfe von $U(\lambda)$ so schreiben lassen:

$$q_k' = U(\lambda)^{-1} q_k U(\lambda), \quad p_k' = U(\lambda)^{-1} p_k U(\lambda). \tag{18}$$

Entwickelt man nun $U(\lambda)$ nach (11), so erhält man

$$\left\{\begin{aligned} q_k' &= q_k + i\lambda(q_k F - F q_k) + \cdots, \\ p_k' &= p_k + i\lambda(p_k F - F p_k) + \cdots. \end{aligned}\right. \tag{19}$$

Entwickelt man andererseits die Ausdrücke (17),

$$\left\{\begin{aligned} q_k' &= q_k + \lambda f_k(p, q) + \cdots, \quad & f_k &= \left(\frac{\partial q_k'}{\partial \lambda}\right)_{\lambda=0}, \\ p_k' &= p_k + \lambda g_k(p, q) + \cdots, \quad & g_k &= \left(\frac{\partial p_k'}{\partial \lambda}\right)_{\lambda=0}, \end{aligned}\right. \tag{20}$$

so erhält man durch Vergleich von (19) und (20)

$$\text{(21)} \qquad \begin{cases} \varkappa [F, q_k] = i f_k, \\ \varkappa [F, p_k] = i g_k, \end{cases}$$

oder nach § 18, (3) wegen $\varkappa = \frac{h}{2\pi i}$:

$$\text{(22)} \qquad \begin{cases} \dfrac{\partial F}{\partial p_k} = -\dfrac{2\pi}{h} f_k, \\ \dfrac{\partial F}{\partial q_k} = \dfrac{2\pi}{h} g_k. \end{cases}$$

Dies sind zwei partielle „Differentialgleichungen", aus denen F zu bestimmen ist. Beispiele hierfür werden wir später kennen lernen.

§ 22. Systeme mit zeitabhängiger Energie. In manchen Fällen ist es zweckmäßig, statt einer HAMILTON-Funktion $H(q, p)$ der Form (1), § 19, die nur von den q, p abhängt, eine allgemeinere HAMILTON-Funktion

$$\text{(1)} \qquad H(q, p; t) = H(q_1, q_2, \ldots q_f; p_1, p_2, \ldots p_f; t)$$

zu betrachten, die explizit von der „Zeit" t abhängt. Dabei wird t als ein *Zahlparameter* aufgefaßt. Den physikalischen Sinn dieses Vorgehens werden wir nachher näher erläutern.

Für die Matrizen des Systems (1), die wieder ein kanonisches System bilden sollen, wird man entsprechend § 19, (2) die Gültigkeit der Bewegungsgleichungen

$$\text{(2)} \qquad \dot{q}_k = \frac{\partial H}{\partial p_k}, \quad \dot{p}_k = -\frac{\partial H}{\partial q_k}$$

fordern. Es ist aber im allgemeinen nicht mehr möglich, die Forderungen § 19, (3) bzw. analoge Forderungen aufrecht zu erhalten; vielmehr muß man jetzt die Art der Abhängigkeit der Matrizenelemente der q, p von dem Zeitparameter t zunächst offen lassen. Der Verzicht auf Gleichungen, welche den Forderungen § 19, (3) für abgeschlossene Systeme analog sind, bedingt eine weitgehende Willkür der Lösung unseres Problems. Offenbar erhält man aus einer bestimmten Lösung von (2) stets wieder eine Lösung, wenn man mit einer *beliebigen* unitären Matrix transformiert, die lediglich *zeitunabhängig* sein muß. Die genauere Festlegung der Lösung muß in jedem einzelnen Falle besonders, durch sinngemäße Berücksichtigung der gestellten physikalischen Frage, geschehen. In diesem Paragraphen haben wir zunächst nur das durch die Gleichungen (2) gestellte mathematische Problem zu betrachten.

Wir zeigen zunächst: Ist

$$F(q, p, t) = F(q_1, \ldots q_f; p_1, \ldots p_f; t) \tag{3}$$

eine beliebige Funktion der Koordinaten und Impulse sowie des Zeitparameters, so gilt für die zeitliche Ableitung auf Grund von (2):

$$\dot{F} = [H, F] + \frac{\partial F}{\partial t}. \tag{4}$$

Diese Formel ist jedenfalls richtig für die Sonderfälle

$$F = q_k, \quad F = p_k, \quad F = t. \tag{5}$$

Wir zeigen weiter: wenn (4) für zwei Funktionen F_1, F_2 richtig ist, gilt sie auch für die Summe und das Produkt

$$F_a = F_1 + F_2, \quad F_b = F_1 F_2. \tag{6}$$

In der Tat ist nach § 4, (26)

$$\begin{cases} \dot{F}_a = \dot{F}_1 + \dot{F}_2 \\ \dot{F}_b = \dot{F}_1 F_2 + F_1 \dot{F}_2 \end{cases} \tag{7}$$

und nach § 18, (2)

$$\begin{cases} [H, F_a] + \dfrac{\partial F_a}{\partial t} = [H, F_1] + [H, F_2] + \dfrac{\partial F_1}{\partial t} + \dfrac{\partial F_2}{\partial t}, \\ [H, F_b] + \dfrac{\partial F_b}{\partial t} = [H, F_1]F_2 + F_1[H, F_2] + \dfrac{\partial F_1}{\partial t} F_2 + F_1 \dfrac{\partial F_2}{\partial t} \\ \qquad = \left([H, F_1] + \dfrac{\partial F_1}{\partial t}\right) F_2 + F_1 \left([H, F_2] + \dfrac{\partial F_2}{\partial t}\right). \end{cases} \tag{8}$$

Der Vergleich von (7) und (8) zeigt die Richtigkeit der Behauptung.

Damit ist aber zugleich die Formel (4) für beliebige Funktionen bewiesen.

Als spezielle Folgerung ergibt sich aus (4) für $F = H$ analog zur klassischen Theorie

$$\dot{H} = \frac{\partial H}{\partial t}; \tag{9}$$

im Spezialfall eines abgeschlossenen Systems ergibt sich wieder der Energiesatz $\dot{H} = 0$[1].

Wir denken uns wieder ein beliebiges (einfaches) kanonisches Matrizensystem q_k^0, p_k^0 gewählt, dessen Elemente wir aber — abweichend von den in § 20 gemachten Annahmen — als zeitlich konstant ansehen wollen. Dann suchen wir eine Lösung q_k, p_k der Bewegungsgleichungen (2) durch den Ansatz

$$\left\{\begin{aligned} q_k &= U^{-1} q_k^0 U, \\ p_k &= U^{-1} p_k^0 U \end{aligned}\right. \tag{10}$$

zu gewinnen, wo U eine *von t abhängige* unitäre Matrix ist:

$$U = U(t) \tag{11}$$

Durch Differentiation folgt aus (10) mit Rücksicht auf die vorausgesetzte zeitliche Konstanz der q_k^0, p_k^0:

$$\left\{\begin{aligned} \dot{q}_k &= -U^{-1}(\dot{U} U^{-1} q_k^0 - q_k^0 \dot{U} U^{-1}) U \\ &= -\varkappa U^{-1} [\dot{U} U^{-1}, q_k^0] U, \\ \dot{p}_k &= -U^{-1}(\dot{U} U^{-1} p_k^0 - p_k^0 \dot{U} U^{-1}) U \\ &= -\varkappa U^{-1} [\dot{U} U^{-1}, p_k^0] U; \end{aligned}\right. \tag{12}$$

hierbei ist Gebrauch gemacht von

$$\frac{d}{dt}(U^{-1}) = -U^{-1} \dot{U} U^{-1},$$

[Vgl. § 4, (27)]. Nun ist nach (10) andererseits

$$\left\{\begin{aligned} \frac{\partial H(q, p; t)}{\partial p_k} &= U^{-1} \frac{\partial H(q^0, p^0; t)}{\partial p_k^0} U, \\ \frac{\partial H(q, p; t)}{\partial q_k} &= U^{-1} \frac{\partial H(q^0, p^0; t)}{\partial p_k^0} U. \end{aligned}\right. \tag{13}$$

Führen wir aber (12) und (13) in die Bewegungsgleichungen (2) ein, so wird

$$\left\{\begin{aligned} -\varkappa [\dot{U} U^{-1}, q_k^0] &= [H(q^0, p^0; t), q_k^0], \\ -\varkappa [\dot{U} U^{-1}, p_k^0] &= [H(q^0, p^0; t), p_k^0]. \end{aligned}\right. \tag{14}$$

---

[1] Jedoch kann *ohne* Heranziehung der Forderungen (3), § 19 *nicht* gefolgert werden, daß $H = W =$ Diagonalmatrix werden muß.

Aus diesen Gleichungen, die auch in der Form

$$(14') \quad \begin{cases} [H(q^0, p^0; t) + \varkappa \dot{U} U^{-1}, q_k^0] = 0, \\ [H(q^0, p^0; t) + \varkappa \dot{U} U^{-1}, p_k^0] = 0 \end{cases}$$

geschrieben werden können, folgt aber nach § 15, Satz 1

$$(15) \qquad H(q^0, p^0; t) + \varkappa \dot{U} U^{-1} = a(t) \cdot E,$$

wo $a(t)$ eine reine (reelle) *Zahl* und E die Einheitsmatrix ist.

Die q_k, p_k im Ansatz (10) bleiben ungeändert, wenn wir U mit einer reinen Zahl (vom Betrage 1) multiplizieren. Durch Anbringung eines Faktors

$$e^{\frac{1}{\varkappa}\int\limits_0^t a(\tau)\, d\tau}$$

an U kann aber in (15) die rechte Seite $a(t) E$ aufgehoben werden; wir können und wollen daher statt (15) stets

$$H(q^0, p^0; t) + \varkappa \dot{U} U^{-1} = 0$$

oder

$$(16) \qquad H(q^0, p^0; t)\, U + \varkappa \dot{U} = 0$$

fordern. Rückwärts ergibt sich wieder aus (16) — falls diese Gleichung wirklich mit $U^\dagger = U^{-1}$ lösbar ist — die Erfüllung der Bewegungsgleichungen durch den Ansatz (10).

Es kann nun aber behauptet werden: *Ist eine Lösung* $U(t)$ *der Gleichung* (16) *für* $t = 0$ *unitär, so ist sie für alle* t *unitär.* (Vgl. den analogen Satz am Schluß von § 9.) Schreiben wir nämlich mit der Abkürzung $H(q^0, p^0; t) = H_0$ die Gleichung (16):

$$(16') \qquad \varkappa \frac{d}{dt} U + H_0 U = 0$$

und die ihr äquivalente Gleichung

$$(16'') \qquad -\varkappa \frac{d}{dt} U^\dagger + U^\dagger H_0 = 0$$

an (beachte $\varkappa^* = -\varkappa$), so ergibt sich

$$(17) \quad \varkappa \frac{d}{dt}(U^\dagger U) = \varkappa \frac{dU^\dagger}{dt} U + \varkappa U^\dagger \frac{dU}{dt} = U^\dagger H_0 U - U^\dagger H_0 U = O.$$

Wir sehen also, daß aus $U^\dagger = U^{-1}$ für $t = 0$ gewiß auch $U^\dagger U = E$

für alle Zeiten folgt. Die Relation $U U^\dagger = E$ für alle t ergibt sich andererseits aus der Erwägung, daß die Reziproke $U(t)^{-1}$, nachdem sie für $t = 0$ existiert, aus Stetigkeitsgründen auch wenigstens in einer Umgebung von $t = 0$ existieren muß; wegen $U^\dagger U = E$ (für alle t) muß sie dann aber stets mit $U^\dagger$ identisch sein.

Die Lösung der Gleichung (16) kann nun auf die Integration einer Vektor-Differentialgleichung der in § 9 besprochenen Art zurückgeführt werden. Ist y^0 irgend ein konstanter Vektor, so setze man

$$y(t) = U(t)\, y^0; \tag{18}$$

dann genügt $y(t)$ der Gleichung

$$\varkappa \dot{y} + H(p^0, q^0; t)\, y = 0; \tag{19}$$

fordert man überdies noch die Anfangsbedingung, welche U zur Zeit $t = 0$ einer beliebig vorgegebenen unitären Matrix U_0 gleichsetzt, so wird $y(0) = U_0 y^0$.

Wählt man nun für y^0 der Reihe nach das vollständige System orthogonaler Einheitsvektoren

$$(1, 0, 0, \ldots), \quad (0, 1, 0, \ldots), \ldots \tag{20}$$

so sieht man, daß die entsprechenden Vektoren $y(t)$ jeweils die *Elemente einer Spalte* von $U(t)$ zu Komponenten haben. Umgekehrt kann man die Matrix U spaltenweise bilden, indem man ein vollständiges Orthogonalsystem $y_1^0, y_2^0, \ldots$ wählt und die Lösungen $y_k(t)$ bestimmt, die für $t = 0$ in die entsprechenden Vektoren y_k^0 übergehen (s. § 9).

Wir können also behaupten: Auf dem geschilderten Wege [über (16)] ist tatsächlich eine Lösung der Bewegungsgleichungen zu erhalten. Sie ist — wie von vornherein zu erkennen war — willkürlich derart, daß sie eine beliebige zeitlich konstante unitäre Transformation gestattet. *Im übrigen* jedoch ist sie vollständig bestimmt.

Den Zusammenhang der hier durchgeführten Überlegungen mit unserer früheren Theorie der abgeschlossenen Systeme bekommen wir durch folgende Bemerkung: Die bei den abgeschlossenen Systemen gestellte Forderung, daß die zeitliche Ableitung einer Matrix gemäß (13), § 3 bzw. (3), § 19 zu bestimmen sei, kann, wie wir wissen, formal durch Einführung eines Zeitparameters t befriedigt werden, indem die einzelnen Matrixelemente

Zeitfaktoren $e^{2\pi i \nu_{nm} t}$ erhalten. Wegen der BOHRschen Frequenzbedingung können wir diese Forderung auch so formulieren: Jede Matrix q_k, p_k [oder allgemein $F(q, p)$] soll aus einer Matrix mit zeitlich konstanten Elementen hervorgehen durch Transformation mit

(21) $$U_1 = e^{-\frac{Wt}{\varkappa}}; \quad W = (\delta_{nm} W_n).$$

Wir haben also, um im Spezialfall $\frac{\partial H}{\partial t} = 0$ von (16) zu den Formulierungen von § 19 zurückzukommen, für die Matrix U in (10), (16) die spezielle Gestalt

(22) $$U = U' \cdot U_1 = U' e^{-\frac{Wt}{\varkappa}}$$

zu fordern, wo U' zeitlich konstant ist. Dann geht (16) über in

(23) $$H(q^0, p^0) U' - U'W = 0,$$

d. h. wir kommen wieder, wie in § 20, auf das Hauptachsenproblem der Energiematrix.

Mit Hilfe des Zeitparameters t können wir jetzt eine Anwendung der in § 21 besprochenen gruppentheoretischen Begriffe machen. Setzt man in (22), § 21 für F die Energiefunktion H selber, multipliziert mit $-\frac{2\pi}{h}$, ein und nimmt als Parameter λ der Gruppe die Zeit t, so bekommt man

(24) $$\frac{\partial H}{\partial p_k} = \left(\frac{dq'_k}{dt}\right)_{t=0}, \quad \frac{\partial H}{\partial q_k} = -\left(\frac{dp'_k}{dt}\right)_{t=0}$$

Das sind aber die kanonischen Bewegungsgleichungen für den Zeitpunkt $t = 0$, der im übrigen willkürlich ist. Man gelangt daher, in voller Übereinstimmung mit der klassischen Mechanik, zu folgender Auffassung des Bewegungsvorgangs:

Satz: *Die Matrizen p_k, q_k als Funktionen der Zeit t gehen aus den Matrizen p_k^0, q_k^0 zur Zeit $t = 0$ hervor durch unitäre Transformationen, die eine eingliedrige Gruppe mit dem Parameter t bilden; die infinitesimale Matrix der Gruppe ist* $-\frac{2\pi}{h} H$.

Wenn H die Zeit nicht explizite enthält, so ist die endliche, unitäre Matrix der Gruppe also

(25) $$U(t) = e^{-\frac{2\pi i}{h} t H} = e^{-\frac{tH}{\varkappa}}.$$

Für die kanonischen Bewegungsgleichungen unabgeschlossener Systeme haben wir in (16) einen gleichwertigen Ersatz gefunden, der wiederum keinen wesentlichen Bezug mehr nimmt auf die speziellen kanonischen Variabeln, die als Argumente von H gebraucht werden. Es folgt daraus wieder, wie früher in § 19, die Invarianz der kanonischen Gleichungen gegenüber kanonischen Transformationen, welche nicht explizit den Zeitparameter t enthalten.

Wenn aber zwei Systeme von kanonischen Variabeln q_k, p_k und Q_k, P_k durch eine *zeitabhängige* unitäre Transformation $V(t)$ auseinander hervorgehen:

$$\begin{cases} Q_k(t) = V^{-1}(t)\, q_k(t)\, V(t) \\ P_k(t) = V^{-1}(t)\, p_k(t)\, V(t), \end{cases} \tag{26}$$

und wenn das System q, p die kanonischen Gleichungen mit der Hamilton-Funktion $H(q, p, t)$ erfüllt:

$$\dot{q}_k = [H, q_k], \quad \dot{p}_k = [H, p_k],$$

so folgt daraus, daß das System Q, P die kanonischen Gleichungen

$$\dot{Q}_k = [K, Q_k], \quad \dot{P}_k = [K, P_k]$$

erfüllt mit der Hamilton-Funktion:

$$K(Q, P, t) = H(Q, P, t) - \varkappa V^{-1} \dot{V}. \tag{27}$$

Es ist nämlich:

$$\begin{aligned} \dot{Q}_k &= -V^{-1} \dot{V} V^{-1} q_k V + V^{-1} \dot{q}_k V + V^{-1} q_k V V^{-1} \dot{V} = \\ &= V^{-1} [H(q, p, t), q_k] V - \varkappa [V^{-1} \dot{V}, Q_k] = \\ &= [H(Q, P, t), Q_k] - \varkappa [V^{-1} \dot{V}, Q_k]. \end{aligned}$$

Wir müssen endlich einige Worte sagen über die *physikalische Bedeutung* der hier benutzten Auffassung der Zeit t als eines Zahlparameters. Zu betonen ist dabei: Die Beschreibung eines physikalischen Systems durch eine zeitabhängige Hamilton-Funktion, in welcher die Zeit als Zahlparameter aufgefaßt wird, kann *nicht* eine *exakte* Darstellung der physikalischen Verhältnisse geben, sondern ist lediglich — unter besonderen, sogleich zu erläuternden Umständen — als ein approximatives Rechenverfahren zu betrachten, das grundsätzliche Vernachlässigungen in sich schließt. Exakte Bedeutung kann nur unsere *Theorie der abgeschlossenen Systeme* beanspruchen; und wir haben deshalb schon früher Wert darauf gelegt, in der Formulierung dieser Theorie keinen Gebrauch von einem Zahlparameter t zu machen: Die zeitliche Ableitung $\dot{F}$ einer Matrix $F = (F(nm))$ wurde *definiert* durch $\dot{F} = (2\pi i \nu(nm) F(nm))$, so daß eine explizite Verwendung der Zeitfaktoren $e^{2\pi i \nu(nm)t}$ überflüssig war. Die exakte, allgemein gültige Theorie der abgeschlossenen Systeme muß deshalb auch benutzt werden zur Begründung der bedingungsweise und näherungsweise gültigen, hier entwickelten Theorie der unabgeschlossenen Systeme.

Die *klassische* Theorie lehrt nun, daß bei einem abgeschlossenen Systeme die Energie $H = W$ und die Zeit t *kanonisch konjugiert* zueinander sind. Bei sinngemäßer korrespondenzmäßiger Übertragung in die Quantenmechanik müssen also die W, t analog den p, q durch gewisse *nichtkommutative* Rechensymbole dargestellt werden und Rechenregeln unterworfen sein, die den kanonischen Vertauschungsregeln der p, q analog sind. Die Theorie der „diskreten" Matrizen, die wir hier benutzen, erlaubt uns freilich noch nicht die vollständige mathematische Durchführung dieser Auffassung, die erst im zweiten Teil dieses Bandes im Zusammenhang mit der Operatorenrechnung gebracht werden kann. Hier genüge die Feststellung, daß Energie und Zeit miteinander nicht vertauschbar sind.

Betrachten wir nun ein unabgeschlossenes System, so können wir es zu einem abgeschlossenen ergänzen durch Hinzunahme der darauf einwirkenden Systeme. Dann ist die Zeit mit der *Gesamtenergie* dieser Systeme nicht vertauschbar (kanonisch konjugiert zu ihr). Wenn aber das betrachtete *Teilsystem* so *schwach* ist gegenüber den einwirkenden Systemen, daß die *Rückwirkung* auf diese *vernachlässigt* werden kann, so ist es plausibel, daß die Koordinaten und Impulse und damit auch die Energie des Teilsystems näherungsweise als mit der zur Gesamtenergie kanonisch konjugierten Zeit *vertauschbar* angenommen werden dürfen. Dadurch kann der Gebrauch von t als Zahlparameter gerechtfertigt werden.

Auch ein für sich schon abgeschlossenes System der Energie $H^{(1)}$ kann natürlich durch Hinzunahme eines anderen abgeschlossenen Systems $H^{(2)}$ formal zu einem umfangreicheren System $H^{(1)} + H^{(2)}$ erweitert werden. Verwenden wir das zweite System $H^{(2)}$ als

„Uhr", benutzen also statt der zu $H^{(1)}$ kanonisch konjugierten Zeit $t^{(1)}$ die durch $H^{(2)}$ gemessene (zu $H^{(2)}$ kanonisch konjugierte) Zeit $t^{(2)}$, so bekommen wir auch für das abgeschlossene System $H^{(1)}$ eine Zeit $t = t^{(2)}$, die mit allen auf das System $H^{(1)}$ bezüglichen Matrizen *vertauschbar* ist und deshalb, solange wir nur $H^{(1)}$ untersuchen, als *Zahlparameter* t behandelt werden kann. Damit bekommen wir auch eine exakte Rechtfertigung für den Gebrauch eines *Parameters* t bei *abgeschlossenen* Systemen, wie er durch die Zeitfaktoren $e^{2\pi i \nu (nm) t}$ eingeführt wird.

Diese hier nur flüchtig berührten Verhältnisse werden wir später (Teil II) erneut und ausführlich behandeln.

§ 23. Der lineare harmonische Oszillator. Existenz- und Eindeutigkeitsuntersuchung der kanonischen Matrizensysteme. In der klassischen Mechanik bezeichnet man als *linearen harmonischen Oszillator* ein System, dessen Energiefunktion

$$H = \frac{1}{2\mu} p^2 + \frac{a}{2} q^2 \tag{1}$$

ist[1]; μ ist die Masse, a die quasielastische Konstante. Die Lösung der Bewegungsgleichungen liefert harmonische Schwingungen mit der konstanten Frequenz

$$\nu_0 = \frac{1}{2\pi} \sqrt{\frac{a}{\mu}}. \tag{2}$$

Wir können uns auch in der Quantenmechanik die Frage vorlegen, wie die kanonischen Matrizen p, q beschaffen sein müssen, wenn die HAMILTONsche Funktion des Systems, ausgedrückt in den nicht vertauschbaren p, q, gerade die Gestalt (1) besitzt.

Die korrespondenzmäßige Analogie der klassischen und der neuen Mechanik würde es leicht erlauben, eine Lösung des Problems zu erraten. Wir ziehen es jedoch vor, die Lösung des Problems durch eine systematische Untersuchung zu bestimmen, um so zugleich die eindeutige Bestimmtheit der Lösung (bis auf die Phasenkonstanten und eine Permutation der Diagonalelemente) zu erweisen.

Die kanonischen Bewegungsgleichungen

$$\dot{q} = \frac{\partial H}{\partial p} = \frac{p}{\mu}, \qquad \dot{p} = -\frac{\partial H}{\partial q} = -a q \tag{3}$$

[1] S. Bd. I, § 7, S. 39.

oder, mit der Abkürzung (2):

(3a) $$\ddot{q} = -(2\pi\nu_0)^2 q,$$

lauten wie in der klassischen Theorie. Definiert man „komplexe Amplituden"

(4) $$\begin{cases} b = C(p - 2\pi i \nu_0 \mu q), \\ b^\dagger = C(p + 2\pi i \nu_0 \mu q) \end{cases}$$

mit einer vorläufig beliebigen Konstanten C, so gehen die Gleichungen (3) über in

(5) $$\dot{b} = -2\pi i \nu_0 b, \qquad \dot{b}^\dagger = 2\pi i \nu_0 b^\dagger.$$

Gleichzeitig wird

$$b b^\dagger = C^2 (p^2 + 4\pi^2 \nu_0^2 \mu^2 q^2 + 2\pi i \nu_0 \mu (pq - qp)),$$
$$b^\dagger b = C^2 (p^2 + 4\pi^2 \nu_0^2 \mu^2 q^2 - 2\pi i \nu_0 \mu (pq - qp)).$$

Hieraus sieht man, daß die Vertauschungsrelation

$$[p, q] = \frac{1}{\varkappa}(pq - qp) = 1$$

sich in

(6) $$b b^\dagger - b^\dagger b = 1$$

verwandelt, wenn man

(7) $$C = \frac{1}{\sqrt{2 h \nu_0 \mu}}$$

setzt. Zugleich erhält man für die Energie (1) die beiden Darstellungen

(8) $$\begin{cases} H = h\nu_0 b b^\dagger - \dfrac{h\nu_0}{2}, \\ = h\nu_0 b^\dagger b + \dfrac{h\nu_0}{2}. \end{cases}$$

Die Gleichungen (5) lassen sich zu

(5a) $$W b - b W = -h\nu_0 b$$

zusammenfassen und besagen für die Elemente einzeln:

(9) $$(W_n - W_m) b_{nm} = -h\nu_0 b_{nm}.$$

Hieraus kann man schließen: Bei einer *einfachen* Lösung müssen die *verschiedenen* Eigenwerte der Energie eine *lückenlose arithmetische Reihe* bilden mit der Differenz $h\nu_0$.

Ist nämlich W' irgend ein Eigenwert, so können wir b als Übermatrix $(b_{\varkappa\lambda}^{(k,l)})$ schreiben mit $k = 1, 2$; $l = 1, 2$ derart, daß zu den Diagonal-Untermatrizen mit $k = l = 1$ alle diejenigen Eigenwerte $W_k^{(1)}$ gehören, die eine *nach beiden Seiten möglichst lange*, den Wert W' enthaltende, lückenlose arithmetische Reihe der Differenz $h\nu_0$ bilden; zu $k = l = 2$ dagegen alle andern Eigenwerte (also alle, die sich irgendwo etwa zwischen die der Reihe $W_k^{(1)}$ einschieben oder — nach einer Lücke — außerhalb der Reihe liegen). Da dann stets $W_\varkappa^{(1)} - W_\lambda^{(2)} \neq \pm h\nu_0$ ist, folgt aus (9), daß $b_{\varkappa\lambda}^{(1,2)} = 0$, $b_{\varkappa\lambda}^{(2,1)} = 0$ ist, so daß b und damit zugleich $b^\dagger$ Stufenmatrizen sind. Das widerspricht der vorausgesetzten Einfachheit. Also können außer einer lückenlosen arithmetischen Reihe keine andern Eigenwerte vorhanden sein.

Nun ist H als Summe zweier Quadrate (nach § 10, S. 53) eine positiv definite Matrix, hat also nur positive Eigenwerte. Folglich muß jene arithmetische Reihe ein *Anfangsglied* besitzen. Wir ordnen die Zeilen und Spalten der Matrizen so, daß $H = W$ eine *geordnete* Diagonalmatrix wird, und schreiben W, b und $b^\dagger$ nunmehr als Übermatrizen entsprechend der Vielfachheit der Eigenwerte:

$$(10)\qquad \begin{cases} W = (W^{(r)}\delta_{rs}), \\ b = (b^{(r,s)}), \qquad b^\dagger = (b^{\dagger(r,s)}). \end{cases} \qquad r, s = 0, 1, 2, \ldots$$

Indem wir die Zählung der Stufen mit 0 beginnen, nennen wir g_r die Länge der $(r+1)$-ten Stufe (die wir ausdrücklich als endlich voraussetzen). Dann ist $b^{(r,s)}$ eine Matrix von g_r Zeilen und g_s Spalten. $W^{(r)}$ ist nach (9) das Produkt der Zahl

$$(11)\qquad W_r = r \cdot h\nu_0 + W_0$$

mit der Einheitsmatrix von g_r Zeilen und Spalten $E^{(r)}$:

$$(11\,\mathrm{a})\qquad W^{(r)} = W_r \cdot E^{(r)}.$$

Für die Teilmatrizen in b und $b^\dagger$ hat man bei der neuen Indizierung nach (5)

$$(W_r - W_s)\, b^{(r,s)} = -h\nu_0\, b^{(r,s)},$$
$$(W_r - W_s)\, b^{\dagger(r,s)} = h\nu_0\, b^{\dagger(r,s)};$$

also wegen (11):

$$(12)\qquad \begin{cases} b^{(r,s)} = 0, & \text{wenn } r - s \neq -1, \\ b^{\dagger(r,s)} = 0, & \text{wenn } r - s \neq +1. \end{cases}$$

Hieraus folgt, daß

$$(13)\qquad \begin{cases} b\, b^{\dagger} = (b^{(r,r+1)}\, b^{\dagger(r+1,r)}\, \delta_{rs}), \\ b^{\dagger} b = (b^{\dagger(r,r-1)}\, b^{(r-1,r)}\, \delta_{rs}) \end{cases}$$

ist, und da der Index r keine negativen Werte annehmen kann, so verschwindet die Teilmatrix von $b^{\dagger} b$ für $r = 0$. Somit ergibt sich aus der zweiten Gleichung (8) zunächst für $r = 0$:

$$(14)\qquad W^{(0)} = \frac{h\nu_0}{2} E^{(0)}, \qquad W_0 = \frac{h\nu_0}{2};$$

sodann allgemein

$$W^{(r)} \quad = h\nu_0\, b^{(r,r+1)}\, b^{\dagger(r+1,r)} - \frac{h\nu_0}{2} E^{(r)},$$

$$W^{(r+1)} = h\nu_0\, b^{\dagger(r+1,r)}\, b^{(r,r+1)} + \frac{h\nu_0}{2} E^{(r+1)}.$$

Nach (11), (11a) und (14) wird daher

$$(15)\qquad \begin{cases} \text{a)} & b^{(r,r+1)}\, b^{\dagger(r+1,r)} = (r+1)\, E^{(r)}, \\ \text{b)} & b^{\dagger(r+1,r)}\, b^{(r,r+1)} = (r+1)\, E^{(r+1)}. \end{cases}$$

Bilden wir nun die Spuren dieser (endlichen) Matrizen, so ergibt sich in (15a) und (15b) linker Hand [nach § 4, (22)] dieselbe Größe, während rechts $(r+1)\cdot g_r$ und $(r+1)\cdot g_{r+1}$ herauskommt. Also muß

$$(16)\qquad g_{r+1} = g_r$$

sein; d. h. *alle Eigenwerte besitzen dieselbe Vielfachheit* g_0.

Wir können jetzt weiter zeigen: Für eine einfache (irreduzible) Lösung ist bei allen Termen die Vielfachheit gleich 1; eine Lösung der Vielfachheit $g_0 > 1$ kann in g_0 einfache Lösungen zerfällt werden. Wegen (16) ist nämlich $b^{(r,r+1)}$ eine *quadratische* Matrix und $b^{\dagger(r+1,r)}$ sodann ihre Adjungierte im gewöhnlichen Sinne[1]:

$$(17)\qquad b^{\dagger(r+1,r)} = [b^{(r,r+1)}]^{\dagger}.$$

[1] D. h. nicht in dem verallgemeinerten Sinne für rechteckige Matrizen, gemäß § 6, (22).

Folglich ist nach (15a)

$$(18) \qquad b^{(r,r+1)} = U_r \cdot \sqrt{r+1},$$

wo U_r eine g_0-reihige *unitäre* Matrix ist; denn für $U_r = \dfrac{b^{(r,r+1}}{\sqrt{r+1}}$ gilt $U_r U_r^\dagger = E^{(r)}$. Wenn wir b mit einer unitären Stufenmatrix

$$(19) \qquad V = (\delta_{rs} V^{(r)})$$

transformieren, entsteht eine Übermatrix

$$(20) \qquad B = V^{-1} b V,$$

in der wieder nur die Teilmatrizen $B^{(r,r+1)}$ von Null verschieden sind, und zwar ist nach (18)

$$(20\,\text{a}) \qquad \begin{aligned} B^{(r,r+1)} &= V^{(r)-1} b^{(r,r+1)} V^{(r+1)} \\ &= \sqrt{r+1}\, V^{(r)-1} U_r V^{(r+1)}. \end{aligned}$$

Man kann nun leicht V so wählen, daß die $B^{(r,r+1)}$ Vielfache der Einheitsmatrix $E^{(0)}$ werden; man setze

$$(21) \qquad U_r V^{(r+1)} = V^{(r)}, \qquad V^{(0)} = E^{(0)},$$

d. h.

$$V^{(r+1)} = U_r^{-1} V^{(r)},$$

also

$$(21\,\text{a}) \qquad V^{(r+1)} = (U_0 U_1 \ldots U_r)^{-1}.$$

Dann wird

$$(22) \qquad B^{(r,r+1)} = \sqrt{r+1}\, E^{(0)},$$

und entsprechendes gilt für die Adjungierte $B^\dagger = V b^\dagger V^{-1}$.

Damit ist aber die Zerfällung durchgeführt: B und $B^\dagger$ sind nach (22) in g_0 übereinstimmende Lösungen mit nur einfachen Eigenwerten gespalten.

Wir können uns also jetzt auf eine einfache Lösung ($g_0 = 1$) beschränken, deren Matrixelemente wir mit b_{nm} bezeichnen. Dann ist in (18) U_r eine einreihige unitäre Matrix, d. h. eine komplexe Zahl vom Betrage 1, etwa $e^{i\varphi_r}$. Unser Resultat lautet also:

$$
(23)\quad
\begin{cases}
\text{a)} \begin{cases} b_{nm} = 0, & \text{wenn } n - m \neq -1, \\ b^{\dagger}_{nm} = 0, & \text{wenn } n - m \neq +1; \end{cases} \\
\text{b)} \begin{cases} b_{n,n+1} = \sqrt{n+1}\, e^{i\varphi_n}, \\ b^{\dagger}_{n+1,n} = \sqrt{n+1}\, e^{-i\varphi_n}; \end{cases} \\
\text{c)}\quad W_n = h\nu_0\left(n + \frac{1}{2}\right); \quad n = 0, 1, 2, \ldots .
\end{cases}
$$

Durch (23) wird offenbar die Gleichung $H = W$ und die Vertauschungsregel (6) tatsächlich befriedigt. Daß diese Lösung mit einfachen Eigenwerten einfach (irreduzibel) ist, ergibt sich daraus, daß in der arithmetischen Reihe der Eigenwerte keine Lücke auftreten darf, daß der kleinste Eigenwert nach (14) eindeutig bestimmt ist und daß unendlich viele Eigenwerte vorhanden sein müssen.

Vergleichen wir nun die gewonnene Lösung mit der des entsprechenden klassischen Problems (Bd. 1, §§ 9, 10), so ist zunächst auffällig das Auftreten einer „*Nullpunktsenergie*“ $W_0 = \frac{h\nu_0}{2}$; wir werden später auf ihre physikalische Bedeutung zurückkommen. Bilden wir ferner durch Auflösen der Gleichungen (4) die Matrizen p und q, so erhalten wir mit Rücksicht auf (7)

$$
(24)\quad
\begin{cases}
p = \sqrt{\dfrac{h\nu_0\mu}{2}}\,(b^{\dagger} + b), \\[2ex]
q = \dfrac{1}{2\pi i}\sqrt{\dfrac{h}{2\nu_0\mu}}\,(b^{\dagger} - b);
\end{cases}
$$

also nach (23)

$$
(25)\quad
\begin{cases}
\text{a)}\quad p_{nm} = 0, \quad q_{nm} = 0, \quad \text{wenn } n - m \neq \pm 1, \\
\text{b)} \begin{cases} p_{n,n+1} = \sqrt{\dfrac{h\nu_0\mu}{2}}\, b_{n,n+1} = \dfrac{1}{2}\sqrt{2h\nu_0\mu(n+1)}\, e^{i\varphi_n}, \\[2ex] p_{n+1,n} = \sqrt{\dfrac{h\nu_0\mu}{2}}\, b^{\dagger}_{n+1,n} = \dfrac{1}{2}\sqrt{2h\nu_0\mu(n+1)}\, e^{-i\varphi_n}, \end{cases} \\
\text{c)} \begin{cases} q_{n,n+1} = \dfrac{1}{2\pi i}\sqrt{\dfrac{h}{2\nu_0\mu}}\, b_{n,n+1} = \dfrac{1}{2}\sqrt{\dfrac{h(n+1)}{2\pi^2\mu\nu_0}}\, e^{i\left(\varphi_n + \frac{\pi}{2}\right)}, \\[2ex] q_{n+1,n} = \dfrac{1}{2\pi i}\sqrt{\dfrac{h}{2\nu_0\mu}}\, b^{\dagger}_{n+1,n} = \dfrac{1}{2}\sqrt{\dfrac{h(n+1)}{2\pi^2\mu\nu_0}}\, e^{-i\left(\varphi_n + \frac{\pi}{2}\right)}. \end{cases}
\end{cases}
$$

Vergleicht man das mit den Formeln Bd. 1, § 9, (9) und (10), so sieht man, daß das Verschwinden aller Matrixelemente außer für $m = n \pm 1$ dem Auftreten eines einzigen FOURIER-Gliedes in den klassischen Formeln entspricht; dabei ist zu beachten, daß die beiden Matrixelemente $p_{n,n+1}$ und $p_{n+1,n}$ zusammen *einem* cos-Gliede der klassischen FOURIER-Reihe für p entsprechen, wodurch sich der Faktor $\frac{1}{2}$ in (25) erklärt. Sieht man von diesem ab, so stimmen die Amplituden in (25) mit den klassischen überein, wenn man dort $J = h(n+1)$ setzt, anstatt, wie in der älteren Quantentheorie, $J = hn$. Endlich besteht zwischen q und p eine Phasendifferenz von $\frac{\pi}{2}$, genau wie in den klassischen Formeln.

Wir haben mit der ausführlichen Untersuchung des harmonischen Oszillators als des einfachsten matrizenmechanischen Systems überhaupt auch die bisher noch verbliebenen Lücken unserer allgemeinen Theorie ausgefüllt. Erstens haben wir jetzt die mathematische *Existenz* von Matrizen p, q mit der kanonischen Eigenschaft $[p, q] = 1$ erwiesen. Zweitens aber können wir behaupten: *Es seien p, q und P, Q zwei einfache kanonische Systeme*: $[p, q] = 1$; $[P, Q] = 1$, *und es sei möglich, die Matrizen $p^2 + q^2$ und $P^2 + Q^2$ zu bilden und auf Hauptachsen zu transformieren* (ohne daß Konvergenzschwierigkeiten oder sonstige Singularitäten eintreten). *Dann kann man p, q unitär in P, Q transformieren*:

$$(26) \qquad P = U^{-1} p U, \qquad Q = U^{-1} q U.$$

Denn man kann in diesem Falle zunächst V_1 und V_2 so bestimmen, daß die durch

$$p_0 = V_1^{-1} p V_1, \qquad q_0 = V_1^{-1} q V_1,$$
$$P_0 = V_2^{-1} P V_2, \qquad Q_0 = V_2^{-1} Q V_2$$

definierten p_0, q_0, P_0, Q_0 so beschaffen sind, daß $p_0^2 + q_0^2$ und $P_0^2 + Q_0^2$ Diagonalmatrizen sind. Dann bilden aber p_0, q_0 sowohl als auch P_0, Q_0 eine einfache Lösung der Bewegungsgleichungen für einen harmonischen Oszillator der Energie $\frac{1}{2}(p_0^2 + q_0^2)$ bzw. $\frac{1}{2}(P_0^2 + Q_0^2)$, und müssen nach unseren soeben erhaltenen Ergebnissen bei geeigneter Einrichtung der Phasen und Anordnung der Diagonalglieder übereinstimmen :

$$p_0 = P_0, \qquad q_0 = Q_0.$$

Also wird (26) erfüllt mit

$$U = V_1 V_2^{-1}. \tag{27}$$

Die Forderung, $p^2 + q^2$ solle singularitätenfrei auf Hauptachsen transformierbar sein, gibt allerdings zunächst nur eine etwas äußerliche Kennzeichnung der in Betracht zu ziehenden Klasse kanonischer Matrizensysteme. Das gerade diese (und nur diese) wirklich für die physikalische Anwendung etwa auf rechtwinklige Koordinaten $x, y, z = q_1, q_2, q_3$ in Betracht kommen, werden wir später[1] bei der tieferen mathematischen Untersuchung dieser Matrizen begründen können. (Vgl. auch die Schlußbemerkung in Kap. VI, § 52.)

Aus Satz 5, § 15 kann nun ohne weiteres gefolgert werden: *Zwei kanonische Systeme* p_k, q_k und P_k, Q_k *von je* f *Freiheitsgraden mit der Eigenschaft, daß alle* $p_k^2 + q_k^2$ *und* $P_k^2 + Q_k^2$ *singularitätenfrei unitär auf Hauptachsen transformierbar sind, können unitär ineinander transformiert werden.* Denn *für jedes einzelne* Paar p_k, q_k ist nach dem soeben Bewiesenen die Voraussetzung (b) des Satzes 5, § 15 erfüllt, daß die einfachen Bestandteile sämtlich unitär ineinander transformierbar sind. Man kann also die p_k, q_k sowohl als auch die P_k, Q_k unitär transformieren in die Gestalt einer Verschmelzung von f Lösungen der Bewegungsgleichungen des harmonischen Oszillators.

§ 24. Systeme harmonischer Oszillatoren. Mit Hilfe der Theorie des linearen harmonischen Oszillators und der in § 16 entwickelten Sätze läßt sich auch das allgemeinere Problem gekoppelter Oszillatoren mit beliebig vielen Freiheitsgraden beherrschen.

Es seien

$$\left\{\begin{aligned} T(\xi, \xi) &= \sum_{k,l=1}^{f} a_{kl}\,\xi_k\,\xi_l, \qquad a_{kl} = a_{lk}; \\ \Phi(\eta, \eta) &= \sum_{k,l=1}^{f} b_{kl}\,\eta_k\,\eta_l, \qquad b_{kl} = b_{lk} \end{aligned}\right. \tag{1}$$

zwei reelle quadratische Formen, von denen die erste T positiv definit sei. Dann kann man in der klassischen Mechanik $T(p, p)$ als kinetische und $\Phi(q, q)$ als potentielle Energie eines Massensystems mit den Koordinaten und Impulsen q_k, p_k ansehen, und

[1] In der geplanten Fortsetzung des Buches.

zwar beschreibt dieser Ansatz kleine Schwingungen um eine Gleichgewichtslage.

Bilden wir nun in der Quantenmechanik durch Einsetzen von konjugierten Matrizen q_k, p_k für ξ_k, η_k die Energiefunktion

$$H(p, q) = T(p, p) + \Phi(q, q), \tag{2}$$

so werden wir diese einem System gekoppelter „Quantenoszillatoren" von f Freiheitsgraden zuschreiben können. Solche Systeme treten in der Physik häufig auf, wenigstens als Näherungen.

Nach § 16, Satz 2 gibt es eine Matrix S von f Zeilen und Spalten, derart, daß durch

$$\xi = \breve{S}\,\Xi, \qquad \eta = S\,\mathsf{H}, \tag{3}$$

d. h. ausführlich

$$\left\{\begin{aligned} \xi_k &= \sum_l \breve{S}_{kl}\,\Xi_l, \\ \eta_k &= \sum_l S_{kl}\,\mathsf{H}_l \end{aligned}\right. \tag{3a}$$

die Formen $T(\xi, \xi)$ und $\Phi(\eta, \eta)$ gleichzeitig auf die Diagonalform gebracht werden; und zwar kann man auf Grund der Schlußbemerkung von § 16 die Matrix S *reell* wählen. In (3) kann man nun die Zahlen ξ_k, η_k durch die Matrizen p_k, q_k ersetzen und entsprechend die Zahlen Ξ_k, H_k durch transformierte Matrizen P_k, Q_k, so daß

$$q = S\,Q, \qquad p = \breve{S}\,P \tag{4}$$

wird; dann sind nach § 18, Satz 4, Q_k, P_k wieder kanonisch konjugierte Variable.

Die Energiefunktion hat dann die Form

$$H = \sum_{k=1}^{f} \left\{\frac{1}{2\,\mu_k} P_k^2 + \frac{a_k}{2} Q_k^2\right\}. \tag{5}$$

Sie erscheint als Summe von Funktionen je eines Variabelnpaars P_k, Q_k, deren jede mit der Energiefunktion des einzelnen linearen Oszillators § 23, (1) übereinstimmt. Das Verfahren der Verschmelzung (§ 15) erlaubt dann, die lösenden Matrizen für das System von f ungekoppelten Oszillatoren aus den bekannten Matrizen für den einzelnen Oszillator abzuleiten.

Die Grundfrequenzen, die man nach der Regel § 23, (2) aus (5) bildet, nämlich

$$\nu_0^{(k)} = \frac{1}{2\pi}\sqrt{\frac{a_k}{\mu_k}} \tag{6}$$

sind nach § 16, Satz 2 unabhängig von der Wahl der Transformationsmatrix S in (3) durch die Energiefunktion (2) eindeutig bestimmt. Die Energie des Gesamtsystems ist dann und nur dann *entartet,* wenn zwischen den Grundfrequenzen eine oder mehrere lineare Beziehungen

$$\sum_{k=1}^{f} \tau_k \nu_0^{(k)} = 0 \tag{7}$$

mit *ganzzahligen* (positiven oder negativen) τ_k bestehen.

Aus den P_k, Q_k kann man entsprechend § 23, (4) *komplexe Amplituden*

$$\left.\begin{aligned} b_k &= C_k (P_k - 2\pi i \nu_0^{(k)} \mu_k Q_k) \\ b_k^\dagger &= C_k (P_k + 2\pi i \nu_0^{(k)} \mu_k Q_k) \end{aligned}\right\}, \quad C_k = \frac{1}{\sqrt{2 h \nu_0^{(k)} \mu_k}} \tag{8}$$

bilden, für welche die Vertauschungsregeln

$$\left\{\begin{aligned} & b_k b_l - b_l b_k = b_k^\dagger b_l^\dagger - b_l^\dagger b_k^\dagger = 0, \\ & b_l b_k^\dagger - b_k^\dagger b_l = \delta_{lk} \end{aligned}\right. \tag{9}$$

gelten. Die Energie (5) verwandelt sich nach § 23, (8) bei der Einführung dieser b_k, $b_k^\dagger$ in

$$\left\{\begin{aligned} H &= \sum_{k=1}^{f} h \nu_0^{(k)} \left(b_k^\dagger b_k + \frac{1}{2}\right) \\ &= \sum_{k=1}^{f} h \nu_0^{(k)} \left(b_k b_k^\dagger - \frac{1}{2}\right). \end{aligned}\right. \tag{10}$$

Wir wollen uns die Frage vorlegen, wieweit die so eingeführten komplexen Amplituden b_k durch das Problem (2) festgelegt sind. Die Antwort ergibt sich aus § 16, und zwar aus der an Satz 2 anknüpfenden Bemerkung, wonach die Matrix S bis auf den Faktor $T = \alpha^{-\frac{1}{2}} U \gamma^{\frac{1}{2}}$ bestimmt ist; dabei sind α, γ reelle Diagonalmatrizen und U eine orthogonale (reelle unitäre) Matrix. Bei Multiplikation von S mit einer Diagonalmatrix $(\beta_k \delta_{kl})$ geht nach (4) Q_k über in $Q_k' = \beta_k Q_k$, P_k in $P_k' = \beta_k^{-1} P_k$; da aber H invariant ist, gehen die Größen μ_k und α_k in (5) über in $\mu_k' = \beta^{-2} \mu_k$,

$a'_k = \beta^{-2} a_k$, während $\nu_0^{(k)}$ nach (6) ungeändert bleibt. Nach (8) wird $C'_k = \beta C_k$, daher bleiben die Größen b_k und $b_k^\dagger$ invariant. Die beiden Faktoren $\alpha^{-\frac{1}{2}}$ und $\gamma^{\frac{1}{2}}$ von T haben also keinen Einfluß auf b_k, wohl aber der Faktor U; und zwar wird in symbolischer Schreibweise $b = U b'$. Bei dieser Transformation aber muß die Diagonalmatrix $\left(\frac{1}{2\,\mu_k} \frac{a_k}{2} \delta_{k\,l}\right) = (\pi^2 \nu_0^{(k)2} \delta_{k\,l})$, also auch $(h \nu_0^{(k)} \delta_{k\,l})$ invariant sein (s. § 16, Satz 2), also U eine Stufenmatrix, deren Stufengrößen den Vielfachheiten der $\nu_0^{(k)}$ entsprechen. So sehen wir: *Die b_k sind in demselben Maße durch die Energiefunktion* (5) *des Oszillatorensystems bestimmt, wie die Eigenvektoren einer quadratischen Form mit den Eigenwerten $h \nu_0^{(k)}$.*

Viertes Kapitel.

Die Sätze über den Drehimpuls[1].

§ 25. Vertauschungsregeln. In der klassischen Mechanik gelten bei frei beweglichen Systemen außer dem Energiesatz die Schwerpunkts- und Flächensätze. Die ersteren lassen sich in die Quantenmechanik der bisher entwickelten Form nicht ohne weiteres übertragen; denn die Matrizendarstellung der mechanischen Größen erlaubt eine adäquate Beschreibung nur von periodischen Vorgängen, nicht aber von translativen Schwerpunktsbewegungen. Wir werden die Schwerpunktsintegrale also zurückstellen, bis wir die Methoden zur Behandlung aperiodischer Vorgänge entwickelt haben.

Dagegen können wir hier das Analogon der Flächensätze vollständig behandeln, da es sich dabei um Drehungen, also um Vorgänge periodischen Charakters, handelt. Die kinematischen und dynamischen Eigenschaften des Drehimpulses eines Atoms oder einer Molekel sind von großer Bedeutung für die Struktur der Spektren; es ist daher angebracht, sie ausführlich zu untersuchen.

---

[1] Vgl. Born, M., W. Heisenberg u. P. Jordan: Z. Phys. Bd. 35, S. 597. 1926. Dirac, P. A. M.: Proc. Roy. Soc. Lond. (A) Bd. 111, S. 281. 1926. Die hier gegebenen vereinfachten Ableitungen rühren zum großen Teil von W. Pauli jun. her.

Wir betrachten ein System von f' Massenpunkten mit den $f = 3f'$ kartesischen Koordinaten

$$x_1, x_2, \ldots x_{f'},$$
$$y_1, y_2, \ldots y_{f'},$$
$$z_1, z_2, \ldots z_{f'}$$

und den Impulsen

$$p_{1x}, p_{2x}, \ldots p_{f'x},$$
$$p_{1y}, p_{2y}, \ldots p_{f'y},$$
$$p_{1z}, p_{2z}, \ldots p_{f'z}.$$

Wir definieren als *Drehimpuls des k-ten Teilchens* um den Koordinaten-Nullpunkt, wie in der klassischen Mechanik, den Vektor $\mathfrak{M}_k$ mit den Komponenten

$$(1) \qquad \begin{cases} M_{kx} = y_k p_{kz} - z_k p_{ky}, \\ M_{ky} = z_k p_{kx} - x_k p_{kz}, \\ M_{kz} = x_k p_{ky} - y_k p_{kx}. \end{cases}$$

Die Eigenschaften dieses Vektors haben wir zu untersuchen, und zwar zunächst seine *Multiplikationseigenschaften.*

Man findet nach den Regeln $[F, q_k] = \frac{\partial F}{\partial p_k}$, $[F, p_k] = -\frac{\partial F}{\partial q_k}$ [s. § 18, (3)]:

$$(2) \qquad [M_{kx}, x_k] = 0, \ldots [M_{kx}, p_{kx}] = 0, \ldots$$

$$(3) \qquad \begin{cases} [M_{kz}, x_k] = -y_k, \ldots \\ [M_{kz}, y_k] = x_k, \ldots \end{cases}$$

$$(4) \qquad \begin{cases} [M_{kz}, p_{kx}] = -p_{ky}, \ldots \\ [M_{kz}, p_{ky}] = p_{kx}, \ldots \end{cases}$$

Dabei ist jedesmal von drei Gleichungen, die durch zyklische Vertauschung der Koordinatenrichtungen x, y, z auseinander hervorgehen, nur eine angeschrieben, und dasselbe soll auch im folgenden geschehen.

Wir werden von jetzt an eine Koordinatenrichtung, etwa z, vor den beiden andern auszeichnen. So setzen wir

$$(5) \qquad \begin{cases} \xi_k = x_k + i y_k, \\ \eta_k = p_{kx} + i p_{ky}. \end{cases}$$

Dann kann man statt (3) und (4) auch schreiben

(3a) $$[M_{kz}, \xi_k] = i\,\xi_k,$$

(4a) $$[M_{kz}, \eta_k] = i\,\eta_k.$$

Man hat ferner

$$\begin{aligned}[M_{ky}, M_{kz}] &= [M_{ky}, x_k p_{ky} - y_k p_{kx}] \\ &= [M_{ky}, x_k]\, p_{ky} - y_k [M_{ky}, p_{kx}],\end{aligned}$$

also nach (3) und (4)

(6) $$\begin{cases} [M_{ky}, M_{kz}] = -M_{kx}, \\ [M_{kz}, M_{kx}] = -M_{ky}, \\ [M_{kx}, M_{ky}] = -M_{kz}. \end{cases}$$

Übrigens gelten alle diese Gleichungen formal ebenso in der klassischen Mechanik [s. Anhang 2, (21) bis (27)].

Mit der Abkürzung

(7) $$\mathsf{M}_k = M_{kx} + i\,M_{ky}, \qquad \mathsf{M}_k^\dagger = M_{kx} - i\,M_{ky}$$

kann man (6) umschreiben in

(6a) $$[M_{kz}, \mathsf{M}_k] = i\,\mathsf{M}_k,$$

(6b) $$[\mathsf{M}_k, \mathsf{M}_k^\dagger] = 2\,i\,M_{kz}.$$

Durch Summation über die f' Massenpunkte bilden wir das *gesamte Impulsmoment*

(8) $$\mathfrak{M} = \sum_k \mathfrak{M}_k;$$

ferner setzen wir

(9) $$\mathsf{M} = \sum_k \mathsf{M}_k = M_x + i\,M_y.$$

Da nun die zu *verschiedenen* Teilchen gehörigen Koordinaten und Impulse stets vertauschbar sind, gewinnen wir unmittelbar aus (6) die Beziehungen (die wir ihrer Wichtigkeit wegen, neben der laufenden Numerierung, noch mit römischen Ziffern versehen):

(I) (10) $$\begin{cases} [M_y, M_z] = -M_x, \\ [M_z, M_x] = -M_y, \\ [M_x, M_y] = -M_z \end{cases}$$

oder aus (6a), (6b) die gleichwertigen

$$(\mathrm{I}') \quad \begin{array}{ll} (10\mathrm{a}) & \left\{ \begin{array}{l} [M_z, \mathsf{M}] = i\,\mathsf{M}, \\ [\mathsf{M}, \mathsf{M}^\dagger] = 2\,i\,M_z. \end{array} \right. \\ (10\mathrm{b}) & \end{array}$$

Ferner entnehmen wir noch aus (2), (3a), (4a):

$$(11) \qquad [M_z, z_k] = 0, \qquad [M_z, p_{kz}] = 0,$$

$$(12) \qquad \left\{ \begin{array}{l} [M_z, \xi_k] = i\,\xi_k, \\ [M_z, \eta_k] = i\,\eta_k. \end{array} \right.$$

Für die Wechselwirkung des Systems mit Strahlung (und für manche andere Wirkungen) ist in erster Linie maßgebend das *elektrische Dipolmoment* $\mathfrak{P}$ mit den Komponenten

$$(13) \qquad \left\{ \begin{array}{l} \mathfrak{P}_x = \sum\limits_k e_k x_k = X, \\ \mathfrak{P}_y = \sum\limits_k e_k y_k = Y, \\ \mathfrak{P}_z = \sum\limits_k e_k z_k = Z, \end{array} \right.$$

wo e_k die elektrische Ladung des k-ten Teilchens ist. Setzen wir abkürzend

$$(14) \qquad \Pi = X + i\,Y,$$

so wird nach (11) und (12)

$$(\mathrm{II}) \quad (15) \qquad \left\{ \begin{array}{l} [M_z, Z] = 0, \\ [M_z, \Pi] = i\,\Pi. \end{array} \right.$$

Daneben gelten natürlich die durch zyklische Vertauschung der Koordinatenrichtungen entstehenden Gleichungen. Wir heben noch folgende hervor:

$$(\mathrm{II}') \quad (16) \qquad \left\{ \begin{array}{l} [\Pi, \mathsf{M}] \;\; = 0, \\ [\Pi, \mathsf{M}^\dagger] = 2\,i\,Z. \end{array} \right.$$

§ 26. Vertauschbarkeit des Drehimpulses mit drehinvarianten Größen. In der klassischen Mechanik gelten die bekannten *Erhaltungssätze* für den Drehimpuls bei frei drehbaren Systemen: eine Komponente des Drehimpulses ist immer dann ein Integral, wenn das System eine Drehung um die entsprechende Achse „zuläßt“, d. h. wenn die Energiefunktion bei der Drehung invariant ist. Genau dasselbe gilt nun auch in der Quantenmechanik, und zwar folgt das aus den in § 21 bewiesenen Sätzen, insbesondere Satz 5.

Um diese Sätze anwenden zu können, ist nur zu überlegen, wie eine Drehung in der Form

$$p'_k = U^{-1} p_k U, \qquad q'_k = U^{-1} q_k U \tag{1}$$

dargestellt werden kann. Das kann einfach mit Hilfe der Formeln § 21, (22) geschehen. Eine infinitesimale Drehung um die z-Achse wird nämlich bekanntlich dargestellt durch

$$\left\{\begin{aligned} x'_k &= x_k - \alpha y_k, \\ y'_k &= y_k + \alpha x_k, \\ z'_k &= z_k, \end{aligned}\right. \tag{2}$$

wo α der infinitesimale Drehwinkel ist (der den Gruppenparameter λ von § 21 vertritt). Da diese Transformation *linear* ist, transformieren sich die zugehörigen Impulskomponenten nach § 18, Satz 4, kontragredient, d. h. bei Vernachlässigung von α^2:

$$\left\{\begin{aligned} p'_{kx} &= p_{kx} - \alpha p_{ky}, \\ p'_{ky} &= p_{ky} + \alpha p_{kx}, \\ p'_{kz} &= p_{kz}. \end{aligned}\right. \tag{3}$$

Die Differentialgleichungen § 21, (22) lauten also hier:

$$\left\{\begin{aligned} \frac{\partial F}{\partial p_{kx}} &= \frac{2\pi}{h} y_k, & \frac{\partial F}{\partial x_k} &= -\frac{2\pi}{h} p_{ky}, \\ \frac{\partial F}{\partial p_{ky}} &= -\frac{2\pi}{h} x_k, & \frac{\partial F}{\partial y_k} &= \frac{2\pi}{h} p_{kx}, \\ \frac{\partial F}{\partial p_{kz}} &= 0, & \frac{\partial F}{\partial z_k} &= 0; \end{aligned}\right. \tag{4}$$

sie werden gelöst durch

$$F = \frac{2\pi}{h} \sum_k (y_k p_{kx} - x_k p_{ky}) = -\frac{2\pi}{h} M_z. \tag{5}$$

Die Matrix, die der infinitesimalen Drehung um die z-Achse entspricht, ist also der mit $-\frac{2\pi}{h}$ *multiplizierte Drehimpuls um diese Achse. Die gesamte Gruppe der endlichen Drehungen um die* *z-Achse wird dann geliefert durch die unitäre Matrix*

(6) $$U(\alpha) = e^{-\frac{2\pi i}{h}\alpha M_z},$$

wo α den Drehwinkel bedeutet[1].

Es ist nicht überflüssig, dieses Resultat durch eine kleine Rechnung unmittelbar zu bestätigen. Wir schreiben die Transformationsgleichungen für eine *endliche Drehung* an; das geht am bequemsten mit Hilfe der in § 25, (5) definierten Größen ξ_k, η_k, nämlich:

(7) $$\begin{cases} \xi'_k = e^{i\alpha}\xi_k, & \eta'_k = e^{i\alpha}\eta_k, \\ z'_k = z_k, & p'_{kz} = p_{kz}, \end{cases}$$

wo α eine reelle Zahl, der Drehwinkel, ist. Nun gilt nach § 25, (12)

$$M_z \xi_k = \xi_k \left(M_z + \frac{h}{2\pi}\right)$$

oder

$$\xi_k^{-1} M_z \xi_k = M_z + \frac{h}{2\pi};$$

daraus folgt nach § 7, Satz 1

$$\xi_k^{-1} e^{i\alpha' M_z} \xi_k = e^{i\alpha' M_z} e^{i\alpha},$$

wo die Abkürzung

(8) $$\alpha' = \frac{2\pi}{h}\alpha$$

gebraucht ist. Dafür kann man schreiben:

$$e^{i\alpha' M_z} \xi_k e^{-i\alpha' M_z} = e^{i\alpha}\xi_k;$$

das ist aber nach (7) gleich ξ'_k. Man hat somit, indem man dieselbe Betrachtung auch für η anstellt und die Vertauschbarkeit von M_z mit z_k, p_{kz} beachtet, die Transformation (7) in

(9) $$\begin{cases} \xi'_k = e^{i\alpha' M_z} \xi_k e^{-i\alpha' M_z}, \\ \eta'_k = e^{i\alpha' M_z} \eta_k e^{-i\alpha' M_z} \end{cases}$$

verwandelt, also in die Gestalt (1) gebracht, und zwar ist die Transformationsmatrix mit Rücksicht auf die Bedeutung (8)

[1] Dieser Drehwinkel hat nämlich die in § 21 für den Parameter λ geforderte Eigenschaft, daß der Zusammensetzung zweier Transformationen die *Addition* der Parameterwerte entspricht.

von α' gerade die durch (6) gegebene Funktion der Drehimpulskomponente M_z.

Jede drehinvariante Funktion ist also mit der Matrix (6) vertauschbar; ist insbesondere das System um die z-Achse frei drehbar, also H gegen diese Drehungen invariant, so ist H mit M_z vertauschbar, M_z ist ein Integral. Dasselbe gilt für Drehungen um die x- bzw. y-Achse. Übrigens folgt aus § 25, (10) sofort, wie in der klassischen Mechanik, daß entweder nur eine Komponente des Drehimpulses konstant ist, oder alle drei; denn wenn zwei, etwa M_x und M_y, mit H vertauschbar sind, ist es notwendig auch $M_z = -[M_x, M_y]$. Der innere Grund hierfür liegt offenbar darin, daß eine Funktion, die invariant bei Drehungen um die x- und um die y-Achse ist, notwendig auch bei Drehungen um die z-Achse ungeändert bleibt.

Die Nichtvertauschbarkeit der Größen M_x, M_y, M_z hat gemäß § 21, Satz 2 zur Folge, daß ein System notwendig entartet ist, wenn alle drei Drehimpulssätze gelten; wir sprechen dann von *Richtungsentartung.*

Unabhängig von der Gültigkeit der Erhaltungssätze hat man für *jedes* System das Ergebnis, daß die drehinvarianten Funktionen

$$r_k^2 = x_k^2 + y_k^2 + z_k^2, \tag{10}$$

$$p_k^2 = p_{kx}^2 + p_{ky}^2 + p_{kz}^2 \tag{11}$$

und auch

$$r_{kl}^2 = (x_k - x_l)^2 + (y_k - y_l)^2 + (z_k - z_l)^2 \tag{12}$$

mit M_z vertauschbar sind; natürlich kann das auch auf Grund der Formeln von § 25 durch einfaches Nachrechnen bestätigt werden.

Das *Quadrat des Gesamtdrehimpulses* ist definiert durch

$$\mathfrak{M}^2 = M_x^2 + M_y^2 + M_z^2; \tag{13}$$

da diese Größe offenbar drehinvariant ist, folgt die wichtige Tatsache, daß

$$[\mathfrak{M}^2, M_z] = 0 \tag{14}$$

ist — was man natürlich wiederum auf Grund von § 25, (6) bestätigen kann. Da die entsprechende Gleichung für M_x und M_y gelten muß, hat man auch

$$[\mathfrak{M}^2, \mathsf{M}] = 0. \tag{15}$$

Endlich haben wir noch eine Folgerung aus (6) bzw. (9) zu ziehen. Wählt man $\alpha = 2\pi$, also $\alpha' = \frac{4\pi^2}{h}$, so wird (7) die *identische* Substitution; die Gleichungen (9) besagen dann, daß

$$(16)\qquad \left[e^{2\pi i \frac{2\pi}{h} M_z}, \xi_k\right] = 0, \qquad \left[e^{2\pi i \frac{2\pi}{h} M_z}, \eta_k\right] = 0.$$

Wegen der stets vorausgesetzten Einfachheit des Systems aller Koordinaten- und Impulsmatrizen folgt daraus nach § 15, Satz 1, daß $e^{2\pi i \frac{2\pi}{h} M_z}$ bis auf einen Zahlenfaktor gleich der Einheitsmatrix ist. Man kann also offenbar setzen:

$$(17)\qquad e^{2\pi i \frac{2\pi}{h} M_z} = e^{2\pi i \alpha_0} E.$$

Das bedeutet aber nach § 14, (1):

Alle Eigenwerte $M_z(n)$ von M_z haben bei einem bestimmten System die Form

$$(18)\qquad M_z(n) = (\alpha_0 + \overline{m}) \frac{h}{2\pi}$$

mit ganzzahligem $(\overline{m})$ und festem α_0.

§ 27. Zerlegung der Drehimpulsmatrizen in einfache Bestandteile. Durch die Vertauschungsregeln (I), (I′) [§ 25, (10), (10a), (10b)] für die Komponenten des Drehimpulses und die daraus folgenden Gleichungen § 26, (14), (15) ist die mathematische Struktur dieser Matrizen schon weitgehend festgelegt, unabhängig von der Beschaffenheit der Energiefunktion. Dies werden wir jetzt durch Entwicklung der aus (I), (I′) fließenden Folgerungen zeigen.

Natürlich ist nicht zu erwarten, daß das Matrizensystem M_x, M_y, M_z für sich einfach ist. Es kann jedoch nach § 15 derart unitär transformiert werden, daß es in die direkte Summe seiner irreduziblen Bestandteile übergeht; einen dieser einfachen Bestandteile wollen wir mit $\frac{2\pi}{h}$ multiplizieren und dann mit $\mathfrak{m}_x, \mathfrak{m}_y, \mathfrak{m}_z$ bezeichnen.

Es sei also $\mathfrak{m}_x, \mathfrak{m}_y, \mathfrak{m}_z$ ein irreduzibler Bestandteil des Matrizensystems $\frac{2\pi}{h} M_x$, $\frac{2\pi}{h} M_y$, $\frac{2\pi}{h} M_z$.

Die bei der Definition der irreduzibeln Bestandteile noch willkürliche unitäre Transformation [s. § 15] wählen wir so, daß $\mathfrak{m}_z$ eine *Diagonalmatrix* wird. Die Eigenwerte von $\mathfrak{m}_z$ bezeichnen wir mit m, so daß

$$(1) \qquad \mathfrak{m}_z(r, s) = m\,\delta_{rs}$$

ist.

Bei unitärer Transformation bleiben die Vertauschungsformeln (I), § 25, (10) erhalten. Denkt man sich dabei die M_x, M_y, M_z in ihrer reduzierten Form als gleichstufige Stufenmatrizen, so müssen dieselben Gleichungen für jede Stufe einzeln gültig sein; somit gelten sie — abgesehen von einem Faktor $\frac{h}{2\pi}$ — auch für die Matrizen $\mathfrak{m}_x$, $\mathfrak{m}_y$, $\mathfrak{m}_z$. Mit den Bezeichnungen

$$(2) \qquad \begin{cases} \mu = \mathfrak{m}_x + i\,\mathfrak{m}_y, \\ \mathfrak{m}^2 = \mathfrak{m}_x^2 + \mathfrak{m}_y^2 + \mathfrak{m}_z^2 \end{cases}$$

erhält man also aus § 25, (10a), (10b):

$$(3) \qquad \begin{cases} \text{a)}\ \mathfrak{m}_z\mu - \mu\,\mathfrak{m}_z = \mu, \\ \text{b)}\ \mu\mu^\dagger - \mu^\dagger\mu = 2\,\mathfrak{m}_z, \end{cases}$$

und aus § 26, (14):

$$(4) \qquad [\mathfrak{m}^2, \mathfrak{m}_x] = [\mathfrak{m}^2, \mathfrak{m}_y] = [\mathfrak{m}^2, \mathfrak{m}_z] = 0.$$

Da nun $\mathfrak{m}_x$, $\mathfrak{m}_y$, $\mathfrak{m}_z$ ein einfaches System bilden, folgt nach § 15, Satz 1, aus (4), daß $\mathfrak{m}^2$ proportional der Einheitsmatrix wird:

$$(5) \qquad \mathfrak{m}^2 = \omega^2 \cdot E.$$

Dann ergibt sich der zu dem betrachteten einfachen Bestandteil $\mathfrak{m} = (\mathfrak{m}_x, \mathfrak{m}_y, \mathfrak{m}_z)$ gehörige Eigenwert von $\mathfrak{M}^2$ als

$$(6) \qquad \mathfrak{M}^2(n) = \frac{h^2}{4\pi^2}\,\omega^2.$$

Die Gleichung (3a) ist bis auf die Bezeichnung dieselbe wie beim harmonischen Oszillator die Gleichung (5a), § 23; nur stand dort b statt μ und $-W/h\nu_0$ statt $\mathfrak{m}_z$. Es folgt also wörtlich wie in § 23: *Die verschiedenen Eigenwerte m von $\mathfrak{m}_z$ bilden eine lückenlose arithmetische Reihe mit der Differenz 1.* Da die Matrix $\mathfrak{m}^2 - \mathfrak{m}_z^2$

$= \mathfrak{m}_x^2 + \mathfrak{m}_y^2$ semi-definit ist, folgt ferner, daß ihre Eigenwerte $\omega^2 - m^2$ nicht negativ sind, daß also

$$(7) \qquad |m| \leqq \omega$$

ist. Folglich gibt es für jeden einfachen Bestandteil $\mathfrak{m}$ nur *endlich viele* verschiedene Werte m.

Unser nächstes Ziel ist, zu zeigen, daß alle Eigenwerte m *einfach* sind. Hierzu denken wir uns $\mathfrak{m}_z$ als *geordnete* Diagonalmatrix geschrieben und $\mathfrak{m}_x$, $\mathfrak{m}_y$ als Übermatrizen entsprechend den (noch unbekannten) Vielfachheiten der Eigenwerte von $\mathfrak{m}_z$ (vgl. die analoge Überlegung beim harmonischen Oszillator, § 23), also

$$(8) \qquad \mu = (\mu^{(r,s)}), \qquad \mu^\dagger = (\mu^{\dagger(r,s)}).$$

Wir können als Indizes r, s einfach die betreffenden m-Werte wählen; dann bedeutet die erste Gleichung (3):

$$(9) \qquad \begin{cases} \mu^{(r,s)} = 0, & \text{wenn} \quad r - s \neq 1, \\ \mu^{\dagger(r,s)} = 0, & \text{wenn} \quad r - s \neq -1; \end{cases}$$

[entsprechend den Gleichungen § 23, (12)]. Nun ist nach (2)

$$(10) \qquad \mu\mu^\dagger + \mu^\dagger\mu = 2(\mathfrak{m}_x^2 + \mathfrak{m}_y^2) = 2(\mathfrak{m}^2 - \mathfrak{m}_z^2),$$

also nach (3b) und (10):

$$(11) \qquad \begin{cases} \mu^\dagger\mu = \mathfrak{m}^2 - \mathfrak{m}_z(\mathfrak{m}_z + 1), \\ \mu\mu^\dagger = \mathfrak{m}^2 - \mathfrak{m}_z(\mathfrak{m}_z - 1). \end{cases}$$

Das gibt wegen (9):

$$(12) \qquad \begin{cases} \mu^{\dagger(m,m+1)}\mu^{(m+1,m)} = \{\omega^2 - m(m+1)\}E^{(m)}, \\ \mu^{(m+1,m)}\mu^{\dagger(m,m+1)} = \{\omega^2 - m(m+1)\}E^{(m+1)}, \end{cases}$$

wo $E^{(m)}$, $E^{(m+1)}$ die entsprechenden Einheitsmatrizen sind.

Ebenso wie in § 23, (15) schließt man jetzt durch Bildung der *Spuren* in (12), daß alle Eigenwerte m die *gleiche* Vielfachheit g besitzen. Danach kann man — wörtlich wie beim Oszillator — aus (12) weiter erkennen, daß im Falle $g > 1$ das System $\mathfrak{m}_x$, $\mathfrak{m}_y$, $\mathfrak{m}_z$ zerlegbar wäre. Folglich muß $g = 1$ sein.

Die Einfachheit der Eigenwerte m läßt uns aber aus der Gleichung (3b) einen wichtigen Schluß ziehen: Bilden wir auf beiden Seiten die Spur, so ergibt sich links (wegen der Endlichkeit der Matrizen) der Wert Null; also ist die Summe aller Eigenwerte m von $\mathfrak{m}_z$ gleich Null, die arithmetische Reihe der m muß *symmetrisch zur Null* liegen und dafür gibt es nur zwei Möglichkeiten: entweder sind alle m-Werte ganze Zahlen oder sie fallen in die Mitte zwischen zwei ganzen Zahlen. Man sagt kurz: *m ist ganzzahlig oder halbzahlig.* Sei $j \geqq 0$ der größte der endlich vielen möglichen m-Werte, dann sind diese durch die Zahlenreihe

$$m = -j\,,\ -j+1\,,\ \ldots,\ j-1\,,\ j \tag{13}$$

gegeben, wo j eine Zahl aus den Reihen

$$\left\{\begin{array}{l} j = 0,\quad 1,\quad 2,\ \ldots \\ \text{oder} \\ j = \frac{1}{2},\quad \frac{3}{2},\quad \frac{5}{2},\ \ldots \end{array}\right. \tag{13a}$$

ist.

Die Gleichungen (9) und (12) gelten wegen der Einfachheit der Eigenwerte m unmittelbar für die Matrixelemente von $\mu, \mu^\dagger$, von denen wir die nicht verschwindenden jetzt mit $\mu(m+1, m)$, $\mu^\dagger(m, m+1)$ bezeichnen wollen. Man sieht nun, daß in der Matrix $\mu^\dagger\mu$ das Element

$$\mu^\dagger\,\mu\,(j, j) = 0$$

wird, da es kein von Null verschiedenes Element $\mu(m, j)$ in μ gibt.

Aus (12) folgt deshalb:

$$\omega^2 = j\,(j+1)\,. \tag{14}$$

Damit haben wir die Eigenwerte von $\mathfrak{M}^2$ zu

$$\mathfrak{M}^2\,(n) = \frac{h^2}{4\,\pi^2}\,j\,(j+1) \tag{15}$$

bestimmt.

Endlich ergibt sich noch aus (12)

$$|\mu\,(m+1\,,\,m)|^2 = j\,(j+1) - m\,(m+1)\,,\qquad -j \leqq m < j\,. \tag{16}$$

Es muß also bei geeigneter Wahl der Phasenkonstanten

$$\mu\,(m+1\,,\,m) = \sqrt{j\,(j+1) - m\,(m+1)} \tag{16a}$$

werden; und damit sind umgekehrt alle Bedingungsgleichungen befriedigt.

Zur Erläuterung geben wir die Matrizen $\mathfrak{m}_z$ und μ für die Fälle $j = 0$, $j = \frac{1}{2}$, $j = 1$ an:

$$
(17)\quad \left\{
\begin{array}{ll}
j = 0: \; \mathfrak{m}_z^{(0)} = (0), & \mu^{(0)} = (0); \\[2ex]
j = \tfrac{1}{2}: \; \mathfrak{m}_z^{(\frac{1}{2})} = \begin{pmatrix} -\frac{1}{2} & 0 \\ 0 & \frac{1}{2} \end{pmatrix}, & \mu^{(\frac{1}{2})} = \begin{pmatrix} 0 & 0 \\ 1 & 0 \end{pmatrix}; \\[4ex]
j = 1: \; \mathfrak{m}_z^{(1)} = \begin{pmatrix} -1 & 0 & 0 \\ 0 & 0 & 0 \\ 0 & 0 & 1 \end{pmatrix}, & \mu^{(1)} = \begin{pmatrix} 0 & 0 & 0 \\ \sqrt{2} & 0 & 0 \\ 0 & \sqrt{2} & 0 \end{pmatrix}.
\end{array}\right.
$$

Damit haben wir die Matrizensysteme, die als einfache Bestandteile von M_x, M_y, M_z auftreten können, vollständig bestimmt. Es sei noch hervorgehoben, daß bei ein und demselben quantenmechanischen System entweder *alle* vorkommenden m ganzzahlig oder *alle* halbzahlig sein müssen (in *allen* einfachen Bestandteilen); das folgt z. B. aus dem am Ende von § 26 in Formel (18) ausgesprochenen Satze.

§ 28. Auswahlregeln für die Drehimpuls-Quantenzahlen. Während die vorstehenden Betrachtungen rein „kinematischer" Natur waren, wenden wir uns jetzt zu ihrer Anwendung auf die *Dynamik*. Dann werden die ganz- oder halbzahligen Eigenwerte m und ihre Maximalwerte j zu „*Quantenzahlen*" im Sinne der älteren BOHRschen Theorie.

Wir betrachten zunächst ein System, in welchem der eine Drehimpuls-Erhaltungssatz $\dot{M}_z = 0$ gültig ist. Es gibt dann nach den Bemerkungen von § 21 gewiß eine Lösung der Bewegungsgleichungen, bei der M_z eine Diagonalmatrix ist; sie hat also die durch § 27, (1) angegebene Form mit ganz- oder halbzahligen m-Werten. Da dieser Fall praktisch häufig z. B. in der Weise realisiert ist, daß ein mechanisches System unter einem konstanten Magnetfeld parallel zur z-Richtung steht, heißt m *magnetische Quantenzahl*; sie korrespondiert offenbar mit der in Bd. 1, § 17 und § 34 ebenso bezeichneten Größe.

Wir wollen nun für diese Lösung das Verhalten des elektrischen Dipolmoments X, Y, Z oder der beiden Größen $\Pi = X + iY$ und Z [s. § 25, (14)] untersuchen.

Sie lassen sich als Übermatrizen nach dem Index m schreiben; die Teilmatrizen von einer Matrix Q seien also $Q^{(m,m')}$. Insbesondere ist $M_z = (M_z^{(m,m')})$ mit $M_z^{(m,m')} = \frac{h}{2\pi} m \, \delta_{m m'}$.

Dann folgt aus den Gleichungen § 25, (15):

(1)
$$\begin{cases} (m - m')\,Z^{(m,m')} = 0\,, \\ (m - m' - 1)\,\Pi^{(m,m')} = 0\,, \end{cases}$$

und das bedeutet

(1a)
$$\begin{cases} Z^{(m,m')} = 0 \quad \text{für} \quad m - m' \neq 0\,, \\ \Pi^{(m,m')} = 0 \quad \text{für} \quad m - m' \neq 1\,; \end{cases}$$

für $\Pi^\dagger$ erhält man also

(1b)
$$\Pi^{\dagger\,(m,m')} = 0 \quad \text{für} \quad m - m' \neq -1\,.$$

Das kann man so aussprechen:

In dem Spektrum des Systems, soweit es von der Dipolstrahlung herrührt, gibt es nur solche Frequenzen, die zu Änderungen der magnetischen Quantenzahl m um

(2)
$$\varDelta m = 0 \quad \text{oder} \quad \varDelta m = \pm 1$$

gehören. Dabei bedeutet der Übergang

(3)
$$\begin{cases} m \to m & \textit{parallel zur z-Achse linear schwingende} \\ & (\Pi = 0\,,\; Z \neq 0)\,, \\ m \to m \pm 1 & \textit{um die z-Achse rechts bzw. links zirkular} \\ & \textit{schwingende}\ (\Pi \text{ bzw. } \Pi^\dagger \neq 0\,,\; Z = 0) \end{cases}$$

Dipolstrahlung.

Man sieht, daß hier die neue Quantenmechanik vollständig mit der älteren (Bd. 1, § 17, § 34) übereinstimmt.

Wir wollen jetzt ferner annehmen, daß auch $\dot{M}_x = 0$, $\dot{M}_y = 0$ sind, wie es bei einem *frei drehbaren* System der Fall ist. Dann gibt es gemäß § 21, Satz 3 eine Lösung der mechanischen Gleichungen, bei welcher M_z und $\mathfrak{M}^2$ als Diagonalmatrizen erscheinen, während das Matrizensystem M_x, M_y, M_z vollständig ausreduziert ist, also als direkte Summe seiner in § 27 untersuchten einfachen Bestandteile erscheint. Auf diese spezielle Lösung wollen wir uns jetzt beziehen.

Wir haben jetzt neben der magnetischen Quantenzahl m noch ihren Maximalwert j, der nach § 27, (15) die Eigenwerte von $\mathfrak{M}^2$ bestimmt; *j heißt innere Quantenzahl* nach einer, in der älteren Quantentheorie von Sommerfeld von spektroskopischen Gesichtspunkten aus eingeführten Bezeichnungsweise. (In Bd. 1, § 17,

§ 34 wurde das Zeichen j in der korrespondierenden Bedeutung gebraucht, die Benennung allerdings nicht.)

Wir haben in § 27 gesehen, daß die einzelnen irreduzibeln Bestandteile des Systems M_x, M_y, M_z nur von dem Werte j abhängen; aber es können mehrere gleiche Bestandteile (mit demselben j) vorkommen (entsprechend dem physikalischen Umstande, daß es mehrere Zustände verschiedener Energie mit gleichem Gesamtdrehimpuls gibt). Daher ist zur Numerierung der einfachen Bestandteile ein weiterer Index n nötig. Sodann kann man (anders als oben!) alle Matrizen als Übermatrizen mit dem Indexpaar n, j schreiben, wobei die Elemente der Teilmatrizen durch den Index m gekennzeichnet sind: $Q = (Q^{(n,j;\,n',j')}(m, m'))$. Die Indizes n, n' werden wir gewöhnlich weglassen, also $Q^{(j,j')}(m, m')$ schreiben. Bei dieser Schreibweise werden M_x, M_y, M_z Stufenmatrizen mit den einfachen Bestandteilen als Stufen. Die Aussagen (1) bzw. (2), (3) hat man jetzt so zu schreiben:

$$(4)\qquad \begin{cases} Z^{(j,j')}(m, m') = 0 & \text{für} \quad m - m' \neq 0, \\ \Pi^{(j,j')}(m, m') = 0 & \text{für} \quad m - m' \neq 1. \end{cases}$$

Alle Komponenten von $\mathfrak{M}$ sind (wegen der vorausgesetzten Ausreduzierung) Diagonalmatrizen in bezug auf j. Nach § 27, (16a) hat man

$$(5)\qquad \begin{cases} \mathsf{M}^{(j,j)}(m, m') = 0 \quad \text{für} \quad m - m' \neq 1, \\ \mathsf{M}^{(j,j)}(m+1, m) = \dfrac{h}{2\pi}\sqrt{j(j+1) - m(m+1)}. \end{cases}$$

Daher folgt aus der ersten Gleichung § 25, (16):

$$(6)\qquad \mathsf{M}^{(j,j)}(m+1, m)\,\Pi^{(j,j')}(m, m-1) = \Pi^{(j,j')}(m+1, m)\,\mathsf{M}^{(j',j')}(m, m-1).$$

Da aber j der Maximalwert von m ist, so ist hier einer der Faktoren der linken Seite durch Null zu ersetzen, sobald eine der Ungleichungen

$$(6\,\mathrm{a})\qquad -j \leqq m \leqq j - 1, \qquad -j' + 1 \leqq m \leqq j' + 1$$

nicht erfüllt ist; und ebenso ist einer der Faktoren der rechten Seite durch Null zu ersetzen, sobald

$$(6\,\mathrm{b})\qquad -j - 1 \leqq m \leqq j - 1, \qquad -j' + 1 \leqq m \leqq j'$$

nicht erfüllt ist.

Wir suchen nun solche Wertsysteme von j, j', m auf, für die zwar (6a), aber nicht (6b) erfüllt ist, oder umgekehrt zwar (6b) aber nicht (6a). In einem solchen Falle haben wir statt (6) entweder — bei Verletzung von (6a):

$$\Pi^{(j,j')}(m+1, m) = 0, \tag{7a}$$

oder — bei Verletzung von (6b):

$$\Pi^{(j,j')}(m, m-1) = 0. \tag{7b}$$

Ein solcher Fall tritt *nicht* ein, wenn $\Delta j = j - j'$ einen der Werte $0, \pm 1$ besitzt. Denn für $\Delta j = 0, \pm 1$ bedeutet das Ungleichungspaar (6a) genau denselben Wertebereich für m wie das Ungleichungspaar (6b), nämlich

$$\begin{aligned} &\text{für } j' = j: && -j+1 \leqq m \leqq j-1,\\ &\text{für } j' = j+1: && -j \leqq m \leqq j-1,\\ &\text{für } j' = j-1: && -j+2 \leqq m \leqq j-1. \end{aligned}$$

Wir betrachten nun aber die Fälle $\Delta j \leqq -2$ und $\Delta j \geqq +2$. Ist $j' = j + s$ mit $s \geqq 2$, so ist für $m = -j - 1$ zwar (6b) erfüllt, aber nicht (6a). Nach (7a) wird also

$$\Pi^{(j,j+s)}(-j, -j-1) = 0;$$

und auf Grund des rekursiven Charakters der Formel (6) in bezug auf m folgt nun der Reihe nach für alle Werte $m + 1 = -j, -j+1, \ldots j-1, j$ die Gleichung

$$\Pi^{(j,j+s)}(m+1, m) = 0 \quad \text{für} \quad s \geqq 2. \tag{8a}$$

Ist andererseits $j' = j - s$ oder $j = j' + s$ mit $s \geqq 2$, so ist für $m = j' + 1$ zwar (6a), aber nicht (6b) erfüllt. Also ist nach (7b)

$$\Pi^{(j'+s,j')}(j'+1, j') = 0$$

und wie oben folgt aus (6) durch sukzessives Einsetzen der Werte $m - 1 = j', j' - 1, \ldots -j' + 1, -j'$:

$$\Pi^{(j'+s,j')}(m, m-1) = 0 \quad \text{für} \quad s \geqq 2. \tag{8b}$$

Man kann (8a) und (8b) zusammenfassen in die Aussage:

$$\Pi^{(j,j')}(m+1, m) = 0, \quad \text{außer für} \quad \Delta j = 0, \pm 1. \tag{9}$$

Nun kann man Z aus Π nach § 25, (16) berechnen:

$$2iZ = [\Pi, \mathsf{M}^\dagger], \tag{10}$$

und da M bezüglich j Diagonalmatrix ist, so folgt aus (9) auch

(11) $$Z^{(j,j')}(m, m) = 0, \quad \text{außer für} \quad \Delta j = 0, \pm 1.$$

Wir erhalten also (für Dipolstrahlung) die *Auswahlregel für die innere Quantenzahl* j:

(12) $$\Delta j = 0 \quad \text{oder} \quad \pm 1.$$

Auch dieses Resultat korrespondiert genau mit einem der älteren Quantentheorie. Dort (s. Bd. 1, § 17) war bei einem frei drehbaren System der gesamte Drehimpuls $|\mathfrak{M}|$ zu quanteln und wurde gleich $\frac{h}{2\pi} j$ gesetzt, so daß $\mathfrak{M}^2 = \frac{h^2}{4\pi^2} j^2$ war. In der neuen Theorie hat man für die Eigenwerte von $\mathfrak{M}^2$ nach § 27, (15) den Ausdruck $\frac{h^2}{4\pi^2} j(j+1)$, der für große j in den klassischen übergeht. Die Abweichung (Ersetzung der Potenz j^2 durch das Produkt $j(j+1)$) ist für die Quantenmechanik charakteristisch. Bereits vor ihrer systematischen Entwicklung hat LANDÉ[1] festgestellt, daß in spektroskopischen Formeln (Multipletts und ZEEMAN-Effekte) an Stellen, wo man korrespondenzmäßig das Auftreten von $\frac{4\pi^2}{h^2} \mathfrak{M}^2$ erwarten mußte, die Erfahrung nicht j^2, sondern $j(j+1)$ fordert.

§ 29. Schwingungsamplituden beim ZEEMAN-Effekt. Die Beeinflussung von Atomen oder Molekeln durch konstante äußere Felder (ZEEMAN-Effekt, STARK-Effekt) läßt sich unter folgendem Ansatz fassen:

Die Energiefunktion H sei von einem Parameter λ abhängig:

(1) $$H = H(p, q; \lambda),$$

und zwar derart, daß für einen bestimmten Wert von λ, etwa $\lambda = 0$, alle drei Drehimpulssätze gelten, daß aber für $\lambda \neq 0$ nur noch M_z ein Integral ist.

Die innere Quantenzahl j, die zunächst nur für den Fall $\lambda = 0$ definiert war, kann nun auch für $\lambda \neq 0$ erklärt werden. Die allgemeine Lösung des durch (1) gegebenen mechanischen Problems, als Funktion von λ betrachtet, muß nämlich für $\lambda \to 0$ stetig in eine Lösung des Problems mit $\lambda = 0$ übergehen; wir ordnen je-

[1] LANDÉ, A.: Z. Phys. Bd. 5, S. 231. 1921; Bd. 15, S. 189. 1923; Bd. 19, S. 112. 1923.

dem Eigenwert der allgemeinen Energiefunktion (1) denjenigen Wert von j zu, der ihm in diesem Grenzfall $\lambda = 0$ zukommt.

Gemäß den Bemerkungen in § 21 ergibt sich für $\lambda = 0$ eine Entartung der Energie von solcher Art, daß jedenfalls zu einem irreduzibeln Bestandteil von M_x, M_y, M_z, d. h. zu einem Indexpaar n, j, ein und derselbe Energiewert (unabhängig von m) gehört. Für $\lambda \neq 0$ tritt dann im allgemeinen eine Aufspaltung dieses mehrfachen Eigenwerts ein. Die Intensitätsverhältnisse der aufgespaltenen Spektrallinien können *für kleine Werte von* λ entnommen werden aus den Grenzwerten, denen die Matrixelemente

(2) $$\Pi^{(n,j;n',j')}(m, m'), \quad Z^{(n,j;n',j')}(m, m')$$

für den Grenzfall $\lambda \to 0$ zustreben.

Wir wollen deshalb jetzt die Matrixelemente (2) für *diese* Lösung des Problems mit $\lambda = 0$ — für welche also M_z Diagonalmatrix ist — bezüglich ihrer Abhängigkeit von m wirklich ausrechnen. Hierfür benutzen wir die Formeln (4) bis (12) des § 28, die sich auf eben diese Lösung des entarteten Problems beziehen. Dabei haben wir die 3 Fälle $\Delta j = 0, +1, -1$ gesondert zu betrachten.

α) **Elemente mit $\Delta j = 0$.** Für $j = j'$ wird die Gleichung § 28, (6) eine einfache Proportionalität, aus der man

(3) $$\Pi^{(j,j)}(m+1, m) = \mathsf{M}^{(j,j)}(m+1, m) \cdot a \frac{2\pi}{h}$$

schließen kann, wo $a = a^{(n,j;n',j)}$ (oder kurz: $a^{(j,j)}$) von m unabhängig ist. Mit dem in (5) gegebenen Werte des Elements von M wird

(4) $$\Pi^{(j,j)}(m+1, m) = \sqrt{j(j+1) - m(m+1)} \cdot a\,.$$

Z läßt sich aus (II') [§ 25, (16)] berechnen; da M bezüglich j Diagonalmatrix ist, kommen für $Z^{(j,j)}$ bei Π auch nur die Teilmatrizen $\Pi^{(j,j)}$ in Betracht, deren Elemente nach (3) denen von $\mathsf{M}^{(j,j)}$ proportional sind. Es wird also

$$2\,i\,Z^{(j,j)} = \left([\mathsf{M},\ \mathsf{M}^{\dagger}]\,a\frac{2\pi}{h}\right)^{(j,j)}$$

und das ist nach (I') [§ 25, (10b)] gleich $2\,i\,(M_z a)^{(j,j)} \dfrac{2\pi}{h}$.

Nach § 27, (1) erhält man

(5) $$Z^{(j,j)}(m, m) = m \cdot a\,.$$

Wegen $Z = Z^\dagger$ muß auch $a = a^\dagger$ sein.

β) **Elemente mit $\Delta j = +1$.** Für $j' = j - 1$ wird die Gleichung § 28, (6) mit Rücksicht auf § 28, (5):

$$\sqrt{j(j+1) - m(m+1)}\, \Pi^{(j,j-1)}(m, m-1)$$
$$= \sqrt{(j-1)j - (m-1)m}\, \Pi^{(j,j-1)}(m+1, m).$$

Um dies in eine Proportionalität zu verwandeln, zerlegen wir die Radikanden zunächst in Faktoren:

$$(6) \qquad \begin{cases} j(j+1) - m(m+1) = (j+m+1)(j-m), \\ (j-1)j - (m-1)m = (j+m-1)(j-m). \end{cases}$$

Der Faktor $\sqrt{j-m}$ fällt also aus der obigen Gleichung heraus. Statt seiner fügen wir beiderseits den Faktor $\sqrt{j+m}$ hinzu:

$$\sqrt{(j+m+1)(j+m)}\, \Pi^{(j,j-1)}(m, m-1)$$
$$= \sqrt{(j+m-1)(j+m)}\, \Pi^{(j,j-1)}(m+1, m).$$

Nunmehr geht die Wurzel der rechten Seite aus der Wurzel der linken Seite durch Vertauschung von m mit $m-1$ hervor. Daher kann man schließen:

$$\Pi^{(j,j-1)}(m+1, m) = \sqrt{(j+m)(j+m+1)}\, b.$$

Aus (II') [§ 25, (16)] folgt nun weiter:

$$2iZ^{(j,j-1)}(m,m) = \frac{2\pi i}{h}\{\Pi^{(j,j-1)}(m, m-1)\,\mathsf{M}^{\dagger\,(j-1,j-1)}(m-1, m)$$
$$- \mathsf{M}^{\dagger\,(j,j)}(m, m+1)\,\Pi^{(j,j-1)}(m+1, m)\}$$
$$= i\sqrt{j^2 - m^2}\,((j+m-1) - (j+m+1))\,b$$
$$= -2i\sqrt{j^2 - m^2}\, b,$$

also

$$(7) \qquad Z^{(j,j-1)}(m,m) = -\sqrt{j^2 - m^2}\, b.$$

γ) **Elemente mit $\Delta j = -1$.** In genau derselben Weise erhält man für $j' = j + 1$ aus § 28, (5), (6):

$$\sqrt{(j-1)j - m(m+1)}\, \Pi^{(j-1,j)}(m, m-1)$$
$$= \sqrt{j(j+1) - (m-1)m}\, \Pi^{(j-1,j)}(m+1, m).$$

Nun hat man die Faktorenzerlegungen

$$(8)\qquad \begin{cases} (j-1)\,j - m\,(m+1) = (j+m)\,(j-m-1)\,, \\ j\,(j+1) - (m-1)\,m = (j+m)\,(j-m+1)\,; \end{cases}$$

der Faktor $\sqrt{j+m}$ fällt fort, an seiner Stelle wird $\sqrt{j-m}$ hinzugefügt:

$$\sqrt{(j-m)\,(j-m-1)}\,\Pi^{(j-1,j)}(m, m-1)$$
$$= \sqrt{(j-m+1)\,(j-m)}\,\Pi^{(j-1,j)}(m+1, m)\,.$$

Daraus folgt

$$(9)\qquad \Pi^{(j-1,j)}(m+1, m) = \sqrt{(j-m)\,(j-m-1)}\,b'.$$

Ferner liefert (II′) [§ 25, (16)]:

$$2\,i\,Z^{(j-1,j)}(m, m) = \frac{2\pi i}{h}\,(\Pi^{(j,j-1)}(m, m-1)\,\mathsf{M}^{\dagger(j,j)}(m-1, m)$$
$$- \mathsf{M}^{\dagger(j-1,j-1)}(m, m+1)\,\Pi^{(j-1,j)}(m+1, m))$$
$$= i\,\sqrt{j^2-m^2}\,((j-m+1)-(j-m-1))\,b'$$
$$= 2\,i\,\sqrt{j^2-m^2}\,b'\,,$$

$$(10)\qquad Z^{(j-1,j)}(m, m) = \sqrt{j^2-m^2}\;b'.$$

Da nun für die Elemente von Z zwei unabhängige Darstellungen (7) und (10) vorliegen, kann man daraus eine Beziehung zwischen den Matrizen b und b' herleiten. Z muß hermitisch sein, also $Z^{(n,j;\,n',j-1)}(m, m)$ konjugiert zu $Z^{(n',j-1;\,n,j)}(m, m)$; daraus folgt

$$(11)\qquad b' = -\,b^{\dagger}.$$

Damit haben wir alle nicht verschwindenden Elemente von Π und Z in ihrer Abhängigkeit von m bestimmt. Wir fassen das Ergebnis zusammen:

$$(12)\qquad \begin{cases} \Pi^{(j,j)}(m+1, m) = \sqrt{(j+m+1)\,(j-m)}\,a\,, \\ Z^{(j,j)}(m, m) = m\,a; \quad a = a^{\dagger}\,. \end{cases}$$

$$(13)\qquad \begin{cases} \Pi^{(j,j-1)}(m+1, m) = \sqrt{(j+m+1)\,(j+m)}\,b\,, \\ \Pi^{(j-1,j)}(m+1, m) = -\sqrt{(j-m-1)\,(j-m)}\,b^{\dagger}\,, \\ Z^{(j,j-1)}(m, m) = -\sqrt{j^2-m^2}\;b, \\ Z^{(j-1,j)}(m, m) = -\sqrt{j^2-m^2}\;b^{\dagger}\,. \end{cases}$$

Die adjungierten Matrizen lassen sich hieraus ohne weiteres bilden.

Bevor wir aus den Amplituden (12), (13) die Intensitäten beim ZEEMAN-Effekt berechnen, haben wir einige allgemeine Überlegungen über Drehinvarianten anzustellen.

§ 30. Dreh- und Spiegelungsinvarianten von Raumvektoren und Raumtensoren. Bei einem System mit entarteter Energie ist die Lösung q_k, p_k der Bewegungsgleichungen nach § 20 nur bis auf eine Transformation mit einer unitären Stufenmatrix entsprechend den Vielfachheiten der Eigenwerte der Energie festgelegt. Diejenigen Matrixelemente oder Funktionen von Matrixelementen, die bestimmten meßbaren Eigenschaften des Systems (z. B. Strahlungsintensitäten) entsprechen, müssen aber *invariant* gegenüber den willkürlichen unitären Transformationen sein. Es ergibt sich also in jedem solchen Falle die Aufgabe, die fraglichen Invarianten festzustellen. Die Auffindung solcher Invarianten geschieht besonders leicht für den Fall der *Richtungsentartung*. Es sei nämlich eine Entartung der Energie dadurch veranlaßt, daß die HAMILTON Funktion $H(q, p)$ invariant gegen Drehungen der dreidimensionalen Raumkoordinaten (und entsprechender Transformation der zugehörigen Impulse; vgl. § 18) ist. Man kann dann aus einer bestimmten Lösung $q_k = q_k^0$, $p_k = p_k^0$ der Bewegungsgleichungen eine neue Lösung $q_k = q_k'$, $p_k = p_k'$ ableiten, indem man die q_k', p_k' als dreidimensionale orthogonale Transformation der q_k^0, p_k^0 ansetzt. Als *notwendige* Bedingung für die oben geforderte Invarianz ergibt sich also die Invarianz gegenüber räumlichen Drehungen des Koordinatensystems. Solche Invarianten sind aber leicht zu erzeugen mit Hilfe von Funktionen der q_k, p_k, die selber Komponenten dreidimensionaler Vektoren bzw. Tensoren sind.

In der klassischen Mechanik sind die q_k, p_k bei einem mehrfach periodischen System als FOURIERsche Reihen nach den Winkelvariabeln w_k darstellbar, deren Koeffizienten von den Wirkungsvariabeln J_k abhängen. Dasselbe gilt für irgend eine Funktion der p_k, q_k:

$$f(p, q) = \sum_{\tau} f_{\tau}(J)\, e^{2\pi i (w\tau)}.$$

Ist nun z. B. ein Vektor $\mathfrak{A}(p, q)$ gegeben, so ist bekanntlich das Quadrat seiner Länge $\mathfrak{A}^2$ eine Drehinvariante; diese ist aber Funktion der w_k, J_k (also auch der Zeit) und repräsentiert daher tatsächlich unendlich viele konstante Drehinvarianten. Als solche kann man etwa die Quadrate der FOURIER-Koeffizienten $\mathfrak{A}_\tau^2(J)$ nehmen. Allgemeiner, hat man zwei Vektoren $\mathfrak{A}$, $\mathfrak{B}$ mit den FOURIER-Koeffizienten $\mathfrak{A}_\tau(J)$, $\mathfrak{B}_\tau(J)$, so ist das skalare Produkt $\mathfrak{A}(J)\mathfrak{B}(J')$ eine Drehinvariante, also auch sämtliche FOURIER-Koeffizienten dieses Produkts, nämlich die Größen $\mathfrak{A}_\tau(J)\mathfrak{B}_{\sigma-\tau}(J')$, die von den Werten der Wirkungsvariabeln in zwei Zuständen, J_k und J_k', abhängen. Man kann solche Invarianten gewinnen, indem man aus Vektoren oder Tensoren, die Funktionen der p_k, q_k sind, und aus konstanten Hilfsvektoren Skalare bildet und diese in FOURIERsche Reihen entwickelt; die Koeffizienten sind dann Invarianten, die noch von den J_k eines oder mehrerer Zustände abhängen. Wenn man gemäß der BOHRschen Quantentheorie $J_k = hn_k$ setzt, gewinnt man auf diesem Wege Invarianten, die den durch die n_k bestimmten Quantenzuständen zugeordnet sind. Dieser Gedankengang läßt sich nun vollständig auf die Quantenmechanik übertragen. Der FOURIERschen Reihe korrespondiert dabei die Matrixdarstellung einer Größe. Es handelt sich darum, aus den Matrixelementen Drehinvarianten zu gewinnen, die den Zuständen, d. h. den Diagonalelementen, zugeordnet sind. Dabei ist noch darauf Rücksicht zu nehmen, daß im Entartungsfalle mehrere Diagonalelemente demselben Zustande entsprechen; man wird daher alle Matrizen in Teilmatrizen gemäß der Vielfachheit der Energiewerte aufspalten. Ist $f(p, q)$ eine Matrixfunktion, so seien die Teilmatrizen, wie früher, mit $f^{(rs)} = (f_{\varrho\sigma}^{(r,s)})$ bezeichnet. Wir erinnern nun an das in § 20 abgeleitete Resultat, daß die Größe

$$Sp\, f^{(r,r)} = \sum_{\varrho} f_{\varrho\varrho}^{(r,r)} \tag{1}$$

eine dem Zustande r zugeordnete Relativinvariante ist, d. h. unabhängig von der Willkür in der Wahl desjenigen kanonischen Bezugssystems, in dem die Energie als Diagonalmatrix erscheint. Hat man zwei Funktionen $f(p, q)$, $\varphi(p, q)$, so gilt dasselbe für

$$Sp\,(f^{(r,s)}\varphi^{(s,r)}) = \sum_{\varrho\sigma} f_{\varrho\sigma}^{(r,s)}\varphi_{\sigma\varrho}^{(s,r)}; \tag{2}$$

diese Invariante ist den beiden Zuständen r, s zugeordnet, und zwar offenbar den „Übergängen" $r \to s$ und $s \to r$ in gleicher Weise. (Das entsprechende ist aus der klassischen Analogie nicht ohne weiteres zu ersehen.)

Sobald nun die Energiefunktion eine Gruppe von Drehungen gestattet, so entsprechen diesen nach § 26 kanonische Transformationen (unitäre Transformationen im HILBERTschen Raume), durch die die Diagonalform der Energiematrix nicht geändert wird. Die Größen (1), (2) sind dann also Drehinvarianten. Im Falle freier Drehbarkeit um einen Punkt ist dabei die in (1) und (2) berücksichtigte Entartung vor allem die der Richtung; ist außer dieser keine andere Entartung vorhanden, so bedeuten ϱ, σ Werte der magnetischen Quantenzahl m.

Wir können nun das oben für die klassische Theorie erläuterte Verfahren zur Bildung von Invarianten ohne weiteres auf die Quantenmechanik übertragen. Aus den Matrixvektoren und Tensoren konstruieren wir mit Hilfe von Zahlenvektoren Skalare und erzeugen aus diesen nach den Regeln (1) und (2) die Invarianten der Zustände und Übergänge.

Ist $\mathfrak{A}$ ein Matrixvektor und $\mathfrak{S}$ ein Zahlenvektor, so ist

$$f = \mathfrak{A}\,\mathfrak{S} \tag{3}$$

die einzige Funktion, die in den Komponenten von $\mathfrak{A}$ linear ist. Man hat die Invariante

$$Sp\,\mathfrak{A}^{(r,r)}\,\mathfrak{S} = \sum_x Sp\,\mathfrak{A}_x^{(r,r)} \cdot S_x\,. \tag{4}$$

Ist nun das System um eine Achse frei drehbar, so mache man diese etwa zur z-Achse; dann lege man $\mathfrak{S}$ parallel zur x- oder y-Achse und drehe das System um die z-Achse durch 180^0. Dabei muß die Größe (4) ungeändert bleiben, und das ist nur möglich, wenn

$$Sp\,\mathfrak{A}_x^{(r,r)} = 0\,, \quad Sp\,\mathfrak{A}_y^{(r,r)} = 0 \tag{5}$$

ist. Besteht überdies noch Drehbarkeit um eine weitere Achse (also um einen festen Punkt), so gilt überdies:

$$Sp\,\mathfrak{A}_z^{(r,r)} = 0\,. \tag{6}$$

Das Quadrat der Länge des Vektors $\mathfrak{A}$ ist jedenfalls drehinvariant, also auch

$$Sp\,(\mathfrak{A}^2)^{(r,r)}\,. \tag{7}$$

Wir betrachten nun die Simultaninvarianten zweier Matrixvektoren $\mathfrak{A}$, $\mathfrak{B}$. Mit Hilfe zweier Zahlenvektoren $\mathfrak{S}$, $\mathfrak{T}$ setzen wir

$$f = \mathfrak{A}\,\mathfrak{S}, \quad \varphi = \mathfrak{B}\,\mathfrak{T}; \tag{8}$$

dann ist

$$(9) \qquad Sp\{(\mathfrak{A}^{(r,s)}\mathfrak{S})\cdot(\mathfrak{B}^{(s,r)}\mathfrak{T})\} = \sum_{xy} Sp\,(A_x^{(r,s)} B_y^{(s,r)})\, S_x T_y$$

eine Drehinvariante, wenn $\mathfrak{S}$ und $\mathfrak{T}$ einen festen Winkel bilden.

Hat man nun Drehbarkeit um die z-Achse, so wähle man zunächst $\mathfrak{S}$ parallel zur x-Achse, $\mathfrak{T}$ parallel zur z-Achse; dann sind alle Glieder der Summe (9) gleich Null außer dem mit $S_x T_z = 1$. Dreht man nun das Vektorenpaar $\mathfrak{S}, \mathfrak{T}$ so, daß $\mathfrak{T}$ parallel zur z-Achse bleibt, um den Winkel π, so wird $S_x T_z = -1$, und da (9) dabei invariant sein soll, muß der Koeffizient von $S_x T_z$ verschwinden. Genau dasselbe gilt für die Koeffizienten von $S_z T_x$, $S_y T_z$, $S_z T_y$. Nun wählen wir $\mathfrak{S}$ parallel der x-Achse, $\mathfrak{T}$ parallel der y-Achse und drehen das Vektorpaar um $\frac{\pi}{2}$; dann geht $S_x T_y$ vom Werte 1 in den Wert 0, $S_y T_x$ vom Werte 0 in den Wert -1 über. Folglich müssen die Koeffizienten von $S_x T_y$ und $S_y T_x$ entgegengesetzt gleich sein, und dasselbe gilt für $T_x S_y$ und $T_y S_x$. Wählt man endlich $\mathfrak{S} = \mathfrak{T}$ und legt diesen Vektor parallel zur x- oder y-Achse, so sieht man durch Drehung um die z-Achse, daß die Koeffizienten von S_x^2 und S_y^2 einander gleich sein müssen. Man erhält also bei *Drehbarkeit um die z-Achse*:

$$(10) \qquad \begin{cases} Sp\,(A_x^{(r,s)}\, B_x^{(s,r)}) = Sp\,(A_y^{(r,s)}\, B_y^{(s,r)}), \\ Sp\,(A_x^{(r,s)}\, B_z^{(s,r)}) = Sp\,(A_y^{(r,s)}\, B_z^{(s,r)}) = 0, \\ Sp\,(A_z^{(r,s)}\, B_x^{(s,r)}) = Sp\,(A_z^{(r,s)}\, B_y^{(s,r)}) = 0, \\ Sp\,(A_x^{(r,s)}\, B_y^{(s,r)}) = -Sp\,(A_y^{(r,s)}\, B_x^{(s,r)}). \end{cases}$$

Mit dieser Drehbarkeit sind vereinbar erstens Drehbarkeit um die x-Achse, also freie Drehbarkeit, zweitens Spiegelung an einer Ebene durch die z-Achse, drittens Spiegelung an einer Ebene senkrecht zur z-Achse. Man findet, daß dann außer den Relationen (10) noch die folgenden bestehen:

Freie Drehbarkeit:

$$(11) \qquad \begin{cases} \text{a)} \quad Sp\,(A_x^{(r,s)}\, B_x^{(s,r)}) = Sp\,(A_y^{(r,s)}\, B_y^{(s,r)}) \\ \qquad\qquad = Sp\,(A_z^{(r,s)}\, B_z^{(s,r)}) = \frac{1}{3}\, Sp\,(\mathfrak{A}^{(r,s)}\, \mathfrak{B}^{(s,r)}), \\ \text{b)} \quad Sp\,(A_x^{(r,s)}\, B_y^{(s,r)}) = Sp\,(A_y^{(r,s)}\, B_x^{(s,r)}) = 0\,. \end{cases}$$

Eine Spiegelebene durch die z-Achse liefert nur (11 b); eine *Spiegelebene senkrecht zur z-Achse* keine anderen Relationen außer (10). Wird ein System, das im freien Zustand irgend eine Spiegelebene hat, in ein elektrisches Feld gebracht, so entspricht das dem Fall (11 b).

Wir ziehen eine Folgerung über die Realitätsverhältnisse der Größe (11 a) für hermitische Matrizen bei freier Drehbarkeit des Systems. Offenbar ist

(12) $$Sp\,(\mathfrak{A}\,\mathfrak{B})^{(r,r)}$$

eine Drehinvariante; für $\mathfrak{A} = \mathfrak{B}$ hat man die Invariante (7). Nun ist

(13) $$\begin{aligned} Sp\,(\mathfrak{A}\,\mathfrak{B})^{(r,r)} &= Sp\,\{(A_x B_x)^{(r,r)} + (A_y B_y)^{(r,r)} + (A_z B_z)^{(r,r)}\} \\ &= Sp\,\{\sum_s A_x^{(r,s)} B_x^{(s,r)} + \sum_s A_y^{(r,s)} B_y^{(s,r)} + \sum_s A_z^{(r,s)} B_z^{(s,r)}\} \\ &= \sum_s Sp\,(\mathfrak{A}^{(r,s)}\,\mathfrak{B}^{(s,r)})\,. \end{aligned}$$

Da nun für irgend eine Matrix f

$$Sp\,f^{\dagger} = (Sp\,f)^*$$

ist, so gilt

$$Sp\,((\mathfrak{A}\,\mathfrak{B})^{\dagger})^{(r,r)} = Sp\,(\mathfrak{B}^{\dagger}\,\mathfrak{A}^{\dagger})^{(r,r)} = [Sp\,(\mathfrak{A}\,\mathfrak{B})^{(r,r)}]^*,$$

und wenn $\mathfrak{A}$, $\mathfrak{B}$ hermitisch sind:

(14) $$Sp\,(\mathfrak{B}\,\mathfrak{A})^{(r,r)} = \{Sp\,(\mathfrak{A}\,\mathfrak{B})^{(r,r)}\}^*.$$

Sind endlich noch $\mathfrak{A}$, $\mathfrak{B}$ vertauschbar, so folgt der Satz:

Für vertauschbare, hermitische Matrizen $\mathfrak{A}$, $\mathfrak{B}$ *ist die Invariante*

(15) $$Sp\,(\mathfrak{A}\,\mathfrak{B})^{(r,r)} = \sum_s Sp\,(\mathfrak{A}^{(r,s)}\,\mathfrak{B}^{(s,r)})$$

reell.

Wir gehen nun zu höheren Tensoren über. Für die meisten Zwecke genügt die Betrachtung von symmetrischen und antisymmetrischen Tensoren zweiter Ordnung (A_{xy}), deren Komponenten $A_{xy} = \pm A_{yx}$ hermitische Matrizen sind, die sich wie die Quadrate und Produkte der Koordinaten transformieren. Wir beschränken uns auf den Fall *freier Drehbarkeit.*

Sind $\mathfrak{S}$, $\mathfrak{T}$ zwei Zahlenvektoren, die einen festen Winkel miteinander bilden, so ist der Skalar

(16) $$Sp\,(\sum_{xy} A_{xy}^{(r,r)} S_x T_y) = \sum_{xy} Sp\,(A_{xy}^{(r,r)})\, S_x T_y$$

eine Drehinvariante. Daraus folgen, wie oben, die *drehinvarianten Relationen*:

$$(17)\qquad \begin{cases} Sp\,(A_{xx}^{(r,r)}) = Sp\,(A_{yy}^{(r,r)}) = Sp\,(A_{zz}^{(r,r)})\,, \\ Sp\,(A_{yz}^{(r,r)}) = Sp\,(A_{zx}^{(r,r)}) = Sp\,(A_{xy}^{(r,r)}) = 0\,. \end{cases}$$

Um die Simultaninvarianten eines Vektors $\mathfrak{A}$ und eines Tensors (B_{xy}) zu bilden, betrachten wir die Invariante

$$(18)\qquad Sp\,(\sum_{xyz} A_x^{(r,s)}\, B_{yz}^{(s,r)}\, \mathfrak{S}_x \mathfrak{T}_y \mathfrak{R}_z),$$

wo $\mathfrak{S}$, $\mathfrak{T}$, $\mathfrak{R}$ ein starres Tripel von Zahlenvektoren ist. Läßt man alle drei oder je zwei von diesen zusammenfallen, so sieht man, daß die entsprechenden Tensorkomponenten mit drei oder zwei gleichen Indizes verschwinden müssen; nur die mit drei verschiedenen Indizes sind nicht Null und einander gleich bzw. entgegengesetzt gleich:

$$(19)\qquad \begin{cases} Sp\,(A_x^{(r,s)}\, B_{xx}^{(s,r)}) = Sp\,(A_y^{(r,s)}\, B_{yy}^{(s,r)}) = Sp\,(A_z^{(r,s)}\, B_{zz}^{(s,r)}) = 0\,, \\ Sp\,(A_x^{(r,s)}\, B_{yy}^{(s,r)}) = Sp\,(A_y^{(r,s)}\, B_{zz}^{(s,r)}) = Sp\,(A_z^{(r,s)}\, B_{xx}^{(s,r)}) = 0\,, \\ Sp\,(A_x^{(r,s)}\, B_{zz}^{(s,r)}) = Sp\,(A_y^{(r,s)}\, B_{xx}^{(s,r)}) = Sp\,(A_z^{(r,s)}\, B_{yy}^{(s,r)}) = 0\,; \end{cases}$$

dagegen

$$(20)\qquad \begin{cases} \; Sp\,(A_x^{(r,s)}\, B_{yz}^{(s,r)}) = -\,Sp\,(A_x^{(r,s)}\, B_{zy}^{(s,r)}) \\ =Sp\,(A_y^{(r,s)}\, B_{zx}^{(s,r)}) = -\,Sp\,(A_y^{(r,s)}\, B_{xz}^{(s,r)}) \\ =Sp\,(A_z^{(r,s)}\, B_{xy}^{(s,r)}) = -\,Sp\,(A_z^{(r,s)}\, B_{yx}^{(s,r)})\,. \end{cases}$$

Ist der Tensor B symmetrisch, so verschwinden auch die Größen (20); im allgemeinen sind sie aber von Null verschieden. Führt man den „*axialen Vektor*" $\mathfrak{M}$ mit den Komponenten

$$(21)\qquad M_x = \tfrac{1}{2}(B_{yz} - B_{zy}),\quad M_y = \tfrac{1}{2}(B_{zx} - B_{xz}),\quad M_z = \tfrac{1}{2}(B_{xy} - B_{yx})$$

ein, so gehen die Beziehungen (20) über in

$$(22)\qquad Sp\,(A_x^{(r,s)}\, M_x^{(s,r)}) = Sp\,(A_y^{(r,s)}\, M_y^{(s,r)}) = Sp\,(A_z^{(r,s)}\, M_z^{(s,r)}) = \tfrac{1}{3}\, Sp\,(\mathfrak{A}^{(r,s)}\, \mathfrak{M}^{(s,r)})\,,$$

und man zeigt, wie oben, daß *die Invariante*

$$(23)\qquad Sp\,(\mathfrak{A}\,\mathfrak{M})^{(r,s)} = \sum_s Sp\,(\mathfrak{A}^{(r,s)}\, \mathfrak{M}^{(s,r)})$$

reell ist, sobald $\mathfrak{A}$, $\mathfrak{M}$ *hermitisch und vertauschbar sind.*

Besitzt das System außer der freien Drehbarkeit noch eine *Spiegelebene*, so verschwinden die Größen (20) und (22).

Zum Schluß stellen wir noch die Simultaninvarianten zweier Tensoren 2. Stufe (A_{xy}), (B_{xy}) auf. Man bilde mit Hilfe von vier starr verbundenen Zahlenvektoren $\mathfrak{S}$, $\mathfrak{T}$, $\mathfrak{S}'$, $\mathfrak{T}'$ die Drehinvariante

$$(24)\qquad \begin{aligned} &Sp\left\{\left(\sum_{xy} A_{xy}^{(r,s)} S_x T_y\right)\cdot\left(\sum_{xy} B_{xy}^{(s,r)} S_x' T_y'\right)\right\} \\ &= \sum_{xyx'y'} Sp\left(A_{xy}^{(r,s)} B_{x'y'}^{(s,r)}\right) S_x T_y S_{x'}, T_{y'}, \end{aligned}$$

wobei die vierfache Summe so zu verstehen ist, daß x, y, x', y' unabhängig voneinander die Koordinatenrichtungen durchlaufen.

Läßt man nun zwei der vier Vektoren $\mathfrak{S}$, $\mathfrak{T}$, $\mathfrak{S}'$, $\mathfrak{T}'$ zusammenfallen und wählt die beiden andern senkrecht auf diesem Vektor und aufeinander, so folgen aus der Invarianz gegen Drehungen um die Koordinatenachsen Relationen vom Typus:

$$(25)\qquad \left\{\begin{aligned} &Sp\left(A_{xx}^{(r,s)} B_{yz}^{(s,r)}\right) = Sp\left(A_{xx}^{(r,s)} B_{zy}^{(s,r)}\right) = \cdots = 0, \\ &Sp\left(A_{yz}^{(r,s)} B_{xx}^{(s,r)}\right) = Sp\left(A_{zy}^{(r,s)} B_{xx}^{(s,r)}\right) = \cdots = 0, \\ &Sp\left(A_{xz}^{(r,s)} B_{yz}^{(s,r)}\right) = Sp\left(A_{zx}^{(r,s)} B_{yz}^{(s,r)}\right) = \cdots = 0, \\ &Sp\left(A_{zx}^{(r,s)} B_{zy}^{(s,r)}\right) = Sp\left(A_{xz}^{(r,s)} B_{zy}^{(s,r)}\right) = \cdots = 0, \end{aligned}\right.$$

wo die Punkte diejenigen Größen bedeuten, die man durch zyklische Vertauschung der Achsen bekommt.

Läßt man ferner je zwei Paare der vier Vektoren zusammenfallen, entweder $\mathfrak{S} = \mathfrak{T}$, $\mathfrak{S}' = \mathfrak{T}'$, oder $\mathfrak{S} = \mathfrak{S}'$, $\mathfrak{T} = \mathfrak{T}'$, und wählt diese beiden Vektoren parallel zu zwei verschiedenen Achsen, so erhält man

$$(26)\qquad \left\{\begin{aligned} &Sp\left(A_{yy}^{(r,s)} B_{zz}^{(s,r)}\right) = Sp\left(A_{zz}^{(r,s)} B_{xx}^{(s,r)}\right) = Sp\left(A_{xx}^{(r,s)} B_{yy}^{(s,r)}\right) \\ &= Sp\left(A_{zz}^{(r,s)} B_{yy}^{(s,r)}\right) = Sp\left(A_{xx}^{(r,s)} B_{zz}^{(s,r)}\right) = Sp\left(A_{yy}^{(r,s)} B_{xx}^{(s,r)}\right) \end{aligned}\right.$$

und

$$(27)\qquad \left\{\begin{aligned} &Sp\left(A_{yz}^{(r,s)} B_{yz}^{(s,r)}\right) = Sp\left(A_{zx}^{(r,s)} B_{zx}^{(s,r)}\right) = Sp\left(A_{xy}^{(r,s)} B_{xy}^{(s,r)}\right), \\ &Sp\left(A_{yz}^{(r,s)} B_{zy}^{(s,r)}\right) = Sp\left(A_{zx}^{(r,s)} B_{xz}^{(s,r)}\right) = Sp\left(A_{xy}^{(r,s)} B_{yx}^{(s,r)}\right). \end{aligned}\right.$$

Läßt man drei der vier Vektoren zusammenfallen und wählt den vierten senkrecht dazu, so bekommt man

$$(28)\qquad Sp\left(A_{xx}^{(r,s)} B_{xy}^{(s,r)}\right) = Sp\left(A_{xx}^{(r,s)} B_{yx}^{(s,r)}\right) = \cdots = 0.$$

Läßt man endlich alle vier Vektoren $\mathfrak{S}$, $\mathfrak{T}$, $\mathfrak{S}'$, $\mathfrak{T}'$ zusammenfallen, so folgt

$$(29)\quad Sp\,(A_{xx}^{(r,s)}\,B_{xx}^{(s,r)}) = Sp\,(A_{yy}^{(r,s)}\,B_{yy}^{(s,r)}) = Sp\,(A_{zz}^{(r,s)}\,B_{zz}^{(s,r)})\,.$$

Alle physikalischen Eigenschaften frei oder um eine Achse drehbarer Systeme können nur von diesen Invarianten abhängen.

§ 31. Intensitäten beim Zeeman-Effekt. Wir kehren nun zu den Formeln am Ende von § 29 für die Amplituden des elektrischen Moments unter der Wirkung eines äußeren Feldes zurück und berechnen die Ausstrahlung; und zwar wollen wir diese im Verhältnis zur Strahlung des Systems ohne Feld bestimmen. Letztere ist nach § 20, (19) proportional mit

$$(1)\qquad \|\mathfrak{P}^{(r,s)}\|^2 = Sp\,(\mathfrak{P}^{(r,s)}\,\mathfrak{P}^{(s,r)})\,,$$

wo r, s je eine Kombination der Werte von n, j bedeuten. Indem wir den Index n, wie bisher, weglassen, schreiben wir einfach j, j' statt r, s. Nach der Formel § 30, (11) gilt

$$(2)\qquad \left\{\begin{aligned} &\|X^{(j,j')}\|^2 = \|Y^{(j,j')}\|^2 = \|Z^{(j,j')}\|^2 = \tfrac{1}{3}\|\mathfrak{P}^{(j,j')}\|^2,\\ &Sp\,(Y^{(j,j')}Z^{(j',j)}) = Sp\,(Z^{(j,j')}X^{(j',j)}) = Sp\,(X^{(j,j')}\,Y^{(j',j)}) = 0.\end{aligned}\right.$$

Es ist wohl nicht überflüssig, diese Relationen durch direkte Ausrechnung auf Grund der Formeln § 29, (12), (13) zu bestätigen. Dazu wird man sie auf die entsprechenden Relationen zwischen $\Pi, \Pi^\dagger$ und Z zurückführen. Man hat

$$(3)\qquad X = \tfrac{1}{2}(\Pi + \Pi^\dagger)\,,\qquad Y = \frac{1}{2\,i}(\Pi - \Pi^\dagger)\,.$$

Da nun in Z nach § 29 (12), (13) nur die Diagonale, in Π nur eine Nebendiagonale bezüglich m besetzt ist, so sind alle Diagonalelemente von

$$\Pi^{(j,j')}\Pi^{(j',j)},\qquad \Pi^{\dagger\,(j,j')}\Pi^{\dagger\,(j',j)},\qquad \Pi^{(j,j')}Z^{(j',j)},$$
$$\Pi^{\dagger\,(j,j')}Z^{(j',j)},\qquad Z^{(j,j')}\Pi^{(j',j)},\qquad Z^{(j,j')}\Pi^{\dagger\,(j',j)}$$

gleich Null, also auch die Spuren. Ferner wird

$$(4)\qquad \begin{aligned} &Sp\,(X^{(j,j')}\,Y^{(j',j)})\\ &= \frac{1}{4\,i}\,Sp\left\{\Pi^{\dagger\,(j,j')}\Pi^{(j',j)} - \Pi^{(j,j')}\Pi^{\dagger\,(j',j)}\right\}\end{aligned}$$

und das verschwindet nach § 5, (3); nach demselben Satze hat man

$$(5)\qquad Sp\,(X^{(j,j')}X^{(j',j)}) = Sp\,(Y^{(j,j')}\,Y^{(j',j)}) = \tfrac{1}{2}\,Sp\,(\Pi^{(j,j')}\Pi^{\dagger\,(j',j)})\,.$$

Aus § 29, (12), (13) erhält man schließlich auf Grund der Formel

$$(6)\qquad \sum_{m=-j}^{j} m^2 = \tfrac{1}{3}(2j+1)\,j\,(j+1)$$

folgende Werte:

$$(7)\quad \begin{cases} Sp\,(\Pi^{(j,j)}\Pi^{\dagger(j,j)}) = 2\cdot\dfrac{2j+1}{3}\,j\,(j+1)\cdot|a_{nn'}^{(j,j)}|^2, \\ Sp\,(\Pi^{(j,j-1)}\Pi^{\dagger(j-1,j)}) = 2\cdot\dfrac{2j+1}{3}\,j\,(2j-1)\cdot|b_{nn'}^{(j,j-1)}|^2, \\ Sp\,(\Pi^{(j,j+1)}\Pi^{\dagger(j+1,j)}) = 2\cdot\dfrac{2j+1}{3}\,(j+1)(2j+3)\cdot|b_{nn'}^{(j,j+1)}|^2; \end{cases}$$

$$(8)\quad \begin{cases} Sp\,(Z^{(j,j)}Z^{(j,j)}) = \dfrac{2j+1}{3}\,j\,(j+1)\cdot|a_{nn'}^{(j,j)}|^2, \\ Sp\,(Z^{(j,j-1)}Z^{(j-1,j)}) = \dfrac{2j+1}{3}\,j\,(2j-1)\cdot|b_{nn'}^{(j,j-1)}|^2, \\ Sp\,(Z^{(j,j+1)}Z^{(j+1,j)}) = \dfrac{2j+1}{3}\,(j+1)(2j+3)\cdot|b_{nn'}^{(j,j+1)}|^2; \end{cases}$$

$$(9)\quad \begin{cases} Sp\,(\Pi^{(j,j')}\Pi^{(j',j)}) = Sp\,(\Pi^{\dagger(j,j')}\Pi^{\dagger(j',j)}) = 0, \\ Sp\,(\Pi^{(j,j')}Z^{(j',j)}) = Sp\,(\Pi^{\dagger(j,j')}Z^{(j',j)}) = 0. \end{cases}$$

Aus diesen Formeln zusammen mit (5) geht die Richtigkeit der Behauptung (2) hervor, und zwar wird

$$(10)\qquad \|\mathfrak{P}^{(j,j')}\|^2 = \tfrac{3}{2}\,Sp\,(\Pi^{(j,j')}\Pi^{\dagger(j',j)}),$$

also

$$(11)\quad \begin{cases} \|\mathfrak{P}^{(j,j)}\|^2 = (2j+1)\cdot j\,(j+1)\cdot|a_{nn'}^{(j,j)}|^2, \\ \|\mathfrak{P}^{(j,j-1)}\|^2 = (2j+1)\cdot j\,(2j-1)\cdot|b_{nn'}^{(j,j-1)}|^2, \\ \|\mathfrak{P}^{(j,j+1)}\|^2 = (2j+1)\cdot(j+1)(2j+3)\cdot|b_{nn'}^{(j,j+1)}|^2. \end{cases}$$

Die Lichtintensität der Emission im feldfreien Zustande ist

$$(12)\qquad J^{(j,j')} = \frac{64\pi^4}{3c^3}\,\nu^{(j,j')4}\,\|\mathfrak{P}^{(j,j')}\|^2.$$

Wir wollen nun die Lichtintensitäten der durch das Feld aufgespaltenen Linien (der ZEEMAN-Komponenten) berechnen und durch die Intensitäten ohne Feld auszudrücken suchen.

Betrachtet man etwa den transversalen ZEEMAN-Effekt, so sind die Intensitäten der parallel und senkrecht zum Felde schwingenden Komponenten

$$(13)\qquad J_{\parallel}^{(j,j')}(m,m') = \frac{64\pi^4}{3c^3}\,\nu_{mm'}^{(j,j')4}\,|Z^{(j,j')}(m,m')|^2,$$

$$(14)\qquad J_{\perp}^{(j,j')}(m,m') = \frac{64\pi^4}{3c^3}\,\nu_{mm'}^{(j,j')4}\,|X^{(j,j')}(m,m')|^2$$

$$= \frac{64\pi^4}{3c^3}\,\nu_{mm'}^{(j,j')4}\,\tfrac{1}{4}\big(\Pi^{(j,j')}(m,m')\,\Pi^{\dagger(j',j)}(m',m) + \Pi^{\dagger(j,j')}(m,m')\,\Pi^{(j',j)}(m',m)\big).$$

Die gesamte Energie, die von den zum Felde senkrechten Schwingungen ausgestrahlt wird, ist offenbar $2J_{\perp}^{(j,j')}$.

Vernachlässigt man nun den Unterschied der Frequenzen im ursprünglichen und im aufgespaltenen Zustande, ersetzt also näherungsweise $\nu_{mm'}^{(j,j')}$ durch $\nu^{(j,j')}$, so erhält man aus § 29 (12), (13) auf Grund von (6), (7), (8), (9)

$$(15)\qquad \begin{cases} J_{\parallel}^{(j,j)}(m,m) = \dfrac{m^2}{j(j+1)(2j+1)}\,J^{(j,j)}, \\[2ex] J_{\perp}^{(j,j)}(m,m\pm 1) = \dfrac{1}{4}\,\dfrac{(j\mp m)(j\pm m+1)}{j(j+1)(2j+1)}\,J^{(j,j)}, \end{cases}$$

$$(16)\qquad \begin{cases} J_{\parallel}^{(j,j-1)}(m,m) = \dfrac{j^2-m^2}{j(2j-1)(2j+1)}\,J^{(j,j-1)}, \\[2ex] J_{\perp}^{(j,j-1)}(m,m\pm 1) = \dfrac{1}{4}\,\dfrac{(j\mp m)(j\mp m-1)}{j(2j-1)(2j+1)}\,J^{(j,j-1)}. \end{cases}$$

$$(17)\qquad \begin{cases} J_{\parallel}^{(j-1,j)}(m,m) = \dfrac{j^2-m^2}{j(2j-1)(2j+1)}\,J^{(j-1,j)}, \\[2ex] J_{\perp}^{(j-1,j)}(m,m\pm 1) = \dfrac{1}{4}\,\dfrac{(j\pm m)(j\pm m+1)}{j(2j-1)(2j+1)}\,J^{(j-1,j)}. \end{cases}$$

Diese Größen erfüllen offenbar die folgenden Identitäten:

$$(18)\qquad \begin{cases} J_{\parallel}^{(j,j')}(m,m) + 2\,J_{\perp}^{(j,j')}(m,m+1) + 2\,J_{\perp}^{(j,j')}(m,m-1) = \dfrac{J^{(j,j')}}{2j+1}, \\[2ex] J_{\parallel}^{(j,j')}(m,m) + 2\,J_{\perp}^{(j,j')}(m+1,m) + 2\,J_{\perp}^{(j,j')}(m-1,m) = \dfrac{J^{(j,j')}}{2j+1}, \end{cases}$$

$$(j' = j-1,\ j,\ j+1);$$

diese *Summenregeln* besagen, daß die Summe der Strahlungsenergien, die in den drei Linien enthalten sind, deren Anfangs- oder Endterme übereinstimmen, unabhängig von m, also für alle ZEEMAN-Terme des unteren bzw. des oberen Zustandes dieselbe ist. (Der Faktor 2 bei den $\perp$-Komponenten rührt davon her, daß, wie schon oben erwähnt, die beiden senkrecht zum Felde schwingenden Komponenten des Moments je den Betrag $J_\perp$ aussenden). Ferner hat man:

$$(19)\qquad \sum_m J_{\parallel}^{(j,j')}(m, m) = 2\sum_m J_{\perp}^{(j,j')}(m, m+1) = 2\sum_m J_{\perp}^{(j,j')}(m, m-1) = \tfrac{1}{3} J^{(j,j')},$$

$$(j' = j-1,\ j,\ j+1)\,.$$

Die Summe der Energien der $\parallel$-Komponenten und der $\perp$-Komponenten sind also gleich stark, oder: durch die Aufspaltung der Linie wird diese in Summa nicht polarisiert.

Diese Regeln sind zuerst auf Grund empirischen Materials von ORNSTEIN und BURGER aufgestellt worden[1]. Sie lassen eine einfache korrespondenzmäßige Deutung zu. In dem der klassischen Theorie entsprechenden Grenzfall (j groß) führt das Atom im Magnetfeld eine Präzession des Drehimpulsvektors um die Feldrichtung aus. Dabei wird jede schon vorhandene harmonische Komponente in drei Schwingungen aufgespalten, eine lineare parallel dem Felde und zwei entgegengesetzt zirkulare um die Feldrichtung. Die Summenregeln besagen dann, daß je drei solche Schwingungen zusammen dieselbe Intensität haben müssen wie die ursprüngliche, unzerlegte Schwingung; das ist ein einfacher Fall des bereits besprochenen HEISENBERGschen Satzes von der „spektroskopischen Stabilität" (s. § 20)[2]. Auch daß die aufgespaltene Linie im ganzen unpolarisiert sein muß, gilt schon für das klassische Modell. Dieses liefert ferner bestimmte Ausdrücke für die Amplituden bzw. Intensitäten der Schwingungen im Felde als Funktion des Winkels α, den die Achse des Drehimpulses mit der Feldrichtung bildet. Setzt man nach den Regeln der BOHRschen Quantentheorie

$$\cos\alpha = \frac{m}{j}$$

[1] ORNSTEIN, L. S. u. H. C. BURGER: Z. Phys. Bd. 29, S. 241. 1924.

[2] HEISENBERG, W.: Z. Phys. Bd. 31, S. 617. 1925.

(Richtungsquantelung, s. Bd. 1, § 17, § 34), so erhält man Formeln für die Intensitäten, die mit (10), (11), (12) korrespondenzmäßig (für große j) übereinstimmen. Umgekehrt sind die halbklassischen Ausdrücke benützt worden, um die wirklichen Intensitäten abzuschätzen[1]. Übernimmt man von den halbklassischen Formeln den Umstand, daß die Intensitäten quadratische Funktionen von m sind und postuliert die Gültigkeit der Summen- und Polarisationsregeln, so ergeben sich zwangsläufig die exakten Formeln (10), (11), (12); auf diesem Wege sind sie, wie in § 2 erwähnt wurde, bereits vor der Entwicklung der systematischen Quantenmechanik gewonnen worden[2]. Dabei haben die von ORNSTEIN und seiner Schule[3] gewonnenen empirischen Ergebnisse als Wegweiser eine wesentliche Rolle gespielt und zur Bestätigung der theoretischen Formeln gedient.

§ 32. Ganzzahligkeit der inneren Quantenzahl bei Systemen von Massenpunkten. Wir haben für die in §§ 27 bis 29 bewiesenen Sätze und Formeln neben dem allgemeinen Satz § 26 ausschließlich *die Vertauschungsregeln* (I), (II) [s. § 25, (10), (10a, b), (15), (16)] benutzt und sind dabei zu dem Ergebnis gekommen, daß j und m ganz- *oder* halbzahlig sein müssen. Wir haben dagegen *nicht* unmittelbar Gebrauch gemacht von der *Definition des Drehimpulses* $\mathfrak{M}$ *nach* § 25, (1). Außerdem haben wir nicht untersucht, wie die Matrizen a, b in § 29, (12), (13) beschaffen sein müssen, damit X, Y, Z oder $\Pi, \Pi^\dagger, Z$ *vertauschbar* werden. Eine Ergänzung unserer Betrachtungen in diesen beiden Punkten führt zu einer grundsätzlich wichtigen Erkenntnis.

Wir betrachten zunächst einen einzigen Massenpunkt, der sich in einem Zentralfeld bewegen möge, so daß $\dot{\mathfrak{M}} = 0$ ist. Es gilt

[1] SOMMERFELD, A. u. W. HEISENBERG: Z. Phys. Bd. 11, S. 191. 1922.

[2] KRONIG, R. DE L.: Z. Phys. Bd. 31, S. 885. 1925. GOUDSMIT, S. u. R. KRONIG: Naturwissensch. Bd. 13, S. 90. 1925. HÖNL, H.: Z. Phys. Bd. 31, S. 340. 1925.

[3] Eine Übersicht über die empirischen Arbeiten findet man bei DORGELO, H. B.: Phys. Z. Bd. 26, S. 756. 1925; Bd. 27, S. 182. 1926. Bezüglich des Standes der Theorie vor der Quantenmechanik vgl. man GEIGER u. SCHEEL: Handbuch d. Physik Bd. 23, Artikel von W. PAULI jr., Quantentheorie; Ziff. 12, 41. Alle dort gemachten Angaben sind auch heute noch unverändert richtig.

Satz 1: *Für einen Massenpunkt im Zentralfeld verschärft sich die Auswahlregel für die innere Quantenzahl j zu $\Delta j = \pm 1$.*

Für einen Massenpunkt wird nämlich, wenn wir mit $\mathfrak{r}$ den Ortsvektor x, y, z bezeichnen, auf Grund der Definition § 25, (1)

$$\mathfrak{M} \cdot \mathfrak{r} = \mathfrak{r} \cdot \mathfrak{M} = x M_x + y M_y + z M_z = 0 . \tag{1}$$

In der klassischen Theorie bedeutet das — zusammen mit dem Erhaltungssatz des Drehimpulses $\mathfrak{M}$ —, daß der Massenpunkt sich in einer festen Ebene bewegt, die senkrecht zu $\mathfrak{M}$ durch den Koordinaten-Nullpunkt geht. In der Quantenmechanik muß man auf eine solche anschauliche Deutung der Gleichung (1) verzichten; doch hat sie, wie wir sogleich zeigen werden, die in Satz 1 ausgesprochene Verschärfung der Auswahlregel für j zu $\Delta j = \pm 1$, also den Ausschluß von $\Delta j = 0$ zur Folge, und dies kann korrespondenzmäßig so erläutert werden, daß keine Schwingungen des Teilchens parallel $\mathfrak{M}$ auftreten.

Zum Beweise unseres Satzes bilden wir durch Multiplikation von $\mathfrak{r}$ mit der Ladung e das elektrische Moment $\mathfrak{P}$ mit den Komponenten X, Y, Z bzw. $\Pi = X + iY, Z$; dann können wir statt (1) schreiben

$$\Pi \mathsf{M}^{\dagger} + \Pi^{\dagger} \mathsf{M} + 2 Z M_z = 0 . \tag{2}$$

Es wird also insbesondere

$$\begin{aligned} &\Pi^{(j,j)}(m, m-1)\, \mathsf{M}^{\dagger (j,j)}(m-1, m) \\ &+ \Pi^{\dagger (j,j)}(m, m+1)\, \mathsf{M}^{(j,j)}(m+1, m) \\ &+ 2 Z^{(j,j)}(m, m) \cdot \frac{h}{2\pi} m = 0 \end{aligned}$$

und nach § 28, (5) und § 29, (12)

$$\{(j+m)(j-m+1) + (j+m+1)(j-m) + 2m^2\}\, a^{(j,j)} = 0$$

oder

$$2j(j+1)\, a^{(j,j)} = 0 .$$

Daraus folgt für $j \neq 0$

$$a^{(j,j)} = 0 , \tag{3}$$

d. h. die $\Delta j = 0$ entsprechenden Matrixelemente § 29, (12) verschwinden sämtlich. Ist aber $j = 0$, so gehört dazu als einziger m-Wert $m = 0$; dann sind aber auch die Matrixelemente § 29, (12) gleich Null.

In jedem Falle kommen also nur die $\Delta j = \pm 1$ entsprechenden Matrixelemente § 29, (13) vor.

Daraus ergibt sich der weitere

Satz 2: *Für einen einzelnen Massenpunkt ist die innere Quantenzahl j notwendig ganzzahlig, und ihr kleinster vorkommender Wert ist $j_{\min} = 0$*[1].

Wir bilden nämlich die Matrizen $\Pi\,\Pi^\dagger$ und $\Pi^\dagger\,\Pi$, in denen wegen Satz 1 nach den Formeln § 29, (13) nur folgende Teilmatrizen von Null verschieden sind:

$$\begin{aligned}(4)\qquad & \Pi^{(j,j-1)}(m, m-1)\,\Pi^{\dagger(j-1,j)}(m-1, m)\\ & + \Pi^{(j,j+1)}(m, m-1)\,\Pi^{\dagger(j+1,j)}(m-1, m)\\ & = (j+m)(j+m-1)\,b^{(j,j-1)}\,b^{\dagger(j-1,j)}\\ & + (j-m+1)(j-m+2)\,b^{\dagger(j,j+1)}\,b^{(j+1,j)}\end{aligned}$$

bzw.

$$\begin{aligned}(5)\qquad & \Pi^{\dagger(j,j-1)}(m, m+1)\,\Pi^{(j-1,j)}(m+1, m)\\ & + \Pi^{\dagger(j,j+1)}(m, m+1)\,\Pi^{(j+1,j)}(m+1, m)\\ & = (j-m)(j-m-1)\,b^{(j,j-1)}\,b^{\dagger(j-1,j)}\\ & + (j+m+1)(j+m+2)\,b^{\dagger(j,j+1)}\,b^{(j+1,j)}.\end{aligned}$$

Die Forderung

$$(6)\qquad [X, Y] = \frac{i}{2}[\Pi, \Pi^\dagger] = 0$$

liefert also

$$\begin{aligned}(7)\qquad \frac{\varkappa}{2}[\Pi, \Pi^\dagger]^{(j,j)}(m, m) = m\{&(2j-1)\,b^{(j,j-1)}\,b^{\dagger(j-1,j)}\\ &-(2j+3)\,b^{\dagger(j,j+1)}\,b^{(j+1,j)}\} = 0.\end{aligned}$$

Diese Gleichungen (4) bis (7) gelten unter der Annahme $j > j_{\min}$; ist aber $j = j_{\min}$, so sind überall die Glieder mit dem Index $j-1$ zu streichen; insbesondere gilt dann statt (7):

$$(7')\qquad m(2j+3)\,b^{\dagger(j,j+1)}\,b^{(j+1,j)} = 0. \qquad j = j_{\min}.$$

Jetzt führt die Annahme $j_{\min} > 0$ auf einen Widerspruch. Denn für $j > 0$ nimmt der Faktor m in (7) bzw. (7′) von Null verschiedene

[1] Die zum Beweis gebrauchten Formeln stehen im wesentlichen bei Mensing, L.: Z. Phys. Bd. 36, S. 814. 1926.

Werte an, so daß der andere Faktor in (7) bzw (7′) verschwinden muß. Es würde also für $j_{\min} > 0$ aus (7′) die Gleichung

$$b^{\dagger\,(j,\,j+1)}\, b^{(j+1,\,j)} = 0\,, \qquad j = j_{\min}$$

folgen, die mit

$$b^{\dagger\,(j,\,j+1)} = b^{(j+1,\,j)} = 0\,, \qquad j = j_{\min}$$

gleichwertig ist. Aus der rekursiven Gleichung (7) würde sich dann dasselbe für alle j ergeben, d. h. es wäre $X = Y = Z = 0$.

Also haben wir notwendig

$$j_{\min} = 0\,. \tag{8}$$

Nach den Schlußbemerkungen von §§ 26, 27 müssen aber, wenn *ein* ganzzahliger Wert j vorhanden ist, *alle* Werte j ganzzahlig sein, so daß Satz 2 bewiesen ist.

Die Vertauschbarkeit von X und Y (oder von x und y) ist dann nach (7) ausgedrückt in

$$(2\,j - 1)\, b^{(j,\,j-1)}\, b^{\dagger\,(j-1,\,j)} = (2\,j + 3)\, b^{\dagger\,(j,\,j+1)}\, b^{(j+1,\,j)} \tag{7''}$$

für alle $j > 0$.

Aus Satz 2 aber ergibt sich sofort:

Satz 3: *Auch für Systeme von mehreren Massenpunkten kann die innere Quantenzahl nur ganzzahlige Werte annehmen, wobei wieder* $j_{\min} = 0$ *wird.*

Das sieht man so ein. Nimmt man zunächst an, daß keine Wechselwirkungen zwischen den Teilchen bestehen, so ist wegen der Additivität der Drehimpulskomponenten [§ 25, (8)] die magnetische Quantenzahl m des Gesamtsystems offenbar die Summe der Quantenzahlen m_k für die einzelnen Teilchen, also gleichfalls ganzzahlig, womit auch die innere Quantenzahl j des Gesamtsystems ganzzahlig wird. Ferner sieht man leicht, daß z. B. für einen Zustand, bei dem die inneren Quantenzahlen j_k aller einzelnen Massenpunkte Null sind, auch die innere Quantenzahl j des Gesamtsystems gleich Null wird, womit $j_{\min} = 0$ bewiesen ist.

Dies muß dann aber allgemein auch bei Wechselwirkung zwischen den Teilchen gelten. Denn die Eigenwerte von $\mathfrak{M}^2$ oder $\mathfrak{M}_z$ müssen offenbar unabhängig von der Gestalt der Energiefunktion des Systems sein; die Lösung q_k, p_k der Bewegungsgleichungen bei Wechselwirkung geht ja aus der Lösung q_k^0, p_k^0

der Bewegungsgleichungen ohne Wechselwirkung durch eine unitäre Transformation hervor. (Vgl. § 23.)

Wir heben noch ausdrücklich hervor:

Satz 4: *Die bei einem beliebigen System von Massenpunkten auftretenden j-Werte müssen eine lückenlose arithmetische Reihe* $j = 0, 1, 2, \ldots$ *bilden.*

Denn die Gleichungen II [§ 25, (15), (16)] für die Vertauschung von M_x, M_y, M_z mit dem Polarisationsvektor X, Y, Z gelten ebenso für die Vertauschung von M_x, M_y, M_z mit jedem einzelnen Koordinatentripel x_k, y_k, z_k oder Impulstripel p_{kx}, p_{ky}, p_{kz} [s. § 25, (2), (3), (4) bzw. (3a), (4a)]. Also gelten die in § 28, 29 für X, Y, Z abgeleiteten Formeln, insbesondere die Auswahlregel $\Delta j = 0, \pm 1$, auch für die einzelnen $\mathfrak{r}_k$ und $\mathfrak{p}_k$ $(= p_{kx}, p_{ky}, p_{kz})$. Folglich könnte das Matrizensystem $\mathfrak{r}_k, \mathfrak{p}_k$ nicht *einfach* sein, wenn in der Reihe der j-Werte eine Lücke eintrete. (Vgl. wieder die ähnliche Überlegung bezüglich der Lückenlosigkeit der Reihe der Energiewerte beim harmonischen Oszillator.)

Aus dem obigen Ergebnis, daß für Systeme von Massenpunkten m und j ganzzahlig sind, geht hervor, daß das *Elektron nicht als eine einfache elektrische Punktladung* behandelt werden kann. Denn die Erfahrung lehrt, daß auch halbzahlige m und j auftreten, und zwar liegt es im einzelnen so: Jeder optische Term eines freien Atoms spaltet im Magnetfeld, wie wir sahen, in $2j + 1$ Terme auf. Erfahrungsgemäß haben nun die Atome (oder Ionen) mit gerader Anzahl von Elektronen eine ungerade Anzahl von magnetischen Termkomponenten, also ganzzahliges j; die Atome (Ionen) mit ungerader Elektronenzahl aber eine gerade Anzahl von Komponenten, also halbzahliges j. *Folglich muß das einzelne Elektron halbzahlige m und j besitzen*; eine Tatsache, die zuerst von Pauli[1] klar erkannt wurde. Andererseits zeigt die Erfahrung[2], daß trotzdem die in § 25 bis § 29 abgeleiteten Auswahl-, Polarisations- und Intensitätsregeln bei den Zeeman-Effekten der wirklichen Atome erfüllt sind, und zwar für ganzzahlige und für halbzahlige m, j. Man wird so zu der Vermutung geführt, daß die Formeln (I) und (II) [§ 25, (10), (15), (16)], aus denen diese empirisch be-

[1] Pauli, W. jr.: Z. Phys. Bd. 16, S. 155. 1923.

[2] Vgl. etwa den Bericht von Dorgelo, H. B.: Z. Phys. Bd. 26, S. 756. 1925; Bd. 27, S. 182. 1926.

stätigten Regeln abgeleitet wurden, auch beim Elektron richtig sind, während die zur Gleichung $\mathfrak{r}\mathfrak{M} = 0$ führende *Definition des Drehimpulses* $\mathfrak{M}$ nach § 25, (1) aufgegeben bzw. abgeändert werden muß. Man wird also dazu genötigt, dem Elektron neben dem aus Orts- und Impulsmatrizen $\mathfrak{r}$, $\mathfrak{p}$ gebildeten Drehimpuls im gewöhnlichen Sinne noch ein besonderes zusätzliches „*Eigenmoment*" zuzuschreiben, welches das Auftreten „halbzahliger" irreduzibler Bestandteile in $\mathfrak{M}$ veranlaßt. Wir haben die einfachsten dieser irreduziblen Bestandteile in § 27, (17) angeführt, nämlich die für $j = \frac{1}{2}$; man erhält wegen $\mathfrak{m}_x = \frac{1}{2}(\mu + \mu^\dagger)$, $\mathfrak{m}_y = \frac{1}{2i}(\mu - \mu^\dagger)$:

$$(9) \qquad \mathfrak{m}_x^{(\frac{1}{2})} = \frac{1}{2}\begin{pmatrix} 0 & 1 \\ 1 & 0 \end{pmatrix}, \quad \mathfrak{m}_y^{(\frac{1}{2})} = \frac{1}{2}\begin{pmatrix} 0 & i \\ -i & 0 \end{pmatrix}, \quad \mathfrak{m}_z^{(\frac{1}{2})} = \frac{1}{2}\begin{pmatrix} -1 & 0 \\ 0 & 1 \end{pmatrix}.$$

Später werden wir sehen, daß die *Hypothese des Magnetelektrons*[1], auf welche uns die letzten Betrachtungen hingeführt haben, unter Verwendung der Matrizen (9) in der Tat in sinngemäßer und der Erfahrung entsprechender Weise quantenmechanisch formuliert werden kann, und ferner daß dabei die für die §§ 27 bis 29 grundlegenden Gleichungen (I), (II) unverändert bleiben.

Für die Anwendung auf Atome mit mehr als einem einzigen Elektron bedarf übrigens die Theorie noch einer andern Ergänzung. Bei einem wirklichen Atom ist es überhaupt nicht möglich, Koordinaten und Impulse den Elektronen *einzeln* zuzuordnen, weil diese einander völlig gleich, nicht einzeln unterscheidbar sind. Man darf vielmehr nur *symmetrische Funktionen* der Koordinaten und Impulse aller Elektronen als physikalisch sinnvolle Größen betrachten. Dadurch wird naturgemäß die Frage nach der *Einfachheit* einer Lösung des Problems einschneidend verändert. Aber auch dann bleiben noch, wie wir später sehen werden, die Gleichungen (I) und (II) ungeändert.

Zusammenfassend stellen wir also fest, daß die Gleichungen (I) *und* (II) *und die daraus ableitbaren Gesetzmäßigkeiten auch bei den später vorzunehmenden Erweiterungen der Theorie unverändert erhalten bleiben.*

---

[1] GOUDSMIT, S. u. G. E. UHLENBECK: Naturwissensch. Bd. 13, S. 953. 1925. BICHOWSKY, F. R. u. H. C. UREY: Proc. nat. Acad. Sci. U. S. A. Bd. 12, S. 80. 1926.

§ 33. Separation der Variabeln bei der Zentralbewegung eines Massenpunkts[1]**.** Die Ergebnisse der letzten Paragraphen ermöglichen es, das Problem

$$H = \frac{1}{2 m_0} \mathfrak{p}^2 + U(r), \tag{1}$$

wo $\mathfrak{p}$ wieder der Impulsvektor und

$$r = \sqrt{\mathfrak{r}^2} = \sqrt{x^2 + y^2 + z^2} \tag{2}$$

ist, in einer Weise zu behandeln, die mit der klassischen Lösung durch Separation der Variablen korrespondiert. (Vgl. Bd. I, § 14.)

Wir berechnen

$$p_r = m_0 \dot{r}, \tag{3}$$

wo p_r zunächst nur ein abkürzendes Zeichen sein soll, von dem wir aber sogleich zeigen werden, daß es die Bedeutung eines zu r konjugierten Impulses hat. Es wird

$$2 p_r = 2 m_0 \dot{r} = 2 m_0 [H, r] = [\mathfrak{p}^2, r] = \mathfrak{p} \cdot [\mathfrak{p}, r] + [\mathfrak{p}, r] \cdot \mathfrak{p};$$

nach den Differentiationsregeln § 18, (3) ist z. B.

$$[p_x, r] = \frac{\partial r}{\partial x} = \frac{x}{r},$$

ferner

$$\left[p_x, \frac{x}{r}\right] = \frac{\partial}{\partial x} \frac{x}{r} = \frac{1}{r} - \frac{x^2}{r^3},$$

also

$$\begin{aligned} 2 p_r = \mathfrak{p} \frac{\mathfrak{r}}{r} + \frac{\mathfrak{r}}{r} \mathfrak{p} &= 2 \mathfrak{p} \frac{\mathfrak{r}}{r} - 2 \varkappa \frac{1}{r} \\ &= 2 \frac{\mathfrak{r}}{r} \mathfrak{p} + 2 \varkappa \frac{1}{r} \end{aligned} \qquad \left(\varkappa = \frac{h}{2 \pi i}\right). \tag{4}$$

Daraus ergibt sich zunächst die Beziehung

$$p_r r + r p_r = \mathfrak{p} \mathfrak{r} + \mathfrak{r} \mathfrak{p}, \tag{5}$$

(die man auch aus $r^2 = \mathfrak{r}^2$ unmittelbar durch Differentiation erhält), sodann

$$p_r r - r p_r = \mathfrak{p} \mathfrak{r} - \mathfrak{r} \mathfrak{p} - 2 \varkappa$$

oder

$$[p_r, r] = 1. \tag{6}$$

---

[1] Pauli W. jr.: Z. Phys. Bd. 36, S. 336. 1926. Mensing, L.: Z. Phys. Bd. 36, S. 814. 1926.

In der Tat ist also $p_r = m_0 \dot{r}$, wie in der klassischen Theorie, kanonischer Impuls zu r. Weiter wird nach (4) und (6)

$$(7) \quad r^2 p_r^2 = (r\,p_r)^2 - \varkappa\, r\, p_r = r\, p_r\, (r\, p_r - \varkappa) = (\mathfrak{r}\,\mathfrak{p} + \varkappa)\cdot \mathfrak{r}\,\mathfrak{p}\,.$$

Andererseits ergibt direktes Ausrechnen:

$$\begin{aligned} \mathfrak{M}^2 &= (y\,p_z - z\,p_y)^2 + (z\,p_x - x\,p_z)^2 + (x\,p_y - y\,p_x)^2 \\ &= r^2\,\mathfrak{p}^2 - \mathfrak{r}\,\mathfrak{p}\,(\mathfrak{r}\,\mathfrak{p} + \varkappa)\,, \end{aligned}$$

also nach (7)

$$\mathfrak{M}^2 = r^2\,\mathfrak{p}^2 - r^2\,p_r^2$$

oder

$$(8) \qquad \mathfrak{p}^2 = p_r^2 + \frac{\mathfrak{M}^2}{r^2}\,.$$

Daher geht die Energiefunktion (1) über in

$$(9) \qquad H = \frac{1}{2\,m_0}\,p_r^2 + \frac{1}{2\,m_0}\,\frac{\mathfrak{M}^2}{r^2} + U(r)\,.$$

Damit ist unser Problem auf einen Freiheitsgrad reduziert. Denn die Größen r und $p_r = m_0 \dot{r}$ sind drehinvariant, also nach den Ergebnissen des § 26 mit den Komponenten von $\mathfrak{M}$ vertauschbar (wodurch auch die Schreibweise $\frac{\mathfrak{M}^2}{r^2}$ für $r^{-2}\mathfrak{M}^2 = \mathfrak{M}^2 r^{-2}$ gerechtfertigt wird); sie sind also Stufenmatrizen, nämlich Diagonalmatrizen bezüglich j, und jede Stufe ist mit dem zugehörigen irreduzibeln Bestandteil von M_x, M_y, M_z vertauschbar, also nach § 15, Satz 1 ein Zahlenvielfaches der zur Stufe j gehörigen Einheitsmatrix, d. h. von m unabhängig. Man bekommt also die Lösung von (1) folgendermaßen:

Man löse für jeden Wert

$$(10) \qquad j = 0, 1, 2, \ldots$$

das Problem

$$(11) \qquad H_j = \frac{1}{2\,m_0}\,p_r^{(j)2} + \frac{1}{2\,m_0}\,\frac{h^2}{4\,\pi^2}\,\frac{j\,(j+1)}{r^{(j)2}} + U\,(r^{(j)})$$

durch kanonische Matrizen

$$(12) \qquad p_r^{(j)} = \left(p_r^{(j)}\,(n_r, n'_r)\right), \qquad r^{(j)} = \left(r^{(j)}\,(n_r, n'_r)\right).$$

Die Gesamtheit der Eigenwerte der Energie (1) *stimmt überein mit der Gesamtheit der Energiewerte aller Probleme* (11) *mit* $j = 0, 1, 2, \ldots$.

Die Matrizen r, p_r erhält man aus (12) *als Stufenmatrizen*

$$(13) \qquad \begin{cases} p_r = \left(p_r^{(j)}(n_r, n'_r)\,\delta_{m\,m'}\,\delta_{j\,j'}\right), \\ r = \left(r^{(j)}(n_r, n'_r)\,\delta_{m\,m'}\,\delta_{j\,j'}\right). \end{cases}$$

Man hat dann aus (13) noch die Matrizen für $\mathfrak{r}$ (und $\mathfrak{p}$) selbst abzuleiten. Zu diesem Zwecke kann man die Gleichung

$$(14) \qquad \tfrac{1}{2}(\Pi\,\Pi^\dagger + \Pi^\dagger\,\Pi) + Z^2 = e^2\cdot\mathfrak{r}^2 = e^2\cdot r^2$$

benutzen. Unter Verwendung der Formeln § 32, (4), (5) für $\Pi\,\Pi^\dagger$ und $\Pi^\dagger\,\Pi$ und der Formeln § 29, (12), (13) für Z werden auf der linken Seite in (14) die Teilmatrizen mit $\Delta j = \Delta m = 0$ gleich

$$(15) \qquad \begin{cases} \tfrac{1}{2}\{(j+m)(j+m-1) + (j-m)(j-m-1) \\ \qquad + 2(j+m)(j-m)\}\, \mathfrak{b}^{(j,\,j-1)}\,\mathfrak{b}^{\dagger(j-1,\,j)} \\ + \tfrac{1}{2}\{(j-m+1)(j-m+2) + (j+m+1)(j+m+2) \\ \qquad + 2(j+m+1)(j-m+1)\}\, \mathfrak{b}^{\dagger(j,\,j+1)}\,\mathfrak{b}^{(j+1,\,j)} \\ = j(2j-1)\,\mathfrak{b}^{(j,\,j-1)}\,\mathfrak{b}^{\dagger(j-1,\,j)} \\ \qquad + (j+1)(2j+3)\,\mathfrak{b}^{\dagger(j,\,j+1)}\,\mathfrak{b}^{(j+1,\,j)}. \end{cases}$$

Wenn wir hierin die Bedingung § 32, (7″) für die Vertauschbarkeit von x und y einführen, so bekommen wir aus (14) endlich die beiden Beziehungen

$$(16) \qquad \begin{cases} \mathfrak{b}^{\dagger(j,\,j+1)}\,\mathfrak{b}^{(j+1,\,j)} = \dfrac{e^2\, r^{(j)2}}{(2j+1)(2j+3)}\,; \\ \mathfrak{b}^{(j+1,\,j)}\,\mathfrak{b}^{\dagger(j,\,j+1)} = \dfrac{e^2\, r^{(j+1)2}}{(2j+1)(2j+3)}\,; \end{cases}$$

aus diesen hat man die $\mathfrak{b}^{(j+1,\,j)}$ zu bestimmen, sobald die $r^{(j)}$ bekannt sind, und damit ist der Ortsvektor $\mathfrak{r}$ selbst gefunden.

Ordnet man die Matrizen $p_r^{(j)}$, $r^{(j)}$ so, daß die Energien W_j mit der Quantenzahl n_r wachsen, wenn dieser die Werte $n_r = 0, 1, 2, \ldots$ erteilt werden, so nennt man (nach SOMMERFELD) n_r die *radiale Quantenzahl.* Unsere Konstruktion zeigt, daß durch Angabe der drei Quantenzahlen m, j, n_r je eine Zeile oder Spalte der Matrizen des Problems (1) eindeutig gekennzeichnet wird.

Die Durchführung dieser Rechnungen soll für einen speziellen Fall im nächsten Paragraphen gegeben werden. Zuvor wollen wir hier noch eine später gebrauchte Hilfsformel ableiten. Ganz ähnlich wie oben bei der Bestimmung von $\dot{r}$ erhalten wir die zeitliche Ableitung von $\frac{x}{r}$ durch:

$$2 m_0 \frac{d}{dt}\frac{x}{r} = 2 m_0 \left[W, \frac{x}{r}\right] = \left[\mathfrak{p}^2, \frac{x}{r}\right]$$

$$= \mathfrak{p}\left[\mathfrak{p}, \frac{x}{r}\right] + \left[\mathfrak{p}, \frac{x}{r}\right]\mathfrak{p}$$

$$= \{p_x (y^2 + z^2) - p_y x y - p_z x z\} \frac{1}{r^3}$$

$$+ \frac{1}{r^3}\{(y^2 + z^2) p_x - x y p_y - x z p_z\},$$

oder

$$(17) \qquad 2 m_0 \frac{d}{dt}\frac{x}{r} = (M_y z - M_z y)\frac{1}{r^3} + \frac{1}{r^3}(z M_y - y M_z).$$

Führen wir nun neben dem schon benützten *skalaren Produkt*

$$(18) \qquad \mathfrak{a}\mathfrak{b} = a_x b_x + a_y b_y + a_z b_z$$

zweier Vektoren $\mathfrak{a}$, $\mathfrak{b}$ das durch

$$(19) \qquad \begin{cases} (\mathfrak{a}\times\mathfrak{b})_x = a_y b_z - a_z b_y, \\ (\mathfrak{a}\times\mathfrak{b})_y = a_z b_x - a_x b_z, \\ (\mathfrak{a}\times\mathfrak{b})_z = a_x b_y - a_y b_x \end{cases}$$

definierte *Vektorprodukt* $\mathfrak{a}\times\mathfrak{b}$ ein[1], so geht aus der Formel (17) wegen der Vertauschbarkeit der Drehinvariante r mit den Komponenten von $\mathfrak{M}$ folgende Vektorformel hervor:

$$(20) \qquad \frac{d}{dt}\frac{\mathfrak{r}}{r} = \left[W, \frac{\mathfrak{r}}{r}\right] = \frac{1}{2 m_0 r^3}\{(\mathfrak{M}\times\mathfrak{r}) - (\mathfrak{r}\times\mathfrak{M})\}.$$

§ 34. Die zweiatomige Molekel[2]. Ein Beispiel, bei dem die auf einen Freiheitsgrad reduzierte Bewegungsgleichung § 33, (11)

---

[1] Das hier und später in §§ 35ff. für das Vektorprodukt gebrauchte Multiplikationszeichen $\times$ ist natürlich nicht zu verwechseln mit dem in **§ 10** gebrauchten Zeichen für das direkte Produkt.

[2] MENSING, L.: Z. Phys. Bd. 36, S. 814. 1926. Vgl. ferner OPPENHEIMER, J. R.: Proc. Cambridge Philos. Soc. Bd. 23, III, S. 327. 1926. LANDAU, L.: Z. Phys. Bd. 40, S. 621. 1927. DENNISON, D. M.: Phys. Rev. Bd. 28, S. 318. 1926.

durch ein Näherungsverfahren gelöst werden kann, liefert die *zweiatomige Molekel*, aufgefaßt als System zweier Massenpunkte, der Kerne, im Abstande r, zwischen denen eine potentielle Energie $U(r)$ wirkt[1]. Man hat dann

$$H = \frac{1}{2m_1}\mathfrak{p}_1^2 + \frac{1}{2m_2}\mathfrak{p}_2^2 + U(r), \qquad r = \sqrt{(\mathfrak{r}_1 - \mathfrak{r}_2)^2} \tag{1}$$

wo m_1, m_2 die Massen, $\mathfrak{r}_1, \mathfrak{r}_2$ die Orts- und $\mathfrak{p}_1, \mathfrak{p}_2$ die Impulsvektoren der beiden Kerne sind. Diese Energiefunktion läßt sich dann, genau wie in der klassischen Theorie, in die Schwerpunkts- und die Relativbewegung separieren; man mache die Transformation (s. Bd. 1, § 20)

$$\begin{cases} \mathfrak{R} = \dfrac{m_1\mathfrak{r}_1 + m_2\mathfrak{r}_2}{m_1 + m_2}, \\ \mathfrak{r} = \mathfrak{r}_1 - \mathfrak{r}_2; \end{cases} \tag{2}$$

da sie linear ist, transformieren sich nach § 18, Satz 4, die konjugierten Impulse kontragredient in

$$\begin{cases} \mathfrak{p}_{\mathfrak{R}} = \mathfrak{p}_1 + \mathfrak{p}_2, \\ \mathfrak{p} = \dfrac{m_2\mathfrak{p}_1 - m_1\mathfrak{p}_2}{m_1 + m_2}, \end{cases} \tag{3}$$

oder aufgelöst

$$\begin{cases} \mathfrak{p}_1 = \dfrac{m_1}{m_1 + m_2}\mathfrak{p}_{\mathfrak{R}} + \mathfrak{p}, \\ \mathfrak{p}_2 = \dfrac{m_2}{m_1 + m_2}\mathfrak{p}_{\mathfrak{R}} - \mathfrak{p}. \end{cases} \tag{3'}$$

Dann erhält man

$$H = \frac{1}{2}\frac{1}{m_1 + m_2}\mathfrak{p}_{\mathfrak{R}}^2 + \frac{1}{2}\left(\frac{1}{m_1} + \frac{1}{m_2}\right)\mathfrak{p}^2 + U(r). \tag{4}$$

Läßt man den Anteil der Schwerpunktsbewegung weg, der sich mit den Hilfsmitteln der elementaren Matrizenmechanik nicht behandeln läßt, so bleibt

$$H = \frac{1}{2m_0}\mathfrak{p}^2 + U(r), \qquad \frac{1}{m_0} = \frac{1}{m_1} + \frac{1}{m_2}, \tag{5}$$

[1] Die Frage, wie dieser Ansatz vom Standpunkte des Elektronenaufbaus der Molekel zu rechtfertigen ist, wird später erörtert werden.

also die Energiefunktion einer Zentralbewegung [s. § 33, (1)]. Auf diese kann man dann die in den §§ 32, 33 angegebenen Überlegungen anwenden und erhält die Gleichung § 33, (11)

$$(6)\qquad H^{(j)} = \frac{1}{2m_0} p_r^{(j)2} + \frac{1}{2m_0}\frac{h^2}{4\pi^2}\frac{j(j+1)}{r^{(j)2}} + U(r^{(j)}).$$

Eine *stabile Molekel* ist dadurch gekennzeichnet, daß die Zahlenfunktion $U(r)$ ein ausgeprägtes Minimum für einen positiven Wert von r hat. Dieser entspräche in der klassischen Theorie dem Gleichgewicht der Kerne; in der Quantenmechanik gibt es diesen Begriff nicht, wie das Beispiel des Oszillators zeigt, bei dem der niederste Quantenzustand noch Energie (Nullpunktsenergie, s. § 23) besitzt. Trotzdem läßt sich das Problem (6) nach einem der klassischen Theorie nachgebildeten Verfahren lösen[1].

Wir entwickeln die Zahlenfunktion $U(r)$ in der Umgebung einer zunächst beliebigen Stelle r_0 in eine Potenzreihe nach der Differenz

$$(7)\qquad r - r_0 = \varrho:$$

$$(8)\qquad U(r) = U_0 + U_0'\varrho + \tfrac{1}{2}U_0''\varrho^2 + \cdots;$$

dabei ist in $U_0, U_0', \ldots$ als Argument die Zahl r_0 einzusetzen.

Nun setzen wir für r die korrespondierende Matrix ein, von der in § 33 gezeigt wurde, daß sie eine Stufenmatrix mit den Stufen $r^{(j)}$ ist; zugleich wählen wir r_0 als Diagonalmatrix, bei der immer die zu einem j-Werte gehörigen Diagonalelemente gleich sind, also

$$(9)\qquad r_0 = (r_0^{(j)} E^{(j)}),$$

wo $E^{(j)}$ die zur Stufe j gehörige, $(2j+1)$-zeilige Einheitsmatrix ist. Dann ist auch ϱ eine Stufenmatrix mit den Stufen

$$(10)\qquad \varrho^{(j)} = r^{(j)} - r_0^{(j)} E^{(j)},$$

und aus (8) folgt für die einzelne Stufe

$$(11)\qquad U(r^{(j)}) = U_0^{(j)} + U_0^{(j)\prime}\varrho^{(j)} + \tfrac{1}{2}U_0^{(j)\prime\prime}\varrho^{(j)2} + \cdots;$$

dabei sind $U_0^{(j)}, U_0^{(j)\prime}, \ldots$ gleich den Werten der Zahlenfunktionen $U_0, U_0', \ldots$ für die Zahlenargumente $r_0^{(j)}$.

---

[1] Dieses Verfahren ist für die ältere Quantentheorie von M. Born und E. Hückel: Phys. Z. Bd. 24, S. 1. 1923 ausgeführt worden und ist in Bd. 1, § 20, dargestellt.

Ferner setzen wir die Binomialreihe

$$(12)\qquad \frac{1}{r^{(j)2}} = \frac{1}{(r_0^{(j)} + \varrho^{(j)})^2} = \frac{1}{r_0^{(j)2}}\left(1 + \frac{\varrho^{(j)}}{r_0^{(j)}}\right)^{-2}$$

$$= \frac{1}{r_0^{(j)2}}\left(1 - 2\frac{\varrho^{(j)}}{r_0^{(j)}} + 3\frac{\varrho^{(j)2}}{r_0^{(j)2}} - + \cdots\right)$$

an.

Da $r_0^{(j)} E^{(j)}$ mit $r^{(j)}$ vertauschbar ist, so ist $p_\varrho^{(j)} = p_r^{(j)}$ konjugierter Impuls zu $\varrho^{(j)}$. Daher wird die Gleichung (6), geordnet nach steigenden Potenzen von $\varrho^{(j)}$:

$$(13)\qquad H^{(j)} = \frac{1}{2m_0} p_\varrho^{(j)2} + \frac{1}{2m_0 r_0^{(j)2}} \frac{h^2}{4\pi^2} j(j+1) + U_0^{(j)}$$

$$+ \left(-\frac{1}{m_0 r_0^{(j)3}} \frac{h^2}{4\pi^2} j(j+1) + U_0^{(j)\prime}\right)\varrho^{(j)}$$

$$+ \left(\frac{3}{2m_0 r_0^{(j)4}} \frac{h^2}{4\pi^2} j(j+1) + \frac{1}{2} U_0^{(j)\prime\prime}\right)\varrho^{(j)2}$$

$$+ \cdots\cdots\cdots\cdots\cdots\cdots$$

Hier sind die Faktoren der Potenzen von $\varrho^{(j)}$ Zahlen. Man kann nun die Glieder 1. Ordnung in $\varrho^{(j)}$ zum Verschwinden bringen, indem man

$$(14)\qquad -\frac{1}{m_0 r_0^{(j)3}} \frac{h^2}{4\pi^2} j(j+1) + U_0^{(j)\prime} = 0$$

setzt; das ist nämlich eine Gleichung zur Bestimmung von $r_0^{(j)}$. Sie korrespondiert offenbar mit der Gleichung der klassischen Theorie, die man erhält, wenn man für die gleichförmig (ohne Schwingungen) rotierende Molekel das Gleichgewicht zwischen Zentrifugalkraft und Anziehungskraft fordert:

$$\frac{\mathfrak{M}^2}{m_0 r_0^3} = U'(r_0);$$

und zwar geht (14) einfach hieraus hervor, wenn man für $\mathfrak{M}^2$ einen Eigenwert $\frac{h^2}{4\pi^2} j(j+1)$ einsetzt.

Sodann kann man (13) so schreiben:

$$(15)\qquad H^{(j)} = U_0^{(j)} + W_{\text{rot}}^{(j)} + W_{\text{osz}}^{(j)} + \cdots,$$

wo

$$W_{\text{rot}}^{(j)} = \frac{1}{2\,m_0\,r_0^{(j)2}}\,\frac{h^2}{4\,\pi^2}\,j\,(j+1) \tag{16}$$

die *Rotationsenergie* und

$$W_{\text{osz}}^{(j)} = \frac{1}{2\,m_0}\,p_\varrho^{(j)2} + \frac{\varkappa^{(j)}}{2}\,\varrho^{(j)2} \tag{17}$$

die *Oszillationsenergie* bedeutet, mit

$$\varkappa^{(j)} = \frac{3}{m_0\,r_0^{(j)4}}\,\frac{h^2}{4\,\pi^2}\,j\,(j+1) + U_0^{(j)''}\,. \tag{18}$$

Der Ausdruck (17) ist aber die Energiefunktion eines Oszillators mit der *Frequenz*

$$\nu_0^{(j)} = \frac{1}{2\,\pi}\sqrt{\frac{\varkappa^{(j)}}{m_0}}\,, \tag{19}$$

hat also nach § 23, (23c) den Wert

$$W_{\text{osz}}^{(j)} = W_{\text{osz}}^{(j,\,n)} = h\,\nu_0^{(j)}\,(n+\tfrac{1}{2})\,, \qquad n = 0, 1, 2, \ldots \tag{20}$$

wo n die Schwingungsquantenzahl ist.

Damit ist die Matrix H näherungsweise (bis auf Glieder 2. Ordnung der Schwingungsamplitude einschließlich) in eine Diagonalmatrix verwandelt, deren Elemente von den Quantenzahlen j, n abhängen. Als charakteristische Konstanten treten dabei die durch (19) gegebene Frequenz $\nu_0^{(j)}$ und das *Trägheitsmoment*

$$A^{(j)} = m_0\,r_0^{(j)2} \tag{21}$$

auf; beide hängen noch von j, also vom Rotationszustande ab.

Die Formeln (16), (17) unterscheiden sich von den entsprechenden klassischen nur durch das Eingehen von $j\,(j+1)$ statt j^2 im Drehmoment und durch $n+\frac{1}{2}$ statt n bei der Schwingung [s. Bd. 1, § 20, (12)]. Die höheren Näherungen können mit Hilfe der Störungsrechnung (s. § 40) gefunden werden.

Über die Anwendbarkeit dieser Theorie auf Bandenspektra verweisen wir auf das im Bd. 1, § 20, gesagte.

Für heteropolare Molekeln (Ladungen $\pm e$ im Gleichgewichtsabstande r_0) kann man die Intensitäten der ultraroten Banden ausrechnen; dazu hat man aus den Gleichungen § 33, (16), die hier

$$
(22) \quad \begin{cases} b^{\dagger(j-1,j)}\, b^{(j,j-1)} = \dfrac{e^2\,(r_0^{(j-1)} + \varrho^{(j-1)})^2}{(2j-1)(2j+1)}, \\[2ex] b^{(j,j-1)}\, b^{\dagger(j-1,j)} = \dfrac{e^2\,(r_0^{(j)} + \varrho^{(j)})^2}{(2j-1)(2j+1)} \end{cases}
$$

lauten, die Matrizen $b^{(j,j-1)}$ auszurechnen und in § 29, (12), (13) einzusetzen.

Diese Rechnung wird einfach, wenn man sich auf den Fall kleiner Werte der Quantenzahl j, also kleiner Drehmomente beschränkt. Dann kann man in (14) das Glied mit $j(j+1)$ fortlassen und erhält ein von j unabhängiges r_0 aus der Gleichung

$$
(14') \qquad U'(r_0) = 0\,;
$$

r_0 entspricht also dem Minimalwert der potentiellen Energie, d. h. dem Gleichgewicht nach der gewöhnlichen Statik. Ebenso wird man dann die Zentrifugaleffekte in den höheren Gliedern der Entwicklung (13) weglassen, insbesondere ein von j unabhängiges

$$
(18') \qquad \varkappa = U''(r_0)
$$

statt $\varkappa^{(j)}$ einführen, so daß die Frequenz (19) eine Konstante

$$
(19') \qquad \nu_0 = \frac{1}{2\pi}\sqrt{\frac{\varkappa}{m_0}}
$$

wird. Dann tritt auch an die Stelle von $\varrho^{(j)}$ eine von j unabhängige Matrix ϱ, und an Stelle von $r^{(j)} = r_0 + \varrho^{(j)}$ die Matrix $r = r_0 + \varrho$.

In diesem Falle kann man offenbar die Gleichungen (22) einfach dadurch erfüllen, daß man

$$
(23) \qquad b^{(j,j-1)} = b^{\dagger(j-1,j)} = \frac{e\,(r_0 + \varrho)}{\sqrt{(2j-1)(2j+1)}}
$$

setzt. Für ϱ ist dabei die in § 23, (25c) angegebene Matrix q des linearen Oszillators einzusetzen. Die Intensitäten der Bandenlinien ergeben sich dann aus den Formeln § 31, (11), (12)

$$
(24) \quad \begin{cases} J^{(n,j;n',j)} = 0\,, \\[1ex] J^{(n,j;n',j-1)} = \dfrac{64\,\pi^4\,\nu_0^4\,e^2}{3\,c^3}\, j\,|\varrho_{nn'}|^2, \\[2ex] J^{(n,j-1;n',j)} = \dfrac{64\,\pi^4\,\nu_0^4\,e^2}{3\,c^3}\, j\,|\varrho_{nn'}|^2\,; \end{cases}
$$

und mit den Oszillatorformeln erhält man

$$(25)\quad \begin{cases} J^{(n,j;n',j')} = 0, & \text{wenn } n - n' \neq \pm 1 \\ & \text{oder } j - j' \neq \pm 1; \\ J^{(n,j;n-1,j)} = J^{(n,j-1;n-1,j)} & \\ = J^{(n-1,j;n,j-1)} = J^{(n-1,j-1;n,j)} = \dfrac{8\pi^2 \nu_0^3 e^2 h}{3\mu c^3} j\cdot n. & \end{cases}$$

Die Intensitäten der aufgespaltenen Linie im Magnetfeld sind dann aus den Formeln § 31, (15), (16), (17) abzulesen.

§ 35. Integrale der Bewegungsgleichungen beim Wasserstoffatom[1]. Wir besprechen zum Schluß dieses Kapitels einige Anwendungen unserer Theorie auf das *Wasserstoffatom*, oder allgemeiner auf ein Ion mit einer festen Punktladung als Kern und einem einzigen Elektron. An dieser Stelle sollen aber nur die gröberen Gesetzmäßigkeiten der Spektren dieser Systeme behandelt werden; die Untersuchung der mit der Feinstruktur zusammenhängenden Effekte wird auf einen späteren Abschnitt des Buchs verschoben.

Bezüglich der *Wahl der Energiefunktion* müssen wir eine *Hypothese* machen; als *einfachsten*, aber sonst durchaus nicht von vornherein eindeutig bestimmten Ansatz übernehmen wir aus der BOHRschen Theorie die Funktion (s. Bd. 1, § 21, 22)

$$(1)\qquad H = \frac{1}{2m_0}\mathfrak{p}^2 - \frac{\varepsilon}{r}, \qquad \varepsilon = Ze^2.$$

Dabei ist e das elektrische Elementarquantum, Z die Kernladungszahl, und m_0 (s. die in § 34 ausgeführte Überlegung) die „effektive" Masse, die mit der Kernmasse M und der Elektronenmasse durch die Formel

$$(1')\qquad \frac{1}{m_0} = \frac{1}{M} + \frac{1}{\mu}$$

verbunden ist. Der *Erfolg* zeigt nachträglich, daß (1) in der gewünschten Annäherung wirklich richtig ist.

Nach § 33, (11) kann (1) auf das Problem mit *einem* Freiheitsgrad

$$(1'')\qquad H_j = \frac{1}{2m_0}\mathfrak{p}_r^{(j)2} + \frac{1}{2m_0}\cdot\frac{h^2}{4\pi^2}\,\frac{j(j+1)}{r^{(j)2}} - \frac{\varepsilon}{r^{(j)}}$$

[1] PAULI, W. jr.: Z. Phys. Bd. 36, S. 336. 1926.

zurückgeführt werden. Diese Gleichung (1″) können wir jedoch erst im 2. Teile dieses Buches untersuchen, nachdem wir tieferliegende mathematische Hilfsmittel zur Integration der quantenmechanischen Bewegungsgleichungen gewonnen haben (SCHRÖDINGERsche Eigenfunktionen).

An dieser Stelle wollen wir zunächst folgende Frage behandeln: In der klassischen Theorie besitzt das Problem (1) einige einfache *Integrale*, die zum Ausdruck bringen, daß die *Bahnkurve die Gestalt eines Kegelschnitts hat. Was ist das Analogon dieser Integrale in der Quantenmechanik?*

Mit Hilfe des am Ende von § 33 eingeführten Vektorprodukts [§ 33, (19)] lassen sich die Definition und die Vertauschungsregeln (I) von $\mathfrak{M}$ [§ 25, (10)] in der Form

$$\left\{\begin{aligned} \mathfrak{M} &= \mathfrak{r} \times \mathfrak{p}\,, \\ \mathfrak{M} \times \mathfrak{M} &= -\varkappa\,\mathfrak{M}\,, \end{aligned}\right. \qquad \varkappa = \frac{h}{2\pi i} \tag{2}$$

schreiben.

Mit Hilfe der Formel § 33, (20), die für jedes Zentralfeld gilt, folgt sofort, daß *der Vektor*

$$\mathfrak{A} = \frac{1}{m_0\,\varepsilon}\,\tfrac{1}{2}\{\mathfrak{M} \times \mathfrak{p} - \mathfrak{p} \times \mathfrak{M}\} + \frac{\mathfrak{r}}{r} \tag{3}$$

zeitlich konstant ist.

Denn die kanonischen Bewegungsgleichungen lauten

$$m_0\,\dot{\mathfrak{r}} = \mathfrak{p}\,, \qquad \dot{\mathfrak{p}} = -\frac{\varepsilon}{r^3}\,\mathfrak{r}\,;$$

und da ferner $\dot{\mathfrak{M}} = 0$ ist, so hat man

$$\dot{\mathfrak{A}} = \frac{1}{m_0\,\varepsilon}\,\tfrac{1}{2}\{\mathfrak{M} \times \dot{\mathfrak{p}} - \dot{\mathfrak{p}} \times \mathfrak{M}\} + \frac{d}{dt}\,\frac{\mathfrak{r}}{r} = 0 \tag{4}$$

wegen § 33, (20).

Die Konstanz des Vektors $\mathfrak{A}$ ist als quantenmechanisches Analogon zu der Tatsache anzusehen, daß nach der klassischen Theorie das Elektron einen Kegelschnitt beschreibt. Es besteht nämlich die Gleichung

$$\mathfrak{A}\,\mathfrak{r} + \mathfrak{r}\,\mathfrak{A} = -\frac{2}{m_0\,\varepsilon}\{\mathfrak{M}^2 + \tfrac{3}{2}\,|\varkappa|^2\} + 2\,r\,,$$

deren Ableitung wir hier allerdings nicht ausführlich vorrechnen wollen, da wir sie nicht weiter benutzen werden. Für den Grenzfall der klassischen Theorie ($\varkappa \to 0$) geht diese Gleichung in $\mathfrak{A}\mathfrak{r} = -\frac{\mathfrak{M}^2}{m_0 \varepsilon} + r$ über, und das ist wegen der Konstanz von $\mathfrak{A}$ und $\mathfrak{M}^2$ die Gleichung eines Kegelschnitts. (Man zähle in der auf $\mathfrak{M}$ senkrechten Bahnebene, in der auch $\mathfrak{A}$ liegt, das Azimut φ von der Richtung $\mathfrak{A}$ aus, so daß $\mathfrak{A}\mathfrak{r} = |\mathfrak{A}|\, r \cos\varphi$; dann wird

$$r\,(1 - |\mathfrak{A}| \cos\varphi) = \frac{\mathfrak{M}^2}{m_0 \varepsilon}$$

die Polargleichung des Kegelschnitts).

Die Betrachtung des Vektors $\mathfrak{A}$ liegt übrigens auch der in Bd. 1, § 38 erläuterten Integrationsmethode von Lenz und Klein für das Wasserstoffatom der klassischen Mechanik zugrunde. (Dem Vektor $\mathfrak{A}$ entspricht bis auf einen Faktor der dort betrachtete Mittelwert $\bar{\mathfrak{r}}$ des Ortsvektors $\mathfrak{r}$.)

Wir haben jetzt die *Multiplikationsbeziehungen zwischen* $\mathfrak{A}$, $\mathfrak{M}$ *und* $H = W$ zu untersuchen. Zunächst betrachten wir den Vektor

(5) $$2\,\mathfrak{B} = \mathfrak{M} \times \mathfrak{p} - \mathfrak{p} \times \mathfrak{M}\,;$$

dabei gebrauchen wir auch die Bezeichnung

(6) $$B_x + i\,B_y = \mathsf{B}\,.$$

Nach § 25, (2), (4) folgt aus

$$(\mathfrak{M} \times \mathfrak{p})_x + (\mathfrak{p} \times \mathfrak{M})_x = \varkappa\,[M_y, p_z] - \varkappa\,[M_z, p_y]$$

die Gleichung

$$\mathfrak{M} \times \mathfrak{p} + \mathfrak{p} \times \mathfrak{M} = -2\varkappa\mathfrak{p}\,;$$

man kann also $\mathfrak{B}$ auch durch

(5′) $$\mathfrak{B} = (\mathfrak{M} \times \mathfrak{p}) + \varkappa\mathfrak{p} = -(\mathfrak{p} \times \mathfrak{M}) - \varkappa\mathfrak{p}$$

definieren. Es wird dann

$$\begin{aligned}[M_z, B_z] &= [M_z, M_x p_y - M_y p_x] + \varkappa\,[M_z, p_z] \\ &= [M_z, M_x]\,p_y + M_x\,[M_z, p_y] \\ &\quad - [M_z, M_y]\,p_x - M_y\,[M_z, p_x],\end{aligned}$$

und nach (I) [§ 25, (10)] und § 25, (4) folgt:

(7) $$[M_z, B_z] = 0\,.$$

Ferner wird

$$\begin{aligned}[M_z, B_x] &= [M_z, M_y p_z - M_z p_y] + \varkappa\,[M_z, p_x] \\ &= M_x p_z - M_z p_x - \varkappa\,p_y\end{aligned}$$

oder

(8) $$[M_z, B_x] = -B_y;$$

ebenso

(9) $$[M_z, B_y] = B_x.$$

Wir schreiben (7), (8), (9) zusammenfassend:

(10) $$\begin{cases} [M_z, B_z] = 0, \\ [M_z, \mathsf{B}] \;\; = i\mathsf{B}. \end{cases}$$

Daneben gelten die hieraus durch zyklische Vertauschung der Koordinatenachsen entstehenden Relationen.

Ferner hat man

$$\begin{aligned} \mathfrak{M}\mathfrak{B} &= M_x(M_y p_z - M_z p_y) + M_y(M_z p_x - M_x p_z) \\ &\quad - M_z(M_x p_y - M_y p_x) + \varkappa\mathfrak{M}\mathfrak{p} \\ &= -\varkappa\mathfrak{M}\mathfrak{p} + \varkappa\mathfrak{M}\mathfrak{p} = 0, \end{aligned}$$

also

(11) $$\mathfrak{M}\mathfrak{B} = \mathfrak{B}\mathfrak{M} = 0.$$

Endlich beweisen wir die Formel

(12) $$\mathfrak{B} \times \mathfrak{B} = \varkappa\mathfrak{M}\cdot\mathfrak{p}^2.$$

Es ist nämlich

$$\begin{aligned} \mathfrak{B} \times \mathfrak{B} &= ((\mathfrak{M} \times \mathfrak{p}) \times (\mathfrak{M} \times \mathfrak{p})) \\ &\quad + \varkappa((\mathfrak{M} \times \mathfrak{p}) \times \mathfrak{p}) + \varkappa(\mathfrak{p} \times (\mathfrak{M} \times \mathfrak{p})). \end{aligned}$$

Durch Ausrechnung erhält man

$$\begin{aligned} ((\mathfrak{M} \times \mathfrak{p}) \times (\mathfrak{M} \times \mathfrak{p}))_x &= \varkappa[M_z p_x - M_x p_z, M_x p_y - M_y p_x] \\ &= \varkappa M_x \mathfrak{p}^2; \end{aligned}$$

ferner wird

$$\begin{aligned} &((\mathfrak{M} \times \mathfrak{p}) \times \mathfrak{p})_x + (\mathfrak{p} \times (\mathfrak{M} \times \mathfrak{p}))_x \\ &\quad = \varkappa[M_z p_x - M_x p_z, p_z] - \varkappa[M_x p_y - M_y p_x, p_y] \\ &\quad = -\varkappa[M_x, p_z]p_z - \varkappa[M_x, p_y]p_y = 0, \end{aligned}$$

und damit ist Formel (12) bewiesen.

Nunmehr wenden wir uns zur Betrachtung von $\mathfrak{A}$, das nach (3) und (5) sich so durch $\mathfrak{B}$ ausdrücken läßt:

(13) $$\begin{cases} \mathfrak{A} = \dfrac{1}{\varepsilon m_0}\mathfrak{B} + \dfrac{\mathfrak{r}}{r}, \\ \mathsf{A} = A_x + iA_y. \end{cases}$$

Da r mit $\mathfrak{M}$ vertauschbar ist, so erhält man aus (10), (11) sowie (II) [§ 25, (15)] und § 32, (1) die wichtigen Beziehungen:

(III) (14) $$\begin{cases} [M_z, A_z] = 0, \\ [M_z, \mathsf{A}] = i\mathsf{A}; \end{cases}$$

(IV) (15) $$\mathfrak{M}\mathfrak{A} = \mathfrak{A}\mathfrak{M} = 0.$$

Ferner beweisen wir

(V) (16) $$\mathfrak{A} \times \mathfrak{A} = \varkappa \frac{2}{m_0 \varepsilon^2} \mathfrak{M} \cdot H.$$

Nach (13) wird nämlich

$$\mathfrak{A} \times \mathfrak{A} = \frac{1}{\varepsilon^2 m_0^2} (\mathfrak{B} \times \mathfrak{B}) + \frac{1}{\varepsilon m_0} \left\{ \left(\mathfrak{B} \times \frac{\mathfrak{r}}{r} \right) + \left(\frac{\mathfrak{r}}{r} \times \mathfrak{B} \right) \right\},$$

also wegen (12)

(17) $$\mathfrak{A} \times \mathfrak{A} = \varkappa \cdot \frac{2}{m_0 \varepsilon^2} \mathfrak{M} \cdot \frac{1}{2 m_0} \mathfrak{p}^2 + \frac{1}{\varepsilon m_0} \mathfrak{C},$$

wo

$$\mathfrak{C} = \left(\mathfrak{B} \times \frac{\mathfrak{r}}{r} \right) + \left(\frac{\mathfrak{r}}{r} \times \mathfrak{B} \right).$$

Nun ist die x-Komponente von $\mathfrak{C}$

$$\begin{aligned} C_x &= \varkappa \left[\frac{y}{r}, B_z \right] - \varkappa \left[\frac{z}{r}, B_y \right] \\ &= \varkappa \frac{1}{r} [y, B_z] + \varkappa \left[\frac{1}{r}, B_z \right] y \\ &\quad - \varkappa \frac{1}{r} [z, B_y] + \varkappa \left[\frac{1}{r}, B_y \right] z. \end{aligned}$$

Unter Benutzung von (5′) wird das

$$\begin{aligned} C_x = &- \frac{\varkappa}{r} \frac{\partial B_z}{\partial p_y} + \frac{\varkappa}{r} \frac{\partial B_y}{\partial p_z} \\ &+ \varkappa \left[\frac{1}{r}, M_x p_y - M_y p_x \right] y - \varkappa \left[\frac{1}{r}, M_z p_x - M_x p_z \right] z \\ &- \varkappa^2 \frac{\partial \frac{1}{r}}{\partial z} \cdot y + \varkappa^2 \frac{\partial \frac{1}{r}}{\partial y} \cdot z \end{aligned}$$

oder

$$C_x = -\frac{\varkappa}{r}\frac{\partial B_z}{\partial p_y} + \frac{\varkappa}{r}\frac{\partial B_y}{\partial p_z}$$

$$-\varkappa M_x\left(\frac{\partial\frac{1}{r}}{\partial y}y + \frac{\partial\frac{1}{r}}{\partial z}z\right) + \varkappa(M_y y + M_z z)\frac{\partial\frac{1}{r}}{\partial x}.$$

Wegen $\mathfrak{M}\mathfrak{r} = 0$ ist aber die letzte Zeile

$$-\varkappa M_x\left(x\frac{\partial\frac{1}{r}}{\partial x} + y\frac{\partial\frac{1}{r}}{\partial y} + z\frac{\partial\frac{1}{r}}{\partial z}\right) = \frac{\varkappa}{r}M_x,$$

und man hat ferner

$$-\frac{\partial B_z}{\partial p_y} + \frac{\partial B_y}{\partial p_z} = -\frac{\partial}{\partial p_y}(M_x p_y) - \frac{\partial}{\partial p_z}(M_x p_z)$$

$$= -2M_x - \left(p_y\frac{\partial}{\partial p_y} + p_z\frac{\partial}{\partial p_z}\right)M_x = -3\boldsymbol{M}_x,$$

also insgesamt

$$C_x = -2\frac{\varkappa}{r}M_x. \tag{18}$$

Setzt man das in (17) ein, so wird

$$\mathfrak{A}\times\mathfrak{A} = \varkappa\frac{2}{m_0\varepsilon^2}\mathfrak{M}\cdot\left(\frac{1}{2m_0}\mathfrak{p}^2 - \frac{\varepsilon}{r}\right),$$

und damit ist nach (1) die Gleichung (V), (16) bewiesen.

Die drei Komponentengleichungen, in die (V) zerlegt werden kann, sind übrigens nicht unabhängig voneinander, wenn man voraussetzt, daß $\mathfrak{M}$ ein Integral ist und daß (I) und (III) gelten: aus einer von ihnen folgen die beiden andern. Z. B. folgt aus der Gleichung für die z-Komponenten:

$$[A_x, A_y] = \frac{2}{m_0\varepsilon^2}H\cdot M_z,$$

nach der Rechenregel § 18, (4) und nach (I), (III):

$$0 = [M_y,[A_x,A_y]] + [A_x,[A_y,M_y]] + [A_y,[M_y,A_x]]$$

$$= -\frac{2}{m_0\varepsilon^2}H\cdot M_x + [A_y, A_z],$$

und das ist die Gleichung (V) für die x-Komponente. Endlich haben wir noch die Gleichung

$$\text{(VI) (19)} \qquad \mathfrak{A}^2 - 1 = \frac{2}{m_0 \varepsilon^2} (\mathfrak{M}^2 + |\varkappa|^2) H$$

abzuleiten. Diese wird bewiesen sein, wenn wir die Richtigkeit von

$$(20) \qquad \mathfrak{B}^2 = (\mathfrak{M}^2 + |\varkappa|^2) \mathfrak{p}^2,$$

$$(21) \qquad \mathfrak{B} \frac{\mathfrak{r}}{r} + \frac{\mathfrak{r}}{r} \mathfrak{B} = -2 (\mathfrak{M}^2 + |\varkappa|^2) \frac{1}{r}$$

zeigen können.

Nun folgt (21) aus (5'):

$$\mathfrak{B}\mathfrak{r} = \varkappa \mathfrak{p} \mathfrak{r} + (M_y p_z - M_z p_y) x + (M_z p_x - M_x p_z) y + (M_x p_y - M_y p_x) z = \varkappa \mathfrak{p} \mathfrak{r} + \mathfrak{M}^2,$$

ebenso

$$\mathfrak{r}\mathfrak{B} = -\varkappa \mathfrak{r} \mathfrak{p} - \mathfrak{M}^2;$$

also

$$\mathfrak{B} \frac{\mathfrak{r}}{r} + \frac{\mathfrak{r}}{r} \mathfrak{B} = -2 \frac{\mathfrak{M}^2}{r} + \varkappa^2 \left[\mathfrak{p}, \frac{\mathfrak{r}}{r}\right]$$

$$= -2 \frac{\mathfrak{M}^2}{r} - |\varkappa|^2 \left([\mathfrak{p}, \mathfrak{r}] \frac{1}{r} + \left[\mathfrak{p}, \frac{1}{r}\right] \mathfrak{r}\right)$$

$$= -2 (\mathfrak{M}^2 + |\varkappa|^2) \frac{1}{r}.$$

Die Gleichung (20) ergibt sich aus (5') durch einfaches Nachrechnen, wenn man noch die zu $\mathfrak{r}\mathfrak{M} = 0$ analoge Beziehung $\mathfrak{p}\mathfrak{M} = 0$ beachtet; man bilde $\mathfrak{B}^2 = \mathfrak{B}^2 + (\mathfrak{p}\mathfrak{M})^2$ nach (5') und schiebe alle Faktoren p_x, p_y, p_z nach rechts.

Aus der Berechnung von C_x entnehmen wir endlich als Nebenergebnis, daß die x-Komponente von $(\mathfrak{B} \times \mathfrak{r}) + (\mathfrak{r} \times \mathfrak{B})$ gleich

$$-\varkappa \frac{\partial B_z}{\partial p_y} + \varkappa \frac{\partial B_y}{\partial p_z} = -3 \varkappa M_x$$

ist. Daraus ergibt sich die weitere Formel

$$(19) \qquad (\mathfrak{A} \times \mathfrak{r}) + (\mathfrak{r} \times \mathfrak{A}) = -\frac{3\varkappa}{\varepsilon \mu} \mathfrak{M}.$$

§ 36. Ableitung der Balmer-Formel[1]. Die Feststellungen von § 35 führen unmittelbar zur Balmerschen Formel. Wir können nämlich die *irreduzibeln Bestandteile* des Matrizensystems $\mathfrak{A}$, $\mathfrak{M}$ bestimmen; sie seien (in vorläufig unbestimmter Numerierung) mit $\mathfrak{A}_n$, $\mathfrak{M}_n$ bezeichnet. Die Gleichungen (I) (§ 25) und (III) bis (VI) (§ 35) gelten auch für $\mathfrak{A}_n$, $\mathfrak{M}_n$ statt $\mathfrak{A}$, $\mathfrak{M}$; dabei ist für H jetzt eine gewöhnliche Zahl, nämlich der zu diesem irreduzibeln Bestandteil gehörige Energiewert W_n zu setzen. (Vgl. § 21, Satz 1.) Entsprechend den allgemeinen Erörterungen von § 3 und § 18 müssen wir uns hier beschränken auf die *diskreten* Eigenwerte W_n der Energie; wir behaupten: *Die diskreten Eigenwerte der Energie W_n sind sämtlich negativ.* Das folgt aus dem am Ende von § 19 bewiesenen Satze (Virialsatz), der hier mit $\varrho = -1$ anwendbar ist; nach § 19, (17) gilt für die diskreten Energiewerte

$$\overline{T} = -\tfrac{1}{2}\overline{\Phi}, \tag{1}$$

also

$$H = W = \overline{T} + \overline{\Phi} = -\overline{T} = -\frac{1}{2m_0}\overline{\mathfrak{p}^2}. \tag{2}$$

Nun sind notwendig, z. B. in p_x^2 alle Diagonalelemente positiv; denn wäre $p_x^2(n,n) = \sum_{n'} |p_x(n,n')|^2 = 0$ für irgend ein n, so wäre für dieses n und *alle* n' notwendig $p_x(n,n') = 0$, was mit $[p_x, x] = 1$ unverträglich ist. Also wird in der Tat $W_n < 0$.

Erste Ableitung der Balmer-*Terme.* Statt der $\mathfrak{A}_n$, $\mathfrak{M}_n$ betrachten wir

$$\left\{\begin{aligned} 2\,\mathfrak{J}_n^{(1)} &= \frac{2\pi}{h}\mathfrak{M}_n + \sqrt{\frac{RhZ^2}{|W_n|}}\,\mathfrak{A}_n\,; \\ 2\,\mathfrak{J}_n^{(2)} &= \frac{2\pi}{h}\mathfrak{M}_n - \sqrt{\frac{RhZ^2}{|W_n|}}\,\mathfrak{A}_n\,, \end{aligned}\right. \tag{3}$$

wo R eine Abkürzung für die Rydberg-*Konstante*

$$R = \frac{2\pi^2 m_0 e^4}{h^3} \tag{4}$$

[1] Daß die Quantenmechanik die Balmerschen Formeln richtig ergibt, ist zuerst von Pauli jr., W.: Z. Phys. Bd. 36, S. 336. 1926 gezeigt worden. Seine Ableitung ist die *zweite* der beiden hier vorgeführten. Die erste der hier gegebenen Ableitungen stützt sich auf Formeln, die gleichfalls in der genannten Paulischen Arbeit erhalten worden sind.

ist. [Vgl. Bd. I, § 23, (2)]. Die $\mathfrak{M}_n$, $\mathfrak{A}_n$ drücken sich umgekehrt durch die $\mathfrak{J}_n^{(1)}$, $\mathfrak{J}_n^{(2)}$ aus als

$$(5)\qquad \mathfrak{M}_n = \frac{h}{2\pi}(\mathfrak{J}_n^{(1)} + \mathfrak{J}_n^{(2)}),\qquad \mathfrak{A}_n = \sqrt{\frac{|W_n|}{RhZ^2}}(\mathfrak{J}_n^{(1)} - \mathfrak{J}_n^{(2)}).$$

Die Gleichungen (I) und (III) bis (VI) gehen jetzt über in:

$$(\text{I a})\qquad [I_{nx}^{(1)}, I_{nx}^{(2)}] = [I_{nx}^{(1)}, I_{ny}^{(2)}] = \ldots = 0;$$

d. h. in Worten: jede der drei Komponenten von $\mathfrak{J}_n^{(1)}$ ist mit jeder Komponente von $\mathfrak{J}_n^{(2)}$ vertauschbar. Ferner:

$$(\text{II a})\qquad \mathfrak{J}_n^{(1)} \times \mathfrak{J}_n^{(1)} = i\,\mathfrak{J}_n^{(1)};\qquad \mathfrak{J}_n^{(2)} \times \mathfrak{J}_n^{(2)} = i\,\mathfrak{J}_n^{(2)};$$

und endlich:

$$(\text{III a})\qquad \mathfrak{J}_n^{(1)2} = \mathfrak{J}_n^{(2)2} = \frac{1}{4}\left\{\frac{RhZ^2}{|W_n|} - 1\right\}.$$

Die Gleichungen (II a) wiederholen für $\mathfrak{J}_n^{(1)}$ sowohl als auch für $\mathfrak{J}_n^{(2)}$, die schon in §§ 25 bis 27 gefundenen und untersuchten Vertauschungsregeln von $\frac{2\pi}{h}\mathfrak{M}$. [Vgl. auch § 35, (2).]

Die Ergebnisse von § 27 lassen uns also behaupten: Die Eigenwerte von $\mathfrak{J}_n^{(1)2}$ (und auch $\mathfrak{J}_n^{(2)2}$) sind notwendig von der Form

$$(6)\qquad \omega^2 = \iota(\iota + 1);\qquad \iota = 0, \tfrac{1}{2}, 1, \tfrac{3}{2}, 2, \ldots.$$

Statt ι gebrauchen wir hier besser die ganzzahlig fortschreitende Zahl

$$n = 2\iota + 1,\qquad (n = 1, 2, 3, \ldots),$$

die

$$(6')\qquad \omega^2 = \frac{n-1}{2}\cdot\frac{n+1}{2} = \frac{1}{4}(n^2 - 1)$$

ergibt. Bei entsprechender Numerierung der Energieeigenwerte wird dann gemäß (III a):

$$\frac{1}{4}\left\{\frac{RhZ^2}{|W_n|} - 1\right\} = -\frac{1}{4}\left\{\frac{RhZ^2}{W_n} + 1\right\} = \frac{1}{4}(n^2 - 1)$$

oder

$$(7)\qquad W_n = -\frac{RhZ^2}{n^2}.$$

Damit haben wir die gesuchte Energieformel. *Die Zahl n entspricht der Hauptquantenzahl.*

Wir wollen noch überlegen, wie groß die *Vielfachheit* eines Zustands mit der Hauptquantenzahl n ist.

Wir erhalten eine irreduzible Lösung der Gleichungen (Ia) bis (IIIa), indem wir die *Verschmelzung* bilden aus zwei irreduziblen Systemen, deren jedes äquivalent ist mit dem in § 27 beschriebenen einfachen System

$$\mathfrak{m}_x^{(\iota)}, \ \mathfrak{m}_y^{(\iota)}, \ \mathfrak{m}_z^{(\iota)}; \qquad \iota = \frac{n-1}{2}.$$

Die so entstehenden Matrizen sind (bis auf eine beliebige unitäre Transformation) den Matrizen $\mathfrak{J}_n^{(1)}$ bzw. $\mathfrak{J}_n^{(2)}$ gleichzusetzen. Der Satz 5 des § 15, Kap. II, dessen Voraussetzungen hier erfüllt sind, versichert uns, daß dies die *einzige* Möglichkeit einer irreduziblen Lösung ist. Nun besteht jedes einzelne der beiden Systeme $\mathfrak{m}_x^{(\iota)}, \ldots$ aus Matrizen mit $2\,\iota + 1 = n$ Diagonalelementen (vgl. § 27); in der Verschmelzung beider treten also n^2 Diagonalelemente auf: *Die Vielfachheit des Zustands mit der Hauptquantenzahl n ist gleich n^2.*

Zweite Ableitung der Balmer-*Terme.* Wir wollen der soeben vorgeführten Ableitung der Balmer-Formel noch eine zweite gegenüberstellen, die zwar etwas langwieriger ist, aber dafür den Vorteil bietet, uns auch über die zur Hauptquantenzahl n gehörigen Werte der Drehimpulsquantenzahl j Auskunft zu verschaffen. Wir schreiben diesmal die einfachen Bestandteile von $\mathfrak{A}_n$, $\mathfrak{M}_n$ in solcher Form, daß das Matrizensystem $\mathfrak{M}_n$, d. h. M_{xn}, M_{yn}, M_{zn} *für sich allein* ausreduziert ist; es wird also $\mathfrak{M}_n^2$ eine *Diagonalmatrix.* Dann können wir so schließen:

Die Gleichungen (III), (IV) für den Vektor $\mathfrak{A}_n$ sind dieselben wie (II) und § 32, (1) für den Vektor $\mathfrak{P} = (X, Y, Z)$; alle aus letzteren Formeln gezogenen Folgerungen über $\mathfrak{P}$ gelten also ebenso für $\mathfrak{A}_n$. Insbesondere können in A_n und A_{zn} nur die Teilmatrizen

$$\mathsf{A}_n^{(j,\,j-1)}(m+1,\,m), \qquad \mathsf{A}_n^{(j-1,\,j)}(m+1,\,m),$$
$$A_{zn}^{(j,\,j-1)}(m,\,m), \qquad A_{zn}^{(j-1,\,j)}(m,\,m)$$

von Null verschieden sein; und diese sind — entsprechend den Formeln § 29, (13) für Π und Z — gegeben durch

$$
(8)\quad \left|\begin{aligned}
\mathsf{A}_n^{(j,j-1)}(m+1,m) &= \sqrt{(j+m+1)(j+m)}\, c_n^{(j,j-1)},\\
\mathsf{A}_n^{(j-1,j)}(m+1,m) &= -\sqrt{(j-m-1)(j-m)}\, c_n^{\dagger\,(j-1,j)},\\
A_{zn}^{(j,j-1)}(m,m) &= -\sqrt{(j+m)(j-m)}\, c_n^{(j,j-1)},\\
A_{zn}^{(j-1,j)}(m,m) &= -\sqrt{(j+m)(j-m)}\, c_n^{\dagger\,(j-1,j)}.
\end{aligned}\right.
$$

Wir haben nun weiter die Gleichung (V), § 35, (16) für die z-Komponenten:

$$
(9)\qquad \frac{\varkappa}{2}[\mathsf{A}_n, \mathsf{A}_n^\dagger] = -\frac{2i\varkappa}{m_0\varepsilon^2} W_n \cdot M_{zn}
$$

zu erfüllen (nach der in § 35, S. 182 gemachten Bemerkung ist sie dann für die x- und y-Komponenten von selbst erfüllt). Wir erinnern uns nun, daß wir in § 32, (7) schon die zu $\frac{\varkappa}{2}[\mathsf{A}, \mathsf{A}^\dagger]$ analoge Größe $\frac{\varkappa}{2}[\Pi, \Pi^\dagger]$ berechnet haben; danach können wir (9) unmittelbar umschreiben in

$$
(10)\qquad m\left\{(2j-1)\, c_n^{(j,j-1)}\, c_n^{\dagger\,(j-1,j)} - (2j+3)\, c_n^{\dagger\,(j,j+1)}\, c_n^{(j+1,j)}\right\} = -\frac{2|\varkappa|^2}{m_0\varepsilon^2} W_n \cdot m .
$$

Das gilt wieder nur dann, *wenn j nicht der kleinste, zu diesem irreduzibeln Bestandteil $\mathfrak{A}_n$, $\mathfrak{M}_n$ gehörige Wert $j_{\min}^{(n)}$ von j ist*; sonst müssen in (10) die Glieder mit dem Index $j-1$ gestrichen werden. Dann bekommt aber m auf der linken Seite von (10) einen gewiß negativen Faktor, während auf der rechten Seite wegen $W_n < 0$ der Faktor von m sicher positiv ist. Also kann in diesem Falle *nur* $m = 0$ sein, d. h. es ist $j_{\min}^{(n)} = 0$. Bei einem aus *endlichen* Matrizen bestehenden einfachen Bestandteil $\mathfrak{A}_n$, $\mathfrak{M}_n$ müssen also die zugehörigen j-Werte eine endliche arithmetische Reihe mit dem Anfang 0 bilden; wir wählen die Numerierung n der einfachen Bestandteile nunmehr so, daß es die arithmetische Reihe

$$
(11)\qquad j = 0, 1, 2, \ldots n-1 \qquad (n = 1, 2, \ldots)
$$

wird. Wir suchen nun eine solche Lösung von (10), bei der jeder Wert (11) von j nur *einfach* auftritt; man kann ähnlich, wie in den früheren Beispielen, einsehen, daß $\mathfrak{A}_n$, $\mathfrak{M}_n$ wirklich nur in diesem Falle einfach ist. Die Formel (10) gibt dann für die *Zahlen* $C_{n,j} = |c_n^{(j,j-1)}|^2$ die Gleichungen

$$(12)\quad \begin{cases} (2j-1)\,C_{n,j} - (2j+3)\,C_{n,j+1} = C_n, \quad 0 < j < n-1; \\ (2n-3)\,C_{n,n-1} \qquad\qquad\qquad = C_n; \\ \qquad\qquad\qquad\qquad C_n = \dfrac{2\,|\varkappa|^2}{m_0\,\varepsilon^2}\,|W_n|\,. \end{cases}$$

Die Auflösung dieses rekursiven Systems liefert

$$(13)\qquad C_{n,j} = C_n \frac{n^2 - j^2}{(2j-1)(2j+1)}\,.$$

Man bestätigt nämlich, daß für $j = n - 1$ der Faktor von C_n in (13) gleich $\frac{1}{2n-3}$ wird; und mit

$$C_{n,j+1} = C_n \frac{n^2 - (j+1)^2}{(2j+1)(2j+3)}$$

wird auch die erste Gleichung (12) erfüllt:

$$\frac{n^2 - j^2}{2j+1} - \frac{n^2 - (j+1)^2}{2j+1} = 1\,.$$

Nunmehr bekommt man den Energiewert W_n selbst aus (VI), § 35, (19). Wir erinnern uns an die Berechnung der zu $\mathfrak{A}_n^2$ analogen Größe $\mathfrak{P}^2 = X^2 + Y^2 + Z^2$ in § 33, (14), (15) und schreiben statt (VI) die Gleichung

$$\begin{aligned} j\,(2j-1)\,c_n^{(j,j-1)}\,c_n^{\dagger\,(j-1,j)} &+ (j+1)\,(2j+3)\,c_n^{\dagger\,(j,j+1)}\,c_n^{(j+1,j)} \\ &= 1 - \frac{2\,|\varkappa|^2}{m_0\,\varepsilon^2}\,|W_n|\,\{j\,(j+1)+1\} \\ &= 1 - C_n\,(j^2 + j + 1). \end{aligned}$$

Die linke Seite ist nach (12) und nach (13):

$$\begin{aligned} &j\,(2j-1)\,C_{n,j} + (j+1)\,(2j+3)\,C_{n,j+1} \\ &= j\,(2j-1)\,C_{n,j} + (j+1)\,\{(2j-1)\,C_{n,j} - C_n\} \\ &= (2j-1)\,(2j+1)\,C_{n,j} - (j+1)\,C_n \\ &= C_n\,(n^2 - j^2 - j - 1)\,. \end{aligned}$$

Also erhält man für C_n die Gleichung

$$C_n(n^2 - j^2 - j - 1) = 1 - C_n(j^2 + j + 1),$$

$$C_n = \frac{1}{n^2}. \tag{14}$$

Daher wird nach (12)

$$|W_n| = \frac{m_0 \varepsilon^2}{2|\varkappa|^2} \cdot \frac{1}{n^2} = \frac{2\pi^2 m_0 Z^2 e^4}{h^2} \cdot \frac{1}{n^2}. \tag{15}$$

Führt man wieder die RYDBERG-Konstante (4) ein, so erhält man erneut die Formel (7):

$$W_n = -\frac{R h Z^2}{n^2}. \tag{16}$$

In einem Punkte bedarf aber unsere Ableitung einer Ergänzung: Die Gleichungen (12) bestehen nur im Falle $n > 1$ (weil in der zweiten Gleichung der Index $n - 1$ auftritt); also ist auch (16) bisher nur für $n > 1$ bewiesen. Für $n = 1$ hat j nur den Wert $j = 0$, und $\mathfrak{M}_1$ stimmt überein mit dem einfachen Bestandteil

$$\mathfrak{m}_x^{(0)} = (0), \quad \mathfrak{m}_y^{(0)} = (0), \quad \mathfrak{m}_z^{(0)} = (0)$$

von $\mathfrak{M}$ [vgl. § 27, (17)]. Wegen (III) [§ 35, (14)] wird daher auch $\mathfrak{A}_1 = 0$, und (VI) [§ 35, (19)] ergibt

$$-1 = \frac{2|\varkappa|^2}{m_0 \varepsilon^2} W_1,$$

also

$$W_1 = -R h Z^2, \tag{16'}$$

so daß (16) auch für $n = 1$ bewiesen ist. — Die Quantenmechanik liefert also im Falle des Wasserstoffatoms genau das Ergebnis, welches BOHR zuerst mit seiner halbklassischen Methode gewonnen hat, und das stets als wichtigste Stütze der quantentheoretischen Grundsätze gegolten hat.

Was aber die zu bestimmter Hauptquantenzahl n gehörigen Werte der Impulsquantenzahl j betrifft, so zeigt sich die neue Theorie der alten *überlegen*. In der BOHRschen Theorie waren nämlich auf Grund der Quantenbedingungen für die Impulsquantenzahl, die gewöhnlich als „Nebenquantenzahl" k bezeichnet wurde, bei vorgegebenem n zunächst alle Werte $k = 0, 1, 2, \ldots, n$

zulässig. (Vgl. Bd. I, § 21.) Die Anzahl $n + 1$ dieser Werte ist aber gegenüber der experimentellen Erfahrung um 1 zu groß. Man hat deshalb den Fall $k = 0$ (der einer „Pendelbahn“ mit Durchgang des Elektrons durch den Kern entsprochen hätte) durch ein besonderes „Zusatzverbot“ ausgeschlossen; dabei ergaben sich jedoch anderweitige Schwierigkeiten. Die Quantenmechanik dagegen liefert zwangsläufig nur n verschiedene Werte j, nämlich $j = 0, 1, 2, \ldots n - 1$.

Ein Zustand mit bestimmten n und j besitzt noch eine Vielfachheit $2j + 1$. Durch Summation bekommt man wieder die Vielfachheit der BALMER-Terme:

$$\sum_{j=0}^{n-1} (2j + 1) = n^2 . \tag{17}$$

§ 37. Verhalten des H-Atoms in gekreuzten Feldern[1]. Der Ausschluß der Pendelbahnen ($k = 0$) und weitere, ähnliche Zusatzverbote, die sich in der BOHRschen Theorie nicht vermeiden ließen, bedingten insbesondere beim Problem der gekreuzten Felder (vgl. Bd. I, § 38, S. 269 bis 276) tiefliegende Schwierigkeiten. Diese Schwierigkeiten sind schon in Bd. I besprochen, mögen aber hier noch einmal kurz erläutert werden. Bei einem H-Atom in gekreuzten Feldern treten in der BOHRschen Theorie neben der Hauptquantenzahl n zwei weitere adiabatisch invariante Quantenzahlen (vgl. Bd. I, § 16) n_1, n_2 auf (die Quantenzahl k kommt hier *nicht* vor), durch welche sich die durch die Felder verursachten Zusatzenergien der betreffenden stationären Zustände (in erster Näherung) darstellen lassen als

$$W^{(1)} = \left(\frac{n}{2} - n_1\right) \cdot h\nu_1 + \left(\frac{n}{2} - n_2\right) \cdot h\nu_2 , \tag{1}$$

wo die ν_1, ν_2 gewisse nicht-negative Konstanten sind, die von der Richtung und Stärke der Felder abhängen. Sind $\mathfrak{E}$, $\mathfrak{H}$ die elektrische und magnetische Feldstärke, so setzen wir

$$\tag{2} \left\{\begin{array}{ll} \mathfrak{w}_E = \frac{3}{2} \cdot \frac{e a_1}{h} n \cdot \mathfrak{E} , & \mathfrak{w}_H = \frac{e}{4\pi m_0 c} \cdot \mathfrak{H} ; \\ \mathfrak{w}_1 = \mathfrak{w}_H + \mathfrak{w}_E , & \mathfrak{w}_2 = \mathfrak{w}_H - \mathfrak{w}_E ; \\ \nu_E = |\mathfrak{w}_E| , & \nu_H = |\mathfrak{w}_H| , \end{array}\right.$$

[1] PAULI jr., W.: Z. Phys. Bd. 36, S. 336. 1926.

wo als Abkürzung

$$a_1 = \frac{h^2}{4\pi^2 Z e^2 m_0} \tag{3}$$

sein soll[1]. Wir nehmen jetzt übrigens den *Kern* unendlich schwer an, so daß m_0 gleich der Masse des Elektrons ist. Die Größe ν_H bedeutet die LARMOR-*Frequenz*. Dann wird in (1):

$$\nu_1 = |\mathfrak{w}_1| = |\mathfrak{w}_H + \mathfrak{w}_E|, \quad \nu_2 = |\mathfrak{w}_2| = |\mathfrak{w}_H - \mathfrak{w}_E|. \tag{4}$$

Für die n_1, n_2 erlauben die Quantenbedingungen — *ohne* Berücksichtigung von Zusatzverboten — beliebige ganzzahlige Wertkombinationen aus den Intervallen

$$0 \leqq n_1 \leqq n, \quad 0 \leqq n_2 \leqq n. \tag{5}$$

Wir wollen nun die zunächst beliebigen Feldrichtungen $\mathfrak{E}$, $\mathfrak{H}$ in adiabatischer Weise (vgl. Bd. I, § 10) *parallel* werden lassen. Für parallele Felder haben wir dann als Spezialfall von (1) die Energieformel

$$W^{(1)} = (s\,\nu_E + m\,\nu_H)\,h. \tag{1'}$$

Darin ist m die magnetische Quantenzahl; s ist die „Starkeffektquantenzahl"[2]. Da in diesem Falle $\nu_2 = |\nu_H - \nu_E|$ wird, so berechnen sich die Zahlen s, m aus den n_1, n_2 nach

$$\begin{aligned} m &= n - (n_1 + n_2), \quad s = n_2 - n_1 \text{ für } \nu_H > \nu_E; \\ m &= n_2 - n_1, \quad\quad\quad\;\; s = n - (n_1 + n_2) \text{ für } \nu_H < \nu_E. \end{aligned} \tag{6}$$

(Im Falle $\nu_H = \nu_E$ ergibt sich mit $\nu_2 = 0$ eine Entartung der Energie.) Denken wir uns nunmehr ein H-Atom zunächst parallelen Feldern $\mathfrak{E}$, $\mathfrak{H}$ ausgesetzt, wobei etwa $\nu_H > \nu_E$ sein möge; dann sollen $\mathfrak{E}$, $\mathfrak{H}$ gegeneinander verdreht werden, und danach möge durch Änderung der Absolutwerte der Feldstärken $\nu_E < \nu_H$ gemacht werden; endlich sind $\mathfrak{E}$, $\mathfrak{H}$ wieder parallel zu machen. Alle diese Feldänderungen können adiabatisch ausgeführt werden, unter Vermeidung einer Entartung der Energie (denn $\nu_H = \nu_E$ bewirkt bei *nicht* parallelen $\mathfrak{E}$, $\mathfrak{H}$ im allgemeinen *keine* Entartung).

[1] In der BOHRschen Theorie bedeutet a_1 den Radius der einquantigen Wasserstoffbahn (für $Z = 1$; s. Bd. I, § 23, (8)).

[2] Ihre anschauliche Bedeutung in der BOHRschen Theorie ergibt sich daraus, daß die Projektion des Abstandes des elektrischen Mittelpunktes der Elektronenbahn vom Kern auf die Feldrichtung gegeben ist durch $\zeta = \frac{3}{2} a_1 n s$ (s. Bd. I, § 35, (1), (13), (16) und § 37, (3), (5), (6)).

Es bleiben also die n_1, n_2 dauernd ungeändert; aber wegen des Übergangs von $\nu_H > \nu_E$ zu $\nu_H < \nu_E$ *vertauschen die Quantenzahlen s und m ihre Werte.*

Unter diesen Umständen ist es nun nicht möglich, in widerspruchsfreier Weise Zusatzverbote einzuführen, um die gegenüber den empirischen Verhältnissen zu große Termmannigfaltigkeit einzuschränken. Bohr hat gezeigt, daß das Verbot der Pendelbahnen $k = 0$ im Falle beliebiger achsensymmetrischer Kraftfelder ein Verbot der Werte $m = 0$ der magnetischen Quantenzahl nach sich ziehen müßte. Im Falle des Starkeffekts allein ($\mathfrak{H} = 0$) hat man sich ferner genötigt gesehen, den Fall $s = n$ auszuschließen. Es geht aber bei unserer obigen Vertauschung der Werte von s und m der erlaubte Zustand $s = 0$, $m = n$ in den (doppelt) verbotenen $s = n$, $m = 0$ adiabatisch über.

Die Quantenmechanik beseitigt diese Schwierigkeiten. Wir werden in Kap. V, § 44 die Methoden der Störungstheorie auf das Problem des H-Atoms in gekreuzten Feldern anwenden, und dann für das hier betrachtete Modell zu (1), (5) ähnliche Ergebnisse erhalten; als Unterschied gegen die ältere Theorie ergibt sich jedoch auch hier ein Auftreten der Zahl $n - 1$ an Stelle von n:

$$(7)\qquad \begin{cases} W^{(1)} = \left(\dfrac{n-1}{2} - n_1\right) h\nu_1 + \left(\dfrac{n-1}{2} - n_2\right) h\nu_2\,, \\ 0 \leqq n_1 \leqq n-1\,, \qquad 0 \leqq n_2 \leqq n-1\,. \end{cases}$$

Danach gilt für *parallele* Felder wieder Formel (1′) mit

$$(6')\qquad \begin{cases} m = n - (n_1 + n_2 + 1)\,, & s = n_2 - n_1 \qquad \text{für } \nu_H > \nu_E\,, \\ m = n_2 - n_1\,, & s = n - (n_1 + n_2 + 1) \\ & \qquad\qquad \text{für } \nu_E > \nu_H\,. \end{cases}$$

Insbesondere wird für den *Starkeffekt* ($\mathfrak{H} = 0$):

$$(7')\qquad W^{(1)} = \tfrac{3}{2} e\,|\mathfrak{E}|\,a_1 n s\,; \qquad 0 \leqq s \leqq n-1\,.$$

Dabei haben die Zahlen n_1, n_2, wie wir später bei der Durchführung der Störungsrechnung begründen werden, folgende Bedeutung: Wir bestimmen zunächst für das ungestörte Problem eine solche Lösung, für welche die zu $\mathfrak{w}_1$ parallele Komponente $I_n^{(1)\parallel}$ des Vektors $\mathfrak{J}_n^{(1)}$ und die zu $\mathfrak{w}_2$ parallele Komponente $I_n^{(2)\parallel}$ von $\mathfrak{J}_n^{(2)}$ *Diagonalmatrizen* sind. Das ist nach unseren obigen Bemerkungen bezüglich der Gleichungen (Ia) bis (IIIa) (§ 36) ohne weiteres zu erzielen: Wir sollten ja $\mathfrak{J}_n^{(1)}$, $\mathfrak{J}_n^{(2)}$ bilden durch *Verschmelzung* von zwei Systemen

$$\text{(8)} \qquad \mathfrak{m}_x^{(\iota)}, \quad \mathfrak{m}_y^{(\iota)}, \quad \mathfrak{m}_z^{(\iota)}.$$

In § 27 hatten wir ein System (8) derart angeschrieben, daß $\mathfrak{m}_z^{(\iota)}$ Diagonalmatrix wird; jetzt wählen wir statt dessen einmal die zu $\mathfrak{w}_1$ parallele und das andere Mal die zu $\mathfrak{w}_2$ parallele Komponente des Vektors (8) als Diagonalmatrix. Dann werden in der Verschmelzung wirklich $I_n^{(1)\|}$, $I_n^{(2)\|}$ Diagonalmatrizen. Die Eigenwerte m_1, m_2 dieser Diagonalmatrizen bilden (wie die von $\mathfrak{m}_z^{(\iota)}$) je eine arithmetische Reihe der Differenz 1:

$$-\iota \leqq m_1 \leqq \iota, \qquad -\iota \leqq m_2 \leqq \iota;$$

für

$$\text{(9)} \qquad \begin{cases} n_1 = \iota - m_1 = \dfrac{n-1}{2} - m_1, \\[2ex] n_2 = \iota - m_2 = \dfrac{n-1}{2} - m_2 \end{cases}$$

gibt das in der Tat die in (7) angegebene Wertemannigfaltigkeit.

Bezüglich des Vergleichs mit der Erfahrung ist jedoch noch zu bemerken: In Wirklichkeit kommt man nicht aus mit dem hier zugrunde gelegten Modell des „Punktelektrons“, sondern muß zur Gewinnung einer exakten Theorie des H-Spektrums die Annahme eines *Eigenmomentes* des Elektrons (Magnetelektron) quantenmechanisch formulieren; wir haben davon schon in § 32 gesprochen. *Dann wird jeder hier als einfach auftretende Zustand zweifach.* Statt n^2 (verschiedenen oder übereinstimmenden) Termen mit der Hauptquantenzahl n bekommt man also $2n^2$ Terme. Insbesondere ist der *Grundzustand* $n = 1$ *zweifach* und nicht einfach.

Sehen wir ab von einer magnetischen Störung des Atoms (Zeeman-Effekt), so werden durch die vom Magnetelektron herrührenden Effekte lediglich Änderungen (bzw. Aufspaltungen) der Terme von der *Größenordnung der Feinstruktur* (vgl. Bd. I, § 33) bewirkt. Insbesondere bleiben die Balmer-Formel und auch die Formel (7′) des linearen Starkeffekts bis auf Korrektionen dieser Größenordnung richtig. (Man kann also (7′) anwenden für Starkeffektaufspaltungen, die groß gegen die Feinstruktur sind.)

Dagegen ergibt sich eine Änderung bezüglich des ZEEMAN-Effekts auch bei Aufspaltungen, die groß gegen die Feinstruktur sind[1].

Fünftes Kapitel.

Störungstheorie.

§ 38. Störungsrechnung für abgeschlossene nicht entartete Systeme. Wenn die Energiefunktion eines abgeschlossenen mechanischen Systems von einem Parameter λ abhängt, $H(p, q, \lambda)$, so kann es vorkommen, daß für einen bestimmten Wert von λ, etwa $\lambda = 0$, die Lösung bekannt ist. Dann kann man auch für kleine Werte von λ die Lösung durch eine Reihenentwicklung — wenigstens formal — gewinnen; die Konvergenz des Verfahrens soll hier nicht untersucht werden[2]. Es sei also

$$H(p, q, \lambda) = H^0(p, q) + \lambda H^{(1)}(p, q) + \lambda^2 H^{(2)}(p, q) + \cdots \tag{1}$$

und man wisse, daß für bestimmte, bekannte Matrizen $\overset{0}{p}_k$, $\overset{0}{q}_k$

$$H^0(p^0, q^0) = \overset{0}{W} \tag{2}$$

eine Diagonalmatrix ist. Man wird dann diese $\overset{0}{p}_k$, $\overset{0}{q}_k$ in $H(p, q, \lambda)$ einsetzen und kann das mechanische Problem nach § 19 zurückführen auf die Bestimmung einer unitären, natürlich von λ abhängigen Matrix U, für die

$$U(\lambda)^{-1} H(p^0, q^0, \lambda)\, U(\lambda) = W(\lambda) \tag{3}$$

eine Diagonalmatrix ist. Aus der Gleichung (3) selbst folgt nicht, daß $U(\lambda)$ unitär sein muß, sondern nur, daß $U^\dagger U$ mit $W(\lambda)$ vertauschbar ist. Das ergibt sich aus § 6, Satz d), (18b) mit Rücksicht darauf, daß H und W hermitisch sind. Man hat also

$$[W, U^\dagger U] = 0. \tag{4}$$

Wir wollen nun zunächst den Fall behandeln, daß *die Energie der ungestörten Bewegung nicht entartet* ist. Dann gilt dasselbe auch für die gestörte Bewegung, solange λ hinreichend klein ist. Aus (4) folgt, daß $U^\dagger U$ eine Diagonalmatrix ist. Soll U unitär sein, so

---

[1] Also in der üblichen Bezeichnungsweise: bezüglich des vollendeten PASCHEN-BACK-Effektes.

[2] Vgl. diesbezüglich: WILSON, A. H.: Proc. Roy. Soc. A, Bd. 122, S. 589. 1929; Bd. 124, S. 176. 1929.

genügt es, zu fordern, daß die Diagonalelemente

$$(U^{\dagger}U)_{nn} = 1 \tag{5}$$

sind.

Nun suchen wir die Bedingungen (3) und (5) durch den Ansatz

$$\left\{\begin{aligned} U(\lambda) &= 1 + \lambda \overset{(1)}{U} + \lambda^2 \overset{(2)}{U} + \cdots, \\ W(\lambda) &= \overset{0}{W} + \lambda \overset{(1)}{W} + \lambda^2 \overset{(2)}{W} + \cdots \end{aligned}\right. \tag{6}$$

zu befriedigen. Man hat ferner nach (1) und (2)

$$H(\lambda) = \overset{0}{W} + \lambda \overset{(1)}{H} + \lambda^2 \overset{(2)}{H} + \cdots, \tag{7}$$

wo überall die Argumente p_k^0, q_k^0 eingesetzt zu denken sind.

Um die Entwicklung von U^{-1} zu vermeiden, schreiben wir statt (3)

$$H(\lambda)\, U(\lambda) - U(\lambda)\, W(\lambda) = 0 \tag{8}$$

und erhalten durch Nullsetzen der Glieder k-ter Ordnung in λ:

$$\sum_{l=0}^{k} \left(\overset{(l)}{H} \overset{(k-l)}{U} - \overset{(k-l)}{U} \overset{(l)}{W} \right) = 0, \qquad k = 0, 1, 2, \ldots, \tag{9}$$

wobei $\overset{0}{U} = 1$ gebraucht ist. Indem man nun immer das Glied $l = 0$ auf die eine, den Rest auf die andere Seite der Gleichung schreibt, erhält man das rekursive Gleichungssystem:

$$\left|\begin{array}{ll} 1) & \overset{0}{W} \overset{(1)}{U} - \overset{(1)}{U} \overset{0}{W} = \overset{(1)}{W} - \overset{(1)}{H}, \\ 2) & \overset{0}{W} \overset{(2)}{U} - \overset{(2)}{U} \overset{0}{W} = \overset{(2)}{W} - \overset{(2)}{H} + \overset{(1)}{U} \overset{(1)}{W} - \overset{(1)}{H} \overset{(1)}{U} \\ \cdots & \cdots\cdots\cdots\cdots\cdots\cdots\cdots\cdots \\ k) & \overset{0}{W} \overset{(k)}{U} - \overset{(k)}{U} \overset{0}{W} = \overset{(k)}{W} - \overset{(k)}{H} + \sum_{l=1}^{k-1} \left(\overset{(k-l)}{U} \overset{(l)}{W} - \overset{(l)}{H} \overset{(k-l)}{U} \right) \\ \cdots & \cdots\cdots\cdots\cdots\cdots\cdots\cdots\cdots \end{array}\right. \tag{10}$$

Andrerseits folgt aus $U^{\dagger}U = 1$

$$\sum_{l=0}^{k} \overset{(l)}{U}{}^{\dagger} \overset{(k-l)}{U} = 0, \qquad k = 1, 2, 3, \ldots \tag{11}$$

Trennt man hier die Glieder $l = 0$ und $l = k$ von der Summe ab, so hat man

$$\overset{(k)}{U} + \overset{(k)}{U}{}^{\dagger} + \sum_{l=1}^{k-1} \overset{(l)}{U}{}^{\dagger} \overset{(k-l)}{U} = 0. \tag{11a}$$

Für alle Elemente außerhalb der Diagonale ist diese Matrixgleichung auf Grund von (4) von selbst erfüllt; die Bedingung (5) für die Diagonalglieder liefert:

$$\overset{(k)}{U}_{nn} + \overset{(k)}{U}{}^{\dagger}_{nn} = -\sum_{l=1}^{k-1} \sum_j \overset{(l)}{U}{}^{\dagger}_{nj} \overset{(k-l)}{U}_{jn}. \tag{12}$$

Hieraus sieht man, daß die Kenntnis aller Matrizen $\overset{(1)}{U}, \overset{(2)}{U}, \ldots \overset{(k-l)}{U}$ sofort die Realteile der Diagonalelemente von $\overset{(k)}{U}$ bestimmt. Es genügt also, wenn die Gleichungen (10) die außerhalb der Diagonale stehenden Elemente von $\overset{(k)}{U}$ zu berechnen erlauben, und das ist, wie wir sogleich sehen werden, gerade der Fall.

Die Gleichung (10,1) ist nämlich nach dem Satz des § 5, S. 30, dann und nur dann lösbar, wenn die Diagonalglieder der rechten Seite verschwinden:

$$\overset{(1)}{W}_n = \overset{(1)}{H}_{nn}; \tag{13}$$

die Lösung lautet dann:

$$\overset{(1)}{U}_{nm} = -\frac{\overset{(1)}{H}_{nm}}{W_n - W_m} = -\frac{\overset{(1)}{H}_{nm}}{h\nu_{nm}}, \qquad n \neq m, \tag{14}$$

während $\overset{(1)}{U}_{nn}$ unbestimmt bleibt. Andrerseits folgt aus (12) für $k = 1$, daß

$$\overset{(1)}{U}_{nn} + \overset{(1)}{U}{}^{*}_{nn} = 0 \tag{15}$$

sein muß; man könnte also $\overset{(1)}{U}_{nn}$ als beliebige rein imaginäre Zahl wählen. Es genügt aber

$$\overset{(1)}{U}_{nn} = 0 \tag{14a}$$

zu setzen; denn wir brauchen ja nur *irgend eine* Lösung zu konstruieren und können nachträglich durch Multiplikation von $U(\lambda)$ mit einer Phasenmatrix die allgemeinste Lösung gewinnen.

Man verifiziert nun leicht, daß die durch (14), (14a) definierte Matrix $\overset{(1)}{U}$ die Unitaritätsbedingung (11a) für $k = 1$, nämlich

$$\overset{(1)}{U} + \overset{(1)}{U}{}^{\dagger} = 0 \quad \text{oder} \quad \overset{(1)}{U}_{nm} + \overset{(1)}{U}{}^{*}_{mn} = 0$$

erfüllt; das folgt aus $\overset{(1)}{H}_{nm} = \overset{(1)}{H}{}^{*}_{mn}$, $\overset{0}{\nu}_{nm} = -\overset{0}{\nu}_{mn}$.

Nunmehr wenden wir uns zur Gleichung (10, 2); die Lösbarkeitsbedingung lautet:

$$\overset{(2)}{W}_n = \left(\overset{(2)}{H} - \overset{(1)}{U}\overset{(1)}{W} + \overset{(1)}{H}\overset{(1)}{U}\right)_{nn},$$

oder nach (13), (14), (14a)

$$(16) \qquad \overset{(2)}{W}_n = \overset{(2)}{H}_{nn} + \sum_k{}' \frac{\overset{(1)}{H}_{nk}\overset{(1)}{H}_{kn}}{h\overset{0}{\nu}_{nk}}.$$

wo der Strich am Summenzeichen bedeutet, daß der Wert $k = n$ auszulassen ist.

Die Formeln (13) und (16) sind uns schon in § 2 (15), (16) begegnet (wobei $\overset{(2)}{H} = 0$ angenommen und $k = n - \tau$ geschrieben war); sie wurden dort durch korrespondenzmäßige Übertragung der entsprechenden klassischen Gleichungen gewonnen. Diese provisorischen Betrachtungen werden also von der systematischen Quantenmechanik vollauf bestätigt.

Man kann nun (10, 2) lösen und in derselben Weise fortfahren. Wir wollen sogleich den k-ten Schritt ins Auge fassen. Für die Lösbarkeit von (10, k) ist hinreichend und notwendig, daß

$$(17) \qquad \overset{(k)}{W}_n = \overset{(k)}{H}_{nn} - \sum_{l=1}^{k-1}{}' \left(\overset{(k-l)}{U}\overset{(l)}{W} - \overset{(l)}{H}\overset{(k-l)}{U}\right)_{nn}.$$

Sodann wird

$$(18) \quad \overset{(k)}{U}_{nm} = -\frac{1}{h\overset{0}{\nu}_{nm}}\left(\overset{(k)}{H}_{nm} - \sum_{l=1}^{k-1}\left(\overset{(k-l)}{U}\overset{(l)}{W} - \overset{(l)}{H}\overset{(k-l)}{U}\right)_{nm}\right), \quad n \neq m;$$

ferner können wir $\overset{(k)}{U}_{nn}$ reell wählen und haben nach (12)

$$(18\text{a}) \qquad \overset{(k)}{U}_{nn} = -\tfrac{1}{2}\sum_{l=1}^{k-1}{}' \left(\overset{(l)}{U}{}^{\dagger}\overset{(k-l)}{U}\right)_{nn}.$$

Die Gleichungen (17), (18), (18a) bilden ein vollständiges rekursives System, aus dem man $\overset{(k)}{U}, \overset{(k)}{W}$ berechnen kann, wenn man $\overset{(1)}{U}, \ldots \overset{(k-1)}{U}$ und $\overset{(1)}{W}, \ldots \overset{(k-1)}{W}$ kennt. Da wir $\overset{(1)}{U}, \overset{(1)}{W}$ bereits explizite angegeben haben [(13), (14), (14a)], so ist damit das Störungsproblem — wenigstens formal — vollständig gelöst.

Will man die Entwicklung der p_k, q_k selbst, z. B.

$$q_k = \overset{\circ}{q}_k + \lambda \overset{(1)}{q}_k + \lambda^2 \overset{(2)}{q}_k + \cdots \tag{19}$$

gewinnen, so schreibt man die Transformationsgleichungen am besten in der Form

$$U q_k = \overset{\circ}{q}_k U,$$

setzt die Reihen für U und q_k ein und vergleicht die Koeffizienten der Potenzen von λ. Man erhält

$$\sum_{l=0}^{j} \overset{(l)}{U} \overset{(j-l)}{q_k} = \overset{\circ}{q}_k \overset{(j)}{U}.$$

Trennt man hier immer das Glied $l = 0$ ab, so bekommt man die Rekursionsformeln

$$\overset{(j)}{q_k} = \overset{\circ}{q}_k \overset{(j)}{U} - \sum_{l=1}^{j} \overset{(l)}{U} \overset{(j-l)}{q_k}, \tag{20}$$

deren erste lauten:

$$(21)\quad \left\{\begin{array}{ll} 1) & \overset{(1)}{q_k} = \overset{\circ}{q}_k \overset{(1)}{U} - \overset{(1)}{U} \overset{\circ}{q}_k, \\ 2) & \overset{(2)}{q_k} = \overset{\circ}{q}_k \overset{(2)}{U} - \overset{(2)}{U} \overset{\circ}{q}_k - \overset{(1)}{U} \overset{(1)}{q_k}, \\ \ldots & \ldots\ldots\ldots\ldots\ldots\ldots \end{array}\right.$$

Viel gebraucht wird der vollständige Ausdruck von $\overset{(1)}{q_k}$, den man aus (21, 1) erhält, wenn man für $\overset{(1)}{U}$ den Wert (14), (14a) benützt:

$$\overset{(1)}{q_k}(n, m) = \sum_s{}' \left(\frac{\overset{(1)}{H}(n, s) \overset{\circ}{q}_k(s, m)}{h \overset{\circ}{\nu}(n, s)} - \frac{\overset{\circ}{q}_k(n, s) \overset{(1)}{H}(s, m)}{h \overset{\circ}{\nu}(s, m)} \right); \tag{22}$$

der Akzent am Summenzeichen bedeutet, daß man die Glieder, deren Nenner verschwinden würde, fortlassen soll. Ein genau entsprechender Ausdruck gilt für $\overset{(1)}{p_k}$.

Allgemeiner betrachten wir die Störung einer Größe, die außer von den Koordinaten und Impulsen explizite von λ abhängt und entwickeln sie nach λ

$$f(p, q, \lambda) = \overset{0}{f} + \lambda \overset{(1)}{f} + \lambda^2 \overset{(2)}{f} + \cdots, \tag{23}$$

wo

$$\overset{0}{f} = f(\overset{0}{p}, \overset{0}{q}, 0) \tag{24}$$

bekannt ist, während $f^{(1)}$, $f^{(2)}$ ... durch die Störungsrechnung zu bestimmen sind.

Von der Reihe (23) zu unterscheiden ist die Entwicklung

$$f(\overset{0}{p}, \overset{0}{q}, \lambda) = \overset{0}{f} + \lambda \overset{0}{f}{}' + \lambda^2 \overset{0}{f}{}'' + \cdots, \tag{25}$$

deren erster Koeffizient mit (24) übereinstimmt, während die übrigen

$$\overset{0}{f}{}' = \left(\frac{\partial f(\overset{0}{p}, \overset{0}{q}, \lambda)}{\partial \lambda}\right)_{\lambda=0}, \ldots \tag{26}$$

ebenso wie $\overset{0}{f}$ bekannte Größen sind.

Nun gilt

$$U f(p, q, \lambda) = f(\overset{0}{p}, \overset{0}{q}, \lambda)\, U, \tag{27}$$

und daraus folgt durch Einsetzen der Reihen und Koeffizientenvergleichung

$$\left\{\begin{aligned} &\overset{(1)}{f} = \overset{0}{f} \overset{(1)}{U} - \overset{(1)}{U} \overset{0}{f} + \overset{0}{f}{}', \\ &\overset{(2)}{f} = \overset{0}{f} \overset{(2)}{U} - \overset{(2)}{U} \overset{0}{f} + \overset{0}{f}{}' \overset{(1)}{U} - \overset{(1)}{U} \overset{(1)}{f} + \overset{0}{f}{}'', \\ &\ldots\ldots\ldots\ldots\ldots\ldots\ldots\ldots \end{aligned}\right. \tag{28}$$

Aus diesem rekursiven Gleichungssystem lassen sich $\overset{(1)}{f}, \overset{(2)}{f}, \ldots$ der Reihe nach berechnen. Die erste Näherung insbesondere lautet ausführlich:

$$\overset{(1)}{f}(n, m) = \tag{29}$$

$$= \sum_s{}' \left(\frac{\overset{(1)}{H}(n, s)\, \overset{0}{f}(s, m)}{h \overset{0}{\nu}(n, s)} - \frac{\overset{0}{f}(n, s)\, \overset{(1)}{H}(s, m)}{h \overset{0}{\nu}(s, m)}\right) + \overset{0}{f}{}'(n, m).$$

Es ist beachtenswert, daß diese Formel auch dann gilt, wenn f die Energiefunktion selbst ist. Denn dann ist $\overset{0}{f}\,(n, m) = \overset{0}{W}_n \delta_{nm}$

und $\overset{\circ}{f}'(n, m) = \overset{(1)}{H}(n, m)$; daher wird für $n \neq m$

$$\overset{(1)}{W}(n, m) = \frac{\overset{(1)}{H}(n, m)\,\overset{\circ}{W}_m}{h\,\overset{\circ}{\nu}(n, m)} - \frac{\overset{\circ}{W}_n\,\overset{(1)}{H}(n, m)}{h\,\overset{\circ}{\nu}(n, m)} + \overset{(1)}{H}(n, m) = 0,$$

dagegen für $n = m$

$$\overset{(1)}{W}(n, n) = \overset{(1)}{H}(n, n)$$

in Übereinstimmung mit (13).

Wir erwähnen noch den Fall, der in der Theorie des Magnetismus vorkommt (s. § 43), daß die Störungsfunktion 1. Ordnung $\overset{(1)}{H}$ ein Integral der ungestörten Bewegung ist. Dann wird $\overset{(1)}{H}(\overset{\circ}{p}, \overset{\circ}{q}) = \overset{(1)}{W}$ eine Diagonalmatrix; daher wird man in diesem Falle $\overset{\circ}{W} + \lambda \overset{(1)}{W} = \overset{\circ}{W}(\lambda)$ als ungestörte Energie ansehen und

$$H(\lambda) = \overset{\circ}{W}(\lambda) + \lambda^2 \overset{(2)}{H} + \cdots \tag{30}$$

schreiben; es fehlt also die Störungsfunktion 1. Ordnung. Dann treten offenbar an die Stelle von (13), (14) die Formeln

$$\overset{(2)}{W}_n = \overset{(2)}{H}_{nn}, \qquad \overset{(2)}{U}_{nm} = -\frac{\overset{(2)}{H}_{nm}}{h\,\overset{\circ}{\nu}_{nm}}, \tag{31}$$

und die höheren Näherungen werden entsprechend ein wenig modifiziert. Wenn nun eine Funktion $f(p, q, \lambda)$ berechnet werden soll, so fällt in (29) die Summe fort (weil ja kein $\overset{(1)}{H}$ vorhanden ist) und man hat einfach

$$\overset{(1)}{f} = \overset{\circ}{f}' = \left(\frac{\partial f(\overset{\circ}{p}, \overset{\circ}{q}, \lambda)}{\partial \lambda}\right)_{\lambda = 0}; \tag{32}$$

d. h. man erhält die Störung von f als Koeffizienten von λ in der Entwicklung von f für die ungestörte Bewegung.

§ 39. Der anharmonische Oszillator. Als allgemeinen *linearen Oszillator* bezeichnet man ein System mit der Energiefunktion

$$H = \frac{1}{2\mu} p^2 + U(q), \tag{1}$$

wo die potentielle Energie $U(q)$ als Funktion der Zahl q bei q_0 ein Minimum hat. Man kann $q_0 = 0$ annehmen. Entwickelt man U in der Umgebung dieser Stelle nach Potenzen von q, so kann man schreiben

$$H = H_0 + \lambda H_1 + \lambda^2 H_2 + \cdots, \tag{2}$$

wo

$$H_0 = U(0) + \frac{1}{2\mu} p^2 + \frac{1}{2} U''(0)\, q^2 \tag{3}$$

die Energiefunktion des harmonischen Oszillators (s. § 23) ist und die Störungsfunktionen der verschiedenen Ordnungen die Ausdrücke

$$\left|\begin{array}{ll} H_1 = a\, q^3, & a = \frac{1}{3!} U'''(0), \\ H_2 = b\, q^4, & b = \frac{1}{4!} U''''(0), \\ \ldots\ldots & \end{array}\right. \tag{4}$$

haben; dabei ist der Größenordnungsfaktor λ gleich 1 gesetzt.

Man kann dieses System nach der im vorigen Paragraphen angegebenen Methode behandeln und erhält nach § 38, (13) und (16) für die Störungsenergien 1. und 2. Ordnung

$$\left\{\begin{array}{l} \overset{(1)}{W}_n = a\, q^3(n, n), \\ \overset{(2)}{W}_n = b\, q^4(n, n) + a^2 \sum_k{}' \frac{|q^3(n, k)|^2}{h \overset{\circ}{\nu}(n, k)}. \end{array}\right. \tag{5}$$

Man hat also Potenzen der in § 23, (25) angegebenen Matrix q auszurechnen. Dazu benutzt man am besten die Darstellung § 23, (24)[1]:

$$q = A(b^\dagger - b), \quad A = \frac{1}{2\pi i}\sqrt{\frac{h}{2\nu_0 \mu}}. \tag{6}$$

Dann hat man zunächst

$$\left\{\begin{array}{l} q^2 = A^2(b^{\dagger 2} + b^2 - b^\dagger b - b b^\dagger), \\ q^3 = A^3(b^{\dagger 3} - b^3 + b^2 b^\dagger + b^\dagger b^2 - b^{\dagger 2} b - b b^{\dagger 2} \\ \qquad + b b^\dagger b - b^\dagger b b^\dagger); \end{array}\right. \tag{7}$$

[1] Die hier auftretende Matrix b ist nicht mit der Konstanten b in (4), (5) zu verwechseln.

nun sind nach § 23, (23b)

$$(8)\qquad b\,b^{\dagger} = ((n+1)\,\delta_{n\,m}), \qquad b^{\dagger}\,b = (n\,\delta_{n\,m})$$

Diagonalmatrizen, dagegen alle Potenzen von b und $b^{\dagger}$ Matrizen ohne Diagonalelemente, z. B.

$$(9)\quad \left\{\begin{aligned} b_{n,m} &= \sqrt{n+1}\,e^{i\varphi_n}\,\delta_{n,\,m-1}, \\ b^2_{n,m} &= \sqrt{(n+1)(n+2)}\,e^{i(\varphi_n+\varphi_{n+1})}\,\delta_{n,\,m-2}, \\ b^3_{n,m} &= \sqrt{(n+1)(n+2)(n+3)}\,e^{i(\varphi_n+\varphi_{n+1}+\varphi_{n+2})}\,\delta_{n,\,m-3}, \\ &\cdots\cdots\cdots\cdots \end{aligned}\right.$$

Daher haben auch alle Produkte einer Potenz von b oder $b^{\dagger}$ mit $b\,b^{\dagger}$ oder $b^{\dagger}\,b$ keine Diagonalelemente, und daraus folgt sofort $q^3(n,n) = 0$, also

$$(10)\qquad \overset{(1)}{W}_n = 0.$$

Quadriert man nun den Ausdruck (7) für q^2 und behält nur die Diagonalelemente bei, so findet man leicht

$$(11)\qquad q^4(n,n) = A^4\,(6\,n^2 + 6\,n + 3).$$

Ferner wird nach (7), (8) und (9)

$$(12)\quad \begin{aligned} \frac{1}{A^3}\,q^3(n,m) = {} & 3\,(n+1)\sqrt{n+1}\,e^{i\varphi_n}\,\delta_{n,\,m-1} \\ & - 3\,n\sqrt{n}\,e^{-i\varphi_{n-1}}\,\delta_{n,\,m+1} \\ & - \sqrt{(n+1)(n+2)(n+3)}\,e^{i(\varphi_n+\varphi_{n+1}+\varphi_{n+2})}\,\delta_{n,\,m-3} \\ & + \sqrt{n(n-1)(n-2)}\,e^{-i(\varphi_{n-1}+\varphi_{n-2}+\varphi_{n-3})}\,\delta_{n,\,m+3}. \end{aligned}$$

Die in $\overset{(2)}{W}_n$ auftretende Summe wird also mit Rücksicht auf § 23, (23c)

$$\begin{aligned} \sum_k{}' \frac{|q^3(n,k)|^2}{h\,\overset{\circ}{\nu}(n,k)} = {} & \frac{|A|^6}{h\,\nu_0}\Big\{-9\,(n+1)^3 + 9\,n^3 \\ & - \frac{1}{3}(n+1)(n+2)(n+3) + \frac{1}{3}\,n\,(n-1)(n-2)\Big\} \\ = {} & -\frac{|A|^6}{h\,\nu_0}\,(30\,n^2 + 30\,n + 11). \end{aligned}$$

Daher wird schließlich

$$(13)\qquad \overset{(2)}{W}_n = \frac{3}{2} b \frac{h^2 (n^2 + n + \frac{1}{2})}{(2\pi)^4 \nu_0^2 \mu^2} - \frac{15}{4} a^2 \frac{h^2 (n^2 + n + \frac{11}{30})}{(2\pi)^6 \nu_0^4 \mu^3}.$$

Vergleicht man das mit der klassischen Formel Bd. 1, § 42, (6), so sieht man, daß für große Werte von $J = hn$ beide Ausdrücke übereinstimmen.

Man kann nun auch die Korrektion der Koordinate $q^{(1)}$ durch die anharmonischen Energien (5) nach § 38, (22) berechnen; nach längeren Reduktionen erhält man:

$$(14)\qquad q^{(1)}(n, m) = -a \frac{h}{(2\pi)^4 \cdot \nu_0^3 \mu^2} \Big\{ \delta_{nm} \frac{3}{2} (2n + 1) + \delta_{n, m-2} \tfrac{1}{2} \sqrt{(n+1)(n+2)}\, e^{i(\varphi_n + \varphi_{n+1})} + \delta_{n-2, m} \tfrac{1}{2} \sqrt{(m+1)(m+2)}\, e^{-i(\varphi_m + \varphi_{m+1})} \Big\}.$$

Dies korrespondiert offenbar mit der FOURIER-Reihe

$$q^{(1)} = -a \frac{J}{(2\pi)^4 \cdot \nu_0^3 \mu^2} (3 + \cos 4\pi w),$$

wo $J = hn$ gesetzt und w die zugehörige Winkelvariable ist. Der Vergleich mit Bd. 1, § 42, (8) zeigt die völlige Übereinstimmung.

§ 40. Koppelung von Rotationen und Schwingungen bei der zweiatomigen Molekel. In § 34 wurde die Energie der zweiatomigen Molekel mit Hilfe eines Näherungsverfahrens berechnet, das in der Zurückführung auf die Energie eines, durch die Rotation modifizierten linearen Oszillators bestand. Dort wurde aber die Näherung nur so weit getrieben, als sie auf einen harmonischen Oszillator führt. Nunmehr können wir die höheren Näherungen, die anharmonischen Schwingungen entsprechen, mit Hilfe der Formeln § 39, (10), (13) berechnen. Wir hatten dort, § 34, (13) die HAMILTONsche Funktion nach Potenzen der Abstandsänderung $\varrho^{(j)}$ entwickelt, wobei die Koeffizienten Funktionen der Rotationsquantenzahl j waren, die Reihe aber mit $\varrho^{(j)2}$ abgebrochen. Setzen wir sie um zwei Glieder fort, so erhalten wir

$$(1)\qquad H^{(j)} = W^{(j)} + a\varrho^{(j)3} + b\varrho^{(j)4} + \cdots;$$

dabei ist

$$\hat{W}^{(j)} = U^{(j)} + W_{\text{rot}}^{(j)} + W_{\text{osz}}^{(j)} \tag{2}$$

schon in § 34, (16), (17) berechnet und kann hier als ungestörte Energie gelten. Die Koeffizienten a, b der Störungsglieder lassen sich nach § 34, (11), (12) leicht bilden:

$$\left\{\begin{aligned} a^{(j)} &= -\frac{2}{m_0 r^{(j)5}} \frac{h^2}{4\pi^2} j(j+1) + \frac{1}{6} U_0^{(j)\,\mathrm{III}}, \\ b^{(j)} &= \frac{5}{2 m_0 r^{(j)6}} \frac{h^2}{4\pi^2} j(j+1) + \frac{1}{24} U_0^{(j)\,\mathrm{IV}}. \end{aligned}\right. \tag{3}$$

Nun kann man auf Grund von § 39, (13) sofort die Gesamtenergie als Funktion der Quantenzahlen n, j hinschreiben:

$$W_n^{(j)} = \overset{\cdot\cdot}{W}_n^{(j)} + \overset{(2)}{W}_n^{(j)} + \cdots, \tag{4}$$

oder ausführlich nach § 34, (16), (20)

$$\begin{aligned} W_n^{(j)} = U_0^{(j)} &+ \frac{h^2 j(j+1)}{8\pi^2 m_0 r_0^{(j)2}} + h\nu_0^{(j)}\left(n+\frac{1}{2}\right) \\ &+ \frac{3 b^{(j)}}{2} \frac{h^2 (n(n+1)+\frac{1}{2})}{(2\pi)^4 \nu_0^{(j)2} m_0^2} \\ &- \frac{15 a^{(j)2}}{4} \frac{h^2 (n(n+1)+\frac{11}{30})}{(2\pi)^6 \nu_0^{(j)4} m_0^3} + \cdots. \end{aligned} \tag{5}$$

Dabei ist noch $r_0^{(j)}$ aus der Gleichung § 34, (14)

$$\frac{h^2 j(j+1)}{4\pi^2 m_0 r_0^{(j)3}} = U'(r_0^{(j)}) \tag{6}$$

zu berechnen und daraus dann die Konstanten $U_0^{(j)}$, $\nu_0^{(j)}$, $a_0^{(j)}$, $b_0^{(j)}$. Für kleine Rotationsquantenzahlen kann das durch eine Reihenentwicklung nach $r_1^{(j)} = r_0^{(j)} - r_0$ geschehen, wo r_0 das Minimum der potentiellen Energie ist, also der Gleichung

$$U'(r_0) = 0 \tag{7}$$

genügt. Begnügt man sich mit der ersten Näherung bezüglich $r_1^{(j)}$, so kann man aus (6) schließen:

$$\frac{h^2 j(j+1)}{4\pi^2 m_0} = r_0^{(j)3}\, U'(r_0^{(j)}) = r_1^{(j)} \left(\frac{d}{dr}[r^3 U'(r)]\right)_{r=r_0} = r_1^{(j)} \cdot r_0^3\, U_0'',$$

also

$$r_1^{(j)} = \frac{h^2 j(j+1)}{4\pi^2 m_0 r_0^3 U_0''}, \tag{8}$$

wo nunmehr r_0 und $U_0'' = U''(r_0)$ Konstanten der Molekel sind.

Nun kann man alle vorkommenden Funktionen von j nach $r_1^{(j)}$ oder, was dasselbe ist, nach $h^2 j(j+1)$ entwickeln und erhält

$$\left\{\begin{aligned} U_0^{(j)} &= U_0 + h^2 j(j+1) U_1 + \cdots, \\ \nu_0^{(j)} &= \nu_0 + h^2 j(j+1) \nu_1 + \cdots, \\ a^{(j)} &= a_0 + h^2 j(j+1) a_1 + \cdots, \\ b^{(j)} &= b_0 + h^2 j(j+1) b_1 + \cdots, \end{aligned}\right. \tag{9}$$

wo sämtliche Koeffizienten Zahlen sind, die von r_0, U_0, U_0', U_0'', ... abhängen; z. B. wird

$$\left\{\begin{aligned} U_1 &= \frac{U_0'}{4\pi^2 m_0 r_0^3 U_0''}, \quad \nu_0 = \frac{1}{2\pi}\sqrt{\frac{U_0''}{m_0}}, \\ \nu_1 &= \frac{3}{16\pi^3 r_0^4 U_0'' m_0^{\frac{3}{2}}}\left(1 + \frac{r_0 U_0'''}{3 U_0''}\right), \end{aligned}\right. \tag{9a}$$

usw. Durch Einführung der Ausdrücke (9) in (5) erhält man die Energie als explizite Funktion der Quantenzahlen n und j. Die entstehende Formel ist mit der entsprechenden der älteren Theorie[1] [Bd. 1, § 20, (12)] bis auf additive Konstanten völlig identisch, wenn man j^2 durch $j(j+1)$ und n^2 durch $n(n+1)$ ersetzt. Die in Bd. 1, § 20 durchgeführte Diskussion der Schwingungszahlen und die Beschreibung der Banden bleibt also auch hier gültig; nur die quantitativen Verhältnisse verschieben sich ein wenig[2].

§ 41. Störungstheorie für abgeschlossene Systeme mit entarteter Energie. Wir knüpfen jetzt an die Ausführungen des § 38 an und lassen die Voraussetzung fallen, daß das ungestörte System nicht entartet ist. Sind einige der $\overset{\circ}{W}_n$ einander gleich, also einige der $\overset{\circ}{\nu}_{nm}$ gleich Null, so versagt bereits der erste Schritt der Approximation, dargestellt durch die Formel § 38, (14).

[1] Die hier mit j bezeichnete Quantenzahl wurde in Bd. 1, § 20 m genannt.

[2] Über die Anwendung dieser Bandentheorie auf die Messungen und die dabei gewonnenen Ergebnisse s. Molecular spectra in gases (Bull. of the Nat. Research Council, Vol. II, Part 3, No. 37), herausgeg. von KEMBLE, BIRGE, COLBY, LOOMIS, PAGE.

Wir denken uns $\overset{\circ}{W}$ als geordnete Diagonalmatrix geschrieben mit den Vielfachheiten g_r und zerlegen entsprechend alle Matrizen in rechteckige Teilmatrizen, z. B. die Gesamtenergie

$$(1) \qquad H = (H^{(r,s)}),\quad H^{(r,s)} = (H^{(r,s)}_{\varrho,\sigma}), \qquad \begin{matrix} \varrho = 1, 2, \ldots g_r \\ \sigma = 1, 2, \ldots g_s \end{matrix}$$

Die Aufgabe besteht wiederum in der Lösung der Gleichungen § 38, (10), die wir hier nochmals hinschreiben:

$$\begin{cases} (2) & \overset{\circ}{W}\overset{(1)}{U} - \overset{(1)}{U}\overset{\circ}{W} = \overset{(1)}{W} - \overset{(1)}{H} \\ (3) & \overset{\circ}{W}\overset{(2)}{U} - \overset{(2)}{U}\overset{\circ}{W} = \overset{(2)}{W} - \overset{(2)}{H} + \overset{(1)}{U}\overset{(1)}{W} - \overset{(1)}{H}\overset{(1)}{U} \\ (4) & \overset{\circ}{W}\overset{(3)}{U} - \overset{(3)}{U}\overset{\circ}{W} = \overset{(3)}{W} - \overset{(3)}{H} + \overset{(1)}{U}\overset{(2)}{W} - \overset{(2)}{H}\overset{(1)}{U} + \overset{(2)}{U}\overset{(1)}{W} - \overset{(1)}{H}\overset{(2)}{U} \\ & \cdots\cdots\cdots\cdots\cdots\cdots \end{cases}$$

Dabei dürfen wir, wie in § 38, die Diagonalelemente der Matrizen $U^{(k)}$ reell wählen, sie lassen sich rekursiv durch die Gleichungen § 38, (12) oder

$$(5) \qquad 2\overset{(k)}{U}{}^{(rr)}_{\varrho\varrho} = -\sum_{l=1}^{k-1}\sum_{j,\tau} \overset{(l)}{U}{}^{\dagger(r,j)}_{\varrho\tau}\,\overset{(k-l)}{U}{}^{(j,r)}_{\tau,\varrho}$$

bestimmen. Nach dem Satz des § 5, S. 30 ist nun die Gleichung (2) dann und nur dann lösbar, wenn

$$\left(\overset{(1)}{W} - \overset{(1)}{H}\right)^{(r,r)} = 0$$

d. h. wenn $\overset{(1)}{H}{}^{(r,r)}$ eine Diagonalmatrix ist. Das wird im allgemeinen nicht von vornherein der Fall sein, was dem Umstand entspricht, daß die willkürlich gewählte Lösung $\overset{\circ}{q}_k, \overset{\circ}{p}_k$ des ungestörten Problems im allgemeinen nicht stetig, für verschwindende λ, aus einer Lösung des gestörten Problems hervorgeht, und der Ansatz (6), § 38:

$$U(\lambda) = 1 + \lambda(\ldots)$$

folglich für den entarteten Fall zu speziell war. Wir können aber $\overset{(1)}{H}$ in die gewünschte Form bringen, ohne die Diagonalform von $\overset{\circ}{H} = \overset{\circ}{W}$ zu ändern, indem wir vorher alle $\overset{\circ}{q}_k, \overset{\circ}{p}_k$ mit einer unitären Stufenmatrix $\overset{(1)}{u} = \left(\overset{(1)}{u}{}^{(r)}\delta_{rs}\right)$ transformieren in

(6) $$\overset{(01)}{q_k} = \overset{(1)}{u}{}^{-1} \overset{0}{q_k} \overset{(1)}{u}, \qquad \overset{(01)}{p_k} = \overset{(1)}{u}{}^{-1} \overset{0}{p_k} \overset{(1)}{u}$$

derart, daß die unitären Stufen $\overset{(1)}{u}$ die einzelnen Untermatrizen $\overset{(1)}{H}{}^{(rr)}$ auf Diagonalform bringen:

(7) $$\overset{(1)}{u}{}^{(r)-1} \overset{(1)}{H}{}^{(r,r)} \overset{(1)}{u}{}^{(r)} = \overset{(1)}{W}{}^{(r)}$$

Dies ist ein Hauptachsenproblem im Raume von endlich vielen (g_r) Dimensionen, das nach den Methoden von § 11 gelöst werden kann. *Die ersten Näherungen für die Störungen der Energiewerte sind also die Eigenwerte* $\overset{(1)}{W}{}^{(r)}_{\varrho}$ *der Matrizen* $\overset{(1)}{H}{}^{(rr)}$; man erhält sie als Wurzeln der zu (7) gehörigen Determinantengleichung[1] g_r-ten Grades.

Man kann dies auch so ausdrücken: Es muß eine *der Störung „angepaßte" Lösung des ungestörten Systems* gesucht werden, für welche der Zeitmittelwert der Störungsenergie $\overset{(1)}{H}$ die Diagonalform hat. Dies entspricht offenbar korrespondenzmäßig genau der Bohrschen Auffassung der entarteten Störungsprobleme in der früheren Theorie. (Vgl. Bd. I, § 43, sowie auch die Schlußbemerkung zu § 20 dieses Bandes).

Es seien also $\overset{(01)}{q_k}, \overset{(01)}{p_k}$ so bestimmt, daß $\overset{(1)}{H}{}^{(rr)}$ als Funktion der $\overset{(01)}{q_k}, \overset{(01)}{p_k}$ die Diagonalform hat; dann besagt der Satz von § 5, S. 30, daß die Lösung von (2) durch

(8) $$\overset{(1)}{U}{}^{(rs)} = -\frac{\overset{(1)}{H}{}^{(rs)}}{\overset{0}{W}{}^{(r)} - \overset{0}{W}{}^{(s)}} = -\frac{\overset{(1)}{H}{}^{(rs)}}{h\overset{0}{\nu}{}^{(rs)}} \qquad (r \neq s)$$

gegeben ist, wobei $\overset{(1)}{U}{}^{(rr)}$ unbestimmt bleibt. Im Gegensatz zum § 38 genügt also hier infolge der Entartung die erste Näherungsgleichung nicht mehr, um die erste Näherungsmatrix $\overset{(1)}{U}$ restlos zu bestimmen; wir müssen jetzt wenigstens noch die zweite Nähe-

[1] Man nennt diese auch in Anlehnung an die Himmelsmechanik „Säkulargleichung". Aus den $\overset{(1)}{W}{}^{(r)}_{\varrho}$ leiten sich nämlich Frequenzen $\frac{\lambda}{h}\left(\overset{(1)}{W}{}^{(r)}_{\varrho} - \overset{(1)}{W}{}^{(r)}_{\sigma}\right)$ ab, die klein von der ersten Ordnung in λ sind und daher langsame, „säkulare" Schwingungen darstellen.

rungsgleichung (3) mitbehandeln. Dies ist offenbar dem Umstand analog, daß zur Gewinnung der *angepaßten* Lösung der *ungestörten* Bewegungsgleichungen bereits die ersten Näherungsgleichungen herangezogen werden müssen.

Die Gleichung (3) ist ebenfalls nur dann lösbar, wenn

$$\overset{(2)}{W}{}^{(r)} - \overset{(2)}{H}{}^{(rr)} + \overset{(1)}{U}{}^{(rr)} \overset{(1)}{W}{}^{(r)} - \sum_t \overset{(1)}{H}{}^{(rt)} \overset{(1)}{U}{}^{(tr)} = 0$$

ist. Beachtet man, daß jetzt $\overset{(1)}{H}{}^{(rr)} = \overset{(1)}{W}{}^{(r)}$ ist, so wird diese Gleichung

$$\overset{(2)}{W}{}^{(r)} - \left\{\overset{(2)}{H}{}^{(rr)} + \sum_t{}' \overset{(1)}{H}{}^{(rt)} \overset{(1)}{U}{}^{(tr)}\right\} = \overset{(1)}{W}{}^{(r)} \overset{(1)}{U}{}^{(rr)} - \overset{(1)}{U}{}^{(rr)} \overset{(1)}{W}{}^{(r)},$$

wo der Strich am Summationszeichen bedeutet, daß der Wert $t = r$ auszulassen ist. Nach (8) lautet diese Bedingung

$$(9)\qquad \overset{(2)}{W}{}^{(r)} - \left\{\overset{(2)}{H}{}^{(rr)} + \sum_t{}' \frac{\overset{(1)}{H}{}^{(rt)} \overset{(1)}{H}{}^{(tr)}}{h\overset{\circ}{\nu}{}^{(rt)}}\right\} = \overset{(1)}{W}{}^{(r)} \overset{(1)}{U}{}^{(rr)} - \overset{(1)}{U}{}^{(rr)} \overset{(1)}{W}{}^{(r)}.$$

Wenn nun alle $\overset{(1)}{W}{}^{(r)}_{\varrho}$ verschieden sind, so bekommen wir aus (9) durch abermalige Anwendung des Satzes von § 5 (diesmal zur Auflösung nach $\overset{(1)}{U}{}^{(rr)}$):

$$(10)\quad \left\{\begin{aligned} \overset{(2)}{W}{}^{(r)}_{\varrho} &= \overset{(2)}{H}{}^{(rr)}_{\varrho\varrho} + \sum_t{}' \frac{\sum\limits_{\tau} \overset{(1)}{H}{}^{(rt)}_{\varrho\tau} \overset{(1)}{H}{}^{(tr)}_{\tau\varrho}}{h\overset{\circ}{\nu}{}^{(rt)}} = \overset{(2)}{H}{}^{(rr)}_{\varrho\varrho} + \sum_t{}' \frac{\sum\limits_{\tau} \left|\overset{(1)}{H}{}^{(rt)}_{\varrho\tau}\right|^2}{h\overset{\circ}{\nu}{}^{(rt)}} \\ \overset{(1)}{U}{}^{(rr)}_{\varrho\sigma} &= -\frac{1}{h\overset{(1)}{\nu}{}^{(r)}_{\varrho\sigma}} \left[\overset{(2)}{H}{}^{(rr)}_{\varrho\sigma} + \sum_t{}' \frac{\sum\limits_{\tau} \overset{(1)}{H}{}^{(rt)}_{\varrho\tau} \overset{(1)}{H}{}^{(tr)}_{\tau\sigma}}{h\overset{\circ}{\nu}{}^{(rt)}}\right], \qquad \varrho \neq \sigma, \end{aligned}\right.$$

mit den Säkularfrequenzen

$$(11)\qquad h\overset{(1)}{\nu}{}^{(r)}_{\varrho\sigma} = \overset{(1)}{W}{}^{(r)}_{\varrho} - \overset{(1)}{W}{}^{(r)}_{\sigma}.$$

Für die nicht-diagonalen Elemente liefert dann Gleichung (3) weiter

$$(12)\qquad \overset{\circ}{W}{}^{(r)} \overset{(2)}{U}{}^{(rs)} - \overset{(2)}{U}{}^{(rs)} \overset{\circ}{W}{}^{(s)} \qquad (r \neq s)$$

$$= -\overset{(2)}{H}{}^{(rs)} + \overset{(1)}{U}{}^{(rs)} \overset{(1)}{W}{}^{(s)} - \overset{(1)}{W}{}^{(r)} \overset{(1)}{U}{}^{(rs)} - \sum_t{}' \overset{(1)}{H}{}^{(rt)} \overset{(1)}{U}{}^{(ts)},$$

woraus man

$$(13)\qquad \overset{(2)}{U}{}^{(rs)}_{\varrho\sigma} = -\frac{1}{h\nu^{(rs)}}\left[\overset{(2)}{H}{}^{(rs)}_{\varrho\sigma} - \overset{(1)}{U}{}^{(rs)}_{\varrho\sigma}\left(\overset{(1)}{W}{}^{(s)}_{\sigma} - \overset{(1)}{W}{}^{(r)}_{\varrho}\right) + \sum_t{}' \sum_\tau \overset{(1)}{H}{}^{(rt)}_{\varrho\tau}\,\overset{(1)}{U}{}^{(ts)}_{\tau\sigma}\right] \qquad (r \neq s)$$

ableitet (immer dem Satz von § 5 zufolge): dadurch ist aber nach (8) $\overset{(2)}{U}{}^{(rs)}_{\varrho\sigma}$ vollständig bestimmt. Die Elemente von $\overset{(2)}{U}{}^{(rr)}$ bestimmen sich aus der dritten Näherung, und das sukzessive Näherungsverfahren läßt sich ohne Schwierigkeit beliebig weit verfolgen.

Wir fassen jetzt den Fall ins Auge, wo einige der $\overset{(1)}{W}{}^{(r)}_{\varrho}$ einander gleich sind, d. h. wo die Entartung durch die Störung erster Näherung nicht oder nur teilweise aufgehoben wird. Die Behandlungsmethode dieses Falles ist genau dieselbe, die wir eben an Hand der Gleichung (2) erörtert haben. Wir wollen die Rechnung noch einen Schritt weiter führen.

Wir unterteilen also die Untermatrizen nach den Vielfachheiten der $\overset{(1)}{W}{}^{(r)}_{\varrho}$ und schreiben von jetzt an:

$$A^{(rs)}_{\varrho\sigma} = \left(A^{(r,\varrho;\,s,\sigma)}_{\alpha\beta}\right).$$

Die Bedingung für die Lösbarkeit der Gleichung (9) lautet jetzt:

$$(14)\qquad \overset{(2)}{W}{}^{(r,\varrho)} = \overset{(2)}{H}{}^{(r,\varrho;\,r,\varrho)} + \sum_t{}' \frac{\sum_\tau \overset{(1)}{H}{}^{(r,\varrho;\,t,\tau)}\,\overset{(1)}{H}{}^{(t,\tau;\,r,\varrho)}}{h\nu^{(rt)}};$$

d. h. die rechten Seiten müssen auf Diagonalform gebracht werden. Das leisten Transformationen $\overset{(2)}{u}{}^{(r\varrho)}$. Wir müssen also alle Matrizen der Transformation

$$\overset{(2)}{u} = \left(\overset{(2)}{u}{}^{(r,\varrho)}\,\delta_{rs}\,\delta_{\varrho\sigma}\right)$$

unterwerfen, d. h. als Funktionen der neuen Variablen

$$(15)\qquad \overset{(02)}{q_k} = \overset{(2)}{u}{}^{-1}\,\overset{(01)}{q_k}\,\overset{(2)}{u}, \quad \overset{(02)}{p_k} = \overset{(2)}{u}{}^{-1}\,\overset{(01)}{p_k}\,\overset{(2)}{u}$$

betrachten. Nun erhebt sich sofort die Frage, ob diese neue Transformation mit der durch die vorige $\overset{(1)}{u}$ befriedigten Lösbarkeitsbedingung der Gleichung (2) verträglich ist. Dazu ist zu bemerken, daß die Transformation $\overset{(1)}{u}$ nach § 11 nur bis auf eine Stufenmatrix von der Form $(\varphi^{(r,\varrho)}\,\delta_{rs}\,\delta_{\varrho\sigma})$ bestimmt ist, so daß eine weitere Transformation von dieser Form die durch $\overset{(1)}{u}$ erreichte Lösbarkeit von Gleichung (2) bestehen läßt: unsere Transformation $\overset{(2)}{u}$ ist aber gerade von der zulässigen Form, so daß, wie schon oben erwähnt, die aus Gleichung (2) abgeleiteten Konsequenzen (6) und (8) auch nach Transformation mit $\overset{(2)}{u}$ ihre Gültigkeit behalten. Die Transformationen $\overset{(1)}{u}$ und $\overset{(2)}{u}$ muß man ausführen, *bevor* man die Störungsrechnung anfängt. Das ist möglich, da man sie aus den Diagonalforderungen (7) und (14) bestimmt, welche nur von vornherein bekannte Größen enthalten.

Die Gleichung (9) liefert sodann

$$(16)\qquad \overset{(1)}{u}{}^{(r,\varrho;\,r\sigma)} = -\frac{1}{h\overset{(1)}{\nu}{}^{(r)}_{\varrho\sigma}}\left[\overset{(2)}{H}{}^{(r,\varrho,\,r\sigma)} + {\sum_t}' \frac{\sum_\tau \overset{(1)}{H}{}^{(r,\varrho;\,t,\tau)}\,\overset{(1)}{H}{}^{(t\tau;\,r\sigma)}}{h\,\nu^{(rt)}}\right] \quad (\varrho \neq \sigma).$$

Es bleiben noch die Elemente $\overset{(1)}{U}{}^{(r,\varrho;\,r,\varrho)}_{\alpha\beta}$ zu bestimmen; diese ergeben sich erst aus der dritten Näherungsgleichung (4).

Vorher schreiben wir noch (13) in der neuen Indizierung hin:

$$(17)\qquad \overset{(2)}{U}{}^{(r,\varrho;\,s,\sigma)} = -\frac{1}{h\,\overset{\circ}{\nu}{}^{(rs)}}\Big[\overset{(2)}{H}{}^{(r,\varrho;\,s,\sigma)} \qquad (r \neq s)$$

$$+ {\sum_t}' \sum_\tau \overset{(1)}{H}{}^{(r,\varrho;\,t,\tau)}\,\overset{(1)}{U}{}^{(t,\tau;\,s,\sigma)} - \overset{(1)}{U}{}^{(r,\varrho;\,s,\sigma)}\Big(\overset{(1)}{W}{}^{(s,\sigma)} - \overset{(1)}{W}{}^{(r,\varrho)}\Big)\Big].$$

Dann betrachten wir die Lösbarkeitsbedingungen der dritten Näherungsgleichung (4):

$$\overset{(3)}{W}{}^{(r)} - \overset{(3)}{H}{}^{(r,r)} + \overset{(1)}{U}{}^{(r,r)}\,\overset{(2)}{W}{}^{(r)} - {\sum_t}' \overset{(2)}{H}{}^{(r,t)}\,\overset{(1)}{U}{}^{(t,r)} + \overset{(2)}{U}{}^{(r,r)}\,\overset{(1)}{W}{}^{(r)}$$

$$- \sum_t \overset{(1)}{H}{}^{(r,t)}\,\overset{(2)}{U}{}^{(t,r)} = 0\,.$$

Dies schreiben wir zunächst um in

$$(18)\qquad \overset{(1)}{W}{}^{(r)}\,\overset{(2)}{U}{}^{(r,r)} - \overset{(2)}{U}{}^{(r,r)}\,\overset{(1)}{W}{}^{(r)} = \overset{(3)}{W}{}^{(r)} - \overset{(3)}{H}{}^{(r,r)} + \overset{(1)}{U}{}^{(r,r)}\,\overset{(2)}{W}{}^{(r)}$$

$$- \sum_t \overset{(2)}{H}{}^{(rt)}\,\overset{(1)}{U}{}^{(t,r)} - {\sum_t}' \overset{(1)}{H}{}^{(r,t)}\,\overset{(2)}{U}{}^{(t,r)}\,.$$

Die Lösbarkeitsbedingung für diese letzte Gleichung ist nun

$$
\begin{aligned}
0 = {} & \overset{(3)}{W}{}^{(r,\varrho)} - \overset{(3)}{H}{}^{(r,\varrho;r,\varrho)} + \overset{(1)}{U}{}^{(r,\varrho;r,\varrho)} \overset{(2)}{W}{}^{(r,\varrho)} - \overset{(2)}{H}{}^{(r,\varrho;r,\varrho)} \overset{(1)}{U}{}^{(r,\varrho;r,\varrho)} \\
& - \sum_t \sum_\tau{}' \overset{(2)}{H}{}^{(r,\varrho;t,\tau)} \overset{(1)}{U}{}^{(t,\tau;r,\varrho)} \\
& - \sum_t{}' \frac{1}{h \overset{\circ}{\nu}{}^{(rt)}} \sum_\tau \overset{(1)}{H}{}^{(r,\varrho;t,\tau)} \overset{(1)}{H}{}^{(t,\tau;r,\varrho)} \overset{(1)}{U}{}^{(r,\varrho;r,\varrho)} \\
& - \sum_t{}' \frac{1}{h \overset{\circ}{\nu}{}^{(rt)}} \sum_\tau \overset{(1)}{H}{}^{(r,\varrho;t,\tau)} \Big[\overset{(2)}{H}{}^{(t,\tau;r,\varrho)} + \sum_{\varrho,\sigma}{}'' \overset{(1)}{H}{}^{(t,\tau;s,\sigma)} \overset{(1)}{U}{}^{(s,\sigma;r,\varrho)} \\
& - \overset{(1)}{U}{}^{(t,\tau;r,\varrho)} \Big(\overset{(1)}{W}{}^{(r,\varrho)} - \overset{(1)}{W}{}^{(t,\tau)} \Big) \Big],
\end{aligned}
$$

wobei der Doppelstrich am Summenzeichen $\sum\limits_{\varrho\sigma}{}''$ bedeutet: die Werte $s = t$ und $s = r$, $\sigma = \varrho$ sind auszulassen.

Unter Beachtung von (14) läßt sich diese Gleichung auf die Form bringen:

$$
\begin{aligned}
\text{(19)} \qquad & \overset{(2)}{W}{}^{(r,\varrho)} \overset{(1)}{U}{}^{(r,\varrho;r,\varrho)} - \overset{(1)}{U}{}^{(r,\varrho;r,\varrho)} \overset{(2)}{W}{}^{(r,\varrho)} \\
& = \overset{(3)}{W}{}^{(r,\varrho)} - \overset{(3)}{H}{}^{(r,\varrho;r,\varrho)} - \sum_t{}' \sum_\tau \Big\{ \overset{(2)}{H}{}^{(r,\varrho;t,\tau)} \overset{(1)}{U}{}^{(t,\tau;r,\varrho)} \\
& + \frac{1}{h \overset{\circ}{\nu}{}^{(rt)}} \overset{(1)}{H}{}^{(r,\varrho;t,\tau)} \Big[\overset{(2)}{H}{}^{(t,\tau;r,\varrho)} + \sum_{s,\sigma}{}'' \overset{(1)}{H}{}^{(t,\tau;s,\sigma)} \overset{(1)}{U}{}^{(s,\sigma;r,\varrho)} \\
& - \overset{(1)}{U}{}^{(t,\tau;r,\varrho)} \Big(\overset{(1)}{W}{}^{(r,\varrho)} - \overset{(1)}{W}{}^{(t,\tau)} \Big) \Big] \Big\}.
\end{aligned}
$$

Wenn alle $\overset{(2)}{W}{}^{(r,\varrho)}$ voneinander verschieden sind, dann ist (19) die Bestimmungsgleichung für $\overset{(3)}{W}{}^{(r,\varrho)}_{\alpha}$ und für die noch unbekannten $\overset{(1)}{U}{}^{(r,\varrho;r,\varrho)}_{\alpha\beta}$. Wenn die Entartung noch nicht völlig aufgehoben ist, so ist vorher eine dritte Unterteilung der Matrizen vorzunehmen und eine dritte Transformation $\overset{(3)}{u}$ anzuwenden, die die diagonalen Untermatrizen der rechten Seite auf die Diagonalform bringt. Das Verfahren ist ohne weiteres beliebig fortsetzbar.

Nur dann, wenn die Entartung bei einer gewissen Näherung völlig aufgehoben wird, gelangt man, wenn man bis zu dieser

Näherung fortschreitet, zur restlosen Bestimmung der *ersten* Näherung (und dann auch natürlich der weiteren Näherungen) der Transformationsmatrix $U(\lambda)$.

Es kann aber vorkommen, daß die Entartung bei keiner Näherung aufgehoben wird. Das ist der Fall, wenn die gestörte Energiefunktion $H(p, q, \lambda)$ für alle Werte von λ entartet ist. Unterteilt man die Matrizen entsprechend der nicht-aufhebbaren Entartung, so bleiben die Nicht-Diagonalelemente der Diagonaluntermatrizen von $\overset{(1)}{U}$ unbestimmt (und entsprechendes gilt für die höheren Näherungen); die Diagonalelemente können, nach § 38, (12), beliebig rein imaginär gewählt werden. Man darf also z. B. diese Diagonaluntermatrizen null setzen, was im Einklang mit der Normierung (5) ist. Diese Willkür entspricht dem Umstand, daß $U(\lambda)$ in diesem Falle nach § 20 nur bis auf eine Stufenmatrix bestimmt ist. Physikalisch sinnvoll sind nur Größen, welche bezüglich dieser Willkür invariant sind (Relativinvarianten).

Als Beispiel für eine nicht völlig aufhebbare Entartung führen wir den im nächsten Paragraphen behandelten Fall eines Systems im elektrischen Feld an. Die Entartung beruht auf dem Umstand, daß das gestörte System die Gruppe der Drehungen um die Feldrichtung und der Spiegelungen an Ebenen durch die Feldrichtung zuläßt.

Schließlich läßt sich aus $\overset{(1)}{U}$, wie in § 38, die erste Näherung der gestörten Koordinaten und jeder Funktion von ihnen berechnen; es ist

$$\overset{(1)}{q}_k = \overset{(os)}{q}_k \overset{(1)}{U} - \overset{(1)}{U} \overset{(os)}{q}_k, \tag{20}$$

und entsprechend für $\overset{(1)}{p}_k$; dabei ist s die Ordnung derjenigen Näherung, bei der die Entartung so vollständig wie überhaupt möglich aufgehoben wird. Ein Beispiel behandeln wir im nächsten Paragraphen.

§ 42. Starkeffekt und elektrische Polarisierbarkeit. Man kann die Störungsrechnung verwenden, um den Einfluß eines konstanten elektrischen Feldes auf atomare Systeme zu untersuchen. Beim Einschalten des Feldes $\mathfrak{E}$ wird [s. § 2, (12)] die Arbeit $A = \mathfrak{P}\mathfrak{E}$ geleistet, wo $\mathfrak{P}$ den Vektor des elektrischen Moments bedeutet; bezeichnen wir seine Komponenten, wie in § 25, (13), mit X, Y, Z, und nehmen an, daß das Feld $\mathfrak{E}$ parallel zur z-Achse gerichtet ist und die Stärke E hat, so wird.

$$A = E Z. \tag{1}$$

Dabei ist E eine Zahl, Z eine Matrix, nämlich

$$Z = \sum_k e_k z_k. \tag{2}$$

Ist nun das Feld schwach, so kann man die negative Arbeit als Störungsenergie betrachten und hat

$$\overset{(1)}{H} = -E Z, \quad \overset{(2)}{H} = \overset{(3)}{H} = \cdots = 0. \tag{3}$$

Wenn es sich um freie Atome oder Molekeln handelt, liegt Entartung vor (s. Kap. IV, § 26); daher sind die Formeln von § 41 anzuwenden. Um die Störung 1. Ordnung zu finden, hat man die Gleichungen § 41, (7) zu bilden, welche hier lauten:

$$-\overset{(1)}{u}{}^{(r)-1} E Z^{(r,r)} \overset{(1)}{u}{}^{(r)} = \overset{(1)}{W}{}^{(r)}; \tag{4}$$

dabei sind die Indizes r so gewählt, daß zu jedem ein verschiedener Eigenwert $\overset{\circ}{W}{}^{(r)}$ des ungestörten Systems gehört. Liegt keine andere Entartung vor als die durch die freie Drehbarkeit des Systems bedingte, so sind die Elemente der in (4) vorkommenden Matrizen nach den Werten der magnetischen Quantenzahl m zu numerieren; ist noch eine weitere Entartung vorhanden, wie z. B. beim Wasserstoffatom, so sind weitere Indizes hinzuzufügen.

Die Gleichungen (4) stellen den *linearen Starkeffekt* dar, nämlich eine Aufspaltung jedes Terms in Komponenten, deren Abstände proportional der Feldstärke E wachsen. Dieser Effekt ist aber, wie die Erfahrung lehrt, nur beim Wasserstoffatom und bei sehr wasserstoffähnlichen Termen anderer Atome vorhanden. Der weitere Ausbau der Theorie wird hiervon Rechenschaft geben; das liegt daran, daß infolge der Symmetrie der Elektronenanordnungen in Atomen und Molekeln die einem Eigenwert des ungestörten Atoms entsprechende Untermatrix von $\mathfrak{P}$, also auch $\overset{\circ}{Z}{}^{(r,r)} = Z^{(r,r)}(\overset{\circ}{p}, \overset{\circ}{q})$ in (4), im allgemeinen verschwindet, nämlich immer dann, wenn keine andere Entartung (wie beim Wasserstoffatom) vorhanden ist. Wir werden daher hier vom linearen

Starkeffekt absehen und unsere Betrachtung auf solche Atome beschränken, für die $\overset{(1)}{W}{}^{(r)} = 0$ ist.

In erster Näherung wird die Entartung also gar nicht aufgehoben; die Unterteilung der Matrizen bleibt ungeändert und wir sind auf Formeln (14) u. ff. des § 41 angewiesen. Wir müssen zunächst eine Lösung $\overset{(02)}{q_k}, \overset{(02)}{p_k}$ des ungestörten Problems ausfindig machen, für welche die Matrix

$$\sum_t{}' \frac{\overset{(1)}{H}{}^{(r,t)} \overset{(1)}{H}{}^{(t,r)}}{h \overset{\circ}{\nu}{}^{(r\,t)}} = E^2 \sum_t{}' \frac{\overset{\circ}{Z}{}^{(r\,t)} \overset{\circ}{Z}{}^{(t\,r)}}{h \overset{\circ}{\nu}{}^{(r\,t)}}$$

diagonal ist. Es ist zu erwarten, daß die in § 28 gewählte Lösung diese Eigenschaft hat; in der Tat wird [wegen § 28, (1a)], nach der hier getroffenen Unterteilung der Matrizen:

$$\left(\overset{\circ}{Z}{}^{(rt)} \overset{\circ}{Z}{}^{(tr)}\right)_{m\,m'} = \overset{\circ}{Z}{}^{(r\,t)}_{m\,m} \overset{\circ}{Z}{}^{(t\,r)}_{m\,m} \delta_{m\,m'} = \left| \overset{\circ}{Z}{}^{(rt)}_{m\,m} \right|^2 \delta_{m\,m'} .$$

Nach § 41, (14) ist die Störung 2. Ordnung der Energie:

$$\overset{(2)}{W}{}^{(r)}_m = E^2 \sum_t{}' \frac{\left| \overset{\circ}{Z}{}^{(rt)}_{m\,m} \right|^2}{h \overset{\circ}{\nu}{}^{(rt)}} . \tag{5}$$

Diese E^2 proportionale Energiestörung liefert eine Verschiebung und Aufspaltung der Terme, und zwar wird

$$\overset{(2)}{W}{}^{(r)}_m = (A^{(r)} + B^{(r)} m^2) E^2. \tag{5a}$$

Das folgt aus den Formeln § 29, (12) und (13). Ersetzt man nämlich den Index r durch das Paar n, j, wo j die innere Quantenzahl ist, so wird

$$\overset{(2)}{W}{}^{(n,j)}_m = \sum_{n'}{}' \left(\frac{\left| Z^{(n,j;\,n',\,j-1)}_{m\,m} \right|^2}{h \overset{\circ}{\nu}{}^{(n,j;\,n',j-1)}} + \frac{\left| Z^{(n,j;\,n',j+1)}_{m\,m} \right|^2}{h \overset{\circ}{\nu}{}^{(n,j;\,n',j+1)}} + \frac{\left| Z^{(n,j;\,n',j)}_{m\,m} \right|^2}{h \overset{\circ}{\nu}{}^{(n,j;\,n',j)}} \right) E^2$$

$$= \left\{ (j^2 - m^2) \sum_{n'} \frac{\left| b^{(n,j;\,n',j-1)} \right|^2}{h \overset{\circ}{\nu}{}^{(n,j;\,n',j-1)}} \right.$$

$$\left. + ((j+1)^2 - m^2) \sum_{n'} \frac{\left| b^{\dagger\,(n,j;\,n',j+1)} \right|^2}{h \overset{\circ}{\nu}{}^{(n,j;\,n',j+1)}} + m^2 \sum_{n'}{}' \frac{\left| a^{(n,j;\,n',j)} \right|^2}{h \overset{\circ}{\nu}{}^{(n,j;\,n',j)}} \right\} E^2 ,$$

woraus die Behauptung hervorgeht.

Dieser STARK-*Effekt 2. Ordnung* ist äußerst klein; doch ist er an Linien des He und Li zuerst von J. STARK[1] beobachtet worden. Auf den prinzipiellen Unterschied dieses quadratischen Effekts von dem beim Wasserstoffatom auftretenden linearen Effekt hat LADENBURG[2] zuerst hingewiesen, dem es gelang, eine Verschiebung der D-Linien des Natriums in hohen elektrischen Feldern zu beobachten.

Aus (5a) sehen wir, daß $\overset{(2)}{W}{}^{(r)}_{m} = \overset{(2)}{W}{}^{(r)}_{-m}$ ist: d. h. in dieser Näherung ist (außer für $m = 0$) die Energie noch 2-fach entartet. Wie im § 41 gesagt, ist diese Entartung nicht aufhebbar. In den meßbaren Größen (z. B. in der Dielektrizitätskonstante) treten dementsprechend nur Spuren der 2- bzw. 1-reihigen Untermatrizen auf, welche dieser Entartung entsprechen.

Wir wollen jetzt die Störung $\overset{(1)}{\mathfrak{P}}$ des elektrischen Moments $\overset{\circ}{\mathfrak{P}}$ berechnen. Dazu müssen wir zunächst $\overset{(1)}{U}$ bestimmen; die Formeln § 41 (8), (19) liefern uns

$$\text{(6)} \qquad \overset{(1)}{U}{}^{(rs)}_{mm'} = -\frac{\overset{(1)}{H}{}^{(rs)}_{mm'}}{h\overset{\circ}{\nu}{}^{(rs)}} = E\cdot\frac{\overset{\circ}{Z}{}^{(rs)}_{mm}}{h\overset{\circ}{\nu}{}^{(rs)}}\,\delta_{mm'}\,; \qquad r \neq s$$

und mit

$$h\overset{(2)}{\nu}{}^{(r)}_{mm'} = \overset{(2)}{W}{}^{(r)}_{m} - \overset{(2)}{W}{}^{(r)}_{m'}$$

$$\overset{(1)}{U}{}^{(rr)}_{mm'} = -\frac{1}{h\overset{(2)}{\nu}{}^{(r)}_{mm'}}\sum_{t}{}'\sum_{\tau}\frac{\overset{(1)}{H}{}^{(rt)}_{m\tau}}{h\overset{\circ}{\nu}{}^{(rt)}}\cdot\sum_{s,\sigma}{}''\,\overset{(1)}{H}{}^{(ts)}_{\tau\sigma}\,\overset{(1)}{U}{}^{(sr)}_{\sigma m'}\,;$$

$$(m' \neq m \quad \text{und} \quad m' \neq -m)$$

in der Summation $\sum\limits_{s,\sigma}{}''$ sind jetzt einfach $s = t$ und $s = r$ auszulassen; da $\overset{(1)}{H}{}^{(rs)}$ und [nach (6)] auch $\overset{(1)}{U}{}^{(rs)}$ in bezug auf m diagonal

[1] STARK, J.: Ann. Physik Bd. 48, S. 210. 1915; ferner LÜSSEM, H.: Ann. Physik Bd. 49, S. 879, 1916; SIEBERT, G.: Ann. Physik Bd. 56, S. 587 u. 593. 1918.

[2] LADENBURG, R.: Phys. Z. Bd. 22, S. 549. 1921; s. ferner FOSTER J. ST.: Phys. Rev. Bd. 23, S. 667. 1924 usw.; WALLER, J.: Z. Phys. Bd. 38, S. 641. 1926; RAUSCH v. TRAUBENBERG, H. und R. GEBAUER: Z. Phys. Bd. 54, S. 304; Bd. 56, S. 255. 1929. Weitere Literatur findet sich in dem Bericht von LADENBURG: Die STARK-Effekte höherer Atome. Phys. Z. Bd. 30, S. 369. 1929.

sind, so vereinfacht sich die letzte Formel zu

$$\overset{(1)}{U}{}^{(rr)}_{mm'} = -\frac{1}{h\overset{(2)}{\nu}{}^{(r)}_{mm'}} \sum_t{}' \sum_s{}'' \frac{1}{h\overset{\circ}{\nu}{}^{(rt)}} \overset{(1)}{H}{}^{(rt)}_{mm} \overset{(1)}{H}{}^{(ts)}_{mm} \overset{(1)}{U}{}^{(sr)}_{mm} \delta_{mm'},$$

$$(m' \neq m, -m)$$

d. h.

$$(6\text{a}) \qquad \overset{(1)}{U}{}^{(rr)}_{mm'} = 0 \quad \text{für} \quad m' \neq m, -m.$$

Entsprechend der Bemerkung am Ende von § 41 darf man auch

$$(6\text{b}) \qquad \overset{(1)}{U}{}^{(rr)}_{m,m} = 0, \quad \overset{(1)}{U}{}^{(rr)}_{m,-m} = 0$$

setzen. Nach § 41, (20) haben wir dann wegen (6a), (6b):

$$\overset{(1)}{\mathfrak{P}}{}^{(rs)}_{mm'} = \sum_{t,\tau} \left(\overset{\circ}{\mathfrak{P}}{}^{(rt)}_{m\tau} \overset{(1)}{U}{}^{(ts)}_{\tau m'} - \overset{(1)}{U}{}^{(rt)}_{m\tau} \overset{\circ}{\mathfrak{P}}{}^{(ts)}_{\tau m'} \right)$$

$$= \sum_t{}'' \left(\overset{\circ}{\mathfrak{P}}{}^{(rt)}_{mm'} \overset{(1)}{U}{}^{(ts)}_{m'm'} - \overset{(1)}{U}{}^{(rt)}_{mm} \overset{\circ}{\mathfrak{P}}{}^{(ts)}_{mm'} \right),$$

und nach (6)

$$(7) \qquad \overset{(1)}{\mathfrak{P}}{}^{(rs)}_{mm'} = E \cdot \sum_t{}'' \left(\frac{\overset{\circ}{\mathfrak{P}}{}^{(rt)}_{mm'} \overset{\circ}{Z}{}^{(ts)}_{m'm'}}{h\overset{\circ}{\nu}{}^{(ts)}} - \frac{\overset{\circ}{Z}{}^{(rt)}_{mm} \overset{\circ}{\mathfrak{P}}{}^{(ts)}_{mm'}}{h\overset{\circ}{\nu}{}^{(rt)}} \right).$$

Aus dieser Formel schließt man zunächst, daß das induzierte Moment $\overset{(1)}{\mathfrak{P}}$ im Zeitmittel parallel der Feldrichtung liegt, d. h. daß

$$\overset{(1)}{\Pi}{}^{(rr)}_{mm} = \overset{(1)}{X}{}^{(rr)}_{mm} + i\,\overset{(1)}{Y}{}^{(rr)}_{mm} = 0$$

ist; das folgt aus der Eigenschaft § 28, (1a) von $\overset{\circ}{\Pi}$. Wir können übrigens auch aus (7) den Mittelwert $\overset{(1)}{Z}{}^{(rr)}_{mm}$ von $\overset{(1)}{\mathfrak{P}}$ sofort entnehmen. Indem wir für den Index r (bzw. s, t) das in § 29 mit n, j bezeichnete Indexpaar schreiben, wo j die innere Quantenzahl und n ein weiterer, alle übrigen Quantenzahlen zusammenfassender Index ist, so haben wir

$$(8) \qquad \begin{cases} \overset{(1)}{\Pi}{}^{(n,j;\,n,j)}_{m,m} = 0, \\ \overset{(1)}{Z}{}^{(n,j;\,n,j)}_{m,m} = \alpha(n, j, m)\,E \end{cases}$$

mit

$$\alpha(n, j, m) = \sum_{n', j'}' \frac{2}{h\,\nu(n', j'; n\,j)} \cdot \left| Z_{m\,m}^{(n, j; n', j')} \right|^2. \tag{9}$$

Man erkennt durch Vergleich von (5) und (9), daß

$$\overset{(1)}{Z}{}_{m\,m}^{(n, j; n, j)} = - \frac{\partial \overset{(2)}{W}{}^{(n, j)}}{\partial E}, \quad \overset{(2)}{W}{}^{(n, j)} = -\tfrac{1}{2}\alpha(n, j, m) E^2 \tag{10}$$

ist.

Außerdem aber folgt aus (7) eine Änderung der Intensitäten von Spektrallinien, die besonders dann sehr auffällig wird, wenn einem Übergang ohne Feld die Intensität Null (d. h. $\overset{\circ}{\mathfrak{P}}{}_{m\,m'}^{(r, s)} = 0$) entspricht. Dann erscheinen „neue" Linien bei Erregung des Feldes[1]. Man kann Intensität und Polarisationszustand dieser Linien berechnen oder wenigstens abschätzen, indem man aus den Emissionslinien ohne Feld die ν und $\overset{\circ}{\mathfrak{P}}$ empirisch bestimmt[2].

Aus der Größe $\alpha(n, j, m)$ läßt sich die *Dielektrizitätskonstante* ε eines Gases, das aus N Atomen oder Molekeln pro Volumeneinheit besteht, in der Weise berechnen, daß man das mittlere Moment pro Volumeneinheit

$$\overline{\overline{\mathfrak{P}}} = N\alpha\,\mathfrak{E} \quad \text{oder} \quad \overline{\overline{Z}} = N\alpha E, \quad \overline{\overline{\Pi}} = 0 \tag{11}$$

bildet; dabei bedeutet das doppelte Überstreichen den *statistischen Mittelwert* von $\mathfrak{P}$ über alle Zustände des Systems. Dann wird bekanntlich

$$\alpha = \frac{3}{4\pi N} \frac{\varepsilon - 1}{\varepsilon + 2}. \tag{12}$$

Wie wir später sehen werden, verlangt die Quantenmechanik strenggenommen eine Abänderung der gewöhnlichen statistischen Mechanik (Bose-Einsteinsche bzw. Fermi-Diracsche Statistik). Wenn wir uns aber auf genügend hohe Temperaturen beschränken, können wir mit der Maxwell-Boltzmannschen Statistik rechnen, nach der das Gewicht eines Zustandes der Energie $W^{(r)}$

[1] Systematische Beobachtungen sind ausgeführt von J. Koch: Ann. Physik Bd. 48, S. 98. 1915, J. Stark ebenda S. 210, J. St. Foster: a. a. O.; s. auch zit. Bericht von R. Ladenburg (Fußnote 2, S. 215).

[2] Dies wurde am Beispiel des Hg ausgeführt von W. Pauli: Math.-Phys. Mitt. d. dän. Ges. d. Wiss., Bd. 7, Nr. 3. 1925.

bei der Temperatur T proportional $e^{-\frac{W^{(r)}}{kT}}$ ist. Machen wir nun die Annahme, daß den völlig aufgespaltenen Zuständen $r = (n, j, m)$ gleiche a priori-Wahrscheinlichkeit zukommt, so erhalten wir

$$\alpha = \frac{\sum_n \sum_j \sum_m \alpha(n, j, m)\, e^{-\frac{W_m^{(n,j)}}{kT}}}{\sum_n \sum_j \sum_m e^{-\frac{W_m^{(n,j)}}{kT}}}. \tag{13}$$

In dieser Summe erhalten $\alpha(n, j, m)$ und $\alpha(n, j, -m)$ dieselben Gewichte; die Größe α ist also [im Gegensatz zu $\alpha(n, j, m)$ (9)] relativinvariant bezüglich der nicht-aufhebbaren Entartung (vgl. S. 215).

Da sich nun, auf Grund unserer Annahmen (S. 214), $W_m^{(n,j)}$ von $\overset{\circ}{W}{}^{(n,j)}$ nur um Glieder der Ordnung E^2 [Gl. (5a)] unterscheidet, so können wir $W_m^{(n,j)}$ durch $\overset{\circ}{W}{}^{(n,j)}$ ersetzen und die Summation nach m ausführen:

$$\alpha = \frac{\sum_n \sum_j \alpha(n, j)\, e^{-\frac{\overset{\circ}{W}{}^{(n,j)}}{kT}}}{\sum_n \sum_j (2j+1)\, e^{-\frac{\overset{\circ}{W}{}^{(n,j)}}{kT}}}, \tag{14}$$

wo nach (9)

$$\alpha(n, j) = \sum_{m=-j}^{j} \alpha(n, j, m) = \sum_{n,j}{}' \frac{2\,\|\overset{\circ}{Z}{}^{(n,j;\,n',j')}\|^2}{h\,\overset{\circ}{\nu}{}^{(n',j';\,n,j)}},$$

und nach § 31, (2)

$$\alpha(n, j) = \frac{2}{3} \sum_{n',j'}{}' \frac{\|\mathfrak{P}^{(n,j;\,n',j')}\|^2}{h\,\overset{\circ}{\nu}{}^{(n',j';\,n,j)}}. \tag{15}$$

Wir nehmen nun an, daß die Energie im „Normalzustande" $n = 0$ so überwiegt, daß in (14) dieser allein berücksichtigt werden muß. Schreiben wir statt $W^{(o,j)}$ kurz $\overset{\circ}{W}{}^{(j)}$ und

$$\alpha(j) = \alpha(o, j) = \frac{2}{3} \sum_{n',j'}{}' \frac{\|\overset{\circ}{\mathfrak{P}}{}^{(o,j;\,n',j')}\|^2}{h\,\overset{\circ}{\nu}{}^{(n',j';\,o,j)}}, \tag{16}$$

so wird

$$\alpha = \frac{1}{S} \sum_j \alpha(j)\, e^{-\frac{\overset{\circ}{W}(j)}{kT}}, \tag{17}$$

wo die Abkürzung

$$S = \sum_j (2j+1)\, e^{-\frac{\overset{\circ}{W}(j)}{kT}} \tag{18}$$

gebraucht ist.

Wir können nun die Glieder der Summe (16) in zwei Klassen teilen[1], solche mit $n' = 0$ und solche mit $n' \neq 0$, die sich ganz verschieden verhalten. Im allgemeinen wird nämlich die Rotation nur eine Termänderung erzeugen, die klein ist gegen die von den inneren Vorgängen bewirkte; d. h. die Funktion $\overset{\circ}{W}^{(n,j)}$ hängt wesentlich nur von n, sehr wenig aber von j ab. Daher ist für $n' \neq 0$ die Rotation nur eine kleine Störung gegenüber den durch Sprünge $0 \to n'$ erzeugten Änderungen des Systems; für $n' = 0$ aber ist die Rotation der Haupteffekt.

Wir nehmen also an, daß für $n' \neq 0$ die Energie $\overset{\circ}{W}^{(n',j')}$ von $\overset{\circ}{W}^{(n'j)}$ nicht wesentlich verschieden sei und ersetzen daher $\overset{\circ}{\nu}^{(n',j';o,j)}$ einfach durch $\overset{\circ}{\nu}^{(n',o)}$. In dem Gliede $n' = 0$ schreiben wir $\overset{\circ}{W}^{(j)}$ statt $\overset{\circ}{W}^{(o,j)}$ und $\overset{\circ}{\nu}^{(j,j')}$ statt $\overset{\circ}{\nu}^{(o,j;o,j')}$. Vorausgesetzt wird, daß zwar $\overset{\circ}{W}^{(j)}$ von derselben Größenordnung ist wie die Energie der Wärmebewegung, aber die Differenz $\overset{\circ}{W}^{(j)} - \overset{\circ}{W}^{(j')} = h\,\overset{\circ}{\nu}^{(j,j')}$ dem Betrage nach klein gegen kT.

Nach diesen Annahmen wird:

$$\alpha(j) = \frac{2}{3} \sum_{j'}{}' \frac{\|\overset{\circ}{\mathfrak{P}}{}^{(o,j;o,j')}\|^2}{h\,\overset{\circ}{\nu}^{(j',j)}} + \frac{2}{3} \sum_{n'}{}' \frac{1}{h\,\overset{\circ}{\nu}^{(n',o)}} \sum_{j'} \|\overset{\circ}{\mathfrak{P}}{}^{(o,j;n',j')}\|^2. \tag{19}$$

Setzen wir das in (17) ein, so zerfällt α in zwei Anteile,

$$\alpha = \alpha_0 + \alpha_1, \tag{20}$$

wobei α_0 nur von den Frequenzen $\overset{\circ}{\nu}^{(n',o)}$ der „schnellen" Schwingungen, α_1 nur von denen der „langsamen" $\overset{\circ}{\nu}^{(j,j')}$ abhängt, nämlich

[1] Nach J. H. van Vleck: Nature Bd. 118, S. 226. 1926; Phys. Rev. Bd. 29, S. 727. 1927; Bd. 30, S. 31. 1927; Bd. 31, S. 587. 1928. Dort findet man auch ausführliche Literaturangaben. S. auch L. Pauling: Proc. Roy. Soc. Bd. 114A, S. 181. 1927.

$$(21)\qquad \alpha_0 = \frac{2}{3} \cdot \frac{1}{S} \sum_{n'}' \frac{1}{h\,\overset{\circ}{\nu}(n',o)} \sum_{j,j'} \| \mathfrak{P}(o,j;n',j') \|^2 e^{-\frac{\overset{\circ}{W}(}{kT}},$$

$$(22)\qquad \alpha_1 = \frac{2}{3} \cdot \frac{1}{S} \sum_{j,j'}' \frac{1}{h\,\overset{\circ}{\nu}(j',j)} \| \mathfrak{P}(o,j;o,j') \|^2 e^{-\frac{\overset{\circ}{W}(j)}{kT}}.$$

Wir wollen diese Summen zunächst für den Fall der *zweiatomigen heteropolaren Molekel* in der Idealisierung der §§ 34, 40 ausrechnen[1]. Nach § 34, (15), (16), (20) ist die Energie

$$(23)\qquad \overset{\circ}{W}(n,j) = U_0 + \frac{h^2 j(j+1)}{8\pi^2 A_0} + h\nu_0\left(n + \frac{1}{2}\right) + \cdots,$$

wobei die Energie U_0, das Trägheitsmoment $A_0 = m_0 r_0^2$ [s. § 34, (21)] und die Frequenz ν_0 in erster Näherung als Konstante behandelt werden. Man hat daher näherungsweise

$$(24)\qquad \left\{\begin{aligned} &\overset{\circ}{\nu}(n,o) &&= \nu_0 n, \qquad n \neq 0\\ &\overset{\circ}{\nu}(j+1,j) &&= \frac{h}{4\pi^2 A_0}(j+1),\\ &\overset{\circ}{\nu}(j-1,j) &&= -\frac{h}{4\pi^2 A_0} j; \end{aligned}\right.$$

ferner kann man

$$(25)\qquad \overset{\circ}{W}(j) = \frac{h^2 j(j+1)}{8\pi^2 A_0}$$

setzen, weil die von j unabhängigen Glieder von $\overset{\circ}{W}(o,j)$ aus α_0 und α_1 herausfallen. Ferner benutzen wir für die $\|\overset{\circ}{\mathfrak{P}}\|^2$ die Ausdrücke § 31, (11); in diesen können wir die in § 34, (23) gegebenen Näherungswerte

$$b_{o,n}^{(j,j-1)} = b_{o,n}^{\dagger\,(j-1,j)} = \frac{e(r_0\delta_{on} + \varrho(0,n))}{\sqrt{(2j-1)(2j+1)}}$$

einsetzen; ferner ist $a = 0$, wie für jedes Einkörperproblem. Die Größe $\varrho(0,n)$ bedeutet die Amplitude des harmonischen Oszilla-

[1] MENSING, S. L. und W. PAULI jr.: Phys. Z. Bd. 27, S. 509. 1926. Eine wellenmechanische Behandlung desselben Problems bei C. MANNEBACK: Phys. Z. Bd. 27, S. 563. 1926; Bd. 28, S. 72. 1927. GANS, R.: Phys. Z. Bd. 28, S. 309. 1927; eine Richtigstellung hierzu von C. MANNEBACK: ebenda S. 514.

tors, ist also nur für $n = 1$ von Null verschieden, und zwar nach § 23, (25c)

$$|\varrho(0,1)|^2 = \frac{h}{8\pi^2 m_0 \nu_0}. \tag{26}$$

Daher hat man

$$\left\{\begin{aligned} b_{0,0}^{(j,j-1)} &= b_{0,0}^{\dagger(j-1,j)} = \frac{e\,r_0}{\sqrt{(2j-1)(2j+1)}}, \\ b_{0,1}^{(j,j-1)} &= b_{0,1}^{\dagger(j-1,j)} = \frac{e\,\varrho(0,1)}{\sqrt{(2j-1)(2j+1)}}. \end{aligned}\right. \tag{27}$$

Somit wird

$$\left\{\begin{aligned} \|\overset{\circ}{\mathfrak{P}}{}^{(0,j;\,0,j-1)}\|^2 &= e^2 r_0^2\, j, \\ \|\overset{\circ}{\mathfrak{P}}{}^{(0,j;\,0,j+1)}\|^2 &= e^2 r_0^2 (j+1), \end{aligned}\right. \tag{28a}$$

und

$$\left\{\begin{aligned} \|\overset{\circ}{\mathfrak{P}}{}^{(0,j;\,1,j-1)}\|^2 &= e^2 |\varrho(0,1)|^2\, j, \\ \|\overset{\circ}{\mathfrak{P}}{}^{(0,j;\,1,j+1)}\|^2 &= e^2 |\varrho(0,1)|^2 (j+1). \end{aligned}\right. \tag{28b}$$

Mithin wird aus (21)

$$\alpha_0 = \frac{2}{3}\frac{1}{S h \nu_0} e^2 |\varrho(0,1)|^2 \sum_j (2j+1)\, e^{-\frac{\overset{\circ}{W}{}^{(j)}}{kT}},$$

oder nach der Definition (18) von S mit Rücksicht auf (26)

$$\alpha_0 = \frac{1}{3}\frac{e^2}{4\pi^2 m_0 \nu_0^2}. \tag{29}$$

In (22) werden die beiden Quotienten

$$\frac{\|\overset{\circ}{\mathfrak{P}}{}^{(0,j;0,j-1)}\|^2}{h\,\overset{\circ}{\nu}{}^{(j-1,j)}} = -\frac{e^2 r_0^2\, 4\pi^2 A_0}{h^2},$$

$$\frac{\|\overset{\circ}{\mathfrak{P}}{}^{(0,j;0,j+1)}\|^2}{h\,\overset{\circ}{\nu}{}^{(j+1,j)}} = +\frac{e^2 r_0^2\, 4\pi^2 A_0}{h^2},$$

heben sich also in der Summe sämtlich fort außer für $j = 1$, bei dem nur der positive übrig bleibt. Also wird

$$\alpha_1 = \frac{2}{3}\frac{1}{S}\frac{4\pi^2 e^2 r_0^2 A_0}{h^2}. \tag{30}$$

Setzt man nun

$$(31)\qquad \sigma = \frac{h^2}{8\pi^2 A_0 k T}, \qquad \mu_0 = e r_0,$$

so kann man (30) schreiben

$$(32)\qquad \alpha_1 = \frac{\mu_0^2}{3kT}\,\frac{1}{f(\sigma)}$$

mit

$$(33)\qquad f(\sigma) = \sigma \sum_{j=0}^{\infty}(2j+1)\,e^{-\sigma j(j+1)}.$$

Unser Resultat ist also, daß die *Polarisierbarkeit eines Gases, das aus zweiatomigen, idealisierten heteropolaren Molekeln besteht,* die Form

$$(34)\qquad \alpha = \alpha_0 + \frac{\mu_0^2}{3kT}\,\frac{1}{f(\sigma)}$$

hat. Der Unterschied gegen die von der klassischen Theorie gelieferte DEBYEsche Formel[1]

$$(35)\qquad \alpha = \alpha_0 + \frac{\mu_0^2}{3kT}$$

besteht in dem Faktor $f(\sigma)^{-1}$; denn das erste Glied in (34) stimmt nach (29) genau mit dem entsprechenden in (35) überein, wo es die mittlere Polarisierbarkeit eines *linearen*, quasielastischen Oszillators bedeutet[2].

Wir zeigen nun, daß für hohe Temperaturen, also kleine σ, dieser Faktor gegen 1 strebt. Für $\sigma \ll 1$ kann man nämlich in (33) die Summe durch ein Integral ersetzen und hat asymptotisch

$$f(\sigma) \rightarrow \int_0^{\infty} \sigma\,(2j+1)\,e^{-\sigma j(j+1)}\,dj = \int_0^{\infty} e^{-x}\,dx = 1\,.$$

Daher geht die Formel (34) für $T \rightarrow \infty$ genau in die korrespondierende klassische Formel (35) über. Diese Tatsache war einer der ersten „praktischen" Erfolge der neuen Quantenmechanik. Denn

---

[1] DEBYE, P.: Phys. Z. Bd. 13, S. 97. 1912.

[2] Bildet das elektrische Feld den Winkel ϑ mit der Molekelachse, so ist die Vergrößerung ϱ des Atomabstandes gegeben durch $m_0 (2\pi\nu_0)^2 \varrho = eE\cos\vartheta$; die zum Felde parallele Komponente des elektrischen Moments ist im Mittel

$$e\,\overline{\varrho\cos\vartheta} = \overline{\cos^2\vartheta}\,\frac{e^2}{4\pi^2\nu_0^2 m_0}\,E = \frac{1}{3}\,\frac{e^2}{4\pi^2\nu_0^2 m_0}\,E\,.$$

die Methoden der älteren Quantentheorie[1], bei denen eine „Richtungsquantelung“ der Molekelachsen vorgenommen wurde, führen bei hohen Temperaturen auf einen falschen Zahlenfaktor.

Man kann nun zeigen, daß für hohe Temperaturen die DEBYEsche Formel nicht nur für das vereinfachte Modell der zweiatomigen Molekel, sondern für beliebige Systeme gilt, denen ein „permanentes“ elektrisches Moment zugeschrieben werden kann.

Wir kehren also wieder zu den allgemeinen Formeln (21), (22) zurück und entwickeln die Summe in (22) für große T in folgender Weise: Zunächst vertauschen wir die Indizes j, j' und nehmen die halbe Summe der beiden entstehenden Ausdrücke. Da $\|\overset{\circ}{\mathfrak{P}}\|^2$ in j, j' symmetrisch und $\overset{\circ}{\nu}{}^{(j',j)}$ antisymmetrisch ist, erhält man als Faktor die Differenz

$$e^{-\frac{\overset{\circ}{W}{}^{(j')}}{kT}} - e^{-\frac{\overset{\circ}{W}{}^{(j)}}{kT}},$$

die man nach Potenzen von $\frac{1}{kT}(\overset{\circ}{W}{}^{(j)} - \overset{\circ}{W}{}^{(j')}) = \frac{h\overset{\circ}{\nu}{}^{(j,j')}}{kT}$ entwickeln kann; sie ist also in erster Näherung durch

$$e^{-\frac{\overset{\circ}{W}{}^{(j)}}{kT}} \cdot \frac{h\overset{\circ}{\nu}{}^{(j',j)}}{kT}$$

zu ersetzen. Dann wird

$$\alpha_1 = \frac{1}{3SkT}\sum_{j,j'}{}' \|\overset{\circ}{\mathfrak{P}}{}^{(0,j;0,j')}\|^2 e^{-\frac{\overset{\circ}{W}{}^{(j)}}{kT}}. \tag{36}$$

Definiert man nun allgemein:

$$\mu_n(T) = \frac{1}{S}\sum_{j,j'} \|\overset{\circ}{\mathfrak{P}}{}^{(0,j;n,j')}\|^2 e^{-\frac{\overset{\circ}{W}{}^{(j)}}{kT}}, \tag{37}$$

wobei für $n = 0$ *das Glied* $j' = j$ *fortzulassen ist,* so wird

$$\left\{\begin{aligned} \alpha_0 &= \frac{2}{3}\sum_n{}' \frac{\mu_n(T)^2}{h\overset{\circ}{\nu}{}^{(n,0)}}, \\ \alpha_1 &= \frac{\mu_0(T)^2}{3kT}. \end{aligned}\right. \tag{38}$$

[1] PAULI, W. jr.: Z. Phys. Bd. 6, S. 319. 1921.

Die Ableitung der DEBYEschen Formel (35) läuft also darauf hinaus, die Bedingungen anzugeben, unter denen die Größe (37) von T merklich unabhängig wird. Dazu brauchen wir die Größen $\| \overset{\circ}{\mathfrak{P}} \|^2$, die in § 31, (11) angegeben sind. Es ergibt sich:

$$(39) \qquad \mu_n(T)^2 = \frac{1}{S} \sum_j (2j+1) e^{-\frac{\overset{\circ}{W}(j)}{kT}} \left\{ j(j+1) \left| a_{0,n}^{(j,j)} \right|^2 \right.$$

$$\left. + j(2j-1) \left| b_{0,n}^{(j,j-1)} \right|^2 + (j+1)(2j+3) \left| b_{0,n}^{(j,j+1)} \right|^2 \right\},$$

wobei für $n = 0$ das Glied mit a fortzulassen ist.

Man sieht leicht, daß im Falle der idealisierten zweiatomigen Molekel $\mu_n(T)$ von T unabhängig wird. Setzt man nämlich die Ausdrücke (27) nebst $a = 0$ ein, so wird die Klammer gleich $e^2 r_0^2$ für $n = 0$, gleich $e^2 \left| \varrho(0{,}1) \right|^2$ für $n = 1$ und gleich Null für $n = 2, 3, \ldots$; die übrigbleibende Summe aber ist gerade gleich S, also wird

$$\mu_0^2 = e^2 r_0^2, \qquad \mu_1^2 = e^2 \left| \varrho(0{,}1) \right|^2, \qquad \mu_2 = \mu_3 = \cdots = 0.$$

Setzt man das in (38) ein, so erhält man wieder die Formel (35) mit denselben Konstanten, die oben in (29), (31) angegeben wurden.

Hieraus erkennt man, daß allgemein μ_n^2 von T unabhängig wird, wenn

$$(40) \quad \begin{cases} j(j+1) \left| a_{0,n}^{(j,j)} \right|^2 = \alpha_n^2, \qquad n = 1, 2, \ldots \\ j(2j-1) \left| b_{0,n}^{(j,j-1)} \right|^2 + (j+1)(2j+3) \left| b_{0,n}^{(j,j+1)} \right|^2 = \beta_n^2, \\ \qquad n = 0, 1, 2, \ldots \end{cases}$$

näherungsweise von j unabhängig sind.

Das bedeutet offenbar korrespondenzmäßig, daß die Komponenten des elektrischen Moments parallel und senkrecht zur „Rotationsachse" durch die Rotation nicht merklich verändert werden — eine Annahme, die auch den Näherungsformeln (27) bei der zweiatomigen Molekel zugrunde lag. In diesem Falle kann man von der Existenz eines *permanenten elektrischen Moments* sprechen, und zwar ergibt sich für dies aus (39) und (40)

$$(41\text{a}) \qquad \mu_0^2 = \beta_0^2;$$

ferner wird

$$(41\text{b}) \qquad \mu_n^2 = \alpha_n^2 + \beta_n^2.$$

Setzt man das in (38) ein, so ergibt sich wieder die DEBYEsche Formel (35).

§ 43. ZEEMAN-Effekt und Magnetisierung. Wir haben bereits früher (§ 32) gesehen, daß die Übertragung der klassischen Formeln für den Einfluß eines Magnetfeldes auf Atome zu falschen Ergebnissen bezüglich der Zahl und Anordnung der Linien im ZEEMAN-Effekt führt und haben angedeutet, daß diese Schwierigkeit durch die Hypothese des Magnetelektrons überwunden werden kann. Wir wollen hier die elementare Theorie des ZEEMAN-Effektes und der damit zusammenhängenden magnetischen Erscheinungen als Beispiel zur Störungsrechnung durchführen, obwohl die Resultate durch den späteren Ausbau der Theorie wesentlich modifiziert werden.

Hierzu übernehmen wir den Ausdruck der Energiefunktion im Magnetfelde aus der klassischen Theorie, wie er in Bd. 1, § 34 angegeben worden ist. Dort betrachteten wir Atome, deren Kern als *fest* angenommen wird, bezeichneten die Ladung der beweglichen Elektronen mit $-e$, ihre Masse mit μ. Das Magnetfeld $\mathfrak{H}$ werde aus dem Vektorpotential $\mathfrak{A}$ abgeleitet nach der Formel

$$\mathfrak{H} = \operatorname{rot} \mathfrak{A}, \tag{1}$$

wobei $\mathfrak{A}$ die Bedingung

$$\operatorname{div} \mathfrak{A} = 0 \tag{2}$$

erfüllt.

Die Energiefunktion der klassischen Theorie, ausgedrückt durch Koordinaten und Impulse, ist nach Bd. 1, § 34, S. 239:

$$H = H_0 + \sum_k \left(\frac{e}{c\,\mu}\, \mathfrak{p}_k \mathfrak{A}_k + \frac{e^2}{2\mu\, c^2} \mathfrak{A}_k^2 \right), \tag{3}$$

wo

$$H_0 = \sum_k \frac{1}{2\mu} \mathfrak{p}_k^2 + U \tag{4}$$

die Energie des ungestörten Systems (U seine potentielle Energie) ist und $\mathfrak{A}_k$ den Wert des Vektors $\mathfrak{A}$ an der Stelle des k-ten Teilchens bedeutet.

Wir übernehmen den Ausdruck (3) *in die Quantenmechanik*, wobei die Koordinaten x_k, y_k, z_k (Vektor $\mathfrak{r}_k$) und Impulse p_{kx}, p_{ky}, p_{kz} (Vektor $\mathfrak{p}_k$) den kanonischen Vertauschungsregeln genügen sollen; allerdings müssen wir beachten, daß das skalare Produkt $\mathfrak{p}_k \mathfrak{A}_k$ nicht unabhängig von der Reihenfolge der Faktoren zu sein scheint. Tatsächlich ist aber die Reihenfolge gleichgültig; denn man hat nach § 18, (3)

$$p_{kx} \mathfrak{A}_{kx} - \mathfrak{A}_{kx} p_{kx} = \varkappa \frac{\partial \mathfrak{A}_{kx}}{\partial x_k},$$

also wegen (2)

$$\mathfrak{p}_k \mathfrak{A}_k - \mathfrak{A}_k \mathfrak{p}_k = \varkappa \operatorname{div}_k \mathfrak{A}_k = 0. \tag{5}$$

Die kanonischen Bewegungsgleichungen liefern erstens

$$\dot{x}_k = \mathfrak{v}_{kx} = \frac{\partial H}{\partial p_{kx}} = \frac{1}{\mu} p_{kx} + \frac{e}{c\mu} \mathfrak{A}_{kx},$$

oder

$$\mu \mathfrak{v}_k = \mathfrak{p}_k - \frac{e}{c} \mathfrak{A}_k; \tag{6}$$

zweitens

$$\dot{p}_{kx} = -\frac{\partial U}{\partial x_k} - \frac{e}{c}\left(\mathfrak{v}_{kx} \frac{\partial \mathfrak{A}_{kx}}{\partial x_k} + \mathfrak{v}_{ky} \frac{\partial \mathfrak{A}_{ky}}{\partial x_k} + \mathfrak{v}_{kz} \frac{\partial \mathfrak{A}_{kz}}{\partial x_k}\right)$$

und daraus folgt in Verbindung mit (6)

$$\mu \dot{\mathfrak{v}}_k = -\operatorname{grad}_k U + \frac{e}{c} (\mathfrak{v}_k \times \mathfrak{H}_k).$$

Der Ansatz (3) für die HAMILTONsche Funktion ist also äquivalent mit der Annahme, daß die mechanische Wirkung des Magnetfeldes durch die LORENTZsche Kraft $\frac{e}{c}(\mathfrak{v} \times \mathfrak{H})$ dargestellt wird. Das *magnetische Moment* ist in der Elektrodynamik[1] definiert als der Vektor

$$\mathfrak{m} = -\frac{e}{2c} \sum_k (\mathfrak{r}_k \times \mathfrak{v}_k)$$

oder, wenn man mit (6) $\mathfrak{v}_k$ durch $\mathfrak{p}_k$ ersetzt und das mechanische Impulsmoment $\mathfrak{M} = \sum_k (\mathfrak{r}_k \times \mathfrak{p}_k)$ einführt:

$$\mathfrak{m} = -\frac{e}{2c\mu} \mathfrak{M} + \frac{e^2}{2\mu c^2} \sum_k (\mathfrak{r}_k \times \mathfrak{A}_k). \tag{7}$$

[1] S. etwa ABRAHAM, M.: Theorie der Elektrizität Bd. 2, 3. Aufl. § 25, Formel (137e), S. 207. Leipzig: B. G. Teubner 1914.

Insbesondere soll nun ein homogenes Magnetfeld untersucht werden; es sei parallel zur z-Achse und habe die Stärke $|\mathfrak{H}|$. Dann ist (1) erfüllt für

$$\mathfrak{A}_{kx} = -\tfrac{1}{2} y_k |\mathfrak{H}|, \quad \mathfrak{A}_{ky} = \tfrac{1}{2} x_k |\mathfrak{H}|, \quad \mathfrak{A}_{kz} = 0. \tag{8}$$

Führt man ferner das BOHRsche *Magneton*

$$\mathsf{M}_0 = \frac{e}{2\mu c} \frac{h}{2\pi} = 9{,}21 \cdot 10^{-21} \text{ Gauß} \times \text{cm} \tag{9}$$

ein[1], so wird

$$H = H_0 + \mathsf{M}_0 \frac{2\pi}{h} M_z \cdot |\mathfrak{H}| + \frac{1}{8\mu c^2} \Theta \cdot \mathfrak{H}^2, \tag{10}$$

wo

$$M_z = \sum_k (x_k p_{ky} - y_k p_{kx})$$

die dem Felde parallele Komponente des Drehimpulses $\mathfrak{M}$ und

$$\Theta = \sum_k e^2 (x_k^2 + y_k^2) \tag{11}$$

das „*elektrische Trägheitsmoment*" um die Feldrichtung ist.

Das magnetische Moment wird nach (7) und (8)

$$\left\{\begin{aligned} m_x &= -\frac{e}{2\mu c} M_x - \frac{e^2}{4\mu c^2} \sum_k x_k z_k |\mathfrak{H}|, \\ m_y &= -\frac{e}{2\mu c} M_y - \frac{e^2}{4\mu c^2} \sum_k y_k z_k |\mathfrak{H}|, \\ m_z &= -\frac{e}{2\mu c} M_z + \frac{1}{4\mu c^2} \Theta |\mathfrak{H}|. \end{aligned}\right. \tag{12}$$

Bei der Anwendung der Störungstheorie auf die Energiefunktion (10) hat man zu beachten, daß M_z ein Integral der ungestörten Bewegung (mit H_0 vertauschbar) ist; man hat also den am Ende von § 38 behandelten Fall vor sich.

Man wird

$$\overset{\circ}{H} = H_0 + \mathsf{M}_0 \frac{2\pi}{h} M_z \cdot |\mathfrak{H}| \tag{13}$$

[1] Durch Multiplikation mit der LOSCHMIDTschen Zahl $L = 6{,}06 \cdot 10^{23}$ für das Mol erhält man das Molmagneton

$$L\mathsf{M}_0 = 5584 \text{ Gauß} \times \text{cm pro Mol}.$$

als Energie der ungestörten Bewegung ansehen und

(14) $$\overset{(2)}{H} = \frac{\Theta}{8\mu c^2} \mathfrak{H}^2$$

als Störungsfunktion zweiter Ordnung, während $\overset{(1)}{H} = 0$ ist. Bringt man $\overset{\circ}{H}$ auf die Diagonalform, so erhält man

(15) $\overset{\circ}{H} = \overset{\circ}{W}(n,j,m) = W_0(n,j) + \mathsf{M}_0 m \, | \, \mathfrak{H} \, |$,

wo j die innere, m die magnetische Quantenzahl und n eine Zusammenfassung aller übrigen Quantenzahlen ist.

Die Formel (15) zeigt, daß bei Annahme eines punktförmigen Elektrons (also ganzzahligen m, s. § 32) bei schwachen Feldern stets der sogenannte *normale* ZEEMAN-*Effekt* herauskommt, im Widerspruch zur Erfahrung. Nach der Störungsrechnung § 38, (31) wird

(16) $$\overset{(2)}{W}{}^{(n,j,m)} = \overset{(2)}{H}{}^{(n,j;nj)}(m,m) = \frac{\Theta(n,j,m)}{8\mu c^2} \mathfrak{H}^2,$$

wo $\Theta(n,j,m)$ das Diagonalelement der durch (11) definierten Matrix ist; dabei ist vorausgesetzt, daß keine Entartung des Systems im Magnetfelde mehr vorhanden ist, da andernfalls auf (10) die Methoden des § 41 anzuwenden wären.

Man hat also die *Gesamtenergie*

(17) $W(n,j;n,j) = W_0(n,j) + \mathsf{M}_0 m \, |\mathfrak{H}| + \frac{\Theta(n,j,m)}{8m_0 c^2} \mathfrak{H}^2$.

Wir berechnen nun die zeitlichen Mittelwerte (Diagonalelemente) der Komponenten des magnetischen Moments (12); nach § 38, (32) erhält man die Störungen dieser Größen, indem man einfach die Glieder erster Ordnung in $|\mathfrak{H}|$ für die ungestörte Bewegung nimmt. Das bedeutet aber, daß man in (12) die der Störung durch ein Feld parallel zur z-Achse angepaßten ungestörten Koordinaten einzusetzen und von den entstehenden Matrizen die Diagonalelemente zu nehmen hat. Nun sind die Diagonalelemente von M_x und M_y gleich Null. Dasselbe gilt nach den Sätzen von § 30 von den Diagonalelementen der Größen $\sum_k x_k z_k$, $\sum_k y_k z_k$, da auch das gestörte System um die z-Achse frei drehbar ist. Also verschwinden die Zeitmittelwerte von m_x und m_y, wie es der Symmetrie des Vorgangs entspricht. *Das Diagonal-*

element von m_z bezeichnen wir mit $\mathsf{M}(n, j, m)$ und erhalten aus (12) mit Rücksicht auf (9)

$$\mathsf{M}(n, j, m) = -\mathsf{M}_0 m - \frac{\Theta(n, j, m)}{4\mu c^2} |\mathfrak{H}|. \tag{18}$$

Der Vergleich mit (17) zeigt, daß

$$\mathsf{M}(n, j, m) = -\frac{\partial W(n, j, m)}{\partial |\mathfrak{H}|} \tag{19}$$

ist, genau wie in der klassischen Theorie des Magnetismus.

Ein Gas, das aus solchen Atomen zusammengesetzt ist, hat (bei hinreichend hohen Temperaturen — damit die BOLTZMANNsche Statistik anwendbar ist) ein mittleres magnetisches Moment pro Atom

$$\overline{\mathsf{M}} = \frac{\sum \mathsf{M}(n, j, m)\, e^{-\frac{W(n, j, m)}{kT}}}{\sum e^{-\frac{W(n, j, m)}{kT}}}. \tag{20}$$

In allen praktisch wichtigen Fällen, sogar bei Feldstärken bis etwa 10^6 Gauß, ist in der Energie (17) der mit $\mathfrak{H}^2$ proportionale Anteil immer gegen die niederen Glieder zu vernachlässigen; zerlegt man sodann $\overline{\mathsf{M}}$ in die beiden Anteile, die der Formel (18) entsprechen,

$$\mathsf{M} = \mathsf{M}_p + \mathsf{M}_d, \tag{21}$$

so wird $\overline{\mathsf{M}}_d$, das den Faktor $|\mathfrak{H}|$ hat, relativ klein sein, man kann also bei der Berechnung von $\overline{\mathsf{M}}_d$ in der Energie auch die Glieder mit $|\mathfrak{H}|$ fortlassen. So erhält man (indem man m durch $-m$ ersetzt):

$$\overline{\mathsf{M}}_p = \mathsf{M}_0 \frac{\sum m\, e^{-\frac{W_0 - \mathsf{M}_0 |\mathfrak{H}| m}{kT}}}{\sum e^{-\frac{W_0 - \mathsf{M}_0 |\mathfrak{H}| m}{kT}}}, \tag{22}$$

$$\overline{\mathsf{M}}_d = \chi_d |\mathfrak{H}|, \qquad \chi_d = -\frac{1}{4\mu c^2} \frac{\sum \Theta\, e^{-\frac{W_0}{kT}}}{\sum e^{-\frac{W_0}{kT}}}. \tag{23}$$

Hier bedeutet $\overline{\mathsf{M}}_p$ *das paramagnetische*, $\overline{\mathsf{M}}_d$ *das diamagnetische Moment.* Wir behandeln diese jetzt einzeln.

I. Paramagnetismus.

Setzt man

$$S(j) = \sum_{m=-j}^{j} e^{\beta m} = \frac{e^{\beta j} - e^{-\beta(j+1)}}{1 - e^{-\beta}}, \qquad \beta = \frac{\mathsf{M}_0 |\mathfrak{H}|}{kT}, \tag{24}$$

ferner

$$\mathsf{M}(j) = \mathsf{M}_0 \frac{\sum_{m=-j}^{j} m\, e^{\beta m}}{\sum_{m=-j}^{j} e^{\beta m}} = \mathsf{M}_0 \frac{d \ln S(j)}{d\beta}, \tag{25}$$

so hat man

$$\overline{\mathsf{M}}_p = \frac{\sum_{j,n} \mathsf{M}(j)\, S(j)\, e^{-\frac{W_0(n,j)}{kT}}}{\sum_{j,n} S(j)\, e^{-\frac{W_0(n,j)}{kT}}}. \tag{26}$$

In praxi genügt es wohl stets, für n den Wert zu nehmen, der dem Normalzustande entspricht, etwa $n = 0$; in vielen Fällen kann man auch bei j sich auf den niedersten Wert j_0 beschränken (wenn der nächste j-Wert bereits einer wesentlich höheren Energie entspricht). Man hat dann näherungsweise

$$\overline{\mathsf{M}}_p = \mathsf{M}(j_0) \tag{27}$$

und nennt j_0 die *Magnetonenzahl des Normalzustandes.*

Die Ausrechnung der Formel (25) gibt[1]

$$\mathsf{M}(j) = \mathsf{M}_0 \left\{ \frac{j\, e^{\beta j} + (j+1)\, e^{-\beta(j+1)}}{e^{\beta j} - e^{-\beta(j+1)}} - \frac{1}{e^{\beta} - 1} \right\}. \tag{28}$$

Ist j groß, so daß $j + 1$ durch j ersetzt werden kann, so hat man näherungsweise

$$\mathsf{M}(j) \to \mathsf{M}_0 \left\{ j\, \mathfrak{Ctg}\, \beta j - \frac{1}{e^{\beta} - 1} \right\};$$

ist zugleich β klein, so wird

$$\mathsf{M}(j) \to \mathsf{M}_0\, j \left\{ \mathfrak{Ctg}\, \beta j - \frac{1}{\beta j} \right\}. \tag{29}$$

Das ist die bekannte *Formel von* LANGEVIN[2], die dieser aus

[1] BRILLOUIN, L.: J. Phys. Bd. 8, S. 74. 1927.

[2] LANGEVIN, P.: Ann. de chim. et Phys. (8), Bd. 5, S. 70. 1905.

der klassischen Theorie erhalten hat, wo sie streng für alle β gilt; dann würde das paramagnetische Moment mit wachsender Feldstärke, d. h. $\beta \to \infty$, dem Grenzwert $\mathsf{M}_0 j$, der „Sättigung“, zustreben. Dasselbe Verhalten liefert auch die strenge quantentheoretische Formel (28), und zwar mit demselben *Sättigungswert*

$$(30) \qquad |\mathfrak{H}| \to \infty: \quad \mathsf{M}(j)_\infty \to \mathsf{M}_0 j.$$

Im Sättigungszustand verhält sich also das magnetische Moment so, als wären j BOHRsche Magnetonen M_0 pro Atom gleichgerichtet.

Für *kleine Feldstärken*, $\beta \to 0$, hat man angenähert

$$(31) \qquad |\mathfrak{H}| \to 0: \quad \mathsf{M}(j) \to \chi_p(j) \cdot |\mathfrak{H}|,$$

mit der *paramagnetischen Anfangssuszeptibilität*

$$(32) \qquad \chi_p(j) = \frac{\mathsf{M}_0^2}{k\,T}\,\frac{j(j+1)}{3} = \frac{\mathsf{M}(j)_\infty^2}{3\,k\,T}\,\frac{j+1}{j}.$$

Dies ist das CURIEsche *Gesetz*:

$$\chi_p = \frac{C}{k\,T},$$

wobei die CURIEsche *Konstante* C den Wert

$$(32\text{a}) \qquad C = \frac{\mathsf{M}_0^2\, j\,(j+1)}{3} = \frac{\mathsf{M}(j)_\infty^2}{3} \cdot \frac{j+1}{j}$$

erhält.

Für große j geht dieser Ausdruck in den korrespondierenden $\frac{\mathsf{M}(j)_\infty^2}{3}$ der klassischen Theorie über. Eine experimentelle Entscheidung darüber, ob der exakte Ausdruck (32a) für kleine Magnetonenzahlen des Normalzustandes (kleine j_0) dem klassischen überlegen ist, hat sich bisher noch nicht treffen lassen[1].

Der Paramagnetismus tritt niemals rein auf, sondern wird immer vom Diamagnetismus überlagert. Dieser ist allerdings bei

[1] Messungen über einen großen Temperaturbereich liegen nur für Gadoliniumsulfat vor (vgl. MARX' Handbuch der Radiologie, Bd. 6, S. 683). Sie zeigen, daß das CURIEsche Gesetz hier genau bis zu sehr tiefen Temperaturen gilt; doch scheint die Genauigkeit nicht auszureichen, um den Faktor $\frac{j+1}{j}$ sicher von 1 zu unterscheiden.

normalen Feldstärken sehr schwach; bei hohen Feldstärken (Größenordnung 10^7 Gauß) aber würde sich der Diamagnetismus bemerkbar machen, und zwar auf zwei Weisen: einmal direkt durch den additiven Anteil $\overline{\mathsf{M}}_d$, der in $|\mathfrak{H}|$ von erster Ordnung ist, sodann durch die vom Faktor $e^{-\frac{\Theta \mathfrak{H}^2}{8\mu c^2 k T}}$ hervorgerufene Korrektion, die in $|\mathfrak{H}|$ von zweiter Ordnung ist. Wegen dieses Faktors können daher die Formeln (21), (22), (23) nicht den Anspruch erheben, den Verlauf der Magnetisierung paramagnetischer Substanzen für *alle* Feldstärken in Strenge darzustellen; doch reicht sie in allen praktisch vorkommenden Fällen aus. Der Diamagnetismus hat somit zur Folge[1], daß bei paramagnetischen Körpern keine wirkliche Sättigung zu erwarten ist, sondern bei sehr großen Feldstärken eine Abnahme der Magnetisierung — ein Effekt, der noch nicht beobachtet ist (erforderliche Feldstärke $\sim 10^7$ Gauß).

II. Diamagnetismus.

Wenn bei einem Körper der Paramagnetismus fehlt, d. h. wenn der Wert der inneren Quantenzahl im Normalzustande $j_0 = 0$ ist, so tritt der Diamagnetismus rein zutage; die diamagnetische Suszeptibilität ist nach (23)

$$\chi_d = \frac{\sum\limits_{n,j} \chi_d(n,j)\, e^{-\frac{W_0(n,j)}{kT}}}{\sum\limits_{n,j} (2j+1)\, e^{-\frac{W_0(n,j)}{kT}}} \tag{33}$$

mit

$$\chi_d(n,j) = -\frac{1}{4\mu c^2} \sum_{m=-j}^{j} \Theta(n,j,m). \tag{34}$$

Im allgemeinen ist χ_d sehr wenig von der Temperatur abhängig, was darin seinen Grund hat, daß der Energiewert im Normalzustand $W_0(0,0)$ sehr viel tiefer liegt als für alle anderen Zustände; dann stellt $\chi_d(0,0)$ direkt die diamagnetische Suszeptibilität dar. Es gibt aber auch Ausnahmen von diesem Verhalten[2]; bei diesen Substanzen wird man zwar $n = 0$ setzen, aber

[1] Dies wurde von R. Gans bemerkt. Gött. Nachr. 1910, S. 197; 1911, S. 118.

[2] S. etwa Handbuch der Physik von Geiger und Scheel, Bd. 15, A, Kap. 3. Steinhaus, W.: Magnetische Eigenschaften der Körper, Ziff. 10. S. 155.

verschiedene j-Werte berücksichtigen. Dann hat man

(35) $$\chi_d = \frac{\sum_j \chi_d(j)\, e^{-\frac{W_0(j)}{kT}}}{\sum_j (2j+1)\, e^{-\frac{W_0(j)}{kT}}}$$

(36) $$\chi_d(j) = -\frac{1}{4\mu c^2} \sum_{m=-j}^{j}{}' \Theta(0, j, m).$$

Da $\Theta(0, j, m)$ das Diagonalglied der Matrix Θ bedeutet, so ist die in (36) auftretende Summe gleich $Sp\, \Theta^{(j,j)}$. Nach (11) aber ist Θ eine Komponente des Tensors „elektrisches Trägheitsmoment"

$$\Theta_{xx} = \sum_k e^2 (y_k^2 + z_k^2), \ldots \quad \Theta_{yz} = \sum_k e_k^2\, y_k z_k, \ldots$$

Nach § 30, (11) ist also

$$Sp\, \Theta^{(j,j)} = \frac{1}{3} Sp \left(\Theta_{xx}^{(j,j)} + \Theta_{yy}^{(j,j)} + \Theta_{zz}^{(j,j)}\right)$$
$$= \frac{2}{3} Sp \sum_k e^2 (x_k^2 + y_k^2 + z_k^2)^{(j,j)} = \frac{2e^2}{3} Sp \left(\sum_k r_k^2\right)^{(j,j)}.$$

Mithin wird

(37) $$\chi_d(j) = -\frac{e^2}{6\mu c^2} Sp \left(\sum_k r_k^2\right)^{(j,j)}.$$

Diese Formel ist die quantenmechanische Übertragung der von PAULI[1] auf Grund der klassischen Theorie abgeleiteten.

Nimmt man an, daß im Grundzustand $j = 0$ die Größe $(\sum_k r_k{}^2)^{(0,0)}$ von der Ordnung des Quadrats der atomaren Dimensionen 10^{-8} cm ist, so kann man die Größenordnung von χ_d abschätzen. Multipliziert man χ_d mit der LOSCHMIDTschen Zahl $L = 6{,}06 \cdot 10^{23}$ für das Mol, so erhält man für die Suszeptibilität pro Mol die Größenordnung $3 \cdot 10^{-6}$; während ältere Messungen[2] für *He* und *A* 10 bis 100 mal so große Werte ergaben, sind neuer-

[1] PAULI, W. jr.: Z. Phys. Bd. 2, S. 201. 1920.

[2] TÄNZLER, P.: Ann. Phys. Bd. 24, S. 931. 1907. TAKÉ SONÉ: Phil. Mag. Bd. 39, S. 305. 1920.

dings von Wills und Hector[1] folgende Zahlen gefunden worden:

für He $1{,}88 \cdot 10^{-6}$ und für H_2 $3{,}94 \cdot 10^{-6}$.

Diese stimmen sehr gut mit der berechneten Größenordnung überein.

§ 44. Verhalten des *H*-Atoms in gekreuzten Feldern. Wir wollen die in § 41 entwickelte Störungsrechnung für entartete Systeme nunmehr dazu anwenden, das Verhalten des in §§ 35 bis 37 betrachteten H-Atommodells in gekreuzten Feldern zu untersuchen und die schon in § 37 gemachten diesbezüglichen Angaben zu rechtfertigen.

Ist $\mathfrak{E}$ die elektrische Feldstärke und $\mathfrak{A}$ das Vektorpotential des magnetischen Feldes, so wird die Hamilton-Funktion unseres Systems entsprechend § 35, (1) und § 43, (3) gleich

$$(1)\qquad \left\{\begin{aligned} H &= H_0 - e(\mathfrak{r}\,\mathfrak{E}) + \frac{e}{c\mu}(\mathfrak{p}\,\mathfrak{A}) \\ &= \frac{1}{2\mu}\mathfrak{p}^2 - \frac{\varepsilon}{r} - e(\mathfrak{r}\,\mathfrak{E}) + \frac{e}{c\mu}(\mathfrak{p}\,\mathfrak{A}); \qquad \varepsilon = e^2 Z. \end{aligned}\right.$$

Wir haben hier die Kernmasse als unendlich und demnach $m_0 = \mu$ angenommen [vgl. § 35, (1′)]; ferner haben wir den mit $\mathfrak{A}^2$ proportionalen Teil der Störungsenergie *vernachlässigt*. Wir nehmen die Feldstärken $\mathfrak{E}$, $\mathfrak{H}$ als räumlich konstant (homogen) an; gemäß (10), § 43 können wir dann schreiben:

$$(1')\qquad H = H_0 - e(\mathfrak{r}\,\mathfrak{E}) + \frac{e}{2\mu c}(\mathfrak{M}\,\mathfrak{H}).$$

Nach den Feststellungen von § 41 haben wir nun zur Durchführung der Störungsrechnung eine solche Lösung des *ungestörten* Problems zu suchen, für welche die *Zeitmittelwerte* der zu $\mathfrak{E}$ parallelen Komponente des Ortsvektors $\mathfrak{r}$ und der zu $\mathfrak{H}$ parallelen Komponente des Drehimpulses $\mathfrak{M}$ *Diagonalmatrizen* sind.

Nach § 36 gehört je ein irreduzibles Teilsystem $\mathfrak{A}_n$, $\mathfrak{M}_n$ des Matrizensystems $\mathfrak{A}$, $\mathfrak{M}$ (der Matrixvektor $\mathfrak{A}$ ist nicht zu verwechseln mit dem Vektorpotential des Magnetfeldes) zu einem Eigenwert W_n der ungestörten Energie H_0. Schreiben wir nun auch $\mathfrak{r}$

---

[1] Wills, A. P. and L. G. Hector: Phys. Rev. Bd. 23, 209. 1926. Hector, L. G.: ebenda Bd. 24, S. 418. 1926.

entsprechend den Vielfachheiten der Eigenwerte W_n als Übermatrix, so wird der Zeitmittelwert $\bar{\mathfrak{r}}$ eine *Stufenmatrix*. Es sei $\bar{\mathfrak{r}}_n$ die zur Stufe $\mathfrak{A}_n$, $\mathfrak{M}_n$ von $\mathfrak{A}$, $\mathfrak{M}$ gehörige Stufe von $\bar{\mathfrak{r}}$; und $\bar{x}_n$, $\bar{y}_n$, $\bar{z}_n$ seien die Komponenten von $\bar{\mathfrak{r}}_n$. Es stimmt aber jedes in $\bar{\mathfrak{r}}_n$ überhaupt enthaltene Matrixelement mit dem entsprechenden Element von $\mathfrak{r}$ überein, und wir können deshalb die für die Vertauschung von x, y, z mit M_x, M_y, M_z geltenden Gleichungen § 25, (2), (3) und die zwischen den Vertauschungen von x, y, z mit A_x, A_y, A_z bestehende Beziehung § 35, (19) auch für die $\bar{x}_n$, $\bar{y}_n$, $\bar{z}_n$ und $\mathfrak{M}_n$, $\mathfrak{A}_n$ anwenden. Also ist mit $\bar{\xi}_n = \bar{x}_n + i\,\bar{y}_n$:

$$\left\{\begin{aligned} &[M_z, \bar{z}_n] = 0, \\ &[M_z, \bar{\xi}_n] = i\,\bar{\xi}_n, \end{aligned}\right. \tag{2}$$

und ferner, unter Berücksichtigung von Formel (V), (16), § 35:

$$(\mathfrak{A}_n \times \bar{\mathfrak{r}}_n) + (\bar{\mathfrak{r}}_n \times \mathfrak{A}_n) = 3\,\frac{\varepsilon}{2\,|W_n|}\,(\mathfrak{A} \times \mathfrak{A})\,. \tag{3}$$

Endlich folgt aus $(\mathfrak{r}\mathfrak{M}) = 0$ auch

$$(\bar{\mathfrak{r}}_n\,\mathfrak{M}_n) = 0\,. \tag{4}$$

Die Beziehungen (2) und (4) für $\bar{\mathfrak{r}}_n$ sind nun dieselben, wie § 35, (III), (14) und (IV), (15) für $\mathfrak{A}_n$. Zusammen mit (3) liefern sie ausreichend viele Gleichungen, um die Übereinstimmung[1]

$$\bar{\mathfrak{r}}_n = \frac{3}{2}\,a_n\,\mathfrak{A}_n\,; \quad a_n = \frac{\varepsilon}{2\,|W_n|} \tag{5}$$

zu begründen; das zeigt leicht eine Betrachtung der in § 36 entwickelten expliziten Formeln für die $\mathfrak{A}_n$, $\mathfrak{M}_n$.

Mit der Gewinnung der Formel (5) ist unsere Aufgabe aber im wesentlichen erledigt. Wir bekommen für den *Zeitmittelwert der Störungsenergie* (1), (1') den Ausdruck

$$\bar{\bar{H}}_1(n) = \frac{3}{2}\,e\,a_n\,(\mathfrak{E}\,\mathfrak{A}_n) + \frac{e}{2\mu c}\,(\mathfrak{H}\,\mathfrak{M}_n)\,, \tag{6}$$

oder, mit den Bezeichnungen von §§ 36 bis 37:

$$\bar{H}_1(n) = (\mathfrak{J}_1\,\mathfrak{w}_1)\,h + (\mathfrak{J}_2\,\mathfrak{w}_2)\,h\,. \tag{7}$$

---

[1] Zur korrespondenzmäßigen Erläuterung: In der klassischen Theorie ist a_n die *große Halbachse der* KEPLER-*Ellipse*.

Die Eigenwerte der zu $\mathfrak{w}_1$ bzw. $\mathfrak{w}_2$ parallelen Komponenten von $\mathfrak{J}_1$, $\mathfrak{J}_2$ sind uns aber schon aus § 36 bekannt und liefern gemäß der Störungstheorie von § 41 in der Tat die Energieformel (7), § 37.

In der *zweiten* Ableitung der BALMER-Formel (§ 36) hatten wir eine solche Lösung des ungestörten H-Atomproblems betrachtet, bei welcher $\mathfrak{M}_z$ und $\mathfrak{M}^2$ Diagonalmatrizen waren. Diese Lösung ist offenbar eine „angepaßte Lösung" (vgl. § 41) zu einer Störung durch ein zusätzliches, *zentralsymmetrisches* (nicht COULOMBsches) *Kraftfeld*, oder auch durch die *relativistische Massenveränderlichkeit*. Sie ist deshalb zu verwenden für eine Untersuchnug der *Feinstruktur* des Wasserstoffspektrums[1].

§ 45. Störungstheorie nicht abgeschlossener Systeme. Ein nicht abgeschlossenes System kann man mit den Methoden der Störungstheorie behandeln, wenn sich der Vorgang auffassen läßt als zeitabhängige Störung eines abgeschlossenen Systems, wenn also die Energiefunktion sich auf die Gestalt

$$H = \overset{\circ}{H}(p, q) + \lambda H'(p, q; t)$$

bringen läßt, wobei die Störungsenergie $\lambda H'$ relativ schwach ist. Man wird dann zunächst solche Koordinaten $\overset{\circ}{p}$, $\overset{\circ}{q}$ einführen, die $\overset{\circ}{H}$ auf die Diagonalform $\overset{\circ}{W}$ bringen, so daß

$$H = \overset{\circ}{W} + \lambda H'(\overset{\circ}{q}, \overset{\circ}{p}; t) \tag{1}$$

ist. Die Aufgabe besteht darin, die mit diesem H gebildete Gleichung § 22, (16)

$$HU + \varkappa \dot{U} = 0 \tag{2}$$

durch eine unitäre Matrix U zu lösen. Da H zeitabhängig ist, gibt es keine allgemeine Vorschrift, um $U(t)$ näher festzulegen (vgl. § 22). Wir nehmen aber an, daß die Störung zur Zeit t_0 anfängt, daß also $H'(p, q; t) = 0$ für $t \leqq t_0$. Dann ist für $t \leqq t_0$ die Lösung durch die Forderung: $H(p, q) = \overset{\circ}{W}$ (Diagonalmatrix) festgelegt (bis auf eine zeitunabhängige unitäre *Stufen*matrix, welche der Entartung von $\overset{\circ}{W}$ entspricht und welche wir uns schon in $\overset{\circ}{q}, \overset{\circ}{p}$ aufgenommen denken), und zwar ist für $t \leqq t_0$:

[1] Vgl. HEISENBERG, W. u. P. JORDAN: Z. Phys. Bd. 37, S. 263. 1926.

$U(t) = e^{-\frac{\mathring{W}}{\varkappa}t}$. Macht man für alle t den Ansatz:

(3) $$U(t) = e^{-\frac{\mathring{W}}{\varkappa}t}\, V(t),$$

(wo $V(t)$ ebenfalls unitär ist), so ist es also sinngemäß zu fordern, daß $V(t_0)$ die Einheitsmatrix ist, wodurch die Unbestimmtheit aufgehoben wird. Es gilt:

$$\dot{U} = -\frac{\mathring{W}}{\varkappa}U + e^{-\frac{\mathring{W}}{\varkappa}t}\,\dot{V}$$

und die Gleichung (2) lautet auf Grund von (1):

$$\lambda H' e^{-\frac{\mathring{W}}{\varkappa}t}\, V + \varkappa\, e^{-\frac{\mathring{W}}{\varkappa}t}\,\dot{V} = 0\,.$$

Wir multiplizieren vorn mit $e^{\frac{\mathring{W}}{\varkappa}t}$ und setzen

(4) $$K = e^{\frac{\mathring{W}}{\varkappa}t} H' e^{-\frac{\mathring{W}}{\varkappa}t} = \left(H'_{nm} e^{2\pi i \mathring{\nu}_{nm} t}\right).$$

Dann lautet die Gleichung für V:

(5) $$\varkappa \dot{V} + \lambda K V = 0\,,$$

hat also wieder die ursprüngliche Gestalt (2), nur daß K allein von der Störungsfunktion H' abhängt.

Setzen wir die Lösung von (5) als Potenzreihe nach λ an:

(6) $$V = V^0 + \lambda\, V^{(1)} + \lambda^2\, V^{(2)} + \cdots,$$

so ergeben sich aus (5) durch Koeffizientenvergleich die Näherungsgleichungen:

(7) $$\left\{\begin{array}{l} \varkappa \dot{V}^0 = 0 \\ \varkappa \dot{V}^{(1)} = -K V^{(0)} \\ \cdot\;\;\cdot\;\;\cdot\;\;\cdot\;\;\cdot\;\;\cdot\;\;\cdot\;\;\cdot \\ \varkappa \dot{V}^{(l)} = -K V^{(l-1)}. \end{array}\right.$$

Wegen $V(t_0) = E$ folgen aus (6) die Anfangsbedingungen:

(8) $$V^0(t_0) = E\,, \ldots, \quad V^{(l)}(t_0) = 0\,, \ldots$$

Die Lösung, welche (7) und (8) befriedigt, lautet:

(9) $$V^0(t) = E\,, \quad V^{(l)}(t) = -\frac{1}{\varkappa}\int_{t_0}^{t} K\, V^{(l-1)} d\tau;$$

das ist eine Rekursionsformel, aus der man $V^{(1)}$, $V^{(2)}$, ... der Reihe nach berechnen kann. Nach den Ergebnissen von § 22 ist dann die Matrix (6) für alle t unitär, da sie für $t = t_0$ in die Einheitsmatrix übergeht.

Als Beispiel betrachten wir den Fall, wo

$$H'(\tau) = \begin{cases} 0 & \text{für} \quad \tau < 0 \quad \text{und} \quad \tau > t, \\ H' = \text{konst.} & \text{für} \quad 0 < \tau < t. \end{cases}$$

Dann wird für $\tau = t$

$$(10) \quad \begin{cases} V_{nm}^{(1)} = -\dfrac{1}{h\overset{\circ}{\nu}_{nm}} H'_{nm} \left(e^{2\pi i \overset{\circ}{\nu}_{nm} t} - 1\right), \\[2ex] V_{nm}^{(2)} = \sum\limits_k \dfrac{1}{h\overset{\circ}{\nu}_{km}} H'_{nk} H'_{km} \left(\dfrac{e^{2\pi i \overset{\circ}{\nu}_{nm} t} - 1}{h\overset{\circ}{\nu}_{nm}} - \dfrac{e^{2\pi i \overset{\circ}{\nu}_{nk} t} - 1}{h\overset{\circ}{\nu}_{nk}} \right). \end{cases}$$

Besteht H' selbst aus Gliedern verschiedener Größenordnung in λ:

$$H' = H^{(1)} + \lambda H^{(2)} + \cdots,$$

so ändern sich die Formeln (7), (9), (10) dementsprechend und man erhält schließlich für U nach (3)

$$(10') \quad \begin{cases} U_{nm}^{(1)} = -\dfrac{e^{-\frac{\overset{\circ}{W}_n}{\varkappa} t}}{h\overset{\circ}{\nu}_{nm}} H_{nm}^{(1)} \left(e^{2\pi i \overset{\circ}{\nu}_{nm} t} - 1\right), \\[2ex] U_{nm}^{(2)} = -\dfrac{e^{-\frac{\overset{\circ}{W}_n}{\varkappa} t}}{h\overset{\circ}{\nu}_{nm}} H_{nm}^{(2)} \left(e^{2\pi i \overset{\circ}{\nu}_{nm} t} - 1\right) \\[2ex] \qquad + e^{-\frac{\overset{\circ}{W}_n}{\varkappa} t} \sum\limits_k \dfrac{1}{h\nu_{km}} H_{nk}^{(1)} H_{km}^{(1)} \left(\dfrac{e^{2\pi i \overset{\circ}{\nu}_{nm} t} - 1}{h\overset{\circ}{\nu}_{nm}} - \dfrac{e^{2\pi i \overset{\circ}{\nu}_{nk} t} - 1}{h\overset{\circ}{\nu}_{nk}} \right). \\ \cdots\cdots\cdots\cdots\cdots\cdots \end{cases}$$

Von diesen Formeln wird später (Kap. VII) Gebrauch gemacht werden.

Will man eine *rein periodische Störung* mit Hilfe der Formel (9) behandeln, so kann man sie als Grenzfall einer langsam anklingenden Störung ansehen, die für $t_0 = -\infty$ verschwindet. Wir setzen

$$(11) \qquad H' = \left(A(\overset{\circ}{p}, \overset{\circ}{q})\, e^{2\pi i \nu t} + A^{\dagger}(\overset{\circ}{p}, \overset{\circ}{q})\, e^{-2\pi i \nu t}\right) e^{2\pi \sigma t}$$

mit reellem ν und positivem σ; dann ist H' für eine willkürliche Matrix A hermitisch. Nach (4) wird

(12) $$K_{nm} = A_{nm}\, e^{2\pi i[(\overset{\circ}{\nu}_{nm}+\nu)-i\sigma]t} + A^{\dagger}_{nm}\, e^{2\pi i[(\overset{\circ}{\nu}_{nm}-\nu)-i\sigma]t}.$$

Aus (9) folgt nun:

(13) $$V^{(1)}_{nm} = -\frac{A_{nm}}{h[(\overset{\circ}{\nu}_{nm}+\nu)-i\sigma]}\left(e^{2\pi i[(\overset{\circ}{\nu}_{nm}+\nu)-i\sigma]t} - e^{2\pi i[(\overset{\circ}{\nu}_{nm}+\nu)-i\sigma]t_0}\right)$$
$$-\frac{A^{\dagger}_{nm}}{h[(\overset{\circ}{\nu}_{nm}-\nu)-i\sigma]}\left(e^{2\pi i[(\overset{\circ}{\nu}_{nm}-\nu)-i\sigma]t} - e^{2\pi i[(\overset{\circ}{\nu}_{nm}-\nu)-i\sigma]t_0}\right),$$

wobei $t_0 = -\infty$ ist. Die Glieder mit t_0 fallen also fort. Nun kann man σ beliebig klein nehmen, dann wird für nicht zu große t:

(14) $$V^{(1)}_{nm} = -\frac{A_{nm}}{h(\overset{\circ}{\nu}_{nm}+\nu)}\, e^{2\pi i(\overset{\circ}{\nu}_{nm}+\nu)t} - \frac{A^{\dagger}_{nm}}{h(\overset{\circ}{\nu}_{nm}-\nu)}\, e^{2\pi i(\overset{\circ}{\nu}_{nm}-\nu)t}.$$

Die höheren Näherungen enthalten Glieder mit

$$e^{2\pi i(\overset{\circ}{\nu}_{nm}+l\nu)t},$$

und zwar geht in $V^{(k)}$ der Index l von $-k$ bis $+k$ ein. Man kann leicht Rekursionsformeln für die Koeffizienten dieser Glieder aufstellen, am bequemsten durch Einsetzen in die Gleichungen (9). Doch soll hier von der Aufstellung dieser Formeln abgesehen werden, da sie praktisch nicht gebraucht werden.

Wir berechnen jetzt die Störung der Koordinatenmatrix q. Nach (3) ist

(15) $$q = U^{-1} q^0 U = V^{-1} Q^0 V,$$

wo

(16) $$Q^0 = e^{\frac{\overset{\circ}{W}}{\varkappa}t}\, q^0\, e^{-\frac{\overset{\circ}{W}}{\varkappa}t} = \left(q^0_{nm}\, e^{2\pi i \overset{\circ}{\nu}_{nm} t}\right).$$

Die Entwicklung von q setzen wir in der Form

(17) $$q = Q^0 + \lambda q^{(1)} + \cdots$$

an und bekommen, wie in § 38, (21, 1)

$$q^{(1)} = Q^0 V^{(1)} - V^{(1)} Q^0,$$

(18) $$q^{(1)}_{nm} = \sum_k \left(q^0_{nk} V^{(1)}_{km}\, e^{2\pi i \nu_{nk} t} - V^{(1)}_{nk}\, q^0_{km}\, e^{2\pi i \nu_{km} t}\right)$$

oder nach (14) mit Rücksicht auf $\nu_{nk} + \nu_{km} = \nu_{nm}$:

$$(19)\qquad \overset{(1)}{q}_{nm} = e^{2\pi i(\nu_{nm}+\nu)t} \sum_k \left(\frac{A_{nk} q^0_{km}}{h(\nu_{nk}+\nu)} - \frac{q^0_{nk} A_{km}}{h(\nu_{km}+\nu)} \right)$$
$$+ e^{2\pi i(\nu_{nm}-\nu)t} \sum_k \left(\frac{A^\dagger_{nk} q^0_{km}}{h(\nu_{nk}-\nu)} - \frac{q^0_{nk} A^\dagger_{km}}{h(\nu_{km}-\nu)} \right).$$

Ist das ungestörte System entartet und schreibt man alle Matrizen als Übermatrizen in der Form $(q^{(r,s)}_{\varrho,\sigma})$, so wird

$$(20)\quad \overset{(1)}{q}{}^{(r,s)}_{\varrho,\sigma} = e^{2\pi i(\nu^{(r,s)}+\nu)t} \sum_k \left(\frac{\sum\limits_\tau A^{(r,k)}_{\varrho,\tau} \overset{\circ}{q}{}^{(k,s)}_{\tau,\sigma}}{h(\nu^{(r,k)}+\nu)} - \frac{\sum\limits_\tau \overset{\circ}{q}{}^{(r,k)}_{\varrho,\tau} A^{(k,s)}_{\tau,\sigma}}{h(\nu^{(k,s)}+\nu)} \right)$$
$$+ e^{2\pi i(\nu^{(r,s)}-\nu)t} \sum_k \left(\frac{\sum\limits_\tau A^{\dagger(r,k)}_{\varrho,\tau} q^{(k,s)}_{\tau,\sigma}}{h(\nu^{(r,k)}-\nu)} - \frac{\sum\limits_\tau \overset{\circ}{q}{}^{(r,k)}_{\varrho,\tau} A^{\dagger(k,s)}_{\tau,\sigma}}{h(\nu^{(k,s)}-\nu)} \right).$$

Genau entsprechende Ausdrücke gelten für die Störung irgend einer Funktion $f(p, q)$; man hat in (19) oder (20) einfach $\overset{\circ}{q}$ durch $\overset{\circ}{f} = f(\overset{\circ}{p}, \overset{\circ}{q})$ und $\overset{(1)}{q}$ durch $\overset{(1)}{f}$ zu ersetzen [s. § 38, (23), (24)].

Bemerkenswert ist, daß in (20) keine „säkularen" Zusatzglieder auftreten, wie bei zeitunabhängiger Störung (§ 41); das gilt jedoch nur, solange weder $\nu = 0$ (statischer Fall) noch gleich einer der Eigenfrequenzen $\nu^{(r,s)}$ (Resonanzfall) ist. Denn nur dann verschwindet keiner der Nenner in (19) bzw. (20).

Die beiden Ausnahmefälle, besonders den physikalisch sehr wichtigen Resonanzfall, werden wir noch ausführlich erörtern. Vorläufig lassen wir sie unberücksichtigt; die Resultate, die wir in den folgenden Paragraphen gewinnen werden, gelten also nur mit der Einschränkung, daß die betreffenden Frequenzen ν nicht $= 0$ und weit von den Resonanzstellen entfernt sind.

§ 46. Dispersion des Lichts. Von den Formeln § 45, (19), (20) machen wir eine Anwendung auf den Fall, daß eine monochromatische Lichtwelle das System trifft. Von dieser setzen wir voraus, daß ihre Wellenlänge sehr groß ist gegen die linearen Abmessungen des Systems; dann kann man von den Verschieheiten der Phase in den einzelnen Punkten des Systems absehen und von dem Werte des Feldes „am Orte des Systems" schlechtweg sprechen. Im nächsten Paragraphen werden wir diese Voraussetzung fallen lassen. Das elektrische Feld der Welle sei durch

$$(1)\quad \lambda \mathfrak{E}_x = \lambda a_x \cos(2\pi\nu t + \varphi_x), \qquad \lambda \mathfrak{E}_y = \lambda a_y \cos(2\pi\nu t + \varphi_y),$$
$$\lambda \mathfrak{E}_z = \lambda a_z \cos(2\pi\nu t + \varphi_z)$$

mit reellen Amplituden und Phasen dargestellt. Statt dessen kann man auch die komplexen Amplituden

(2) $$\mathring{\mathfrak{E}}_x = a_x e^{i\varphi_x}, \quad \mathring{\mathfrak{E}}_y = a_y e^{i\varphi_y}, \quad \mathring{\mathfrak{E}}_z = a_z e^{i\varphi_z}$$

einführen und schreiben:

(3) $$\mathfrak{E} = \tfrac{1}{2}(\mathring{\mathfrak{E}} e^{2\pi i\nu t} + \mathring{\mathfrak{E}}^* e^{-2\pi i\nu t}),$$

wo $\mathring{\mathfrak{E}}^*$ der konjugiert komplexe Vektor zu (2) ist.

Wir werden hier die Rückwirkung des getroffenen Systems auf das Licht (erzwungene Ausstrahlung) vernachlässigen; eine Berücksichtigung dieser Wechselwirkung kann erst später erfolgen (s. Kap. VII).

Ist $\mathfrak{P}$ das elektrische Moment des Systems (eine hermitische Matrix), so ist die Störungsenergie

(4) $$H' = -\mathfrak{P}\mathfrak{E} = -\tfrac{1}{2}(\mathfrak{P}\mathring{\mathfrak{E}} e^{2\pi i\nu t} + \mathfrak{P}\mathring{\mathfrak{E}}^* e^{-2\pi i\nu t});$$

sie hat wegen $\mathfrak{P} = \mathfrak{P}^\dagger$ die Form des Ausdrucks § 45, (11) für $\sigma = 0$ mit

(5) $$A = -\tfrac{1}{2}\mathfrak{P}\mathring{\mathfrak{E}}.$$

Ist x_r eine rechtwinklige Koordinate eines Teilchens des Systems und entwickelt man sie nach λ:

(6) $$x_r(n,m) = x_r^0(n,m)\, e^{2\pi i\nu_{nm}t} + \lambda x_r^{(1)}(n,m) + \cdots,$$

so erhält man aus § 45, (19) für die Störung

(7) $$x_r^{(1)}(n,m) =$$
$$\tfrac{1}{2} e^{2\pi i(\nu_{nm}+\nu)t} \sum_k \left(\frac{x_r^0(n,k)(\mathring{\mathfrak{P}}(k,m)\cdot\mathring{\mathfrak{E}})}{h(\nu_{km}+\nu)} - \frac{(\mathring{\mathfrak{P}}(n,k)\cdot\mathring{\mathfrak{E}})\,x_r^0(k,m)}{h(\nu_{nk}+\nu)}\right).$$
$$+\tfrac{1}{2} e^{2\pi i(\nu_{nm}-\nu)t} \sum_k \left(\frac{x_r^0(n,k)(\mathring{\mathfrak{P}}(k,m)\cdot\mathring{\mathfrak{E}}^*)}{h(\nu_{km}-\nu)} - \frac{(\mathring{\mathfrak{P}}(n,k)\cdot\mathring{\mathfrak{E}}^*)\,x_r^0(k,m)}{h(\nu_{nk}-\nu)}\right)$$

und hieraus für die Störung des elektrischen Moments

(8) $$\mathfrak{P}(n,m) = \mathring{\mathfrak{P}}(n,m)\, e^{2\pi i\nu_{nm}t} + \lambda\,\mathfrak{P}^{(1)}(n,m) + \cdots$$

in erster Näherung:

$$(9)\quad \mathfrak{P}^{(1)}(n,m) =$$

$$\tfrac{1}{2}\, e^{2\pi i(\nu_{nm}+\nu)t} \sum_k \left(\frac{\mathring{\mathfrak{P}}(n,k)\cdot(\mathring{\mathfrak{P}}(k,m)\cdot\mathring{\mathfrak{E}})}{h(\nu_{km}+\nu)} - \frac{(\mathring{\mathfrak{P}}(n,k)\cdot\mathring{\mathfrak{E}})\,\mathring{\mathfrak{P}}(k,m)}{h(\nu_{nk}+\nu)} \right)$$

$$+\tfrac{1}{2}\, e^{2\pi i(\nu_{nm}-\nu)t} \sum_k \left(\frac{\mathring{\mathfrak{P}}(n,k)\cdot(\mathring{\mathfrak{P}}(k,m)\cdot\mathring{\mathfrak{E}}^*)}{h(\nu_{km}-\nu)} - \frac{(\mathring{\mathfrak{P}}(n,k)\cdot\mathring{\mathfrak{E}}^*)\cdot\mathring{\mathfrak{P}}(k,m)}{h(\nu_{nk}-\nu)} \right).$$

Diese Formeln enthalten die Grundlage für die Erklärung der Dispersion des Lichts. Wir haben uns ja mit HEISENBERG auf den Standpunkt gestellt (der erst später tiefer begründet werden wird), daß das elektrische Moment $\mathfrak{P}$ die vom System emittierte Strahlung bestimmt. Durch das einfallende Licht wird nun ein Zusatzmoment (9) erzeugt, dessen Matrixelemente Frequenz und Intensität des „gestreuten" Lichts bestimmen. In der klassischen Theorie wird gezeigt, daß die Streuwellen der einzelnen Atome sich durch Interferenz miteinander und mit der einfallenden ebenen Welle so beeinflussen, daß eine veränderte ebene Welle (mit anderer Wellenlänge) in dem Körper zu laufen scheint. Wir übernehmen diese Erklärung der Farbenzerstreuung vorläufig in die Quantentheorie.

Ehe wir aber auf den physikalischen Inhalt der Formeln näher eingehen, wollen wir den Grenzfall hoher Lichtfrequenzen ν untersuchen[1]. Es sei also ν groß gegen alle Eigenfrequenzen ν_{nm} des Systems, also die mechanische Bindung der Teilchen des Systems relativ schwach gegen die Lichteinwirkung. Wir behaupten, daß dann die einzelnen Teilchen so schwingen, als wären sie frei und gehorchten den Gesetzen der klassischen Theorie.

Entwickelt man nämlich die Summen in (7) nach Potenzen von $\frac{\nu_{nm}}{\nu}$, so erhält man

$$(10)\quad x_r^{(1)}(n,m) = \frac{e^{2\pi i\nu_{nm}t}}{h\nu}\,\varkappa\,\{\mathfrak{F}_x[x_r^0, X^0] + \mathfrak{F}_y[x_r^0, Y^0] + \mathfrak{F}_z[x_r^0, Z^0]\}_{nm}$$

$$- \frac{e^{2\pi i\nu_{nm}t}}{h\nu}\,\frac{\varkappa}{2\pi i\nu}\{\mathfrak{E}_x[x_r^0, \dot{X}^0] + \mathfrak{E}_y[x_r^0, \dot{Y}^0] + \mathfrak{E}_z[x_r^0, \dot{Z}^0]\}_{nm},$$

---

[1] Die folgenden Betrachtungen stammen von KRAMERS, H. A.: Physica Bd. 5, S. 369. 1925.

wo zur Abkürzung der Vektor

$$\mathfrak{F} = \frac{1}{2i}(\mathring{\mathfrak{E}}\, e^{2\pi i \nu t} - \mathring{\mathfrak{E}}^* e^{-2\pi i \nu t}) \tag{11}$$

und die Klammersymbole

$$\left\{\begin{aligned} [x_r^0, X^0]_{nm} &= \frac{1}{\varkappa}(x_r^0 X^0 - X^0 x_r^0)_{nm} \\ &= \frac{1}{\varkappa}\sum_k (x_r^0(n,k)\, X^0(k,m) - X^0(n,k)\, x_r^0(k,m)), \\ & \cdots\cdots\cdots \\ [x_r^0, \dot{X}^0]_{nm} &= \frac{1}{\varkappa}(x_r^0 \dot{X}^0 - \dot{X}^0 x_r^0)_{nm} \\ &= \frac{2\pi i}{\varkappa}\sum_k (x_r^0(n,k)\, \nu_{km} X^0(k,m) - \nu_{nk} X^0(n,k)\, x_r^0(k,m)) \\ & \cdots\cdots\cdots \end{aligned}\right. \tag{12}$$

eingeführt sind. Nach der Definition des elektrischen Moments aber hat man

$$\left\{\begin{aligned} [x_r^0, X^0] &= \sum_s e_s [x_r^0, x_s^0] = 0, \ldots \\ [x_r^0, \dot{X}^0] &= \sum_s \frac{e_s}{m_s}[x_r^0, p_{xs}^0] = -\frac{e_r}{m_r}, \ldots \end{aligned}\right. \tag{13}$$

auf Grund der kanonischen Vertauschungsregeln. Mithin geht (7) bzw. (10) über in

$$x_r^{(1)}(n,m) = -\delta_{nm}\mathfrak{E}_x \cdot \frac{e_r}{m_r(2\pi\nu)^2}. \tag{14}$$

In diesem Grenzfall wird also $x_r^{(1)}$ proportional der Einheitsmatrix, und der Proportionalitätsfaktor genügt der Differentialgleichung

$$m_r \ddot{x} = e_r \mathfrak{E}_x = e_r a_x \cos(2\pi\nu t + \varphi_x),$$

die das Mitschwingen eines freien Teilchens der Masse m_r und Ladung e_r im Felde $\mathfrak{E}$ darstellt (THOMSONsche Formel). Damit ist unsere Behauptung bewiesen.

Man sieht, daß die Vertauschungsrelationen (13) oder, wenn alle Formeln identisch in den Ladungen gelten sollen, die kanonischen Vertauschungsregeln zwischen den rechtwinkligen Koordinaten und Impulsen gerade die notwendige und hinreichende

Bedingung dafür darstellen, daß das System sich im Grenzfall schwacher Kräfte $\left(\frac{\nu_{nm}}{\nu} \ll 1\right)$ wie ein klassisches System freier Teilchen verhält. Nun wurden, wie bereits in der Einleitung, § 2, gesagt, Mitschwingungsformeln der Gestalt (7) bereits vor der systematischen Entwicklung der Quantenmechanik aufgestellt, zuerst nicht ganz vollständig von LADENBURG [1], dann in vollkommener Form von KRAMERS [2]. Der Gedanke war, aus den klassischen Formeln durch Korrespondenzbetrachtungen solche Quantenformeln herzuleiten, daß die Resonanzstellen mit den Emissionsfrequenzen ν_{nm} zusammenfallen. Die Zähler der Resonanzbrüche blieben dabei weitgehend unbestimmt. Doch erkannten THOMAS [3] und KUHN [4], daß sich diese Willkür einschränken lasse durch die Forderung, daß sich das System im Grenzfall verschwindender Bindung klassisch verhalte. Die von ihnen als „Summensätze" aufgestellten Gleichungen sind im wesentlichen die kanonischen Vertauschungsrelationen, die also hierzum erstenmal in der Literatur auftreten. Ihre prinzipielle Bedeutung ist aber erst durch die HEISENBERGsche Theorie ans Licht gekommen.

Wir kehren nun zu der Formel (9) zurück. Die mit der einfallenden Welle gleichfarbigen Schwingungen ($n = m$) werden mit der einfallenden Welle und untereinander interferieren. Wenden wir nun auf die ausgesandten Wellen die Gesetze der gewöhnlichen elektromagnetischen Lichttheorie an, so werden wir schließen, daß durch die Interferenz der einfallenden Welle mit den von allen Atomen des Gases ausgehenden Sekundärwellen die Erscheinung der „Brechung" zustande kommt: Es entsteht eine ebene Überlagerungswelle mit abgeänderter Wellenlänge. Vorausgesetzt ist dabei eine Anordnung der Atome in genauer Gitterstruktur [5]

---

[1] LADENBURG, R.: Z. Phys. Bd. 4, S. 451. 1921; ferner LADENBURG, R. u. F. REICHE: Naturwissensch. Bd. 11, S. 584. 1923.

[2] KRAMERS, H. A.: Nature (Lond.) Bd. 113, S. 673. 1924; Bd. 114, S. 310. 1924. KRAMERS, H. A. u. W. HEISENBERG: Z. Phys. Bd. 31, S. 681. 1925.

[3] THOMAS, W.: Naturwissensch. Bd. 13, S. 627. 1925. REICHE, F. u. W. THOMAS: Z. Phys. Bd. 34, S. 510. 1925.

[4] KUHN, W.: Z. Phys. Bd. 33, S. 408. 1925.

[5] EWALD, P. P.: Diss. München 1912; Ann. Physik Bd. 49, S. 1, 117. 1916; Bd. 54, S. 519, 557. 1917; Phys. Z. Bd. 21, S. 617. 1920; Z. Phys. Bd. 2, S. 332. 1920. BORN, M.: Dynamik der Kristallgitter. Teil II Leipzig 1915. Atomtheorie des festen Zustandes. Nr. 41ff. Leipzig 1923.

oder völlige räumliche Unordnung[1]. Das Resultat dieser Interferenz läßt sich bekanntlich mit Hilfe der MAXWELLschen Theorie für kontinuierliche Medien beschreiben: Die Gleichungen (9) stellen für $n = m$ das vom Licht erregte mittlere Moment des Systems als lineare Vektorfunktion der elektrischen Feldstärke dar; verbindet man diese Relationen mit der aus den MAXWELLschen Gleichungen folgenden Formel für das mittlere Moment pro Volumeinheit $\mathfrak{P}$:

$$\mathfrak{P} - n^2 \mathfrak{s}(\mathfrak{s}\,\mathfrak{P}) = \frac{n^2 - 1}{4\pi}\,\mathfrak{E}\,, \tag{15}$$

wo n der Brechungsindex, $\mathfrak{s}$ der Einheitsvektor der Wellennormale ist, so erhält man Bestimmungsgleichungen für die Wellenamplituden und den Brechungsindex. Im allgemeinen, bei nicht entarteten Systemen, wird sich dabei *Doppelbrechung* ergeben; ist z. B. die Richtungsentartung der Atome eines Gases durch ein elektrisches oder magnetisches Feld aufgehoben, so erhält man den KERR-*Effekt* bzw. FARADAY-*Effekt*. Ehe wir darauf eingehen (§§ 48, 49), betrachten wir den Fall eines sich selbst überlassenen Gases mit richtungsentarteten Atomen. Nach § 20 kann man aus dem Vektor $\overset{(1)}{\mathfrak{P}}$ Größen bilden, die unabhängig von der Orientierung des Atoms sind, nämlich die Komponenten von $Sp\,\overset{(1)}{\mathfrak{P}}{}^{(r,r)} = \sum_m \overset{(1)}{\mathfrak{P}}{}^{(r,r)}_{mm}$, wo r alle Quantenzahlen (n, j) außer der äquatorialen m zusammenfaßt. Ist g_r das Gewicht des Zustandes r, so führen wir das *mittlere induzierte Moment eines einfachen Zustandes* (vom Gewicht 1) ein durch

$$\mathfrak{P}^{(r,r)} = \frac{1}{g_r}\,Sp\,\overset{(1)}{\mathfrak{P}}{}^{(r,r)} = \frac{1}{g_r}\sum_m \overset{(1)}{\mathfrak{P}}{}^{(r,r)}_{mm}\,. \tag{16}$$

---

[1] LORENTZ, H. A.: Verh. d. k. Akad. Amsterdam Bd. 18. 1879; Arch. néerl. Bd. 25, S. 363. 1892; Wied. Ann. Bd. 9, S. 657. 1880; Versuch einer Theorie der elektr. u. opt. Erscheinungen (Leiden 1895); The Theory of Electrons (Leipzig 1916), Chap. IV. PLANCK, M.: Berl. Ber. Bd. 24, S. 470. 1902. ESMARCH, W.: Ann. Physik Bd. 42, S. 1257. 1913. NATANSON, L.: Krak. Anz. (Bull. internat.) A., S. 1 u. 335. 1914; S. 221. 1916. BOTHE, W.: Diss., Berlin 1914; Ann. Physik Bd. 64, S. 693. 1921. OSEEN, C. W.: Ann. Physik Bd. 48, S. 1. 1915; Phys. Z. Bd. 16, S. 404. 1915. FAXÉN, H.: Z. Phys. Bd. 2, S. 218. 1920. REICHE, F.: Ann. Physik Bd. 50, S. 1. 1916. DARWIN, C. G.: Trans. Cambr. phil. Soc. Bd. 23, S. 137. 1924.

Diese Größe ist offenbar in die MAXWELLschen Gleichungen als mittleres Moment pro Teilchen einzusetzen. Man erkennt leicht, daß sie dem Feldvektor $\mathfrak{E}$ proportional ist. Aus (9) erhält man nämlich:

$$g_r\, \overline{\mathfrak{P}}^{(r,r)} = \frac{1}{2}\, e^{2\pi i \nu t} \sum_s \left(\frac{Sp[\mathring{\mathfrak{P}}^{(r,s)} (\mathring{\mathfrak{P}}^{(s,r)} \cdot \mathring{\mathfrak{E}})]}{h(\nu^{(s,r)} + \nu)} - \frac{Sp[(\mathring{\mathfrak{P}}^{(r,s)} \cdot \mathring{\mathfrak{E}})\, \mathring{\mathfrak{P}}^{(s,r)}]}{h(\nu^{(r,s)} + \nu)} \right)$$
$$+ \frac{1}{2}\, e^{-2\pi i \nu t} \sum_s \left(\frac{Sp[\mathring{\mathfrak{P}}^{(r,s)} (\mathring{\mathfrak{P}}^{(s,r)} \mathring{\mathfrak{E}}^*)]}{h(\nu^{(s,r)} - \nu)} - \frac{Sp[(\mathring{\mathfrak{P}}^{(r,s)} \mathring{\mathfrak{E}}^*)\, \mathring{\mathfrak{P}}^{(s,r)}]}{h(\nu^{(r,s)} - \nu)} \right).$$

Beachtet man, daß $\nu^{(r,s)} = -\nu^{(s,r)}$ ist und die Relationen § 30, (11) gelten, so erhält man

$$g_r\, \overline{\mathfrak{P}}^{(r,r)} = \frac{1}{2} (\mathring{\mathfrak{E}}\, e^{2\pi i \nu t} + \mathring{\mathfrak{E}}^*\, e^{-2\pi i \nu t})$$
$$\cdot \frac{1}{3} \sum_s Sp\, (\mathring{\mathfrak{P}}^{(r,s)} \cdot \mathring{\mathfrak{P}}^{(s,r)}) \left(\frac{1}{h(\nu^{(s,r)} - \nu)} + \frac{1}{h(\nu^{(s,r)} + \nu)} \right)$$
$$= \mathfrak{E}\, \frac{2}{3h} \sum_s \| \mathring{\mathfrak{P}}^{(r,s)} \|^2 \frac{\nu^{(s,r)}}{\nu^{(s,r)^2} - \nu^2}.$$

Führt man nun, wie früher in § 42, die *Deformierbarkeit* $\alpha(r)$ für ein harmonisches Wechselfeld ein durch

$$\overline{\mathfrak{P}}^{(r,r)} = \alpha_r\, \mathfrak{E}, \tag{17}$$

so hat man

$$\alpha_r = \frac{2}{3 h g_r} \sum_s \| \mathring{\mathfrak{P}}^{(r,s)} \|^2 \frac{\nu^{(s,r)}}{\nu^{(s,r)^2} - \nu^2}. \tag{18}$$

Hieraus ergibt sich der Brechungsindex n auf Grund von (15); aus (15) folgt nämlich durch skalare Multiplikation mit $\mathfrak{s}$

$$\mathfrak{s}\, \mathfrak{P} = -\frac{1}{4\pi}\, \mathfrak{s}\, \mathfrak{E};$$

das bedeutet aber die Transversalität des Verschiebungsvektors $\mathfrak{D} = \mathfrak{E} + 4\pi\, \mathfrak{P}$: $\mathfrak{D}\mathfrak{s} = 0$. Ist nun $\mathfrak{P}$ parallel zu $\mathfrak{E}$, so ist auch $\mathfrak{E}\mathfrak{s} = 0$. Ist N_r die Anzahl Teilchen pro Volumeneinheit im Zustande r, so ist das $\mathfrak{P}$ in (15) mit $\sum_r N_r \overline{\mathfrak{P}}^{(r,r)}$ gleichbedeutend.

Aus (15) und (17) folgt nun

$$n^2 = 1 + 4\pi \sum_r N_r\, \alpha_r. \tag{19}$$

Setzt man hier (18) ein, so hat man die *Dispersionsformel*, die den Brechungsindex als Funktion der Frequenz darstellt.

Man pflegt nun in dem Ausdruck (18) verschiedene Schreibweisen zu benützen, die seine Beziehung zu andern Erscheinungen sinnfällig machen. Man schreibt statt (18)

$$\alpha_r = \frac{e^2}{4\pi^2 m_0} \sum_s \frac{f^{(s,r)}}{\nu^{(s,r)^2} - \nu^2} \tag{20}$$

und nennt $f^{(s,r)}$ *die Stärke der Eigenschwingung* $\nu^{(s,r)}$. Jedes Glied der Summe hat nämlich bis auf den Faktor $f^{(s,r)}$ die Form der Resonanzformel für einen harmonischen Oszillator der Masse m_0, Ladung e und Frequenz $\nu^{(s,r)}$. Durch Vergleich von (18) und (20) ergibt sich

$$f^{(s,r)} = \frac{8\pi^2 m_0}{3 e^2 h} \frac{\nu^{(s,r)}}{g_r} \left| \overset{\circ}{\mathfrak{P}}{}^{(s,r)} \right|^2. \tag{21}$$

Diese Stärkefaktoren sind positiv oder negativ, je nachdem $\nu^{(s,r)} > 0$ oder < 0 ist, d. h. je nachdem das Energieniveau r tiefer oder höher liegt als s. Letzteres ist nur dann möglich, wenn r nicht das tiefste Energieniveau des betrachteten Systems ist; die entsprechenden Glieder spielen also nur dann eine Rolle, wenn das Gas auch angeregte Molekeln in beträchtlicher Anzahl enthält. Wie schon bemerkt, wurde die erste quantentheoretische Dispersionsformel, deren Resonanzstellen die Emissionsfrequenzen $\nu^{(s,r)} > 0$ sind, von LADENBURG[1] aufgestellt; er hat auch die sogleich zu besprechenden Beziehungen der $f^{(s,r)}$ zu den Übergangswahrscheinlichkeiten entdeckt. Die Glieder „negativer Dispersion" ($f^{(s,r)} < 0$) wurden von KRAMERS[2] aus Gründen des Korrespondenzprinzips hinzugefügt.

Wir wollen jetzt die $f^{(s,r)}$ durch andere beobachtbare Größen ausdrücken. Wie wir früher (§ 20) gesehen haben, ist die beim Übergang $s \to r$ ($\overset{\circ}{W}_s > \overset{\circ}{W}_r$) spontan emittierte Lichtenergie ebenfalls den Größen $\| \overset{\circ}{\mathfrak{P}}{}^{(s,r)} \|^2$ proportional, nämlich

$$J^{(s,r)} = \frac{64\pi^4 \nu^{(s,r)^4}}{3 c^3} \left\| \overset{\circ}{\mathfrak{P}}{}^{(s,r)} \right\|^2. \tag{22}$$

[1] LADENBURG, R.: Z. Phys. Bd. 4, S. 451. 1921.

[2] KRAMERS, H. A.: Nature Bd. 113, S. 673. 1924; ebenda Bd. 114, S. 310. 1924; vgl. auch KRAMERS, H. A. u. W. HEISENBERG: Z. Phys. Bd. 31, S. 681. 1925.

Man bekommt also

$$f^{(s,r)} = \frac{m_0 c^3}{8\pi^2 e^2 h} \frac{1}{\nu^{(s,r)^3} g_r} J^{(s,r)}. \tag{23}$$

Statt $J^{(s,r)}$ gebraucht man gewöhnlich die Übergangswahrscheinlichkeit beim Sprunge $s \to r$. Diese definieren wir vorläufig (wir gehen später ausführlich auf diesen Begriff ein) durch folgende, dem Gedankenkreis der „Lichtquanten" entnommene Vorstellung: Denkt man sich die pro Zeiteinheit emittierte Energie $J^{(s,r)}$ in Form von Lichtquanten der Größe $h\nu^{(s,r)}$, so ist deren Zahl pro Zeiteinheit $\frac{J^{(s,r)}}{h\,\nu^{(s,r)}}$. Diese Quanten gehen vom Zustande s aus, der durch ein Feld in g_s Einzelterme aufgespalten werden kann; *die spontane Übergangswahrscheinlichkeit pro Zeiteinheit* von dem Einzelterm ist also

$$A^{(s,r)} = \frac{J^{(s,r)}}{g_s h\,\nu^{(s,r)}}, \qquad \nu^{(s,r)} > 0; \tag{24}$$

daraus folgt

$$A^{(r,s)} = -\frac{g_s}{g_r} \frac{J^{(s,r)}}{g_s h\,\nu^{(s,r)}}, \qquad \nu^{(s,r)} < 0. \tag{24a}$$

Statt dieser gebraucht man oft auch *die Wahrscheinlichkeit des erzwungenen Übergangs* $s \to r$, definiert durch

$$\left.\begin{aligned} B^{(s,r)} &= \frac{c^3}{8\pi h\,\nu^{(s,r)^3}} A^{(s,r)} \\ g_r B^{(r,s)} &= g_s B^{(s,r)} \end{aligned}\right\} \nu^{(s,r)} > 0. \tag{25}$$

Diese Formeln werden wir bald ausführlich begründen (s. §§ 63, 74). Nach (25) ist

$$B^{(s,r)} = \frac{g_r}{g_s} B^{(r,s)} = \frac{c^3}{8\pi h\,\nu^{(r,s)^3}} A^{(r,s)} \frac{g_r}{g_s}, \qquad \nu^{(s,r)} < 0. \tag{26}$$

Nach (24), (24a) wird

$$\left\{\begin{aligned} f^{(s,r)} &= \frac{m_0 c^3}{8\pi^2 e^2 \nu^{(s,r)^2}} \cdot \frac{g_s}{g_r} A^{(s,r)}, \qquad \nu^{(s,r)} > 0, \\ f^{(s,r)} &= -\frac{m_0 c^3}{8\pi^2 e^2 \nu^{(r,s)^2}} A^{(r,s)}, \qquad \nu^{(s,r)} < 0; \end{aligned}\right. \tag{27}$$

oder nach (25), (26)

$$f^{(s,r)} = \frac{m_0 h \nu^{(s,r)}}{\pi e^2} \frac{g_s}{g_r} B^{(s,r)}, \qquad \nu^{(s,r)} \gtrless 0. \tag{28}$$

Der Faktor in (27) hat eine einfache Bedeutung. Nach der klassischen Elektrodynamik ist nämlich

$$\tau^{(s,r)} = \frac{3 c^3 m_0}{8 \pi^2 e^2 \nu^{(s,r)^2}} \tag{29}$$

die *Dämpfungskonstante* eines elektrischen Dipols der Frequenz $\nu^{(s,r)}$, dessen Energie nach dem Gesetz

$$W = W_0 e^{-\frac{t}{\tau^{(s,r)}}}$$

abklingt[1]. Also wird

$$\begin{cases} f^{(s,r)} = \frac{1}{3} \frac{g_s}{g_r} \tau^{(s,r)} A^{(s,r)}, & \nu^{(s,r)} > 0, \\ f^{(s,r)} = -\frac{1}{3} \tau^{(s,r)} A^{(r,s)}, & \nu^{(s,r)} < 0. \end{cases} \tag{30}$$

Die Stärke der Dispersion ist also $\left(\text{bis auf den Gewichtsfaktor } \frac{g_s}{g_r}\right)$ die Anzahl[2] der Sprünge $s \to r$ in der Zeit $\frac{\tau^{(s,r)}}{3}$.

Die Dispersionsformel selbst wird nach (28) und (30) oft in folgenden Formen geschrieben:

$$\alpha_r = \frac{1}{4\pi^3} \sum_s \frac{g_s}{g_r} \frac{h \nu^{(s,r)} B^{(s,r)}}{\nu^{(s,r)^2} - \nu^2} \tag{31}$$

oder

$$\alpha_r = \frac{e^2}{4\pi^2 m_0} \left\{ \sum_{\nu^{(s,r)} > 0} \frac{\tau^{(s,r)}}{3} \frac{g_s}{g_r} \frac{A^{(s,r)}}{\nu^{(s,r)^2} - \nu^2} - \sum_{\nu^{(s,r)} < 0} \frac{\tau^{(s,r)}}{3} \frac{A^{(r,s)}}{\nu^{(r,s)^2} - \nu^2} \right\}.$$

In der letzten Form treten die positive und negative Dispersion getrennt in Erscheinung. Der in den Formeln (30) ausgespro-

---

[1] S. etwa ABRAHAM, M.: Theorie der Elektrizität Bd. 2. 3. Aufl., § 9, (56e), (56f), S. 66. Leipzig 1914.

[2] Der Faktor $\frac{1}{3}$ rührt daher, daß die Übergangswahrscheinlichkeiten $A^{(r,s)}$ auf ein frei drehbares System bezogen sind (entsprechend einer unpolarisierten Lichtemission), während $\tau^{(s,r)}$ die Abklingungszeit des *linearen* Oszillators bedeutet.

chene Zusammenhang zwischen Stärke der Spektrallinie und spontaner Übergangswahrscheinlichkeit ist experimentell eingehend von LADENBURG untersucht und bestätigt worden[1].

Die Dispersionsformeln versagen, wenn die erregende Frequenz ν mit einer Eigenfrequenz zusammenfällt (Resonanz). Das liegt natürlich an der Vernachlässigung der Rückwirkung des Lichts auf das System, d. h. der Strahlungsdämpfung. Im Resonanzfalle ist kein periodisches Mitschwingen möglich, die Amplitude wächst vielmehr mit der Zeit an. Dadurch werden Quantensprünge erzeugt, und es sei hier gleich bemerkt, daß die Übergangswahrscheinlichkeiten sich ohne Berücksichtigung der Strahlungsdämpfung berechnen lassen.

§ 47. Optische Aktivität. Bisher wurde vorausgesetzt, daß die Wellenlänge des Lichts unendlich lang sei gegen die Dimensionen des mechanischen Systems. In Wirklichkeit ist das nicht der Fall; daher wirkt das Licht auf die verschiedenen Teile des Systems mit verschiedener Phase ein, und hieraus resultieren Erscheinungen, die man als *optische Aktivität* bezeichnet. Diese Auffassung wurde in der klassischen Optik zuerst von BORN[2] und OSEEN[3] (unabhängig voneinander) entwickelt; hier soll sie auf die Quantenmechanik übertragen werden[4].

Die im vorigen Paragraphen verwendete Methode, bei der die Störungsfunktion als Arbeit des elektrischen Feldes angesetzt ist, erweist sich hier als unbequem. Das rührt daher, daß bei Berücksichtigung der Phasendifferenzen auch die magnetische Feldstärke des Lichtfeldes an dem Vorgange merklich mitwirkt. Daher empfiehlt sich eine Darstellung des elektromagnetischen Feldes mit Hilfe des *Vektorpotentials* $\mathfrak{A}$, aus dem sich die elektrische Feldstärke $\mathfrak{E}$ und die magnetische Induktion $\mathfrak{B}$ nach den

---

[1] LADENBURG, R.: Z. Phys. Bd. 48, S. 15. 1928. KOPFERMANN, H. u. R. LADENBURG: Ebenda S. 26, 51. CARST, A. u. R. LADENBURG: Ebenda S. 192. LADENBURG, R.: Naturwissensch. Bd. 14, S. 1208. 1926. CARST, A., H. KOPFERMANN, R. LADENBURG: Sitzungsber. preuß. Akad. Wiss., Physik.-math. Kl. S. 255. 1926.

[2] BORN, M.: Phys. Z. Bd. 16, S. 251. 1915.

[3] OSEEN, C. W.: Ann. Physik Bd. 48, S. 1. 1915.

[4] Die erste Darstellung dieser Theorie hat im Anschluß an die Ausarbeitung dieses Buchs L. ROSENFELD gegeben (Z. Phys. Bd. 52, S. 161. 1928).

Regeln

$$\mathfrak{E} = -\frac{1}{c}\frac{\partial \mathfrak{A}}{\partial t}, \quad \mathfrak{B} = \operatorname{rot} \mathfrak{A} \tag{1}$$

berechnen. $\mathfrak{A}$ selbst genügt der Bedingung

$$\operatorname{div} \mathfrak{A} = 0 . \tag{2}$$

Die Störungsfunktion der klassischen Theorie ist nach Bd. 1, § 34, (2)

$$H' = -\sum_\tau \frac{e_\tau}{m_\tau c}(\mathfrak{p}_\tau \cdot \mathfrak{A}(\mathfrak{r}_\tau)) , \tag{3}$$

wo $\mathfrak{r}_\tau$ der Ortsvektor des τ-ten Teilchens mit den Komponenten x_ι, y_τ, z_τ und $\mathfrak{p}_\tau$ der Impulsvektor, $p_{\tau x}$, $p_{\tau y}$, $p_{\tau z}$ ist.

Die Funktion (3) ist scheinbar nicht sich selbst adjungiert, weil die Komponenten von $\mathfrak{p}_\tau$ und die von $\mathfrak{A}(\mathfrak{r}_\tau)$ nicht sämtlich vertauschbar sind. Wir machen daher vorläufig den naheliegenden Ansatz

$$H' = -\sum_\tau \frac{e_\tau}{m_\tau c}\frac{1}{2}\{\mathfrak{p}_\tau \mathfrak{A}(\mathfrak{r}_\tau) + \mathfrak{A}(\mathfrak{r}_\tau)\,\mathfrak{p}_\tau\} ; \tag{4}$$

wir werden aber sogleich zeigen, daß dieser sich wegen der Eigenschaft (2) des Vektorpotentials wieder auf die Form (3) reduziert, also keine Willkür bedeutet. Eine ebene Lichtwelle wird, analog wie in § 46, (1), (2), (3) durch

$$\mathfrak{A} = \tfrac{1}{2}\left(\mathring{\mathfrak{A}}\, e^{2\pi i \nu\left(t - \frac{\mathfrak{r}\mathfrak{S}}{c}\right)} + \mathring{\mathfrak{A}}^*\, e^{-2\pi i \nu\left(t - \frac{\mathfrak{r}\mathfrak{S}}{c}\right)}\right) \tag{5}$$

dargestellt, wobei

$$\mathfrak{S} = n\,\mathfrak{s} \tag{6}$$

den Vektor in Richtung der *Wellennormalen* $\mathfrak{s}$ ($|\mathfrak{s}| = 1$) bedeutet, dessen Länge gleich dem *Brechungsindex* n ist ($\mathring{\mathfrak{A}}$ und $\mathfrak{S}$ sind *Zahlen*vektoren). Dann gilt nach (2)

$$\mathring{\mathfrak{A}}\,\mathfrak{S} = 0 . \tag{7}$$

Ferner wird nach (1)

$$\left\{\begin{aligned} \mathfrak{E} &= -\frac{2\pi i \nu}{c}\frac{1}{2}\left(\mathring{\mathfrak{A}}\, e^{2\pi i \nu\left(t - \frac{\mathfrak{r}\mathfrak{S}}{c}\right)} - \mathring{\mathfrak{A}}^*\, e^{-2\pi i \nu\left(t - \frac{\mathfrak{r}\mathfrak{S}}{c}\right)}\right), \\ \mathfrak{B} &= -\frac{2\pi i \nu}{c}\frac{1}{2}\left((\mathfrak{S} \times \mathring{\mathfrak{A}})\, e^{2\pi i \nu\left(t - \frac{\mathfrak{r}\mathfrak{S}}{c}\right)} - (\mathfrak{S} \times \mathring{\mathfrak{A}}^*)\, e^{-2\pi i \nu\left(t - \frac{\mathfrak{r}\mathfrak{S}}{c}\right)}\right). \end{aligned}\right. \tag{8}$$

Wir wollen nun voraussetzen, daß die Atomdimensionen r_τ zwar nicht vollständig gegen die Wellenlänge $\lambda = \frac{c}{\nu n}$ vernachlässigt werden können, daß aber das Verhältnis $\frac{r_\tau}{\lambda}$ klein ist und es genügt, die Größen 1. Ordnung in $\frac{r_\tau}{\lambda}$ mitzunehmen. Indem wir die Exponentialfunktionen in (5) entwickeln und das Ergebnis in (4) einsetzen, erhalten wir

(9) $$H' = A e^{2\pi i \nu t} + A^\dagger e^{-2\pi i \nu t}$$

mit

(10) $$A = -\sum_\tau \frac{e_\tau}{2 m_\tau c}\left\{(\mathfrak{p}_\tau \mathring{\mathfrak{A}}) - \frac{2\pi i \nu}{c} \cdot \frac{1}{2}\left[(\mathfrak{p}_\tau \mathring{\mathfrak{A}})(\mathfrak{r}_\tau \mathfrak{S}) + (\mathfrak{r}_\tau \mathfrak{S})(\mathring{\mathfrak{A}} \mathfrak{p}_\tau)\right]\right\}.$$

Nun ist nach den kanonischen Vertauschungsregeln

(11) $$(\mathring{\mathfrak{A}} \mathfrak{p}_\tau)(\mathfrak{r}_\tau \mathfrak{S}) - (\mathfrak{r}_\tau \mathfrak{S})(\mathring{\mathfrak{A}} \mathfrak{p}_\tau) = \frac{h}{2\pi i}(\mathring{\mathfrak{A}} \mathfrak{S}) = 0$$

wegen (7). Daher hat man statt (10) einfacher

(12) $$A = -\sum_\tau \frac{e_\tau}{2 m_\tau c}\left\{(\mathfrak{p}_\tau \mathring{\mathfrak{A}}) - \frac{2\pi i \nu}{c}(\mathfrak{p}_\tau \mathring{\mathfrak{A}})(\mathfrak{r}_\tau \mathfrak{S})\right\}.$$

Wir führen nun das elektrische Moment

(13) $$\mathfrak{P} = \sum_\tau e_\tau \mathfrak{r}_\tau$$

und den Tensor

(14) $$\Theta_{xy} = \sum_\tau \frac{e_\tau}{m_\tau c} x_\tau p_{\tau y}$$

ein. Dann wird die in (12) auftretende Summe

(15) $$\sum_\tau \frac{e_\tau}{m_\tau} \mathfrak{p}_\tau = \sum_\tau e_\tau \dot{\mathfrak{r}}_\tau = \dot{\mathfrak{P}}.$$

Ferner ist

(16) $$M_z = \frac{1}{2}(\Theta_{xy} - \Theta_{yx}) = \sum_\tau \frac{e_\tau}{2 m_\tau c}(x_\tau p_{\tau y} - y_\tau p_{\tau x})$$

die z-Komponente des magnetischen Moments

(17) $$\mathfrak{M} = \sum_\tau \frac{e_\tau}{2 m_\tau c}(\mathfrak{r}_\tau \times \mathfrak{p}_\tau).$$

Mit diesen Begriffen wird (12)

(18) $$A = -\frac{1}{2c}(\dot{\mathfrak{P}}\,\mathring{\mathfrak{A}}) + \frac{2\pi i \nu}{c}\frac{1}{2}\sum_{xy}\Theta_{xy}\,\mathfrak{S}_x\,\mathring{\mathfrak{A}}_y\,.$$

Die Störungsfunktion (9) erlaubt nun in genau derselben Weise wie im vorigen Paragraphen das durch das elektromagnetische Feld induzierte mittlere Moment zu berechnen. Dabei sind überall in $\mathfrak{P}$ und Θ_{xy} die Koordinaten des ungestörten Zustandes eingesetzt zu denken; für diesen hat man aber

(19) $$\dot{\mathfrak{P}}^{(r,s)} = 2\pi i\,\nu^{(r,s)}\,\mathfrak{P}^{(r,s)}\,.$$

Somit erhält man

$$\begin{aligned} g_r\,\overline{\mathfrak{P}^{(r,r)}} = e^{2\pi i\nu t}\frac{2\pi i}{c}\frac{1}{2}\sum_s\Bigg\{&\frac{Sp[\mathring{\mathfrak{P}}^{(r,s)}((\mathring{\mathfrak{P}}^{(s,r)}\mathring{\mathfrak{A}})\,\nu^{(s,r)} - \sum_{xy}\mathring{\Theta}^{(s,r)}_{xy}\,\mathfrak{S}_x\,\mathring{\mathfrak{A}}_y\,\nu)]}{h\,(\nu^{(s,r)}+\nu)} \\ &- \frac{Sp[((\mathring{\mathfrak{P}}^{(r,s)}\mathring{\mathfrak{A}})\,\nu^{(r,s)} - \sum_{xy}\mathring{\Theta}^{(r,s)}_{xy}\,\mathfrak{S}_x\,\mathring{\mathfrak{A}}_y\,\nu)\,\mathring{\mathfrak{P}}^{(s,r)}]}{h\,(\nu^{(r,s)}+\nu)}\Bigg\} \\ + e^{-2\pi i\nu t}\frac{2\pi i}{c}\frac{1}{2}\sum_s\Bigg\{&\frac{Sp[\mathring{\mathfrak{P}}^{(r,s)}((\mathring{\mathfrak{P}}^{(s,r)}\mathring{\mathfrak{A}}^*)\,\nu^{(s,r)} + \sum_{xy}\mathring{\Theta}^{(s,r)}_{xy}\,\mathfrak{S}_x\,\mathring{\mathfrak{A}}^*_y\,\nu)]}{h\,(\nu^{(s,r)}-\nu)} \\ &- \frac{Sp[((\mathring{\mathfrak{P}}^{(r,s)}\mathring{\mathfrak{A}}^*)\,\nu^{(r,s)} + \sum_{xy}\mathring{\Theta}^{(r,s)}_{xy}\,\mathfrak{S}_x\,\mathring{\mathfrak{A}}^*_y\,\nu)\,\mathring{\mathfrak{P}}^{(s,r)}]}{h\,(\nu^{(r,s)}-\nu)}\Bigg\}\,. \end{aligned}$$

Jetzt ziehen wir die Relationen § 30 heran und finden

$$\begin{aligned} g_r\,\overline{\mathfrak{P}^{(r,r)}} &= \frac{2\pi i}{c}\frac{1}{2}\mathring{\mathfrak{A}}\,e^{2\pi i\nu t}\frac{1}{3h}\sum_s\|\mathring{\mathfrak{P}}^{(r,s)}\|^2\left(\frac{\nu^{(s,r)}}{\nu^{(s,r)}+\nu} - \frac{\nu^{(r,s)}}{\nu^{(r,s)}+\nu}\right) \\ &- \frac{2\pi i\nu}{c}\frac{1}{2}(\mathfrak{S}\times\mathring{\mathfrak{A}})\,e^{2\pi i\nu t}\frac{1}{3h}\sum_s\left(\frac{Sp(\mathring{\mathfrak{P}}^{(r,s)}\,\mathring{\mathfrak{M}}^{(s,r)})}{\nu^{(s,r)}+\nu} - \frac{Sp(\mathring{\mathfrak{M}}^{(r,s)}\,\mathring{\mathfrak{P}}^{(s,r)})}{\nu^{(r,s)}+\nu}\right) \\ &+ \frac{2\pi i}{c}\frac{1}{2}\mathring{\mathfrak{A}}^*e^{-2\pi i\nu t}\frac{1}{3h}\sum_s\|\mathring{\mathfrak{P}}^{(r,s)}\|^2\left(\frac{\nu^{(s,r)}}{\nu^{(s,r)}-\nu} - \frac{\nu^{(r,s)}}{\nu^{(r,s)}-\nu}\right) \\ &+ \frac{2\pi i\nu}{c}\frac{1}{2}(\mathfrak{S}\times\mathring{\mathfrak{A}}^*)\,e^{-2\pi i\nu t}\frac{1}{3h}\sum_s\left(\frac{Sp(\mathring{\mathfrak{P}}^{(r,s)}\,\mathring{\mathfrak{M}}^{(s,r)})}{\nu^{(s,r)}-\nu} - \frac{Sp(\mathring{\mathfrak{M}}^{(r,s)}\,\mathring{\mathfrak{P}}^{(s,r)})}{\nu^{(r,s)}-\nu}\right). \end{aligned}$$

Nun ist, wie leicht zu sehen,

(20) $$Sp(\mathring{\mathfrak{P}}^{(r,s)}\,\mathring{\mathfrak{M}}^{(s,r)}) = [Sp(\mathring{\mathfrak{M}}^{(r,s)}\,\mathring{\mathfrak{P}}^{(s,r)})]^*\,.$$

Wir setzen

$$\text{(21)} \qquad Sp(\mathring{\mathfrak{P}}^{(r,s)}\,\mathring{\mathfrak{M}}^{(s,r)}) = R^{(r,s)} + i\,J^{(r,s)};$$

dann wird

$$\text{(21a)} \qquad Sp(\mathring{\mathfrak{M}}^{(r,s)}\,\mathring{\mathfrak{P}}^{(s,r)}) = R^{(r,s)} - i\,J^{(r,s)}.$$

Nunmehr ergibt eine einfache Rechnung

$$\text{(22)} \qquad g_r\,\overline{\mathfrak{P}^{(r,r)}} =$$

$$-\frac{2\pi i\nu}{c}\frac{1}{2}(\mathring{\mathfrak{A}}\,e^{2\pi i\nu t} - \mathring{\mathfrak{A}}^*e^{-2\pi i\nu t})\frac{2}{3h}\sum_s \|\mathring{\mathfrak{P}}^{(r,s)}\|^2\frac{\nu^{(s,r)}}{\nu^{(s,r)^2}-\nu^2}$$

$$-\frac{2\pi i\nu}{c}\frac{1}{2}((\mathfrak{S}\times\mathring{\mathfrak{A}})\,e^{2\pi i\nu t} - (\mathfrak{S}\times\mathring{\mathfrak{A}}^*)\,e^{-2\pi i\nu t})\frac{2}{3h}\sum_s R^{(r,s)}\frac{\nu^{(s,r)}}{\nu^{(s,r)^2}-\nu^2}$$

$$+\frac{2\pi i\nu}{c}\frac{1}{2}((\mathfrak{S}\times\mathring{\mathfrak{A}})\,e^{2\pi i\nu t} + (\mathfrak{S}\times\mathring{\mathfrak{A}}^*)\,e^{-2\pi i\nu t})\frac{2i}{3h}\sum_s J^{(r,s)}\frac{\nu}{\nu^{(s,r)^2}-\nu^2}.$$

Wir setzen nun

$$\text{(23)} \qquad \left\{\begin{aligned} \alpha &= \frac{2}{3hg_r}\sum_s \|\mathring{\mathfrak{P}}^{(r,s)}\|^2\frac{\nu^{(s,r)}}{\nu^{(s,r)^2}-\nu^2},\\ \beta &= \frac{2}{3hg_r}\sum_s R^{(r,s)}\frac{\nu^{(s,r)}}{\nu^{(s,r)^2}-\nu^2},\\ \gamma &= \frac{1}{2\pi\nu}\cdot\frac{2}{3hg_r}\sum_s J^{(r,s)}\frac{\nu}{\nu^{(s,r)^2}-\nu^2}. \end{aligned}\right.$$

Dann wird nach (8)

$$\text{(24)} \qquad \overline{\mathfrak{P}^{(r,r)}} = \alpha\,\mathfrak{E} + \beta\,\mathfrak{B} - \gamma\,\dot{\mathfrak{B}},$$

wo $\mathfrak{E}$, $\mathfrak{B}$, $\dot{\mathfrak{B}}$ die Werte der Feldgrößen im Nullpunkt bedeuten.

Es genügt aber nicht, das mittlere elektrische Moment zu berechnen, das durch die Lichtwelle erregt wird; von gleicher Größenordnung ist das vom Licht erzeugte magnetische Moment. Dabei haben wir die Substanz als unmagnetisch vorausgesetzt, d. h. angenommen, daß

$$\text{(25)} \qquad Sp\,\mathring{\mathfrak{M}}^{(r,r)} = 0$$

ist. In der Störungsrechnung für $\overset{(1)}{\mathfrak{M}}$ genügt es offenbar bei der hier angestrebten Annäherung, von der Störungsfunktion nur den Anteil zu berücksichtigen, der im Grenzfall unendlicher Wellenlänge übrig bleibt, also nach (18)

$$A = -\frac{1}{2c}(\dot{\mathfrak{P}}\mathring{\mathfrak{A}})$$

zu setzen. Dann wird

$$g_r\overline{\mathfrak{M}^{(r,r)}} =$$

$$e^{2\pi i\nu t}\frac{2\pi i}{c}\frac{1}{2}\sum_s\left\{\frac{Sp[\mathfrak{M}^{(r,s)}(\mathring{\mathfrak{P}}^{(s,r)}\mathring{\mathfrak{A}})\,\nu^{(s,r)}]}{h(\nu^{(s,r)}+\nu)} - \frac{Sp[(\mathring{\mathfrak{P}}^{(r,s)}\mathring{\mathfrak{A}})\,\mathring{\mathfrak{M}}^{(s,r)}\,\nu^{(r,s)}]}{h(\nu^{(r,s)}+\nu)}\right\}$$

$$+\,e^{-2\pi i\nu t}\frac{2\pi i}{c}\frac{1}{2}\sum_s\left\{\frac{Sp[\mathring{\mathfrak{M}}^{(r,s)}(\mathring{\mathfrak{P}}^{(s,r)}\mathring{\mathfrak{A}}^*)\,\nu^{(s,r)}]}{h(\nu^{(s,r)}-\nu)} - \frac{Sp[(\mathring{\mathfrak{P}}^{(r,s)}\mathring{\mathfrak{A}}^*)\,\mathfrak{M}^{(r,s)}\,\nu^{(r,s)}]}{h(\nu^{(r,s)}-\nu)}\right\}.$$

Nach § 30 gibt das

$$\text{(26)}\quad g_r\overline{\mathfrak{M}^{(r,r)}} = -\frac{2\pi i\nu}{c}\frac{1}{2}(\mathring{\mathfrak{A}}e^{2\pi i\nu t} - \mathring{\mathfrak{A}}^*e^{-2\pi i\nu t})\frac{2}{3h}\sum_s R^{(r,s)}\frac{\nu^{(s,r)}}{\nu^{(s,r)^2}-\nu^2}$$

$$-\frac{2\pi i\nu}{c}\frac{1}{2}(\mathring{\mathfrak{A}}e^{2\pi i\nu t} + \mathring{\mathfrak{A}}^*e^{-2\pi i\nu t})\frac{2i}{3h\nu}\sum_s J^{(r,s)}\frac{\nu^{(s,r)^2}}{\nu^{(s,r)^2}-\nu^2}.$$

Nun ist nach § 30, (23) die Invariante

$$\text{(27)}\quad Sp(\dot{\mathfrak{P}}\mathfrak{M})^{(r,r)} = \sum_s Sp(\mathfrak{P}^{(r,s)}\mathfrak{M}^{(s,r)}) = \sum_s R^{(r,s)} + i\sum_s J^{(r,s)}$$

reell, weil $\mathfrak{P}$ und $\mathfrak{M}$ hermitisch und vertauschbar sind.

Mithin muß

$$\text{(28)}\quad \sum_s J^{(r,s)} = 0$$

sein. Daher hat man für die zweite, in (26) vorkommende Summe

$$\text{(29)}\quad \sum_s J^{(r,s)}\frac{\nu^{(s,r)^2}}{\nu^{(s,r)^2}-\nu^2} = \nu^2\sum_s J^{(r,s)}\frac{1}{\nu^{(s,r)^2}-\nu^2}.$$

Unter Benutzung der Definition (23) wird also:

$$\text{(30)}\quad \overline{\mathfrak{M}^{(r,r)}} = \beta\mathfrak{E} + \gamma\dot{\mathfrak{E}}.$$

Die Größen (24) und (30) sind in den MAXWELLschen Gleichungen als mittlere Polarisation und Magnetisierung einzuführen; man hat für den Verschiebungs- und Induktionsvektor

$$(31)\quad \begin{cases} \mathfrak{D} = \mathfrak{E} + 4\pi N \overline{\mathfrak{P}} = \varepsilon \mathfrak{E} + \sigma \mathfrak{B} - \frac{\varrho}{2c} \dot{\mathfrak{B}}, \\ \mathfrak{B} = \mathfrak{H} + 4\pi N \overline{\mathfrak{M}} = \mathfrak{H} + \sigma \mathfrak{E} + \frac{\varrho}{2c} \dot{\mathfrak{E}}, \end{cases}$$

wo N die Anzahl Molekeln pro Volumeneinheit bedeutet und

$$(32)\quad \varepsilon = 1 + 4\pi N \alpha, \quad \sigma = 4\pi N \beta, \quad \frac{\varrho}{2c} = 4\pi N \gamma$$

gesetzt ist. Die MAXWELLschen Gleichungen

$$(33)\quad \operatorname{rot} \mathfrak{H} = \frac{1}{c} \dot{\mathfrak{D}}, \qquad \operatorname{rot} \mathfrak{E} = -\frac{1}{c} \dot{\mathfrak{B}}$$

liefern für eine ebene Welle

$$(34)\quad -\mathfrak{S} \times \mathfrak{H} = \mathfrak{D}, \qquad \mathfrak{S} \times \mathfrak{E} = \mathfrak{B},$$

und das gibt zusammen mit (31) in der angestrebten Näherung

$$(35)\quad \begin{cases} -\mathfrak{S} \times \mathfrak{H} = \varepsilon \mathfrak{E} + \left(\sigma - \frac{2\pi i \nu \varrho}{2c}\right) \mathfrak{H}, \\ \mathfrak{S} \times \mathfrak{E} = \mathfrak{H} + \left(\sigma + \frac{2\pi i \nu \varrho}{2c}\right) \mathfrak{E}. \end{cases}$$

Multipliziert man diese Gleichungen skalar mit $\mathfrak{S}$, so erhält man

$$\varepsilon \mathfrak{E}\mathfrak{S} + \left(\sigma - \frac{2\pi i \nu}{2c} \varrho\right) \mathfrak{H}\mathfrak{S} = 0,$$

$$\mathfrak{H}\mathfrak{S} + \left(\sigma + \frac{2\pi i \nu}{2c} \varrho\right) \mathfrak{E}\mathfrak{S} = 0,$$

und da die Determinante nicht verschwindet, folgt die Transversalität der Welle:

$$(36)\quad \mathfrak{E}\mathfrak{S} = 0, \qquad \mathfrak{H}\mathfrak{S} = 0.$$

Eliminiert man nun $\mathfrak{H}$ aus (35), so bekommt man nach einfacher Rechnung wegen $\mathfrak{S} = n\mathfrak{s}$, $\lambda\nu = \frac{c}{n}$:

$$(37)\quad \mathfrak{E}\,(n^2 - \varepsilon) = i \cdot \frac{2\pi\varrho}{\lambda} (\mathfrak{E} \times \mathfrak{s}).$$

Diese Beziehung bedeutet aber optische Aktivität, d. h. zirkulare Doppelbrechung. Denn pflanzt sich die Welle etwa in der z-Richtung fort, so besagt (37), daß

$$E_x(n^2 - \varepsilon) = \quad i\frac{2\pi\varrho}{\lambda}E_y\,,$$

$$E_y(n^2 - \varepsilon) = - i\frac{2\pi\varrho}{\lambda}E_x\,,$$

woraus folgt

$$n^2 = \varepsilon \pm \frac{2\pi\varrho}{\lambda}\,, \qquad \frac{E_y}{E_x} = \mp i\,.$$

Die *zirkulare Doppelbrechung* beträgt also, wenn mit λ_0 die Vakuumwellenlänge bezeichnet wird,

$$\Delta n = \frac{2\pi\varrho}{\lambda n} = \frac{2\pi\varrho}{\lambda_0} \tag{38}$$

und die *Drehung der Polarisationsebene pro Längeneinheit*

$$\vartheta = \frac{2\pi\nu\Delta n}{c}\frac{}{2} = \frac{2\pi^2}{n^2\lambda^2}\varrho = \frac{2\pi^2}{\lambda_0^2}\varrho\,. \tag{39}$$

Die durch (32) und (23) definierte Größe ϱ ist also der *Drehungsparameter*. Die Größe σ bestimmt, wie man leicht sieht, das Amplitudenverhältnis und die relative Phase von elektrischem und magnetischem Vektor und ist der Beobachtung wohl nicht zugänglich.

Man sieht, daß ϱ nur von Null verschieden ist, wenn die Molekel keine Spiegelung gestattet; denn wenn das der Fall ist, so verschwinden nach der zu § 30, (22) gemachten Bemerkung die Größen

$$Sp(\mathring{\mathfrak{P}}^{(r,s)}\mathring{\mathfrak{M}}^{(s,r)}) = R^{(r,s)} + i\,J^{(r,s)}$$

und damit auch γ und ϱ.

Hier erhebt sich der Einwand: Da jede Molekel aus punktförmigen Kraftzentren (Kerne und Elektronen) besteht, die nach dem Coulombschen Gesetz aufeinander wirken, ist die Energiefunktion

$$H = \sum_k \frac{1}{2m_k}\mathfrak{p}_k^2 + \frac{1}{2}\sum_{kl}\frac{e_k e_l}{r_{kl}}$$

immer invariant gegen eine Spiegelung (Vertauschung aller Vektoren $\mathfrak{r}_k$, $\mathfrak{p}_k$ mit $-\mathfrak{r}_k$, $-\mathfrak{p}_k$). Folglich könnte es gar keine optisch aktiven Molekeln geben, was der Erfahrung widerspricht. Die

Lösung dieser Paradoxie beruht auf einer Überlegung, die wir erst viel später ausführlich durchführen werden und hier nur andeuten können.

Das Studium der Quantenmechanik von Molekeln zeigt, daß die elementare Vorstellung zu recht besteht, wonach die Kerne kleine Schwingungen um Gleichgewichtslagen ausführen, die durch das Minimum der Energie der Elektronenbewegung bei festgedachten Kernen bestimmt sind. Es kann nun vorkommen, daß es mehrere solche Gleichgewichts-Konfigurationen gibt, und hier interessiert besonders der Fall, daß zwei Gleichgewichts-Konfigurationen durch Spiegelung an einer Ebene auseinander hervorgehen (Rechts- und Linksmodifikation).

In der klassischen Mechanik würden dann die Kerne Schwingungen um die eine oder die andere Konfiguration ausführen können, es würde aber ohne Zufuhr von beträchtlicher Energie nie möglich sein, daß das System von der einen Lage in die andere überschnappt; denn dazu muß eine bestimmte Energieschwelle überwunden werden. Anders in der Quantenmechanik[1]: Hier ist eine endliche Energieschwelle kein Hindernis für die Umformung der Rechts- in die Linksmodifikation; diese vollzieht sich vielmehr stets von selbst hin und zurück, wobei die Wahrscheinlichkeit eine periodische Funktion der Zeit ist (s. hierzu die Ausführungen in Kap. 6, § 64). Über lange Zeiten existiert also in der Tat die Molekel stets nur im „razemischen Gemisch", in dem beide Formen gleich stark vertreten sind und das daher optisch inaktiv ist, wie es die Spiegelsymmetrie der Energiefunktion verlangt. Aber oft ist die Umwandlungsperiode äußerst lang, und dann kann man die eine Form experimentell isolieren und beobachten; sie wird natürlich optisch aktiv sein. Im Laufe der Zeit entsteht von selbst die andere Modifikation und die Aktivität sinkt zu Null herab[2].

Ein solcher aktiver Zustand der Molekel kann also beschrieben werden durch eine feste Konfiguration der Kerne ohne Symmetrieebene; denn da alle Elektronen gleich sind, kann die Asymmetrie nur auf den Kernen beruhen. Daraus geht auch sofort hervor, daß die Mindestzahl der Kerne für die Existenz der optischen

---

[1] HUND, J. F.: Z. Phys. Bd. 43, S. 806. 1927.

[2] Die genauere Durchführung dieses Gedankens ist von L. ROSENFELD gegeben worden: Z. Phys. Bd. 52, S. 161. 1929.

Aktivität *vier* beträgt. Die bekanntesten aktiven Verbindungen sind solche mit mehr als *vier* Kernen, nämlich einem Kohlenstoffatom, umgeben von vier verschiedenen Atomen oder Atomgruppen.

§ 48. Elektrische Doppelbrechung (KERR-Effekt)[1]. Wir haben schon in § 46 darauf hingewiesen, daß die dort angegebene Grundformel (9) für das von einer Lichtwelle in einem atomaren System erregte elektrische Moment im allgemeinen Doppelbrechung ergibt. Diese tritt z. B. dann tatsächlich ein, wenn eine an sich frei drehbare Molekel in ein konstantes homogenes elektrisches Feld gebracht wird; wir haben dann in der Formel § 46, (9) unter $\mathring{\mathfrak{P}}$ das Moment der Molekel unter der Wirkung des konstanten elektrischen Feldes zu verstehen. Wir wollen die z-Achse des Koordinatensystems in die Richtung dieses konstanten Feldes E legen. Mit $\mathring{\mathfrak{p}}$ bezeichnen wir das Moment der Molekel im feldfreien Zustande (früher mit $\mathring{\mathfrak{P}}$ identisch). Dann können wir einmal die Wirkung der Lichtwelle auf die kohärente Strahlung durch die Formel § 46, (9) ausdrücken, wenn wir darin $n = m$ setzen:

$$\text{(1)} \qquad \overset{(1)}{\mathfrak{P}}_{nn} = \tfrac{1}{2} e^{2\pi i \nu t} \sum_k \left(\frac{\mathring{\mathfrak{P}}_{nk} (\mathring{\mathfrak{P}}_{kn} \mathring{\mathfrak{E}})}{h(\nu_{kn} + \nu)} - \frac{(\mathring{\mathfrak{P}}_{nk} \mathring{\mathfrak{E}}) \mathring{\mathfrak{P}}_{kn}}{h(\nu_{nk} + \nu)} \right)$$
$$+ \tfrac{1}{2} e^{-2\pi i \nu t} \sum_k \left(\frac{\mathring{\mathfrak{P}}_{nk} (\mathring{\mathfrak{P}}_{kn} \mathring{\mathfrak{E}}^*)}{h(\nu_{kn} - \nu)} - \frac{(\mathring{\mathfrak{P}}_{kn} \mathring{\mathfrak{E}}^*) \mathring{\mathfrak{P}}_{kn}}{h(\nu_{nk} - \nu)} \right),$$

sodann $\mathring{\mathfrak{P}}$ als Funktion von E angeben auf Grund der Betrachtungen von § 42; man hat eine Entwicklung

$$\text{(2)} \qquad \mathring{\mathfrak{P}} = \mathring{\mathfrak{p}} + \overset{(1)}{\mathfrak{p}} E + \overset{(2)}{\mathfrak{p}} E^2 + \cdots,$$

wobei sich $\overset{(1)}{\mathfrak{p}}$, $\overset{(2)}{\mathfrak{p}}$, ... durch $\mathring{\mathfrak{p}}$ ausdrücken lassen. Der Ausdruck von $\overset{(1)}{\mathfrak{p}}$ ist in § 42, (7) angegeben (wobei statt $\mathring{\mathfrak{p}}$, $\overset{(1)}{\mathfrak{p}}$ dort natürlich $\mathring{\mathfrak{P}}$, $\overset{(1)}{\mathfrak{P}}$ geschrieben ist). Wir werden von diesen Ausdrücken nur benutzen, daß

$$\text{(3)} \qquad \begin{aligned} &\text{in } \overset{(1)}{\mathfrak{p}} \text{ Produkte von 2 Komponenten von } \mathring{\mathfrak{p}}, \\ &\text{in } \overset{(2)}{\mathfrak{p}} \text{ Produkte von 3 Komponenten von } \mathring{\mathfrak{p}} \end{aligned}$$

[1] Zu §§ 48, 49 vergl. auch die Arbeiten von R. DE L. KRONIG: Z. f. Phys. Bd. 45, S. 458, 508. 1927; Bd. 47, S. 702. 1927.

vorkommen. Ferner haben wir zu beachten, daß $\mathring{\mathfrak{p}}$ zu einem im Raume frei drehbaren Systeme gehört, $\mathring{\mathfrak{P}}$ und damit $\overset{(1)}{\mathfrak{p}}, \overset{(2)}{\mathfrak{p}}, \ldots$ aber zu einem System, daß nur um die z-Achse drehbar ist und außerdem eine durch diese gehende Ebene, etwa die xz-Ebene, zur Spiegelebene hat.

Die Energie im elektrischen Felde E ist unter der Voraussetzung, daß die Molekel nur den quadratischen STARK-Effekt zeigt, nach § 42, (5a)

$$(4) \qquad W_m^{(r)} = \mathring{W}^{(r)} + (A^{(r)} + B^{(r)} m^2) E^2 = \mathring{W}^{(r)} + \overset{(2)}{W}{}_m^{(r)} E^2 ,$$

wobei m die magnetische Quantenzahl bedeutet, r alle übrigen Quantenzahlen vertritt. Wie schon in § 42 bemerkt wurde, sieht man hieraus, daß je zwei Zustände, die sich nur durch das Vorzeichen von m unterscheiden, gleiche Energie haben; das System bleibt also auch im Felde entartet.

Wie in § 46, (16) bilden wir den Mittelwert des Momentes

$$(5) \qquad \overline{\mathfrak{P}}{}_m^{(r)} = \tfrac{1}{2}\, sp_m\, \overset{(1)}{\mathfrak{P}}{}_{m,m}^{(r,r)} = \tfrac{1}{2}\,(\overset{(1)}{\mathfrak{P}}{}_{+m,+m}^{(r,r)} + \overset{(1)}{\mathfrak{P}}{}_{-m,-m}^{(r,r)});$$

dabei bedeutet sp_m hier und im folgenden stets die Summe über die beiden Werte $+m$ und $-m$; diese Größe (5) ist relativinvariant. Nach § 30, (10) folgt aus den oben angegebenen Symmetrieelementen für $\mathring{\mathfrak{P}}$, daß der Ausdruck (1) für die Komponenten $\overline{X}{}_m^{(r)}, \overline{Y}{}_m^{(r)}, \overline{Z}{}_m^{(r)}$ von $\overline{\mathfrak{P}}{}_m^{(r)}$ die einfache Form

$$(6) \qquad \overline{X}{}_m^{(r)} = \alpha_m^{(r)}\, \mathfrak{E}_x , \quad \overline{Y}{}_m^{(r)} = \alpha_m^{(r)}\, \mathfrak{E}_y , \quad \overline{Z}{}_m^{(r)} = \gamma_m^{(r)}\, \mathfrak{E}_z$$

hat, wobei die Formel § 46, (3) berücksichtigt ist und die Abkürzungen

$$(7) \qquad \left\{ \begin{aligned} \alpha_m^{(r)} &= \frac{1}{h} \sum_{r',m'} sp_m\, (\mathring{X}{}_{m,m'}^{(r,r')}\, \mathring{X}{}_{m',m}^{(r',r)}) \frac{\nu_{m',m}^{(r',r)}}{\nu_{m',m}^{(r',r)\,2} - \nu^2} , \\ \gamma_m^{(r)} &= \frac{1}{h} \sum_{r',m} sp_m\, (\mathring{Z}{}_{m,m'}^{(r,r')}\, \mathring{Z}{}_{m',m}^{(r',r)}) \frac{\nu_{m',m}^{(r',r)}}{\nu_{m',m}^{(r',r)\,2} - \nu^2} \end{aligned} \right.$$

gebraucht sind.

Ist $\mathfrak{P}$ das mittlere Moment der Volumeneinheit, gemittelt über alle im Gase vorkommenden Zustände, so hat man

$$(8) \qquad \mathfrak{P} = \sum_{r,m} N_m^{(r)}\, \overline{\mathfrak{P}}{}_m^{(r)}$$

zu setzen, wo $N_m^{(r)}$ die Anzahl der Molekel im Zustande (r, m) ist (die Summation über m soll von $-j$ bis $+j$ erstreckt werden). Während diese in der Dispersionstheorie (§ 46) nur von der Temperatur abhing, ist sie jetzt auch von der Feldstärke E abhängig, und zwar hat man unter Annahme des BOLTZMANNschen Verteilungsgesetzes:

$$N_m^{(r)} = N \frac{e^{-\frac{W_m^{(r)}}{kT}}}{\sum\limits_{r,m} e^{-\frac{W_m^{(r)}}{kT}}} . \tag{9}$$

Nach (6) sind die Komponenten von $\mathfrak{P}$:

$$X = \alpha \mathfrak{E}_x , \quad Y = \alpha \mathfrak{E}_y , \quad Z = \gamma \mathfrak{E}_z , \tag{10}$$

mit

$$\alpha = \sum_{r,m} N_m^{(r)} \alpha_m^{(r)}, \quad \gamma = \sum_{r,m} N_m^{(r)} \gamma_m^{(r)} . \tag{11}$$

Die Formeln (10) verbinden wir mit der optischen Grundgleichung § 46, (15); aus dieser folgt zunächst durch skalare Multiplikation mit $\mathfrak{s}$:

$$\mathfrak{s}\mathfrak{P} = -\frac{1}{4\pi}(\mathfrak{s}\mathfrak{E}) ,$$

sie läßt sich also schreiben

$$4\pi \mathfrak{P} = (n^2 - 1)\mathfrak{E} - n^2 \mathfrak{s}(\mathfrak{E}\mathfrak{s}) ,$$

oder, wenn wir beiderseits $\mathfrak{E}$ addieren und den Verschiebungsvektor $\mathfrak{D} = \mathfrak{E} + 4\pi \mathfrak{P}$ einführen:

$$\mathfrak{D} = n^2 \{\mathfrak{E} - \mathfrak{s}(\mathfrak{E}\mathfrak{s})\} . \tag{12}$$

Wir können ohne Beschränkung der Allgemeinheit annehmen, daß die Wellennormale in der xz-Ebene liegt; bildet sie den Winkel ϑ mit der z-Achse, so haben wir

$$\mathfrak{s}_x = s = \sin\vartheta , \quad \mathfrak{s}_y = 0 , \quad \mathfrak{s}_z = c = \cos\vartheta . \tag{13}$$

Nun wird nach (10)

$$\mathfrak{D}_x = n_o^2 \mathfrak{E}_x , \quad \mathfrak{D}_y = n_o^2 \mathfrak{E}_y , \quad \mathfrak{D}_z = n_e^2 \mathfrak{E}_z , \tag{14}$$

wo die Abkürzungen

$$n_o^2 = 1 + 4\pi\alpha , \quad n_e^2 = 1 + 4\pi\gamma \tag{15}$$

eingeführt sind. Aus (12) und (14) ergibt sich mit Rücksicht auf (13)

$$(16)\qquad \begin{cases} \mathfrak{D}_x = c n^2 \left(\mathfrak{D}_x \dfrac{c}{n_o^2} - \mathfrak{D}_z \dfrac{s}{n_e^2} \right), \\ \mathfrak{D}_y = \dfrac{n^2}{n_o^2} \mathfrak{D}_y , \\ \mathfrak{D}_z = - s n^2 \left(\mathfrak{D}_x \dfrac{c}{n_o^2} - \mathfrak{D}_z \dfrac{s}{n_e^2} \right). \end{cases}$$

Daher pflanzen sich zwei Wellen fort, eine *ordentliche*, die senkrecht zur Einfallsebene schwingt ($\mathfrak{D}_x = \mathfrak{D}_z = 0$, $\mathfrak{D}_y \neq 0$) mit dem Brechungsindex n_o, und eine *außerordentliche*, die parallel zur Einfallsebene schwingt ($\mathfrak{D}_x^2 + \mathfrak{D}_z^2 \neq 0$, $\mathfrak{D}_y = 0$); für diese ergibt sich zunächst

$$s\,\mathfrak{D}_x + c\,\mathfrak{D}_z = 0 ,$$

d. h. Transversalität der Schwingung von $\mathfrak{D}$, sodann das Gesetz für den Brechungsindex

$$(17)\qquad \frac{n^2}{n_o^2} c^2 + \frac{n^2}{n_e^2} s^2 = 1 .$$

Ist α von γ, also nach (15) n_o von n_e nur wenig verschieden, so folgt hieraus für die Doppelbrechung

$$(18)\qquad \Delta n = \frac{s^2}{2} \frac{n_e^2 - n_o^2}{\bar{n}} = \frac{2\pi}{\bar{n}} (\gamma - \alpha) \sin^2 \vartheta = \frac{2\pi}{\bar{n}} K \sin^2 \vartheta ,$$

wo $\bar{n}$ ein mittlerer Brechungsindex ist. Es kommt also darauf an, die Größe

$$(19)\qquad K = \gamma - \alpha$$

als Funktion des Feldes E zu berechnen; sie ist ein Maß des Kerr-Effekts. Hierzu bilden wir zunächst

$$(20)\qquad K_m^{(r)} = \gamma_m^{(r)} - \alpha_m^{(r)}$$

und dann nach (9) und (11)

$$(21)\qquad K = \sum_{r,m} N_m^{(r)} K_m^{(r)} = N \frac{\sum_{r,m}' K_m^{(r)} e^{-\frac{W_m^{(r)}}{kT}}}{\sum_{r\,m}' e^{-\frac{W_m^{(r)}}{kT}}} .$$

Hier sind $K_m^{(r)}$ und $W_m^{(r)}$ Funktionen von E, die wir bis zu Gliedern mit E^2 entwickeln. Den Nenner schreiben wir kurz

$$(22) \qquad S = \sum_{r,m} e^{-\frac{W_m^{(r)}}{kT}},$$

und wir werden sehen, daß wir nur seinen Wert für $E = 0$ benötigen.

Nach (21) und (4) wird

$$(23) \quad K = \frac{N}{S}\left\{ \sum_r e^{-\frac{\overset{\circ}{W}{}^{(r)}}{kT}} \sum_m K_m^{(r)} - \frac{E^2}{kT} \sum_r e^{-\frac{\overset{\circ}{W}{}^{(r)}}{kT}} \sum_m \overset{(2)}{W}{}_m^{(r)} K_m^{(r)} \right\}.$$

Wir haben nach (20) und (7)

$$(24) \quad \sum_m K_m^{(r)} = \frac{2}{h} \sum_{r',m,m'} \left(\overset{\circ}{Z}{}_{m\,m'}^{(r,r')} \overset{\circ}{Z}{}_{m'\,m}^{(r',r)} - \overset{\circ}{X}{}_{m\,m'}^{(r,r')} \overset{\circ}{X}{}_{m'\,m}^{(r',r)}\right) \frac{\nu_{m'\,m}^{(r',r)}}{\nu_{m\,m'}^{(r',r)2} - \nu^2};$$

hier sind nicht nur die Komponenten von $\overset{\circ}{\mathfrak{P}}$, sondern auch die Frequenzen $\nu_{m\,m'}^{(r,r')}$ Funktionen von E. Man hat nach (4)

$$(25) \qquad \frac{\nu_{m'\,m}^{(r',r)}}{\nu_{m'\,m}^{(r',r)2} - \nu^2} = \frac{\overset{\circ}{\nu}{}^{(r',r)}}{\overset{\circ}{\nu}{}^{(r',r)2} - \nu^2}\left(1 - \lambda_{m'\,m}^{(r',r)} E^2\right),$$

wo

$$(26) \qquad \lambda_{m'\,m}^{(r',r)} = \left(\overset{(2)}{W}{}_{m'}^{(r')} - \overset{(2)}{W}{}_m^{(r)}\right) \frac{1}{h\,\overset{\circ}{\nu}{}^{(r',r)}} \, \frac{\overset{\circ}{\nu}{}^{(r',r)2} + \nu^2}{\overset{\circ}{\nu}{}^{(r',r)2} - \nu^2}.$$

Ferner setzen wir

$$(27) \qquad \begin{aligned} &\overset{\circ}{Z}{}_{m\,m'}^{(r,r')} \overset{\circ}{Z}{}_{m'\,m}^{(r',r)} - \overset{\circ}{X}{}_{m\,m'}^{(r,r')} \overset{\circ}{X}{}_{m'\,m}^{(r',r)} \\ &= A_{m\,m'}^{(r,r')} + B_{m\,m'}^{(r,r')} E + C_{m\,m'}^{(r,r')} E^2, \end{aligned}$$

wo

$$(28) \quad \left\{ \begin{aligned} A_{m\,m'}^{(r,r')} &= \overset{\circ}{z}{}_{m\,m'}^{(r,r')} \overset{\circ}{z}{}_{m'\,m}^{(r',r)} - \overset{\circ}{x}{}_{m\,m'}^{(r,r')} \overset{\circ}{x}{}_{m'\,m}^{(r',r)}, \\ B_{m\,m'}^{(r,r')} &= \overset{\circ}{z}{}_{m\,m'}^{(r,r')} \overset{(1)}{z}{}_{m'\,m}^{(r',r)} + \overset{(1)}{z}{}_{m\,m'}^{(r,r')} \overset{\circ}{z}{}_{m'\,m}^{(r',r)} \\ &\quad - \overset{\circ}{x}{}_{m\,m'}^{(r,r')} \overset{(1)}{x}{}_{m'\,m}^{(r',r)} - \overset{(1)}{x}{}_{m\,m'}^{(r,r')} \overset{\circ}{x}{}_{m'\,m}^{(r',r)}, \\ C_{m\,m'}^{(r,r')} &= \overset{\circ}{z}{}_{m\,m'}^{(r,r')} \overset{(2)}{z}{}_{m'\,m}^{(r',r)} + \overset{(1)}{z}{}_{m'\,m}^{(r,r')} \overset{(1)}{z}{}_{m'\,m}^{(r',r)} + \overset{(2)}{z}{}_{m\,m'}^{(r,r')} \overset{\circ}{z}{}_{m'\,m}^{(r',r)} \\ &\quad - \overset{\circ}{x}{}_{m\,m'}^{(r,r')} \overset{(2)}{x}{}_{m'\,m}^{(r',r)} - \overset{(1)}{x}{}_{m\,m'}^{(r,r')} \overset{(1)}{x}{}_{m'\,m}^{(r',r)} - \overset{(2)}{x}{}_{m\,m'}^{(r,r')} \overset{\circ}{x}{}_{m'\,m}^{(r',r)}. \end{aligned} \right.$$

Nach (3) kommen vor

$$(29)\quad \begin{cases} \text{in } A \text{ Produkte von 2 Komponenten von } \mathring{\mathfrak{p}}\,, \\ \text{in } B \text{ Produkte von 3 Komponenten von } \mathring{\mathfrak{p}}\,, \\ \text{in } C \text{ Produkte von 4 Komponenten von } \mathring{\mathfrak{p}}\,. \end{cases}$$

Da $\mathring{\mathfrak{p}}$ zu einem im Raume frei drehbaren System gehört, ergibt sich aus den Überlegungen von § 30, daß

$$Sp(\mathring{z}^{(r,r')}\mathring{z}^{(r',r)}) = Sp(\mathring{x}^{(r,r')}\mathring{x}^{(r',r)})\,,$$

wo jetzt das Zeichen Sp sich auf die Summation über alle m-Werte bezieht. Das gibt aber

$$(30)\qquad \sum_{m m'} A_{m\,m'}^{(r,r')} = Sp(\mathring{z}^{(r,r')}\mathring{z}^{(r',r)} - \mathring{x}^{(r,r')}\mathring{x}^{(r',r)}) = 0\,,$$

und ebenso wird

$$(31)\qquad \sum_{m m'} B_{m\,m'}^{(r,r')} = 0\,.$$

Also erhalten wir nach (24), (25), (27)

$$(32)\qquad \sum_m K_m^{(r)} = C^{(r)}\cdot E^2\,,$$

mit der Abkürzung

$$(33)\qquad C^{(r)} = \frac{2}{h}\sum_{r'}\frac{\mathring{\nu}^{(r',r)}}{\mathring{\nu}^{(r',r)2}-\nu^2}\sum_{m,m'}(C_{m\,m'}^{(r,r')} - \lambda_{m\,m'}^{(r,r')}A_{m\,m'}^{(r,r')})\,.$$

Jetzt berechnen wir die zweite, in (23) auftretende Summe, wobei wir uns auf die von E unabhängigen Glieder beschränken können:

$$(34)\qquad \sum_m \overset{(2)}{W}{}_m^{(r)} K_m^{(r)} = \frac{2}{h}\sum_{r'}\frac{\mathring{\nu}^{(r',r)}}{\mathring{\nu}^{(r',r)2}-\nu^2}\sum_{m m'}\overset{(2)}{W}{}_m^{(r)} A_{m,m'}^{(r,r')} = D^{(r)}\,.$$

Dann wird endlich

$$(35)\qquad K = E^2\frac{N}{S_0}\sum_r e^{-\frac{\mathring{W}^{(r)}}{kT}}\left(C^{(r)} - \frac{1}{kT}D^{(r)}\right),$$

wo S_0 den Wert von S für $E = 0$ bedeutet.

Wir diskutieren nun die Temperaturabhängigkeit von K genau wie in § 42. Dazu zerlegen wir die Quantenzahl r in n, j und nehmen an, daß nur der Wert $n = 0$ einen merklichen Beitrag liefert. Dann ist $\mathring{W}^{(r)}$ durch $\mathring{W}^{(j)}$ zu ersetzen und die Eigenschwingungen zerfallen in schnelle $\mathring{\nu}^{(0,n')}$, $n' \neq 0$, und langsame $\nu^{(j,j')}$. Die Größe $C^{(r)}$ hat die Form

$$C^{(r)} = C^{(j)} = \sum_{n'\,j'} c_{n'}^{(j',j)} \tag{36}$$

mit

$$c_{n'}^{(j',j)} = \frac{\mathring{\nu}^{(n',j';0,j)}}{\mathring{\nu}^{(n',j';0,j)2} - \nu^2} \sum_{m,m'} \left(C_{mm'}^{(0,j;n',j')} - \lambda_{mm'}^{(0,j;n',j')} A_{mm'}^{(0,j;n',j')}\right) \tag{37}$$

und man sieht, daß für $n' = 0$

$$c_0^{(j',j)} = -\, c_0^{(j,j')} \tag{38}$$

ist. Ganz analoges gilt für $D^{(r)}$. Nun wird

$$\frac{N}{S_0} \sum_r e^{-\frac{\mathring{W}^{(r)}}{kT}} C^{(r)} = \frac{N}{S_0} \sum_j e^{-\frac{\mathring{W}^{(j)}}{kT}} \sum_{n'\,j'}{}' c_{n'}^{(j',j)} + \frac{N}{S_0} \sum_{j,j'} e^{-\frac{\mathring{W}^{(j)}}{kT}} c_{0,}^{(j',j)}.$$

Vertauscht man in der zweiten Summe j mit j' und bildet das arithmetische Mittel beider Ausdrücke, so erhält man wegen (38)

$$\frac{N}{S_0} \sum_{jj'} e^{-\frac{\mathring{W}^{(j)}}{kT}} c_0^{(j',j)} = \frac{N}{2S_0} \sum_{jj'} \left(e^{-\frac{\mathring{W}^{(j)}}{kT}} - e^{-\frac{\mathring{W}^{(j')}}{kT}}\right) c_0^{(j',j)}$$

$$= \frac{N}{2S_0} \cdot \frac{1}{kT} \cdot \sum_{jj'} h\, \mathring{\nu}^{(j',j)} c_0^{(j',j)} e^{-\frac{\mathring{W}^{(j)}}{kT}}.$$

Daher wird

$$\frac{N}{S_0} \sum_r e^{-\frac{\mathring{W}^{(r)}}{kT}} C^{(r)} = C_0 + \frac{1}{kT} C_1, \tag{39}$$

wo

$$\left\{\begin{aligned} C_0 &= N \sum_{n'}{}' \frac{\nu^{(n',0)}}{\mathring{\nu}^{(n',0)2} - \nu^2} \frac{2}{S_0} \sum_{jj'} \sum_{mm'} e^{-\frac{\mathring{W}^{(j)}}{kT}} \left(C_{mm'}^{(0,j;n',j')} + \lambda_{mm'}^{(0,j;n',j')} A_{mm'}^{(0,j;n',j')}\right), \\ C_1 &= \frac{Nh}{S_0} \sum_{jj'} \frac{\mathring{\nu}^{(j',j)2}}{\mathring{\nu}^{(j',j)2} - \nu^2} e^{-\frac{\mathring{W}^{(j)}}{kT}} \sum_{mm'} \left(C_{mm'}^{(0,j;0,j')} + \lambda_{mm'}^{(0,j;0,j')} A^{(0,j;0,j')}\right). \end{aligned}\right. \tag{40}$$

Diese Größen sind nur wenig von der Temperatur T abhängig und können mit derselben Annäherung als Konstanten behandelt werden, mit der man der Molekel ein permanentes elektrisches Moment und eine konstante Polarisierbarkeit zuschreibt. Ganz ebenso hat man

$$(41)\qquad \frac{N}{S_0}\sum_r e^{-\frac{\overset{0}{W}^{(r)}}{kT}} D^{(r)} = D_0 + \frac{1}{kT} D_1$$

mit nahezu temperaturunabhängigen D_0, D_1. Daher wird schließlich

$$(42)\qquad K = E^2\left(C_0 + \frac{1}{kT}(C_1 + D_0) + \frac{1}{k^2T^2} D_1\right).$$

Diese Formel gibt die Abhängigkeit der Kerr-*Konstante* von Temperatur und Frequenz. Um die anschauliche Bedeutung der 4 Glieder zu übersehen, bedenken wir folgendes: Für C_0 und D_0 sind maßgebend die Sprünge der Quantenzahl n, welche nur von der relativen Lage der Elektronen in der Molekel abhängt; C_1 und D_1 dagegen kommen durch die Sprünge der Quantenzahl j zustande, die zum Gesamtdrehimpuls gehört und mit der Orientierung der Molekel zusammenhängt. Andererseits ist $C = C_0 + \frac{1}{kT} C_1$ von den Energiedifferenzen bei wechselnder Orientierung unabhängig, während $D = D_0 + \frac{1}{kT} D_1$ davon abhängt. Daher entsprechen die einzelnen Glieder folgendem Mechanismus:

1. Das Feld erzeugt an jeder einzelnen Molekel eine Anisotropie, gleichgültig, ob sie an sich isotrop ist oder nicht, bzw. ob sie ein permanentes Moment hat oder nicht; das ist das temperaturunabhängige Glied C_0.

2. Wenn die Molekel dielektrisch anisotrop ist (sie braucht kein permanentes Moment zu haben), so wird durch das Feld ein Moment induziert, das nicht dem Felde parallel ist, sich aber im Felde einzustellen sucht; dem entspricht die durch $\frac{D_0}{kT}$ dargestellte Anisotropie der Verteilung.

3. Wenn die Molekel ein permanentes Moment hat (sie kann dabei dielektrisch isotrop sein), so strebt dieses sich im Felde einzustellen und es entsteht die durch $\frac{C_1}{kT}$ dargestellte Anisotropie der Verteilung.

4. Ist die Molekel dielektrisch anisotrop und hat zugleich ein Moment, das gegen die dielektrischen Hauptachsen geneigt ist, so entsteht im Felde eine Verlagerung der Richtung dieses Moments; dem Bestreben des resultierenden Moments, sich im Felde einzustellen, entspricht das Glied $\frac{D_2}{k^2 T^2}$.

Hieraus geht hervor, daß bei *Atomen* nur der Term C_0, also eine temperaturunabhängige KERR-Konstante, zu erwarten ist; die andern Effekte können nur bei *Molekeln* vorkommen.

§ 49. Magnetische Doppelbrechung (FARADAY-Effekt). Wir untersuchen jetzt die Wirkung eines konstanten äußeren Magnetfelds, das parallel zur z-Richtung liegen möge und dessen Betrag H sei, auf die Dispersion des Lichts. Es sei, wie in § 48, $\overset{\circ}{\mathfrak{p}}$ das elektrische Moment der Molekel im feldfreien Zustande, $\overset{\circ}{\mathfrak{P}}$ das Moment unter der Wirkung des Magnetfeldes H und $\overset{(1)}{\mathfrak{P}}$ das vom Lichte erzeugte Zusatzmoment, also wie früher

$$\begin{aligned}(1)\qquad \overset{(1)}{\mathfrak{P}}_{nn} = {} & \frac{1}{2} e^{2\pi i\nu t} \sum_k \left(\frac{\overset{\circ}{\mathfrak{P}}_{nk} (\overset{\circ}{\mathfrak{P}}_{kn} \overset{\circ}{\mathfrak{E}})}{h(\nu_{kn} + \nu)} - \frac{(\overset{\circ}{\mathfrak{P}}_{nk} \overset{\circ}{\mathfrak{E}}) \overset{\circ}{\mathfrak{P}}_{kn}}{h(\nu_{nk} + \nu)} \right) \\ & + \frac{1}{2} e^{-2\pi i\nu t} \sum_k \left(\frac{\overset{\circ}{\mathfrak{P}}_{nk} (\overset{\circ}{\mathfrak{P}}_{kn} \overset{\circ}{\mathfrak{E}}^*)}{h(\nu_{kn} - \nu)} - \frac{(\overset{\circ}{\mathfrak{P}}_{nk} \overset{\circ}{\mathfrak{E}}^*) \overset{\circ}{\mathfrak{P}}_{kn}}{h(\nu_{nk} - \nu)} \right).\end{aligned}$$

Der Unterschied gegen den Fall des elektrischen Feldes liegt in den andern Symmetrieeigenschaften, die ein System im magnetischen Felde hat. Während im elektrischen Felde freie Drehbarkeit um die Feldrichtung (z-Achse) und außerdem Spiegelungssymmetrie zu einer durch die z-Achse gehenden Ebene (etwa die xz-Ebene) bestehen, gilt im Magnetfeld folgendes:

1. Freie Drehbarkeit um die Feldachse (z-Achse);

2. Spiegelungssymmetrie an der zum Felde senkrechten Ebene (der xy-Ebene). Wenn nicht irgend eine zufällige Entartung vorliegt (die wir ausschließen wollen), bewirkt das Magnetfeld eine vollständige Aufhebung der Richtungsentartung. Denn die Energie im Magnetfeld ist z. B. für Atome, auf die wir uns später beschränken werden, nach § 43, (17):

$$(2)\qquad W_m^{(r)} = \overset{\circ}{W}{}^{(r)} + \mathsf{M}_0\, m H + \frac{\Theta_m^{(r)}}{8 m_0 c^2} H^2 + \cdots .$$

Benützen wir die Formeln § 30, (10) für Systeme im Magnetfeld, so dürfen wir überall das Zeichen Sp weglassen, da die Spur immer nur aus einem Gliede besteht. Für die Komponenten $\mathring{X}$, $\mathring{Y}$, $\mathring{Z}$ von $\mathring{\mathfrak{P}}$ folgt also

$$(3)\quad \begin{cases} \mathring{X}^{(r,r')}_{mm'}\mathring{Y}^{(r',r)}_{m'm} = -\mathring{Y}^{(r,r')}_{mm'}\mathring{X}^{(r',r)}_{m'm}\,, \\ \mathring{X}^{(r,r')}_{mm'}\mathring{Z}^{(r',r)}_{m'm} = \mathring{Z}^{(r,r')}_{mm'}\mathring{X}^{(r',r)}_{m'm} = 0\,, \\ \mathring{Y}^{(r,r')}_{mm'}\mathring{Z}^{(r',r)}_{m'm} = \mathring{Z}^{(r,r')}_{mm'}\mathring{Y}^{(r',r)}_{m'm} = 0\,. \end{cases}$$

Daher nimmt (1) die Form an

$$(4)\quad \begin{cases} \overset{(1)}{X}{}^{(rr)}_{mm} = \alpha^{(r)}_m\,\mathfrak{E}_x + \beta^{(r)}_m\,\mathfrak{F}_y\,, \\ \overset{(1)}{Y}{}^{(rr)}_{mm} = \alpha^{(r)}_m\,\mathfrak{E}_y - \beta^{(r)}_m\,\mathfrak{F}_x\,, \\ \overset{(1)}{Z}{}^{(rr)}_{mm} = \gamma^{(r)}_m\,\mathfrak{E}_z\,, \end{cases}$$

wo außer dem Lichtvektor

$$(5)\quad \mathfrak{E} = \tfrac{1}{2}\left(\mathring{\mathfrak{E}}\,e^{2\pi i\nu t} + \mathring{\mathfrak{E}}^*e^{-2\pi i\nu t}\right), \qquad \mathfrak{E}_x = A_x\cos\left(2\pi\nu t + \varphi_x\right), \ldots$$

noch

$$(5')\quad \mathfrak{F} = \frac{1}{2i}\left(\mathring{\mathfrak{E}}\,e^{2\pi i\nu t} - \mathring{\mathfrak{E}}^*e^{-2\pi i\nu t}\right), \quad \mathfrak{F}_x = A_x\sin\left(2\pi\nu t + \varphi_x\right), \ldots$$

eingeführt ist und die Konstanten folgende Werte haben:

$$(6)\quad \begin{cases} \alpha^{(r)}_m = \dfrac{2}{h}\sum\limits_{r',m'}\mathring{X}^{(r,r')}_{mm'}\mathring{X}^{(r',r)}_{m'm}\dfrac{\nu^{(r',r)}_{m'm}}{\nu^{(r',r)^2}_{m'm} - \nu^2}\,, \\ \beta^{(r)}_m = \dfrac{2}{hi}\sum\limits_{r',m'}\mathring{X}^{(r,r')}_{mm'}\mathring{Y}^{(r',r)}_{m'm}\dfrac{\nu}{\nu^{(r',r)^2}_{m'm} - \nu^2}\,, \\ \gamma^{(r)}_m = \dfrac{2}{h}\sum\limits_{r',m'}\mathring{Z}^{(r,r')}_{mm'}\mathring{Z}^{(r',r)}_{m'm}\dfrac{\nu^{(r',r)}_{m'm}}{\nu^{(r',r)^2}_{m'm} - \nu^2}\,. \end{cases}$$

Diese Größen sind reell; für $\alpha^{(r)}_m$, $\gamma^{(r)}_m$ folgt das daraus, daß die Matrizen $\mathring{X}$ und $\mathring{Z}$ hermitisch sind, also

$$(7)\quad \begin{cases} \mathring{X}^{(r,r')}_{mm'}\mathring{X}^{(r',r)}_{m'm} = |\mathring{X}^{(r,r')}_{mm'}|^2 > 0\,, \\ \mathring{Z}^{(r,r')}_{mm'}\mathring{Z}^{(r',r)}_{m'm} = |\mathring{Z}^{(r,r')}_{mm'}|^2 > 0\,; \end{cases}$$

für $\beta^{(r)}_m$ folgt wegen:

$$\mathring{X} = \frac{1}{2}\left(\mathring{\Pi} + \mathring{\Pi}^\dagger\right), \qquad \mathring{Y} = \frac{1}{2i}\left(\mathring{\Pi} - \mathring{\Pi}^\dagger\right)$$

aus § 28, (4) (hier anwendbar, da M_z diagonal ist):

$$i \overset{\circ}{X}{}^{(r\,r')}_{m\,m'} \overset{\circ}{Y}{}^{(r'\,r)}_{m'\,m} = (m' - m) \left| \overset{\circ}{X}{}^{(r'\,r)}_{m'\,m} \right|^2 \tag{7'}$$

und daraus dann nach (6) die Realität von $\beta^{(r)}_m$.

Das elektrische Moment pro Volumeneinheit erhält man aus (4) durch Mittelbildung und Multiplikation mit der LOSCHMIDTschen Zahl N; also wird

$$\left\{\begin{aligned} \overline{X} &= \alpha\, \mathfrak{E}_x + \beta\, \mathfrak{F}_y, \\ \overline{Y} &= \alpha\, \mathfrak{E}_y - \beta\, \mathfrak{F}_x, \\ \overline{Z} &= \gamma\, \mathfrak{E}_z \end{aligned}\right. \tag{8}$$

mit

$$\alpha = N \frac{\sum\limits_{r,m} \alpha^{(r)}_m e^{-\frac{W^{(r)}_m}{k\,T}}}{\sum\limits_{r,m} e^{-\frac{W^{(r)}_m}{k\,T}}}, \quad \ldots \tag{9}$$

Um die optische Bedeutung der Parameter zu erkennen, verbinden wir die Gleichungen (8) mit der optischen Grundgleichung [s. § 48, (12)]

$$\mathfrak{D} = n^2 (\mathfrak{E} - \mathfrak{s}(\mathfrak{s}\,\mathfrak{E})). \tag{10}$$

Dabei ist $\mathfrak{D} = \mathfrak{E} + 4\pi\, \overline{\mathfrak{P}}$, wo $\overline{\mathfrak{P}}$ der Vektor mit den Komponenten (8) ist, also

$$\left\{\begin{aligned} \mathfrak{D}_x &= (1 + 4\pi\,\alpha)\, \mathfrak{E}_x + \beta\, \mathfrak{F}_y, \\ \mathfrak{D}_y &= (1 + 4\pi\,\alpha)\, \mathfrak{E}_y - \beta\, \mathfrak{F}_x, \\ \mathfrak{D}_z &= 4\pi\,\gamma\, \mathfrak{E}_z. \end{aligned}\right. \tag{11}$$

Man kann nun natürlich statt $\mathfrak{E}$ ebensogut auch $\mathfrak{F}$ als elektrischen Lichtvektor betrachten, zu dem statt $\mathfrak{D}$ der Verschiebungsvektor

$$\mathfrak{E} = n^2 (\mathfrak{F} - \mathfrak{s}(\mathfrak{s}\,\mathfrak{F})) \tag{12}$$

gehört; dann treten an die Stelle von (11) die Gleichungen

$$\left\{\begin{aligned} \mathfrak{E}_x &= (1 + 4\pi\,\alpha)\, \mathfrak{F}_x - \beta\, \mathfrak{E}_y, \\ \mathfrak{E}_y &= (1 + 4\pi\,\alpha)\, \mathfrak{F}_y + \beta\, \mathfrak{E}_x, \\ \mathfrak{E}_z &= 4\pi\,\gamma\, \mathfrak{F}_z. \end{aligned}\right. \tag{13}$$

Die Formeln (10), (11), (12), (13) enthalten die optischen Gesetze eines Gases im Magnetfeld für beliebige Richtung der Wellennormalen. Wir beschränken die Diskussion auf zwei Spezialfälle:

I. Longitudinale Wellennormale, $\mathfrak{s}_x = \mathfrak{s}_y = 0$, $\mathfrak{s}_z = 1$. Dann erhält man durch Elimination von $\mathfrak{C}$ und $\mathfrak{D}$:

$$(14)\quad \left\{\begin{aligned} (1+4\pi\alpha)\,\mathfrak{E}_x + 4\pi\beta\,\mathfrak{F}_y &= n^2\,\mathfrak{E}_x\,,\\ (1+4\pi\alpha)\,\mathfrak{E}_y - 4\pi\beta\,\mathfrak{F}_x &= n^2\,\mathfrak{E}_y\,,\\ \mathfrak{E}_z &= 0\,,\\ (1+4\pi\alpha)\,\mathfrak{F}_x - 4\pi\beta\,\mathfrak{E}_y &= n^2\,\mathfrak{F}_x\,,\\ (1+4\pi\alpha)\,\mathfrak{F}_y + 4\pi\beta\,\mathfrak{E}_x &= n^2\,\mathfrak{F}_y\,,\\ \mathfrak{F}_z &= 0\,. \end{aligned}\right.$$

Die Lösung lautet

$$(15)\qquad n^2 - 1 = 4\pi(\alpha \pm \beta)\,, \qquad \mathfrak{F}_y = \pm\,\mathfrak{E}_x\,, \qquad \mathfrak{E}_y = \mp\,\mathfrak{F}_x\,.$$

Hieraus ergibt sich für die Amplituden und Phasen

$$(16)\qquad A_x = A_y\,, \qquad \varphi_y - \varphi_x = \pm\,\frac{\pi}{2}\,.$$

Es pflanzen sich also zwei zirkulare, entgegengesetzt rotierende Wellen fort, und die *zirkulare Doppelbrechung* ist nach (15) näherungsweise

$$(17)\qquad n_+ - n_- = \frac{4\pi\beta}{\bar{n}}\,,$$

wo $\bar{n}$ ein mittlerer Brechungsindex (näherungsweise $\bar{n} = \sqrt{1+4\pi\alpha}$) ist.

II. Transversale Wellennormale, $\mathfrak{s}_x = \mathfrak{s}_z = 0$, $\mathfrak{s}_y = 1$. Die Elimination von $\mathfrak{D}$ und $\mathfrak{C}$ liefert

$$(18)\quad \left\{\begin{aligned} (1+4\pi\alpha)\,\mathfrak{E}_x + 4\pi\beta\,\mathfrak{F}_y &= n^2\,\mathfrak{E}_x\,,\\ (1+4\pi\alpha)\,\mathfrak{E}_y - 4\pi\beta\,\mathfrak{F}_x &= 0\,,\\ (1+4\pi\gamma)\,\mathfrak{E}_z \qquad\qquad &= n^2\,\mathfrak{E}_z\,,\\ (1+4\pi\alpha)\,\mathfrak{F}_x - 4\pi\beta\,\mathfrak{E}_y &= n^2\,\mathfrak{F}_x\,,\\ (1+4\pi\alpha)\,\mathfrak{F}_y + 4\pi\beta\,\mathfrak{E}_x &= 0\,,\\ (1+4\pi\gamma)\,\mathfrak{F}_z \qquad\qquad &= n^2\,\mathfrak{F}_z\,. \end{aligned}\right.$$

Es pflanzen sich zwei Wellen fort:

a) Schwingung senkrecht zum Feld:

$$(19)\qquad n_\perp^2 - 1 = 4\pi\alpha - \frac{(4\pi\beta)^2}{1+4\pi\alpha}, \quad \mathfrak{E}_z = \mathfrak{F}_z = 0\,,$$

$$\mathfrak{E}_y = \delta\,\mathfrak{F}_x, \quad \mathfrak{F}_y = -\delta\,\mathfrak{E}_x, \quad \delta = \frac{4\pi\beta}{1+4\pi\alpha};$$

diese Welle hat also eine longitudinale $\mathfrak{E}$-Komponente von der Größenordnung β.

b) Schwingung parallel zum Feld:

$$(20)\qquad n_\parallel^2 - 1 = 4\pi\gamma\,, \quad \mathfrak{E}_x = \mathfrak{E}_y = \mathfrak{F}_x = \mathfrak{F}_y = 0\,.$$

Die *lineare Doppelbrechung* beträgt in erster Näherung

$$(21)\qquad n_\perp - n_\parallel = \frac{2\pi(\alpha-\gamma)}{\bar{n}}\,.$$

Wir untersuchen nun die Abhängigkeit der beiden Doppelbrechungs-Parameter β und $\alpha-\gamma$ vom magnetischen Felde und der Temperatur, und zwar, wie stets im vorangehenden, in Spektralbereichen, die von den Absorptionslinien hinreichenden Abstand haben. Vor allem interessiert uns der Drehungsparamater β.

Bei der Bildung der statistischen Mittelwerte (9) dürfen wir uns wieder (s. § 43) auf den Wert $n = 0$ der Hauptquantenzahl beschränken, da die höheren Zustände bei normalen Temperaturen nicht angeregt sind. Außerdem betrachten wir *von jetzt ab nur Atome*, und können uns dann in vielen Fällen auch auf den Wert j_0 der Quantenzahl j für den tiefsten Term (Grundzustand) beschränken. j_0 ist die „Magnetonenzahl" im Normalzustand. (Wenn $j_0 = 0$ ist, hat man ein diamagnetisches Atom, sonst ein paramagnetisches.) Wir ersetzen also r durch (o, j_0), r' durch (n', j') und wollen jetzt β nach Potenzen von H entwickeln bis zu Gliedern erster Ordnung einschließlich. Zunächst erhält man nach (2):

$$(22)\qquad \frac{1}{\nu_{m\,m'}^{(o,j_0;\,n',j')^2} - \nu^2} = \frac{1}{\overset{\circ}{\nu}{}^{(o,j_0;\,n'j')^2} - \nu^2}\left(1 - \mathsf{M}_0\,\lambda_{mm'}^{(o,j_0;\,n',j')}\,H + \cdots\right),$$

mit

$$(23)\qquad \lambda_{mm'}^{(o,j_0;\,n'j')} = \frac{2\,\overset{\circ}{\nu}{}^{(o,j_0;\,n',j')}\,(m-m')}{h\,(\overset{\circ}{\nu}{}^{(o,j_0;\,n',j')^2} - \nu^2)}\,.$$

In § 43 wurde gezeigt, daß die Koordinaten $\overset{\circ}{x}_k$, $\overset{\circ}{y}_k$, $\overset{\circ}{z}_k$

der Elektronen im feldfreien Zustande des Systems bis auf Glieder zweiter Ordnung in H auch die Koordinaten im Magnetfelde sind. Folglich kann man bei der hier angestrebten Näherung die Elemente der Matrizen $\mathring{X}$, $\mathring{Y}$, $\mathring{Z}$ durch die von $\mathring{x}$, $\mathring{y}$, $\mathring{z}$ ersetzen, die zu dem frei drehbaren, ungestörten Atom gehören.

Durch Einsetzen von (22) in (6) unter Beachtung von (7′) bekommen wir:

$$\beta_m^{(o,j_0)} = \frac{2\nu}{h} \sum_{n',j',m'} \frac{(m-m') \left| \mathring{x}_{m'm}^{(n',j';\, o,j_0)} \right|^2}{\mathring{\nu}^{(o,j_0;\, n',j')^2} - \nu^2} \left(1 - \mathsf{M}_0 \lambda_{m m'}^{(o,j_0;\, n',j')} H\right).$$

Wir zerlegen $\beta_m^{(o,j_0)}$ in zwei Bestandteile:

$$\beta_m^{(o,j_0)} = \beta'^{(o,j_0)}_m + \beta''^{(o,j_0)}_m \tag{24}$$

mit

$$\beta'^{(o,j_0)}_m = \frac{2\nu}{h} \sum_{n',j',m'} \frac{(m-m') \left| \mathring{x}_{m'm}^{(n',j';\, o,j_0)} \right|^2}{\mathring{\nu}^{(o,j_0;\, n',j')^2} - \nu^2} \tag{25}$$

und

$$\beta''^{(o,j_0)}_m = -H \frac{2\nu \mathsf{M}_0}{h} \sum_{n',j',m'} \frac{(m-m') \left| \mathring{x}_{m'm}^{(n',j';\, o,j_0)} \right|^2 \lambda_{m m'}^{(o,j_0;\, n',j')}}{\nu^{(o,j_0;\, n',j')^2} - \nu^2} \tag{25a}$$

Entsprechend setzen wir nach (9) und (2)

$$\beta = \beta' + \beta'' \tag{26}$$

mit

$$\beta' = N \frac{\sum_m \beta'^{(o,j_0)}_m e^{-\frac{m \mathsf{M}_0 H}{kT}}}{\sum_m e^{-\frac{m \mathsf{M}_0 H}{kT}}}, \tag{27}$$

$$\beta'' = N \frac{\sum_m \beta''^{(o,j_0)}_m e^{-\frac{m \mathsf{M}_0 H}{kT}}}{\sum_m e^{-\frac{m \mathsf{M}_0 H}{kT}}}. \tag{27a}$$

Wir beschäftigen uns zunächst mit β''. Durch Einsetzen von (23) in (25a) bekommt man, da $(m'-m)\,\mathring{x}_{m'm}$ nur für $(m'-m)^2 = 1$

von Null verschieden ist:

$$\beta_m''^{(o,j_0)} = H \cdot \frac{4\nu \mathsf{M}_0}{h^2} \sum_{n',j'} \frac{\overset{\circ}{\nu}(n',j';o,j_0)}{(\overset{\circ}{\nu}(n',j';o,j_0)^2 - \nu^2)^2} \sum_{m'} \left| \overset{\circ}{x}_{m'm}^{(n',j';o,j_0)} \right|^2 .$$

Da $\beta_m''^{(o,j_0)}$ schon H als Faktor enthält und wir höhere Potenzen von H vernachlässigen, so darf man in (27a) die Faktoren $e^{-\frac{m \mathsf{M}_0 H}{kT}}$ durch 1 ersetzen. Der Anteil β'' ist also in dieser Näherung (d. h. bei nicht zu tiefen Temperaturen und nicht sehr hohen Feldstärken) nahezu temperaturunabhängig.

Die Formel (27a) reduziert sich auf

$$\beta'' = H N \frac{4\nu \mathsf{M}_0}{h^2} \sum_{n',j'} \frac{\overset{\circ}{\nu}(n',j';o,j_0)}{(\overset{\circ}{\nu}(n',j';o,j_0)^2 - \nu^2)^2} I(n',j';o,j_0)$$

mit

$$I(n',j';o,j_0) = \frac{1}{g(o,j_0)} \left\| \overset{\circ}{x}(n',j';o,j_0) \right\|^2 = \frac{1}{3g(o,j_0)} \left\| \overset{\circ}{\mathfrak{p}}(n',j';o,j_0) \right\|^2,$$

d. h. mit der im § 46, (21) eingeführten Bezeichnung

$$I(n',j';o,j_0) = \frac{e^2 h}{8\pi^2 m_0} \cdot \frac{f(n',j';o,j_0)}{\nu(n',j';o,j_0)} .$$

Es wird also schließlich

(28) $$\beta'' = \beta_0'' \cdot H ,$$

wobei, nach dem Werte § 43, (9) des BOHRschen Magnetons,

(28a) $$\beta_0'' = \frac{N e^3}{8\pi^3 m_0^2 c} \nu \sum_{n',j'} \frac{f(n',j';o,j_0)}{(\nu(n',j';o,j_0)^2 - \nu^2)^2} .$$

Die Drehung der Polarisationsebene pro Längeneinheit, die vom Anteil β'' der zirkularen Doppelbrechung herrührt, ist also nach (17), wenn λ die Vakuumwellenlänge darstellt,

$$\Theta'' = \frac{\pi}{\lambda}(n_+ - n_-)'' = \frac{4\pi^2}{\lambda \bar{n}} \beta'' = \Theta_0'' \cdot H ,$$

mit der sogenannten VERDET*schen Konstanten*

$$\Theta_0'' = \frac{4\pi^2}{\lambda \bar{n}} \cdot \beta_0'' .$$

Durch Vergleich mit der Dispersionsformel § 46, (19), (20) bekommt man nun durch eine elementare Rechnung die zuerst von H. BECQUEREL[1] aufgestellte Beziehung

$$(29)\qquad \Theta_0'' = \frac{e}{2\,m_0\,c^2}\cdot\lambda\,\frac{dn}{d\lambda}.$$

Wir werden sogleich sehen, daß bei *diamagnetischen* Körpern nur der Anteil Θ'' vorhanden ist. Wenn man also bei einer diamagnetischen Substanz die VERDETsche Konstante und den Verlauf $n(\lambda)$ der Dispersionskurve kennt, gestattet diese Formel eine Bestimmung[2] von $e:m_0$. Die PLANCKsche Konstante h ist dagegen aus den Formeln (28a), (29) herausgefallen. Aus der Formel (28a) geht ferner hervor, daß die Bestimmung der VERDETschen Konstanten in ihrer Abhängigkeit von der Wellenlänge zur empirischen Bestimmung der Stärken $f^{(n',j';\,o,j_0)}$ von Absorptionslinien dieselben Dienste leisten kann wie die Beobachtung des Brechungsindex selber[3].

Nun gehen wir über zur Auswertung des Anteils β'. Aus den Formeln § 31, (15), (16), (17) ergibt sich leicht

$$\sum_{m'}(m-m')\left|\mathring{x}_{m'm}^{(n',j_0+1;\,o,j_0)}\right|^2 = -\frac{m\,j_0}{2\,j_0\,(j_0+1)\,(2\,j_0+1)}\cdot\left\|\mathring{\mathfrak{p}}^{(n',j_0+1;\,o,j_0)}\right\|^2,$$

$$\sum_{m'}(m-m')\left|\mathring{x}_{m'm}^{(n',j_0;\,o,j_0)}\right|^2 = \frac{m}{2\,j_0\,(j_0+1)\,(2\,j_0+1)}\left\|\mathring{\mathfrak{p}}^{(n',j_0;\,o,j_0)}\right\|^2,$$

$$\sum_{m'}(m-m')\left|\mathring{x}_{m'm}^{(n',j_0-1;\,o,j_0)}\right|^2 = \frac{m\,(j_0+1)}{2\,j_0\,(j_0+1)\,(2\,j_0+1)}\left\|\mathring{\mathfrak{p}}^{(n',j_0-1;\,o,j_0)}\right\|^2.$$

Ersetzen wir wieder die $\left\|\mathring{\mathfrak{p}}^{(n',j';\,o,j_0)}\right\|^2$ durch die entsprechenden Stärken $f^{(n',j';\,o,j_0)}$ unter Beachtung von $g(o,j_0) = 2\,j_0+1$ und setzen

[1] BECQUEREL, H.: Comptes Rendus Bd. 125, S. 679. 1897.

[2] Die Messungen haben nur bei H_2 annähernd den normalen Wert $e:m_0 = 1{,}7\cdot 10^7$ ergeben, sonst kleinere Werte, s. LADENBURG, R.: Z. Phys. Bd. 34, S. 898. 1925; das liegt vermutlich daran, daß Formel (29) nur für Atome (auch bei Berücksichtigung des Elektronendralls), s. ROSENFELD, L.: Z. Phys. Bd. 57, S. 835. 1929), nicht ohne weiteres für Molekeln gilt

[3] LADENBURG, R.: Z. Phys. Bd. 4, S. 451. 1921. LADENBURG, R. und R. MINKOWSKI: Z. Phys. Bd. 6, S. 153. 1921.

$$(30)\qquad \beta_0' = -\frac{N e^3 h \nu}{32 \pi^3 m_0^2 c} \sum_{n'} \left[\frac{f^{(n', j_0;\, o, j_0)}}{\left(\nu^{(n', j_0;\, o, j_0)^2} - \nu^2\right) \nu^{(n', j_0;\, o, j_0)}} \right.$$

$$\left. j_0 \frac{f^{(n', j_0+1;\, o, j_0)}}{\left(\nu^{(n', j_0+1;\, o, j_0)^2} - \nu^2\right) \nu^{(n', j_0+1;\, o, j_0)}} + (j_0+1) \frac{f^{(n', j_0-1;\, o, j_0)}}{\left(\nu^{(n', j_0-1;\, o, j_0)^2} - \nu^2\right) \nu^{(n', j_0-1;\, o, j_0)}} \right],$$

so bekommen wir nach (25) und (27)

$$\beta' = \beta_0' \cdot \frac{\sum\limits_m (-m)\, e^{-\frac{m \mathsf{M}_0 H}{k T}}}{\sum\limits_m e^{-\frac{m \mathsf{M}_0 H}{k T}}} \cdot \frac{3}{\mathsf{M}_0 j_0 (j_0 + 1)}.$$

Nun ist aber nach § 43, (25), (32a) der paramagnetische Anteil des magnetischen Moments $\mathsf{M}_p\,(j_0)$ bzw. die CURIEsche Konstante C

$$(31)\qquad \left\{ \begin{aligned} \mathsf{M}_p\,(j_0) &= \mathsf{M}_0 \cdot \frac{\sum\limits_{m=-j_0}^{j_0} (-m)\, e^{-\frac{m \mathsf{M}_0 H}{k T}}}{\sum\limits_{m=-j_0}^{j_0} e^{-\frac{m \mathsf{M}_0 H}{k T}}}, \\ C &= \frac{\mathsf{M}_0^2 j_0 (j_0 + 1)}{3}, \end{aligned} \right.$$

so daß

$$(32)\qquad \beta' = \beta_0' \cdot \frac{\mathsf{M}_p\,(j_0)}{C}$$

mit dem Wert (30) von β_0' wird. Hieraus sieht man, daß β' nur für *paramagnetische Körper* von Null verschieden ist: man nennt deshalb den durch β' gegebenen Anteil den „paramagnetischen FARADAY-Effekt", während der durch β'' gegebene Anteil als der „diamagnetische FARADAY-Effekt" bezeichnet wird.

Die Temperaturabhängigkeit von β' ist also dieselbe wie die des magnetischen Moments. Bei gewöhnlichen Temperaturen und Feldstärken hat man nach § 43, (31)

$$(33)\qquad \mathsf{M}_p\,(j_0) = C \frac{H}{k T},$$

folglich

$$(32\text{a})\qquad \beta' = \beta_0' \cdot \frac{H}{k T}.$$

Auf die Existenz dieses paramagnetischen FARADAY-Effekts hat LADENBURG[1] aufmerksam gemacht; die dem CURIEschen Gesetz (s. § 43) analoge Temperaturabhängigkeit ist an Kristallen von Salzen seltener Erden beobachtet worden. Neuerdings ist es J. BECQUEREL und W. J. DE HAAS[2] gelungen, den Verlauf von μ_p bis zu tiefen Temperaturen und hohen Feldstärken zu verfolgen.

Fassen wir das Ergebnis für den Bereich üblicher Temperaturen und Feldstärken zusammen, so sehen wir: Der FARADAY-Effekt besteht zunächst aus einem temperaturunabhängigen Anteil, der bei diamagnetischen Substanzen allein vorhanden ist, und überdies bei paramagnetischen Substanzen aus einem in erster Näherung der Temperatur umgekehrt proportionalen Anteil. Beide Bestandteile unterscheiden sich ferner noch durch ihre Abhängigkeit von der Frequenz: Nach (28a) ist der Verlauf des diamagnetischen Parameters β_0'' auf beiden Seiten einer Eigenfrequenz symmetrisch, dagegen nach (30) der Verlauf des paramagnetischen Parameters β_0' unsymmetrisch. Dies hat neuerdings zur Auffindung des paramagnetischen FARADAY-Effekts bei Gasen (Caesium-Dampf) durch MINKOWSKI[3] geführt.

In analoger Weise kann man den Transversaleffekt behandeln, indem man die Größe $\alpha - \gamma$ nach H entwickelt. Der Effekt ist sehr klein und nur in der Nähe einer Spektrallinie nachweisbar; er ist von VOIGT vorhergesagt und auch experimentell gefunden worden. Doch wollen wir darauf verzichten, die Formeln im einzelnen zu entwickeln.

§ 50. Intensität der Streustrahlung. In § 46 haben wir gesehen, daß das elektrische Moment eines Atoms oder einer Molekel im Felde einer Lichtwelle Schwingungen ausführt, die zum Teil mit denjenigen des Lichtes gleichfarbig und kohärent, zum Teil andersfarbig und inkohärent sind. Die von den ersten Schwingungen sekundär ausgesandten Kugelwellen setzen sich untereinander und mit der einfallenden Welle zu der gebrochenen Welle zu-

---

[1] LADENBURG, R.: Z. Phys. Bd. 34, S. 898. 1925; Bd. 46, S. 168. 1927. Dort findet man Literaturangaben über empirische Bestätigungen des Effektes.

[2] Z. Phys. Bd. 52, S. 678. 1928.

[3] MINKOWSKI, R.: Naturwissensch. Bd. 17, S. 567. 1929.

sammen, wie sie in der geometrischen Optik betrachtet wird, vorausgesetzt, daß die Atome gleichmäßig verteilt sind. Berücksichtigt man aber die Dichteschwankungen des Mediums, so entsteht außerdem noch eine Streustrahlung des kohärenten Anteils, die von LORD RAYLEIGH entdeckt und behandelt worden ist[1], und die andersfarbige inkohärente Streustrahlung, die SMEKAL[2] unter Benutzung der Lichtquantenvorstellung vorhergesagt hat. Diese ist dann im Rahmen der BOHRschen Quantentheorie von KRAMERS und HEISENBERG[3] durch Korrespondenzbetrachtungen theoretisch näher untersucht worden; die experimentelle Entdeckung gelang fast gleichzeitig RAMAN und KRISHNAN[4] an Flüssigkeiten und LANDSBERG und MANDELSTAM[5] an Kristallen. Wir wollen hier die Intensitäts- und Polarisationsverhältnisse der Streustrahlung beider Art betrachten. Dabei machen wir die Annahme, daß die Moleküle des streuenden Mediums alle voneinander unabhängig sind.

Klassisch ist die Intensität des seitlich gestreuten, parallel einer Richtung $\mathfrak{q}$ polarisierten Lichtes proportional dem durch die Inhomogenität des Mediums bedingten mittleren Schwankungsquadrat $(\Delta \overset{(1)}{\mathfrak{R}}_{\mathfrak{q}})^2$ der $\mathfrak{q}$-Komponente der induzierten elektrischen Polarisation $\overset{(1)}{\mathfrak{R}}$. Wenn $\overset{(1)}{\mathfrak{p}}$ das in einer Molekel induzierte Moment und N die Anzahl der Molekel in der Volumeinheit ist, so ist

$$\overset{(1)}{\mathfrak{R}} = \sum_{i=1}^{N} \overset{(1)}{\mathfrak{p}}_i$$

die geometrische Summe aller N Einzelmomente in der Volumeinheit. Es sind nun zweierlei Schwankungen zu berücksich-

[1] LORD RAYLEIGH: Phil. Mag. Bd. 41, S. 107 u. 274. 1871; Bd. 47, S. 375. 1899. Bezüglich der nicht vollständigen Polarisation des zerstreuten Lichtes vgl. GANS, R.: Ann. Physik Bd. 37, S. 896. 1912; Bd. 62, S. 331. 1920; Bd. 65, S. 97. 1921; Z. Phys. Bd. 17, S. 353. 1923. LORD RAYLEIGH: Phil. Mag. (6) Bd. 35, S. 373. 1918. BORN, M.: Verh. d. D. phys. Ges. 1917, S. 243; 1918, S. 16.

[2] SMEKAL, A.: Naturwissensch. Bd. 11, S. 873. 1923.

[3] KRAMERS, H. A. und W. HEISENBERG: Z. Phys. Bd. 31, S. 681. 1925.

[4] RAMAN, C. V. u. K. S. KRISHNAN: Indian J. Phys. Bd. 2, Part. IV, Juni 1928; Nature Bd. 121, S. 501. 1928; Bd. 122, S. 12. 1928.

[5] LANDSBERG, G. u. L. MANDELSTAM: Naturwissensch. Bd. 16, S. 558. 1928; Z. Phys. Bd. 50, S. 769. 1928.

tigen: 1. die Schwankung der Richtung des Einzelmoments:

$$\overset{(1)}{\mathfrak{p}}_i = \overset{(1)}{\bar{\mathfrak{p}}} + \Delta \overset{(1)}{\mathfrak{p}}_i$$

2. die Schwankung der Anzahl N der Moleküle in der Volumeinheit:

$$N = \bar{N} + \Delta N.$$

Daher ist

$$\overset{(1)}{\mathfrak{R}}_{\mathfrak{q}} = \sum_{i=1}^{\bar{N}+\Delta N} \left(\overset{(1)}{\bar{\mathfrak{p}}}_{\mathfrak{q}} + \Delta \overset{(1)}{\mathfrak{p}}_{\mathfrak{q} i}\right) = \overline{\overset{(1)}{\mathfrak{p}}}_{\mathfrak{q}} (\bar{N} + \Delta N) + \sum_{i=1}^{\bar{N}+\Delta N} \Delta \overset{(1)}{\mathfrak{p}}_{\mathfrak{q} i},$$

$$\Delta \overset{(1)}{\mathfrak{R}}_{\mathfrak{q}} = \overline{\overset{(1)}{\mathfrak{p}}}_{\mathfrak{q}} \cdot \Delta N + \sum_{i=1}^{N+\Delta N} \Delta \overset{(1)}{\mathfrak{p}}_{\mathfrak{q} i},$$

$$\overline{\left(\Delta \overset{(1)}{\mathfrak{R}}_{\mathfrak{q}}\right)^2} = \overset{(1)}{\mathfrak{p}}_{\mathfrak{q}}^2\, \overline{(\Delta N)^2} + \overline{\left(\sum_{i=1}^{\bar{N}+\Delta N} \Delta \overset{(1)}{\mathfrak{p}}_{\mathfrak{q} i}\right)^2}$$

$$= \overline{\overset{(1)}{\mathfrak{p}}}_{\mathfrak{q}}^2\, \overline{(\Delta N)^2} + \bar{N}\, \overline{\left(\Delta \overset{(1)}{\mathfrak{p}}_{\mathfrak{q}}\right)^2}$$

Da nun nach bekannten statistischen Sätzen[1]

$$\overline{(\Delta N)^2} = \bar{N}$$

und

$$\overset{(1)}{\mathfrak{p}}_{\mathfrak{q}}^2 + \overline{\left(\Delta \overset{(1)}{\mathfrak{p}}_{\mathfrak{q}}\right)^2} = \overline{\overset{(1)}{\mathfrak{p}}_{\mathfrak{q}}^2}$$

ist, so finden wir für die gesuchte Intensität

$$\overline{\left(\Delta \overset{(1)}{\mathfrak{R}}_{\mathfrak{q}}\right)^2} = \bar{N} \cdot \overline{\overset{(1)}{\mathfrak{p}}_{\mathfrak{q}}^2}. \tag{1}$$

Es zeigt sich also, daß die Intensität der Streustrahlung proportional ist der Intensität, die hervorgerufen wird von einer Molekel mit dem elektrischen Moment $\overset{(1)}{\mathfrak{p}}$. Quantenmechanisch wird diese durch Formel (20), § 20 gegeben.

Die Matrix des induzierten Moments hat nach § 46, (9) die Form:

$$\overset{(1)}{\mathfrak{P}}{}^{(rs)} = \overset{(1)}{\mathfrak{P}}{}_{+}^{(rs)} \cdot e^{2\pi i (\nu + \nu^{(rs)}) t} + \overset{(1)}{\mathfrak{P}}{}_{-}^{(rs)} \cdot e^{-2\pi i (\nu - \nu^{(rs)}) t} \tag{2}$$

[1] Vgl. z. B. LORENTZ, H. A.: Les Théories statistiques en Thermodynamique S. 38. Leipzig 1916.

mit

$$(3)\qquad \overset{(1)}{\mathfrak{P}}{}_{+}^{(rs)} = \frac{1}{2h}\sum_k\left[\frac{\overset{\circ}{\mathfrak{P}}{}^{(rk)}(\overset{\circ}{\mathfrak{P}}{}^{(ks)}\cdot\overset{\circ}{\mathfrak{E}})}{\nu^{(ks)}+\nu} - \frac{(\overset{\circ}{\mathfrak{P}}{}^{(rk)}\cdot\overset{\circ}{\mathfrak{E}})\overset{\circ}{\mathfrak{P}}{}^{(ks)}}{\nu^{(rk)}+\nu}\right]$$

und wie man leicht kontrolliert,

$$(4)\qquad \overset{(1)}{\mathfrak{P}}{}_{-}^{(rs)} = \overset{(1)}{\mathfrak{P}}{}_{+}^{(sr)\dagger}\,.$$

Zu jedem Übergang $r \rightleftarrows s$ ($\nu^{(rs)} > 0$) gibt es also zwei SMEKAL-linien: die *normale* mit der der „STOKESschen Regel“ genügenden Frequenz $\nu - \nu^{(rs)}$ und die *antistokessche* mit der Frequenz $\nu + \nu^{(rs)}$. Als $\overset{(1)}{\mathfrak{p}}$ ist für diese Linien $\overset{(1)}{\mathfrak{P}}{}_{-}^{(rs)}$ (oder, was auf dasselbe herauskommt $\overset{(1)}{\mathfrak{P}}{}_{+}^{(sr)}$) bzw. $\overset{(1)}{\mathfrak{P}}{}_{+}^{(rs)}$ anzusehen. Ihre Relativintensitäten in der Polarisationsrichtung $\mathfrak{q}$ sind also nach § 20, (20), wenn man für die Verteilung der Molekel in den Zuständen r, s bei der Temperatur T das BOLTZMANNsche Gesetz annimmt,

$$(5)\qquad \left\{\begin{aligned} &J_{\mathfrak{q},N}^{(rs)} \sim e^{-\frac{W^{(s)}}{kT}} Sp\left[\left(\overset{(1)}{\mathfrak{P}}{}_{+}^{(sr)}\cdot\mathfrak{q}\right)\left(\overset{(1)}{\mathfrak{P}}{}_{+}^{(sr)\dagger}\cdot\mathfrak{q}\right)\right]\cdot(\nu-\nu^{(rs)})^4 \\ \text{bzw.}\quad &J_{\mathfrak{q},A}^{(rs)} \sim e^{-\frac{W^{(r)}}{kT}} Sp\left[\left(\overset{(1)}{\mathfrak{P}}{}_{+}^{(rs)}\cdot\mathfrak{q}\right)\left(\overset{(1)}{\mathfrak{P}}{}_{+}^{(rs)\dagger}\cdot\mathfrak{q}\right)\right]\cdot(\nu+\nu^{(rs)})^4. \end{aligned}\right.$$

Da $W^{(r)} > W^{(s)}$ ist, so ist unter gewöhnlichen Umständen $J_A^{(rs)} \ll J_N^{(rs)}$.

Die Entstehung der SMEKAL-Linien kann man nämlich folgendermaßen beschreiben:

1. Normale Linie. Die leuchtende Molekel ist im Zustande s (etwa im Grundzustand); von der einfallenden Energie $h\nu$ benutzt sie $h\nu^{(rs)}$, um sich in den oberen (angeregten) Zustand r zu heben und die übrigbleibende $h(\nu - \nu^{(rs)})$ wird wieder ausgestrahlt.

2. Antistokessche Linie. Die Molekel ist ursprünglich angeregt (im Zustande r). Unter dem Einfluß der einfallenden Strahlung fällt sie in den unteren (Grund-)Zustand s zurück. Die dabei frei werdende Energie $h\nu^{(rs)}$ wird mit der einfallenden Energie $h\,\nu$ als Licht von der Frequenz $\nu + \nu^{(rs)}$ gestreut.

Wir wollen nun die Faktoren

$$\begin{aligned} \dot{i}_{\mathfrak{q},N}^{(rs)} &= Sp\left[\left(\overset{(1)}{\mathfrak{P}}{}_{+}^{(sr)}\cdot\mathfrak{q}\right)\left(\overset{(1)}{\mathfrak{P}}{}_{+}^{(sr)\dagger}\cdot\mathfrak{q}\right)\right] \\ \dot{i}_{\mathfrak{q},A}^{(rs)} &= \dot{i}_{\mathfrak{q},N}^{(sr)} \end{aligned}$$

näher betrachten.

Nun ist

$$\overset{(1)}{\mathfrak{P}}{}_{+}^{(s\,r)} \cdot \mathfrak{q} = \frac{1}{2h}\sum_{xy} \mathfrak{q}_x \mathfrak{E}_y \Theta_{xy}^{(s\,r)} \tag{6}$$

mit

$$\Theta_{xy}^{(s\,r)} = \sum_k \left[\frac{X^{(s\,k)}\,Y^{(k\,r)}}{\nu^{(k\,r)}+\nu} - \frac{Y^{(s\,k)}\,X^{(k\,r)}}{\nu^{(s\,k)}+\nu}\right]. \tag{7}$$

Also ist

$$\dot{i}_{\mathfrak{q},N}^{(r\,s)} = \frac{1}{4h^2}\sum_{xy}\sum_{x'y'} \mathfrak{q}_x \mathfrak{q}_{x'} \mathfrak{E}_y \mathfrak{E}_{y'}^* \, Sp\left(\Theta_{xy}^{(s\,r)} \Theta_{x'y'}^{(s\,r)\dagger}\right). \tag{8}$$

Im Falle freier Drehbarkeit (Gasmolekel) läßt sich diese Gleichung vereinfachen. Dann sind von den rechts auftretenden Spuren wegen des Tensorcharakters von Θ nur die folgenden von Null verschieden [§ 30, Gl. (25) bis (29)]:

$$\left\{\begin{aligned} A^{(r\,s)} &= Sp\left(\Theta_{xx}^{(s\,r)}\Theta_{xx}^{(s\,r)\dagger}\right) = Sp\left(\Theta_{yy}^{(s\,r)}\Theta_{yy}^{(s\,r)\dagger}\right) \\ &= Sp\left(\Theta_{zz}^{(s\,r)}\Theta_{zz}^{(s\,r)\dagger}\right), \\ B^{(r\,s)} &= Sp\left(\Theta_{xx}^{(s\,r)}\Theta_{yy}^{(s\,r)\dagger}\right) = \cdots \\ C^{(r\,s)} &= Sp\left(\Theta_{xy}^{(s\,r)}\Theta_{xy}^{(s\,r)\dagger}\right) = \cdots \\ D^{(r\,s)} &= Sp\left(\Theta_{xy}^{(s\,r)}\Theta_{yx}^{(s\,r)\dagger}\right) = \cdots \end{aligned}\right. \tag{9}$$

wobei jedesmal Spuren, welche durch irgend eine Permutation von $(x,\ y,\ z)$ auseinander hervorgehen, einander gleich sind. Ferner besteht für zwei beliebige Raumtensoren A_{xy} und B_{xy} im Falle freier Drehbarkeit die Beziehung:

$$\begin{aligned} Sp\left(A_{xx}^{(r,s)}\,B_{xx}^{(s,r)}\right) = Sp\left(A_{xx}^{(r,s)}\,B_{yy}^{(s,r)}\right) + Sp\left(A_{xy}^{(r,s)}\,B_{xy}^{(s,r)}\right) \\ + Sp\left(A_{xy}^{(r,s)}\,B_{yx}^{(s,r)}\right). \end{aligned} \tag{10}$$

Es genügt dies zu beweisen für den Fall, daß A_{xy} und B_{xy} Produkte zweier Vektoren sind. Für diesen Fall reduziert sich die Beziehung (10) auf:

$$\begin{aligned} Sp\left(X_1 X_2 X_3 X_4\right) = Sp\left(X_1 X_2 Y_3 Y_4\right) + Sp\left(X_1 Y_2 X_3 Y_4\right) \\ + Sp\left(X_1 Y_2 Y_3 X_4\right), \end{aligned} \tag{11}$$

wobei die Indizes r, s weggelassen sind. Letztere Gleichung folgt, unter Beachtung von § 30, (25) bis (29), aus der Invarianz der linken Seite z. B. bezüglich der Substitution $X \to \frac{1}{\sqrt{2}}(X+Y)$ (Drehung um 45° um die Z-Achse).

In unserem Fall lautet diese Beziehung (10):

$$A^{(r,s)} = B^{(r,s)} + C^{(r,s)} + D^{(r,s)}. \tag{12}$$

Mit Hilfe von (12) reduziert sich (8) auf:

$$i_{\mathfrak{q},N}^{(r,s)} = \frac{1}{4h^2}\left\{C^{(r,s)}\,|\mathfrak{E}|^2 + (A^{(r,s)} - C^{(r,s)})\,|\mathfrak{E}\,\mathfrak{q}|^2\right\}. \tag{13}$$

Die Streustrahlung besteht somit aus einem unpolarisierten Anteil $\frac{1}{4h^2} C\,|\mathfrak{E}|^2$ und einem polarisierten Anteil $\frac{1}{4h^2}(A - C)\,|\mathfrak{E}\,\mathfrak{q}|^2$. Und zwar hängt, für linear polarisiertes einfallendes Licht, die in einer bestimmten Richtung durch einen Analysator von der Stellung $\mathfrak{q}$ (senkrecht zur Beobachtungsrichtung) beobachtete Intensität der Streustrahlung in derselben Weise von dem Winkel zwischen $\mathfrak{E}$ und $\mathfrak{q}$ ab, wie in der klassischen Theorie[1]; z. B. ist für einen Beobachter in der Richtung des Vektors $\mathfrak{E}$ für jede Stellung $\mathfrak{q}$ der polarisierte Anteil Null.

Sobald man für einen speziellen Fall Auswahlregeln für $\mathfrak{P}$ kennt, kann man aus (7) und (8) Auswahlregeln für $i^{(r,s)}$ entnehmen. Für eine zweiatomige Gasmolekel ergibt sich z. B. folgendes: Spaltet man von der Quantenzahl r die Bestandteile j (Rotations-) und n (Oszillationsquantenzahl) ab, so sind die Komponenten von $\mathring{\mathfrak{P}}^{(n,j;\,n',j')}$ nur dann von null verschieden, wenn $\Delta j = j' - j = \pm 1$ [vgl. § 29, (12), (13) und § 32, (3)] und $\Delta n = n' - n = 0, \pm 1$ ist [vgl. § 34 (23); berücksichtigt man die Koppelung von Rotation und Oszillation (§ 40), so kommen auch andere Werte von Δn vor]. Aus (7) entnimmt man folglich, daß $\Theta_{xy}^{(n,j;\,n',j')}$ und also auch $i^{(n,j;\,n',j')}$ nur dann von null verschieden sind, wenn $\Delta j = 0, \pm 2$ und $\Delta n = 0, \pm 1, \pm 2$ ist[2]. Das ist in Übereinstimmung mit den Beobachtungen[3]. — Für einen rein-harmo-

[1] Vgl. Born, M.: Verh. dtsch. phys. Ges. Bd. 19, S. 243. 1917; Bd. 20, S. 16. 1918.

[2] Vgl. Hill, E. L. u. E. C. Kemble: Proc. nat. Acad. Sci. U. S. A. Bd. 15, S. 387. 1929 und Manneback, C.: Naturwissensch. Bd. 17, S. 365. 1929.

[3] Näheres s. Wood, R. W.: Nature Bd. 123, S. 279. 1929; Phil. Mag. Bd. 7, S. 744. 1929; McLennan, J. u. J. McLeod: Nature Bd. 123, S. 160. 1929.

nischen (räumlichen) Oszillator (isotrop oder anisotrop) findet man aus (7) und (8) (am einfachsten, indem man die Koordinatenachsen parallel zu den drei Hauptschwingungsrichtungen legt), daß nur die RAYLEIGHsche Streuung auftritt, aber nicht die RAMANsche. Daß trotzdem bei Kristallen RAMAN-Strahlung auftritt, welche einer Schwingung der Bestandteile des Kristallgitters gegeneinander entspricht, ist also eine Folge der Anharmonizität dieser Schwingung[1].

§ 51. Intensität und Polarisation des Fluoreszenzlichts. Wir haben in § 50 die Streuung des Lichts an Molekeln berechnet unter der Voraussetzung, daß die Lichtfrequenz mit keiner der Eigenfrequenzen der Molekel übereinstimmt (RAYLEIGH-, RAMAN-Effekt); wenn aber dieser „Resonanzfall“ eintritt, versagten die Formeln [§ 50, (3)] wegen des Auftretens verschwindender Nenner. Man wird erwarten, daß gerade bei Resonanz eine besonders intensive Streuung auftritt; um diese zu berechnen, müssen wir aber auf die Formeln des § 45 zurückgreifen.

Denkt man sich die Molekel vom Zeitpunkt $\tau = 0$ an mit monochromatischem Licht der Frequenz $\nu = \nu_{ab}$ bestrahlt, so ergibt das Verfahren von § 45, wie man leicht nachrechnet, daß $\overset{(1)}{V}_{ab}$, neben periodischen Gliedern, ein additives Glied enthält, das proportional mit t wächst; und daraus folgt durch Einsetzen in Formel (18), § 45, daß $\overset{(1)}{\mathfrak{P}}_{am}$ ein Glied enthält, das eine Schwingung der Frequenz ν_{bm} darstellt mit einer Amplitude, welche proportional t ist. Korrespondenzmäßig entspricht das einer Ausstrahlung des Fluoreszenzlichtes der Frequenz ν_{bm}, deren Intensität für kleine Zeiten $\left(\text{welche aber groß sind im Vergleich zu } \frac{1}{\nu_{bm}}\right)$ wie t^2 wächst. (Für größere Werte von t müßte man auch die höheren Näherungen berücksichtigen).

Ein wesentlich anderes Resultat erhält man, wenn das eingestrahlte Licht nicht rein-monochromatisch ist, sondern *natürliches* Licht ist, d. h. eine endliche Spektralbreite um die Resonanzfrequenz ν_{ab} besitzt, wobei benachbarte Frequenzen mit allen möglichen Phasen vertreten sind. In diesem Falle ist die Intensität der Fluoreszenzstrahlung für kleine Zeiten proportional mit t, wie wir sehen werden.

[1] Vgl. auch SCHÄFER, Cl.: Z. Phys. Bd. 54, S. 153. 1929.

Wir wollen allgemein den Fall betrachten, daß *natürliches* Licht einer *beliebigen* Spektralverteilung eingestrahlt wird. Im Intervall $0 \leqq \tau \leqq t$ sei der elektrische Lichtvektor dargestellt durch das FOURIER-Integral:

$$\mathfrak{E}(\tau) = \int_{-\infty}^{+\infty} \mathfrak{e}(\nu)\, e^{2\pi i \nu \tau}\, d\nu \tag{1}$$

mit $\mathfrak{e}(-\nu) = \mathfrak{e}^*(\nu)$. Die FOURIER-Koeffizienten, welche von der Länge t des betrachteten Zeitabschnittes abhängen, sind durch

$$\mathfrak{e}(\nu) = \int_0^t \mathfrak{E}(\tau)\, e^{-2\pi i \nu \tau}\, d\tau \tag{1'}$$

gegeben und sind mit der mittleren Energiedichte $\varrho(\nu)$ (für das Zeitintervall von 0 bis t) durch die Formel

$$|\mathfrak{e}(\nu)|^2 = 2\pi t \varrho(\nu)$$

verknüpft (vgl. Anhang I). Im Falle *natürlichen* Lichtes ist $\varrho(\nu)$ für Frequenzen ν, welche im Lichte *stark* vertreten sind, nahezu unabhängig von t, d. h. $|\mathfrak{e}(\nu)|^2$ ist proportional mit t.

Nach § 45, (18) wird allgemein das gestörte Moment gegeben durch

$$\overset{(1)}{\mathfrak{P}}{}^{(nm)} = \sum_k \left(\overset{\circ}{\mathfrak{P}}{}^{(nk)} \overset{(1)}{V}{}^{(km)} e^{2\pi i \nu_{nk} t} - \overset{(1)}{V}{}^{(nk)} \overset{\circ}{\mathfrak{P}}{}^{(km)} e^{2\pi i \nu_{km} t} \right). \tag{2}$$

Hierbei ist nach § 45, (9) (mit $t_0 = 0$)

$$\overset{(1)}{V}{}^{(nm)} = -\frac{1}{\varkappa} \int_0^t K^{(nm)}\, d\tau .$$

In unserem Falle ist

$$K^{(nm)} = -\overset{\circ}{\mathfrak{P}}{}^{(nm)} e^{2\pi i \nu_{nm} \tau} \cdot \mathfrak{E}(\tau),$$

folglich wird

$$\overset{(1)}{V}{}^{(nm)} = \frac{1}{\varkappa} \left(\overset{\circ}{\mathfrak{P}}{}^{(nm)} \cdot \int_0^t \mathfrak{E}(\tau)\, e^{2\pi i \nu_{nm} \tau}\, d\tau \right) = \frac{1}{\varkappa} \left(\overset{\circ}{\mathfrak{P}}{}^{(nm)} \cdot \mathfrak{e}^*(\nu_{nm}) \right),$$

und das gestörte Moment in der Polarisationsrichtung $\mathfrak{q}$

$$\left(\overset{(1)}{\mathfrak{P}}{}^{(nm)} \cdot \mathfrak{q} \right) = \frac{1}{\varkappa} \sum_k \Big\{ \left(\overset{\circ}{\mathfrak{P}}{}^{(nk)} \cdot \mathfrak{q} \right) \left(\overset{\circ}{\mathfrak{P}}{}^{(km)} \cdot \mathfrak{e}^*(\nu_{km}) \right) e^{2\pi i \nu_{nk} t} - \left(\overset{\circ}{\mathfrak{P}}{}^{(nk)} \cdot \mathfrak{e}^*(\nu_{nk}) \right) \left(\overset{\circ}{\mathfrak{P}}{}^{(km)} \cdot \mathfrak{q} \right) e^{2\pi i \nu_{km} t} \Big\}. \tag{3}$$

Das Glied

$$(4) \qquad \frac{1}{\varkappa}\left(\mathring{\mathfrak{P}}^{(nk)}\cdot \mathfrak{e}^*(\nu_{nk})\right)\left(\mathring{\mathfrak{P}}^{(km)}\cdot \mathfrak{q}\right) e^{2\pi i \nu_{km} t}$$

hat im wesentlichen die Frequenz ν_{km} und eine Amplitude, welche wegen des Faktors $\mathfrak{e}^*(\nu_{nk})$ wie $\sqrt{t}$ wächst (vorausgesetzt, daß die betreffende Resonanzfrequenz ν_{kn} im eingestrahlten *natürlichen* Lichte stark vertreten ist[1]). Korrespondenzmäßig entspricht dieses Glied also der Ausstrahlung einer Fluoreszenzlinie der Frequenz ν_{km}, hervorgerufen durch die Anwesenheit der Resonanzfrequenz ν_{kn} im eingestrahlten Licht, also in klassischer Deutung einem Übergange $n \to k \to m$: Durch Absorption eines Lichtquants $h\,\nu_{kn}$ wird eine Molekel aus dem Zustand n in den Zustand k gehoben und fällt dann unter spontaner Emission des Lichtquants $h\,\nu_{km}$ in den Zustand m. In Analogie zu dem HEISENBERGschen Ansatz über die Intensitäten bei spontaner Emission [§ 20, (20)] machen wir hier den Ansatz, daß die Intensität (in der Polarisationsrichtung $\mathfrak{q}$) der Fluoreszenzstrahlung, welche dem Übergang $n \to k \to m$ entspricht, gegeben ist durch den Koeffizient von $e^{2\pi i \nu_{km} t}$ im Ausdruck (4), gemäß:

$$(5) \quad J_{\mathfrak{q}}(n \to k \to m) = \frac{64\pi^4}{3c^3}\nu_{km}^4 \cdot \frac{1}{|\varkappa|^2}\left\|\left(\mathring{\mathfrak{P}}^{(nk)}\cdot \mathfrak{e}^*(\nu_{nk})\right)\left(\mathring{\mathfrak{P}}^{(km)}\cdot \mathfrak{q}\right)\right\|^2,$$

sie wächst also proportional mit t. Das gilt natürlich nur für kleine Werte von t, für große t strebt $J_{\mathfrak{q}}(n \to k \to m)$ gegen einen Grenzwert. Hierauf können wir aber nicht näher eingehen, solange wir uns auf die erste Näherung beschränken. Wir wollen uns damit begnügen, die Intensität, so wie sie durch Formel (5) gegeben ist (also für kleine t), näher zu diskutieren.

Ist das System *nicht entartet*, so reduziert sich (5) auf

$$(6) \quad \begin{aligned} J_{\mathfrak{q}}(n \to k \to m) &= \frac{64\pi^4}{3c^3}\nu_{km}^4 \cdot \frac{1}{|\varkappa|^2}\left|\mathring{\mathfrak{P}}^{(nk)}\cdot \mathfrak{e}^*(\nu_{nk})\right|^2 \left|\mathring{\mathfrak{P}}^{(km)}\cdot \mathfrak{q}\right|^2 \\ &= \Psi^{(nk)}\cdot J_{\mathfrak{q}}^{(km)}. \end{aligned}$$

Hierbei ist $J_{\mathfrak{q}}^{(km)} = \frac{64\pi^4}{3c^3}\nu_{km}^4\left|\mathring{\mathfrak{P}}^{(km)}\cdot \mathfrak{q}\right|^2$ die Intensität der spontanen Emission der Frequenz ν_{km}, was man deuten kann als die

---

[1] Wenn man dagegen z. B. monochromatisches Licht hat einer Frequenz ν, welche von allen Resonanzfrequenzen verschieden ist, so folgt aus (1′) daß $\mathfrak{e}(\nu_{nk})$ selber eine *periodische* Funktion von t ist.

Wahrscheinlichkeit pro Zeiteinheit für den spontanen Übergang $k \rightarrow m$. Und $\Psi^{(n k)} = \frac{1}{|\varkappa|^2} |\mathring{\mathfrak{P}}^{(n k)} \cdot \mathfrak{e}^* (\nu_{n k})|^2$ ist, wie wir in § 63 sehen werden, die Wahrscheinlichkeit dafür, daß ein Atom, das sich zur Zeit $\tau = 0$ im Zustand n befand, unter Einfluß des eingestrahlten Lichts, innerhalb des Zeitintervalls $0 - t$ vom Zustand n in den Zustand k gehoben wird, und sich im Zeitpunkt t noch dort befindet; und zwar gilt auch diese Formel (Proportionalität mit t!) nur für kleine Zeiten t.

Die im Zeitintervall $t, t + dt$ ausgestrahlte Energie ist nach (6) gegeben durch:

$$J_{\mathfrak{q}} (n \rightarrow k \rightarrow m)\, dt = \Psi^{(n k)} J_{\mathfrak{q}}^{(k m)}\, dt .$$

Dasselbe Resultat erhält man, wenn man den Mechanismus des Vorganges als: Absorption und Reemission beschreibt und darauf eine klassische Wahrscheinlichkeitsüberlegung anwendet: die im Zeitintervall $t, t + dt$ ausgestrahlte Energie ist bestimmt durch die Wahrscheinlichkeit dafür, daß ein Atom, das sich zur Zeit $\tau = 0$ im Zustand n befand, sich zur Zeit t im Zustand k befindet, *und* im Intervall $t, t + dt$ spontan in den Zustand m übergeht; diese Wahrscheinlichkeit ist klassisch das Produkt der Wahrscheinlichkeiten für das Zutreffen der beiden Bedingungen, d. h.

$$\Psi^{(n k)} \cdot J_{\mathfrak{q}}^{(k m)}\, dt .$$

Wenn das System dagegen *entartet* ist, so kann man im allgemeinen nicht mehr nach diesem klassischen Schema rechnen: wir werden sehen, daß die Intensität des Fluoreszenzlichts dann nicht mehr eine Funktion der Wahrscheinlichkeiten für Absorption und Emission ist, sondern es tritt sogenannte „Interferenz der Wahrscheinlichkeiten" auf (dieser Begriff wird in § 60 näher erläutert). Das hat zur Folge, daß kleine Störungen, welche die Entartung aufheben, große Änderungen der Polarisations- und Intensitätsverhältnisse erzeugen können. Das wollen wir am Beispiel der Richtungsentartung (Gasmolekel) erläutern. Wir denken uns diese zunächst durch ein schwaches Magnetfeld parallel der z-Richtung aufgehoben. Wir betrachten den Fall, daß das eingestrahlte Licht fast monochromatisch ist und nur die Resonanzfrequenzen $\nu_{m m'}^{(a b)}$ enthält, in welche eine Eigenfrequenz $\nu_{a b}$ des entarteten Systems durch das Magnetfeld aufgespalten wird; und zwar sei die Aufspaltung so klein, daß annähernd $\mathfrak{e}(\nu^{(ab)}_{mm'}) = \mathfrak{e}(\nu_{ab})$ ist. Dann geht (3) über in (für $n \neq a, b$)

$$(7) \qquad (\overset{(1)}{\mathfrak{P}}{}^{(an)}_{mm'} \cdot \mathfrak{q}) = -\frac{1}{\varkappa} \sum_{m''}{}' (\mathring{\mathfrak{P}}^{(ab)}_{mm''} \cdot \mathfrak{e}^*(\nu_{ab}))(\mathring{\mathfrak{P}}^{(bn)}_{m''m'} \cdot \mathfrak{q})\, e^{2\pi i \nu^{(bn)}_{m''m'} t},$$

(für $n = a$ kommen noch mehr ähnliche Glieder hinzu.) Da das System nicht entartet ist, so gilt Formel (6):

$$(8) \qquad i_{\mathfrak{q}}((a, m) \to (b, m'') \to (n\, m'))$$
$$= |\mathring{\mathfrak{P}}^{(ab)}_{mm''} \cdot \mathfrak{e}^*(\nu_{ab})|^2 \, |\mathring{\mathfrak{P}}^{(bn)}_{m''m'} \cdot \mathfrak{q}|^2,$$

wobei von jetzt an der Faktor $\frac{64\pi^4}{3c^3}\nu^4 \cdot \frac{1}{|\varkappa|^2}$ weggelassen werden soll.

Die totale Intensität für den Übergang $(a, m) \to (n, m')$ ist also

$$(9) \qquad i_{\mathfrak{q}}\left((a, m) \to \begin{pmatrix} & m_1 \\ b, & m_2 \\ & \vdots \end{pmatrix} \to (n, m')\right)$$
$$= \sum_{m''} |\mathring{\mathfrak{P}}^{(ab)}_{mm''} \cdot \mathfrak{e}^*(\nu_{ab})|^2 \, |\mathring{\mathfrak{P}}^{(bn)}_{m''m'} \cdot \mathfrak{q}|^2.$$

Dies, ebenso wie Formel (6) und (8), gilt aber nur, solange die Aufspaltung nicht zu klein ist; im Grenzfall, wenn $\nu^{(bn)}_{m''m'} = \nu_{bn}$ wird, wird in (7) der Koeffizient von $e^{2\pi i \nu_{bn} t}$

$$\frac{1}{\varkappa} \sum_{m''} (\mathring{\mathfrak{P}}^{(ab)}_{mm''} \cdot \mathfrak{e}^*(\nu_{ab}))(\mathring{\mathfrak{P}}^{(bn)}_{m''m'} \cdot \mathfrak{q})$$

und man wird zu dem Ansatz

$$(10) \qquad i_{\mathfrak{q}}\left[(a, m) \to \begin{pmatrix} & m_1 \\ b, & m_2 \\ & \vdots \end{pmatrix} \to (n, m')\right]$$
$$= \left| \sum_{m''} (\mathring{\mathfrak{P}}^{(ab)}_{mm''} \cdot \mathfrak{e}^*(\nu_{ab}))(\mathring{\mathfrak{P}}^{(bn)}_{m''m'} \cdot \mathfrak{q}) \right|^2$$

geführt, wobei also eine „Interferenz der Wahrscheinlichkeiten" auftritt. Um die totale Intensität beim Übergang $(a \to b \to n)$ zu erhalten, muß man noch über m und m' summieren, was wieder auf die Größe (5) führt, welche in der Tat eine Relativinvariante ist.

Der Unterschied zwischen (9) und (10) erklärt die plötzliche Änderung der Polarisationsverhältnisse der Fluoreszenzlinien beim Einschalten eines Magnetfeldes, was zuerst experimentell von WOOD und ELLET[1] entdeckt und später von HANLE[2] und anderen untersucht und korrespondenzmäßig gedeutet wurde. — Daß diese Änderung in Wirklichkeit trotzdem stetig ist, liegt daran, daß man schon dann von (9) zu (10) übergehen muß, wenn die Frequenzen $\nu^{(a\,b)}_{m\,m'}$ so nahe beieinander liegen, daß sie miteinander interferieren, d. h. so nahe, daß ihr Unterschied klein ist gegenüber der reziproken Dauer des Ausstrahlungsprozesses (Linienbreite). (Darauf können wir hier nicht näher eingehen.) Es ist hierbei zu beachten, daß, wenn man zu einer anderen Lösung für das (*nicht*-entartete!) System übergeht, d. h. $\mathring{\mathfrak{P}}$ mit einer beliebigen Phasenmatrix transformiert, dabei alle Summanden eines bestimmten Matrixelementes $\overset{(1)}{\mathfrak{P}}{}^{(a\,n)}_{m\,m'}$ [Gl. (7)] mit *einem und demselben* Phasenfaktor multipliziert werden; sie sind also in gewissem Sinne untereinander kohärent, obwohl sie verschiedene Frequenzen haben; der Ausdruck (10) ist, ebenso wie (9), für *nicht*-entartete Systeme relativinvariant.

Es gibt einige Fälle, wo (9) und (10) miteinander übereinstimmen, nämlich dann, wenn die Summation über m'' auf Grund von Auswahlregeln fortfällt. Führen wir die Bezeichnung

$$\mathfrak{e}_x + i\,\mathfrak{e}_y = \eta, \quad \mathfrak{e}_x - i\,\mathfrak{e}_y = \eta'$$

ein, so geht (10) über in:

$$(10')\qquad i_{\mathfrak{q}}\,[(a, m) \to (b, \ldots) \to (n, m')]$$

$$= \left| \mathfrak{e}_z^*\, \mathring{Z}^{(a\,b)}_{m\,m}\, (\mathring{\mathfrak{P}}^{(b\,n)}_{m\,m'} \cdot \mathfrak{q}) \right.$$

$$\left. + \frac{i}{2}\,\eta'\, \mathring{\Pi}^{(a\,b)}_{m,\,m-1}\, (\mathring{\mathfrak{P}}^{(b\,n)}_{m-1,\,m'} \cdot \mathfrak{q}) + \frac{i}{2}\,\eta\, \mathring{\Pi}^{\dagger\,(a\,b)}_{m,\,m+1}\, (\mathring{\mathfrak{P}}^{(b\,n)}_{m+1,\,m'} \cdot \mathfrak{q}) \right|^2.$$

Hieraus sieht man, daß in den drei Fällen: einfallendes Licht linear polarisiert parallel der z-Richtung ($\eta = \eta' = 0$), rechts- oder linkszirkular polarisiert in der xy-Ebene ($\mathfrak{e}_z = \eta = 0$ bzw. $\mathfrak{e}_z = \eta' = 0$), die Ausdrücke (10′) und (9) identisch sind, und folglich das Einschalten eines schwachen Magnetfeldes parallel der z-Richtung nur kleine Änderungen der Polarisationsverhält-

[1] WOOD, R. W. und A. ELLET: Proc. roy. Soc. Bd. 103 A, S. 396. 1923.

[2] HANLE, W.: Naturwissensch. Bd. 11, S. 690, 1923. Weitere Literaturangaben bei W. HANLE: Ergebnisse d. ex. Naturwissensch. Bd. 6. PRINGSHEIM, P.: Fluoreszenz und Phosphoreszenz, diese Sammlung Bd. 6.

nisse erzeugt; da die Polarisationseigenschaften der aufgespaltenen Fluoreszenzlinien im Magnetfelde, entsprechend der Bemerkung zu (6), dieselben sind wie die der ZEEMAN-Komponenten, welche zu denselben Übergängen gehören, so ergibt sich die zuerst von HEISENBERG auf Grund von korrespondenzmäßigen Überlegungen formulierte *Regel*[1]: Bei Einstrahlung mit linear bzw. zirkular polarisiertem Licht erhält man im Falle von Richtungsentartung die Polarisation und Intensität der Fluoreszenzstrahlung, indem man die Intensitäten der ZEEMAN-Komponenten in einem Magnetfeld, das man sich parallel dem linearpolarisierten bzw. senkrecht zur Ebene des zirkular polarisierten Lichtes eingeschaltet denkt, mit den betreffenden Anregungswahrscheinlichkeiten multipliziert und zueinander addiert. [Siehe Formel (10′), vgl. auch § 63, (10), (11).]

Sechstes Kapitel.

Statistische Deutung der Quantenmechanik[2].

§ 52. Meßbare Größen und Eigenwerte. Überblicken wir das Voranstehende, so können wir feststellen, daß eine große Zahl von Erscheinungen mit Hilfe der aus HEISENBERGS Gedanken entwickelten Theorie abgeleitet werden konnten. Erinnern wir uns an ihre Grundbegriffe: Sie übernimmt sämtliche Vorstellungen der BOHRschen Quantentheorie, wie stationäre Zustände, Quantensprünge usw., und ergänzt sie durch eine mathematische Darstellung, von der wir hier folgende Züge hervorheben: Jede physi-

[1] BOHR, N.: Naturwissensch. Bd. 12, S. 1115. 1924. HEISENBERG, W.: Z. Phys. Bd. 31, S. 617. 1925. Quantenmechanisch behandelt von OPPENHEIMER, J. R.: Z. Phys. Bd. 43, S. 27. 1927. HOYT, F. C.: Phys. Rev. Bd. 32, S. 377. 1928.

[2] DIRAC, P. A. M.: Proc. Roy. Soc. London (A) Bd. 113, S. 621. 1927. JORDAN, P.: Z. Phys. Bd. 40, S. 809. 1927; Bd. 41, S. 797. 1927; Bd. 44, S. 1. 1927. Ferner NEUMANN, J. v.: Göttinger Nachrichten S. 1, 1927; S. 245, 1927. HEISENBERG, W.: Z. Phys. Bd. 43, S. 172. 1927. BOHR, N.: Naturwissensch. Bd. 16, S. 245. 1928. Die ersten Ansätze zur statistischen Deutung der Quantenmechanik stammen von: BORN, M.: Z. Phys. Bd. 37, S. 863. 1926; Bd. 38, S. 803. 1926; Bd. 40, S. 167. 1926. HEISENBERG, W.: Z. Phys. Bd. 40, S. 501. 1926. JORDAN, P.: Z. Phys. Bd. 40, S. 661. 1926. PAULI jr., W.: Z. Phys. Bd. 41, S. 81. 1927. Wesentliche Anregungen hat ferner die vorquantenmechanische Arbeit von BOHR, N., H. A. KRAMERS und J. C. SLATER: Z. Phys. Bd. 24, S. 69. 1924 gegeben.

kalische Größe wird durch eine Matrix beschrieben. Die Werte, welche die Energie eines (abgeschlossenen) Systems annehmen kann, sind die Eigenwerte ihrer Matrix. Die Matrixelemente außerhalb der Diagonalen sind den Quantensprüngen zugeordnet; die Diagonalelemente der Matrix irgend einer Größe stellen die Zeitmittel der Größe in den stationären Zuständen dar. Als beobachtbar werden in erster Linie angesehen: der jeweils verwirklichte Wert der Energie (ein Eigenwert der Energiematrix) und die Quadrate der Beträge der außerhalb der Diagonalen stehenden Elemente solcher Matrizen, die für die Lichtemission, Absorption und Dispersion maßgebend sind (elektrisches Dipolmoment; in höherer Näherung elektrisches Quadrupolmoment usw.); sodann aber auch die Zeitmittelwerte (Diagonalelemente der Matrix) irgend einer Größe. So kann man z. B. die Mittelwerte des elektrischen Dipolmoments eines Atoms aus den Änderungen der Energiewerte im schwachen elektrischen Felde (Starkeffekt) entnehmen (s. § 42); ferner geben Dielektrizitätskonstante, Magnetisierbarkeit und ähnliche Größen über solche Mittelwerte Auskunft.

Dieses Begriffssystem scheint aber als Grundlage einer umfassenden neuen Mechanik trotz des Umfangs seiner Anwendungsmöglichkeiten noch unzulänglich und unbefriedigend; es enthält eine sehr spezielle, einseitige Auswahl der als beobachtbar geltenden Größen. Zweifellos ist diese Auswahl durch die natürliche Entwicklung der Theorie und der experimentellen Erfahrung an die Hand gegeben worden; daß sie aber nicht endgültig sein kann, zeigt sich an zahlreichen experimentellen Fragestellungen. Besonders auffällig ist das Beispiel des freien, nicht atomar gebundenen Elektrons. Dabei wird selbstverständlich die Frage gestellt und experimentell beantwortet, an welchem *Orte* das Elektron sich gerade befindet; aber Fragen solcher Art stehen in keinem unmittelbar erkennbaren Zusammenhang mit den Begriffsbildungen, die der ursprünglichen HEISENBERGschen Theorie zugrunde liegen. Unsere Theorie der *diskreten* Matrizen ist zwar schon deswegen nicht geeignet zur Behandlung aperiodischer Bewegungen, weil sie sich eben ausdrücklich auf die *periodischen* Bewegungen (im quantenmechanischen Sinn) beschränkt. Doch haben wir bereits angedeutet, daß durch Zulassung kontinuierlich veränderlicher Indizes die nötige Verallgemeinerung für aperiodische Bewegungen formal sehr wohl durchführbar ist. Die Unzulänglichkeit der bisher dargestellten Theorie liegt also weniger auf der mathematischen als auf der *begrifflichen* Seite: Der Begriff des *Ortes* eines Elektrons ist uns zunächst verloren gegangen bei der ausschließlichen Betrachtung der „Fourier-Koeffizienten" (Matrixelemente) der Bewegung. Offenbar erfassen also die oben in kurzer Wiederholung erläuterten Begriffe nur einen kleinen (wenn auch sehr wichtigen) Teil dessen, was man für die vollständige Mechanik der Elektronen und Atome braucht. Vor allem müssen noch andere Größen als „direkt beobachtbar" zugelassen werden, und es entsteht die Aufgabe, den Begriff der Beobachtbarkeit im Zusammenhang mit dem Formalismus der Theorie zu analysieren.

Hier fällt nun auf, daß einige wichtige mathematische Hilfsbegriffe der Theorie bislang ohne physikalische Deutung geblieben sind: Vor allem die Vektoren im Hilbertschen Raume, die bisher nur als bequemes Mittel zur Handhabung der physikalisch deutbaren Matrizen dienten, ferner die unitären Matrizen, durch welche Abbildungen des Hilbertschen Raumes auf sich dargestellt werden. Es wird sich zeigen, daß gerade diese Dinge für die begriffliche Fortentwicklung der Theorie von größter Bedeutung sind. Die dargelegten Unvollkommenheiten werden behoben durch einen einfachen Gedankengang[1], der die ursprünglichen Ansätze Heisenbergs in natürlicher Weise fortsetzt und gleich ihnen eine folgerichtige Fortentwicklung der ursprünglichen Ideen Bohrs bedeutet. Er beruht auf einer engen Verschmelzung von Mechanik und Statistik zu einer neuen, einheitlichen Theorie. Die ersten Schritte in dieser Richtung sollen hier getan werden, wobei wir uns möglichst an bereits bewährte Begriffe halten und nur allmählich neue Annahmen einführen.

In zwei Punkten aber wollen wir, der inneren Logik unseres Formalismus vertrauend, von vornherein eine radikale Erweiterung und Verallgemeinerung unserer Grundannahmen wagen. Erstlich wollen wir die Vorstellung als erlaubt ansehen, daß *jede*

[1] Dirac, P. A. M.: Proc. Roy. Soc. London (A) Bd. 113, S. 621. 1927. Jordan, P.: Z. Phys. Bd. 40, S. 809. 1927; Bd. 44, S. 1. 1927. Vgl. auch den diesbezüglichen Bericht von D. Hilbert, J. v. Neumann und L. Nordheim: Math. Ann. Bd. 98, S. 1. 1927.

durch eine hermitische Matrix dargestellte Größe F an einem (abgeschlossenen) System in demselben Sinne eine „meßbare“ Größe ist wie die Energie des Systems. Das heißt: es soll bestimmte Zahlenwerte geben, welche für diese Größe die Rolle von „möglichen Werten“ spielen, und es soll ein physikalisches Meßverfahren denkbar sein, durch das entschieden wird, welchen dieser Werte die Größe F in einem konkreten Falle gerade angenommen hat — ähnlich, wie man physikalisch feststellen kann, daß ein Atom sich gerade z. B. im Zustand kleinster Energie befindet.

Dabei soll ferner allgemein angenommen werden: Ist die einer Matrix F entsprechende physikalische Größe gemessen, so ist damit ohne weiteres auch jede physikalische Größe gemessen, deren Matrix von der Form $g(F)$, also eine Funktion von F ist (in dem Sinne von § 14); und zwar ist dann der Wert von $g(F)$ gleich der Funktion $g(f_k)$ mit dem gerade gefundenen Wert f_k von F als Argument.

Zweitens nehmen wir an: *Die möglichen Werte einer physikalischen Größe F sind* (wie im Beispiel der Energie) *die Eigenwerte der zugehörigen Matrix.* Daß diese Eigenwerte nicht nur diskrete Zahlen, sondern auch stetige Wertbereiche umfassen können, wurde schon früher gesagt (s. § 18).

Zur anschaulichen Erläuterung seien etwa die rechtwinkligen Ortskoordinaten x, y, z des Elektrons im Wasserstoffatom betrachtet, oder auch die Koordinate q eines harmonischen Oszillators. Unsere erste Hypothese fordert, daß es möglich sei, eine Koordinate x oder q selbst zu messen. Welche Art von Experimenten hierzu in Frage kommen, werden wir allerdings erst später erörtern können. Die „möglichen Werte“ müssen aber in diesen Fällen alle reellen Zahlen von $-\infty$ bis $+\infty$ umfassen. Die zweite Annahme schließt daher die Forderung ein, daß die Matrizen der Größen x, y, z oder q ein kontinuierliches Eigenwertspektrum von $-\infty$ bis $+\infty$ haben. Wir werden später (Teil II) zeigen, daß sich das tatsächlich aus unseren Ansätzen ergibt; nämlich aus den kanonischen Vertauschungsregeln und der in § 23 besprochenen Forderung, daß $p^2 + q^2$ in nicht-singulärer Weise auf Diagonalform transformierbar ist.

Im folgenden beschränken wir uns auf Größen mit diskreten Eigenwerten.

§ 53. Wahrscheinlichkeiten quantenmechanischer Größen in stationären Zuständen. Ein abgeschlossenes System, das wir vorläufig als nicht entartet voraussetzen, habe die Energie

$$H(p, q) = W, \tag{1}$$

wo W Diagonalmatrix ist. Ferner sei $F(p, q)$ irgend eine (hermitische) Matrixgröße, von der nur angenommen werden soll, daß sie ein diskretes Eigenwertspektrum besitzt. Um ein anschauliches Beispiel zu haben, denke man sich etwa das gegebene System aus zwei locker gekoppelten Teilsystemen zusammengesetzt, und verstehe unter $F(p, q)$ die Energiefunktion eines der Teile bei Lösung der Koppelung.

Diese Matrix F möge durch die unitäre Matrix U auf Hauptachsen transformiert werden:

$$F = U f U^{-1}, \qquad f = (f_k \delta_{kl}). \tag{2}$$

Der Zeitmittelwert von F im n-ten stationären Zustande des Systems wird also (wegen $U^{-1} = U^\dagger$)

$$F_{nn} = \sum_k U_{nk} f_k U_{kn}^{-1} = \sum_k f_k \,|\, U_{nk} \,|^2, \tag{3}$$

wo

$$\sum_k |\, U_{nk} \,|^2 = 1 \tag{4}$$

ist.

Stellen wir uns nun vor, wir wüßten von dem betrachteten System (auf Grund einer Messung), daß es im n-ten Quantenzustande ist. Nun soll durch eine andere Messung der Wert der Größe F bestimmt werden; die Tatsache einer *zeitlichen Veränderlichkeit* von F wird sich darin zeigen müssen, daß wir bei mehrfacher Wiederholung des Experiments *verschiedene* der möglichen Werte $f_1, f_2, \ldots$ verwirklicht finden.

Die Formeln (3), (4) legen nun für den Fall, daß f_k ein einfacher Eigenwert ist, folgende Vermutung nahe: *Die Zahl* $|\, U_{nk}|^2$ *gibt die Wahrscheinlichkeit an, daß bei der Beobachtung des im n-ten Quantenzustande befindlichen Systems die Größe F gerade den Wert f_k annimmt.* Denn mit dieser Annahme verstehen wir den Sinn der beiden Formeln: Gleichung (3) liefert den Zeitmittelwert F_{nn} als statistischen Mittelwert der Eigenwerte f_k *mit den Gewichten* $|\, U_{nk} \,|^2$ *oder als „Erwartungswert"*, und zugleich zeigt (4), daß die Summe der Wahrscheinlichkeiten aller möglichen Fälle den Wert 1 hat.

Diese physikalische Deutung der Formel (3) bewährt sich auch dann, wenn wir statt der Größe F irgend eine Funktion $g(F)$ betrachten (z. B. F^2). Wenn für F bei einer Messung der Wert f_k gefunden wird, so muß dabei die Größe $g(F)$ den Wert $g(f_k)$ angenommen haben; der Erwartungswert von $g(F)$ im Zustande n muß daher nach der Wahrscheinlichkeitsrechnung

$$\sum_k |U_{nk}|^2 g(f_k)$$

sein. Das ist aber in der Tat wieder gleich dem n-ten Diagonalelement der Matrix

$$g(F) = U g(f) U^{-1}.$$

Es folgt aber umgekehrt, daß die fraglichen Wahrscheinlichkeiten *notwendig* gleich $|U_{nk}|^2$ angenommen werden müssen, damit die aus ihnen berechneten *statistischen Mittelwerte* einer beliebigen Größe stets gleich den entsprechenden *Zeitmittelwerten*, also jeweils gleich dem betreffenden Diagonalelement der zu der Größe gehörenden Matrix werden. Um das zu beweisen, wählen wir für die Funktion $g(x)$ speziell die dem Eigenwert f_k zugehörige Einzelmatrix $F^{(k)}$ in der Zerlegung der Einheit von F. Sie ist eine Funktion $F^{(k)}(F)$ und hat die Eigenschaft, den Wert 1 anzunehmen, wenn F den Wert f_k annimmt, und den Wert Null, wenn F einen von f_k verschiedenen Wert annimmt. Bildet man also von einer, im n-ten Zustande des Systems ausgeführten Beobachtungsreihe der Größe F, bei der sich der Reihe nach $f_{l_1}, f_{l_2}, f_{l_3}, \ldots$ als Messungsergebnisse einstellten, die zugehörigen $F^{(k)}(f_{l_1})$, $F^{(k)}(f_{l_2})$, $F^{(k)}(f_{l_3}), \ldots$, so sind diese so oft 1, als f_k beobachtet worden ist, sonst Null; ihr Mittelwert, dargestellt durch $[F^{(k)}(F)]_{nn}$, ist also die relative Häufigkeit der „günstigen Fälle“, d. h. die Wahrscheinlichkeit, daß f_k gefunden wurde. Andererseits ist aber

$$(5) \qquad [F^{(k)}(F)]_{nn} = (U F^{(k)} U^{-1})_{nn} = |U_{nk}|^2,$$

und damit ist die Notwendigkeit unserer Annahme bewiesen.

Ist f_k nicht einfacher, sondern mehrfacher Eigenwert, so wird offenbar die Wahrscheinlichkeit gleich der Summe

$$(6) \qquad \sum_{f_l = f_k} |U_{nl}|^2$$

derjenigen $|U_{nl}|^2$ zu setzen sein, für welche $f_l = f_k$ ist; das sieht man auf genau dieselbe Weise ein.

Die unitäre Matrix U, welche F auf die Diagonalform transformiert, ist durch diese Forderung nicht eindeutig bestimmt. Wir haben uns zu überzeugen, daß trotzdem die als Wahrscheinlichkeiten gedeuteten $|U_{nk}|^2$ bzw. ihre Summen (6) eindeutig festgelegt sind. Das ist tatsächlich auf Grund unserer früheren Ergebnisse (Kap. III, § 20) sofort ersichtlich; wir kommen darauf in den nächsten Paragraphen in allgemeinerem Zusammenhange zurück.

§ 54. Allgemeine Relativwahrscheinlichkeiten zweier Größen[1]**.** Die Fortentwicklung der im vorigen Paragraphen ausgeführten Betrachtungen veranlaßt uns, die bisherige Darstellung physikalischer Größen durch Matrizen einer Kritik zu unterziehen und zu verallgemeinern. Wir hatten uns bis jetzt durchgehend an die von HEISENBERG eingeführte Auffassung gehalten, nach welcher die Matrixdarstellung das korrespondenzmäßige Analogon der klassischen Entwicklung in (einfache oder mehrfache) Fourierreihen nach der Zeit bedeutete. Dementsprechend war die *Energie* als eine *Diagonalmatrix* darzustellen. Hierdurch und durch die kanonischen Vertauschungsregeln waren bei nichtentarteter Energie die Matrizen q_k, p_k bis auf Phasenkonstanten eindeutig festgelegt. Bei bestimmter Wahl dieser Phasenkonstanten war also einer jeden, als Funktion der q_k, p_k definierten physikalischen Größe $A(q, p)$ eine *eindeutig bestimmte Matrix* zugeordnet. Bei entarteter Energie gab es dagegen zwar verschiedene Lösungen der Bewegungsgleichungen; doch ergab sich auch dort Eindeutigkeit der Lösung (bis auf die Phasen), wenn man das entartete Problem in bestimmter Weise als Grenzfall eines nichtentarteten betrachtete.

Statt dessen wollen wir nunmehr die *hermitischen Tensoren des* HILBERT-*Raums als Darstellungen der physikalischen Größen* gebrauchen. (Vgl. Kap. II, § 10.) Es soll also jede der Größen q_k, p_k durch einen HILBERT-Tensor dargestellt werden; für diese Tensoren sollen die invarianten Tensorgleichungen (kanonische Vertauschungsregeln)

$$(1) \qquad [p_k, q_l] = \delta_{kl}; \qquad [p_k, p_l] = [q_k, q_l] = 0$$

[1] DIRAC, P. A. M.: Proc. Roy. Soc. (A) Bd. 113, S. 621. 1927. JORDAN, P.: Z. Phys. Bd. 40, S. 809. 1927; Bd. 41, S. 797. 1927; Bd. 44, S. 1. 1927.

gelten. Danach entspricht auch jeder Größe $A(q, p)$ ein bestimmter HILBERT-Tensor, da die Prozesse, durch welche die Funktion $A(q, p)$ aus ihren Argumenten q_k, p_k aufgebaut ist (im wesentlichen Multiplikationen und Additionen), *kovariante Tensoroperationen* sind. (Vgl. Kap. II, § 10.)

In einem bestimmten Koordinatensystem $\Sigma^{(1)}$ des HILBERT-Raumes wird der Tensor A durch ein *Komponentenschema*, also eine *Matrix*, dargestellt, die jetzt $A^{(1)}$ genannt werden möge. Ist dann $\Sigma^{(2)}$ ein anderes Koordinatensystem, und $A^{(2)}$ das zugehörige Komponentenschema von A, so besteht die Beziehung

$$A^{(2)} = U^{-1} A^{(1)} U, \tag{2}$$

wo U diejenige unitäre Matrix ist, welche den Übergang von $\Sigma^{(1)}$ nach $\Sigma^{(2)}$ vermittelt.

Die Matrix $A^{(1)}$ eines Tensors A in $\Sigma^{(1)}$ ist dann und nur dann die zur physikalischen Größe A gehörige Matrix in dem früheren HEISENBERGschen Sinne, wenn $\Sigma^{(1)}$ so gewählt ist, daß der HILBERT-Tensor $H(q, p)$ der *Energie* in $\Sigma^{(1)}$ durch eine *Diagonalmatrix*

$$H^{(1)} = W \tag{3}$$

dargestellt wird.

Die Matrix $A^{(1)}$ eines Tensors A in $\Sigma^{(1)}$ kann natürlich übereinstimmen mit der Matrix $B^{(2)}$ eines *anderen* Tensors B in einem *anderen* Koordinatensystem $\Sigma^{(2)}$; man muß darauf achten, daß dieser Umstand nicht zu Verwechslungen Anlaß gibt. Schon in Kap. III, § 18 haben wir auf die zweifache Bedeutung der unitären Transformationen

$$q_k = U^{-1} q_k^0 U, \qquad p_k = U^{-1} p_k^0 U$$

hingewiesen. Betrachten wir sie in dem dort erläuterten Sinne mit $U = U(q^0, p^0)$ als *kanonische Transformation* (z. B. orthogonale Transformation der dreidimensionalen rechtwinkligen Koordinaten und der zugehörigen Impulse), so bezieht sie sich auf die Matrizen $q_k = Q_k^{(1)}$, $q_k^0 = q_k^{(1)}$ usw. *verschiedener Größen* Q_k, q_k in *demselben Koordinatensystem* $\Sigma^{(1)}$ des HILBERT-Raums. Sie stellt dann eine *invariante* Beziehung zwischen den Tensoren Q_k, q_k dar. Betrachten wir sie aber als *Transformation im* HILBERT-*Raum*, so bezieht sie sich auf die verschiedenen Matrixschemata $q_k = q_k^{(2)}$, $q_k^0 = q_k^{(1)}$ *derselben Größen* q_k in *verschiedenen Koordinatensystemen* $\Sigma^{(1)}$, $\Sigma^{(2)}$ des HILBERT-Raums.

Diese verallgemeinerte Beschreibung der physikalischen Größen durch HILBERT-Tensoren (statt durch die früher betrachteten speziellen Matrizen) führt uns nun ganz von selbst zu einer Beantwortung der folgenden Frage: Es sei eine nichtentartete Größe A gemessen und dabei ihr Eigenwert a_n verwirklicht gefunden. Danach soll eine andere nichtentartete Größe B gemessen werden. Wie groß ist die Wahrscheinlichkeit, daß von ihren Eigenwerten gerade b_k gefunden wird? Dies ist offenbar eine naturgemäße Verallgemeinerung der im vorigen Paragraphen betrachteten Frage, bei welcher die als gemessen vorausgesetzte Größe immer speziell die *Energie* des Systemes war. Unser Formalismus legt eine bestimmte, einfache Antwort nahe. Diese ist allerdings als eine nicht aus den bisher formulierten Gesetzen ableitbare, sondern wesentlich darüber hinausgehende Hypothese anzusehen, über deren Richtigkeit nur empirisch, an Hand konkreter Anwendungen, zuverlässig entschieden werden kann.

Wir bemerken zunächst, daß unsere Frage keinerlei Bezug mehr nimmt auf die Energie des Systems, die durch einen dritten Tensor $H(p, q)$ dargestellt ist. Die Antwort ist dementsprechend *von der Gestalt dieser Energiefunktion ganz unabhängig.* Die Energie verliert in dieser Hinsicht die Ausnahmestellung, die sie bisher besaß, so daß es auch nicht mehr sinnvoll erscheint, in der Erörterung dieser Fragen die spezielle HEISENBERGsche Matrixdarstellung vor anderen Matrixdarstellungen (in anderen HILBERTschen Koordinatensystemen) zu bevorzugen.

Wir können nun den Ansatz für die relativen Wahrscheinlichkeiten von § 53 in folgender Weise verallgemeinern. Zunächst hat man ein solches Koordinatensystem $\Sigma^{(1)}$ im HILBERT-Raume aufzusuchen, in dem A als Diagonalmatrix

$$A^{(1)} = (\delta_{n\,m}\, a_n) \tag{4}$$

erscheint; sodann haben wir ebenso ein solches Koordinatensystem $\Sigma^{(2)}$ im HILBERT-Raume zu suchen, in welchem B als Diagonalmatrix

$$B^{(2)} = (\delta_{k\,l}\, b_l) \tag{5}$$

erscheint. Dann sei wieder U die unitäre Matrix, die den Übergang von $\Sigma^{(1)}$ nach $\Sigma^{(2)}$ vermittelt; es sind dann die Darstellungen von A in $\Sigma^{(2)}$ und von B in $\Sigma^{(1)}$ gegeben durch

$$(6)\qquad \begin{cases} A^{(2)} = U^{-1} A^{(1)} U = (\sum_k U_{nk}^{-1} a_k U_{km}) , \\ B^{(1)} = U B^{(2)} U^{-1} = (\sum_l U_{nl} b_l U_{lm}^{-1}) . \end{cases}$$

Indem wir die Ergebnisse des § 53 verallgemeinern, machen wir die Annahme, daß die Größen $|U_{nk}|^2$ die gesuchten Relativwahrscheinlichkeiten sind. Wir formulieren das so:

Wenn bekannt ist, daß eine Größe A den Wert a_n besitzt, so ist die Wahrscheinlichkeit, einen bestimmten Eigenwert b_k der Größe B zu finden, gegeben durch

$$(7)\qquad w_{nk} = |U_{nk}|^2 ,$$

wo U die unitäre Matrix ist, die das Hauptachsensystem $\Sigma^{(1)}$ von A in das $\Sigma^{(2)}$ von B überführt[1].

Diese Wahrscheinlichkeit w_{nk} kann auch ohne explizite Bezugnahme auf die Koordinatensysteme $\Sigma^{(1)}$ und $\Sigma^{(2)}$ folgendermaßen invariant ausgedrückt werden[2]. Es seien

$$(8)\qquad \begin{cases} A = \sum_n a_n F^{(n)} , \\ B = \sum_k b_k G^{(k)} \end{cases}$$

die invarianten Zerlegungen von A und B in hermitische Einzeltensoren; es gilt also (s. Kap. II, § 11)

$$(9)\qquad \begin{cases} F^{(n)} F^{(m)} = \delta_{nm} F^{(n)} , \qquad G^{(k)} G^{(l)} = \delta_{kl} G^{(k)} ; \\ \sum_n F^{(n)} = \sum_k G^{(k)} = 1 . \end{cases}$$

Dann ist die Wahrscheinlichkeit gegeben durch die invariante Größe

$$(10)\qquad w_{nk} = Sp\,(F^{(n)} G^{(k)}) .$$

Denn da nach Voraussetzung die Tensoren A, B nicht entartet sind, besteht die Matrix jedes Einzeltensors in dem betreffenden Hauptachsensystem aus lauter Nullen, ausgenommen eine einzige 1 in der Diagonale:

$$(11)\qquad \begin{cases} \overset{(1)}{F^{(n)}} (n', m') = \delta_{nn'} \delta_{nm'} , \\ \overset{(2)}{G^{(k)}} (k', l') \; = \delta_{kk'} \delta_{kl'} ; \end{cases}$$

[1] DIRAC, P. A. M.: a. a. O. JORDAN, P.: a. a. O.

[2] NEUMANN, J. v.: a. a. O.

also ist nach (6):

$$\overset{(1)}{G}{}^{(k)}(n', m') = U_{n'k} U^{-1}_{km'}, \tag{11'}$$

und (10) bedeutet

$$w_{nk} = Sp(\overset{(1)}{F}{}^{(n)} \overset{(1)}{G}{}^{(k)}) = U_{nk} U^{-1}_{kn} = |U_{nk}|^2. \tag{12}$$

Die Formel (10) zeigt unmittelbar, daß die Wahrscheinlichkeiten durch die Tensoren A und B *eindeutig bestimmt* sind. Man kann das natürlich auch an der ursprünglichen Definition (7) mit Hilfe der unitären Matrix U sehen: Das Koordinatensystem $\Sigma^{(1)}$ ist bei nicht entartetem A festgelegt bis auf eine beliebige Permutation der Achsen (Numerierung der Eigenwerte) und Transformation mit einer Phasenmatrix. Entsprechendes gilt von $\Sigma^{(2)}$. Also kann man — abgesehen von den belanglosen Permutationen — die Matrix U im allgemeinsten Falle ersetzen durch U' mit

$$U'_{nk} = e^{i\varphi_n} U_{nk} e^{-i\psi_k},$$

wo φ_n, ψ_k beliebige reelle Phasenkonstanten sind. Dabei bleibt aber

$$|U'_{nk}|^2 = |U_{nk}|^2 = w_{nk}.$$

Wir heben ein aus unserer Formulierung unmittelbar ersichtliches *Symmetriegesetz der Wahrscheinlichkeiten* hervor: *Die Größe w_{nk} ist auch die Wahrscheinlichkeit für den Wert a_n von A bei gegebenem Werte b_k von B.*

Wenden wir das auf den in § 53 betrachteten Fall an, wo die *Energie* die als bekannt vorausgesetzte Größe war, so ergibt sich folgendes: Ist eine beliebige Größe F gemessen worden, so ist hernach im allgemeinen die Energie W nicht mehr fest bestimmt, sondern zeigt ihrerseits eine Statistik gemäß w_{nk}. Man hat das so zu verstehen, daß der *Prozeß der Messung von F* unvermeidlicherweise bestimmte Wahrscheinlichkeiten für das Eintreten eines Quantensprunges der Energie erzeugt, daß also ein *Festhalten* eines einmal gemessenen Energiewerts bei Messung einer anderen Größe F im allgemeinen nicht möglich ist. Wir kommen darauf noch zurück. (Vgl. § 56.)

Die jetzt gewonnene Darstellung der Wahrscheinlichkeiten ist sehr bequem für die Durchführung einer nunmehr zu besprechenden Verallgemeinerung. Bisher hatten wir vorausgesetzt, daß (ebenso wie die Größe A) die betrachtete Größe B nicht entartet ist. Wir lassen nun diese Annahme für die Größe B fallen. Um zum richtigen Ansatz für diesen Fall zu kommen, denken wir uns zunächst die Eigenwerte von B alle verschieden und betrachten dann den Spezialfall, daß eine Gruppe von Eigenwerten zusammenrückt. Seien also zunächst $b_j, b_k, \ldots b_l$ irgendwelche einfachen Eigenwerte von B; welches ist die Wahrscheinlichkeit, daß bei einer Messung entweder b_j oder b_k oder ... oder b_l gefunden wird? Wir wollen dafür kurz sagen: Der Wert von B soll im „*Intervall*“ $I = (b_j, b_k, \ldots b_l)$ liegen — auch dann, wenn die Eigenwerte $b_j, b_k, \ldots b_l$ keineswegs benachbart, sondern durch andere getrennt sind.

Die gesuchte Wahrscheinlichkeit, daß B im Intervall $I = (b_j, b_k, \ldots b_l)$ liegt, ist der Erwartungswert derjenigen Größe, die gleich 1 ist, wenn B einen der Eigenwerte von I annimmt, und sonst gleich Null; diese Größe ist offenbar der Einzeltensor

$$G(I) = G^{(j)} + G^{(k)} + \cdots + G^{(l)}; \tag{13}$$

Wir nennen ihn den zum Intervall I gehörigen Einzeltensor.

Die gesuchte Wahrscheinlichkeit ist dann

$$w_I = Sp\,(F^{(n)}\,G(I)). \tag{14}$$

Wie man sieht, hat also die Wahrscheinlichkeit für ein Intervall I dieselbe Gestalt wie für einen einzigen einfachen Eigenwert, wobei nur an die Stelle des zu diesem gehörigen Einzeltensors der Einzeltensor des Intervalles tritt.

Unter Benutzung der Matrix U an Stelle der Einzeltensoren $F^{(n)}$, $G^{(k)}$ können wir für (14) auch

$$w_I = |U_{nj}|^2 + |U_{nk}|^2 + \cdots + |U_{nl}|^2 \tag{14'}$$

schreiben.

Es ist nun ohne weiteres klar, daß diese Formeln gültig bleiben müssen, wenn die Eigenwerte des Intervalles I zusammenrücken, wenn es sich also um die Messung eines mehrfachen Eigenwertes handelt: dann geht $G(I)$ in den diesem mehrfachen Eigenwert entsprechenden Einzeltensor in der zu B gehörenden Zerlegung der Einheit über. Wir haben damit das Resultat:

Die Formel

$$w_{nk} = Sp\,(F^{(n)}\,G^{(k)})$$

gilt auch dann, wenn die Größe $B = \sum_k G^{(k)} b_k$ *mehrfache Eigenwerte hat; und allgemeiner gilt für ein Intervall* I *von Eigenwerten* die Formel (14), (14').

Dagegen müssen wir, wie nochmals betont sei, an der Voraussetzung festhalten, daß die ursprünglich gemessene Größe A nichtentartet (oder mindestens ihr fraglicher Eigenwert a_n einfach) ist.

§ 55. Wahrscheinlichkeitsvektoren[1]. Wir betrachten wieder zwei Größen A, B und setzen, wie oben, eine Messung von A mit dem Ergebnis a_n voraus. Zur Berechnung der Wahrscheinlichkeiten für das Auftreten der Werte $b_1, b_2, \ldots$ einer Größe B brauchen wir dann von allen ∞^2 Elementen U_{ml} der Matrix U nur die Zeile $m = n$, die zu a_n gehört, also die Größen U_{nk} ($k = 1, 2 \ldots$), oder, was auf dasselbe hinausläuft,

(1) $$U_{n1}^*, \quad U_{n2}^*, \quad U_{n3}^*, \ldots .$$

Wir wollen nun für B der Reihe nach verschiedene Größen nehmen und demgemäß auch das Koordinatensystem $\Sigma^{(2)}$ als *veränderlich* betrachten, während $\Sigma^{(1)}$ *festgehalten* wird. Dann behaupten wir:

Jede Zeile (1) *der Transformationsmatrix* U^* *verhält sich bei Änderung von* $\Sigma^{(2)}$ *wie ein* Hilbert-*Vektor.*

Ist x ein beliebiger Hilbert-Vektor, so geht er definitionsgemäß bei der Transformation U in

(2) $$x' = U^{-1} x$$

mit den Komponenten

(2a) $$x'_m = \sum_k U_{mk}^{-1} x_k = \sum_k U_{km}^* x_k$$

über. Lassen wir nun $\Sigma^{(2)}$ mit $\Sigma^{(1)}$ zusammenfallen, so ist U die Einheitsmatrix, die Zahlenreihe (1) lautet also

(3) $$0, 0, 0, \ldots 0, 1, 0, \ldots ,$$

wo die 1 an n-ter Stelle steht. Derjenige Hilbert-Vektor der Länge 1, der diese Zahlen (3) in $\Sigma^{(1)}$ zu Komponenten hat, d. h. der zum Eigenwert a_n von A gehörige Eigenvektor, hat aber nach (2a) in $\Sigma^{(2)}$ gerade die Komponenten (1). Nennen wir diesen

[1] Neumann, J. v.: a. a. O.

Vektor c, und seine Komponenten in $\Sigma^{(2)}$, die bisher U^*_{nk} hießen, einfach c_k, so ist $w_{nk} = |\, c_k\,|^2$ die Wahrscheinlichkeit, daß B den einfachen Eigenwert b_k annimmt, nachdem zuvor der zum Eigenvektor c gehörige Eigenwert a_n von A gemessen ist. Statt dessen kann man auch die invariante Schreibweise

$$w_{nk} = |\, c_k\,|^2 = (G^{(k)}\, c, c)$$

benutzen, da die Einzelform $G^{(k)}$ in $\Sigma^{(2)}$ die Darstellung § 54, (11) hat.

Wir wollen nun folgende Ausdrucksweise benutzen: *Ein reiner Fall*[1] *liegt vor, wenn durch Messung festgestellt ist, daß eine nichtentartete Größe A einen bestimmten Eigenwert a annimmt; dieser läßt sich kennzeichnen durch Angabe des zu a gehörigen Eigenvektors c vom Betrage $|\, c\,|^2 = 1$, den wir Wahrscheinlichkeitsvektor nennen. Man berechnet dann die Wahrscheinlichkeit w_k für den Eigenwert b_k einer Größe $B = \sum_k b_k G^{(k)}$ nach der Formel*

$$w_k = (G^{(k)}\, c, c)\,. \tag{4}$$

Der Vektor c ist also nicht für die ganze Größe A charakteristisch, sondern nur für die zum Eigenwert a_n gehörige Einzelgröße $F^{(n)}$ von A. Die Angabe von c oder von $F^{(n)}$ ist die natürlichste Beschreibung des Meßergebnisses, da alle von $F^{(n)}$ verschiedenen Einzeltensoren $F^{(m)}$ in A für die aus der Messung zu ziehenden Schlüsse belanglos sind. Zwischen $F^{(n)}$ und c besteht der invariante Zusammenhang [s. § 14, (11)]

$$F^{(n)} = c \times c\,; \tag{5}$$

man kann auch wegen dieses Zusammenhanges auf Grund der Tensorformeln § 9, (14), § 10, (9), Kap. II die Formel (10), § 54 unmittelbar in (4) überführen. Für die Wahrscheinlichkeit, daß der Wert von B in ein *Intervall* I fallen werde, bekommt man entsprechend die mit (14), (14'), § 54 gleichwertige Formel

$$w_I = \big(G(I)\, c, c\big)\,. \tag{6}$$

Der *statistische Mittelwert* $\overline{B}$ von B in dem reinen Fall, der durch den Wahrscheinlichkeitsvektor c beschrieben wird, ist nach

[1] Dieser Begriff wurde unabhängig von H. Weyl: Z. Phys. Bd. 46, S. 1. 1927 und J. v. Neumann: Gött. Nachr. 1927, S. 245 eingeführt.

(4) nichts anderes als die mit c gebildete *zu B gehörige hermitische Form,* die dadurch eine physikalische Bedeutung bekommt; denn es ist

$$\overline{B} = \sum_k b_k w_k = \sum_k b_k (G^{(k)} c, c) = (B c, c). \tag{7}$$

Hieraus ergibt sich eine wichtige Folgerung: *Der Mittelwert der Summe zweier Größen B_1, B_2 ist gleich der Summe der Mittelwerte der Summanden:*

$$\overline{B_1 + B_2} = \overline{B}_1 + \overline{B}_2; \tag{8}$$

denn dies bedeutet

$$\big((B_1 + B_2) c, c\big) = (B_1 c, c) + (B_2 c, c).$$

In diesem Satze kann man geradezu die *physikalische Definition* der bislang nur formal (durch die Addition der darstellenden Matrizen) definierten Addition quantenmechanischer Größen sehen: *Die Summe B von B_1 und B_2 ist diejenige, eindeutig definierte Größe, deren Mittelwert unter allen Umständen* (für jeden Wahrscheinlichkeitsvektor c) *die Summe der Mittelwerte von B_1 und B_2 ist.*

§ 56. Grenzen der Meßbarkeit. Mit Hilfe der im Voranstehenden bestimmten Relativwahrscheinlichkeiten ergeben sich neue Aufschlüsse über das Problem der *Meßbarkeit physikalischer Größen* an einem quantenmechanischen System. Zwar kann im Prinzip jede Größe A eines solchen Systems gemessen werden; aber es ist *im allgemeinen nicht möglich, eine Größe A und zugleich eine andere Größe B* (die natürlich für sich allein auch meßbar ist) *zu messen.* Haben wir nämlich für A einen Wert a_n und damit den zugehörigen Wahrscheinlichkeitsvektor c gefunden, so wird andererseits eine Messung von B, die b_k ergibt, einen Wahrscheinlichkeitsvektor c' liefern, und die Eigenschaften der physikalischen Statistik des Systems, die wir auf Grund von c' vorhersagen können, stimmen nur dann mit den aus c abgeleiteten widerspruchslos überein, wenn die beiden Einzeltensoren $F^{(n)} = c \times c$ und $G^{(k)} = c' \times c'$ übereinstimmen, so daß also $c = e^{i\varphi} \cdot c'$ ist.

Wenn aber $c \times c \neq c' \times c'$ ist, so *zerstört* die zu c' führende Messung den vorher bestehenden, zu c gehörigen Zustand. Für zwei spezielle Eigenwerte a_n, b_k kann die Bedingung $F^{(n)} = G^{(k)}$ erfüllt sein, obwohl zu A und B im übrigen ganz verschiedene

Einzeltensoren gehören. Betrachten wir aber die *Gesamtheit der möglichen Messungsergebnisse*, so gilt folgendes:

Zwei nichtentartete physikalische Größen A und B sind dann und nur dann zugleich meßbar, wenn sie vertauschbar sind.

Ist nämlich diese Voraussetzung $[A, B] = 0$ erfüllt, so gibt es nach § 13 ein Koordinatensystem im HILBERT-Raum, in welchem die Matrixdarstellungen von A und B gleichzeitig Diagonalform haben. Also ist die (genauer: *eine*) Transformation, die von A auf B überführt, die Identität, $U = 1$; mithin ist $w_{nm} = |U_{nm}|^2 = \delta_{nm}$. Die Wahrscheinlichkeit, bei einer Messung von A, die a_n liefert, den Wert b_n von B zu finden, ist also 1, irgend einen anderen Wert b_m $(m \neq n)$ zu finden, aber Null. Also ist B mit A zugleich meßbar. Umgekehrt ist aber die Voraussetzung $[A, B] = 0$ auch notwendig. Sind nämlich A und B zugleich meßbar, so muß nach der obigen Betrachtung, wenn für A ein bestimmter Wert a_n gefunden wird, notwendig zugleich ein durch a_n eindeutig bestimmter Eigenwert b_k von B gefunden werden, nämlich derjenige, dessen $G^{(k)}$ gleich $F^{(n)}$ ist. Indem wir die den a_n zugeordneten Eigenwerte von B mit jeweils denselben Indizes versehen, erhalten wir also, während $A = \sum_n a_n F^{(n)}$ ist, andererseits $B = \sum_n b_n F^{(n)}$; also ist $[A, B] = 0$.

Wir stoßen hier auf den wesentlichsten Unterschied der Quantenmechanik und der klassischen Theorie. Während in dieser angenommen wird, daß jede Größe unabhängig von allen anderen gemessen werden kann, wird man hier in der Quantentheorie durch den Formalismus selbst dazu geführt, diese Annahme fallen zu lassen. *Man kann nur solche Größen zugleich messen, die miteinander vertauschbar sind.*

Diese quantenmechanische Tatsache, daß nicht irgend zwei Messungen miteinander verträglich sind, hängt offenbar eng damit zusammen, *daß jede Messung einen Eingriff in das betrachtete System bedeutet*, der selbst den zuvor bestehenden Zustand stört[1]. In der klassischen Theorie wird die stillschweigende, oft fälschlich für selbstverständlich gehaltene Voraussetzung gemacht, daß es immer möglich (oder wenigstens denkbar) ist, die Rückwirkung des Meßapparates auf das zu betrachtende System be-

[1] Vgl. HEISENBERG, W.: Z. Phys. Bd. 43, S. 172. 1927. BOHR, N.: Naturwissensch. Bd. 16, S. 245. 1928; Bd. 17, S. 483. 1929.

liebig klein zu machen. Dies ist im Bereiche der makroskopischen Körper erlaubt, da man die vom Meßinstrument ausgehenden störenden Kraftwirkungen beliebig abschwächen kann, etwa durch Wahl entsprechend *feiner* Instrumente. In der Atomphysik dagegen können die Instrumente nicht beliebig verfeinert werden: Zur Abtastung und Ausmessung atomarer Gebilde hat man immer wieder nur atomare Gebilde zur Verfügung, und man begreift, daß es hier kein eigentliches Messen gibt, sondern ein Koppeln mit als Meßwerkzeug betrachteten Systemen, die, wie das zu beobachtende, selbst quantenmechanische Gebilde sind.

Nach dem Festgestellten kann zugleich mit einer *nichtentarteten* Größe A nur eine solche Größe B gemessen werden, die eine *Funktion von* A ist, deren besondere Messung bei Messung von A sich also erübrigt. Es kann trotzdem sinnvoll sein, mehrere *vertauschbare* Größen $A_1, A_2, \ldots$ *zugleich* zu messen, nämlich dann, wenn sie *entartet* sind. Denn es kann durch geeignete Kombination der Messungen mehrerer vertauschbarer entarteter Größen die Messung einer einzigen nichtentarteten ersetzt werden. Wenn nämlich $F_1^{(n_1)}, F_1^{(n_2)}, \ldots$ Einzeltensoren sind, die zu gewissen mehrfachen Eigenwerten $a_{n_1}^{(1)}$, $a_{n_2}^{(2)}$, ... von A_1, A_2, ... gehören, und wenn das Produkt

$$F^{(n)} = F_1^{(n_1)} F_2^{(n_2)} \ldots$$

ein *unzerlegbarer* Einzeltensor ist (d. h. mit nur *einem* Eigenwert 1), dann ist (trivialerweise) die gleichzeitige Feststellung der Eigenwerte $a_{n_1}^{(1)}$, $a_{n_2}^{(2)}$, ... äquivalent mit der Feststellung des zu $F^{(n)}$ gehörigen einfachen Eigenwertes a_n einer nichtentarteten Größe A. Wir können sagen: *Die Messung der vertauschbaren entarteten Matrizen* A_1, A_2, ... *ersetzt die Messung einer nichtentarteten Größe, wenn alle „Eigenwerte des Matrizensystems“* (nach der Definition von Kap. II, § 14, S. 71) *voneinander verschieden sind.*

Diese bei Beschränkung auf Größen mit diskreten Eigenwerten rein triviale Erwägung wird bedeutungsvoll bei der Ausdehnung der Theorie auf Größen mit stetigen Spektralgebieten; denn bei diesen kann man die gleichzeitige Messung mehrerer vertauschbarer Größen nicht mehr ersetzen durch Messung einer einzigen Größe. Man hat deshalb dann nicht mehr Wahrscheinlichkeitsrelationen zwischen den verschiedenen Eigenwerten nichtentarteter Matrizen, sondern zwischen den Eigenwerten solcher vertauschbarer *Matrizensysteme*, bei denen keine zwei übereinstimmenden Eigenwerte vorkommen. Ein solches Matrizensystem bildet für den Fall eines Massenpunktes z. B. die rechtwinkligen Koordinaten x, y, z; ein Eigenwert dieses Systems bedeutet einen möglichen *Ort* des Massenpunktes.

Die Tatsache, daß die Ortskoordinaten nicht vertauschbar sind mit ihren zugehörigen Impulsen p_x, p_y, p_z, besagt nach dem oben Festgestellten, *daß man Ort und Impuls des Massenpunktes nicht zugleich messend exakt bestimmen kann.* Wir werden später sehen (Teil II), daß die *kanonischen Vertauschungsregeln* sich in einer einfachen statistischen Beziehung zwischen den Eigenwerten des Ortes und des Impulsvektors widerspiegeln.

§ 57. Statistik quantenmechanischer Gemenge[1]**.** Es möge an einer Anzahl (gleichartiger) Atome die nichtentartete Größe A gemessen werden, und es möge an einem Teil der Atome der Wert a_1 von A gefunden sein, an anderen dagegen der Eigenwert a_2, an noch anderen a_3 usw. Greifen wir aus dieser Menge von Atomen ein beliebiges heraus, ohne daß wir wissen, welcher Eigenwert von A bei ihm verwirklicht war, und versuchen wir dann Voraussagen über die Reaktionsweise dieses Atoms bei Vornahme neuer Experimente zu machen, so kommt zu der Unsicherheit, die durch die statistische Natur der quantenmechanischen Gesetze selbst bestimmt ist, noch eine auf *Unvollständigkeit unserer Kenntnis* beruhende Unsicherheit in der Voraussage der künftigen Reaktionen unseres Systems hinzu.

Es ist jedoch auch in diesem Falle möglich, *bestimmte statistische Aussagen* zu machen, sobald wir nur wissen, *an welchem Bruchteil* w_n *der Atomgesamtheit* $\left(\sum\limits_n w_n = 1\right)$ *der Eigenwert* a_n *gefunden war* (während wir also *nicht* wissen, welcher Eigenwert von A bei einem bestimmten *einzelnen* Atom gemessen worden ist). Diese statistischen Aussagen sind zu gewinnen durch eine einfache Kombination der uns bekannten charakteristischen quantenmechanisch-statistischen Gesetze mit der gewöhnlichen *Wahrscheinlichkeitsrechnung.*

Erinnern wir uns, unter welchen Umständen diese letztere anwendbar ist. Es wird ein Versuch ausgeführt, der nicht not-

[1] NEUMANN, J. v.: Gött. Nachr. 1927, S. 245.

wendig zu einem bestimmten Ergebnis führt, sondern eine „zufällige“ Auswahl trifft aus einer Anzahl von möglichen Ergebnissen. Wiederholt man denselben Versuch außerordentlich oft, so kann es vorkommen, daß die relativen Häufigkeiten der verschiedenen möglichen Ergebnisse mit steigender Zahl der Versuche einem Grenzwert zustreben; wenn überdies noch die Bedingung erfüllt ist, daß irgend eine, vorweg bestimmte Teilmenge der Versuche, deren Zahl ebenfalls wächst, dieselben Grenzwerte der relativen Häufigkeit liefert wie die Menge aller Versuche, so nennt man diese Menge ein *Kollektiv*[1] und die Grenzwerte der relativen Häufigkeiten der Merkmale ihre *Wahrscheinlichkeiten*. Diese sind also in einem konkret vorgegebenen Falle durch solche langen Versuchsreihen mit beliebiger Annäherung empirisch bestimmbar.

Die Wahrscheinlichkeitsrechnung analysiert solche Wahrscheinlichkeiten unter Zurückführung auf „unabhängige“ Wahrscheinlichkeiten und untersucht die logischen Beziehungen zwischen den verschiedenen, am gleichen Objekt auszuführenden statistischen Feststellungen.

Um also die gewöhnliche Wahrscheinlichkeitsrechnung anwenden zu können, wird man eine häufige Wiederholung von geeigneten Experimenten vornehmen; entweder zu wiederholten Malen am selben mechanischen System, welches immer wieder bestimmten Bedingungen ausgesetzt wird, oder je einmal an vielen Exemplaren desselben Systems, die insgesamt bestimmten Einflüssen unterworfen waren. Letzteres Verfahren ist anschaulicher und soll daher hier bevorzugt werden. Wir denken uns also eine (praktisch unendlich große) Menge $\mathfrak{S}$ von genau gleichen, mechanisch völlig voneinander isolierten Systemen; ein solches ist beispielsweise gegeben durch ein *klassisches exakt ideales Gas*, dessen Atome keinerlei Wechselwirkungen aufeinander ausüben. Dieses Gas kann sich zu der betrachteten Zeit in irgend einem thermodynamischen Gleichgewichts- oder Nichtgleichgewichtszustand befinden; es bestehen also unendlich viele verschiedene Möglichkeiten der statistischen Verteilung in $\mathfrak{S}$.

Ist A irgend eine (entartete oder nichtentartete) Größe an einem Einzelsystem (Atom) von $\mathfrak{S}$, so kann man an einer hinrei-

[1] Vgl. dazu R. v. Mises: Wahrscheinlichkeit, Statistik und Wahrheit. Berlin 1928. Darin findet sich weitere Literatur angegeben.

chend großen, aber gegenüber $\mathfrak{S}$ sehr kleinen Teilmenge von $\mathfrak{S}$ denjenigen Bruchteil w_n der Systeme bestimmen $\left(\sum_n w_n = 1\right)$, bei denen der Eigenwert a_n von A angenommen wird, wenn man A einer Messung unterwirft. Da wir voraussetzen, daß $\mathfrak{S}$ ein Kollektiv ist bezüglich dieser Messungsergebnisse, so stellt die Zahl w_n einen Näherungswert dar für die Wahrscheinlichkeit, daß an einem beliebig herausgegriffenen Atom bei Messung von A der Wert a_n gefunden wird. Denkt man sich eine entsprechende „statistische Erhebung" für *alle* meßbaren Größen A ausgeführt, so gelangt man zu einer *erschöpfenden statistischen Beschreibung des Systems* $\mathfrak{S}$.

Für tatsächliche empirische Feststellungen statistischer Verteilungen bietet die Atomphysik unzählige Beispiele. Man denke an die Auszählung von α- und β-Strahlen oder Molekularstrahlen; dabei werden die einzelnen Teilchen als isolierte Systeme betrachtet. Dabei gelingt es häufig, die *Anzahl* der Teilchen, die eine bestimmte Eigenschaft haben, auch dann zu messen, wenn diese Eigenschaft beim *Einzelteilchen* unter der praktisch erreichbaren Meßgenauigkeit liegt.

Es ist freilich zu beachten, daß ein Schwarm von Teilchen auch dann, wenn keine energetischen Wechselwirkungen vorliegen, nicht immer als eine Menge $\mathfrak{S}$ isolierter Systeme betrachtet werden darf, sondern nur im Grenzfall hinreichend kleiner Dichten und hoher Temperaturen, kurz dann, wenn die *klassische Theorie der idealen Gase* anwendbar ist. Wir werden später sehen, daß ein ideales Gas unter Umständen (hohe Drucke, tiefe Temperaturen) bezüglich eines Teils seiner Eigenschaften keineswegs als ein Haufen von unabhängigen Molekeln aufgefaßt werden kann (Gasentartung). In den praktisch vorkommenden Beispielen von Molekularstrahluntersuchungen usw. ist diese genannte Bedingung jedoch immer erfüllt.

Wir nennen ein solches Kollektiv $\mathfrak{S}$ quantenmechanischer Systeme ein *Gemenge*, im Gegensatz zum schon behandelten *reinen Fall*, wo für eine gewisse Größe A bei allen Systemen in $\mathfrak{S}$ (oder bei allen an einem System vorgenommenen Experimenten) ein und derselbe Eigenwert a_n gemessen wurde. Auch beim reinen Fall ist das Verhalten irgend einer mit A nicht vertauschbaren Größe nur statistisch bestimmt, aber die Wahrscheinlichkeiten sind (durch einen HILBERT-Vektor) gesetzmäßig völlig bestimmt, so daß empirische Auszählungen eines Kollektivs nur noch als Prüfung bzw. Bestätigung der Aussagen der Theorie Bedeutung besitzen. Man hat hier „a-priori"-Wahrscheinlichkeiten. Beim Gemenge dagegen treten daneben auch „a-posteriori"-Wahrscheinlichkeiten w_n auf, die in jedem konkreten Beispiel zunächst empirisch neu bestimmt werden müssen. (Natürlich können sie jedoch unter Umständen auch durch theoretische Erwägungen bestimmt werden, wenn man den *Prozeß* kennt, durch welchen das betreffende Gemenge $\mathfrak{S}$ *erzeugt* worden ist.)

Zu Beginn dieses Paragraphen betrachteten wir ein Gemenge der folgenden Art: Eine nichtentartete Größe A wird an *allen* einzelnen Systemen gemessen, und $\mathfrak{S}$ entsteht durch Mischung der den Eigenwerten a_n entsprechenden reinen Fälle in den relativen Mengen w_n (mit $\sum_n w_n = 1$). Für ein so hergestelltes Gemenge können wir *trivialerweise* sofort die Wahrscheinlichkeit w bestimmen, daß an einem herausgegriffenen Atom bei Messung von B der Wert b_k gefunden wird. Unter Benutzung der in § 55 bestimmten Relativwahrscheinlichkeiten w_{nk} des reinen Falles erhalten wir offenbar

$$w = \sum_n w_n w_{nk}. \tag{1}$$

Es ist also in diesem Falle bei Kenntnis der zu A gehörigen Größen w_n das statistische Verhalten von $\mathfrak{S}$ bezüglich *beliebiger Größen B bereits völlig bekannt.*

Wir wollen jedoch nunmehr, ohne die in § 55 entwickelte Theorie des reinen Falles als schon bekannt vorauszusetzen, die Theorie der Gemenge deduktiv mittels einiger einfacher Postulate begründen[1]. Da sich hierbei zuletzt als Spezialfall wieder zwangsläufig die Theorie des reinen Falles ergeben wird, so erhalten unsere Annahmen von § 55 eine neue theoretische Stütze. Andererseits werden wir beweisen können (§ 59), daß der durch die Formel (1) beherrschte Typus von Gemengen bereits das allgemeinste überhaupt mögliche Gemenge darstellt.

Die statistischen Eigenschaften von $\mathfrak{S}$ sind vollständig bekannt, wenn für jede Größe A der *statistische Mittelwert oder Erwartungswert in* $\mathfrak{S}$ bekannt ist; denn auch die Wahrscheinlichkeiten für das

[1] NEUMANN, J. v.: a. a. O.

Eintreten bestimmter Eigenwerte einer Größe können, wie wir schon in § 53 sahen, durch solche Mittelwerte dargestellt werden, nämlich durch die Erwartungswerte der betreffenden Einzelgrößen. Wir wollen den Erwartungswert von A mit $\overline{A}$ bezeichnen; natürlich darf man ihn nicht verwechseln mit den Zeitmittelwerten an einem einzelnen, abgeschlossenen System, die wir früher durch die Diagonalelemente der Matrix im Koordinatensystem der Energie dargestellt und ebenso bezeichnet haben. Dann nehmen wir zwischen den Erwartungswerten der verschiedenen Größen folgende Beziehungen an:

1. *Sind λ, μ zwei reelle Zahlen, so ist*

$$\overline{\lambda A + \mu B} = \lambda \overline{A} + \mu \overline{B}.$$

Daß diese Relation im *reinen Fall* tatsächlich erfüllt ist, wissen wir aus § 55, (8); daher muß sie, damit den Gesetzen der gewöhnlichen Wahrscheinlichkeitsrechnung Genüge geschieht, auch für beliebige Gemenge gefordert werden.

Wir sprechen ferner noch die selbstverständlichen Forderungen aus:

2. *Ist eine Größe P keiner negativen Werte fähig, so ist auch*

$$\overline{P} \geqq 0.$$

3. *Der Erwartungswert einer unveränderlichen Zahl ist gleich dieser Zahl selbst.*

Diese Postulate kombinieren wir mit der *Grundannahme der Quantenmechanik, daß die meßbaren Größen an einem System durch Matrizen bzw.* HILBERT-*Tensoren darzustellen seien.* Dabei wird insbesondere eine negativer Werte nicht fähige Größe durch einen semidefiniten Tensor dargestellt, und eine unveränderliche Zahl durch den mit ihrem Werte multiplizierten Einheitstensor.

Wir behaupten nun: aus 1. folgt, daß für ein vorgegebenes Kollektiv $\mathfrak{S}$ der Erwartungswert jeder beliebigen Größe A mit Hilfe eines festen, von A unabhängigen, hermitischen Tensors Φ in der Form

$$\text{(2) (I)} \qquad \overline{A} = Sp(\Phi A)$$

ausgedrückt werden kann. Dieser Tensor Φ kennzeichnet also vollkommen den statistischen Zustand der Menge $\mathfrak{S}$.

Zum Beweise denken wir uns A durch eine hermitische Matrix $A = (A_{nm})$ dargestellt. Zerlegt man diese in $A = A' + iA''$, wo A', A'' reelle Matrizen sind, so gilt für deren Elemente

$$A'_{nm} = A'_{mn}\,, \quad A''_{nm} = -A''_{mn}\,; \tag{3}$$

also sind von diesen Größen nur die mit $n \geqq m$ unabhängig, und A ist zu schreiben in der Form:

$$A = \sum_{n \geqq m} (A'_{nm} D'^{(nm)} - A''_{nm} D''^{(nm)})\,,$$

wobei $D'^{(nm)}$ und $D''^{(nm)}$ hermitische Matrizen sind, welche nicht von A abhängen (für $n > m$ sei nämlich $D'^{(nm)}$ bzw. $D''^{(nm)}$ die Matrix mit den Elementen $d'_{nm} = d'_{mn} = 1$, sonst lauter Nullen, bzw. $d''_{nm} = -d''_{mn} = -i$, sonst Nullen; während $D''^{(nn)} = 0$ und $D'^{(nn)}$ nur an der n-ten Diagonalstelle eine 1 hat, sonst lauter Nullen). Da die Koeffizienten A'_{nm} und A''_{nm} reell sind, folgt nach der Forderung 1. (wenn man die Erwartungswerte der Größen, welche den Matrizen $\frac{1}{2} D'^{(nm)}$ bzw. $\frac{1}{2} D''^{(nm)}$ zugeordnet sind, mit Φ'_{nm} bzw. Φ''_{nm} bezeichnet):

$$\overline{A} = 2 \sum_{n \geqq m} (\Phi'_{nm} A'_{nm} - \Phi''_{nm} A''_{nm}) \tag{4}$$

wo Φ'_{nm}, Φ''_{nm} reelle Zahlen sind, die für $n \geqq m$ definiert sind. Wir definieren sie auch für $n < m$ durch die Formeln

$$\Phi'_{nm} = \Phi'_{mn}\,, \quad \Phi''_{nm} = -\Phi''_{mn}\,. \tag{5}$$

Dann kann man offenbar (4) auch schreiben als:

$$\overline{A} = \sum_{n,m} (\Phi'_{nm} A'_{nm} - \Phi''_{nm} A''_{nm})\,, \tag{6}$$

wo über alle n, m summiert wird. Andererseits ist wegen (3) und (5):

$$\sum_{n,m} (\Phi'_{nm} A''_{nm} + \Phi''_{nm} A'_{nm}) = 0\,;$$

fügt man diese Summe, mit i multipliziert, zu (6) hinzu, so kommt:

$$\overline{A} = \sum_{n,m} (\Phi'_{nm} + i\,\Phi''_{nm})\,(A'_{nm} + i\,A''_{nm})\,. \tag{7}$$

Nun ist

$$\Phi = (\Phi'_{nm} + i\,\Phi''_{nm}) \tag{8}$$

nach (5) eine hermitische Matrix; sehen wir sie als Repräsentant eines hermitischen Tensors Φ an, so ist (7) nichts anderes als die zu beweisende Formel (2), (I).

Nun folgern wir aus der Forderung 2.: *Der Tensor Φ ist semidefinit*; es ist also

(9) (II) $$(\Phi x, x) \geqq 0$$

für jeden HILBERT-Vektor x.

Denn der aus x gebildete Tensor

$$P = x \times x$$

ist semi-definit, da er lauter verschwindende Eigenwerte hat, außer einem, der gleich 1 ist; er erfüllt also die Voraussetzung von 2., also ist $\bar{P} \geqq 0$.

Andererseits ist

$$(\Phi x, x) = Sp(\Phi P) = \bar{P} \geqq 0,$$

womit (9), (II) bewiesen ist.

Endlich ergibt sich aus der Forderung 3.: *Die Spur von Φ ist gleich* 1:

(10) (III) $$Sp\,\Phi = 1.$$

Zum Beweise hat man nur in (I) für A den Einheitstensor E einzusetzen, dessen Erwartungswert nach Forderung 3. gleich 1 sein soll:

$$\bar{E} = Sp(\Phi E) = Sp\,\Phi = 1.$$

Diese Formeln (I), (II), (III), die sich unmittelbar aus den Forderungen 1., 2., 3. zusammen mit der Darstellung physikalischer Größen durch HILBERT-Tensoren ergeben, sind umgekehrt auch hinreichend, um die Forderungen 1., 2., 3. zu gewährleisten. Denn aus (I) und (III) folgt unmittelbar 1. und 3. Um 2. zu beweisen, bemerken wir, daß ein semidefiniter Tensor P die Zerlegung der Einheit $P = \sum_n p_n (x_n \times x_n)$ mit $p_n \geqq 0$ zuläßt, so daß aus (II) folgt:

$$Sp(\Phi P) = \sum_n p_n (\Phi x_n, x_n) \geqq 0.$$

Wir können daher behaupten:

Jeder den Gleichungen (II), (III) *genügende hermitische Tensor Φ liefert gemäß* (I) *eine mögliche statistische Zustandsverteilung in der Menge $\mathfrak{S}$.*

Im § 52 haben wir die Annahme eingeführt, daß die möglichen Werte einer physikalischen Größe lediglich ihre Eigenwerte sind. Auch diese Annahme ist bereits eine notwendige Folgerung der hier fcrmulierten Postulate.

Als möglicher Wert einer Größe wird dabei eine solche Zahl bezeichnet, die ein „scharfer" Wert dieser Größe sein kann (d. h. an allen Systemen einer statistischen Gesamtheit $\mathfrak{S}$ soll für A *derselbe* Wert a gemessen sein). Dann gilt nämlich für die Wahrscheinlichkeit einen Eigenwert $a^{(k)}$ von A bei der Messung eines Systems in $\mathfrak{S}$ zu finden, d. h. für den Erwartungswert des zu $a^{(k)}$ gehörigen Einzeltensors $F^{(k)}$:

$$Sp(\Phi F^{(k)}) = \begin{cases} 0, & \text{wenn } a^{(k)} \neq a\,, \\ 1, & \text{wenn } a^{(k)} = a\,. \end{cases}$$

Der Mittelwert von A ist aber

$$a = \overline{A} = Sp(\Phi A) = \sum_k a^{(k)}\, Sp(\Phi F^{(k)})\,.$$

Es muß somit einen Eigenwert $a^{(k)}$ von A geben, der gleich a ist, (oder es ist $a = 0$, in diesem Fall betrachte man aber die Größe $A + 1$).

§ 58. Der reine Fall als spezielles Gemenge[1]. Jetzt beweisen wir, daß die in § 55 entwickelte Statistik der reinen Fälle sich als Sonderfall der in den Formeln (I), (II), (III) ausgedrückten allgemeinen Statistik beliebiger Gemenge ergibt. Wir wollen hierfür zunächst eine Hilfsformel ableiten.

Angenommen, wir wissen daß an allen Systemen der Menge $\mathfrak{S}$ die Größe A in einem gewissen, die Eigenwerte $a_{n_1}, a_{n_2}, \ldots a_{n_f}$ enthaltenden Intervalle liegt; es sei $F^{(n)}$ der zu diesem Intervall gehörige Einzeltensor (also die Summe der zu $a_{n_1}, a_{n_2}, \ldots a_{n_f}$ gehörigen Einzeltensoren von A), und Φ sei der Wahrscheinlichkeitstensor, der die unserer Annahme entsprechende Statistik von $\mathfrak{S}$ beschreibt; dann gilt mit Rücksicht auf § 57, (I)

(1) $$\overline{F^{(n)}} = Sp(\Phi F^{(n)}) = 1\,.$$

Wir behaupten nun: Aus (1) folgt mit Rücksicht auf § 57, (II) und (III):

(2) $$\Phi = F^{(n)} \Phi = \Phi F^{(n)}.$$

[1] Neumann, J. v.: Gött. Nachr. a. a. O.

Zum Beweise wählen wir einen Einheitsvektor z, der Eigenvektor zum Eigenwert 0 von $F^{(n)}$ ist, für den also

$$F^{(n)} z = 0 \tag{3}$$

gilt. Aus z bilden wir den Einzeltensor

$$P = z \times z, \tag{4}$$

für den nach (3) gilt:

$$F^{(n)} P = F^{(n)} z \times z = 0. \tag{5}$$

Nach § 8, δ sind daher nicht nur $F^{(n)}$ und P Einzeltensoren, sondern auch $F^{(n)} + P$, und nach § 8, β gilt dasselbe auch von $E - F^{(n)} - P$. Da somit P und $E - F^{(n)} - P$ keine negativen Eigenwerte haben, sind auch ihre Mittelwerte (nach der Forderung 2. bzw. der Formel (II) des § 57) positiv:

$$0 \leqq \overline{P} \leqq \overline{P} + \overline{(E - F^{(n)} - P)} = \overline{E - F^{(n)}}. \tag{6}$$

Nun ist aber nach (1) und § 57 (III)

$$\overline{E - F^{(n)}} = 1 - Sp\,(\Phi\, F^{(n)}) = 0. \tag{7}$$

Also wird nach (6) auch

$$\overline{P} = Sp\,(\Phi\, P) = (\Phi\, z, z) = 0 \tag{8}$$

und nach § 10 (14) und § 57 (II)

$$\Phi\, z = 0. \tag{9}$$

Das gilt für jeden Vektor z, der (3) befriedigt. Wenn y ein *beliebiger* Vektor ist, so genügt

$$z = (E - F^{(n)})\, y$$

der Gleichung (3), weil

$$F^{(n)} z = (F^{(n)} - F^{(n)2})\, y = 0$$

ist.

Folglich gilt für jeden HILBERT-Vektor y

$$\Phi\,(E - F^{(n)})\, y = 0;$$

daraus folgt

$$\Phi\, F^{(n)} = \Phi. \tag{10}$$

Geht man beiderseits zu den adjungierten Tensoren über, so folgt, weil Φ und $F^{(n)}$ beide hermitisch sind:

(11) $$F^{(n)}\Phi = \Phi.$$

Damit ist die Hilfsformel (2) bewiesen. Man schließt aus ihr weiter:

(12) $$\Phi = F^{(n)}\Phi F^{(n)}.$$

Wir nehmen jetzt an, A habe den *einfachen* Eigenwert a_n. Dann ist $F^{(n)} = c \times c$, also nach (1):

(13) $$(\Phi c, c) = 1.$$

Das Element der Matrixdarstellung des Tensors (12) ist

$$\Phi_{nm} = \sum_{kl} c_n c_k^* \Phi_{kl} c_l c_m^* = c_n c_m^* \sum_{kl} \Phi_{kl} c_k^* c_l ;$$

also hat man

$$\Phi = F^{(n)}(\Phi c, c),$$

und wegen (13) ergibt sich hieraus

(14) $$\Phi = F^{(n)}.$$

Folglich kann man unter der Voraussetzung, daß man eine Größe A scharf gemessen und den Eigenwert a_n mit dem zugehörigen Einzeltensor $F^{(n)} = c \times c$ gefunden hat, den Mittelwert einer beliebigen Größe B nach der Formel

(15) $$\bar{B} = Sp(\Phi B) = Sp(F^{(n)} B) = (Bc, c)$$

berechnen, und damit ist in der Tat die in § 55 entwickelte Statistik des reinen Falles wiedergewonnen.

Man kann den reinen Fall unter allen Möglichkeiten von statistischen Gesamtheiten durch eine einfache Eigenschaft charakterisieren. Dazu dient die folgende Begriffsbildung.

Zwei statistische Gesamtheiten, bestimmt durch die Tensoren $\overset{(1)}{\Phi}$ und $\overset{(2)}{\Phi}$, kann man zu einer einzigen vereinigen mit dem Tensor

(16) $$\Phi = \alpha\overset{(1)}{\Phi} + \beta\overset{(2)}{\Phi}, \quad \alpha, \beta > 0, \quad \alpha + \beta = 1$$

die man eine *Mischung* der beiden ersten nennt. Unter allen Gesamtheiten kann man nun den reinen *Fall* kennzeichnen als ein solches Gemenge Φ, welches auf keine Weise durch Mischung aus zwei Gesamtheiten erzeugt werden kann, wenn diese nicht beide untereinander (und folglich auch mit Φ) *übereinstimmen.* Wir wollen also beweisen:

Satz: *Eine Gesamtheit ist dann und nur dann ein reiner Fall, wenn sie auf keine andere Weise durch Mischung erzeugt werden kann als aus Gesamtheiten der gleichen Art.* Also in Formeln:

1. Wenn für ein gewisses Φ die Beziehung (16) nur mit $\overset{(1)}{\Phi} = \overset{(2)}{\Phi}$ möglich ist, so gibt es einen Einheitsvektor c derart, daß

$$\Phi = \overset{(1)}{\Phi} = \overset{(2)}{\Phi} = c \times c\,.$$

ist.

2. Wenn $\Phi = c \times c$ ist, so ist eine Darstellung (16) nur mit $\overset{(1)}{\Phi} = \overset{(2)}{\Phi} = \Phi$ möglich.

Um die erste Behauptung zu beweisen, wählen wir einen Einheitsvektor x irgendwie derart, daß $\Phi x \neq 0$ ist; dann gilt nach § 10, (14) die Ungleichung $(x, \Phi x) > 0$. Wir bilden nun den Tensor

$$\overset{(1)}{\Phi} = \frac{(\Phi x) \times (\Phi x)}{\alpha\,(x, \Phi x)}, \tag{17}$$

wobei der reelle Faktor α so bestimmt werden kann, daß $Sp\,\overset{(1)}{\Phi} = 1$ und $0 < \alpha < 1$ ist. Denn aus der Forderung $Sp\,\overset{(1)}{\Phi} = 1$ folgt

$$\alpha = Sp\left\{\frac{(\Phi x) \times (\Phi x)}{(x, \Phi x)}\right\} = \frac{(\Phi x, \Phi x)}{(x, \Phi x)} = \frac{|\Phi x|^2}{(x, \Phi x)}\,;$$

denkt man sich nun Φ auf Hauptachsen transformiert mit den Eigenwerten w_k, so wird

$$\alpha = \frac{\sum\limits_k w_k^2\,|x_k|^2}{\sum\limits_k w_k\,|x_k|^2} \leqq 1\,, \tag{18}$$

weil die w_k positive echte Brüche oder Null sind, und es ist niemals $\alpha < 0$.

Definieren wir nun den Tensor $\overset{(2)}{\Phi}$ durch

$$\overset{(2)}{\Phi} = \frac{\Phi - \alpha \overset{(1)}{\Phi}}{1 - \alpha}, \tag{19}$$

so gilt die Mischungsregel (16), und $\overset{(1)}{\Phi}$, $\overset{(2)}{\Phi}$ sind hermitische Tensoren der Spur 1, wie aus der Definition ohne weiteres hervorgeht. Sie sind überdies auch semidefinit; denn man hat

$$(\overset{(1)}{\Phi} y, y) = \frac{1}{\alpha} \frac{|(\Phi x, y)|^2}{(x, \Phi x)} \geqq 0,$$

$$(\overset{(2)}{\Phi} y, y) = \frac{1}{1-\alpha} \frac{(\Phi x, x)(\Phi y, y) - |(y, \Phi x)|^2}{(x, \Phi x)} \geqq 0;$$

letzteres auf Grund von § 10, (13). Also kann man $\overset{(1)}{\Phi}$ und $\overset{(2)}{\Phi}$ als Wahrscheinlichkeitstensoren ansehen, aus denen Φ gemäß (4) gemischt ist:

$$\Phi = \alpha \overset{(1)}{\Phi} + (1-\alpha) \overset{(2)}{\Phi}.$$

Nach Voraussetzung ist also $\overset{(1)}{\Phi} = \overset{(2)}{\Phi}$, mithin beide gleich Φ. Setzt man nun

$$c = \frac{\Phi x}{\sqrt{\alpha (x, \Phi x)}} = \frac{\Phi x}{|\Phi x|}, \tag{20}$$

so liefert (17):

$$\Phi = \overset{(1)}{\Phi} = \overset{(2)}{\Phi} = c \times c,$$

wie unter 1. behauptet wurde.

Wir beweisen nun die Behauptung 2. Vorausgesetzt ist, daß sich $\Phi = c \times c$ gemäß (16) zerlegen läßt, wobei $\overset{(1)}{\Phi}$, $\overset{(2)}{\Phi}$ hermitische, semidefinite Tensoren der Spur 1 sind.

Wenn nun für einen Vektor x die Gleichung $\Phi x = 0$ gilt, so gilt auch $\overset{(1)}{\Phi} x = 0$ oder $\overset{(2)}{\Phi} x = 0$; denn sei etwa $\alpha > 0$, so folgt aus

$$(x, \Phi x) = \alpha (x, \overset{(1)}{\Phi} x) + \beta (x, \overset{(2)}{\Phi} x) \geqq \alpha (x, \overset{(1)}{\Phi} x) \geqq 0$$

für $\Phi x = 0$ auch $(x, \overset{(1)}{\Phi} x) = 0$ und daraus nach § 10, (14) weiter $\overset{(1)}{\Phi} x = 0$.

Ist aber $\alpha = 0$, so muß $\beta > 0$ sein, und dann folgt ebenso $\overset{(2)}{\Phi} x = 0$. Wir können annehmen, daß $\alpha > 0$ ist.

Ist nun x auf c normal, so ist $\Phi x = (x, c)\, c = 0$, also auch $\overset{(1)}{\Phi} x = 0$. Daher gilt für jeden Vektor y

$$(\overset{(1)}{\Phi} x, y) = (x, \overset{(1)}{\Phi} y) = 0\,,$$

d. h. $\overset{(1)}{\Phi} y$ ist zu jedem Vektor x normal, der zu c normal ist, mithin müssen die Vektoren $\overset{(1)}{\Phi} y$ und c parallel sein; insbesondere gilt

$$\overset{(1)}{\Phi} c = \gamma c\,,$$

wo γ eine Zahl ist. Jeden Vektor x kann man nun in eine Komponente parallel zu c und eine senkrecht zu c zerlegen, und zwar hat man wegen $(c, c) = 1$:

$$x = (x, c)\, c + x', \quad (x', c) = 0;$$

für diesen Vektor x' gilt wie für jeden auf c normalen: $\overset{(1)}{\Phi} x' = 0$. Also wird für einen beliebigen Vektor x

$$\overset{(1)}{\Phi} x = (x, c) \overset{(1)}{\Phi} c = (x, c)\, \gamma c = \gamma \Phi x\,,$$

woraus $\overset{(1)}{\Phi} = \gamma \Phi$ folgt. Wegen $Sp \overset{(1)}{\Phi} = Sp\, \Phi = 1$ ist $\gamma = 1$, und damit ist die Behauptung $\overset{(1)}{\Phi} = \overset{(2)}{\Phi} = \Phi$ bewiesen.

§ 59. Das allgemeine Gemenge als Mischung reiner Fälle. Es sei wieder A eine nichtentartete Größe mit den Eigenwerten a_r und den zugehörigen unzerlegbaren Einzeltensoren F_r. Wir wollen nun eine Mischung herstellen aus den verschiedenen *reinen* Gesamtheiten, welche den verschiedenen Eigenwerten a_r entsprechen. Ist $w_r \geq 0$ der zur Herstellung der Mischung aus dem reinen Fall $\Phi = F_r$ zu entnehmende Bruchteil ($\sum_r w_r = 1$), so ist die Mischung gegeben durch

$$\Phi = \sum_r w_r F_r\,. \tag{1}$$

Wir behaupten nun: Wenn man für A *beliebige* nichtentartete Größen zuläßt, so erhält man durch (1) das allgemeinste überhaupt mögliche Gemenge. Anders ausgedrückt: *Für jedes Gemenge gibt es eine nichtentartete Größe A derart, daß es als Mischung der verschiedenen reinen Fälle bezüglich der Messung von A beschrieben werden kann.*

Die Richtigkeit dieser Behauptung ergibt sich unmittelbar daraus, daß man den Wahrscheinlichkeitstensor Φ eines beliebigen Gemisches, da er hermitisch ist, in *unzerlegbare* Einzeltensoren F_r zerlegen kann, womit eine Darstellung der Form (1) erzielt wird; denn da Φ semidefinit ist und die Spur 1 besitzt, so sind die obigen Bedingungen $w_r \geqq 0$, $\sum_r w_r = 1$ gewiß erfüllt. Für A ist dann eine beliebige hermitische Größe

$$A = \sum_r a_r F_r \tag{2}$$

mit lauter verschiedenen Eigenwerten a_r zu wählen.

Die *unzerlegbaren* F_r in (1) sind aber durch Φ nur dann sämtlich eindeutig bestimmt, wenn Φ selber ein nichtentarteter Tensor ist. Es sei dagegen nunmehr Φ entartet, und

$$\Phi = \sum_n w^{(n)} F^{(n)} \tag{3}$$

die *invariante* Einzeltensorenzerlegung von Φ. Entsprechend den verschiedenen Möglichkeiten einer Zerlegung der zu *mehrfachen* Eigenwerten $w^{(n)}$ von Φ gehörigen $F^{(n)}$ in *unzerlegbare* F_r gemäß (1) besteht dann eine weitergehende Willkür in der Wahl von A. *Notwendig und hinreichend* dafür, daß eine nichtentartete Größe A für ein Gemenge Φ die eben beschriebene Rolle spielen kann, ist die *Vertauschbarkeit von A mit Φ*:

$$[\Phi, A] = 0\,. \tag{4}$$

Sei etwa g_n die Vielfachheit des Eigenwertes $w^{(n)}$ von Φ, und

$$F^{(n)} = \sum_{k=1}^{g_n} F_k^{(n)} \tag{5}$$

eine Zerlegung von $F^{(n)}$ in unzerlegbare F_r, und endlich sei

$$A = \sum_{n,k} a_k^{(n)} F_k^{(n)} \tag{2'}$$

eine entsprechend gewählte nichtentartete Größe A. Nach (3) sind nun in dem Gemenge Φ diejenigen g_n reinen Fälle, die zu den $a_k^{(n)}$ mit bestimmten n gehören, in derselben Häufigkeit $w^{(n)}$ vertreten: Wir haben eine *gleichmäßige Mischung* in bezug auf alle zu festem n gehörigen reinen Fälle $F_k^{(n)}$. *Diese Gleichmäßigkeit der Mischung besteht aber nicht nur für eine spezielle Größe A, sondern für alle der Bedingung* (4) *genügenden Größen.*

Als Anwendung betrachten wir denjenigen $(2j+1)$-fachen Term eines richtungsentarteten (räumlich frei drehbaren) Atoms (oder einer Molekel), welcher einem bestimmten einfachen Bestandteil $\mathfrak{m}_x^{(j)}$, $\mathfrak{m}_y^{(j)}$, $\mathfrak{m}_z^{(j)}$ der Drehimpulsmatrizen entspricht. (Vgl. Kap. IV, § 27). Ist eine Menge $\mathfrak{S}$ von Atomen, die sich in diesem Zustand befinden, eine gleichmäßige Mischung reiner Fälle in bezug auf die $2j+1$ verschiedenen Eigenwerte der Drehimpulskomponente $\mathfrak{M}_z$, so ist sie auch eine gleichmäßige Mischung reiner Fälle in bezug auf die $2j+1$ Eigenwerte der Drehimpulskomponente $\mathfrak{M}_{z'}$, in einer beliebigen Richtung z'. Dies ist der präzise Ausdruck für die völlige statistische Symmetrie des Gemenges bezüglich aller Raumrichtungen.

Wir betrachten noch den Grenzfall einer gleichmäßigen Verteilung der Systeme von $\mathfrak{S}$ über *alle* Eigenwerte $a_k^{(n)}$ von A. In diesem Falle werden alle $w_k^{(n)}$ einander gleich; um den Grenzübergang ausführen zu können, ohne daß jedes einzelne $w_k^{(n)}$ zu Null wird, müssen wir die Anzahl der Systeme in der Gesamtheit $\mathfrak{S}$ als *unendlich* annehmen und *auf die Normierung* $\sum_n w^{(n)} g_n = \sum_{n,k} w_k^{(n)} = 1$ *verzichten*; statt von Wahrscheinlichkeiten sprechen wir dann lieber von „*relativen Häufigkeiten*". Wir können die $w_k^{(n)}$ jetzt z. B. gleich 1 annehmen und erhalten aus (3)

$$\Phi = \sum_{nk} F_k^{(n)} = E \,. \tag{6}$$

Der statistische Tensor Φ wird also *völlig unabhängig* von der Wahl der Größe A: *Herrscht in einer Gesamtheit* $\mathfrak{S}$ *gleichmäßige Verteilung in bezug auf die Eigenwerte irgend einer (nicht entarteten) Größe* A, *so besteht auch gleichmäßige Verteilung in bezug auf jede andere Größe.* Wir bezeichnen diesen Fall als *vollkommene Gleichverteilung.*

Besonders wichtig sind diejenigen Gemenge $\mathfrak{S}$, welche verwirklicht werden durch *klassische ideale Gase*, also Gase, deren einzelne Atome man (in erster Annäherung) als energetisch ungekoppelt betrachten kann. Betrachten wir zunächst ein Gas von solchen Atomen, die eine *nichtentartete Energie* besitzen (wozu insbesondere eine Beseitigung von Richtungsentartung etwa durch ein äußeres Magnetfeld vorauszusetzen ist), so gilt nach bekannten Sätzen für die *normale statistische Verteilung bei einer absoluten Temperatur* T die BOLTZMANN-GIBBSsche Formel

$$w_r = e^{-\frac{W_r}{kT}} \tag{7}$$

für die relative Häufigkeit derjenigen Atome von $\mathfrak{S}$, die sich im r-ten stationären Zustand mit der Energie W_r befinden. Wir nehmen diese Formel hier einfach als gegeben an; erst später (Teil II) werden wir untersuchen, wie die zu ihrer Begründung führenden Überlegungen mit unserer quantenmechanisch-statistischen Theorie in inneren Zusammenhang gebracht werden können[1].

Der Tensor Φ ist gemäß (4) vertauschbar mit der Energie H des Atoms; und da die Eigenwerte von Φ durch (7) gegeben sind, erhalten wir in invarianter Schreibweise

$$\Phi = e^{-\frac{H}{kT}} = \sum_r w_r F_r, \tag{8}$$

wo F_r die Einzeltensoren zu den Eigenwerten W_r der Energie sind.

Tritt nun eine *Entartung* der Energie H ein, so werden gleichzeitig mit zwei Eigenwerten W_r, W_s von H auch die zugehörigen w_r, w_s einander gleich. Hat also die entartete Energie H die invariante Einzelgrößenzerlegung

$$H = \sum_n W^{(n)} F^{(n)}, \tag{9}$$

so wird

$$\Phi = e^{-\frac{H}{kT}} = \sum_n e^{-\frac{W^{(n)}}{kT}} \cdot F^{(n)}. \tag{10}$$

Betrachten wir nun irgend eine *zeitlich konstante Größe* A, die also mit H vertauschbar ist:

$$\dot{A} = [H, A] = 0, \tag{11}$$

[vgl. Kap. III, § 21, (2)], und welche die Eigenschaft haben möge, daß zu einem bestimmten Eigenwert $W^{(n)}$ der Energie lauter verschiedene Eigenwerte $a_k^{(n)}$ von A gehören; *dann hat* nach dem oben Festgestellten *jeder Eigenwert $a_k^{(n)}$ eine von k unabhängige Wahrscheinlichkeit*

$$w_k^{(n)} = w^{(n)} = e^{-\frac{W^{(n)}}{kT}}. \tag{12}$$

---

[1] Vgl. NEUMANN, J. v.: Gött. Nachr. 1927, S. 273.

Denn eine mit H vertauschbare Größe A ist zugleich auch mit Φ vertauschbar.

Ein ideales Gas mit richtungsentarteten Atomen im thermodynamisch-statistischen Normalzustand zeigt also in der Tat die oben besprochene gleichmäßige statistische Verteilung bezüglich der Eigenwerte jeder Drehimpulskomponente.

Fragen wir noch nach der relativen Häufigkeit eines Eigenwertes $W^{(n)}$ der Energie selbst, so ergibt sich

$$Sp\,(\Phi\, F^{(n)}) = g_n\, w^{(n)}, \tag{13}$$

wo das *statistische Gewicht* g_n gleich der *Vielfachheit des Eigenwertes* $W^{(n)}$ ist.

Die Formel (7) ist allerdings auch für ideale Gase als eine nur für hinreichend hohe Temperaturen gültige Annäherungsformel zu betrachten, welche auf die sog. „Gasentartung" keine Rücksicht nimmt. Die exakte Formel (nach BOSE-EINSTEIN oder FERMI-DIRAC) ändert jedoch nichts an der Gültigkeit der soeben gezogenen Folgerungen, welche lediglich den einen qualitativen Umstand benutzten, daß in (7) die Häufigkeit w_r bei gegebener Temperatur T ausschließlich vom Energiewert W_r abhängt.

Wir gewinnen deshalb mit diesen Ergebnissen die allgemeine Rechtfertigung der in Kap. III, § 20 gegebenen Formeln für die Intensitäten der Lichtemissionen entarteter Atome. Betrachten wir zunächst wieder den Fall nichtentarteter Atome, so sind die Intensitätsfaktoren

$$\frac{64\,\pi^4}{3\,c^3}\,\nu_{rs}^4\,|\,\mathfrak{P}\,(r, s)\,|^2; \qquad W_s < W_r, \tag{14}$$

der vom r-ten Zustand ausgehenden Emissionen noch zu multiplizieren mit den relativen Häufigkeiten w_r der verschiedenen Ausgangszustände. Ist dagegen die Energie W_s im Endzustand ein mehrfacher Eigenwert: $W_s = W_l^{(m)}$, $l = 1, 2, \ldots, g_m$, so sind die Intensitäten der g_m gleichen Frequenzen $(W_r - W_k^{(m)})/h$ zu *addieren*. Wird nun auch W_r mehrfach: $W_r = W_k^{(n)}$, $k = 1, 2, \ldots, g_n$, so ist die Addition der Intensitätsfaktoren (14) *dann und nur dann* berechtigt, wenn auch die $w_k^{(n)}$ von k unabhängig sind, was nach den obigen Bemerkungen insbesondere bei thermisch-statistischer Verteilung der Atome gewiß der Fall ist. *Auf diesen* praktisch fast ausschließlich vorkommenden *Fall beziehen sich also die in Kap. III §20 angegebenen Intensitätsformeln.* Sie sind aber *nicht* anwendbar z. B. auf die Atome eines Teilstrahls aus einem STERN-GERLACH-Versuch, den wir (zur Wiederherstellung der Entartung) in einen feldfreien Raum eintreten lassen, ohne jedoch den Atomen Zeit oder Gelegenheit zu geben, sich infolge ungeordneter Wechselwirkungen wieder thermisch-statistisch einzustellen. Vielmehr wäre in einem solchen Falle lediglich über l und nicht über k zu summieren.

Endlich weisen wir noch darauf hin, daß wir die *vollkommene Gleichverteilung* nach (9), (10) im *Grenzfall unendlich hoher Temperatur* verwirklicht finden.

§ 60. Quantenmechanik und Determinismus. Wir wollen nun das Verhältnis der statistischen Deutung unseres Formalismus, zu der wir nahezu zwangsläufig gelangt sind, zu den Fragen der *Kausalität* und des *Determinismus* in der Mikrophysik erörtern.

Nach den Vorstellungen der klassischen Theorie ist es möglich, den physikalischen Zustand eines abgeschlossenen Systems zu einer gewissen Anfangszeit durch ideal genaue Messungen derart zu bestimmen, daß für jede spätere Zeit das Verhalten des Systems mit absoluter Genauigkeit vorausberechnet werden kann. Aus praktischen Gründen sind zwar die Messungen, und folglich auch die Voraussagen, in Wirklichkeit stets nur mit endlicher Genauigkeit ausführbar, doch ist es grundsätzlich denkbar, diese Genauigkeit beliebig weit zu steigern.

Diesen *vollständigen Determinismus* der klassischen Theorie auch bei den Atomvorgängen nachzuweisen konnte jedoch von den Experimentatoren nicht versucht werden, weil eine vollständige Bestimmung des Anfangszustandes auch die Kenntnis inneratomarer Vorgänge in allen Einzelheiten einschließt. Betrachten wir z. B. ein bestimmtes einzelnes Radiumatom, so ist es nach dem gegenwärtigen Stande unserer experimentellen Erfahrung nicht möglich, durch eine Untersuchung des Atoms vorauszubestimmen, ob es innerhalb der nächsten Sekunde oder erst zu einer späteren Zeit radioaktiv zerfallen wird; man kann nur statistische Aussagen darüber machen. Ganz Entsprechendes gilt für einen Quantensprung mit Lichtemission und für alle anderen atomaren Elementarprozesse. Die experimentellen Methoden der Atomphysik haben sich von selbst, durch die Erfahrung geleitet, ausschließlich auf statistische Fragestellungen eingestellt. Die Quantenmechanik, welche die systematische Theorie der so beobachteten Gesetzmäßigkeiten liefert, entspricht vollkommen dem gegenwärtigen Stande der Experimentalphysik, indem sie sich gleichfalls von vornherein auf statistische Fragen und Antworten beschränkt.

Daß die Quantenmechanik dem Prinzip des Determinismus nicht entspricht, ist aus den vorstehenden Entwicklungen schon deutlich hervorgegangen. Beim reinen Fall — der in der Quantenmechanik den Idealfall *möglichst* genauer Kenntnis des betrachteten System darstellt — beruht die Unmöglichkeit der vollständigen Determinierung darauf, daß es zu einer (nichtentarteten) Größe A, deren Messung den reinen Fall bestimmt, immer andere Größen gibt, die mit A nicht vertauschbar, also auch nicht zugleich mit A meßbar sind. Es kann deshalb nicht möglich sein, zu erreichen, daß die Reaktionsweise eines Systems gegenüber beliebigen künftigen Messungsprozessen eindeutig vorauszusehen ist.

Während die klassische Theorie behauptete: Aus der Kenntnis von Ort und Impuls jedes Massenpunktes des abgeschlossenen Systems zur Zeit $t = t_0$ kann man den Verlauf der Bewegung für alle Zeiten vollständig berechnen, so leugnet die Quantenmechanik nicht etwa ganz primitiv die Möglichkeit solcher Folgerungen, sondern behauptet in viel radikalerer Weise, daß die *Voraussetzung* einer derart vollständigen Ausmessung des Systems *unerfüllbar* ist[1]. Der Zustand eines atomaren Systems zeigt eine charakteristische quantenphysikalische *Unbestimmtheit*, die sich in der nur statistischen Determinierung seiner Reaktionen auswirkt.

Die einschneidende *Beeinflussung*, welche ein System notwendigerweise durch die Ausführung eines *Messungsprozesses* erleidet, und mit welcher, wie schon erläutert, die Unmöglichkeit einer Messung mehrerer beliebiger Größen zugleich unmittelbar verknüpft ist, wird verdeutlicht durch folgende Überlegung. Es seien wieder A und B zwei beliebige (im allgemeinen nichtvertauschbare) nichtentartete Größen, und A' eine dritte solche Größe. Auch sei wieder $\Sigma^{(1)}$ das (genauer: *ein*) Hauptachsensystem von A,

[1] Vgl. W. Heisenberg: Z. Phys. Bd. 43, S. 172. 1927.

$\Sigma^{(2)}$ das von B, ferner Σ' das von A'. Die zwischen diesen vermittelnden unitären Transformationen seien:

$$\begin{aligned} \Sigma^{(1)} &\to \Sigma' : & U' &= (U'_{nm}) , \\ \Sigma' &\to \Sigma^{(2)}: & U'' &= (U''_{mk}) , \\ \Sigma^{(1)} &\to \Sigma^{(2)}: & U &= (U_{nk}) . \end{aligned}$$

Dann besteht die Gleichung $U = U' U''$, oder

$$U_{nk} = \sum_m U'_{nm} U''_{mk} . \tag{1}$$

Wenn wir nun in einer Menge $\mathfrak{S}$ von Atomen, an denen A gemessen und a_n gefunden war (so daß ein reiner Fall vorliegt), die Größe B messen, so finden wir ihren Eigenwert b_k verwirklicht bei einem Bruchteil $w_{nk} = | U_{nk} |^2$ aller Atome, wo also

$$w_{nk} = | \sum_m U'_{nm} U''_{mk} |^2 . \tag{2}$$

Wenn wir aber vor der Messung von B eine Messung von A' an *jedem* Atom von $\mathfrak{S}$ einschalten, so verwandelt sich dabei $\mathfrak{S}$ in ein Gemenge, bestehend aus reinen Fällen mit definierten Werten von A', wobei der Bruchteil w'_{nm} derjenigen Atome von $\mathfrak{S}$, bei welchen der m-te Eigenwert von A' vorliegt, gleich der Relativwahrscheinlichkeit $w'_{nm} = | U'_{nm} |^2$ ist. Wenn wir hernach an den Atomen dieses Gemenges die Größe B messen, so bekommen wir den Wert b_k mit der Wahrscheinlichkeit

$$\overline{w}_{nk} = \sum_m | U'_{nm} U''_{mk} |^2 . \tag{3}$$

Diese Wahrscheinlichkeit $\overline{w}_{nk}$ ist im allgemeinen durchaus verschieden von der obigen w_{nk}; der Messungsprozeß von A' hat das System einschneidend verändert.

Man sieht hier deutlich, daß der Prozeß der Messung in der Quantenmechanik von ganz anderer Bedeutung ist als in der makroskopischen Physik: Es handelt sich hier nicht mehr um die einfache *Kenntnisnahme* von einem Tatbestand, der auch vor der Messung und unabhängig von der Messung vorhanden war, sondern um die *Schaffung* eines neuen Tatbestandes durch einen physikalischen *Eingriff* in das System. Ist zuvor an einem Atom der Wert a_n von A, gehörend zum (unzerlegbaren) Einzeltensor $F^{(n)}$, gemessen, und mißt man nun eine mit $F^{(n)}$ nicht vertauschbare Größe B, *so wird ein definierter Wert b_k von B erst durch* *den Messungsprozeß hervorgerufen.* Erst die Messung zwingt das Atom, sich für einen bestimmten der Eigenwerte von B zu entscheiden; dabei verliert andererseits A seinen vorherigen definierten Wert. Man sieht also, daß das Durchdenken der durch die Quantenmechanik aufgedeckten Gesetze der Mikrophysik zwangsläufig zu radikalen Folgerungen führt: Nicht nur die klassisch-makroskopischen Vorstellungen von Raum, Zeit und Kausalität erweisen sich als unzulänglich im Gebiete der atomaren Reaktionen, sondern sogar die herkömmlichen Begriffe von Subjekt, Objekt und Realität verlieren allmählich ihre gewohnte Bedeutung[1].

Die beiden Formeln (2), (3) haben Veranlassung gegeben, die Zahlen U_{nk} als die *Amplituden* der Wahrscheinlichkeiten $w_{nk} = |U_{nk}|^2$ oder kurz als *Wahrscheinlichkeitsamplituden* zu bezeichnen. Ferner nennt man die Formel (1) das Gesetz von der *Interferenz der Wahrscheinlichkeiten*[2]. Der Sinn dieser Bezeichnungsweisen ist dieser: Man kann die klassischen, aus der Wellentheorie des Lichtes berechneten, stetig verteilten *Lichtintensitäten* in einem gewissen, später genauer zu formulierenden Sinne (Teil II) auffassen als Wahrscheinlichkeiten oder (relative Häufigkeiten) des unstetigen Auftreffens eines korpuskularen Lichtquants. Treffen sich nun an einem Orte mehrere *inkohärente Strahlen*, so addieren sich die Intensitäten, also die Wahrscheinlichkeiten. Treffen sich aber *kohärente Wellenzüge*, so sind es die *Wellenamplituden*, und nicht die aus ihnen quadratisch gebildeten Intensitäten oder Wahrscheinlichkeiten, welche sich addieren; es zeigt sich *Interferenz.*

Die Formel (2) für den *reinen Fall* verhält sich nun zur Formel (3) für das *Gemenge* ähnlich wie die Intensitätsformel bei *Kohärenz* zur Intensitätsformel bei *Inkohärenz* der sich treffenden Wellenzüge: In (2) werden die Amplituden $U'_{nm} U''_{mk}$ erst summiert (nach m) und dann absolut quadriert; in (3) dagegen erst absolut quadriert und dann summiert. Man könnte deshalb auch von der *kohärenten Statistik* eines reinen Falles gegenüber der *inkohärenten Statistik* eines Gemenges sprechen. Die späteren Entwicklungen (Teil II) werden deutlich machen, daß es sich

[1] Vgl. hierzu N. Bohr: Naturwissensch. Bd. 17, S. 483. 1929.

[2] Pauli jr. W.: Z. Phys. Bd. 41, S. 81. 1927 (s. insbes. die Fußnote S. 83). Jordan, P.: Z. Phys. Bd. 40, S. 809. 1917; Bd. 41, S. 797. 1927.

hier nicht nur um äußerliche Ähnlichkeiten handelt, sondern daß die Interferenz des Lichtes der allgemeinen quantenmechanischen Statistik einzuordnen ist.

Machen wir uns aber zum Schluß noch einmal den fundamentalen Unterschied von kohärenter und inkohärenter Wahrscheinlichkeit (von reinem Fall und Gemenge) an einem konkreten Beispiel deutlich. Wenn Quecksilberdampf, dessen Atome zunächst im Grundzustand $1\,{}^1S_0$ sein mögen, durchstrahlt wird mit Licht der Resonanzfrequenz $1\,{}^1S_0 - 2\,{}^3P_1$, so wird ein gewisser Bruchteil der Atome angeregt: Wir bekommen ein *Gemenge* von Atomen in den Zuständen $1\,{}^1S_0$ und $2.{}^2P_1$. Man weiß also von einem beliebig herausgegriffenen Atom nicht ohne weiteres, ob es in $1\,{}^1S_0$ oder in $2\,{}^2P_1$ ist, sondern muß das erst feststellen. Aber doch besitzt jedes einzelne Atom einen *definierten* Energiewert, zu dessen Feststellung also kein verändernder Eingriff nötig ist. Bei genügender Hg-Dampfdichte ergibt sich aber an der Oberfläche eine *selektive Reflexion der Resonanzlinie*[1]; die in der Oberfläche enthaltenen Atome senden also eine *kohärente Resonanzstrahlung* aus; und das bedeutet, daß die Energie des einzelnen Atoms *nicht mehr definiert ist*: An ihrer Stelle hat jetzt eine andere, mit H nicht vertauschbare Größe (die mit der *Schwingungsphase* zusammenhängt) einen definierten Wert angenommen. Ein einzelnes Atom dieser reflektierenden Oberfläche entspricht also einem *reinen Fall mit statistisch unbestimmter Energie*; was offenbar etwas gänzlich anderes ist als ein aus dem zuvor besprochenen Gemenge entnommenes Atom, das einen *definierten Energiewert* besitzt, den wir nur noch *nicht kennen.*

§ 61. Übergangswahrscheinlichkeit bei äußerer Einwirkung. Eine der wichtigsten Anwendungen der im voranstehenden entwickelten Begriffe besteht in der genauen Definition und Berechnung der *Übergangswahrscheinlichkeiten.* In der älteren Quantentheorie gab es kein exaktes Maß für die Wahrscheinlichkeit eines „Quantensprunges“, der von irgendwelchen äußeren Einwirkungen induziert ist; Bohrs Korrespondenzprinzip lieferte nur approximative Bestimmungen solcher Wahrscheinlichkeiten, die nur in Sonderfällen zu quantitativen Aussagen verschärft

[1] Betreffs der experimentellen Tatsacnen vgl. etwa P. Pringsheim: Fluoreszenz und Phosphoresenz (diese Sammlung Nr. VI).

werden konnten. In der Quantenmechanik läßt sich aber der Begriff der Übergangswahrscheinlichkeit streng auf den der relativen Wahrscheinlichkeit (§ 54) zurückführen.

Wir rechnen hier wieder mit einem Zeitparameter t. Es ist schon in § 22 darauf hingewiesen worden, daß die zur Energie eines abgeschlossenen Systems kanonisch konjugierte Zeit *nicht* durch einen Zahlparameter dargestellt werden kann, sondern selbst eine mit den übrigen meßbaren Größen an 'diesem System im allgemeinen *nicht vertauschbare* Größe ist. Deshalb kann man, mit Bezug auf die so definierte Zeit, im allgemeinen auch nicht davon sprechen, daß irgendeine Größe $A(p, q)$ *in einem bestimmten Zeitpunkt gemessen* wird; denn das würde bedeuten, daß *zugleich* einerseits der Wert von A und andererseits der Wert einer mit A (im allgemeinen) nicht vertauschbaren Größe, nämlich der Zeit, festgelegt würde. Das Verhältnis der Messung einer Größe A zur Zeitmessung bedarf also genauerer Untersuchung; in den allgemeinen Erörterungen der §§ 54 bis 60 haben wir absichtlich diese Frage zunächst *unberührt* gelassen. Auch hier wollen wir diese Frage noch nicht ausführlicher untersuchen, sondern uns — den im Folgenden zu machenden Anwendungen entsprechend — beschränken auf solche Probleme, in welchen man praktisch mit der Darstellung der Zeit t als Zahlparameter auskommt. Wir können, wie in § 22 kurz erläutert wurde, diese Zeit t als durch ein mit dem betrachteten System gar nicht oder ganz schwach gekoppeltes anderes System (eine „Uhr") definiert auffassen.

Da dieser Zeitparameter t mit jeder zu betrachtenden Größe $A(p, q)$ vertauschbar ist, können wir jetzt von einer Messung von A zu einem bestimmten Zeitpunkt $t = t_0$ sprechen. Für die Anwendung der Theorie der Relativwahrscheinlichkeiten aus § 54 ist dabei zu beachten: Die Größen p_k, q_k sind jetzt als *Funktionen der Zeit t* aufzufassen, die den Bewegungsgleichungen

$$\dot{q}_k(t) = [H, q_k], \quad \dot{p}_k = [H, p_k]; \quad H = H\big(p(t), q(t); t\big)$$

genügen, und gemäß § 22 (10), (16) durch

$$q_k(t) = U^{-1}(t)\, q_k(0)\, U(t), \quad p_k(t) = U^{-1}(t)\, p_k(0)\, U(t) \tag{1}$$

aus den Größen $q_k(0)$, $p_k(0)$ für $t = 0$ zu erhalten sind, wobei sich $U(t)$ durch

$$\varkappa \dot{U} + H\big(p(0), q(0); t\big)\, U = 0, \quad U(0) = E \tag{2}$$

bestimmt. Folglich wird jede Größe $A(p, q)$ jetzt eine Funktion $A(t)$ des Zeitparameters. Wenn sie *nicht* auch noch *explizit* von t abhängt, so ist:

$$(1') \qquad A(t) = A(p(t), q(t)) = U^{-1}(t) \cdot A(p(0), q(0)) \cdot U(t).$$

Es sind also, wenn wir die *Terminologie von* § 54 anwenden wollen, $A(t_1)$ und $A(t_2)$, mit $t_1 \neq t_2$, (im allgemeinen) zwei *verschiedene Tensoren* oder zwei *verschiedene physikalische Größen* mit den gleichen Eigenwerten, aber verschiedenen Hauptachsensystemen; eine Messung von $A(p, q)$ zur Zeit t wäre nach der Terminologie von § 54 einfach eine *Messung der Größe* $A(t)$.

Es sei $A(0)$ (und folglich auch $A(t)$) eine nichtentartete Größe. Bezeichnen wir das Koordinatensystem des Hilbertraumes, in dem der Tensor $A(0)$ bzw. der Tensor $A(t)$ die Diagonalform hat bzw. mit $\Sigma^{(0)}$, $\Sigma^{(t)}$, und verstehen wir unter $\overset{(0)}{A}(0)$ bzw. $\overset{(t)}{A}(0)$ die Matrix des Tensors $A(0)$ im Koordinatensystem $\Sigma^{(0)}$ bzw. $\Sigma^{(t)}$, so sind $\overset{(0)}{A}(0)$ und $\overset{(t)}{A}(t)$ identische Diagonalmatrizen, also

$$\overset{(0)}{A}(t) = U^{-1}(t)\overset{(0)}{A}(0)\,U(t) = U^{-1}(t)\overset{(t)}{A}(t)\,U(t)$$

und folglich

$$(3) \qquad \overset{(t)}{A}(t) = U(t)\overset{(0)}{A}(t)\,U^{-1}(t);$$

hierin ist $U(t)$ die Lösung von (2), wenn für $H(p(0), q(0); t)$ die Matrix $\overset{(0)}{H}(p(0), q(0); t)$ dieses Tensors *im Koordinatensystem* $\Sigma^{(0)}$ eingesetzt wird, d. h. die Matrix $H(\mathring{p}, \mathring{q}, t)$, wobei $\mathring{p}_k, \mathring{q}_k$ Matrizen sind, welche den kanonischen Vertauschungsregeln und der Bedingung $A(\mathring{p}, \mathring{q})$ = Diagonalmatrix genügen. Der Vergleich von (3) mit § 54 (6), (7) ergibt jetzt:

Wenn bekannt ist, daß $A(p, q)$ zur Zeit $t = 0$ den scharfen Wert a_n besitzt, so ist die Wahrscheinlichkeit, zur Zeit t für $A(p, q)$ den Wert a_k zu finden, gegeben durch:

$$(4) \qquad \Psi_{nk} = |U_{nk}^{-1}(t)|^2 = |U_{kn}(t)|^2.$$

Dieses Ergebnis wollen wir nun speziell zur Berechnung der *Übergangswahrscheinlichkeiten* anwenden.

Ein abgeschlossenes mechanisches System mit der Energiefunktion $H_0(p, q)$ werde dem Einfluß einer äußeren Störung ausgesetzt, so daß die Gesamtenergie durch

(5) $$H(p, q, t) = H_0(p, q) + H'(p, q; t)$$

gegeben ist. Fragt man nach der Wahrscheinlichkeit dafür, daß zur Zeit t für die *ungestörte Energie* H_0 der Wert W_k^0 gefunden wird, wenn zur Zeit $t = 0$ der Wert W_n^0 gemessen wurde, so können wir unser soeben erhaltenes Ergebnis anwenden, da H_0 nach Voraussetzung nicht explizit von t abhängt. Mit $A = H_0$ finden wir:

Die „Übergangswahrscheinlichkeit" $n \to k$ in der Zeit t ist gleich:

(6) $$\Psi_{nk}(t) = |U_{kn}(t)|^2,$$

wobei die Matrix U die Lösung von:

$$\varkappa \dot{U} + H(\mathring{p}, \mathring{q}; t)\, U = 0, \quad U(0) = E$$

ist; die *Matrizen* $\mathring{p}_k, \mathring{q}_k$ müssen hier neben den kanonischen Vertauschungsregeln die Bedingung $H_0(\mathring{p}, \mathring{q}) =$ Diagonalmatrix erfüllen.

Diese Lösung U wurde schon in § 45 mathematisch untersucht. Für den wichtigen Spezialfall, daß auch die Störungsfunktion H' die Zeit nicht explizit enthält, findet man[1] aus § 45, (10') in erster Näherung:

(7) $$\overset{(1)}{\Psi}_{nk} = |\overset{(1)}{U}_{kn}|^2 = \frac{|H'_{kn}|^2}{h^2 \mathring{\nu}_{kn}^2} \cdot 4 \sin^2 \pi \mathring{\nu}_{kn} t; \quad k \neq n.$$

Auch die zweite Näherung wird später (Kap. VII, § 75) Verwendung finden.

Einige besondere Worte erfordern die Verhältnisse bei *Entartung* der Energie H_0. Nach dem Verfahren des § 59 denken wir uns zur Charakterisierung der reinen Fälle, aus denen sich das entartete Gemisch zusammensetzt, eine kleine Störung angebracht (dort Messung der Größe A!), die die Entartung aufhebt. Die Zustände, zwischen denen Übergänge stattfinden, seien durch den Doppelindex (r, ϱ) numeriert und in bezug auf ϱ entartet. Für die einzelnen Übergänge $(r, \varrho) \to (s, \sigma)$, die bei wirklicher Auf-

[1] Man erhält offenbar formal dasselbe Resultat, wenn man $H'(\mathring{p}, \mathring{q}; \tau)$ als eine *zeitabhängige* Matrix betrachtet, welche aber nur im Intervall $0 < \tau < t$ von Null verschieden und dort konstant ist.

hebung der Entartung stattfinden würden, hat man die Wahrscheinlichkeiten $|U_{\varrho,\sigma}^{(r,s)}|^2$. Die Wahrscheinlichkeit des beobachtbaren Überganges $r \to s$ ist die Summe all dieser Wahrscheinlichkeiten für alle möglichen Werte von ϱ und σ:

$$\Psi^{(r,s)} = \sum_{\varrho,\sigma} |U_{\varrho,\sigma}^{(r,s)}|^2 = Sp\,(U^{(r,s)}\, U^{\dagger(s,r)})\,. \tag{6'}$$

Wir werden insbesondere später sehen, daß die Intensität einer Lichtemission proportional ist einer gewissen Übergangswahrscheinlichkeit, für welche die Matrix U proportional dem elektrischen Moment ist; daher ist die Lichtintensität proportional

$$Sp\,(\mathfrak{P}^{(rs)}\,\mathfrak{P}^{(sr)}) = \|\mathfrak{P}^{(rs)}\|^2.$$

Hierdurch findet der bisher nur durch Invarianzbetrachtungen plausibel gemachte Ansatz von § 20 eine strenge Begründung.

Bis jetzt haben wir den Fall betrachtet, daß *die zu messende Größe nicht explizit von der Zeit abhängt*. Im folgenden Paragraphen (Adiabatensatz) wird aber die zu messende Größe die *totale* Energie $H(p, q; t)$ selber sein, wobei es gerade darauf ankommen wird, daß sie explizit von t abhängt.

Sei $H(\mathring{p}, \mathring{q}; 0) = W(0)$ Diagonalmatrix, und $U(t)$ die Lösung von

$$\varkappa \dot{U} + H(\mathring{p}, \mathring{q}; t)\, U = 0\,, \quad U(0) = E\,. \tag{8}$$

Sei weiter $V(t)$ eine unitäre Matrix mit der Eigenschaft:

$$V^{-1} H(\mathring{p}, \mathring{q}; t)\, V = W(t) = \text{Diagonalmatrix.} \tag{9}$$

Bezeichnen wir für den Augenblick allgemein mit $\overset{(0;\,0)}{A}$ bzw. $\overset{(t;\,0)}{A}$ bzw. $\overset{(t;\,t)}{A}$ die Matrix eines Tensors A im Hauptachsensystem von $H(p(0), q(0); 0)$ bzw. $H(p(t), q(t); 0)$ bzw. $H(p(t), q(t); t)$, so ist

$$\overset{(0;\,0)}{H}\big(p(t), q(t); t\big) = U^{-1}(t)\, \overset{(0;\,0)}{H}\big(p(0), q(0); t\big)\, U(t) \tag{10}$$

$$\begin{aligned} \overset{(t;\,t)}{H}\big(p(t), q(t); t\big) &= W(t) = V^{-1} H(\mathring{p}, \mathring{q}; t)\, V \\ &= V^{-1} \overset{(0;\,0)}{H}\big(p(0), q(0); t\big)\, V. \end{aligned} \tag{10'}$$

Wenn man die Matrix

$$X = V^{\dagger}\, U \tag{11}$$

einführt, so wird also:

(12) $$\overset{(t;\,t)}{H}\big(p(t), q(t); t\big) = X(t)\overset{(0;\,0)}{H}\big(p(t), q(t); t\big)X^{-1}(t).$$

Der Vergleich von (12) mit § 54 (6), (7) ergibt: Die Wahrscheinlichkeit, daß das System, wenn es zur Zeit $t = 0$ die Energie $W_n(0)$ hatte, zur Zeit t die Energie $W_k(t)$ besitzt, ist gegeben durch:

(13) $$\Psi_{nk} = |X_{nk}^{-1}(t)|^2 = |X_{kn}(t)|^2.$$

Es handelt sich nun darum, eine Differentialgleichung für X aufzustellen. Aus (11) folgt

(14) $$\dot{X} = \dot{V}^\dagger U + V^\dagger \dot{U},$$

und wenn man hier $\dot{U}$ aus (8) einsetzt:

(15) $$\begin{aligned} \varkappa\dot{X} &= -V^\dagger H(\mathring{p}, \mathring{q}, t)\,U + \varkappa\dot{V}^\dagger U \\ &= -(V^\dagger H V - \varkappa\dot{V}^\dagger V)\,X. \end{aligned}$$

Setzen wir zur Abkürzung

(16) $$Q = \varkappa\dot{V}^\dagger V$$

und berücksichtigen (9), so bekommen wir die gesuchte Gleichung

(17) $$\varkappa\dot{X} = (Q - W(t))\,X.$$

Sind die instantanen Eigenwerte $W(t)$ und die zugehörige Transformation V bekannt, so kennt man auch Q aus (16) und kann dann X aus der Differentialgleichung (17) berechnen. Dabei ist aber zu bedenken, daß die unitäre Matrix V durch das Hauptachsenproblem (9) nicht eindeutig festgelegt ist, sondern nur bis auf eine Phasenmatrix (wobei wir fehlende Entartung voraussetzen); da aber in (9) die Zeit t als Parameter vorkommt, sind die Phasen im allgemeinen Funktionen der Zeit $\varphi_n(t)$. Ist V_0 eine bestimmte Lösung von (9), so ist die allgemeine Lösung

(18) $$V = V_0 e^{-i\varphi}, \quad \varphi = (\varphi_n(t)\,\delta_{nm});$$

dann wird

(19) $$Q = e^{i\varphi}\cdot Q_0 e^{-i\varphi},$$

wo

(20) $$Q_0 = \varkappa\dot{V}_0^\dagger V_0 + i\varkappa\dot{\varphi}$$

ist. Man kann nun die willkürlichen Phasen $\varphi_n(t)$ dadurch festlegen, daß man fordert, die Diagonalelemente von $P = Q - W$ sollen verschwinden; das gibt nach (20) die Bedingung

$$(21) \qquad (Q_0)_{nn} - W_n = \varkappa(\dot{V}_0^\dagger V_0)_{nn} - W_n + i\varkappa\dot{\varphi}_n = 0.$$

Hier sind alle Glieder reell; man bekommt also die reelle Lösung

$$(22) \qquad \varphi_n(t) = \frac{2\pi}{h}\int\{W_n - \varkappa(\dot{V}_0^\dagger V_0)_{nn}\}\,dt,$$

die bis auf eine additive Konstante eindeutig bestimmt ist. Dann lautet die Differentialgleichung (17) einfach

$$(23) \qquad \varkappa\dot{X} = PX,$$

wo

$$(24) \qquad \begin{cases} P_{nn} = 0, \\ P_{nm} = Q_{nm} = (Q_0)_{nm}\, e^{i[\varphi_n(t) - \varphi_m(t)]}, \qquad n \neq m. \end{cases}$$

Für diese Elemente läßt sich noch eine andere Darstellung angeben. Differenziert man nämlich (9) nach dem Parameter t, so kommt

$$\dot{W} = \dot{V}^{-1}HV + V^{-1}H\dot{V} + V^{-1}\dot{H}V;$$

nun ist nach (9)

$$HV = VW, \quad V^{-1}H = WV^{-1},$$

ferner (wegen $V^\dagger V = 1$)

$$\dot{V}^\dagger V = -V^\dagger\dot{V};$$

also wird nach (16)

$$(25) \qquad \dot{W} = -\frac{1}{\varkappa}(WQ - QW) + R,$$

wo

$$(26) \qquad R = V^{-1}\dot{H}V$$

gesetzt ist. Für die außerhalb der Diagonale stehenden Elemente von (25) folgt

$$(W_n - W_m)\,Q_{nm} = \varkappa R_{nm}, \qquad (n \neq m),$$

also

$$(27) \qquad Q_{nm} = \frac{\varkappa R_{nm}}{W_n - W_m}, \qquad (n \neq m).$$

woraus nach (18), (19)

$$(Q_0)_{nm} = \frac{\varkappa (R_0)_{nm}}{W_n - W_m}, \quad R_0 = V_0^{-1} \dot{H} V_0. \tag{28}$$

Aus der ursprünglichen Definition von Q durch (16) geht hervor, daß Q_{nm} auch dann endlich bleibt, wenn für einen speziellen Wert von t die Differenz $W_n(t) - W_m(t)$ verschwindet („vorübergehende Entartung“).

§ 62. Der Adiabatensatz[1]. Es ist nun zu zeigen, daß für die durch § 61, (13) definierten Übergangswahrscheinlichkeiten der Adiabatensatz gilt.

In der alten Theorie besagte dieser von EHRENFEST aufgestellte Satz (s. Bd. 1, § 10, § 16), daß die Wirkungsvariabeln J gegenüber unendlich langsamen (adiabatischen) Änderungen von Parametern des mechanischen Systems invariant sind. Daher war es möglich, Quantenzahlen n durch $J = hn$ einzuführen, ohne im Grenzfalle unendlich langsamer Änderungen mit der klassischen Mechanik im Widerspruch zu kommen (EHRENFESTS *Adiabatenhypothese*); ein und dieselbe ganze Zahl n beschreibt den Zustand vor und nach dem adiabatischen Prozeß, obwohl die Energie eine endliche Änderung erfahren haben mag.

Ein analoger Satz gilt nun auch in der neuen Theorie. An Stelle der Quantenzahlen n hat man hier die Indizes n der Energieniveaus. Der Adiabatensatz behauptet: Wenn das System sich anfangs in einem Zustand mit bestimmtem Index n befand, so ist bei einem unendlich langsamen (adiabatischen) Prozesse die Wahrscheinlichkeit des Übergangs in einen Zustand mit einer anderen Nummer unendlich klein, trotzdem das Energieniveau nach der Änderung sich von seinem Anfangswert um einen endlichen Betrag unterscheiden kann.

Um die Behauptung mathematisch zu formulieren, betrachten wir ein sehr großes Zeitintervall T und sehen in der Energiefunktion und allen aus ihr abgeleiteten Funktionen als unabhängige Variable statt t die dimensionslose Größe $\mathfrak{s} = \frac{t}{T}$ an. *Wir setzen voraus,*

[1] BORN, M.: Z. Phys. Bd. 40, S. 167. 1927. FERMI E. und F. PERSICO: Lincei Rend. (6) Bd. 4, S. 452. 1926. BORN, M. und V. FOCK: Z. Phys. Bd. 51, S. 165. 1928.

daß die Ableitungen von $H(p, q, s)$ nach s endlich bleiben, wenn T beliebig wächst. Dasselbe gilt dann von der Lösung $V(s)$ der Gleichung § 61 (9). Ersetzt man nun überall in den Formeln des § 61 t durch $s = \frac{t}{T}$, so verwandelt sich nach § 61 (16) Q in $\frac{1}{T} Q$, nach § 61, (22) $\varphi_n(t)$ in $T\varphi_n(s)$ und $\dot{X}$ in $\frac{1}{T}\frac{dX}{ds}$. Daher wird die Differentialgleichung § 61, (23)

$$\varkappa \frac{dX}{ds} = PX \tag{1}$$

mit

$$P_{nn} = 0$$

$$P_{nm} = Q_{nm} = (Q_0)_{nm} e^{iT[\varphi_n(s) - \varphi_m(s)]}. \tag{2}$$

Die P_{nm} werden also bei großem T schnell oszillierende Funktionen von s.

Die Behauptung des Adiabatensatzes lautet nun:

$$\lim_{T \to \infty} \Psi_{mn} = \lim_{T \to \infty} |X_{nm}|^2 = 0, \qquad n \neq m, \tag{3}$$

oder einfach

$$\lim_{T \to \infty} X_{nm} = 0, \qquad n \neq m. \tag{4}$$

Für den vorliegenden Zweck brauchen wir eine strengere Behandlung der Gleichung (1) als die im vorigen Paragraphen durchgeführte.

Die Differentialgleichung (1) läßt sich genau so wie die allgemeine quantenmechanische Grundgleichung § 22, (16) behandeln. Wir ersetzen die unitäre Matrix X durch einen Vektor x und haben

$$\varkappa \frac{dx}{ds} = Px. \tag{5}$$

Dann liefert jedes vollständige, orthogonale Lösungssystem dieser Gleichung (5) auch eine Lösung von (1); sind nämlich $x_1(s)$, $x_2(s), \ldots$ die Vektoren, die dieses Lösungssystem bilden, so hängen diese mit ihren Anfangswerten $\mathring{x}_k$ durch eine unitäre Transformation

$$x_k(s) = X(s)\, \mathring{x}_k \tag{6}$$

zusammen; dann ist $X(s)$ die Lösung von (1), die für $s = 0$ in die Einheitsmatrix übergeht.

Das System gewöhnlicher Differentialgleichungen (5) läßt sich leicht durch sukzessive Approximationen lösen. Setzt man rechter Hand zunächst einen Vektor x_k ein, so folgt aus (5) als erste Näherung

$$\overset{(1)}{x_k} = \frac{1}{\varkappa}\int\limits_0^s P(\sigma)\,\mathring{x}_k\,d\sigma,$$

und allgemein, wenn $x_k^{(l-1)}$ gefunden ist, erhält man

$$x_k^{(l)} = \frac{1}{\varkappa}\int\limits_0^s P(\sigma)\,x_k^{(l-1)}\,d\sigma.$$

Die Lösung von (5) ist also

$$(7)\quad x_k(s) = \mathring{x}_k + \sum_{l=1}^{\infty}\varkappa^{-l}\int\limits_0^s ds_l\int\limits_0^{s_l} ds_{l-1}\cdots\int\limits_0^{s_2} ds_1\,P(s_l)\cdots P(s_1)\,\mathring{x}_k,$$

und damit nach (6) die Lösung von (1)

$$(8)\quad X(s) = E + \sum_{l=1}^{\infty}\varkappa^{-l}\int\limits_0^s ds_l\int\limits_0^{s_l} ds_{l-1}\cdots\int\limits_0^{s_2} ds_1\,P(s_l)\cdots P(s_1).$$

Um die Konvergenz des Verfahrens zu sichern, muß man eine Voraussetzung über die Beschaffenheit der Matrix $P(s)$ machen: $P(s)$ soll für alle s absolut beschränkt[1] sein und eine konstante beschränkte Matrix M als Majorante zulassen:

$$(9)\qquad |P_{nm}(s)| = |Q_{nm}(s)| \leq M_{nm};\quad M = (M_{nm})\ \text{beschränkt}.$$

Das majorante Gleichungssystem

$$(10)\qquad \frac{db}{ds} = M\,b$$

hat die Lösungen

$$(11)\qquad b_k = e^{Ms}\,\mathring{b}_k,$$

[1] Eine Matrix A heißt beschränkt, wenn für alle Einheitsvektoren x, y die Bilinearform (Ax, y) konvergiert und ihr absoluter Betrag unterhalb einer von der Wahl von x und y unabhängigen Schranke bleibt. Eine Matrix A heißt absolut beschränkt, wenn die Matrix $(|A_{nm}|)$ beschränkt ist.

wo die $\overset{\circ}{b}_k$ irgendein vollständiges System orthogonaler Vektoren bilden; und man kann zeigen, daß die Potenzreihe

$$e^{Ms} = \sum_{l=0}^{\infty} \frac{s^l}{l!} M^l \tag{12}$$

beständig konvergiert[1].

Indem man in (8) P durch M ersetzt, sieht man, daß der absolute Betrag jedes Gliedes der Reihe (8) nicht größer ist als das entsprechende Glied der Reihe (12). Daher ist die Bedingung (9) für die absolute Konvergenz der Reihe (8) hinreichend. Auf die Frage, in welchen Einzelfällen man über die absolute Beschränktheit der Matrix P etwas aussagen kann, kommen wir nachher zurück.

Zum Beweise des Adiabatensatzes sind noch einige weitere *Voraussetzungen* nötig; wir stellen sie hier einschließlich der schon angegebenen zusammen:

Im Intervalle $0 \leqq s \leqq \sigma$ soll

1. $$|(Q_0)_{nm}(s)| = |P_{nm}(s)| \leqq M_{nm} \qquad (n \neq m)$$

sein;

2. die Funktionen (Frequenzen)

$$\frac{d\varphi_n}{ds} - \frac{d\varphi_m}{ds} = 2\pi\,\nu_{nm}(s),$$

gebildet aus den in (2) auftretenden Phasen der Matrixelemente P_{nm}, sollen im Intervall höchstens N_1 Nullstellen von höchstens r-ter Ordnung („vorübergehende" Entartungszustände) besitzen, und in der Nähe jeder Nullstelle s_0 soll die Abschätzung

$$\frac{1}{|2\pi\,\nu_{nm}(s)|} < \frac{A}{|s - s_0|^r}$$

gelten;

3. der reelle und imaginäre Teil der Funktion

$$\frac{(Q_0)_{nm}(s)}{\nu_{nm}(s)}$$

sollen stückweise monoton sein; die Anzahl der Strecken, wo sie monoton sind, sei höchstens gleich N_2.

---

[1] Hart, W. L.: Amer. Journ. Bd. 39, S. 407. 1917.

Unter diesen Voraussetzungen gilt ein *Hilfssatz*, dessen Beweis in Anhang 3 mitgeteilt wird; er besagt, daß die Ungleichung

$$(13)\qquad \left|\int_0^\sigma P_{nm}(s)\,ds\right|$$
$$= \left|\int_0^\sigma (Q_0)_{nm}(s)\,e^{iT(\varphi_n-\varphi_m)}\,ds\right| < 4\,M_{nm}(N_1+N_2)\sqrt[r+1]{\frac{4A}{T}}$$

gilt.

Jetzt läßt sich der Adiabatensatz leicht beweisen. Im l-ten Gliede der Reihe (8) hat man für das Element X_{mn} das Integral

$$\sum_k \int_0^s ds_l \int_0^{s_l} ds_{l-1}\cdots\int_0^{s_3} ds_2 \left(P(s_l)\cdots P(s_2)\right)_{nk}\int_0^{s_2} ds_1\,P_{km}(s_1)\,.$$

Hier schätzen wir das innerste Integral mit Hilfe der Formel (13) ab (wobei zu beachten ist, daß $P_{nn}=0$ ist); die übrigen Integrationen führen wir aus, indem wir P durch die Majorante M ersetzen. Dann wird der Betrag der Summe

$$\leqq \sum_k (M^{l-1})_{nk}\frac{s^{l-1}}{(l-1)!}\,4\,M_{km}(N_1+N_2)\sqrt[r+1]{\frac{4A}{T}}\,.$$

Also erhält man aus (8)

$$|X_{nm}-\delta_{nm}| \leqq 4\,(N_1+N_2)\sqrt[r+1]{\frac{4A}{T}}\sum_{l=1}^{\infty}\frac{s^{l-1}}{(l-1)!}(M^l)_{nm}\,,$$

oder nach (12)

$$(14)\qquad |X_{nm}-\delta_{nm}| \leqq 4\,(N_1+N_2)\sqrt[r+1]{\frac{4A}{T}}\,(M\,e^{Ms})_{nm}\,.$$

Diese Gleichung zeigt, daß $X_{nm}-\delta_{nm}$ mit wachsendem T gegen Null konvergiert, und zwar hat man die Abschätzung[1]

$$(15)\qquad X_{nm} = \delta_{nm} + O\left(T^{-\frac{1}{r+1}}\right).$$

Für die *Übergangswahrscheinlichkeit von einem Niveau n zu einem anderen m* hat man nach § 61, (13):

$$(16)\qquad \Psi_{nm} = |X_{mn}|^2 = O\left(T^{-\frac{2}{r+1}}\right),\qquad (n \neq m)\,.$$

[1] Die Schreibweise $x = O(\alpha)$ bedeutet: $|x| \leqq c\,\alpha$, wo c eine von α unabhängige Zahl ist, und wird gelesen: x ist von der Größenordnung α.

Wenn z. B. keine Frequenz $\nu_{nm}(s)$ während der adiabatischen Änderung verschwindet, so ist $r = 0$ und es wird $\Psi_{nm} = O(T^{-2})$. Für die Wahrscheinlichkeit Ψ_{nn}, daß das System in dem ursprünglichen Zustande n bleibt, erhält man wegen der Relationen $\sum\limits_m |X_{nm}|^2 = 1$

$$(17) \qquad \Psi_{nn} = 1 - \sum_m{}' \Psi_{nm} = 1 - O\left(T^{-\frac{2}{r+1}}\right).$$

Diese Wahrscheinlichkeit weicht also von der Einheit um eine Größe derselben Ordnung ab wie die Ψ_{nm} für $n \neq m$.

Damit ist der Adiabatensatz unter den angegebenen Voraussetzungen bewiesen.

Der Begriff der Übergangswahrscheinlichkeit bezieht sich auf eine solche Anordnung, bei der der Anfangszustand ein reiner Fall mit vorgegebenem Energiewert ist.

Es liege nun irgend ein anderer reiner Fall vor, dargestellt durch den Vektor x im Hilbertschen Raume; die Komponenten von x in dem Koordinatensystem, für das zur Zeit $t = 0$ die Energiefunktion eine Diagonalmatrix ist, seien $x_1, x_2, \ldots$. Dann sind $|x_1|^2, |x_2|^2, \ldots$ die Wahrscheinlichkeiten dafür, zur Zeit $t = 0$ die Energiewerte $W_1(0), W_2(0), \ldots$ zu finden. Die Komponenten von x im Hauptachsensystem der Energie zur Zeit t sind $(Xx)_1$, $(Xx)_2, \ldots$ [vgl. § 61, (12)]; also ist

$$(18) \qquad |(Xx)_n|^2 = \Big|\sum_m X_{nm} x_m\Big|^2$$

die Wahrscheinlichkeit, das System zur Zeit t im Zustand mit der Energie $W_n(t)$ zu finden.

Da nun nach (15)

$$X_{nn} = 1 + O\left(T^{-\frac{1}{r+1}}\right), \quad X_{nm} = O\left(T^{-\frac{1}{r+1}}\right)$$

ist, so erhält man

$$(19) \qquad |(Xx)_n|^2 = \begin{cases} |x_n|^2 + O\left(T^{-\frac{1}{r+1}}\right), & \text{wenn } x_n \neq 0, \\ O\left(T^{-\frac{2}{r+1}}\right), & \text{wenn } x_n = 0. \end{cases}$$

Die Abweichung der Wahrscheinlichkeit des Zustandes n von ihrem Anfangswert $|x_n|^2$ ist also von verschiedener Größenordnung, je nachdem der Anfangswert Null ist oder nicht, und zwar ist im ersteren Falle die Abweichung im allgemeinen [nämlich außer im reinen Fall bestimmter Energie, s. (16), (17)] kleiner, d. h. von höherer Ordnung in $\frac{1}{T}$.

Wir haben jetzt noch zu diskutieren, ob die Voraussetzungen des Beweises in bestimmten Fällen als erfüllt nachgeweisen werden können. Es handelt sich vor allem um die Voraussetzung 1., die absolute Beschränktheit der Matrix P. Ob diese erfüllt ist, läßt sich in einigen Fällen mit Hilfe der folgenden (hinreichenden) Kriterien beurteilen. Nach einem Satze von SCHUR[1] ist es sicher der Fall, wenn die Reihe

$$z_n = \sum_k{}' |P_{nk}|$$

konvergiert und unterhalb einer von n unabhängigen Schranke liegt. Nach § 61, (24), (27) ist

$$z_n = \sum_k{}' \frac{|R_{nk}|}{|W_n - W_k|},$$

wo der Strich am Summenzeichen bedeutet, daß das Glied $k = n$ fortzulassen ist.

Nehmen wir nun an, daß die Reihe

$$\alpha_n = \sum_k{}' \frac{1}{(W_n - W_k)^2} \tag{20}$$

konvergiert und bezeichnen mit β_n den Ausdruck

$$\beta_n = \sum_k{}' |R_{nk}|^2 = \sum_k{}' |(V^{-1}\dot{H}V)_{nk}|^2, \tag{21}$$

so können wir z mit Hilfe der SCHWARZschen Ungleichung § 10, (10) abschätzen, nämlich

$$z_n \leqq \sqrt{\alpha_n \beta_n}.$$

Somit erhalten wir die folgende Bedingung für die absolute Beschränktheit der Matrix P: Das Produkt $\alpha_n \beta_n$ soll für alle n unterhalb einer von n unabhängigen Schranke A liegen:

$$\alpha_n \beta_n \leqq A. \tag{22}$$

Wenn die Eigenwerte W_n (wie im Falle des harmonischen Oszillators) proportional n wachsen, so konvergiert die Reihe (20),

[1] SCHUR, I.: Crelles Journ. Bd. 140, S. 1. 1911; (Satz 1).

und ihre Summe α_n bleibt kleiner als eine von n unabhängige Zahl. Dann genügt für die absolute Beschränktheit der Matrix P die Endlichkeit des Ausdrucks β_n (21), und das wird immer der Fall sein, wenn die Ableitung der Störungsenergie nach der Zeit eine beschränkte Funktion ist.

Außer bei Systemen vom Typus des harmonischen Oszillators ist die Annahme von nur diskreten Energiewerten erfüllt für Systeme, die in eine feste Hülle eingeschlossen sind. Solche werden wir später behandeln und sehen, daß die Eigenwerte W_n (im Falle eines Freiheitsgrades) proportional n^2 wachsen. Dann nehmen die Größen α_n wie $\frac{1}{n^2}$ ab, und es genügt vorauszusetzen, daß die Größen β_n nicht schneller als proportional n^2 wachsen, was bei sehr allgemeinen Voraussetzungen über die Störungsenergie zutrifft.

Zum Schluß sei noch bemerkt, daß der Adiabatensatz auch in Fällen gelten kann, für die er hier nicht bewiesen ist[1]. Vermutlich bleibt der Adiabatensatz im wesentlichen auch dann gültig, wenn neben dem Punktspektrum auch ein Streckenspektrum vorhanden ist.

§ 63. Wahrscheinlichkeit der Lichtabsorption. Der Begriff der Übergangswahrscheinlichkeit wurde in der älteren Quantentheorie faßt ausschließlich auf den Fall angewandt, daß ein System durch Emission oder Absorption von Licht in einen andern Zustand übergeht. Streng genommen hat man solche Vorgänge in der Weise zu behandeln, daß man das Atom oder die Molekel und das umgebende Strahlungsfeld als ein abgeschlossenes System ansieht; das werden wir auch später (Kap. VII) so machen. Die Schwierigkeit dabei besteht darin, daß das Lichtfeld selbst als quantenmechanisches System behandelt werden, sein Zustand also durch Matrizen beschrieben werden muß. Man kann diese Unbequemlichkeit im Falle der *Absorption* umgehen, indem man versucht, ob es nicht genügt, das elektrische Feld der Lichtwelle als äußere, eingeprägte Kraft aufzufassen, so wie wir es bereits in der Dispersionstheorie (s. § 46) erfolgreich getan haben. Wir zeigen jetzt, daß man in der Tat auf diesem Wege schon zu einer

[1] So hat V. Fock: Z. Phys. Bd. 49, S. 323, 1928 gezeigt, daß der Adiabatensatz für den harmonischen Oszillator auch gilt, wenn die Störungsenergie so beschaffen ist, daß die Matrix P nicht beschränkt ist.

in erster Näherung befriedigenden Darstellung der durch Lichteinwirkung erzwungenen Übergänge gelangen kann.

Das elektrische Feld einer beliebigen Lichtwelle sei an der Stelle des Atoms[1] im Zeitintervall Δt dargestellt durch das FOURIER-Integral[2]

$$\mathfrak{E}(t) = \int_{-\infty}^{\infty} \mathfrak{e}(\omega)\, e^{2\pi i \omega t}\, d\omega, \qquad 0 \leqq t \leqq \Delta t. \tag{1}$$

Dann gilt für den FOURIER-Koeffizienten die Umkehrformel

$$\mathfrak{e}(\omega) = \int_0^{\Delta t} \mathfrak{E}(t)\, e^{-2\pi i \omega t}\, dt \tag{2}$$

und die Beziehung

$$\mathfrak{e}^*(\omega) = \mathfrak{e}(-\omega). \tag{3}$$

Die mittlere Energiedichte der Lichtwelle ist gegeben durch

$$\begin{aligned}
\bar{u} &= \frac{1}{8\pi}\left(\overline{\mathfrak{E}^2} + \overline{\mathfrak{H}^2}\right) = \frac{1}{4\pi}\overline{\mathfrak{E}^2} \\
&= \frac{1}{4\pi \Delta t}\int_0^{\Delta t} \mathfrak{E}^2(t)\, dt \\
&= \frac{1}{4\pi \Delta t}\int_0^{\Delta t} \mathfrak{E}(t) \int_{-\infty}^{\infty} \mathfrak{e}(\omega)\, e^{2\pi i \omega t}\, d\omega\, dt.
\end{aligned}$$

Durch Umkehrung der Integrationsfolge erhält man wegen (3)

$$\begin{aligned}
\bar{u} &= \frac{1}{4\pi \Delta t}\int_{-\infty}^{\infty} \mathfrak{e}(\omega)\, \mathfrak{e}(-\omega)\, d\omega \\
&= \frac{1}{4\pi \Delta t}\int_{-\infty}^{\infty} |\mathfrak{e}(\omega)|^2\, d\omega \\
&= \frac{1}{2\pi \Delta t}\int_0^{\infty} |\mathfrak{e}(\omega)|^2\, d\omega.
\end{aligned}$$

[1] Wir vernachlässigen hier die räumliche Ausdehnung des Atoms.

[2] Die folgenden Überlegungen sind in vieler Hinsicht den entsprechenden der klassischen Theorie ähnlich, wie sie im Anhang 1 ausgeführt sind.

Die mittlere Energiedichte $\varrho(\omega)$ im Frequenzintervall $\omega, \omega + d\omega$, definiert durch

$$\bar{u} = \int_0^\infty \varrho(\omega)\, d\omega, \tag{4}$$

hängt aber mit dem FOURIER-Koeffizienten $\mathfrak{e}(\omega)$ so zusammen:

$$|\mathfrak{e}(\omega)|^2 = 2\pi\, \Delta t \cdot \varrho(\omega). \tag{5}$$

Jetzt können wir die Wahrscheinlichkeit dafür, daß ein Atom, das sich im Zeitpunkt $t = 0$ im Zustand n befand, im Zeitpunkt $t = \Delta t$ im Zustand m gefunden wird, aus der Formel § **61**, (6) berechnen, indem wir für die Störungsfunktion

$$H' = -\,\mathring{\mathfrak{P}}\,\mathfrak{E}(t)$$

setzen. Das ergibt nach § 45, (3), (4), (9)

$$\overset{(1)}{U}_{nm} = -\frac{e^{-\frac{\mathring{W}_n}{\varkappa}t}}{\varkappa}\,\mathring{\mathfrak{P}}_{nm}\int_0^{\Delta t}\mathfrak{E}(t)\, e^{2\pi i \mathring{\nu}_{nm} t}\, dt \tag{6}$$

$$= \frac{2\pi i}{h}\, e^{-\frac{\mathring{W}_n}{\varkappa}t}\,\mathring{\mathfrak{P}}_{nm}\cdot \mathfrak{e}^*(\nu_{nm})\quad n \neq m\,.$$

Die Übergangswahrscheinlichkeit ist also in erster Näherung

$$\overset{(1)}{\Psi}_{nm} = |\overset{(1)}{U}_{mn}|^2 = \frac{4\pi^2}{h^2}\left|\mathring{\mathfrak{P}}_{mn}\cdot \mathfrak{e}(\mathring{\nu}_{nm})\right|^2; \tag{7}$$

ausführlicher im Falle mehrerer Quantenzahlen

$$\Psi_{\varrho\sigma}^{(r,s)} = \frac{4\pi^2}{h^2}\left|\mathring{\mathfrak{P}}_{\sigma\varrho}^{(s,r)}\cdot \mathfrak{e}\left(\mathring{\nu}_{\varrho\sigma}^{(r,s)}\right)\right|^2. \tag{8}$$

Liegt Entartung vor, ist also etwa

$$\mathring{\nu}_{\varrho\sigma}^{(r,s)} = \mathring{\nu}^{(r,s)}$$

für alle möglichen Werte von ϱ, σ, so ist die Wahrscheinlichkeit des Überganges $r \to s$ nach § 61, (6′)

$$\Psi^{(r,s)} = \frac{4\pi^2}{h^2}\left\|\mathring{\mathfrak{P}}^{(sr)}\cdot \mathfrak{e}\left(\mathring{\nu}^{(r,s)}\right)\right\|^2.$$

Wenn das Licht in der z-Richtung linear polarisiert ist ($\mathfrak{e}_z \neq 0$, $\mathfrak{e}_x = \mathfrak{e}_y = 0$), so ist

$$\Psi_{\varrho\sigma}^{(r,s)\,\|} = \frac{4\pi^2}{h^2} \left| \overset{\circ}{Z}{}_{\varrho\sigma}^{(sr)} \right|^2 \cdot \left| \mathfrak{e}_z \left(\overset{\circ}{\nu}{}_{\varrho\sigma}^{(r,s)}\right) \right|^2. \tag{9}$$

Wenn das Licht in der xy-Ebene rechts bzw. links zirkular polarisiert ist ($\mathfrak{e}_x = \pm i\,\mathfrak{e}_y$ für $\omega > 0$, $\mathfrak{e}_z = 0$), so ist für die Absorption ($r < s$)

$$\Psi_{\varrho\sigma}^{(r,s)\perp} = \begin{cases} \dfrac{4\pi^2}{h^2} \left| \overset{\circ}{\Pi}{}_{\sigma\varrho}^{(sr)} \right|^2 \cdot \left| \mathfrak{e}_x \left(\overset{\circ}{\nu}{}_{\varrho\sigma}^{(r,s)}\right) \right|^2 \text{(rechtszirkular, } \mathfrak{e}_x = i\,\mathfrak{e}_y) \\ \dfrac{4\pi^2}{h^2} \left| \overset{\circ}{\Pi}{}_{\sigma\varrho}^{\dagger\,(sr)} \right|^2 \cdot \left| \mathfrak{e}_x \left(\overset{\circ}{\nu}{}_{\varrho\sigma}^{(r,s)}\right) \right|^2 \text{(linkszirkular, } \mathfrak{e}_x = -i\,\mathfrak{e}_y) \end{cases} \tag{10}$$

und umgekehrt für die erzwungene Emission ($r > s$)

Den allgemeinen Ausdruck (7) bzw. (9) für die Übergangswahrscheinlichkeit kann man mit der Energiedichte des Lichts in Beziehung setzen.

Es sei $\mathring{\mathfrak{e}}$ ein Einheitsvektor in der Richtung von $\mathfrak{e}$, dann ist nach (7)

$$\Psi_{nm} = \frac{4\pi^2}{h^2} \left| \overset{\circ}{\mathfrak{P}}_{mn} \cdot \mathring{\mathfrak{e}} \right|^2 \cdot \left| \mathfrak{e}\,(\overset{\circ}{\nu}_{nm}) \right|^2,$$

also nach (5)

$$\Psi_{nm} = \frac{8\pi^3}{h^2} \Delta t \left| \overset{\circ}{\mathfrak{P}}_{mn} \cdot \mathring{\mathfrak{e}} \right|^2 \cdot \varrho\,(\overset{\circ}{\nu}_{nm})^*. \tag{11}$$

Die *Übergangswahrscheinlichkeit pro Zeiteinheit*[1] ist daher

$$w_{nm} = \frac{1}{\Delta t} \Psi_{nm} = \frac{8\pi^3}{h^2} \left| \overset{\circ}{\mathfrak{P}}_{mn}\, \mathring{\mathfrak{e}} \right|^2 \cdot \varrho\,(\overset{\circ}{\nu}_{nm}), \tag{12}$$

bzw. bei Entartung

$$w^{(r,s)} = \frac{8\pi^3}{h^2} \left\| \overset{\circ}{\mathfrak{P}}{}^{(sr)} \cdot \mathring{\mathfrak{e}} \right\|^2 \varrho\,(\overset{\circ}{\nu}{}^{(r,s)}). \tag{13}$$

---

[1] Die Proportionalität mit Δt [Formel (11)] kann nur für kleine Werte von Δt gelten, da ein Teil der durch Absorption angeregten Atome später durch spontane Emission zurückfällt; tatsächlich gelten unsere Betrachtungen nur für kleine Werte von Δt, wegen der Beschränkung auf die erste Näherung und der Nichtberücksichtigung der Rückwirkung des Atoms auf das Strahlungsfeld.

Im Falle einer gleichmäßig über alle Richtungen verteilten Strahlung (Hohlraumstrahlung) ist im Mittel

$$(14)\qquad \begin{cases} |\mathring{\mathfrak{e}}_x|^2 = |\mathring{\mathfrak{e}}_y|^2 = |\mathring{\mathfrak{e}}_z|^2 = \frac{1}{3}. \\ \mathring{\mathfrak{e}}_y \mathring{\mathfrak{e}}_z^* + \mathring{\mathfrak{e}}_z \mathring{\mathfrak{e}}_y^* = 0, \ \ldots \end{cases}$$

und infolgedessen

$$(15)\qquad w_{nm} = B_{nm}\, \varrho(\mathring{\nu}_{nm}),$$

wo

$$(16)\qquad B_{nm} = B_{mn} = \frac{8\pi^3}{3h^2} |\mathring{\mathfrak{P}}_{nm}|^2.$$

Bei Entartung betrachtet man die Übergangswahrscheinlichkeit von den aufgespaltenen Einzeltermen; es gilt dann

$$(17)\qquad g_r B^{(r,s)} = g_s B^{(s,r)} = \frac{8\pi^3}{3h^2} \| \mathring{\mathfrak{P}}^{(r,s)} \|^2.$$

Damit haben wir die in der Einleitung [§ 2, (10)] durch Korrespondenzbetrachtungen gewonnene Formel für den Einsteinschen Wahrscheinlichkeitskoeffizienten B der Einstrahlung streng aus der Quantenmechanik abgeleitet.

Man überzeuge sich, daß die Formel (17) mit den Formeln § 46, (25), (24), (22) übereinstimmt.

§ 64. Innere Resonanz entarteter Systeme. Wir wollen an dieser Stelle eine Lücke ausfüllen, die wir früher, in § 45, bei der Behandlung der Störung nicht abgeschlossener Systeme gelassen haben, nämlich den Fall der „Resonanz", dem wir schon in § 51 und § 63 begegnet sind, wo wir uns aber auf die erste Näherung beschränkten.

Wir haben in § 45 gesehen, daß sich für jede Störung, die zu irgend einer Zeit $t = t_0$ einsetzt, die Lösung durch iterierte Integrationen nach der Zeit [§ 45, (9)] gewinnen läßt, aber auch in dem Falle, daß die Störung rein periodisch (von $t = -\infty$ bis $t = +\infty$) verläuft, konnten wir die Aufgabe dadurch lösen, daß wir den periodischen Störungsablauf als Grenzfall einer langsam anklingenden Störung auffaßten. Die so gewonnenen Formeln § 45, (13) enthielten jedoch Nenner $\mathring{\nu}_{nm} \pm \nu$, wo $\mathring{\nu}_{nm}$ die Eigenfrequenzen des ungestörten Systems und ν die Frequenz der Störung bedeuten; sie versagen also für $\nu = |\mathring{\nu}_{nm}|$, und man spricht dann von

Resonanz zwischen der periodischen Störung und dem System. Die Störungsfunktion ist jetzt

$$H' = A\, e^{2\pi i \nu_{ab} t}, \tag{1}$$

wo $A = A(n, m)$ eine konstante Matrix und a, b irgend zwei bestimmte stationäre Zustände des ungestörten Systems sind; und die für die Störungsrechnung maßgebende Matrix K hat nach § 45, (4) die Elemente

$$K_{nm} = A_{nm}\, e^{2\pi i (\nu_{nm} + \nu_{ab}) t}, \tag{2}$$

die für $n = b$, $m = a$ konstant sind. Setzt eine solche Störung zur Zeit $t = t_0$ ein, so werden die entsprechenden Elemente der Matrizen $V^{(1)}$, $V^{(2)}$, ..., aus welchen sich nach § 45, (6) die Lösung aufbaut, Polynome 1., 2., ... Grades in $(t - t_0)$. Wir sehen also, daß das Näherungsverfahren von § 45 im Falle der Resonanz nur für kleine Werte von $(t - t_0)$ brauchbar ist.

In diesem und den folgenden Paragraphen werden wir diese Resonanzfälle nach einer andern Methode behandeln, welche für beliebige Werte von $(t - t_0)$ brauchbar ist.

Und zwar wollen wir einen Sonderfall betrachten, den man als *innere Resonanz* bezeichnen kann. Es hindert uns nämlich nichts, in Formel (1) $a = b$ zu setzen; dann tritt „Resonanz" ein für $\nu = 0$, d. h. bei zeitunabhängiger Störung. In der Tat, wenn eine solche im Augenblick t_0 eingeschaltet wird, werden nach (2) die Diagonalglieder von K konstant und bewirken, daß die Diagonalglieder der Lösung V Polynome der Zeit werden. Wir haben nun bereits früher (§ 38) Verfahren kennen gelernt, bei zeitunabhängiger Störungsfunktion die Lösung durch Matrizen mit *periodischen* Elementen darzustellen; dabei handelt es sich aber immer um eine wirklich von $t = -\infty$ bis $t = +\infty$ bestehende konstante Störung, während wir hier den Fall ins Auge fassen, daß die Störung in einem bestimmten Augenblicke t_0 einsetzt[1]. Wir werden durch ein ganz analoges Verfahren wie früher zeigen, daß auch dann die Lösung durch periodische Funktionen (ohne Polynome in t) dargestellt werden kann. Wenn das ungestörte System bezüglich der Energie nicht entartet ist, bieten die Resultate kein erhebliches physikalisches Interesse; wohl aber ist der Fall ent-

[1] Vgl. Fußnote S. 329.

arteter Energie zum Verständnis eines ausgedehnten Bereiches physikalischer und chemischer Tatsachen von Wichtigkeit.

Es ist zweckmäßig, von der Transformationsmatrix U zum Wahrscheinlichkeitsvektor x überzugehen mittels

$$x(t) = U\,x(0)\,; \tag{3}$$

dann läßt sich aus der Gleichung

$$\varkappa\dot{x} + \{H_0(\mathring{p},\mathring{q}) + H'(\mathring{p},\mathring{q})\}\,x = 0 \tag{4}$$

der Zeitablauf von x bestimmen, und zwar, wenn $U(0) = 1$, und $H_0(\mathring{p},\mathring{q}) = W^0$ Diagonalmatrix ist, so sind $x(t)_n$ die Komponenten eines Wahrscheinlichkeitsvektors im Hauptachsensystem von $H_0(p(t), q(t))$, wenn $x(0)_k$ seine Komponenten im Hauptachsensystem von $H_0(p(0), q(0))$ waren [vgl. § 61, (3)]. $|x(t)_n|^2$ ist dann die Wahrscheinlichkeit bei Messung zur Zeit t für die ungestörte Energie den Wert W_n^0 zu finden.

Wie in § 45, führen wir durch den Ansatz

$$x = e^{-\frac{W^0}{\varkappa}t}\cdot y\,, \tag{5}$$

die Gleichung (4) in die Form

$$\varkappa\dot{y} + K\,y = 0\,,\qquad K = e^{\frac{W^0 t}{\varkappa}}\,H'\,e^{-\frac{W^0}{\varkappa}t} \tag{6}$$

über; *dabei soll H' von der Zeit unabhängig sein.*

Ist die Energie H_0 entartet, so zerlegen wir alle Matrizen in Übermatrizen mit den Indizes (r, ϱ). Sodann ziehen wir von K die Matrix

$$\overline{H} = (K^{(r,r)}\,\delta_{rs}) = (H'^{(r,r)}\,\delta_{rs}) \tag{7}$$

ab, welche aus allen Diagonal-Untermatrizen von H' besteht, setzen also

$$K' = K - \overline{H}\,. \tag{8}$$

$\overline{H}$ ist von der Zeit unabhängig und in K' gibt es nur Elemente mit nichtverschwindenden Frequenzen $\mathring{\nu}^{(r,s)}$. Wir schreiben (6) so:

$$\varkappa\dot{y} + \overline{H}\,y + K'\,y = 0\,. \tag{9}$$

Die Gleichungen (9) lassen sich durch ein Näherungsverfahren lösen, das sich von dem des § 45 dadurch unterscheidet, daß das

Glied mit $\overline{H}$ zur nullten Näherung geschlagen wird:

$$y = y^0 + y^{(1)} + y^{(2)} + \cdots \tag{10}$$

mit

$$\left\{\begin{aligned} \varkappa \dot{y}^0 + \overline{H} y^0 &= 0, \\ \varkappa \dot{y}^{(1)} + \overline{H} y^{(1)} &= -K' y^0, \\ &\ldots\ldots\ldots\ldots \\ \varkappa \dot{y}^{(l)} + \overline{H} y^{(l)} &= -K' y^{(l-1)}. \\ &\ldots\ldots\ldots\ldots \end{aligned}\right. \tag{11}$$

Wir betrachten zunächst den Fall, daß die Energie des ungestörten Systems nicht entartet ist; dann ist $\overline{H} = (H'_{nn}\,\delta_{nm})$ eine Diagonalmatrix.

Die nullte Näherungsgleichung hat die Lösung

$$y^0 = e^{-\frac{\overline{H}t}{\varkappa}} \cdot x(0), \tag{12}$$

wo $x(0)$ der Anfangswert von y, also auch von x ist.

Dann wird, wie man leicht nachrechnet, die Lösung der ersten Näherungsgleichung gegeben durch

$$y^{(1)} = -e^{-\frac{\overline{H}}{\varkappa}t} \frac{1}{\varkappa} \int_0^t K' x(0)\, dt. \tag{13}$$

Wenn man beachtet, daß nach (6) $K'_{nm} = H'_{nm} e^{-2\pi i \mathring{\nu}_{nm} t}$ für $n \neq m$, wo H'_{nm} zeitunabhängig ist, so sieht man, daß

$$y_n^{(1)} = -e^{-\frac{H'_{nn}t}{\varkappa}} \sum_m{}' H'_{nm}\, x(0)_m \frac{e^{2\pi i \mathring{\nu}_{nm} t} - 1}{h \mathring{\nu}_{nm}}. \tag{14}$$

Durch Induktion beweist man ohne Mühe die Rekursionsformel

$$\left\{\begin{aligned} y^{(l)} &= e^{-\frac{\overline{H}t}{\varkappa}} z^{(l)}, \\ z^{(l)} &= -\frac{1}{\varkappa} \int_0^t K' z^{(l-1)}\, dt. \end{aligned}\right. \tag{15}$$

Durch eine weitere einfache Induktion bekommt man daraus den Wert von $z^{(l)}$ in integrierter Gestalt:

$$z_n^{(l)} = \sum_m{}' c_{nm} \left(e^{2\pi i \mathring{\nu}_{nm} t} - 1\right), \tag{16}$$

wo die c_{nm} gewisse Funktionen der H'_{kl}, ν_{kl} und $x_k(0)$ sind, die wir nicht explizite hinzuschreiben brauchen.

Durch Einsetzen in (15) und (5) erhält man also

$$(17)\qquad x_n = e^{-\frac{\overset{\circ}{W}_n + H'_{nn}}{\varkappa} t} \Big(x_n(0) + \sum_m{}' c_{nm} \left(e^{2\pi i \overset{\circ}{\nu}_{nm} t} - 1 \right) \Big) .$$

Die Komponenten des Wahrscheinlichkeitsvektors x führen demnach „säkulare" Schwingungen aus mit den Frequenzen $\frac{1}{h}(\overset{\circ}{W}_n + H'_{nn})$ und mit Amplituden, die aus einem konstanten Gliede und überlagerten Schwingungen mit den Eigenfrequenzen $\overset{\circ}{\nu}_{nm}$ des Systems bestehen. Wenn die Energiewerte nicht sehr nahe beieinander liegen, haben diese Schwingungen keine physikalische Bedeutung, da man nur langsame Änderungen von $|x_n(t)|^2$ beobachten kann.

Wenn aber das ungestörte System *entartet* ist, so zerfällt die erste Gleichung (11)

$$(18)\qquad \varkappa \dot{y}^0 + \overline{H} y^0 = 0$$

in eine Folge von Säkularproblemen entsprechend den Stufen der Stufenmatrix $\overline{H} = (H'^{(r,r)} \delta_{rs})$.

Man bestimme nun die unitäre Stufenmatrix $u = (u^{(r)} \delta_{rs})$, $u^{(r)} = (u^{(r)}_{\varrho\sigma})$ als Lösung des Eigenwertproblems

$$(19)\qquad \overline{H} u = u w, \quad w = (w^{(r)}_{\varrho} \delta_{rs} \delta_{\varrho\sigma}),$$

und setze dann

$$(20)\qquad y^0 = u z^0 .$$

Dann wird nach (18)

$$\varkappa u \dot{z}^0 + u w z^0 = 0 ,$$

also

$$\varkappa \dot{z}^0 + w z^0 = 0$$

mit der Lösung

$$z^0 = e^{-\frac{wt}{\varkappa}} z^0(0)$$

und

$$(21)\qquad y^0 = u e^{-\frac{wt}{\varkappa}} z^0(0) .$$

Die Anfangsbedingung $y^0(0) = x(0) = u z^0(0)$ bestimmt $z^0(0) = u^\dagger x(0)$. Die Lösung lautet also nach (5) in nullter Näherung

$$x^0 = e^{-\frac{\overset{\circ}{W} t}{\varkappa}} u\, e^{-\frac{w t}{\varkappa}} u^\dagger x(0) \tag{22}$$

mit den Komponenten

$$\overset{\circ}{x}{}_\varrho^{(r)} = \sum_{\sigma\tau} u_{\varrho\sigma}^{(r)} u_{\tau\sigma}^{(r)*} x_\tau^{(r)}(0)\, e^{-\frac{2\pi i}{h}(\overset{\circ}{W}{}^{(r)} + w_\sigma^{(r)}) t} \tag{23}$$

Die folgenden Näherungsgleichungen (11) haben alle dieselbe Form

$$\varkappa \dot{y} + \overline{H}\, y = c, \tag{24}$$

wo $c(t)$ ein durch die vorangehenden Näherungen bereits bekannter Vektor ist. Setzt man analog zu (20)

$$y = u z, \tag{25}$$

so erhält man

$$\varkappa \dot{z} + w z = u^\dagger c \tag{26}$$

mit der Lösung

$$z = \frac{1}{\varkappa} \int_0^t e^{\frac{w(t'-t)}{\varkappa}} u^\dagger c(t')\, dt', \tag{27}$$

die für $t = 0$ verschwindet. In erster Näherung ist hier

$$c(t) = -K' y^0 = -K' u\, e^{-\frac{w t}{\varkappa}} z^0(0) \tag{28}$$

einzusetzen; das gibt

$$\overset{(1)}{z} = -\frac{1}{\varkappa} e^{-\frac{w t}{\varkappa}} \int_0^t e^{\frac{w t'}{\varkappa}} u^\dagger K' u\, e^{-\frac{w t'}{\varkappa}} z^0(0), \tag{29}$$

mit der Komponente

$$\overset{(1)}{z}{}_\varrho^{(r)} = -e^{-\frac{w^{(r)} t}{\varkappa}} \sum_{s,\sigma} (u^{\dagger(r)} K'^{(r,s)} u^{(s)})_{\varrho\sigma}\, \overset{\circ}{z}{}_\sigma^{(s)}(0)\, \frac{e^{2\pi i \nu_{\varrho\sigma}^{(r,s)} t} - 1}{h \nu_{\varrho\sigma}^{(r,s)}},$$

wo

$$\nu_{\varrho\sigma}^{(r,s)} = \frac{1}{h}\left\{(\overset{\circ}{W}{}^{(r)} + w_\varrho^{(r)}) - (\overset{\circ}{W}{}^{(s)} + w_\sigma^{(s)})\right\} \tag{30}$$

gesetzt ist.

Analoges gilt für alle Störungen höherer Ordnung; sie haben das gemeinsame Kennzeichen, mit abnehmendem Betrage der Störungsfunktion selbst zu verschwinden. *Dagegen bleibt die säkulare*

Störung (22) *auch bei beliebig kleiner Störung endlich*, nur die Zusatzenergien $w_\sigma^{(r)}$ in den Exponenten gehen gegen Null. Es erhebt sich nun die Frage, was diese säkulare Störung eigentlich physikalisch bedeutet.

In der klassischen Mechanik gibt es auch innere Resonanz; am bekanntesten ist der Fall, den wir im folgenden Paragraphen quantenmechanisch ausführlich diskutieren werden, daß zwei gleiche Systeme miteinander gekoppelt werden. Ganz allgemein gilt: Hat ein mechanisches System eine mehrfache Eigenschwingung und wird diese durch eine λ proportionale Störung aufgespalten, so entsteht eine langsame Schwebung, deren Frequenz proportional λ ist, deren Amplitudenverhältnisse aber von λ unabhängig sind. Ganz das analoge gilt also hier auch in der Quantenmechanik, wie die Gleichung (23) zeigt. Während aber in der klassischen Theorie diese Schwebung ohne weiteres beobachtbar ist, müssen wir hier in der Quantenmechanik besonders überlegen, ob und wie die durch innere Resonanz erzeugte Schwebung zur Beobachtung gelangen kann.

Wir behaupten, daß dies durch folgende Versuchsanordnung möglich ist: Man denke sich eine Gesamtheit $\mathfrak{S}$ gleicher Systeme mit entarteter Energie; durch Messung einer geeigneten (mit der Energie vertauschbaren) Größe A werde die Gesamtheit zum reinen Fall mit dem Wahrscheinlichkeitsvektor $x(0)$ gemacht. Dann werde zur Zeit $t = 0$ eine konstante Störung eingeschaltet; das Ausschalten der Störung soll für verschiedene Teile der Gesamtheit $\mathfrak{S}$ zu verschiedenen Zeiten t vorgenommen werden. Für jeden dieser Teile kann man dann durch Messung der Energie und der Größe A bestimmen, welcher Bruchteil der Systeme im Zustande (r, ϱ) ist; man erhält daher diese Wahrscheinlichkeit $\Psi_\varrho^{(r)} = |x_\varrho^{(r)}|^2$ als Funktion der Zeit. Betrachtet man insbesondere den Grenzfall *unendlich schwacher Störung*, so bleibt die Gesamtzahl der zu einem Energiewert des ungestörten Systems gehörigen Systeme stets konstant; denn die Differentialgleichung (18) gilt für jeden g_r-dimensionalen Unterraum mit den Vektoren $\mathring{y}^{(r)}$, und in § 9, S. 48 wurde allgemein bewiesen, daß dann $|\mathring{y}^{(r)}|^2 = \sum_\varrho |\mathring{y}_\varrho^{(r)}|^2$ zeitlich konstant ist. Dasselbe gilt daher auch für die Summe der Wahrscheinlichkeiten in nullter Näherung, $\sum_\varrho \Psi_\varrho^{(r)} = |\mathring{x}^{(r)}|^2$. Man kann daher in diesem Falle von Energiesprüngen ganz absehen und gelangt zu folgender Auffassung: *Bei entarteter Energie des ungestörten Systems bewirkt eine unendlich schwache, zeitlich konstante Störung, daß der Wert einer Größe A, durch deren Messung ein reiner Fall erzeugt wird, dauernd Sprünge macht, die wir „Resonanzsprünge" nennen* (im Gegensatz zu den „Energiesprüngen"); ihre Häufigkeit innerhalb einer Zeit t läßt sich (durch Messung von A vor dem Einschalten und nach dem Ausschalten der Störung) bestimmen und hat nach (23) den Ausdruck

$$(31)\quad \Psi_{\varrho}^{(r)} = |\mathring{x}_{\varrho}^{(r)}|^2 = \sum_{\sigma,\tau}\sum_{\sigma',\tau'} u_{\varrho\sigma}^{(r)}\, u_{\tau\sigma}^{(r)*}\, u_{\varrho\sigma'}^{(r)*}\, u_{\tau'\sigma'}^{(r)}\, x_{\tau}^{(r)}(0)\, x_{\tau'}^{(r)}(0)^*\, e^{-2i\pi\nu_{\sigma\sigma'}^{(r)} t},$$

$$\nu_{\sigma\sigma'}^{(r)} = \frac{1}{h}\left(w_{\sigma}^{(r)} - w_{\sigma'}^{(r)}\right).$$

Die Wahrscheinlichkeit ist also ein Aggregat periodischer Zeitfunktionen mit den Frequenzen $\nu_{\sigma\sigma'}^{(r)}$, die mit verschwindender Störung gegen Null gehen: Das ist das quantenmechanische Analogon der Resonanz-Schwebung.

Setzt man in (31) $x_{\tau}^{(r)}(0) = \delta_{\tau\varrho}$, so bekommt man die *Übergangswahrscheinlichkeit vom Zustande* (r, ϱ) *zum Zustande* (r, ϱ'):

$$(32)\qquad \Psi_{\varrho\varrho'}^{(r)} = \sum_{\sigma,\sigma'} u_{\varrho\sigma}^{(r)}\, u_{\varrho'\sigma}^{(r)*}\, u_{\varrho\sigma'}^{(r)*} u_{\varrho'\sigma'}^{(r)}\, e^{-2\pi i\nu_{\sigma\sigma'}^{(r)} t}.$$

Als *Beispiel* für einen solchen Schwebungsvorgang führen wir etwa die *optisch aktiven Molekeln* an, von denen wir in § 47 gesprochen haben.

Wenn eine Molekel in einer Rechts- und einer Linksform existiert, die spiegelbildlich gleich sind, so wird man bei der Überführung der einen Konfiguration in die andere eine hohe Schwelle der potentiellen Energie zu überschreiten haben. Denkt man sich diese Schwelle unendlich hoch, so hat man den Grenzfall, den man naturgemäß als „ungestörtes" System behandelt; für dieses gibt es ja eine Rechts- und eine Linksmolekel von *gleicher* Energie. Hat man nun eine Gesamtheit voneinander unabhängiger Molekeln, die zur Zeit $t = 0$ in der Rechtsform sind, so bedeutet das einen reinen Fall, wo nicht die (entartete) Gesamtenergie, sondern eine andere Größe A, etwa das Vorzeichen des optischen Drehungsvermögens, gemessen ist. Nun werden diese Rechtsmolekeln allmählich in Linksmolekeln umspringen; die Anzahl Rechtsmolekeln, die zur Zeit t noch vorhanden sind, wird dann durch eine Formel von der Art (31) dargestellt, und zwar für zweifache Entartung. Der vorliegende Fall ist noch dadurch gekennzeichnet, daß die Störungsfunktion H' als Funktion der Koordinaten des ungestörten Systems bei Vertauschung der Rechts- und Links-konfiguration ungeändert bleiben muß; hieraus folgt, daß in der Matrixdarstellung, wo nicht nur die Gesamtenergie (des ungestörten Systems), sondern auch die Energien der beiden Systeme einzeln die Diagonalform haben, gilt

$$(33)\qquad \begin{cases} H'^{(r,r)}_{11} = H'^{(r,r)}_{22} = a^{(r)}, \\ H'^{(r,r)}_{12} = H'^{(r,r)}_{21} = b^{(r)}, \end{cases}$$

wo $a^{(r)}$, $b^{(r)}$ reelle Zahlen sind. Daher führen die Gleichungen (19) hier auf das Eigenwertproblem

$$\begin{aligned} a^{(r)} y_1^{(r)} + b^{(r)} y_2^{(r)} &= w^{(r)} y_1^{(r)}, \\ b^{(r)} y_1^{(r)} + a^{(r)} y_2^{(r)} &= w^{(r)} y_2^{(r)}, \end{aligned}$$

mit den Lösungen

$$\begin{aligned} w_1^{(r)} &= a^{(r)} + b^{(r)}, \qquad & y_1^{(r)} &= y_2^{(r)}, \\ w_2^{(r)} &= a^{(r)} - b^{(r)}, \qquad & y_1^{(r)} &= -y_2^{(r)}. \end{aligned}$$

Es ist also die Matrix u zusammengesetzt aus den Bestandteilen

$$u^{(r)} = \frac{1}{\sqrt{2}} \begin{pmatrix} 1 & 1 \\ 1 & -1 \end{pmatrix}.$$

Sind nun zu Anfang alle Systeme der Gesamtheit im Zustande 1, also $x_1^{(r)}(0) = 1$, $x_2^{(r)}(0) = 0$, so erhält man aus (23)

$$\mathring{x}_1^{(r)} = e^{-\frac{2\pi i}{h} \mathring{W}^{(r)} t} \frac{1}{2} \left(e^{-\frac{2\pi i}{h} w_1^{(r)} t} + e^{-\frac{2\pi i}{h} w_2^{(r)} t} \right),$$

$$\mathring{x}_2^{(r)} = e^{-\frac{2\pi i}{h} \mathring{W}^{(r)} t} \frac{1}{2} \left(e^{-\frac{2\pi i}{h} w_1^{(r)} t} - e^{-\frac{2\pi i}{h} w_2^{(r)} t} \right)$$

und daraus die Wahrscheinlichkeiten, nach der Zeit t die Zustände $(r, 1)$ bzw. $(r, 2)$ zu finden:

$$(34)\qquad \begin{cases} \Psi_{11}^{(r)} = |\mathring{x}_1^{(r)}|^2 = \cos^2 \frac{\pi}{h} (w_1^{(r)} - w_2^{(r)})\, t = \cos^2 \frac{2\pi}{h} b^{(r)} t, \\ \Psi_{12}^{(r)} = |\mathring{x}_2^{(r)}|^2 = \sin^2 \frac{\pi}{h} (w_1^{(r)} - w_2^{(r)})\, t = \sin^2 \frac{2\pi}{h} b^{(r)} t. \end{cases}$$

Die Formeln zeigen das Hin- und Herschwanken der Wahrscheinlichkeiten, deren Summe dabei immer gleich 1 bleibt. Die Frequenz der Schwebung hängt von der Größe $b^{(r)}$ ab, die nach (33) die Koppelung zwischen den beiden Konfigurationen darstellt.

In Wirklichkeit wird sich bei optisch aktiven Substanzen schwerlich ein solcher periodischer Zustand ausbilden, weil dazu nötig wäre, daß jede Molekel ungestört, unabhängig von allen andern ist; das ist natürlich niemals der Fall, es finden Zusammenstöße statt, und so wird der Prozeß im allgemeinen irreversibel so laufen, daß am Schluß ein „razemisches Gemisch" der beiden spiegelbildlichen Formen vorhanden ist. Auf die quantenmechanische Beschreibung solcher einseitiger Vorgänge gehen wir im nächsten Paragraphen kurz ein.

Hier soll noch zum Schluß auf den Einfluß der bisher vernachlässigten Glieder höherer Ordnung kurz eingegangen werden; sie bewirken natürlich Quantensprünge zwischen den Zuständen *verschiedener* Energie des ungestörten Systems, deren Wahrscheinlichkeit einen viel kleineren Betrag hat, als die der Sprünge zwischen den Entartungszuständen, dafür aber um so schneller oszilliert. Wir haben diese Formeln auf andeım Wege schon im § 61, (7) abgeleitet, wollen sie aber hier noch einmal beweisen, indem wir die Formeln für ein nicht entartetes ungestörtes System benutzen; nach (12) und (13) ist

$$y = y^{(0)} + y^{(1)} = e^{-\frac{\overline{H}t}{\varkappa}} \left(x(0) - \frac{1}{\varkappa} \int_0^t K' x(0)\, dt \right);$$

nun war nach (3)

$$x = U \cdot x(0),$$

wo die Matrix U also ist:

$$U = e^{-\frac{1}{\varkappa}(\overset{\circ}{W} + \overline{H})t} \left(1 - \frac{1}{\varkappa} \int_0^t K'\, dt \right).$$

Ihr Element ist für $m \neq n$

$$U_{nm} = -e^{-\frac{1}{\varkappa}(\overset{\circ}{W}_n + \overline{H}_{nm})t} H'_{nm} \frac{e^{2\pi i \overset{\circ}{\nu}_{nm} t} - 1}{h \overset{\circ}{\nu}_{nm}}.$$

Also ist die Übergangswahrscheinlichkeit $m \to n$:

(35) $$\Psi_{mn} = |U_{nm}|^2 = \frac{4\,|H'_{nm}|^2}{h^2 \mathring{\nu}_{nm}^2} \sin^2 \pi \nu_{nm} t,$$

in voller Übereinstimmung mit § 61, (7).

Vergleicht man das mit (34) und bezeichnet die Größenordnung von H' mit λ, so sieht man: Während die Wahrscheinlichkeiten (34) mit verschwindendem λ endlich bleiben, aber eine λ proportionale (also kleine) Frequenz haben, sind die Wahrscheinlichkeiten (35) von der Ordnung λ^2 und haben eine endliche Frequenz.

Für ein entartetes ungestörtes System tritt im Grenzfall verschwindender Störung (bei gleichzeitiger Messung der Energie und der Größe A) an die Stelle von (35)

(36) $$\Psi_{\varrho\sigma}^{(r,s)} = \frac{4\,\left|H'^{(r,s)}_{\varrho\sigma}\right|^2}{h^2 \mathring{\nu}^{(r,s)2}} \sin^2 \pi \mathring{\nu}^{(r,s)} t .$$

Man hat nämlich nach (5), (25) und (29) für diesen Grenzfall ($w = 0$)

$$\begin{aligned} x &= e^{-\frac{1}{\varkappa}\mathring{W}t}\, y = e^{-\frac{1}{\varkappa}\mathring{W}t}\, u z \\ &= e^{-\frac{1}{\varkappa}\mathring{W}t}\, u\,(z^0 - z^{(1)}) \\ &= e^{-\frac{1}{\varkappa}\mathring{W}t}\, u \left\{1 - \frac{1}{\varkappa}\int_0^t u^\dagger K' u\, dt\right\} u^\dagger x(0) \\ &= e^{-\frac{1}{\varkappa}\mathring{W}t} \left\{1 - \frac{1}{\varkappa}\int_0^t K'\, dt\right\} x(0) . \end{aligned}$$

Ist nun $x^{(r)}$ die Projektion des Vektors x in den zu $\mathring{W}^{(r)}$ gehörigen Teilraum, so wird

$$x^{(r)} = \sum_s U^{(r,s)} x^{(s)}(0),$$

wobei für $r \neq s$

$$\begin{aligned} U^{(r,s)} &= -\frac{1}{\varkappa} e^{-\frac{1}{\varkappa}\mathring{W}^{(r)}t} \int_0^t K'^{(r,s)}\, dt \\ &= -e^{-\frac{1}{\varkappa}\mathring{W}^{(r)}t}\, H'^{(r,s)} \frac{e^{2\pi i \mathring{\nu}^{(r,s)} t} - 1}{h \mathring{\nu}^{(r,s)}} \end{aligned}$$

ist. Nun ergibt sich für die Übergangswahrscheinlichkeit $(s,\sigma) \rightarrow (r,\varrho)$

$$\Psi_{\varrho\sigma}^{(r,s)} = \left| U_{\varrho\sigma}^{(r,s)} \right|^2$$

unmittelbar der Wert (36). Wird nur die Energie gemessen, so erhält man für die Wahrscheinlichkeit des Sprunges vom Energiewert $W^{(r)}$ zum Energiewert $W^{(s)}$

$$\Psi^{(r,s)} = \sum_{\varrho\sigma} \left| U_{\varrho\sigma}^{(r,s)} \right|^2 = \left\| U^{(r,s)} \right\|^2 \tag{37}$$

$$= \frac{4 \left\| H'^{(r,s)} \right\|^2}{h^2 \mathring{\nu}^{(r,s)2}} \sin^2 \pi \mathring{\nu}^{(r,s)} t\,.$$

Bemerkenswert ist noch, daß für Werte von t, die klein sind gegenüber den Schwebungsperioden, die so verschieden aussehenden Formeln für die Resonanzübergänge (32) und für die Sprünge zwischen verschiedenen Energieniveaus (36) übereinstimmen. Entwickelt man nämlich die Exponentialfunktion in (32) nach t, so erhält man:

$$\Psi_{\varrho\varrho'}^{(r)} \tag{38}$$

$$= \sum_{\sigma\sigma'} u_{\varrho\sigma}^{(r)} u_{\varrho'\sigma}^{(r)*} u_{\varrho\sigma'}^{(r)*} u_{\varrho'\sigma'}^{(r)} \left(1 + 2\pi i \nu_{\sigma\sigma'}^{(r)} t - 2\pi^2 \nu_{\sigma\sigma'}^{(r)2} t^2 + \cdots\right).$$

Wegen der Unitarität von $u^{(r)}$ gibt das erste Glied der Klammer für $\varrho \neq \varrho'$ Null; das zweite verschwindet wegen $\nu_{\sigma\sigma'}^{(r)} = -\nu_{\sigma'\sigma}^{(r)}$. Im dritten Gliede hat man

$$\nu_{\sigma\sigma'}^{(r)2} = \frac{1}{h^2}\left(w_\sigma^{(r)2} + w_{\sigma'}^{(r)2} - 2 w_\sigma^{(r)} w_{\sigma'}^{(r)}\right);$$

beachtet man nun die Relation (9), aus der

$$\overline{H} = u\, w\, u^{-1} = u\, w\, u^\dagger$$

folgt, so erhält man aus (38)

$$\Psi_{\varrho\sigma}^{(r)} = \frac{4\pi^2}{h^2} \left| H'^{(r,r)}_{\varrho\sigma} \right|^2 t^2. \tag{39}$$

Aus (36) aber ergibt sich für kleine t

$$\Psi_{\varrho\sigma}^{(r,s)} = \frac{4\pi^2}{h^2} \left| H'^{(r,s)}_{\varrho\sigma} \right|^2 t^2, \tag{40}$$

was für $r = s$ mit (39) übereinstimmt. Man sieht also, daß eine kurz dauernde Störung auf die Resonanzübergänge ebenso wirkt wie auf die Energiesprünge; erst bei lang andauernder Störung bildet sich der Unterschied aus, indem die Wahrscheinlichkeiten der Energiesprünge klein bleiben, die der Resonanzsprünge aber endliche Beträge (unabhängig von der Stärke der Störung) annehmen.

§ 65. Resonanz zwischen gekoppelten Systemen. Ein besonders wichtiges Beispiel für die innere Resonanz entarteter Systeme ist folgendes: Zwei (nicht entartete) Systeme Σ', Σ'' mit den Energien $\overset{\circ}{W}'$, $\overset{\circ}{W}''$ seien durch eine lockere Koppelung $\lambda H'$ zu einem Gesamtsystem Σ vereinigt. In nullter Näherung (bei verschwindender Koppelung) ist die Energie des Gesamtsystems

$$\overset{\circ}{W} = \overset{\circ}{W}' + \overset{\circ}{W}''.$$

Es kann nun geschehen, daß diese entartet ist, nämlich wenn eine Eigenfrequenz $\overset{\circ}{\nu}_{n'm'} = \frac{1}{h}(\overset{\circ}{W}'_{n'} - \overset{\circ}{W}'_{m'})$ von Σ' mit einer Eigenfrequenz $\overset{\circ}{\nu}_{n''m''} = \frac{1}{h}(\overset{\circ}{W}''_{n''} - \overset{\circ}{W}''_{m''})$ von Σ'' übereinstimmt. Die beiden Systeme stehen dann in ,,Resonanz", und zwar ist $\overset{\circ}{W}$ mindestens zweifach entartet; denn man hat

$$\overset{\circ}{W}'_{n'} + \overset{\circ}{W}''_{m''} = \overset{\circ}{W}'_{m'} + \overset{\circ}{W}''_{n''},$$

oder

$$\overset{\circ}{W}_{n'm''} = \overset{\circ}{W}_{m'n''}.$$

Wie bereits im allgemeinen Falle des vorigen Paragraphen auseinander gesetzt wurde, wäre in der klassischen Mechanik das Verhalten der in Resonanz stehenden Systeme folgendermaßen zu beschreiben: Bei Anlegung der schwachen, dem kleinen Parameter λ proportionalen Koppelung entsteht ein langsamer, stetiger Energieaustausch zwischen den beiden Systemen durch das Auftreten ,,säkularer" Schwebungen; die *Amplituden* (Fourierkoeffizienten) dieser Schwebungen sind in erster Annäherung unabhängig von der *Stärke* der Koppelung (d. h. von λ), aber natürlich abhängig von der *Art* der Koppelung; das *Tempo* der Schwebungen ist der Stärke der Koppelung *proportional* (d. h. ihre Frequenz ist proportional λ). Wie wir gesehen haben, bleibt in der Quantenmechanik der Formalismus weitgehend unverändert; die Deutung ist aber eine ganz andere. Der Energieaustausch zwischen den Teilsystemen beruht auf *unstetigen Quantensprüngen*; das System Σ' geht z. B. vom Zustande $\overset{\circ}{W}'_{n'}$ in den Zustand $\overset{\circ}{W}'_{m'}$ über, während zugleich Σ'' von $\overset{\circ}{W}{}''_{m''}$ nach $\overset{\circ}{W}{}''_{n''}$ springt. In einer Gesamtheit $\mathfrak{S}$ solcher gekoppelter Systeme Σ erfährt durch diese Sprünge die *mittlere* Anzahl der Teilsysteme Σ' bzw. Σ'' in den betreffenden Zuständen eine zeitliche Änderung, und zwar mit einer, der klassischen „Schwebungsperiode" analogen, λ proportionalen Frequenz; die Amplitude der Schwebung, d. h. der Bruchteil der in einem bestimmten Zustande befindlichen Systeme, hängt nicht von der Stärke, wohl aber von der Art der Koppelung ab. Die quantentheoretische Beschreibung des Vorgangs hat also wieder durchaus statistischen Charakter; über den Zeitpunkt eines einzelnen Quantensprungs läßt sich keine Aussage machen, nur über ihre Häufigkeit.

Aber die beschriebenen Verhältnisse scheinen zu einem *Paradoxon* zu führen, wenn man sich überlegt, daß irgend ein System niemals vollständig von der Außenwelt isoliert werden kann; es wird also immer eine sehr schwache Koppelung zwischen dem betrachteten System Σ' und der übrigen Welt Σ'' bestehen, und da in dieser natürlich alle denkbaren Frequenzen vorkommen, wird immer irgend eine Resonanz zwischen Σ' und der Umwelt Σ'' vorhanden sein. Nun ist aber die Schwebungsamplitude von der *Stärke* der Koppelung *unabhängig*. Daher scheint es, als ob es in der Quantenmechanik prinzipiell unmöglich wäre, ein System als isoliert zu denken. Es ist wichtig, sich klar zu machen, daß dies doch erlaubt ist. Hierzu wollen wir beweisen, daß das betrachtete System Σ' bei schwacher Koppelung mit Σ'' sich statistisch so verhält, als sei es isoliert, und zwar genauer in folgender Weise: Das System Σ' führt entsprechend den Grundvorstellungen der Quantentheorie infolge der Koppelung mit Σ'' unregelmäßige Sprünge aus, und zwar brauchen wir bei ganz schwacher Koppelung nur die Resonanzsprünge zu berücksichtigen. In jedem Zustande verweilt Σ' eine gewisse Zeit; die einzelnen Verweilzeiten aber sind regellos, nur die Wahrscheinlichkeit, das System nach einer gewissen Zeit in einem bestimmten Energiezustand anzutreffen, folgt den im vorigen Paragraphen abgeleiteten Gesetzen. Wir werden nun zeigen, daß folgende zwei Dinge sich hinsichtlich der Wahrscheinlichkeit wie unabhängige Ereignisse verhalten:

1. Das Antreffen des Systems Σ' in einem bestimmten der in Resonanz stehenden Energiezustände;

2. das Antreffen eines bestimmten Werts f_k einer beliebigen, zu Σ' gehörigen Größe F.

Damit sind wir dann sicher, daß jeder Mittelwert an Σ' trotz der Koppelung mit Σ'' so berechnet werden kann, als wäre Σ' allein vorhanden.

Um auszudrücken, daß eine Größe F nur vom System Σ' abhängt, müssen wir auf die Koordinatendarstellung zurückgehen. Es seien

$$Q' = (Q'_{n'm'}), \qquad P' = (P'_{n'm'}) \tag{1}$$

die kanonischen Variabeln, für welche die (nichtentartete) Energiefunktion $\mathring{H}'(p', q')$ des isolierten Systems Σ' zur Diagonalmatrix $\mathring{W}'$ wird.

$$Q'' = (Q''_{n''m''}), \qquad P'' = (P''_{n''m''}) \tag{2}$$

seien dasselbe für Σ'', so daß $\mathring{H}''(p'', q'') = \mathring{W}''$. Fügen wir beide Systeme, zunächst ohne mechanische Koppelung, zu einem System zusammen, so können wir nach § 17 Matrizen angeben, die

$$\mathring{H}'(p', q') + \mathring{H}''(p'', q'')$$

zur Diagonalmatrix machen, nämlich die Verschmelzung

$$\begin{cases} \mathring{q}'_{n', n''; m', m''} = Q'_{n'm'}\, \delta_{n''m''} \\ \mathring{q}''_{n', n''; m', m''} = \delta_{n'm'}\, Q''_{n'', m''}, \end{cases} \tag{3}$$

und entsprechend für die p.

Da nun Resonanz bestehen soll, so wird die Energie des Gesamtsystems ohne Koppelung

$$\mathring{H}'(\mathring{p}', \mathring{q}') + \mathring{H}''(\mathring{p}'', \mathring{q}'') = \mathring{W}' + \mathring{W}'' = \mathring{W} \tag{4}$$

mehrfache Eigenwerte haben. Wir schreiben $\mathring{W}$ als *geordnete* Diagonalmatrix mit den *verschiedenen* Eigenwerten $\mathring{W}^{(r)}$; ist dieser g_r-fach, so gibt es g_r verschiedene Darstellungen von $\mathring{W}^{(r)}$ als Summe der Teilenergien:

$$\mathring{W}^{(r)} = \mathring{W}'^{(r)}_{\varrho} + \mathring{W}''^{(r)}_{\varrho}, \qquad \varrho = 1, 2, \ldots g_r. \tag{5}$$

Sei $F(p', q')$ irgend eine Größe des Systems Σ'. Dann ist ihre Matrixdarstellung für das Gesamtsystem ohne Koppelung nach (3)

$$F_{n', n''; m', m''} = \mathring{F}_{n', m'}\, \delta_{n'', m''}, \tag{6}$$

wo $\mathring{F} = F(P', Q')$ ist.

Wir haben nun für die zu einem Energiewert $\overset{\circ}{W}{}^{(r)}$ gehörigen Zustände der Teilsysteme zwei Indizierungen: einmal $\varrho = 1, 2, \ldots g_r$, sodann solche Wertsysteme n', n'', für die $\overset{\circ}{W}{}'_{n'} + \overset{\circ}{W}{}''_{n''}$ denselben Wert $\overset{\circ}{W}{}^{(r)}$ annimmt. Einem Paar von Zuständen derselben Energie $\overset{\circ}{W}{}^{(r)}$ entsprechen also entweder die Indizes (r, ϱ) und (r, σ) oder alle solche Indizes $n', n''; m', m''$, für welche

$$\overset{\circ}{W}{}'(n') + \overset{\circ}{W}{}''(n'') = \overset{\circ}{W}{}'(m') + \overset{\circ}{W}{}''(m'') = \overset{\circ}{W}{}^{(r)}$$

ist. Ist insbesondere $\varrho \neq \sigma$, so handelt es sich um *verschiedene* Aufteilungen von $\overset{\circ}{W}{}^{(r)}$; also muß $\overset{\circ}{W}{}'(n') \neq \overset{\circ}{W}{}'(m')$ sein, somit auch $\overset{\circ}{W}{}''(n'') \neq \overset{\circ}{W}{}''(m'')$, mithin $n'' \neq m''$. Nun zeigt (6), daß dann

$$F_{n', n''; m', m''} = 0$$

ist; ist aber $\varrho = \sigma$, so ist $n' = m'$, $n'' = m''$ und $F_{n', n''; n', n''} = \overset{\circ}{F}_{n', n'}$.

Dieses Resultat läßt sich auch so formulieren: schreibt man $\overset{\circ}{F}$ als Übermatrix $(\overset{\circ}{F}{}^{(r, s)}_{\varrho \sigma})$ entsprechend den Werten von $\overset{\circ}{W}{}^{(r)}$, so ist nach (6)

$$\overset{\circ}{F}{}^{(r, r)}_{\varrho \sigma} = \overset{\circ}{F}{}^{(r)}_{\varrho}\, \delta_{\varrho \sigma}; \tag{7}$$

die Untermatrix $\overset{\circ}{F}{}^{(r, r)}$ ist Diagonalmatrix, und die Diagonalelemente sind die Mittelwerte von F für das isolierte System Σ':

$$\overset{\circ}{F}{}^{(r)}_{\varrho} = \overset{\circ}{F}_{n' n'}. \tag{8}$$

Nun sei zur Zeit $t = 0$ das Gesamtsystem Σ im Zustande (r, ϱ), d. h. seine Energie sei $\overset{\circ}{W}{}^{(r)}$ und die des Teilsystems Σ' sei $\overset{\circ}{W}{}^{(r)}_{\varrho}{}' = \overset{\circ}{W}{}'_{n_1'}$. Zur Zeit t ist dann (bei hinreichend schwacher Koppelung) ein anderer Zustand vorhanden, mit derselben Energie $\overset{\circ}{W}{}^{(r)}$ von Σ, der aber im allgemeinen kein reiner Fall mehr ist bezüglich der Energie von Σ'.

In dem zu $\overset{\circ}{W}{}^{(r)}$ gehörigen, g_r-dimensionalen Teilraum des Hilbert-Raumes ist der Anfangszustand durch den Vektor $x^{(\varrho)}(0)$ mit den Komponenten $x^{(\varrho)}_{\tau}(0) = \delta_{\varrho \tau}$ gegeben. Die Wahrscheinlichkeit, bei Messung zur Zeit t für die Energie von Σ' den Wert $\overset{\circ}{W}{}'^{(r)}_{\sigma}$ zu finden, ist

$$w^{(r)}_{\varrho \sigma} = \left| x^{(\varrho)}_{\sigma}(t) \right|^2 \tag{9}$$

Der Mittelwert der Größe F im Endzustande ist andererseits

$$\bar{F}^{(r)} = \left(\mathring{F}^{(r,r)} x^{(\varrho)}(t),\, x^{(\varrho)}(t)\right), \tag{10}$$

und da nach (7) $\mathring{F}^{(r,r)}$ Diagonalmatrix ist, erhält man

$$\bar{F}^{(r)} = \sum_{\tau} \mathring{F}_{\tau}^{(r)} \left| x_{\tau}^{(\varrho)} \right|^2$$

und wegen (9)

$$\bar{F}^{(r)} = \sum_{\tau} \mathring{F}_{\sigma}^{(r)} w_{\varrho\sigma}^{(r)}(t)\,. \tag{11}$$

Diese Formel enthält unsere Behauptung: Der Mittelwert einer Größe F des Systems Σ' im Zustande (r, σ) des Gesamtsystems Σ setzt sich zusammen aus den Mittelwerten derselben Größe für das isolierte System Σ', soweit sie zum selben Energiewert $\mathring{W}^{(r)}$ des Gesamtsystems Σ gehören, mit Gewichten, die gleich den Wahrscheinlichkeiten sind, das Teilsystem Σ' in den verschiedenen, zu $\mathring{W}^{(r)}$ gehörigen Zuständen zu finden.

Man kann dasselbe auch folgendermaßen ausdrücken: Die Formel (11) gilt offenbar auch für jede Funktion von F; wir wenden sie an auf den Einzeltensor F_k, der zum Eigenwert f_k von F gehört. Dann ist der Mittelwert $\bar{F}^{(r)} = w^{(r)}(f_k)$ die Wahrscheinlichkeit dafür, daß im Zustande r des Gesamtsystems Σ die Größe F den Wert f_k annimmt; $\mathring{F}_{\sigma}^{(r)} = w'_{n'}(f_k)$ ist ebenso die Wahrscheinlichkeit, daß im Zustande n' des (isolierten) Teilsystem Σ' die Größe F den Wert f_k annimmt. Schreiben wir noch statt $w_{\varrho\sigma}^{(r)}$ entsprechend $w_{n'}^{(r)}$, als die Wahrscheinlichkeit, daß im Zustande r von Σ das Teilsystem Σ' im Zustande n' ist, so wird aus (11)

$$w^{(r)}(f_k) = \sum_{n'} w_{n'}^{(r)} \cdot w'_{n'}(f_k)\,. \tag{12}$$

Die Wahrscheinlichkeiten setzen sich also so zusammen, als wenn es sich um unabhängige Ereignisse handelte.

Wenn man noch bedenkt, daß die Verweilzeit in einem Zustande, d. h. die Zeit, worin die $w_{n'}^{(r)}(t)$ sich nicht merklich geändert haben, bei lockerer Koppelung sehr lang ist, so bedeuten die vorstehenden Betrachtungen die quantenmechanische *Rechtfertigung des Grundprinzips jedes Experimentierens*: man darf hinreichend lose mit der übrigen Welt gekoppelte Systeme als isoliert betrachten. Die für streng abgeschlossene Systeme gültigen Begriffe und Vorstellungen sind auch auf *beinahe* isolierte Systeme anwendbar. Zu gleicher Zeit gewinnen wir auch eine nachträgliche Rechtfertigung unseres ganzen Aufbaues der Quantenmechanik. Wir haben ja als empirische Grundlage der Theorie die Eigenschaften des von den Atomen ausgesandten Lichts genommen; das bedeutet aber eine Koppelung der Atome mit dem umgebenden elektromagnetischen Felde. Solange diese hinreichend schwach ist, kann man trotzdem diese Atomzustände so berechnen, als wären die Atome isoliert; nachträglich kann man dann die Rückwirkung der Strahlung auf das Atom in Rechnung setzen. Das entspricht gerade den Entwickelungen in diesem Buche, dessen letztes Kapitel die Erörterung der Strahlungswirkung bringen wird.

Als Vorbereitung hierzu wollen wir nun ganz allgemein den Fall betrachten, daß die Koppelung der Systeme Σ', Σ'' etwas enger ist, so daß nicht nur Resonanzsprünge, sondern auch Sprünge der Gesamtenergie (des ungestörten Systems) vorkommen. Es soll jetzt angenommen werden, daß das System Σ'' ein ungeheuer dichtes Energiespektrum besitzt, was z. B. der Fall ist, wenn Σ'' ein Σ' umgebendes Strahlungsfeld oder gar die ganze „Außenwelt" bedeutet. Dabei wollen wir wieder das Störungsverfahren von § 45 anwenden, und müssen dementsprechend (vgl. den Anfang von § 64) erwarten, daß die erste Näherung im allgemeinen nur für nicht zu große Werte von t mit der exakten Übergangswahrscheinlichkeit übereinstimmt.

Wir gehen von der Formel (36) des vorigen Paragraphen [s. auch § 61, (7)] für die Übergangswahrscheinlichkeiten aus, die hier für einen Sprung $n' \to m'$, $n'' \to m''$ so lautet:

$$\Psi_{n'n'',m'm''} = \frac{4\,|H'_{n'n'',m'm''}|^2}{h^2\,(\mathring{\nu}'_{n'm'} + \mathring{\nu}''_{n''m''})^2} \sin^2 \pi\,(\mathring{\nu}'_{n'm'} + \mathring{\nu}''_{n''m''})\,t. \tag{13}$$

Wir fragen nach der Wahrscheinlichkeit der Übergänge $n' \to m'$ des Systems Σ', wenn der Anfangszustand n', n'' scharf bestimmt ist, d. h. nach der Summe

$$\Psi'_{n'm'} = \sum_{m''} \Psi_{n'n'',m'm''}. \tag{14}$$

Wir teilen nun den Frequenzbereich $-\infty$, $+\infty$ in kleine Intervalle $\Delta\nu_k$ ($k = -\infty, \ldots \infty$) und setzen

$$\Phi_k\,\Delta\nu_k = \sum_{\Delta\nu_k} |H'_{n'n'',m'm''}|^2, \tag{15}$$

wobei die Summe über alle m'' zu erstrecken ist, für welche $\mathring{\nu}''_{m''n''} = -\mathring{\nu}''_{n''m''}$ im Intervall $\Delta\nu_k$ liegt. Dann wird (14)

$$\Psi'_{n'm'} = \sum_{k=-\infty}^{\infty} \sum_{\Delta\nu_k} \Psi_{n'n'',m'm''}$$

$$= \frac{4}{h^2} \sum_{k=-\infty}^{\infty} \frac{\sin^2 \pi (\mathring{\nu}'_{n'm'} - \bar{\nu}_k) t}{(\mathring{\nu}'_{n'm'} - \bar{\nu}_k)^2} \Phi_k \Delta\nu_k ,$$

wo $\bar{\nu}_k$ ein Mittelwert im Intervall $\Delta\nu_k$ ist. Läßt man nun die Intervallänge gegen Null konvergieren und nimmt an, daß dabei die Werte Φ_k einer stetigen Funktion von ν sich annähern, so erhält man den Näherungswert

$$\Psi'_{n'm'} = \frac{4}{h^2} \int_{-\infty}^{\infty} \frac{\sin^2 \pi (\mathring{\nu}'_{n'm'} - \nu) t}{(\mathring{\nu}'_{n'm'} - \nu)^2} \Phi(\nu)\, d\nu . \tag{16}$$

Nun sei

$$\xi = \pi (\mathring{\nu}'_{n'm'} - \nu) t , \tag{17}$$

dann wird

$$\Psi'_{n'm'} = \frac{4\pi t}{h^2} \int_{-\infty}^{\infty} \frac{\sin^2 \xi}{\xi^2} \Phi\left(\mathring{\nu}'_{n'm'} - \frac{\xi}{\pi t}\right) d\xi .$$

Für Werte von t, die groß sind gegen die Schwingungsperiode $\frac{1}{\mathring{\nu}'_{n'm'}}$ des betrachteten Überganges, geht dies im Limes über in

$$\Psi'_{n'm'} = \frac{4\pi t}{h^2} \Phi(\mathring{\nu}'_{n'm'}) \int_{-\infty}^{\infty} \frac{\sin^2 \xi}{\xi^2} d\xi .$$

Das Integral[1] hat den Wert π; also erhalten wir

$$\Psi'_{n'm'} = \frac{4\pi^2}{h^2} \Phi(\mathring{\nu}'_{n'm'})\, t . \tag{18}$$

Es existiert also eine *Übergangswahrscheinlichkeit pro Zeiteinheit* für den Sprung $n' \to m'$

$$w'_{n'm'} = \frac{4\pi^2}{h^2} \Phi(\mathring{\nu}'_{n'm'}) . \tag{19}$$

---

[1] S. etwa R. Courant und D. Hilbert: Methoden der mathematischen Physik I, 2. Kap., § 5, S. 55: Berlin 1924.

Die Funktion $\Phi(\nu)$ ist nach (15) durch die Frequenzen des Systems Σ'' definiert; die Formel (19) zeigt, daß für die Anregung von Sprüngen des Systems Σ' die Funktion $\Phi(\nu)$ nur für solche Frequenzen ν in Betracht kommt, die mit den Eigenfrequenzen von Σ' in „Resonanz" stehen. Auch die Energiesprünge eines an die Außenwelt gekoppelten Systems beruhen also im wesentlichen auf Resonanz.

Im allgemeinen wird $\Phi(-\nu)$ von $\Phi(\nu)$ verschieden sein; so kann z. B. Φ für negative ν-Werte Null sein, dann gibt es in Σ' nur Sprünge von höheren zu tieferen Energiewerten (z. B. bei der spontanen Ausstrahlung, die wir im nächsten Kapitel untersuchen werden).

Wir denken uns nun eine Mannigfaltigkeit $\mathfrak{S}$ von Systemen Σ, deren jedes an ein anderes System mit unendlich dicht liegenden Eigenfrequenzen gekoppelt ist[1]. Sei $N_k(t)$ die Anzahl der Systeme Σ im Zustande k; dann läßt sich die zeitliche Änderung von N_k mit Hilfe der durch (19) definierten Übergangswahrscheinlichkeiten w_{kl} für den Sprung $k \rightarrow l$ berechnen, wenn man aus der Lehre vom radioaktiven Zerfall die Gleichung

$$\frac{dN_k}{dt} = \sum_l w_{lk} N_l - N_k \sum_l w_{kl} \tag{20}$$

übernimmt. Aus dieser folgt sofort der Erhaltungssatz

$$\frac{d}{dt} \sum_k N_k = 0 . \tag{21}$$

Ferner kann man eine Bedingung dafür aufstellen, daß solche quantenmechanischen Gemenge sich irreversibel verhalten: das äußere System, mit dem das betrachtete System Σ gekoppelt ist, möge einen beliebig großen Energievorrat aufnehmen können; das bewirkt einen gerichteten Ablauf aller Prozesse in Σ derart, daß ständig Energie abgegeben, aber keine aufgenommen wird. Man kann das auch formal sehen durch Betrachtung einer Größe, die der thermodynamischen Entropie entspricht[2]:

$$S = - \sum_k N_k \ln N_k . \tag{22}$$

---

[1] Wir lassen also von jetzt ab den Strich an den Größen des betrachteten Systems fort.

[2] Vgl. hierzu den Aufsatz von W. Pauli jun. in der Sommerfeld-Festschrift (Probleme der modernen Physik), S. 30; Leipzig 1928.

Man hat

$$\frac{dS}{dt} = -\frac{d}{dt}\sum_k N_k \ln N_k = -\sum_k (1 + \ln N_k)\frac{dN_k}{dt}$$
$$= -\sum_{kl}(1 + \ln N_k)(w_{lk} N_l - w_{kl} N_k).$$

Vertauscht man die Summationsindizes und bildet die halbe Summe beider Ausdrücke, so erhält man

$$\frac{dS}{dt} \doteq \frac{1}{2}\sum_{kl}(\ln N_k - \ln N_l)(w_{kl} N_k - w_{lk} N_l).$$

Die Glieder dieser Summe sind symmetrisch in k und l; also kann man auch schreiben

$$\frac{dS}{dt} = \sum_{k>l}(\ln N_k - \ln N_l)(w_{kl} N_k - w_{lk} N_l).$$

Wir machen nun die *Annahme*, daß die Sprünge, bei denen die Energie des betrachteten Systems wächst, nicht häufiger sind als die, wo die Energie abnimmt: d. h. in Formeln, wenn die Indizes k den nach der Größe geordneten Energiewerten zugeordnet sind:

(23) $$w_{kl} \geqq w_{lk} \quad \text{für} \quad k > l.$$

Dann folgt

$$\frac{dS}{dt} \geqq \sum_{k>l} w_{kl}(\ln N_k - \ln N_l)(N_k - N_l).$$

Da $\ln x$ eine monoton wachsende Funktion ist, folgt hieraus

(24) $$\frac{dS}{dt} \geqq 0.$$

Die Größe S nimmt also niemals ab.

Die Voraussetzung (23) aber bedeutet, daß

(25) $$\Phi(\nu) \geqq \Phi(-\nu) \quad \text{für} \quad \nu > 0$$

ist, und damit ist die Irreversibilität auf eine Eigenschaft der Störungsfunktion (15) zurückgeführt.

Siebentes Kapitel.

Einleitung in die Quantentheorie des Lichtes.

§ 66. Einleitung. In diesem letzten Kapitel des vorliegenden Bandes sollen einige Anwendungen der im vorangehenden entwickelten Theorie gemacht werden auf die Dynamik des elektromagnetischen Feldes und seine Wechselwirkung mit Atomen, oder anders ausgedrückt, auf die quantenmechanische Theorie des Lichtes.

Was die *Wechselwirkung mit Atomen* betrifft, so haben wir zunächst einige schon früher gemachte Ansätze jetzt streng zu begründen: Die Annahme, daß bei einem Atom aus dem Matrixelement des elektrischen Dipolmoments $\mathfrak{P}_{nm}$ die Übergangswahrscheinlichkeit bei spontaner Emission der Frequenz ν_{nm} sich nach den Formeln § 46, (22), (24) bestimme, war von HEISENBERG nur durch korrespondenzmäßige Analogie zur klassischen Theorie gestützt worden. Dann hatten wir in Kap. V, § 46 ff. die durch ein Strahlungsfeld erzeugte Polarisation und in Kap. VI, § 63 Absorptionswahrscheinlichkeiten eines Atoms in einem Strahlungsfeld derart berechnet, daß wir den Einfluß dieses Strahlungsfeldes durch eine zeitlich variierende HAMILTONsche Funktion[1] des Atoms darstellten. Dabei ergab sich keine Möglichkeit, auch umgekehrt die Rückwirkung des Atoms auf das Strahlungsfeld zu bestimmen; um das in exakter Weise durchführen zu können, muß man eben, wie schon gesagt, berücksichtigen, daß das Strahlungsfeld *selbst ein quantenmechanisch reagierendes physikalisches Gebilde ist.* Das soll nunmehr geschehen, und wir werden damit die früheren, halb korrespondenzmäßig gewonnenen Ergebnisse bezüglich der Emission und Absorption der Atome von einem höheren Standpunkte aus rechtfertigen und miteinander in engere Verbindung bringen können. Entsprechendes gilt für die mit der Dispersion verknüpften Prozesse. Darüber hinaus erhalten wir durch die quantenmechanisch exakte Behandlung der Wechselwirkung von Atom und Lichtfeld die Unterlagen einer in feinere Einzelheiten der Erscheinungen eingehenden (aber hier noch nicht darzustellenden) Theorie, nämlich der *natürlichen Linienbreite* und der damit zusammenhängenden Effekte.

---

[1] Sei es mit Hilfe eines variabeln skalaren (§ 46) oder eines variabeln Vektorpotentials (§ 47).

Aber auch das *Strahlungsfeld allein*, ohne Rücksicht auf seine Wechselwirkung mit Atomen, bietet eine Reihe tiefliegender Probleme dar, deren Untersuchung für die geschichtliche Entwicklung der Quantentheorie nicht weniger bedeutungsvoll gewesen ist, als die der atomphysikalischen Aufgaben. Zunächst handelt es sich hier um das *PLANCKsche Strahlungsgesetz*, das aus einer exakten Theorie des Strahlungshohlraums auch ohne explizite Berücksichtigung der Wechselwirkungsgesetze des Lichts mit Atomen folgen muß. Der Weg, der hierzu führt, ist freilich schon lange vor der Entstehung der Quantenmechanik von DEBYE vorgezeichnet worden (1910); der exakten quantenmechanischen Theorie bleibt in diesem Punkte keine andere Aufgabe als der Nachweis, daß die von DEBYE angenommenen *Voraussetzungen* seiner Ableitung tatsächlich erfüllt sind.

Demgegenüber bieten sich in den *Schwankungserscheinungen* der Strahlung Effekte dar, deren Aufklärung und einheitliche theoretische Beherrschung vor der Quantenmechanik unmöglich war und erst durch Einführung der charakteristisch quantenmechanischen Begriffe gelingt.

EINSTEIN hat im Jahre 1905 durch die Untersuchung dieser Schwankungserscheinungen gezeigt, daß die klassische Wellentheorie bezüglich dieser Effekte zu falschen Aussagen führt, also nicht der Wirklichkeit entsprechen kann. Er wies ferner insbesondere Effekte nach, die für eine Erneuerung der NEWTONschen Emissionstheorie des Lichtes sprechen, und begründete durch diese Feststellungen seine berühmte *Lichtquantenhypothese*, nach der jede monochromatische Strahlung der Frequenz ν aus Korpuskeln der Energie $E = h\nu$ besteht.

Die Interferenzgesetze des Lichtes hatte man ehemals als entscheidend für die Wellentheorie und gegen die Emissionstheorie angesehen. Die kühne Vorstellung, daß trotz dieser Interferenz die Strahlung „andererseits“ eine korpuskulare Struktur besitze, ist von großer Fruchtbarkeit gewesen, trotz der Unklarheit, die zunächst darüber bestand, wie man diese beiden nach klassischen Begriffen ganz entgegengesetzten Vorstellungsweisen miteinander in Verbindung und Einklang bringen könnte. Diese Fruchtbarkeit hat sich besonders dann entfaltet, als L. DE BROGLIE umgekehrt Interferenzeffekte in einer materiellen Korpuskularstrahlung voraussagte (1924). Er schuf damit die Unterlagen für

Schrödingers „Wellenmechanik“, die einen neuen, unabhängigen Zugang eröffnete zu den Begriffen und Gesetzen der Quantenmechanik, die wir in diesem Bande vom Bohrschen Korrespondenzprinzip aus erreichten. Aber diese Entwicklungen werden uns erst im nächsten Bande beschäftigen. Dort werden wir ausführlich eingehen auf die neuen Gesichtspunkte und Anregungen, die sich aus der Lichtquantenhypothese für die Gewinnung eines einheitlichen und exakten quantenmechanischen Begriffssystems ergeben haben.

Hier soll es unsere Aufgabe sein, umgekehrt zu zeigen, was die in diesem Bande entwickelte Theorie beizutragen vermag zur Aufklärung der physikalischen Problematik, die der Lichquantenhypothese zugrunde liegt. Es kann nun gezeigt werden, daß das Versagen der klassischen Wellentheorie gegenüber den Strahlungsschwankungen aufgefaßt werden kann als eine Parallelerscheinung zu dem Versagen der klassischen Kinematik und Mechanik in der Atomtheorie, und daß dieselben Begriffsbildungen hier wie dort zu einer Lösung der Schwierigkeiten führen. Wir werden nämlich, ganz entsprechend unserem Vorgehen in der Atomtheorie, die modellmäßigen Vorstellungen der klassischen Theorie — Darstellung der Strahlungsvorgänge als *Wellenbewegungen eines schwingungsfähigen Mediums* — ungeändert übernehmen. Aber auf dieses, durch eine bestimmte Hamilton-Funktion gekennzeichnete Modell wenden wir statt der klassischen die quantenmechanische Kinematik an. Dann zeigt sich, daß sich aus dieser quantenmechanisch modifizierten Wellentheorie genau die richtigen Schwankungsgesetze ergeben. Man gewinnt also auch die Effekte, die sich mit der Vorstellung der Lichtquanten veranschaulichen lassen, von selbst, ohne ausdrückliche Heranziehung der Korpuskularhypothese, als notwendige Folge der quantenmechanisch durchgeführten Wellentheorie. In diesen Ergebnissen zeigt sich — was wir später (folgender Band) von andern Seiten her noch deutlicher erkennen werden — *daß die Quantenmechanik in Übereinstimmung mit der physikalischen Wirklichkeit den klassischen Unterschied von Wellenstrahlung und Korpuskularstrahlung aufhebt.*

§ 67. Das klassische Modell des Strahlungsfeldes. Die klassische Elektrodynamik lehrt, die Schwingungen des elektromagnetischen Feldes in einem endlichen Raumgebiet („Hohlraum"), das z. B. durch reflektierende Wände begrenzt sein mag, darzustellen als *Superposition von Eigenschwingungen*. Wir betrachten statt des Hohlraums zunächst das späterhin noch zu benutzende Beispiel einer idealen *eindimensionalen elastischen Saite der Länge* l, deren seitliche Auslenkung

$$u = u(x,t), \qquad 0 \leqq x \leqq l$$

der *Differentialgleichung*[1]

$$u_{xx} = u_{tt} \tag{1}$$

und der *Randbedingung*

$$u(0, t) = u(l, t) = 0 \tag{2}$$

genügt.

Die *Energie* einer solchen Saite ist (wenn wir die lineare Massendichte längs der Saite gleich 1 annehmen):

$$H = \tfrac{1}{2}\int_0^l (u_t^2 + u_x^2)\, dx\,. \tag{3}$$

Wir schreiben nun, (2) berücksichtigend, die Lösung $u(x, t)$ in der Form

$$u = \sum_{s=1}^{\infty} u_s = \sum_{s=1}^{\infty} q_s(t) \cdot \sin s\frac{\pi}{l}x\,, \tag{4}$$

indem wir (FOURIERscher Lehrsatz)

$$q_s(t) = \frac{2}{l}\int_0^l u(x,t)\sin s\frac{\pi}{l}x \cdot dx$$

setzen. Aus (4) erhalten wir für u_{xx} und u_{tt} wieder zwei FOURIER-Reihen in bezug auf x, und ihre Übereinstimmung gemäß (1) verlangt, daß die von t abhängigen FOURIER-Koeffizienten von u_{xx} und u_{tt} entsprechend *einzeln* gleich sein müssen. Anders ausgedrückt muß also jeder einzelne Summand u_s in (4) für sich eine Lösung der Bewegungsgleichung (1) sein. Diese Summanden u_s werden *Eigenschwingungen* genannt. Jede Lösung (4) von (1), (2) ist also eine *Superposition von Eigenschwingungen*.

---

[1] Mit u_x, u_{xx} usw. bezeichnen wir die Ableitungen $\frac{\partial u}{\partial x}$, $\frac{\partial^2 u}{\partial x^2}$, ...

Soll u_s der Gleichung (1) genügen, so muß für $q_s(t)$ gelten:

$$(5)\qquad \begin{cases} \left(s\dfrac{\pi}{l}\right)^2 q_s + \ddot{q}_s = 0\,, \\[2ex] q_s(t) = a_s \cos 2\pi(\nu_s t + \varphi_s)\,, \qquad \nu_s = \dfrac{s}{2l}\,. \end{cases}$$

Die ν_s sind die *Eigenfrequenzen.*

Einsetzen von (4) in (3) liefert

$$(6)\qquad H = \frac{l}{4}\sum_{s=1}^{\infty}\{\dot{q}_s(t)^2 + 4\pi^2\nu_s^2\cdot q_s(t)^2\}\,.$$

Mit

$$(7)\qquad \mu\dot{q}_s = p_s\,, \qquad \mu = \frac{l}{2}$$

ergibt sich dann

$$(8)\qquad H = \frac{1}{2}\sum_{s=1}^{\infty}\left\{\frac{p_s^2}{\mu} + \mu\cdot 4\pi^2\nu_s^2\cdot q_s^2\right\}.$$

Die durch (4) und (7) definierten unendlich vielen Variablen q_s, p_s bringen also die Energie H der Saite in die Gestalt einer Summe von Energien unendlich vieler *ungekoppelter harmonischer Oszillatoren;* jeder Oszillator entspricht einer Eigenschwingung. In der Tat sind *die kanonischen Bewegungsgleichungen*

$$(9)\qquad \dot{p}_s = -\frac{\partial H}{\partial q_s} = -\mu(2\pi\nu_s)^2 q_s;\quad \dot{q}_s = \frac{\partial H}{\partial p_s} = \frac{p_s}{\mu}\,,$$

wie man aus (5), (7) entnimmt, *äquivalent mit der Bewegungsgleichung* (1).

Wir wenden uns nunmehr zu den MAXWELL*schen Gleichungen im Vakuum:*

$$(10)\qquad \operatorname{rot}\mathfrak{E} + \frac{1}{c}\dot{\mathfrak{H}} = 0,\quad \operatorname{div}\mathfrak{H} = 0;$$

$$(11)\qquad \operatorname{rot}\mathfrak{H} - \frac{1}{c}\dot{\mathfrak{E}} = 0,\quad \operatorname{div}\mathfrak{E} = 0.$$

Die Gleichungen (10) bedingen in bekannter Weise die Möglichkeit, $\mathfrak{E}$ und $\mathfrak{H}$ durch einen Vektor $\mathfrak{A}$ und einen Skalar Φ in der Form

$$(12)\qquad \mathfrak{E} = -\operatorname{grad}\Phi - \frac{1}{c}\dot{\mathfrak{A}}\,,\quad \mathfrak{H} = \operatorname{rot}\mathfrak{A}$$

darzustellen[1]. Umgekehrt werden sie durch den Ansatz (12) stets erfüllt. Wir können insbesondere $\mathfrak{A}$ derart wählen, daß $\Phi = 0$ wird. Denn ist (12) erfüllt mit $\Phi = \Phi_0$, $\mathfrak{A} = \mathfrak{A}_0$, so definieren wir $\mathfrak{A}_1(x, y, z, t)$ durch $\dot{\mathfrak{A}}_1 = c \cdot \operatorname{grad} \Phi_0$ und $\mathfrak{A}_1(x, y, z, 0) = 0$. Dann ist rot $\mathfrak{A}_1 = 0$, und folglich werden die Gleichungen (12) auch durch $\Phi = 0$, $\mathfrak{A} = \mathfrak{A}_0 + \mathfrak{A}_1$ erfüllt:

$$\mathfrak{E} = -\frac{1}{c}\dot{\mathfrak{A}}, \quad \mathfrak{H} = \operatorname{rot} \mathfrak{A}. \tag{13}$$

Bei vorgegebenen $\mathfrak{E}$, $\mathfrak{H}$ ist $\mathfrak{A}$ durch (13) eindeutig bestimmt bis auf einen additiven zeitlich konstanten Gradienten; dieser kann noch so eingerichtet werden, daß für $t = 0$

$$\operatorname{div} \mathfrak{A}(x, y, z, 0) = 0 \tag{14}$$

wird.

Die Gleichungen (11) bedeuten nun:

$$\Delta \mathfrak{A} - \frac{1}{c^2}\ddot{\mathfrak{A}} = 0; \quad \operatorname{div} \mathfrak{A} = 0; \tag{15}$$

mit Δ ist der LAPLACEsche Operator

$$\Delta = \frac{\partial^2}{\partial x^2} + \frac{\partial^2}{\partial y^2} + \frac{\partial^2}{\partial z^2}$$

gemeint.

Die *Energie* des Hohlraums ist jetzt gleich

$$\begin{aligned} H &= \frac{1}{8\pi}\iiint_V \{\mathfrak{E}^2 + \mathfrak{H}^2\}\, dx\, dy\, dz \\ &= \frac{1}{8\pi}\iiint_V \left\{\frac{1}{c^2}\dot{\mathfrak{A}}^2 + (\operatorname{rot} \mathfrak{A})^2\right\} dx\, dy\, dz. \end{aligned} \tag{16}$$

Wir wollen die Eigenschwingungen eines würfelförmigen Raumstücks

---

[1] Das Vektorfeld $\mathfrak{H}$ ist nach (10) quellenfrei und kann folglich als Rotation eines Vektorfeldes $\mathfrak{A}$ dargestellt werden. Mit $\mathfrak{H} = \operatorname{rot} \mathfrak{A}$ geht aber die erste Gleichung (10) über in rot $\left(\mathfrak{E} + \frac{1}{c}\dot{\mathfrak{A}}\right) = 0$; das Vektorfeld $\mathfrak{E} + \frac{1}{c}\dot{\mathfrak{A}}$ ist also wirbelfrei und kann folglich als Gradient zu einem Skalarfeld Φ aufgefaßt werden.

$$(17)\qquad \begin{cases} 0 \leqq x \leqq l \\ 0 \leqq y \leqq l \\ 0 \leqq z \leqq l \end{cases}$$

mit dem Volum $V = l^3$ betrachten, und zwar bei der *Randbedingung spiegelnder Wände:* d. h. wir haben auf den Wandflächen das Verschwinden der tangentiellen Komponenten von $\mathfrak{E}$ und der normalen Komponente von $\mathfrak{H}$ zu fordern. Für $\mathfrak{A}$ bedeutet das: Verschwinden der tangentiellen Komponenten.

Die Eigenschwingungen unseres Problems sind nun folgendermaßen zu erhalten. Es sei $\mathfrak{s}$ ein Vektor mit positiv-ganzzahligen Komponenten s_1, s_2, s_3 und

$$(18)\qquad \mathfrak{k}_s = \frac{\mathfrak{s}}{2l}\,.$$

Ferner seien $\overset{(1)}{\mathfrak{e}}_s$, $\overset{(2)}{\mathfrak{e}}_s$ zwei zu $\mathfrak{k}_s$ und zueinander senkrechte Einheitsvektoren. Die FOURIER-Entwicklung der gesuchten Lösung $\mathfrak{A}$ unter Berücksichtigung der Randbedingungen und der zweiten Gleichung (15) liefert dann

$$(19\text{a})\qquad \begin{cases} \mathfrak{A}_x = \sum\limits_s \mathfrak{Q}_{s\,x} \cos 2\pi\, \mathfrak{k}_{s\,x}\, x \cdot \sin 2\pi\, \mathfrak{k}_{s\,y}\, y \cdot \sin 2\pi\, \mathfrak{k}_{s\,z}\, z\,, \\ \mathfrak{A}_y = \sum\limits_s \mathfrak{Q}_{s\,y} \sin 2\pi\, \mathfrak{k}_{s\,x}\, x \cdot \cos 2\pi\, \mathfrak{k}_{s\,y}\, y \cdot \sin 2\pi\, \mathfrak{k}_{s\,z}\, z\,, \\ \mathfrak{A}_z = \sum\limits_s \mathfrak{Q}_{s\,z} \sin 2\pi\, \mathfrak{k}_{s\,x}\, x \cdot \sin 2\pi\, \mathfrak{k}_{s\,y}\, y \cdot \cos 2\pi\, \mathfrak{k}_{s\,z}\, z; \end{cases}$$

$$(19\text{b})\qquad \mathfrak{Q}_s = \overset{(1)}{q}_s(t)\, \overset{(1)}{\mathfrak{e}}_s + \overset{(2)}{q}_s(t)\, \overset{(2)}{\mathfrak{e}}_s\,.$$

Wir werden die Gleichungen (19a) später auch abkürzend schreiben als

$$(19\text{c})\qquad \mathfrak{A} = \sum_s \Big(\overset{(1)}{q}_s\, \overset{(1)}{\mathfrak{A}}{}^s + \overset{(2)}{q}_s\, \overset{(2)}{\mathfrak{A}}{}^s \Big).$$

Die erste Gleichung (15), die wiederum für jeden einzelnen FOURIER-Summanden gelten muß, liefert

$$(20)\qquad \begin{cases} 4\pi^2\, \mathfrak{k}_s^2\, c^2\, \mathfrak{Q}_s + \ddot{\mathfrak{Q}}_s = 0; \\ \overset{(1)}{q}_s = \overset{(1)}{a}_s \cos 2\pi\,(\nu_s t + \overset{(1)}{\varphi}_s), \\ \overset{(2)}{q}_s = \overset{(2)}{a}_s \cos 2\pi\,(\nu_s t + \overset{(2)}{\varphi}_s); \quad \nu_s = c\,|\,\mathfrak{k}_s\,|\,. \end{cases}$$

Damit haben wir auch für das hier betrachtete Schwingungsproblem nachgewiesen, daß jede Lösung $\mathfrak{A}$ eine *Superposition von Eigenschwingungen ist;* und zwar entsprechen jedem Wertesystem s_1, s_2, s_3 je *zwei* durch $\overset{(1)}{q_s}$ und $\overset{(2)}{q_s}$ gekennzeichnete Eigenschwingungen mit der gemeinsamen Eigenfrequenz ν_s.

Die Energie H ist wiederum die Summe der Energien der einzelnen Eigenschwingungen. Es ergibt sich nach (16) und (19b):

$$H = \frac{V}{64\pi c^2} \sum_s \{\dot{\mathfrak{Q}}_s^2 + 4\pi^2 c^2 [\mathfrak{k}_s^2 \mathfrak{Q}_s^2 - (\mathfrak{k}_s \mathfrak{Q}_s)^2]\}. \tag{21}$$

Darin ist aber $\mathfrak{k}_s \mathfrak{Q}_s = 0$, weil $\overset{(1)}{\mathfrak{e}_s}, \overset{(2)}{\mathfrak{e}_s}$ auf $\mathfrak{k}_s$ senkrecht stehen.

Es folgt also

$$H = \frac{V}{64\pi c^2} \sum_s \{\overset{(1)}{\dot{q}_s^2} + \overset{(2)}{\dot{q}_s^2} + 4\pi^2 \nu_s^2 (\overset{(1)}{q_s^2} + \overset{(2)}{q_s^2})\}, \tag{21'}$$

womit die Zerlegung nach den Eigenschwingungen durchgeführt ist. Führen wir endlich statt der Geschwindigkeiten $\overset{(1)}{\dot{q}_s}, \overset{(2)}{\dot{q}_s}$ entsprechende Impulse

$$\overset{(1)}{p_s} = \mu \overset{(1)}{\dot{q}_s}, \quad \overset{(2)}{p_s} = \mu \overset{(2)}{\dot{q}_s}; \quad \mu = \frac{V}{32\pi c^2} \tag{22}$$

ein, so erhalten wir die Hamilton-*Funktion*

$$H = \frac{1}{2} \sum_s \left\{\frac{\overset{(1)}{p_s^2}}{\mu} + \frac{\overset{(2)}{p_s^2}}{\mu} + \mu \cdot 4\pi^2 \nu_s^2 (\overset{(1)}{q_s^2} + \overset{(2)}{q_s^2})\right\}. \tag{23}$$

Wiederum gelten die Hamiltonschen Gleichungen

$$\overset{(1)}{\dot{p}_s} = -\frac{\partial H}{\partial \overset{(1)}{q_s}}, \quad \overset{(2)}{\dot{p}_s} = -\frac{\partial H}{\partial \overset{(2)}{q_s}}; \quad \overset{(1)}{\dot{q}_s} = \frac{\partial H}{\partial \overset{(1)}{p_s}}, \quad \overset{(2)}{\dot{q}_s} = \frac{\partial H}{\partial \overset{(2)}{p_s}}. \tag{24}$$

Sie sind äquivalent mit der ersten Gleichung (15), da sie wie diese zu (20) führen.

§ 68. Asymptotische Verteilung der Eigenschwingungen. Es sei $\mathfrak{N}(\nu_0, V)$ die Anzahl derjenigen Eigenfrequenzen eines Hohlraums vom Volumen V, die kleiner als ν_0 sind. Für die Statistik und Thermodynamik des Hohlraums braucht man die Kenntnis des asymptotischen Wertes von $\mathfrak{N}(\nu_0, V)$ für große Werte von ν_0

(oder für große Dimensionen des Volums V), d. h. man wünscht eine Funktion $N(\nu_0, V)$ zu kennen, die sich bei hinreichend großen ν_0 (bzw. V) relativ beliebig wenig von $\mathfrak{N}(\nu_0, V)$ unterscheidet:

$$\lim_{\nu_0 \to \infty} \frac{\mathfrak{N}(\nu_0, V) - N(\nu_0, V)}{N(\nu_0, V)} = 0 .$$

Daß ein solcher asymptotischer Wert besteht, und zwar *unabhängig von der Gestalt des Hohlraums* sowohl als auch von der *Wahl der Randbedingungen*, ist zuerst von Lorentz[1] als ein beweisbedürftiger mathematischer Satz ausgesprochen worden. Der erste Beweis des Satzes ist von Weyl[2] gegeben. Der asymptotische Wert $N(\nu_0, V)$ ist *dem Volum V proportional.*

Für unseren würfelförmigen spiegelnden Hohlraum ist $\mathfrak{N}(\nu_0)$ die doppelte Anzahl derjenigen Punkte mit ganzzahligen Koordinaten, welche der Bedingung

$$\nu_s^2 = c^2 \mathfrak{k}_s^2 = \frac{c^2}{4l^2}(s_1^2 + s_2^2 + s_3^2) < \nu_0^2 \tag{1}$$

genügen, also innerhalb eines Kugeloktanten mit dem Radius

$$R = \frac{2l\nu_0}{c} \tag{2}$$

liegen. Diese doppelte Anzahl ist aber asymptotisch gleich

$$N(\nu_0, V) = 2 \cdot \frac{1}{8} \cdot \frac{4\pi}{3} R^3 = \frac{8\pi}{3c^3} l^3 \nu_0^3 .$$

Nach dem Lorentz-Weylschen Satze besteht also für *jeden* beliebig geformten Hohlraum vom Volum V eine asymptotische Verteilung

$$N(\nu_0, V) = \frac{8\pi}{3c^3} \cdot V\nu_0^3. \tag{3}$$

Als asymptotische Anzahl der Eigenschwingungen im Frequenzintervall ν, $\nu + \Delta\nu$ ergibt sich daraus

$$\frac{dN(\nu, V)}{d\nu} \Delta\nu = \frac{8\pi}{c^3} \cdot V\nu^2 \cdot \Delta\nu . \tag{4}$$

[1] Lorentz, H. A.: Phys. Zs. Bd. 11, S. 1234. 1910.

[2] Weyl, H.: Math. Ann. Bd. 71, S. 441. 1912. Crelles: J. Bd. 141, 1, S. 163. 1912; Bd. 143, S. 177. 1913. Ein anderer Beweis ist von Courant durchgeführt worden. Vgl. Courant-Hilbert: Kap. 6, § 4.

Bei der *schwingenden Saite* haben wir offenbar an Stelle von (3) die Formel

$$N(\nu_0, l) = 2l\nu_0. \tag{5}$$

§ 69. Die PLANCKsche Formel. Der elektromagnetische Hohlraum, aufgefaßt als ein System ungekoppelter harmonischer Oszillatoren, muß den Gesetzen der statistischen Mechanik unterworfen sein. Die erste Aufgabe der statistischen Theorie ist die, die Strahlungsdichte ϱ_ν einer statistisch normalen Strahlung (schwarze Strahlung) als Funktion der Frequenz ν und der Temperatur T zu bestimmen. Dabei ist ϱ_ν definiert durch

$$V \cdot \varrho_\nu \cdot \Delta\nu = E(\nu, \nu + \Delta\nu), \tag{1}$$

wo V wieder das Volum des Hohlraums und $E(\nu, \nu + \Delta\nu)$ derjenige Anteil der Hohlraumenergie ist, der zu Eigenfrequenzen ν_s im Intervall $\nu \leqq \nu_s < \nu + \Delta\nu$ gehört. Ist also ε_ν der statistische Mittelwert der Energie eines harmonischen Oszillators (Eigenschwingung) mit der Frequenz ν, so wird ϱ_ν gegeben sein durch

$$\varrho_\nu = \varepsilon_\nu \cdot \frac{dN(\nu, V)}{V d\nu} = \varepsilon_\nu \cdot \frac{8\pi}{c^3}\nu^2. \tag{2}$$

Wenn man die *klassische* Theorie anwendet, so müßte man nach dem sogenannten *Gleichverteilungssatz* der klassischen statistischen Mechanik

$$\varepsilon_\nu = kT \tag{3}$$

unabhängig von der Frequenz ν setzen. Das führt mit (2) zur klassischen RAYLEIGH-JEANS*schen Strahlungsformel*

$$\varrho_\nu = \frac{8\pi}{c^3}\nu^2 \cdot kT. \tag{4}$$

Diese ist jedoch nur für hinreichend kleine Werte des Verhältnisses $\frac{\nu}{T}$ richtig. PLANCK hat durch Interpolation zwischen dieser und der für große $\frac{\nu}{T}$ gültigen WIEN*schen Strahlungsformel*

$$\varrho_\nu = \frac{8\pi h}{c^3}\nu^3 \cdot e^{-\frac{h\nu}{kT}} \tag{5}$$

die empirisch richtige PLANCK*sche Strahlungsformel

$$\varrho_\nu = \frac{8\pi h}{c^3} \cdot \frac{\nu^3}{e^{\frac{h\nu}{kT}} - 1} \tag{6}$$

gefunden; diese hat ihn, wie man weiß, zur Entdeckung der Quanten geführt, mit deren Hilfe er eine theoretische Begründung der Strahlungsformel (6) geben konnte.

Diese PLANCKsche Ableitung kann etwa folgendermaßen wiedergegeben werden. PLANCK hatte, im Anschluß an die klassische Definition der „schwarzen Strahlung" als derjenigen Strahlungsverteilung, welche in thermodynamischem Gleichgewicht mit einem „absolut schwarzen" Körper sein kann, zunächst durch Rechnungen auf Grund der klassischen Mechanik und Elektrodynamik festgestellt: Ein materieller elektrisch geladener Oszillator der Frequenz ν ist dann und nur dann mit dem ihn umgebenden elektromagnetischen Strahlungsfelde im statistischen Gleichgewicht, wenn zwischen der mittleren Energie η_ν des elektrischen Oszillators und der Strahlungsdichte ϱ_ν die Beziehung

$$\varrho_\nu = \eta_\nu \cdot \frac{8\pi}{c^3} \nu^2 \tag{7}$$

besteht. Er nahm an, daß diese Beziehung trotz der Unzuverlässigkeit der zu ihrer Ableitung benutzten klassischen Theorien auch in der Quantentheorie gültig bleiben müsse. Diese Annahme erscheint nachträglich ganz überzeugend, wenn man sie vom Standpunkt der Eigenschwingungstheorie des Hohlraums betrachtet; wegen (2) bedeutet sie offenbar einfach:

$$\eta_\nu = \varepsilon_\nu ; \tag{7'}$$

d. h. *die statistisch mittlere Energie einer Hohlraumeigenschwingung ist bei einer bestimmten Temperatur ebenso groß wie die eines materiellen Oszillators derselben Frequenz*[1].

PLANCK bestimmte dann η_ν für den materiellen Oszillator durch seine kühne Quantenhypothese, nach der ein Oszillator der Frequenz ν nur Energiewerte $nh\nu$; $n = 0, 1, 2, \ldots$ besitzen kann, und zwar alle diese Werte mit a priori gleicher Wahrscheinlichkeit. Nach dieser Hypothese ist die statistische Häufigkeit, mit

[1] *Ohne* Berücksichtigung der quantenmechanisch bedingten Nullpunktsenergie.

welcher ein Oszillator bei der Temperatur T die Energie $n h \nu$ hat, nach dem bekannten BOLTZMANNschen Verteilungsgesetz gleich

$$W_n = \frac{e^{-n\frac{h\nu}{kT}}}{\sum_{m=0}^{\infty} e^{-m\frac{h\nu}{kT}}}; \tag{8}$$

wegen

$$e^{-\frac{h\nu}{kT}} = x < 1$$

ergibt das

$$W_n = \left(1 - e^{-\frac{h\nu}{kT}}\right) e^{-n\frac{h\nu}{kT}} = (1-x)\,x^n. \tag{8'}$$

Der Energiemittelwert wird also gleich

$$\eta_\nu = \sum_{n=0}^{\infty} n h \nu \cdot W_n = h\nu \cdot (1-x) \sum_{n=0}^{\infty} n x^n$$

$$= h\nu \cdot \frac{x}{1-x};$$

oder:

$$\eta_\nu = \frac{h\nu}{e^{\frac{h\nu}{kT}} - 1}. \tag{9}$$

Für kleine Werte von $\frac{h\nu}{kT}$ ergibt das

$$\left\{\begin{aligned} \eta_\nu &= \frac{h\nu}{\frac{h\nu}{kT} + \frac{1}{2}\left(\frac{h\nu}{kT}\right)^2 + \cdots} = kT\left(1 - \frac{1}{2}\frac{h\nu}{kT}\right) \\ &+ \frac{h^2\nu^2}{kT}(\cdots) \sim kT - \frac{h\nu}{2}; \end{aligned}\right. \tag{10}$$

also bis auf den Subtrahenden $\frac{h\nu}{2}$ dasselbe, wie die klassische Formel (3). Allgemein gibt Einsetzen von (9) in (7) die PLANCKsche Formel (6).

An Hand der Beziehung (7′) ist es aber nunmehr unausweichlich, anzunehmen, daß die von PLANCK für die *materiellen* harmonischen Oszillatoren eingeführte *Quantelung auch für die Hohl-*

raumeigenschwingungen gültig sei. Man erhält dann die Berechtigung, von vornherein für ε_ν dieselben Formeln anzuwenden, wie für η_ν; damit kommt man ohne Umwege unmittelbar zum PLANCKschen Gesetz.

Diese Annahme einer Quantelung der Hohlraumschwingungen ist von DEBYE 1910 eingeführt worden[1]. Im übernächsten Paragraphen werden wir sie in quantenmechanisch exakter Weise formulieren. Zuvor soll jedoch im nächstfolgenden Paragraphen die PLANCKschen Formel noch einmal ausführlicher abgeleitet werden aus der Hypothese der gequantelten Eigenschwingungen, indem wir nicht die fertige BOLTZMANN-GIBBSsche Verteilungsformel anwenden, sondern auf die Berechnung der Entropie zurückgehen.

§ 70. Andere Ableitungen des PLANCKschen Gesetzes. Wir wollen den ganzen Hohlraum mit seinen sämtlichen Eigenschwingungen als ein einziges gequanteltes System betrachten. Wenn wir die Eigenschwingungen numerieren mit $r = 0, 1, 2, 3, \ldots$, so gehört zu jedem r also eine Eigenfrequenz ν_r und eine Quantenzahl n_r des betreffenden Oszillators (Eigenschwingung); und

$$E = \sum_r h\,\nu_r \cdot n_r \tag{1}$$

ist die Energie des ganzen Hohlraums. Wir wollen nun die Frequenzskala $0 < \nu < \infty$ einteilen in schmale Bereiche der Größe $\Delta\nu$, die wir der Reihe nach $\Delta_1, \Delta_2, \ldots, \Delta_k, \ldots$ nennen. Zum Intervall $\Delta_\varkappa = (\bar\nu_\varkappa, \bar\nu_\varkappa + \Delta\nu)$ mögen jeweils $Z_\varkappa$ verschiedene Eigenschwingungen gehören; diese Anzahl ist nach § 68, (4) proportional dem Volum V des Hohlraums:

$$Z_\varkappa = z_\varkappa \cdot V; \quad z_\varkappa = \frac{8\pi}{c^3}\bar\nu_\varkappa^2 \cdot \Delta\nu. \tag{2}$$

Ferner bezeichnen wir mit $E_\varkappa$ die zum Intervall $\Delta_\varkappa$ gehörige Energie

$$\left\{\begin{aligned} E_\varkappa &= \sum_{(\bar\nu_\varkappa \leqq \nu_r < \bar\nu_\varkappa + \Delta\nu)} h\,\nu_r \cdot n_r \\ &\approx h\,\bar\nu_\varkappa \cdot \sum_{(\bar\nu_\varkappa \leqq \nu_r < \bar\nu_\varkappa + \Delta\nu)} n_r = h\,\bar\nu_\varkappa \cdot N_\varkappa . \end{aligned}\right. \tag{3}$$

[1] DEBYE, P.: Ann. Phys. Bd. 33, S. 1427. 1910.

Wir können den Quotienten

$$\frac{E_\varkappa}{h\bar{\nu}_\varkappa \cdot Z_\varkappa} = \bar{n}_\varkappa = \frac{N_\varkappa}{Z_\varkappa} \tag{4}$$

als *mittlere Quantenzahl* der Oszillatoren in $\Delta_\varkappa$ bezeichnen. Sind die Anzahlen $Z_\varkappa$ hinreichend große Zahlen — wie auch bei beliebig schmalen Frequenzbereichen $\Delta_\varkappa$ der Fall sein wird, wenn nur V hinreichend groß ist — so werden die mittleren Quantenzahlen $\bar{n}_\varkappa$ unabhängig von der Breite $\Delta\nu$ der gewählten Bereiche $\Delta_\varkappa$ sein; sie kennzeichnen den *makroskopischen Zustand* des betrachteten Hohlraums. Als *mikroskopischen Zustand* bezeichnen wir demgegenüber einen durch Angabe aller Quantenzahlen n_r exakt definierten stationären Zustand des Systems.

Die *Entropie* des *makroskopischen Zustands* ist nach dem BOLTZMANNschen *Prinzip* gleich

$$S = k \log W, \tag{5}$$

wo W die Anzahl derjenigen *mikroskopischen* Zustände ist, durch welche der makroskopische Zustand realisiert werden kann[1]. Wir bekommen also die gesuchte Größe W, wenn wir fragen: auf wieviele Weisen können wir die n_r so wählen, daß für jedes Intervall $\Delta_\varkappa$ die Summe

$$\sum_{\bar{\nu}_\varkappa \leqq \nu_r < \bar{\nu}_\varkappa + \Delta\nu} n_r = \frac{E_\varkappa}{h\bar{\nu}_\varkappa} = N_\varkappa \tag{6}$$

gleich einer vorgegebenen Zahl wird.

Betrachten wir zunächst nur ein einziges Intervall $\Delta\nu$, so kann die Frage folgendermaßen beantwortet werden. Sei $Z_\varkappa = a$, $N_\varkappa = b$. Man denke sich eine Reihe von $a + b - 1$ Symbolen: $\varepsilon_1, \varepsilon_2, \ldots, \varepsilon_{a+b-1}$, wovon man $a - 1$ herauswählt und durch Symbole ω ersetzt, z. B.

$$\varepsilon_1\,\varepsilon_2\,\omega_1\,\omega_2\,\varepsilon_5 \ldots \omega_{a-1}\,\varepsilon_{a+b-1}\,.$$

Versteht man unter n_r die Anzahl der Symbole ε, welche zusammen (nicht getrennt durch ein ω) vor ω_r bzw. hinter ω_{r-1} stehen[2], so entspricht jeder Auswahl der $a - 1$ Symbole eine

[1] An dieser Stelle wird davon Gebrauch gemacht, daß alle mikroskopischen Zustände gleich wahrscheinlich sind, d. h. daß jeder Oszillator alle Quantenzustände n_r a priori mit gleicher Wahrscheinlichkeit annehmen kann.

[2] Im obigen Beispiel ist also: $n_1 = 2$, $n_2 = 0, \ldots, n_a = 1$.

und nur eine Verteilung der Zahl b in a ganze nicht-negative Summanden in bestimmter Reihenfolge und umgekehrt. Die gesuchte Anzahl $W(a, b)$ der fraglichen mikroskopischen Zustände ist also die Anzahl der Möglichkeiten, aus $a+b-1$ Dingen $a-1$ Dinge herauszugreifen:

$$W(a, b) = \binom{a+b-1}{a-1} = \binom{a+b-1}{b} = \frac{(a+b-1)!}{(a-1)!\,b!}.$$

Insgesamt (für alle Intervalle) erhalten wir dann:

$$W = \prod_{\varkappa} \binom{N_\varkappa + Z_\varkappa - 1}{N_\varkappa}; \tag{7}$$

also

$$S = k \sum_{\varkappa} \{ \log (N_\varkappa + Z_\varkappa - 1)! - \log N_\varkappa! - \log (Z_\varkappa - 1)! \}. \tag{8}$$

Bei hinreichend großem Volum V, also gleichfalls großen $Z_\varkappa$, $N_\varkappa$ können wir mit der STIRLING*schen Formel*

$$\log N! \approx N(\log N - 1)$$

übergehen zu

$$S = k \sum_{\varkappa} \{ (N_\varkappa + Z_\varkappa) \log (N_\varkappa + Z_\varkappa) - N_\varkappa \log N_\varkappa - Z_\varkappa \log Z_\varkappa \}. \tag{9}$$

Die *Energie* ist andererseits

$$E = \sum_{\varkappa} E_\varkappa = \sum_{\varkappa} Z_\varkappa \cdot h \bar{\nu}_\varkappa \cdot \bar{n}_\varkappa. \tag{10}$$

Indem wir von der Summe in (9) zum Integral übergehen und dabei $\bar{n}_\varkappa$ durch n_ν ersetzen, erhalten wir mit (2) als Schlußergebnis unserer Abzählungsstatistik die *Entropieformel*

$$\left\{\begin{aligned} S &= V \cdot k \int_0^\infty \frac{8\pi\nu^2}{c^3} d\nu \cdot \{ (n_\nu + 1) \log (n_\nu + 1) - n_\nu \log n_\nu \} \\ &= \int_0^\infty \varphi_\nu (n_\nu)\, d\nu; \end{aligned}\right. \tag{11}$$

die Energie wird gleichzeitig

$$E = V \cdot \int_0^\infty \frac{8\pi\nu^2}{c^3} d\nu \cdot h\nu \cdot n_\nu = \int_0^\infty \gamma_\nu \cdot n_\nu \cdot d\nu. \tag{12}$$

Von hier aus bekommen wir die PLANCKsche Formel durch Lösung des Variationsproblems, n_ν als Funktion von ν so zu bestimmen, daß bei vorgegebener Energie E die Entropie S ihren größten Wert erhält.

Es muß also

$$\delta(S - k\lambda E) = 0 \tag{13}$$

werden mit einem LAGRANGEschen Faktor $k\lambda$; also nach (11), (12):

$$\frac{d}{d n_\nu}\{\varphi_\nu(n_\nu) - k\lambda\gamma_\nu n_\nu\} = \varphi_\nu'(n_\nu) - k\lambda\gamma_\nu = 0; \tag{14}$$

oder

$$\begin{aligned}\frac{d}{d n_\nu}\{(n_\nu+1)\log(n_\nu+1) - n_\nu\log n_\nu\} - \lambda h\nu \\ = \log\frac{n_\nu+1}{n_\nu} - \lambda h\nu = 0;\end{aligned} \tag{15}$$

und daraus

$$1 + \frac{1}{n_\nu} = e^{\lambda h\nu}; \quad n_\nu = \frac{1}{e^{\lambda h\nu} - 1}. \tag{16}$$

Dabei wird

$$\lambda = \frac{1}{kT}. \tag{17}$$

Wenn nämlich der Hohlraum bei festem Volum V eine Temperaturerhöhung ΔT erfährt, so gilt für die entsprechenden Änderungen ΔS und ΔE von Entropie und Energie einerseits

$$\Delta S = \frac{\Delta E}{T}, \tag{18}$$

während anderseits nach (13)

$$\Delta S = k\lambda\Delta E \tag{19}$$

sein muß.

Wir können statt (14) auch

$$\varphi_\nu'(n_\nu) = \frac{\gamma_\nu}{T} \tag{20}$$

schreiben.

Für n_ν erhalten wir als endgültige Formel

$$n_\nu = \frac{1}{e^{\frac{h\nu}{kT}} - 1}, \tag{21}$$

woraus mit

$$\varrho_\nu = \frac{8\pi}{c^3}\nu^2 \cdot h\nu \cdot n_\nu = \frac{8\pi h}{c^3}\nu^3 \cdot n_\nu \tag{22}$$

wieder das PLANCKsche Gesetz [§ 69, (6)] folgt. Es ist übrigens für viele Überlegungen bequemer, mit der Größe n_ν statt ϱ_ν zu rechnen; unabhängig von allen statistisch-modellmäßigen Vorstellungen können wir n_ν durch (22) definieren.

Die eben erläuterte Ableitung des PLANCKschen Gesetzes entspricht im wesentlichen dem Wege, den DEBYE 1910, gestützt auf ältere Überlegungen PLANCKS, eingeschlagen hat.

Die der PLANCKschen Formel äquivalente Formel (9) des § 69 ist mit dem soeben erhaltenen Ergebnis aus der Betrachtung der Entropie hergeleitet. Wir können unsere Überlegungen noch verfeinern derart, daß wir auch die Verteilungsformel (8), (8'), § 69 aus der Entropiebetrachtung ableiten können[1].

Von den zu einem Bereich $\Delta_\varkappa$ gehörenden Oszillatoren mögen

$$P_\varkappa^{(n)} = Z_\varkappa p_\varkappa^{(n)} \tag{23}$$

gerade die Quantenzahl n besitzen. Es ist dann also

$$N_\varkappa = 0 \cdot P_\varkappa^{(0)} + 1 \cdot P_\varkappa^{(1)} + 2 \cdot P_\varkappa^{(2)} + \cdots \tag{24}$$

bzw.

$$\bar{n}_\varkappa = 0 \cdot p_\varkappa^{(0)} + 1 \cdot p_\varkappa^{(1)} + 2 \cdot p_\varkappa^{(2)} + \cdots. \tag{24'}$$

Während wir bislang nur die Summe $\bar{n}_\varkappa$ untersucht haben, wollen wir jetzt auch die statistischen Normalwerte der einzelnen $p_\varkappa^{(n)}$ bestimmen.

Wir haben vor allem wieder auszurechnen die Anzahl W von möglichen Verteilungen der mikroskopischen Quantenzahlen n_r

---

[1] Die folgenden Überlegungen nach N. S. BOSE: Z. Phys. Bd. 26, S. 178. 1924. BOSE behandelte die Statistik eines Lichtquantengases; doch können seine Ergebnisse formal ohne weiteres auf den gequantelten Hohlraum angewandt werden, wie von M. BORN, W. HEISENBERG und P. JORDAN, Z. Phys. Bd. 35, S. 557. 1926 und E. SCHRÖDINGER: Phys. Zs. Bd. 27, S. 95. 1926 bemerkt wurde.

bei vorgegebenen Werten der makroskopischen Größen $p_\varkappa^{(n)}$. Für ein bestimmtes Intervall $\Delta_\varkappa$ haben wir aus den $Z_\varkappa$ vorhandenen Oszillatoren $P_\varkappa^{(0)}$ Oszillatoren herauszugreifen, denen wir die Quantenzahl $n_r = 0$ Null erteilen wollen; und dann $P_\varkappa^{(1)}$ Oszillatoren, bei denen $n_r = 1$ werden soll, usw. Im ganzen muß dabei

$$\sum_m P_\varkappa^{(m)} = Z_\varkappa \tag{25}$$

werden. Die Anzahl der verschiedenen Möglichkeiten solcher Zerlegungen ist aber

$$W_\varkappa = \frac{Z_\varkappa!}{P_\varkappa^{(0)}!\,P_\varkappa^{(1)}!\,P_\varkappa^{(2)}!\ldots} \tag{26}$$

und insgesamt wird

$$W = \prod_\varkappa W_\varkappa = \prod_\varkappa \frac{Z_\varkappa!}{\prod_m P_\varkappa^{(m)}!}\,. \tag{27}$$

Für die Entropie bekommen wir also:

$$\left\{\begin{aligned} S &= k\sum_\varkappa\Big\{\log Z_\varkappa! - \sum_n \log P_\varkappa^{(n)}!\Big\}\\ &\approx k\sum_\varkappa\Big\{Z_\varkappa \log Z_\varkappa - \sum_n P_\varkappa^{(n)}\log P_\varkappa^{(n)}\Big\}\\ &= -k\sum_\varkappa Z_\varkappa \sum_n p_\varkappa^{(n)}\log p_\varkappa^{(n)}. \end{aligned}\right. \tag{28}$$

Die Energie ist andererseits gleich

$$E = \sum_\varkappa Z_\varkappa \sum_n h\bar{\nu}_\varkappa\cdot n\cdot p_\varkappa^{(n)}\,. \tag{29}$$

Wir fordern wieder, daß S ein Maximum sei bei den Nebenbedingungen

$$E = \text{const};\quad \sum_n p_\varkappa^{(n)} = 1\,. \tag{30}$$

Das heißt:

$$\delta\,(S - k\lambda E + k\sum_\varkappa \lambda'_\varkappa \sum_n p_\varkappa^{(n)}) = 0; \tag{31}$$

also

$$\frac{\partial}{\partial p_\varkappa^{(n)}}\Big\{-p_\varkappa^{(n)}\log p_\varkappa^{(n)} - \lambda h\bar{\nu}_\varkappa n\,p_\varkappa^{(n)} + \lambda'_\varkappa p_\varkappa^{(n)}\Big\} = 0\,,$$

oder

$$\lambda_\varkappa' - 1 - \log p_\varkappa^{(n)} - \lambda h \bar{\nu}_\varkappa \cdot n = 0\,,$$

also

$$p_\varkappa^{(n)} = B_\varkappa \cdot e^{-\lambda h \bar{\nu}_\varkappa \cdot n}\,. \tag{32}$$

Für $B_\varkappa$ ergibt sich dabei aus

$$\sum_n p_\varkappa^{(n)} = 1 \tag{33}$$

die Formel

$$B_\varkappa = (1 - e^{-\lambda h \bar{\nu}_\varkappa})\,;$$

wenn wir sogleich wieder für λ den Wert $(kT)^{-1}$ einführen[1], wird also endlich

$$p_\nu^{(n)} = \left(1 - e^{-\frac{h\nu}{kT}}\right) e^{-n\frac{h\nu}{kT}}\,. \tag{34}$$

Das ist in der Tat wieder die Formel (8), (8'), § 9, aus der wir mit der Summation

$$n_\nu = \sum_n n\, p_\nu^{(n)} \tag{35}$$

das PLANCKsche Gesetz erhalten.

Alle in den §§ 69, 70 ausgeführten Überlegungen sind, wie wir zum Schluß hervorheben wollen, ohne weiteres auch für die *Eigenschwingungen eines Kristallgitters* anwendbar. Der einzige Unterschied liegt darin, das für $N(\nu_0, V)$ an Stelle von (3), § 68 bei Kristallgittern andere Formeln eintreten.

§ 71. Quantenmechanik der Eigenschwingungen. Wir haben in den vorangehenden Paragraphen die Annahme diskreter Energiedifferenzen der stationären Zustände der einzelnen Eigenschwingungen eines Hohlraums als hinreichend für die Ableitung der PLANCKschen Formel erkannt. Nunmehr wollen wir diese Annahme ihrerseits ableiten aus einer matrizenmechanischen Theorie des Hohlraums, die der in § 67 dargestellten klassischen Theorie korrespondenzmäßig analog ist.

---

[1] Aus (31) entnimmt man für Entropie- und Energiezunahme ΔS, ΔE bei einer kleinen Temperaturänderung (da $\Delta \sum_{(n)} p_\varkappa^{(n)} = 0$) wieder $\Delta S = k\lambda\Delta E$, was mit $\Delta S = \frac{\Delta E}{T}$ auch hier auf (17) führt.

Mit den Formeln (8) und (23) des § 67 haben wir die Energie der schwingenden Saite sowohl als auch des elektromagnetischen Hohlraums in die Form der HAMILTON-Funktion eines Systems ungekoppelter harmonischer Oszillatoren gebracht: HAMILTON-*Funktion der schwingenden Saite:*

(1) $$H = \frac{1}{2}\sum_{s=1}^{\infty}\left\{\frac{p_s^2}{\mu} + \mu\cdot 4\pi^2\nu_s^2 q_s^2\right\};$$

HAMILTON-*Funktion des schwingenden Hohlraums:*

(2) $$H = \frac{1}{2}\sum_{s}\left\{\frac{\overset{(1)}{p}{}_s^2}{\mu} + \frac{\overset{(2)}{p}{}_s^2}{\mu} + \mu\cdot 4\pi^2\nu_s^2(\overset{(1)}{q}{}_s^2 + \overset{(2)}{q}{}_s^2)\right\}.$$

Wir haben ferner gesehen, daß die *kanonischen Gleichungen* zu diesen HAMILTON-Funktionen *gleichwertig* mit den Schwingungsgleichungen der Saite bzw. des elektromagnetischen Feldes sind, falls wir

(3) $$u = \sum_{s=1}^{\infty} q_s\cdot\sin s\frac{\pi}{l}x$$

bzw.

(4) $$\left\{\begin{aligned} \mathfrak{A}_x &= \sum_s \mathfrak{Q}_{sx}\cdot\cos 2\pi\,\mathfrak{k}_{sx}x\cdot\sin 2\pi\,\mathfrak{k}_{sy}y\cdot\sin 2\pi\,\mathfrak{k}_{sz}z,\\ \mathfrak{A}_y &= \sum_s \mathfrak{Q}_{sy}\cdot\sin 2\pi\,\mathfrak{k}_{sx}x\cdot\cos 2\pi\,\mathfrak{k}_{sy}y\cdot\sin 2\pi\,\mathfrak{k}_{sz}z,\\ \mathfrak{A}_z &= \sum_s \mathfrak{Q}_{sz}\cdot\sin 2\pi\,\mathfrak{k}_{sx}x\cdot\sin 2\pi\,\mathfrak{k}_{sy}y\cdot\cos 2\pi\,\mathfrak{k}_{sz}z;\\ &\mathfrak{Q}_s = \overset{(1)}{q}_s\,\overset{(1)}{\mathfrak{c}}_s + \overset{(2)}{q}_s\,\overset{(2)}{\mathfrak{c}}_s;\\ &\mathfrak{E} = -\frac{1}{c}\dot{\mathfrak{A}},\quad \mathfrak{H} = \operatorname{rot}\mathfrak{A} \end{aligned}\right.$$

setzen.

Danach werden wir den als notwendig erkannten Übergang von der klassischen Theorie zur Quantenmechanik in der Weise vollziehen, daß wir unter Beibehaltung der HAMILTON-Funktionen (1), (2) die p, q durch *Matrizen* ersetzen, die den kanonischen Vertauschungsregeln genügen: Numerieren wir die p, q fortlaufend mit Indizes k, l, so muß

(5) $$[p_k, q_l] = \delta_{kl};\quad [p_k, p_l] = [q_k, q_l] = 0$$

werden. Wir werden ferner auch die Gleichungen (3), (4) beibehalten, um aus den Matrizen q_k, p_k die Matrix u an einer Stelle x bzw. die Matrixvektoren $\mathfrak{E}$, $\mathfrak{H}$ an einer Stelle x, y, z herzustellen (x, y, z sind dabei gewöhnliche *Zahlen*, nicht etwa gleichfalls Matrizen). Die in der letzten Gleichung (4) benötigte zeitliche Ableitung ist dabei in der bekannten Weise gegeben durch

$$\dot{\mathfrak{A}} = [H, \mathfrak{A}].$$

Indem wir diese Gleichungen (2), (4), (5) unserer Theorie des elektromagnetischen Hohlraums zugrunde legen, machen wir eine *physikalische Hypothese*, die zwar durch die korrespondenzmäßige Analogie zur klassischen Theorie sehr nahe gelegt ist, aber im übrigen nur durch den Vergleich ihrer Folgerungen mit der *Erfahrung* geprüft und gerechtfertigt werden kann. Ihrem Charakter nach ist diese Hypothese offenbar ganz analog, z. B. zu der Hypothese, daß die HAMILTON-Funktion eines Wasserstoffatoms (bei Vernachlässigung der Feinstruktureffekte) durch

$$H = \frac{\mathfrak{p}^2}{2m} - \frac{\varepsilon}{r}$$

gegeben sei (vgl. Kap. IV, § 35); sie hat sich ebensogut wie diese Hypothese empirisch bewährt.

Zunächst gibt die durch (2), (4), (5) begründete quantenmechanische Theorie des Hohlraums in der Tat die gewünschte diskrete Quantelung der Energien der Eigenschwingungen. Nach Kap. III, § 23 kann die Energie der k-ten Eigenschwingung die Werte

$$W_k = h\nu_k(n_k + \tfrac{1}{2}); \qquad n_k = 0, 1, 2, \ldots \tag{6}$$

annehmen; der *Überschuß über die Energie im Grundzustand* beträgt also

$$W_k - \tfrac{1}{2} h\nu_k = h\nu_k \cdot n_k. \tag{7}$$

Insgesamt wird die Energie des Hohlraums gleich

$$\sum_k W_k = \sum_k \{W_k - \tfrac{1}{2} h\nu_k\} + \tfrac{1}{2} h \sum_k \nu_k = \sum_k \{W_k - \tfrac{1}{2} h\nu_k\} + W_0. \tag{8}$$

Die *Nullpunktsenergie* W_0 wird wegen der unendlichen Anzahl der Eigenschwingungen unendlich groß; ihre physikalische Bedeutung ist zur Zeit noch ungewiß. Die Temperaturstatistik der *Überschußenergie* $\sum\limits_k \{W_k - \frac{1}{2} h\nu_k\}$ führt in der in §§ 69, 70 erläuterten Weise zur PLANCKschen Formel, die sich somit als Folgerung der Quantenmechanik der Eigenschwingungen erweist.

Die Matrizen q_k dieses Systems von ungekoppelten linearen Oszillatoren sind nach dem Verfahren der Verschmelzung § 15 darstellbar als

$$q_k(n_1 \ldots n_k \ldots; m_1 \ldots m_k \ldots) = \Delta_k q_k(n_k, m_k), \tag{9}$$

wobei $(q_k(n_k, m_k))$ die gewöhnlichen Oszillatormatrizen [§ 23, (25)] bedeuten, also wenn man den Wert von μ aus § 67, (22) einsetzt

$$\left\{\begin{aligned} q_k(n_k, n_k+1) &= \sqrt{\frac{4hc^2}{\pi \nu_k V}(n_k+1)}\, e^{i\left(\varphi_{n_k}+\frac{\pi}{2}\right)}, \\ q_k(n_k+1, n_k) &= \sqrt{\frac{4hc^2}{\pi \nu_k V}(n_k+1)}\, e^{-i\left(\varphi_{n_k}+\frac{\pi}{2}\right)}, \\ q_k(n_k, m_k) &= 0, \quad \text{wenn} \quad (n_k - m_k) \neq \pm 1. \end{aligned}\right. \tag{10}$$

§ 72. EINSTEINS thermodynamische Schwankungsgesetze der Strahlung. Die im letzten Paragraphen erläuterte Quantelung des schwingenden Kontinuums lieferte uns die gewünschten diskreten Energiestufen der einzelnen Eigenschwingungen, aus denen schon in §§ 69, 70 die PLANCKsche Formel erhalten worden war. Wir haben aber damit zunächst nur Überlegungen bestätigen können, die schon vor der Quantenmechanik ausgeführt waren, und welche aus der exakten Quantentheorie des harmonischen Oszillators lediglich die eine Tatsache der diskreten Energiestufen im Abstand $h\nu$ benutzen. Es erhebt sich die Frage, ob darüber hinaus die quantenmechanische Behandlung des schwingenden Hohlraums auch tiefere Probleme der Strahlungstheorie zur Lösung führen vermag. Das ist in der Tat der Fall.

Der Strahlungshohlraum verhält sich nicht nur darin unklassisch, daß die PLANCKsche Strahlungsformel statt der RAYLEIGH-JEANSschen gilt, sondern zeigt auch in anderer Beziehung Effekte, die durch die klassische Theorie nicht zu erklären sind und für deren Deutung auch die ältere Quantentheorie nicht ausreichte. Es sind dies vor allem die von EINSTEIN[1] untersuchten, durch Interferenzschwebungen veranlaßten *Intensitätsschwankungen* der Hohlraumstrahlung. Zu ihrer quantentheoretischen Erklärung

[1] EINSTEIN, A.: Ann. Phys. (4), Bd. 17, S. 132. 1905; Phys. Z. Bd. 10, S. 185. 1909.

genügt nicht mehr — wie beim PLANCKschen Gesetz — die einfache Tatsache, daß die Oszillatoren quantenhafte Energiestufen $h\nu$ besitzen, sondern man bedarf dazu einer vollständigeren Kenntnis der quantentheoretischen Kinematik des harmonischen Oszillators. Wir wollen zunächst die EINSTEINschen Überlegungen wiedergeben und dann feststellen, wieweit die im vorangehenden entwickelten Methoden der Quantenmechanik die dadurch gestellten Aufgaben zu erledigen vermögen.

Wir haben in § 70 das PLANCKsche Gesetz abgeleitet aus der dort statistisch begründeten Entropieformel

$$(1)\qquad S = V k \int\limits_0^\infty \frac{8\pi\nu^2}{c^3}\, d\nu \{(n_\nu + 1)\log(n_\nu + 1) - n_\nu \log n_\nu\}$$

[vgl. § 70, Gl. (11)]. Wir behaupten nun: Diese Formel (1) ist umgekehrt ableitbar aus der empirisch gesicherten PLANCKschen Formel, ohne Heranziehung irgendwelcher modellmäßiger oder statistischer Voraussetzungen. Zunächst nämlich muß sich die Entropie irgend einer Strahlungsverteilung n_ν *additiv zusammensetzen* aus den Entropien der verschiedenen Frequenzintervalle $d\nu$, so daß man wie in § 70, (11)

$$(2)\qquad S = \int\limits_0^\infty \varphi_\nu(n_\nu)\, d\nu$$

ansetzen kann. Dies entspricht einem bekannten Satze aus der Thermodynamik der Gase: Wenn sich in einem Volum V zwei verschiedene, ideale, keine Wechselwirkungen ausübende Gase befinden, so ist (nicht nur die Energie, sondern auch) die Entropie ebenso groß, als wenn die Gase einzeln in zwei getrennten Gefäßen vom Volum V eingeschlossen sind (bei derselben Temperatur). Denn man kann mit Hilfe von semipermeablen Wänden, welche nur die A-Atome bzw. nur die B-Atome hindurchlassen, die beiden getrennten Gefäße ohne Arbeitsleistung reversibel ineinanderschieben (vgl. das Schema).

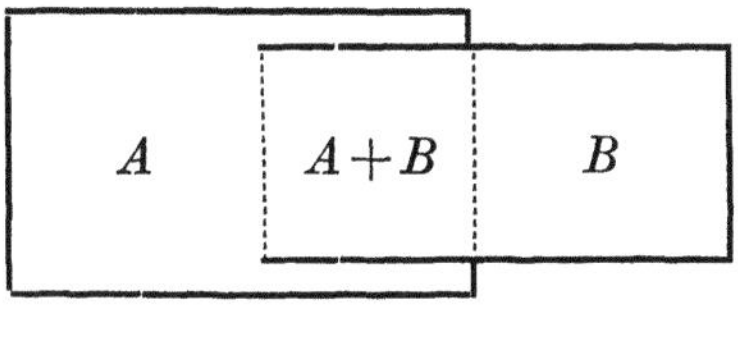

In ganz gleicher Weise ist die durch die obige Formel ausgedrückte Additivität der Entropien der einzelnen monochromatischen Partialstrahlungen der Hohlraumstrahlung zu begründen. Man braucht nur statt der semipermeablen Wände zwei ideale Lichtfilter, von denen der eine etwa nur das Licht im Frequenzbereich ν_0, $\nu_0 + \Delta\nu$ durchläßt und alles andere reflektiert, während der andere umgekehrt den Frequenzbereich $\Delta\nu$ reflektiert.

Der durch die Forderung maximaler Entropie gegebene Zusammenhang zwischen der Funktion $\varphi_\nu(n_\nu)$ und der Formel[1]

$$n_\nu = f_\nu(T) = \frac{1}{e^{\frac{h\nu}{kT}} - 1} \tag{3}$$

der stationären Strahlungsverteilung gestattet aber nicht nur die Berechnung von $f_\nu(T)$ bei gegebenem $\varphi_\nu(n_\nu)$, sondern auch umgekehrt die Bestimmung von $\varphi_\nu(n_\nu)$ bei bekanntem $f_\nu(T)$. Denn diese Maximumsforderung drückt sich mit der Bezeichnungsweise der Formeln (11), (12), § 70 aus durch (20), § 70:

$$\varphi_\nu'(n_\nu) = \frac{\gamma_\nu}{T}. \tag{4}$$

Kennt man nun $n_\nu = f_\nu(T)$, so daß man als Umkehrung

$$T = g_\nu(n_\nu) \tag{5}$$

bestimmen kann, so erhält man wegen (4):

$$\varphi_\nu'(n_\nu) = \frac{\gamma_\nu}{g_\nu(n_\nu)}, \tag{6}$$

oder

$$\varphi_\nu(x) = \int_0^x \frac{\gamma_\nu}{g_\nu(y)}\, dy. \tag{7}$$

Es ist also $\varphi_\nu(n_\nu)$ durch die PLANCKsche Formel eindeutig bestimmt und somit notwendig übereinstimmend mit unserem früheren, in (1) wiedergegebenen Ausdruck: Die Entropieformel (1) kann also ebenso, wie die PLANCKsche Formel, als ein von jeder speziellen Theorie unabhängiges *empirisches Gesetz* angesehen werden.

---

[1] Hierbei ist n_ν entsprechend der Bemerkung in § 70, S. 381 lediglich als Abkürzung für $n_\nu = \frac{\varrho_\nu}{\gamma_\nu}$ aufzufassen, wo $\gamma_\nu = \frac{8\pi h}{c^3}\nu^3$ ist.

Ist überall $n_\nu \ll 1$ (wie es dem WIENschen Strahlungsgesetz entspricht), so können wir (1) unter Ersetzung von $(n_\nu + 1) \cdot \log(n_\nu + 1)$ durch n_ν vereinfachen zu

$$(8) \qquad S = V \cdot k \int_0^\infty \frac{8\pi\nu^2}{c^3} d\nu \cdot n_\nu \{1 - \log n_\nu\}.$$

Aus dieser Formel hat EINSTEIN im Jahre 1905 eine sehr überraschende Folgerung gezogen. Wir wollen einen Hohlraum betrachten, bei welchem die ganze darin vorhandene Strahlung zu einem schmalen Frequenzintervall $\Delta\nu$ gehört. Da aber immerhin noch viele verschiedene Eigenschwingungen zu diesem Intervall gehören sollen, so wird infolge von Interferenzen und Schwebungen die Energie im Hohlraum räumlich hin- und herschwanken, wobei sich jedoch die Frequenz der Strahlung *nicht* ändert. Es kann z. B. in seltenen Fällen einmal vorkommen, daß zu einem bestimmten Zeitpunkt praktisch die ganze Strahlungsenergie in einem Teilstück des Volums V angesammelt ist. Die Wahrscheinlichkeit für ein solches Vorkommnis kann aber nach dem BOLTZMANNschen Prinzip

$$(9) \qquad S = k \log W$$

berechnet werden: Ist zunächst die Energie $E = V\varrho_\nu \Delta\nu$ gleichmäßig über V verteilt, so liefert (9) für die Entropie den Wert:

$$(10) \qquad S = V \cdot k \frac{8\pi\nu^2}{c^3} \Delta\nu \cdot n_\nu \{1 - \log n_\nu\}$$

$$= k \frac{E}{h\nu} \left\{1 - \log \frac{E}{V \cdot \alpha\nu^3 \Delta\nu}\right\}; \quad \alpha = \frac{8\pi h}{c^3}.$$

(Vgl. Fußnote S. 388.) Ist aber E auf V_0 zusammengezogen, so wird die Entropie gleich

$$(10') \qquad S_0 = k \frac{E}{h\nu} \left\{1 - \log \frac{E}{V_0 \cdot \alpha\nu^3 \cdot \Delta\nu}\right\}.$$

Das gibt als relative Wahrscheinlichkeit des fraglichen Ausnahmezustandes gegenüber dem Normalzustand den Ausdruck

$$(11) \qquad \frac{W_0}{W} = e^{\frac{S_0 - S}{k}} = \left(\frac{V_0}{V}\right)^{\frac{E}{h\nu}}.$$

Diese Formel zeigt nun mit anschaulicher Deutlichkeit, daß die Strahlung eine wesentlich andere Struktur besitzt, als ihr durch die klassische Wellentheorie zugeschrieben wurde. Wir sehen, daß jedenfalls im Grenzfall des WIENschen Gesetzes die Strahlung sich völlig *analog einem idealen Gase aus Lichtkorpuskeln $h\nu$ verhält*; in einem idealen Gase von n Atomen ist ja gleichfalls die relative Wahrscheinlichkeit, daß alle n Atome in einem Teilvolum V_0 versammelt sind, gegeben durch

$$\frac{W_0}{W} = \left(\frac{V_0}{V}\right)^n; \tag{12}$$

und das stimmt überein mit (11′), wenn wir

$$n = \frac{E}{h\nu} \tag{13}$$

annehmen.

Die Quantenstruktur der Strahlung erweist sich auch[1] bei Betrachtung des mittleren Schwankungsquadrates

$$\overline{(\varDelta E_0)^2} = \overline{(E_0 - \overline{E}_0)^2}, \tag{14}$$

wo E_0 den in V_0 enthaltenen Anteil von E und die Überstreichung die Bildung des statistischen oder zeitlichen Mittelwerts bedeuten soll. Das Teilvolum V_0 möge jetzt sehr klein gegenüber V sein.

Schwankt die Energie E_0 in V_0 (während die totale Energie in V und der Frequenzbereich, wie oben, ungeändert bleibt), so hängen die Temperatur $T_0(E_0)$ in V_0, die Temperatur $T_1(E_0)$ im übrigen Raume V_1, die Entropie $S_0(E_0)$ von V_0 und die Entropie $S_1(E_0)$ von V_1 nur von E_0 ab. Und zwar ist:

$$T_0(\overline{E}_0) = T_1(\overline{E}_0) = T. \tag{15}$$

Ist $S = S_0 + S_1$ die Entropie des ganzen Raumes V, so entspricht also einem Überschuß $\varDelta E_0$ von E_0 über $\overline{E}_0$ die Entropieschwankung

$$\varDelta S = \varDelta(S_0 + S_1) = \frac{dS}{dE_0}\varDelta E_0 + \frac{1}{2}\frac{d^2 S_0}{dE_0^2}(\varDelta E_0)^2 + \frac{1}{2}\frac{d^2 S_1}{dE_0^2}(\varDelta E_0)^2. \tag{16}$$

[1] EINSTEIN, A.: Phys. Z. Bd. 10, S. 185. 1909.

Die Koeffizienten in dieser Entwicklung sind für den Wert $E_0 = \overline{E}_0$ zu nehmen. Also ist

$$\frac{dS}{dE_0} = 0; \quad \frac{d^2 S_0}{dE_0^2} = \frac{d}{dE_0}\left(\frac{1}{T_0}\right) = -\frac{1}{c\,T^2},$$

wo

$$\frac{1}{c} = \frac{dT_0}{dE_0};$$

dagegen ist $\frac{d^2 S_1}{dE_0^2} = -\frac{d}{dE_0}\left(\frac{1}{T_1}\right)$ zu vernachlässigen, falls V_0 sehr klein gegenüber V ist. Also wird

$$\Delta S = -\frac{(\Delta E_0)^2}{2\,c\,T^2}. \tag{17}$$

Die *Wahrscheinlichkeit* einer solchen Entropieschwankung wird aber nach dem BOLTZMANNschen Prinzip gleich:

$$W = \text{const.}\; e^{-\frac{(\Delta E_0)^2}{2kcT^2}}. \tag{18}$$

Daraus ergibt sich

$$\overline{(\Delta E_0)^2} = \frac{\int\limits_{-\infty}^{+\infty} (\Delta E_0)^2 \cdot e^{-\frac{(\Delta E_0)^2}{2kcT^2}} \cdot d\Delta E_0}{\int\limits_{-\infty}^{+\infty} e^{-\frac{(\Delta E_0)^2}{2kcT^2}} \cdot d\Delta E_0},$$

oder[1]

$$\overline{(\Delta E_0)^2} = k\,c\,T^2 = k\,T^2 \frac{dE_0(T)}{dT}. \tag{19}$$

Mit

$$\overline{E}_0 = Z_\nu^0\, n_\nu \cdot h\nu = Z_\nu^0 \frac{h\nu}{e^{\frac{h\nu}{kT}} - 1}$$

(Z_ν^0 = Anzahl der Eigenschwingungen in $\Delta\nu$ für V_0) wird also

$$\overline{(\Delta E_0)^2} = h\nu \cdot \overline{E}_0 + \frac{\overline{E}_0^2}{Z_\nu^0}. \tag{20}$$

[1] Es sei betont, daß die Gl. (19) im allgemeinen *nicht* auf ein *materielles Gas* angewandt werden darf, da bei diesem neben T noch ein zweiter unabhängiger Zustandsparameter (z. B. das spezifische Volum) vorhanden ist. Allerdings ist (19) *zufällig* auch für ein *klassisches ideales Gas* richtig.

Bei großer Strahlungsdichte — im Gültigkeitsgebiet der RAYLEIGH-JEANSschen Strahlungsformel — verbleibt lediglich

$$(20') \qquad (\Delta E_0)^2 = \frac{\overline{E}_0^2}{Z_\nu^0};$$

das ist also die der *klassischen* Lichttheorie entsprechende Formel. Bei kleiner Strahlungsdichte (WIENschem Strahlungsgesetz) dagegen wird[1], wenn wir noch mit $(h\nu)^2$ dividieren:

$$(20'') \qquad \overline{\left(\frac{\Delta E_0}{h\nu}\right)^2} = \frac{\overline{E_0}}{h\nu}.$$

Das entspricht wieder genau einem klassischen idealen Gase mit Korpuskeln der Energie $h\nu$, deren Anzahl in V_0 also $\frac{\overline{E_0}}{h\nu}$ beträgt.

Wir werden im folgenden (11) als das erste und (20) als das *zweite* EINSTEIN*sche Schwankungsgesetz* bezeichnen.

Es sei endlich hervorgehoben, daß auch die hier vorgeführten Betrachtungen ohne weiteres auf die thermische Schwingungsenergie eines *Kristallgitters* übertragen werden können. Dabei ist nur die schon in § 70 erwähnte Abänderung der Verteilungsfunktion $N(\nu, V)$ zu berücksichtigen.

§ 73. Wellentheoretische Ableitung des zweiten EINSTEINschen Schwankungsgesetzes[2]. Wir wollen nun der thermodynamischen, nur auf die PLANCKsche Formel gegründeten und von jeder modellmäßigen Vorstellung unabhängigen Ableitung der Schwankungsgesetze eine umgekehrt von Thermodynamik und thermodynamischer Statistik freie wellentheoretische Berechnung von $(\Delta E_0)^2$ gegenüberstellen, wobei wir unsere in § 71 formulierte quantenmechanische Beschreibung der Wellen zu benutzen haben. Der

[1] Die Bedingung für RAYLEIGH-JEANSsches bzw. WIENsches Strahlungsgesetz ist offenbar

$$\frac{h\nu}{kT} \ll 1 \quad \text{bzw.} \quad \frac{h\nu}{kT} \gg 1;$$

oder

$$n_\nu \gg 1 \quad \text{bzw.} \quad n_\nu \ll 1.$$

[2] BORN, M., W. HEISENBERG und P. JORDAN: Z. Phys. Bd. 35, S. 557. 1926.

Einfachheit halber führen wir die Rechnung nicht am Beispiel des elektromagnetischen Hohlraums, sondern am Beispiel der schwingenden Saite vor, bei der sich genau entsprechende Verhältnisse zeigen[1].

Die Energie H_0 einer Teilstrecke $0 \leqq x \leqq l_0$ einer eingespannten Saite der Länge l ist entsprechend § 67, (3) gegeben durch

$$(1) \qquad H_0 = \tfrac{1}{2}\int\limits_0^{l_0} (u_t^2 + u_x^2)\, dx;$$

setzen wir für u den Ausdruck § 67, (4) ein, so wird mit § 67, (7):

$$(2) \qquad \left\{\begin{aligned} H_0 &= \tfrac{1}{2}\int\limits_0^{l_0} \sum_{j,k=1}^{\infty} \{\dot q_j \dot q_k \sin 2\pi\nu_j x \sin 2\pi\nu_k x \\ &\qquad + q_j q_k (2\pi)^2 \nu_j \nu_k \cos 2\pi\nu_j x \cos 2\pi\nu_k x\}\, dx \\ &= \frac{2}{l^2}\int\limits_0^{l_0} \sum_{j,k=1}^{\infty} \{p_j p_k \sin 2\pi\nu_j x \sin 2\pi\nu_k x \\ &\qquad + \pi^2 l^2 \nu_j \nu_k q_j q_k \cos 2\pi\nu_j x \cos 2\pi\nu_k x\}\, dx;\quad \nu_j = \frac{j}{2l}. \end{aligned}\right.$$

Nehmen wir nun in der Summe (2) nur diejenigen Summanden, in denen $j = k$ ist, so erhalten wir unter der ausdrücklichen Voraussetzung, daß alle in Betracht fallenden *Wellenlängen klein gegen* l_0 sind, gerade den *Zeitmittelwert* $\overline{H}_0 = \frac{l_0}{l} H$ von H_0. Man sieht daraus: Die Differenz

$$(3) \qquad \Delta = H_0 - \overline{H}_0$$

ist (unter dieser Voraussetzung) gegeben durch den Ausdruck (2) *unter Beschränkung auf Summanden mit* $j \neq k$. Durch Ausführung der Integration erhalten wir dann:

$$(4) \qquad \Delta = \frac{1}{l^2} \sum_{j \neq k} \{p_j p_k \varkappa_{jk} + 4\pi^2 \mu^2 \nu_j \nu_k q_j q_k \varkappa'_{jk}\},$$

[1] Die Rechnung wurde für die *klassische* Theorie ausgeführt (am Beispiel der elektromagnetischen Wellen) von H. A. LORENTZ: Théories statistiques en Thermodynamique. Leipzig 1916.

wo nach § 67, (7) die Bezeichnung $\mu = \frac{l}{2}$ gebraucht ist und ferner

$$(5)\qquad \varkappa_{jk} = \varkappa_{kj} = \frac{\sin 2\pi(\nu_j - \nu_k)\, l_0}{2\pi(\nu_j - \nu_k)} - \frac{\sin 2\pi(\nu_j + \nu_k)\, l_0}{2\pi(\nu_j + \nu_k)},$$

$$\varkappa'_{jk} = \varkappa'_{kj} = \frac{\sin 2\pi(\nu_j - \nu_k)\, l_0}{2\pi(\nu_j - \nu_k)} + \frac{\sin 2\pi(\nu_j + \nu_k)\, l_0}{2\pi(\nu_j + \nu_k)}.$$

Zerlegen wir $\varDelta$ entsprechend den beiden Summanden in (4) in $\varDelta = \varDelta_1 + \varDelta_2$, so bekommen wir

$$(6)\qquad \varDelta^2 = \varDelta_1^2 + \varDelta_2^2 + \varDelta_1 \varDelta_2 + \varDelta_2 \varDelta_1$$

mit

$$(7)\qquad \begin{cases} \varDelta_1^2 + \varDelta_2^2 = \dfrac{1}{l^4} \sum\limits'_{j \neq k} \sum\limits'_{\iota \neq \varkappa} \{p_j p_k p_\iota p_\varkappa \varkappa_{jk} \varkappa_{\iota\varkappa} \\ \qquad + (4\pi^2 \mu^2)^2 q_j q_k q_\iota q_\varkappa \nu_j \nu_k \nu_\iota \nu_\varkappa \varkappa_{jk} \varkappa_{\iota\varkappa}\}; \\ \varDelta_1 \varDelta_2 + \varDelta_2 \varDelta_1 = \dfrac{4\pi^2\mu^2}{l^4} \sum\limits'_{j \neq k} \sum\limits'_{\iota \neq \varkappa} \{p_j p_k q_\iota q_\varkappa \nu_\iota \nu_\varkappa \varkappa_{jk} \varkappa'_{\iota\varkappa} \\ \qquad + q_j q_k p_\iota p_\varkappa \nu_j \nu_k \varkappa'_{jk} \varkappa_{\iota\varkappa}\}. \end{cases}$$

Nun ist der *Zeitmittelwert* von $p_j p_k p_\iota p_\varkappa$ mit $j \neq k$, $\iota \neq \varkappa$ nach unseren quantenmechanischen Matrizenformeln (ebenso wie in der klassischen Theorie) gleich

$$\overline{p_j p_k p_\iota p_\varkappa} = (\delta_{j\iota}\, \delta_{k\varkappa} + \delta_{j\varkappa}\, \delta_{k\iota})\, \overline{p_j^2} \cdot \overline{p_k^2};$$

und entsprechend verhalten sich die andern in (7) auftretenden Glieder. Denn es ist auf Grund der Formeln § 15, (7) für die Verschmelzung $\overline{p_j p_\iota} = \overline{p_j} \cdot \overline{p_\iota}$, wenn $j \neq \iota$; beim harmonischen Oszillator ist aber nach § 23 stets $\overline{p_j} = 0$.

Es wird deshalb

$$(8)\qquad \begin{cases} \overline{\varDelta_1^2 + \varDelta_2^2} = \dfrac{2}{l^4} \sum\limits'_{j \neq k} \{\overline{p_j^2}\, \overline{p_k^2}\, \varkappa_{jk}^2 + (4\pi^2\mu^2)^2\, \overline{q_j^2}\, \overline{q_k^2}\, \nu_j^2 \nu_k^2 \varkappa'^2_{jk}\}; \\ \overline{\varDelta_1 \varDelta_2 + \varDelta_2 \varDelta_1} = \dfrac{8\pi^2\mu^2}{l^4} \sum\limits'_{j \neq k} \{\overline{p_j q_j} \cdot \overline{p_k q_k} \\ \qquad + \overline{q_j p_j} \cdot \overline{q_k p_k}\}\, \nu_j \nu_k \varkappa_{jk} \varkappa'_{jk}. \end{cases}$$

In allen Fällen nun, wo ein Impuls p proportional der Geschwindigkeit q ist, folgt aus der Beziehung $p\,q - q\,p = \frac{h}{2\pi i}$, daß

$$\overline{p\,q} = -\overline{q\,p} = \frac{1}{2} \cdot \frac{h}{2\pi i} \tag{9}$$

ist. Denn es wird dann

$$(p\,q)(n\,n) = C \sum_k \nu(n\,k)\, q(n\,k)\, q(k\,n)$$

$$= -C \sum_k q(n\,k)\, \nu(k\,n)\, q(k\,n) = -(q\,p)(n\,n)\,.$$

Ferner ist

$$\overline{p_k^2} = 4\pi^2 \mu^2 \nu_k^2 \overline{q_k^2} \tag{10}$$

[vgl. § 67, (7)]. Also wird nach (8):

$$\overline{\varDelta^2} = \frac{4}{l^4} \sum_{j \neq k} \left\{ \overline{p_j^2}\, \overline{p_k^2} \frac{\varkappa_{jk}^2 + \varkappa_{jk}'^2}{2} - \frac{1}{4} h^2 \mu^2 \nu_j \nu_k \varkappa_{jk} \varkappa_{jk}' \right\}. \tag{11}$$

In (11) ist die Diagonalmatrix $\overline{\varDelta^2}$ als Funktion der verschiedenen Diagonalmatrizen $\overline{p_k^2}$ dargestellt. *Jedes einzelne,* einem bestimmten Wertsystem $n_1, n_2, n_3, \ldots$ der Quantenzahlen aller Eigenschwingungen entsprechende *Diagonalelement* $\overline{\varDelta^2}\,(n\,n)$ *von* $\overline{\varDelta^2}$ *ist also dieselbe Funktion der entsprechenden Diagonalelemente in den* $\overline{p_k^2}$. Diese Diagonalelemente sind aber gleich

$$\overline{p_k^2}\,(n\,n) = \mu\, h\, \nu_k \left(n_k + \frac{1}{2}\right) = \mu \left(\varepsilon_k + \frac{h\,\nu_k}{2}\right), \tag{12}$$

wo ε_k den Energieüberschuß des k-ten Oszillators über die Nullpunktsenergie bezeichnet. Es wird also nach (11):

$$\left\{\begin{aligned} \overline{\varDelta^2}\,(n\,n) &= \frac{4\mu^2}{l^4} \sum_{j \neq k} \left\{ \left(\varepsilon_j + \frac{h\,\nu_j}{2}\right)\left(\varepsilon_k + \frac{h\,\nu_k}{2}\right) \frac{\varkappa_{jk}^2 + \varkappa_{jk}'^2}{2} \right. \\ &\qquad\qquad \left. - \frac{h^2}{4} \nu_j \nu_k \varkappa_{jk} \varkappa_{jk}' \right\} \\ &= \frac{4\mu^2}{l^4} \sum_{j \neq k} h^2 \nu_j \nu_k \left\{ \left(n_j + \frac{1}{2}\right)\left(n_k + \frac{1}{2}\right) \frac{\varkappa_{jk}^2 + \varkappa_{jk}'^2}{2} \right. \\ &\qquad\qquad \left. - \frac{1}{4} \varkappa_{jk} \varkappa_{jk}' \right\}. \end{aligned}\right. \tag{13}$$

Lassen wir nun die Saitenlänge l sehr groß gegen l_0 werden, also $\frac{l_0}{l} \ll 1$, so rücken die Argumente $\nu_k l_0 = \frac{k}{2} \cdot \frac{l_0}{l}$ immer enger zusammen, und die Summen (13) können durch Integrale ersetzt werden. Dabei haben wir für die ε_j bzw. n_j ihre Mittelwerte ε_ν, n_ν in den infinitesimalen Frequenzintervallen $d\nu$ zu setzen:

$$(14)\quad \left\{\begin{aligned} \overline{\Delta^2}(n\,n) &= 4\int_0^\infty\int_0^\infty d\nu\cdot d\nu' \left\{\left(\varepsilon_\nu + \frac{h\nu}{2}\right)\left(\varepsilon_{\nu'} + \frac{h\nu'}{2}\right)\frac{\varkappa_{\nu\nu'}^2 + \varkappa_{\nu\nu'}'^2}{2} \right. \\ &\qquad\left. - \frac{h^2}{4}\nu\nu'\varkappa_{\nu\nu'}\varkappa_{\nu\nu'}'\right\} \\ &= 4\int_0^\infty\int_0^\infty d\nu\cdot d\nu'\,h^2\nu\nu' \left\{\left(n_\nu + \frac{1}{2}\right)\left(n_{\nu'} + \frac{1}{2}\right)\right. \\ &\qquad\left.\frac{\varkappa_{\nu\nu'}^2 + \varkappa_{\nu\nu'}'^2}{2} - \frac{1}{4}\varkappa_{\nu\nu'}\varkappa_{\nu\nu'}'\right\}. \end{aligned}\right.$$

Wir wollen nun auch l_0 sehr groß annehmen (bei ungeändertem Verhältnis $\frac{l_0}{l}$), was physikalisch bedeutet, daß wir die in Betracht kommenden *Wellenlängen* als *klein gegen* l_0 voraussetzen. Wir können dann Gebrauch machen von der Beziehung

$$(15)\quad \lim_{l_0\to\infty}\frac{1}{l_0}\int_{-\Omega}^{\Omega'}\frac{\sin^2 2\pi\nu l_0}{(2\pi\nu)^2}f(\nu)\,d\nu = \frac{1}{2}f(0) \text{ für } \Omega, \Omega' > 0.$$

Man sieht, daß jetzt nur die Anteile

$$\frac{\sin 2\pi(\nu-\nu')l_0}{2\pi(\nu-\nu')}$$

in $\varkappa_{\nu\nu'}$ und $\varkappa_{\nu\nu'}'$ in Betracht kommen; und zwar wird

$$(16)\quad \left\{\begin{aligned} \overline{\Delta^2}(n\,n) &= 2\,l_0\int_0^\infty d\nu\left\{\left(\varepsilon_\nu + \frac{h\nu}{2}\right)^2 - \left(\frac{h\nu}{2}\right)^2\right\} \\ &= 2\,l_0\int_0^\infty d\nu\cdot(h\nu)^2\left\{\left(n_\nu + \frac{1}{2}\right)^2 - \frac{1}{4}\right\}; \end{aligned}\right.$$

oder

$$(16')\quad \overline{\Delta^2}(n\,n) = 2\,l_0\int\limits_0^\infty d\nu\cdot\varepsilon_\nu(\varepsilon_\nu + h\,\nu) = 2\,l_0\int\limits_0^\infty d\nu\cdot(h\,\nu)^2\cdot n_\nu(n_\nu + 1).$$

Nach § 68, (5) ist hier

$$(17)\qquad 2\,l_0 = Z_\nu^0\,.$$

Die in § 72 betrachtete Größe $\overline{(\Delta E_0)^2}$ ist der auf $d\nu$ bezügliche Anteil von $\overline{\Delta^2}$ (nn); also wird

$$(18)\qquad \begin{aligned}\overline{(\Delta\,E_0)^2} &= Z_\nu^0\cdot\varepsilon_\nu\,(\varepsilon_\nu + h\,\nu)\\ &= Z_\nu^0\cdot(h\,\nu)^2\,n_\nu(n_\nu + 1).\end{aligned}$$

Andererseits ist

$$(19)\qquad \overline{E_0} = Z_\nu^0\cdot\varepsilon_\nu = Z_\nu^0\cdot h\,\nu\cdot n_\nu\,.$$

Vergleich von (18) und (19) gibt nun in der Tat die EINSTEINsche Formel

$$(20)\qquad \overline{(\Delta\,E_0)^2} = h\,\nu\,\overline{E_0} + \frac{\overline{E_0}^2}{Z_\nu^0}$$

in Übereinstimmung mit § 72, (20).

Der physikalisch anschauliche Sinn des Umstandes, daß bei Beschränkung auf Wellenlängen $\lambda \ll l_0$ gemäß (15) die Doppelintegrale (14) in einfache Integrale (16) übergehen, ist offenbar folgender: Die Schwankungen der Teilenergie H_0 kommen wellentheoretisch zustande durch *Interferenzschwebungen* zwischen den verschiedenen Frequenzpaaren ν_j, ν_k. Dabei können aber nur solche Schwebungswellen eine Schwankung der Gesamtenergie der Strecke l_0 bewirken, welche selbst eine Wellenlänge von mindestens der Größenordnung l_0 besitzen.

Wird also l_0 sehr groß gegenüber den Wellenlängen λ der betrachteten Eigenschwingungen, so liefern nur noch die Schwebungen mit sehr großen Wellenlängen gegenüber λ eine Wirkung; und es kommt demgemäß lediglich die Interferenz jeder Frequenz ν mit den ihr unmittelbar benachbarten Frequenzen in Betracht.

Dieselbe Rechnung, die wir hier für die *quantenmechanische Wellentheorie* ausgeführt haben, läßt sich auch in der *klassischen* Wellentheorie durchführen. Dabei sind wörtlich die obigen Überlegungen zu wiederholen, abgesehen davon, daß wir erstens an

Stelle von (9) die Gleichung $\overline{p_k q_k} = 0$ zu benutzen haben (womit $\overline{\varDelta_1 \varDelta_2 + \varDelta_2 \varDelta_1} = 0$ wird), und zweitens statt (12) die Beziehung $\overline{p_k^2} = \mu \varepsilon_k$ (ohne die zusätzliche Nullpunktsenergie $\frac{1}{2} h \nu_k$). Indem wir weiterhin je in der *oberen* Gleichung (13), (14), (16), (16′) die entsprechenden Vereinfachungen ausführen, bekommen wir statt (18):

$$\overline{(\varDelta E_0)^2} = Z_\nu^0 \cdot \varepsilon_\nu^2, \tag{18'}$$

was mit (19) zu

$$\overline{(\varDelta E_0)^2} = \frac{\overline{E}_0^2}{Z_\nu^0} \tag{20'}$$

führt. Das ist aber die Formel (20′) aus § 72.

Wir sehen also: Die *klassische Wellentheorie* führt — ohne irgendwelche besondere Hypothesen — notwendig zur Formel (20′), § 72[1]. Sie ist also *unverträglich* mit den aus dem PLANCKschen Gesetz fließenden thermodynamischen Folgerungen und verträgt sich nur mit dem RAYLEIGH-JEANSschen Gesetz[2]. Die Betrachtung des WIENschen Grenzfalles der PLANCKschen Strahlungsformel legt nach EINSTEIN die Vermutung nahe, daß

[1] Dieser Umstand ist früher in langwierigen Diskussionen durch sehr komplizierte und schwierige Überlegungen teils bestritten, teils zu beweisen versucht worden. (Vgl. A. EINSTEIN u. L. HOPF: Ann. Phys. Bd. 33, S. 1096. 1910. M. v. LAUE: Ann. Phys. Bd. 47, S. 853. 1915. A. EINSTEIN: Ann. Phys. Bd. 47, S. 879. 1915. M. v. LAUE: Ann. Phys. Bd. 48, S. 668. 1915. M. PLANCK: Ann. Phys. Bd. 73, S. 272. 1924.) Der Grund dieser Unsicherheit war der, daß LORENTZ (vgl. die Fußnote S. 393) wellentheoretisch einen *statistischen* Mittelwert berechnet hatte vermittels einer *Phasenmittelung*, deren Zuverlässigkeit hernach angezweifelt wurde. Diese Diskussionen sind jedoch gegenstandslos geworden durch die Feststellung (BORN-HEISENBERG-JORDAN a. a. O.), daß man den Mittelwert hypothesenfrei als *Zeitmittelwert* berechnen kann.

[2] Man kann sogar aus (20′) das RAYLEIGH-JEANSsche Gesetz ableiten, indem man die thermodynamische Schwankungsformel (19), § 72, benutzt:

$$\overline{(\varDelta E_0)^2} = k T^2 \cdot \frac{d \overline{E}_0}{d T} = \frac{\overline{E}_0^2}{Z_\nu^0}$$

ergibt durch Integration die RAYLEIGH-JEANSsche Formel

$$\overline{E}_0 = Z_\nu^0 \cdot k T;$$

den *Gleichverteilungssatz* braucht man also bei dieser Ableitung *nicht*.

die Wellenvorstellung durch die Korpuskularvorstellung ersetzt bzw. ergänzt werden müsse. Die Quantenmechanik aber macht es möglich, *ohne* Verzicht auf die Wellenvorstellung die Übereinstimmung mit dem PLANCKschen Gesetz und allen seinen Folgerungen wiederherzustellen: Es genügt, die Modellvorstellung der klassischen Wellentheorie mit der exakten quantentheoretischen Kinematik und Mechanik durchzuführen. Die charakteristischen Lichtquanteneffekte ergeben sich dann von selbst, ohne Hinzuziehung neuer Hypothesen, als notwendige Folgerungen der Wellentheorie.

Gezeigt ist das hier freilich zunächst für das *zweite* EINSTEINsche Schwankungsgesetz. Daß auch das *erste* EINSTEINsche Schwankungsgesetz sich aus der quantenmechanischen Wellentheorie richtig ergibt, werden wir erst an späterer Stelle (Teil II dieses Buches) beweisen.

Daß es möglich ist, mit Hilfe der Quantenmechanik die Schwankungsprobleme auf Grund der Wellenvorstellung befriedigend zu erledigen, kann nicht überraschend erscheinen, wenn man bedenkt, daß in der Dynamik der Kristallgitter ganz dieselben Probleme auftreten: Die *klassische* Punktmechanik, angewandt auf die Massenpunkte eines Kristallgitters, führt durch Zeitmittelbildung über die Eigenschwingungen des Gitters zur Formel (20′) für das Schwankungsquadrat der Energie in einem kleinen Teilvolum des Kristalls. Die Thermodynamik dagegen verlangt, wie schon in § 72 hervorgehoben wurde, auch für den Kristall die Gültigkeit der Formel (20) statt (20′)[1]. Wenn also die Quantenmechanik für die *Mechanik der Massenpunkte* allgemein zu richtigen Ergebnissen führt, so muß insbesondere die Quantelung der Eigenschwingungen für das Kristallgitter die richtigen Schwankungsformeln liefern; und dann gilt dasselbe für den Hohlraum, der in diesen Eigenschaften dem Kristallgitter durchaus analog ist.

Unter Benutzung der Größe n_ν können wir (20′) in die Form

$$\overline{(\varDelta E_0)^2} = (h\nu)^2 \cdot Z_\nu^0 n_\nu^2$$

setzen, analog zur Formel (18):

$$\overline{(\varDelta E_0)^2} = (h\nu)^2 \cdot Z_\nu^0 \cdot n_\nu (n_\nu + 1)\,.$$

---

[1] Man muß also auch den Schwingungsquanten des Kristallgitters im EINSTEINschen Sinne einen korpuskularen Charakter zuschreiben.

Die quantenmechanische Formel unterscheidet sich also von der klassischen durch das Auftreten von $n_\nu (n_\nu + 1)$ statt n_ν^2 ähnlich, wie sich etwa die auf den Drehimpuls eines Atoms bezüglichen quantenmechanischen Formeln von den klassischen durch das Auftreten von $j(j+1)$ an Stelle von j^2 unterscheiden.

§ 74. Absorption und Emission von Strahlung durch Atome[1]. Aus der bei diesen Untersuchungen der Hohlraumstrahlung benützten Darstellung des elektromagnetischen Feldes durch gequantelte Eigenschwingungen erhalten wir auch die Möglichkeit, die *Wechselwirkung zwischen Materie und Strahlung* in exakter Weise zu behandeln. Wir denken uns in den gequantelten Strahlungshohlraum ein *Atom* hineingesetzt. Der Kern des Atoms sei unendlich schwer und liege fest an einem Orte $x = x_0$, $y = y_0$, $z = z_0$. Richten wir unsere Aufmerksamkeit zunächst auf diejenigen Eigenschwingungen, deren Wellenlängen groß gegen die mittleren Abstände der Atomelektronen vom Kern sind, so können wir der Berechnung der Wechselwirkung von Atom und Strahlungsfeld die Werte der Feldstärken *am Ort* $x_0 y_0 z_0$ *des Kerns* zugrunde legen. Ist also H_S die Energie des Hohlraums allein, H_A die des isolierten Atoms, so haben wir für das Gesamtsystem Hohlraum plus Atom mit Einschluß ihrer Wechselwirkung eine HAMILTON-Funktion

(1) $$H = H_S + H_A + H',$$

wobei

(1′) $$H' = -(\mathfrak{P}\mathfrak{E}) = \frac{1}{c}(\mathfrak{P}\dot{\mathfrak{A}})$$

ist (vgl. § 46 (4), § 67 (13); $\mathfrak{A}$ ist am Ort x_0, y_0, z_0 zu nehmen.

Als *ungestörtes* System betrachten wir die Verschmelzung der beiden Systeme: Atom und Strahlungsfeld. Als Funktion der Koordinaten dieser Verschmelzung enthält die Störungsfunktion die Zeit *nicht* explizit. Wir können daher die Formel § 45 (10′) und die Betrachtungen des § 65, S. 361 f. anwenden.

Nach § 65, (19) ist die Übergangswahrscheinlichkeit des Atoms vom Zustand n' in den Zustand m' (bei gegebenem Anfangs-

[1] Die Überlegungen dieses und des folgenden Paragraphen rühren von P. A. M. DIRAC her (Proc. Roy. Soc. Bd. 114, S. 243 u. 710. 1927).

zustand n'' der Strahlung) in der Zeiteinheit

$$w_{n'm'} = \frac{4\pi^2}{h^2} \Phi_{n',n'';m'}(\nu_{m'n'}), \tag{2}$$

wobei

$$\Phi_{n',n'';m'}(\nu)\cdot\Delta\nu = \sum_{\substack{m'' \\ \nu < \nu_{n''m''} < \nu + \Delta\nu}} |H'_{n',n'';m',m''}|^2 .$$

In diesem Fall ist ein Zustand n'' des Hohlraums gekennzeichnet durch die Besetzungszahlen n''_k sämtlicher Oszillatoren. Ein Matrixelement von

$$H' = \frac{1}{c}\sum_s \left(\overset{(1)}{\dot{q}^s}(\overset{(1)}{\mathfrak{P}\,\mathfrak{A}^s}) + \overset{(2)}{\dot{q}^s}(\overset{(2)}{\mathfrak{P}\,\mathfrak{A}^s})\right)$$

wird dann nach § 71:

$$H'_{n',n_1''\ldots n_s''\ldots;m',m_1''\ldots m_s''\ldots} = \frac{1}{c}(\mathfrak{P}_{n'm'}\mathfrak{A}^s)\,\dot{q}^s_{n_1''\ldots n_s''\ldots;m_1''\ldots m_s'} \tag{3}$$

Hierbei ist die Summe über s fortzulassen, da bei jedem Indexsystem $n_1'' \ldots n_k'' \ldots$, $m_1'' \ldots m_k'' \ldots$ höchstens eins der q von Null verschieden sein kann.

Dann ist

$$|H'_{n',n'';m',m''}|^2 = \frac{1}{c^2}|\mathfrak{P}_{n'm'}\mathfrak{A}^s|^2\,|\dot{q}^s_{n_1''\ldots n_s''\ldots;m_1''\ldots m_s''\ldots}|^2,$$

und durch Einsetzen von q aus § 71 ergibt sich mit dem in § 15, S. 75 eingeführten Symbol Δ_s:

$$\tag{4} \left\{\begin{aligned} |H'_{n',n'';m',m''}|^2 &= \frac{16\pi h\nu_s}{V} n_s''\,|\mathfrak{P}_{n'm'}\mathfrak{A}^s|^2\cdot\Delta_s \\ &\qquad \text{für } m_s'' = n_s'' - 1, \\ &\qquad \text{d. h. } \nu_{n''m''} = \nu_s > 0; \\ &= \frac{16\pi h\nu_s}{V}(n_s''+1)\,|\mathfrak{P}_{n'm'}\mathfrak{A}^s|^2\cdot\Delta_s \\ &\qquad \text{für } m_s'' = n_s'' + 1, \\ &\qquad \text{d. h. } \nu_{n''m''} = -\nu_s < 0; \\ &= 0 \text{ sonst.} \end{aligned}\right.$$

$\Phi_{n'n'';m'}(\nu)$ wird also verschieden sein, je nachdem

$$\nu \gtrless 0 .$$

Wir betrachten zuerst den Fall $\nu > 0$. Dann wird

$$\Phi_{n',m';n''}(\nu)\,\Delta\nu = \frac{16\pi h}{V} \sum_{\substack{s_1 s_2 s_3 \\ \nu<\nu_s<\nu+\Delta\nu}} \nu_s \left(\overset{(1)}{n_s''} \,|\, \mathfrak{P}_{n'm'} \overset{(1)}{\mathfrak{A}^s} \,|^2 + \overset{(2)}{n_s''} \,|\, \mathfrak{P}_{n'm'} \overset{(2)}{\mathfrak{A}^s} \,|^2 \right).$$

Wir nehmen nun an, daß alle Eigenschwingungen gleicher Frequenz etwa gleiche Besetzungszahlen haben.

Führt man dann die Funktion $\varrho(\nu)$ ein durch:

$$\sum_{\nu<\nu_s<\nu+\Delta\nu} h\,\nu_s\,(\overset{(1)}{n_s''} + \overset{(2)}{n_s''}) = V\,\varrho(\nu)\,\Delta\nu, \tag{5}$$

so ist $\varrho(\nu)$ die gesamte monochromatische Strahlungsdichte (entsprechend Anhang I) und $\varrho(\nu)\frac{d\omega_s}{8\pi}$ ist die monochromatische Strahlungsdichte der Eigenschwingungen, welche gekennzeichnet sind durch die Vektoren $\mathfrak{s}$ und $\overset{(1)}{\mathfrak{e}}$ (vgl. § 67, S. 371), wobei $\mathfrak{s}$ in einem Winkelelement $d\omega_s$ liegt. (Die Strahlungsdichte für $\overset{(2)}{\mathfrak{e}}$ ist, nach Voraussetzung, gleich groß.) Damit erhält man

$$\Phi(\nu) = 2\varrho(\nu)\int\left(|\,\mathfrak{P}_{n'm'}\overset{(1)}{\mathfrak{A}^s}\,|^2 + |\,\mathfrak{P}_{n'm'}\overset{(2)}{\mathfrak{A}^s}\,|^2\right) d\omega_s. \tag{6}$$

Mittelt man noch über die unbekannte Lage x_0, y_0, z_0 des Atoms im Hohlraum[1], so erhält man

$$\begin{aligned}\Phi(\nu) = \frac{\varrho(\nu)}{4}\int\Big\{ &|\,X_{n'm'}\overset{(1)}{\mathfrak{e}^s_x}\,|^2 + |\,X_{n'm'}\overset{(2)}{\mathfrak{e}^s_x}\,|^2 + |\,Y_{n'm'}\overset{(1)}{\mathfrak{e}^s_y}\,|^2 \\ &+ |\,Y_{n'm'}\overset{(2)}{\mathfrak{e}^s_y}\,|^2 + |\,Z_{n'm'}\overset{(1)}{\mathfrak{e}^s_z}\,|^2 + |\,Z_{n'm'}\overset{(2)}{\mathfrak{e}^s_z}\,|^2 \Big\}\, d\omega_s \\ = \frac{2\pi\,\varrho(\nu)}{3}\,&|\,\mathfrak{P}_{n'm'}\,|^2.\end{aligned}$$

Daher ergibt sich als Wert der Übergangswahrscheinlichkeit $w_{n'm'}$ im Falle $\nu_{n'm'} = -\nu_{n''m''} < 0$, d. h. der *Übergangswahrscheinlichkeit* (für die Zeiteinheit) *durch Absorption*:

$$\begin{aligned} w^{(a)}_{n'm'} &= \frac{8\pi^3}{3h^2}\,|\,\mathfrak{P}_{n'm'}\,|^2\,\varrho(\nu_{n'm'}) \\ &= B_{n'm'}\,\varrho(\nu_{n'm'}), \end{aligned} \tag{7}$$

---

[1] Man beachte, daß $\int_V \overset{(1)}{\mathfrak{A}^s_x}\overset{(1)}{\mathfrak{A}^s_y}\,dx\,dy\,dz = 0$ und $\int_V |\,\overset{(1)}{\mathfrak{A}^s_x}\,|^2\,dx\,dy\,dz = \frac{V}{8}\,|\,\overset{(1)}{\mathfrak{e}^s_x}\,|^2$ ist.

wobei der Faktor

(8) $$B_{n'm'} = \frac{8\pi^3}{3h^2} |\mathfrak{P}_{n'm'}|^2$$

in völliger Übereinstimmung ist mit dem schon in § 2, (10) korrespondenzmäßig abgeleiteten EINSTEINschen Absorptionskoeffizienten [s. auch § 63, (16)].

Es bleibt noch die *Emission* zu untersuchen, nämlich die Übergangswahrscheinlichkeiten von n' nach m' bei $\nu_{n'm'} = -\nu_{n''m''} > 0$. In diesen Fällen ist

$$\Phi_{n',n'';m'}(\nu)\,\Delta\nu = \frac{16\pi h}{V} \sum_{\substack{s_1 s_2 s_3 \\ \nu<\nu_s<\nu+\Delta\nu}} \nu_s \Big((\overset{(1)}{n''_s}+1)\,|\mathfrak{P}_{n'm'}\overset{(1)}{\mathfrak{A}^s}|^2 + (\overset{(2)}{n''_s}+1)\,|\mathfrak{P}_{n'm'}\overset{(2)}{\mathfrak{A}^s}|^2\Big)$$

Außer der in (5) definierten Funktion $\varrho(\nu)$ müssen wir hier noch eine weitere Funktion $\sigma(\nu)$ einführen:

(9) $$\sum_{\nu<\nu_s<\nu+\Delta\nu} h\nu_s = V\sigma(\nu)\,\Delta\nu\,.$$

Dann wird

(6a) $$\Phi(\nu) = 2\big(\varrho(\nu)+\sigma(\nu)\big)\int\Big(|\mathfrak{P}_{n'm'}\overset{(1)}{\mathfrak{A}^s}|^2 + |\mathfrak{P}_{n'm'}\overset{(2)}{\mathfrak{A}^s}|^2\Big)\,d\omega_s\,.$$

$V\cdot\sigma(\nu)\cdot\Delta\nu$ ist gerade die mit $h\nu$ multiplizierte Anzahl der Eigenschwingungen, für die ν_s im Intervall ν bis $\nu+\Delta\nu$ liegt Nun wurde aber in § 68 die asymptotische Anzahl der Eigenschwingungen im Frequenzintervall ν bis $\nu+\Delta\nu$ berechnet zu

$$\frac{dN(\nu,V)}{d\nu}\cdot\Delta\nu = \frac{8\pi\nu^2}{c^3}V\Delta\nu\,,$$

und daher wird

(10) $$\sigma(\nu) = \frac{8\pi h\nu^3}{c^3}\,.$$

Dann erhält man durch völlig analoge Rechnung wie bei der Absorption die *Wahrscheinlichkeit der Emission*

(7a) $$w^{(e)}_{n'm'} = \frac{8\pi^3}{3h^2}|\mathfrak{P}_{n'm'}|^2\big(\varrho(\nu_{n'm'})+\sigma(\nu_{n'm'})\big) = B_{n'm'}\varrho(\nu_{n'm'}) + A_{n'm'}\,,$$

wobei $B_{n'm'}$, dieselbe Größe wie in (7), den Koeffizienten der erzwungenen Emission bedeutet.

$$A_{n'm'} = \frac{64\pi^4 \nu^3_{n'm'}}{3h\,c^3} \,|\, \mathfrak{P}_{n'm'} \,|^2 \tag{8a}$$

ist derjenige Bestandteil der Übergangswahrscheinlichkeit, der noch übrigbleibt bei verschwindender Strahlungsdichte, also die Wahrscheinlichkeit der *spontanen Emission,* in voller Übereinstimmung mit der korrespondenzmäßigen Formel § 2, (9).

Damit sind wir zum Ausgangspunkt dieses ganzen Buches zurückgekehrt. Wir erinnern uns, daß HEISENBERG bei der Grundlegung seiner Theorie die Annahme machte, daß außer den Energiewerten der stationären Zustände die Elemente der Momentenmatrix $\mathfrak{P}_{nm}$ beobachtbare Größen seien, indem sie die emittierte Energie beim Übergang $n \to m$ gemäß der Formel (8a) bestimmten. Was dort Hypothese war, ist nunmehr nach dem Ausbau der Theorie zu einem ableitbaren Resultat geworden.

§ 75. Zerstreuung und Dispersion. Wir wollen nun in ähnlicher Weise wie im vorigen Paragraphen zeigen, daß auch die Streuung und damit die Dispersion des Lichts mit Hilfe der gequantelten Hohlraumstrahlung abgeleitet werden kann.

Nach § 45, (10′) bestimmt sich ein Element der Matrix U in zweiter Näherung durch

$$\overset{(2)}{U}_{n'n'';m'm''} = e^{-\frac{\overset{\circ}{W}_n}{\varkappa}t} \sum_{k'k''} \frac{H'_{n',n'';k',k''}\, H'_{k',k'';m',m''}}{h\,(\nu_{k'm'} + \nu_{n''m''})} \tag{1}$$

$$\left(\frac{e^{2\pi i(\nu_{n'm'}+\nu_{n''m''})t} - 1}{h\,(\nu_{n'm'} + \nu_{n''m''})} - \frac{e^{2\pi i(\nu_{n'k'}+\nu_{n''k''})t} - 1}{h\,(\nu_{n'k'} + \nu_{n''k''})}\right).$$

Für H' ist der Ausdruck § 74, (1′) einzusetzen. Es ist

$$\mathfrak{A} = \sum_s \left(\overset{(1)}{q^s}\,\overset{(1)}{\mathfrak{A}^s} + \overset{(2)}{q^s}\,\overset{(2)}{\mathfrak{A}^s}\right),$$

und wenn wir hier zur Abkürzung die q durchnumerieren, also schreiben

$$\mathfrak{A} = \sum_\alpha q^\alpha\, \mathfrak{A}^\alpha,$$

so wird

$$\overset{(2)}{U}_{n',n'';m',m''} = \frac{1}{c^2} e^{-\frac{\overset{\circ}{W}_n}{\varkappa} t} \sum_{\alpha\beta} \sum_{k''} \dot{q}^{\alpha}_{n''k''} \dot{q}^{\beta}_{k''m''} \sum_{k'} \left\{ \frac{(\mathfrak{P}_{n'k'} \mathfrak{A}^{\alpha})(\mathfrak{P}_{k'm'} \mathfrak{A}^{\beta})}{h(\nu_{k'm'} + \nu_{k''m''})} \left(\frac{1 - e^{2\pi i (\nu_{n'm'} + \nu_{n''m''})t}}{h(\nu_{n'm'} + \nu_{n''m''})} - \frac{1 - e^{2\pi i (\nu_{k'm'} + \nu_{k''m''})t}}{h(\nu_{n'k'} + \nu_{n''k''})} \right) \right\}.$$

Dabei ist zu beachten, daß bei einem bestimmten Indexsystem $m'' = m''_1 \ldots m''_\alpha \ldots m''_\beta \ldots$, $k'' = k''_1 \ldots k''_\alpha \ldots k''_\beta \ldots$, wenn $m'' \neq n''$, höchstens ein Element eines der q^α und der q^β von 0 verschieden sein kann, nämlich nur dann, wenn $k''_\alpha = n''_\alpha \pm 1$, $k'' = n''_\gamma$ für $\gamma \neq \alpha$; $m''_\beta = k''_\beta \pm 1$ und $k''_\delta = m''_\delta$ für $\delta \neq \beta$. $\overset{(2)}{U}_{n'n'';m'm''}$ kann also nur dann überhaupt von 0 verschieden sein, wenn $m''_\alpha = n''_\alpha \pm 1$, $m''_\beta = n''_\beta \pm 1$, $m''_\gamma = n''_\gamma$ für $\gamma \neq \alpha, \beta$. Das bedeutet, der Zustand m'' geht aus n'' hervor durch Absorption bzw. Emission eines Lichtquants ν_α und gleichzeitiger Absorption bzw. Emission eines Quants ν_β. Da aber für solche Übergänge, wie wir sahen, die erste Näherung $\overset{(1)}{U}_{n'n'';m'm''} = 0$ ist, so ist die Wahrscheinlichkeit eines Übergangs $n' \to m'$, $n'' \to m''$

$$\Psi_{n',n'';m'm''} = |\overset{(2)}{U}_{n',n'';m'm''}|^2 .$$

Uns interessiert hier speziell die Wahrscheinlichkeit dafür, daß bei einem Übergang $n' \to m'$ des Atoms ein Lichtquant einer Frequenz ν_α absorbiert und ein Lichtquant ν_β emittiert wird, *wobei ν_α, ν_β nicht Eigenfrequenzen des Atoms* sind. Wesentlichen Beitrag werden dabei nur solche Frequenzen ν_α, ν_β geben, für die einer der drei Nenner sehr klein ist, und wegen der Beschränkung der ν_α, ν_β auf Frequenzen ungleich $\nu_{n'k'}$ kommt von den drei Nennern nur der eine

$$\nu_{n'm'} + \nu_{n''m''} = \nu_{n'm'} + \nu_\alpha - \nu_\beta$$

in Betracht. Für diese Fälle ist daher das zweite Glied unter der Summe über k' gegen das erste zu vernachlässigen, und es wird

$$\Psi_{n',n'';m',m''} = \frac{16 \cdot 16 \pi^2 h^2}{V^2} \cdot n''_\alpha (n''_\beta + 1) \nu_\alpha \nu_\beta \tag{2}$$
$$\cdot \left| \sum_{k'} \frac{(\mathfrak{P}_{n'k'} \mathfrak{A}^{\alpha})(\mathfrak{P}_{k'm'} \mathfrak{A}^{\beta})}{h(\nu_{k'm'} - \nu_\beta)} + \frac{(\mathfrak{P}_{n'k'} \mathfrak{A}^{\beta})(\mathfrak{P}_{k'm'} \mathfrak{A}^{\alpha})}{h(\nu_{k'm'} + \nu_\alpha)} \right|^2$$
$$\cdot \frac{4 \sin^2 \pi (\nu_{n'm'} + \nu_\alpha - \nu_\beta)t}{h^2 (\nu_{n'm'} + \nu_\alpha - \nu_\beta)^2} .$$

Beschränken wir uns jetzt auf den Fall, daß der Hohlraum im ungestörten Zustand nur Strahlung einer Eigenschwingung $\mathfrak{A}^r$ bestimmter Frequenz ν_r enthält, d. h. daß alle $n''_\alpha = 0$ sind außer einem einzigen n''_r, so ist der einzig mögliche Prozeß der betrachteten Art derjenige, bei dem ein Quantum ν_r absorbiert und ein Quantum ν_β emittiert wird, das in der Gegend der Frequenz

$$\nu_s = \nu_r + \nu_{n'm'} \tag{3}$$

liegt[1].

Um die Wahrscheinlichkeit eines solchen Prozesses, d. h. der Aussendung eines solchen Lichtquants ν_s zu erhalten, müssen wir $\Psi_{n'n'';\,m'm''}$ über einen kleinen Frequenzbereich $\nu_s - \Delta\nu$ bis $\nu_s + \Delta\nu$ summieren.

Gehen wir analog § 65 von der Summe zum Integral über, so wird die Wahrscheinlichkeit der Emission von ν_s beim Sprung $n' \to m'$ in der Zeiteinheit

$$w(\nu_s) = \frac{4\pi^2}{h^2}\,\Phi(\nu_s),$$

wobei

$$\Phi_{n',n'';\,m'}(\nu)\,\Delta\nu = \sum_{\substack{m''\\ \nu<\nu_\beta<\nu+\Delta\nu}} \frac{16\cdot 16\,\pi^2 h^2}{V^2}\, n''_r\,\nu_r\,\nu_\beta$$

$$\left|\sum_{k'} \frac{(\mathfrak{P}_{n'k'}\mathfrak{A}^r)(\mathfrak{P}_{k'm'}\mathfrak{A}^\beta)}{h(\nu_{k'm'} - \nu_\beta)} + \frac{(\mathfrak{P}_{n'k'}\mathfrak{A}^\beta)(\mathfrak{P}_{k'm'}\mathfrak{A}^r)}{h(\nu_{k'm'} + \nu_\alpha)}\right|^2.$$

Da die Anzahl der Eigenschwingungen im betrachteten Frequenzintervall $\frac{8\pi^2\nu^2}{c^3}V\Delta\nu$ ist, so ergibt sich, ganz wie in § 74

$$w(\nu_s) = \frac{16\cdot 64\cdot \pi^4 \nu_s^3\,\nu_r}{c^3 V} \tag{4}$$

$$\cdot\int d\omega_s \left|\sum_{k'} \frac{(\mathfrak{P}_{n'k'}\mathfrak{A}^r)(\mathfrak{P}_{k'm'}\mathfrak{A}^s)}{h(\nu_{k'n'} - \nu_r)} + \frac{(\mathfrak{P}_{n'k'}\mathfrak{A}^s)(\mathfrak{P}_{k'm'}\mathfrak{A}^r)}{h(\nu_{k'm'} + \nu_r)}\right|^2,$$

[1] Außer den betrachteten Prozessen kann im Fall $\nu_{n'm'} > \nu_r > 0$ noch ein anderer mit gleicher Größenordnung der Intensität auftreten, nämlich eine erzwungene Emission von ν_r zugleich mit einer Emission der Frequenz

$$\nu_t = \nu_{n'm'} - \nu_r.$$

Die Rechnungen sind ganz analog (s. M. Göppert: Naturwiss. Bd. 17, S. 932. 1929).

wobei rechts außerdem noch über die verschiedenen Polarisationsrichtungen $\overset{(1)}{\mathfrak{A}^s}$ und $\overset{(2)}{\mathfrak{A}^s}$ zu summieren ist. Es ist zweckmäßig, an Stelle der Wahrscheinlichkeit der Emission der Frequenz ν_s zu berechnen, wie groß das Matrixelement $\mathfrak{P}^s$ eines Atoms sein würde, das diese Frequenz mit der angegebenen Intensität spontan emittiert.

Durch Vergleich mit Formel (10) und (6a) aus § 74 ergibt sich

$$\int d\omega_s \left(|\mathfrak{P}^s \overset{(1)}{\mathfrak{A}^s}|^2 + |\mathfrak{P}^s \overset{(2)}{\mathfrak{A}^s}|^2 \right) = \frac{c^3 h}{64\pi^3 \nu_s^3} w(\nu_s),$$

d. h.

$$|\mathfrak{P}^s \mathfrak{A}^s|^2 = \frac{16\pi h n_r'' \nu_r}{V}$$

$$\cdot \left| \sum_{k'} \frac{(\mathfrak{P}_{n'k'} \mathfrak{A}^r)(\mathfrak{P}_{k'm'} \mathfrak{A}^s)}{h(\nu_{k'n'} - \nu_r)} + \frac{(\mathfrak{P}_{n'k'} \mathfrak{A}^s)(\mathfrak{P}_{k'm'} \mathfrak{A}^r)}{h(\nu_{k'm'} + \nu_r)} \right|^2$$

oder

$$(5)\quad |\mathfrak{P}^s| = \sqrt{\frac{16\pi n_r'' h \nu_r}{V}} \left| \sum_{k'} \frac{(\mathfrak{P}_{n'k'} \mathfrak{A}^r)\mathfrak{P}_{k'm'}}{h(\nu_{k'n'} - \nu_r)} + \frac{\mathfrak{P}_{n'k'}(\mathfrak{P}_{k'm'} \mathfrak{A}^r)}{h(\nu_{k'm'} + \nu_r)} \right|.$$

Um dieses Ergebnis mit § 46ff. vergleichen zu können, müssen wir den Vektor $\mathring{\mathfrak{E}}$ der mittleren eingestrahlten elektrischen Feldstärke an der Stelle $x_0 y_0 z_0$ des Atoms einführen.

Da

$$\mathfrak{E} = -\frac{1}{c}\dot{\mathfrak{A}} = -\frac{1}{c}\sum_{\alpha} \dot{q}_\alpha \mathfrak{A}^\alpha,$$

so ist das Zeitmittel des Quadrats von $\mathfrak{E}^r$

$$(6)\quad \begin{aligned} 2|\mathring{\mathfrak{E}}|^2 = |\mathfrak{E}^r_{n'n'}|^2 = \frac{1}{c^2}|\dot{q}^r \mathfrak{A}^r|^2 &= \frac{16\pi h \nu_r}{V}(n_r'' + n_r'' + 1)|\mathfrak{A}^r|^2 \\ &= \frac{32\pi}{V} \cdot h\nu_r \left(n_r'' + \frac{1}{2}\right)|\mathfrak{A}^r|^2 . \end{aligned}$$

Da n_r'' groß ist, so ist $\frac{1}{2}$ dagegen zu vernachlässigen, und da außerdem $\mathring{\mathfrak{E}}$ die Richtung von $\mathfrak{A}^r$ hat, so wird

$$(7)\quad |\mathfrak{P}^s| = \left| \sum_{k'} \frac{(\mathfrak{P}_{n'k'} \mathring{\mathfrak{E}})\mathfrak{P}_{k'm'}}{h(\nu_{k'n'} - \nu_r)} + \frac{\mathfrak{P}_{n'k'}(\mathfrak{P}_{k'm'} \mathring{\mathfrak{E}})}{h(\nu_{k'm'} + \nu_r)} \right|.$$

Die ausgestrahlte Frequenz war dabei nach (3)

$$\nu_s = \nu_r + \nu_{n'm'} .$$

Ist $\nu_{n'm'} < 0$, d. h. wird das Atom vom Zustand n' zum Zustand m' gehoben, so haben wir für $\nu_r > \nu_{m'n'}$ den STOKESschen Fall des RAMAN-Effekts vor uns, die ausgestrahlte Frequenz

$$\nu_s = \nu_r - |\nu_{n'm'}|$$

ist kleiner als die eingestrahlte.

Ist $\nu_{n'm'} > 0$, d.h. sinkt das Atom zu einem tieferen Zustand m', so liegt der anti-STOKESsche Fall vor, die ausgestrahlte Frequenz ist

$$\nu_s = \nu_r + |\nu_{n'm'}| .$$

Das in Formel (7) ausgedrückte Resultat stimmt mit § 50, (3) überein. Damit sind die in § 46ff. gemachten Annahmen bezüglich der Intensität der sekundären Strahlung von einem höheren Standpunkt gerechtfertigt.

§ 76. Thermisches Gleichgewicht zwischen Strahlung und Atomen. Die Formeln § 74, (7), (7a), (8a) oder:

$$w^{(a)} = B\varrho_\nu; \quad w^{(e)} = B\left(\varrho_\nu + \frac{8\pi h}{c^3}\nu^3\right) \tag{1}$$

sind, wie schon erwähnt, nichts anderes als die berühmten von EINSTEIN 1916/17 angegebenen[1] Wahrscheinlichkeitsgesetze der Emission und Absorption der Quantenatome. Gebrauchen wir statt ϱ_ν wieder die *mittlere Quantenzahl* n_ν der Oszillatoren der Frequenz ν, so erhalten sie die Form:

$$w^{(a)} = C n_\nu; \quad w^{(e)} = C(n_\nu + 1), \tag{2}$$

mit

$$n_\nu = \frac{\varrho_\nu c^3}{8\pi h \nu^3}, \quad C = \frac{8\pi h \nu^3}{c^3} B .$$

Sie liefern in bekannter Weise das PLANCKsche Gesetz als Bedingung für das thermische Gleichgewicht zwischen Strahlung und statistisch normal verteilten Atomen (vgl. auch Band I, § 2, S. 11, 12). Ist nämlich N_1 die Anzahl der Atome im unteren und N_2 die im oberen Zustand, so gilt für die normale Verteilung bei der Temperatur T:

$$\frac{N_2}{N_1} = e^{-\frac{W_2 - W_1}{kT}} = e^{-\frac{h\nu}{kT}}; \tag{3}$$

[1] EINSTEIN, A.: Verh. d. D. Phys. Ges. Bd. 18, S. 318. 1916. Phys. Zs. Bd. 18, S. 121. 1917.

und die in

$$N_1 w^{(a)} = N_2 w^{(e)} \tag{4}$$

ausgedrückte Gleichgewichtsforderung, daß im Mittel in der Zeiteinheit ebenso viele Atome der Energie W_1 absorbieren, wie Atome der Energie W_2 emittieren, führt mit (2) zu

$$\frac{N_2 w^{(e)}}{N_1 w^{(a)}} = e^{-\frac{h\nu}{kT}} \frac{n_\nu + 1}{n_\nu} = e^{-\frac{h\nu}{kT}} \left(1 + \frac{1}{n_\nu}\right) = 1 \tag{5}$$

oder

$$n_\nu = \frac{1}{e^{\frac{h\nu}{kT}} - 1}. \tag{6}$$

Die Einführung von n_ν statt ϱ_ν in den EINSTEINschen Formeln (1) läßt auch eine zunächst nicht ganz sichtbare *Symmetrie* der Gleichungen für Absorption und Emission erkennen. Die quantenmechanischen Gleichungen, welche den Energieaustausch zwischen Atom und Hohlraumeigenschwingungen bestimmen, sind offenbar *invariant* gegen eine *Umkehr der Zeitrichtung*; diese Invarianz muß in den Formeln (2) wiederzufinden sein. In der Tat ist die scheinbare Unsymmetrie der Gleichungen (2) für $w^{(a)}$ und $w^{(e)}$ leicht aufzuklären. Die Formel für $w^{(a)}$ bedeutet: Die Wahrscheinlichkeit, daß das Atom aus einer bestimmten Eigenschwingung von passender Frequenz, etwa der r-ten, ein Quantum $h\nu$ herausabsorbiert, ist proportional der Quantenzahl n_r, die diese Eigenschwingung *vor* dem Prozeß besitzt; *nach* dem Prozeß ist ja diese Quantenzahl um 1 vermindert. In vollkommener zeitlicher Symmetrie ist dagegen die Abgabe eines Quantums vom Atom an eine bestimmte Eigenschwingung proportional der Quantenzahl dieser Eigenschwingung *nach* Durchführung des Emissionsprozesses; also proportional mit $n_r + 1$, wenn n_r der Wert der Quantenzahl *vor* dem Prozesse war. Bei der statistischen Mittelbildung über alle in Betracht kommenden Eigenschwingungen ist nun zu beachten, daß n_ν dem Mittelwert von n_r *ohne* Berücksichtigung des Prozesses entspricht, also *vor* der etwaigen Änderung von n_r durch den Prozeß zu bilden ist. Damit ergibt sich für Absorption Proportionalität mit n_ν und für Emission Proportionalität mit $n_\nu + 1$.

Man kann sich weiterhin auch überzeugen, daß die Absorption und Emission von Strahlung durch Atome nicht nur die PLANCKsche Verteilung n_ν ungeändert läßt, sondern auch[1] die statistischen Normalwerte der $p_\nu^{(n)}$ in § 70.

Wir können nämlich die Formeln (2) offenbar folgendermaßen verschärfen: Sei $w_1{}^{(n)}$ die Wahrscheinlichkeit, daß das Atom ein Quant $h\nu$ absorbiert aus einer solchen Eigenschwingung, welche (*vor* dem Prozeß) die Quantenzahl $n_r = n$ besitzt; und sei $w_2^{(n)}$ die Wahrscheinlichkeit, daß das Atom emittiert in eine Eigenschwingung hinein, welche (*vor* der Emission) die Quantenzahl $n_r = n$ besitzt. Dann gilt

$$(7) \qquad w_1^{(n)} = C \cdot n\, p_\nu^{(n)}\,; \quad w_2^{(n)} = C \cdot (n+1)\, p_\nu^{(n)}\,.$$

Mit den Formeln (33), (35) aus § 70, nämlich

$$\sum_n n\, p_\nu^{(n)} = n_\nu; \qquad \sum_n p_\nu^{(n)} = 1\,,$$

ergibt sich aus (7) durch Summation wieder (2). Die statistischen Gleichgewichtsbedingungen aber lauten:

$$(8) \qquad N_1\, w_1{}^{(n+1)} = N_2\, w_2{}^{(n)}\,;$$

und sie sind wirklich erfüllt mit der Atomverteilung (3) und der Formel (34), § 70 für die statistisch normalen Werte der $p_\nu^{(n)}$:

$$p_\nu^{(n)} = \left(1 - e^{-\frac{h\nu}{kT}}\right) e^{-n\frac{h\nu}{kT}}\,,$$

aus der

$$\frac{w_1^{(n+1)}}{w_2^{(n)}} = \frac{p_\nu^{(n+1)}}{p_\nu^{(n)}} = e^{-\frac{h\nu}{kT}}$$

folgt.

Endlich haben wir nachzuweisen, daß sich auch bei *Dispersionsprozessen* das statistische Gleichgewicht zwischen Strahlung und Materie erhält[2]. Aus § 75, Formel (2) ff. sieht man: Die Wahrscheinlichkeit eines Prozesses, bei dem ein Atom im Zustand W_1 in ein Atom im Zustand W_2 übergeht (wobei jetzt insbesondere auch $W_2 = W_1$ sein kann), während ein Quantum $h\nu'$ verschwindet und ein Quantum $h\nu''$ neu erzeugt wird, ist gleich

$$(9) \qquad w_1 = D \cdot n_{\nu'}\,(n_{\nu''} + 1)\,.$$

---

[1] Vgl. BOTHE, W.: Z. Phys. Bd. 41, S. 345. 1927.

[2] Vgl. dazu W. PAULI JR.: Z. Phys. Bd. 18, S. 272. 1923.

Die Wahrscheinlichkeit des *inversen* Prozesses — Übergang des Atoms von der Energie W_2 zur Energie W_1, Verschwinden eines Quants $h\nu''$ und Erzeugung eines Quants $h\nu'$ — ist entsprechend gleich

$$(9') \qquad w_2 = D \cdot n_{\nu''} \cdot (n_{\nu'} + 1) .$$

Die Gleichgewichtsforderung $N_1 w_1 = N_2 w_2$ ergibt also diesmal

$$(10) \qquad N_1 \frac{n_{\nu''} + 1}{n_{\nu''}} = N_2 \frac{n_{\nu'} + 1}{n_{\nu'}} .$$

Da aber bei thermischer Normalverteilung

$$(11) \qquad \frac{N_2}{N_1} = e^{-\frac{W_2 - W_1}{kT}} = e^{-\frac{h\nu' - h\nu''}{kT}}$$

ist, so ist (10) gleichbedeutend mit

$$(12) \qquad e^{-\frac{h\nu''}{kT}} \frac{n_{\nu''} + 1}{n_{\nu''}} = e^{-\frac{h\nu'}{kT}} \frac{n_{\nu'} + 1}{n_{\nu'}} .$$

Diese Gleichung ist aber wirklich erfüllt, wenn die $n_{\nu'} n_{\nu''}$ dem PLANCKschen Gesetz entsprechen; denn nach (5) sind dann beide Seiten der Gleichung (12) gleich 1.

Es ist nun ohne weiteres zu sehen, wie diese Betrachtungen zu verallgemeinern[1] sind für noch verwickeltere Strahlungsreaktionen, bei denen das von W_1 nach W_2 übergehende Atom beliebige Anzahlen von Lichtquanten $h\nu_1'$, $h\nu_2'$, ... bzw. $h\nu_1''$, $h\nu_2''$, ... verschwinden läßt bzw. neu erzeugt. Ein besonderes Beispiel hierfür, Emission von zwei Lichtquanten zugleich, haben wir schon in § 75 erwähnt (vgl. die Fußnote S. 406). Noch kompliziertere Fälle sind zwar praktisch-experimentell von geringerer Bedeutung gegenüber den gewöhnlichen Absorptions-, Emissions- und Dispersionsprozessen, ergeben sich aber als notwendige Folgerung der Theorie, wenn man die Störungsrechnungen von §§ 74, 75 zu noch höheren Näherungen weiter treibt. Die Wahrscheinlichkeit eines solchen Prozesses wird allgemein die Gestalt

$$(13) \qquad w_1 = G \cdot n_{\nu_1'} n_{\nu_2'} \ldots \quad (n_{\nu_1''} + 1)(n_{\nu_2''} + 1) \ldots$$

erhalten, während die des *inversen* Prozesses gleich

$$(13') \qquad w_2 = G \cdot n_{\nu_1''} n_{\nu_2''} \ldots \quad (n_{\nu_1'} + 1)(n_{\nu_2'} + 1) \ldots$$

[1] Vgl. A. EINSTEIN und P. EHRENFEST: Z. Phys. Bd. 19, S. 301. 1923.

wird. Bedenkt man nun, daß bei normaler Verteilung

$$(14) \qquad \frac{N_2}{N_1} = e^{-\frac{W_2 - W_1}{kT}} = e^{-\frac{(h\nu_1' + h\nu_2' + \cdots) - (h\nu_1'' + h\nu_2'' + \cdots)}{kT}}$$

wird, so erhält man die Gleichgewichtsbedingung $N_1 w_1 = N_2 w_2$ in der Form

$$(15) \qquad \begin{aligned} &\left\{ e^{-\frac{h\nu_1''}{kT}} \frac{n_{\nu_1''} + 1}{n_{\nu_1''}} \right\} \cdot \left\{ e^{-\frac{h\nu_2''}{kT}} \frac{n_{\nu_2''} + 1}{n_{\nu_2''}} \right\} \cdots \\ &= \left\{ e^{-\frac{h\nu_1'}{kT}} \frac{n_{\nu_1'} + 1}{n_{\nu_1'}} \right\} \cdot \left\{ e^{-\frac{h\nu_2'}{kT}} \frac{n_{\nu_2'} + 1}{n_{\nu_2'}} \right\} \cdots ; \end{aligned}$$

und wiederum ist sie auf Grund des PLANCKschen Gesetzes erfüllt, indem jeder der eingeklammerten Faktoren der rechten und linken Seite von (15) gleich 1 wird.

In allen Erörterungen dieses Paragraphen ist, ebenso wie in §§ 74, 75, das *Atom* (oder der Atom*kern*) als *unendlich schwer* angenommen worden, so daß die Impulse $\frac{h\nu}{c}$ der Lichtquanten $h\nu$ nicht berücksichtigt zu werden brauchten. Die quantenmechanische Untersuchung ihrer Einflüsse auf die Strahlungsreaktionen wird zu den Aufgaben der Fortsetzung dieses Buches gehören.

Wir wollen zum Schluß einen Rückblick auf den Gedankengang des ganzen Buches werfen. Dieser beruhte auf der schrittweisen induktiven Verallgemeinerung der einfachen HEISENBERGschen Ansätze. Der Ausgangspunkt war die Annahme, daß die Emissionen und Absorptionen der Atome gemäß der BOHRschen Frequenzbedingung und den EINSTEINschen Wahrscheinlichkeitsgesetzen durch die Energiewerte der stationären Zustände (hinsichtlich der Frequenzen) und durch die Matrixelemente des elektrischen Moments $\mathfrak{P}$ (hinsichtlich der Intensitäten) bestimmt seien. Das war ursprünglich eine reine Hypothese und nur durch korrespondenzmäßige Analogien zur klassischen Theorie gerechtfertigt. Hieraus entstand in natürlicher Weise der HEISENBERGsche Formalismus. Aber die dabei gemachten Annahmen und Vorstellungen bezüglich der Verknüpfung der Strahlungsreaktion eines Atoms mit der matrizenmäßig beschriebenen Kinematik und

Mechanik dieses Atoms hatten zunächst den Charakter logisch selbständiger Hypothesen; und diese waren unentbehrliche Elemente im induktiven Aufbau der Theorie.

Eine *deduktive* Darstellung, welche die logische Einheit und Widerspruchslosigkeit der Theorie erweisen will, muß jedoch ausgehen von möglichst *einfachen*, *umfassenden* und *exakten* Hypothesen; nicht dagegen von Annahmen bezüglich eines konkreten Einzelproblems, wie es die Strahlungsreaktionen darbieten, und noch dazu von Annahmen, die statt grundsätzlich exakter nur eine gewisse angenäherte Gültigkeit beanspruchen können.

Formulierungen, die in diesem Sinne geeignet sind, als Ausgangspunkt einer deduktiven Entwicklung sowohl der formalen Theorie als auch ihres physikalischen Inhalts zu dienen, haben wir — unseren induktiven Weg verfolgend — mit den Feststellungen über die „Relativwahrscheinlichkeiten“ erreicht (Kap. VI). Es mußte also gezeigt werden, daß aus diesen Feststellungen die Zuverlässigkeit der ursprünglichen Hypothesen (in erster Annäherung) deduktiv abgeleitet werden kann. Das ist nunmehr geschehen, so daß der Kreis unserer Betrachtungen geschlossen ist.

Die weiteren Ergebnisse, die wir in §§ 72, 73 bezüglich des Lichtquantenproblems erhalten haben, zeigen überdies, daß die aufklärende Kraft der aus dem Korrespondenzprinzip erwachsenen Quantenmechanik auch auf solche Gebiete hinüberreicht, an die in den ersten Entwürfen HEISENBERGS wohl noch nicht gedacht war.

Anhang I.

Emission und Absorption elektromagnetischer Wellen nach der klassischen Theorie. Die Emission eines atomaren Systems hängt nach der klassischen Theorie von HEINRICH HERTZ von dem elektrischen Moment $\mathfrak{P}$ ab, und zwar ist die in der Zeit Δt ausgesandte Energie

$$\Delta E^{(e)} = -\frac{2}{3c^3}\overline{\ddot{\mathfrak{P}}^2}\cdot\Delta t\,, \tag{1}$$

wo c die Lichtgeschwindigkeit ist, die Punkte Differentiationen nach der Zeit und der Strich das Zeitmittel bedeutet[1]. Dabei ist angenommen, daß das Atom ohne Ausstrahlung eine mehrfach periodische Bewegung ausführen würde und daß die ausgestrahlte Energie während einer großen Zahl von Grundperioden noch relativ klein bleibt. Nun kann man in (1) für $\mathfrak{P}$ die Reihe § 1, (3) bzw. (4) des Textes setzen:

$$(2) \qquad \mathfrak{P} = \sum_{\tau} \mathfrak{P}_{\tau}\, e^{2\pi i (w\tau)} = \sum_{\tau} \mathfrak{P}_{\tau}\, e^{2\pi i [(\tau\nu)t + (\tau\delta)]}.$$

Dann erhält man

$$\ddot{\mathfrak{P}}^2 = 16\pi^4 \sum_{\tau}\sum_{\sigma} (\tau\nu)^2 (\sigma\nu)^2\, \mathfrak{P}_{\tau}\, \mathfrak{P}_{\sigma}\, e^{2\pi i [(\tau+\sigma,\nu)t + (\tau+\sigma,\delta)]}$$

und mit Rücksicht auf $\mathfrak{P}_{-\tau} = \mathfrak{P}_{\tau}^{*}$ [s. § 1, (5)]:

$$\overline{\ddot{\mathfrak{P}}^2} = 16\pi^4 \sum_{\tau} (\tau\nu)^4\, |\mathfrak{P}_{\tau}|^2 .$$

Erstreckt man hier die Summation anstatt über alle Wertsysteme der τ nur über solche, für die $\tau\nu > 0$ ist, so hat man rechts den Faktor 2 hinzuzufügen und erhält durch Einsetzen in (1)

$$(3) \qquad \Delta E^{(e)} = -\frac{64\pi^4}{3c^3} \sum_{(\tau\nu)>0} (\tau\nu)^4\, |\mathfrak{P}_{\tau}|^2 \cdot \Delta t .$$

Die einzelnen Glieder dieser Summe entsprechen den monochromatischen Emissionen

$$(3a) \qquad \Delta E^{(e)}_{(\tau\nu)} = -\frac{64\pi^4}{3c^3} (\tau\nu)^4\, |\mathfrak{P}_{\tau}|^2 \cdot \Delta t ,$$

in Übereinstimmung mit § 1, (8).

In analoger Weise kann man die Absorption einer Lichtwelle durch das Atom berechnen[2]. Das elektrische Feld der Welle kann im Bereiche des Atoms als räumlich konstant angesehen werden und werde (als kleine Größe) mit $\lambda\mathfrak{E}(t)$ bezeichnet. In einem Zeitabschnitt $\Delta t = t_1 - t_0$ sei $\lambda\mathfrak{E}(t)$ dargestellt durch das Fourier-

[1] S. etwa Abraham, M.: Theorie der Elektrizität, Bd. 2, 3. Aufl. § 9, S. 63, Formel (56c), Leipzig 1914.

[2] Wir folgen hier der Methode von Born, M. u. P. Jordan: Z. Phys. Bd. 33, S. 479. 1925. S. auch Niessen, K. F.: Ann. Phys. Bd. 75, S. 743. 1924 und van Vleck, J. H.: Phys. Rev. Bd. 24, S. 330. 1924; Journ. Opt. Soc. Amer. Bd. 9, S. 27. 1924.

sche Integral

(4) $$\lambda \mathfrak{E}(t) = \int_{-\infty}^{\infty} \mathfrak{e}(\omega)\, e^{2\pi i \omega t} d\omega\,, \qquad t_0 \leqq t \leqq t_1\,.$$

Dann ist der Amplitudenvektor gegeben durch

(4a) $$\mathfrak{e}(\omega) = \lambda \int_{t_0}^{t_1} \mathfrak{E}(t)\, e^{-2\pi i \omega t} dt\,.$$

Zu der Eigenenergie H_0 des Atoms tritt im Felde die Störungsenergie λH_1, wo

(5) $$H_1 = -\mathfrak{P}\,\mathfrak{E}(t) = -\sum_{\tau} \mathfrak{P}_\tau\, \mathfrak{E}(t)\, e^{2\pi i (w\tau)}\,.$$

Da diese von der Zeit explizite abhängt, tritt nach Bd. 1, § 10, S. 64 als HAMILTONsche Funktion nicht die Energie $H = H_0 + \lambda H_1$ auf, sondern

(6) $$W = H + \frac{\partial S}{\partial t}\,,$$

wo S die Erzeugende der kanonischen Transformation ist, welche die Winkel- und Wirkungsvariabeln w_k^0, J_k^0 des ungestörten Systems in die des gestörten w_k, J_k verwandelt, und zwar auf Grund der Formeln

(7) $$J_k^0 = \frac{\partial S}{\partial w_k^0}\,, \qquad w_k = \frac{\partial S}{\partial J_k}\,.$$

Man hat nun S so zu bestimmen, daß W in eine Funktion der J_k allein übergeht. Da H als Funktion der w_k^0, J_k^0 des ungestörten Systems gegeben ist, so hat man nach (6) und (7) die HAMILTON-JACOBIsche Differentialgleichung

(8) $$H\left(w^0, \frac{\partial S}{\partial w^0}\right) + \frac{\partial S}{\partial t} = W(J)$$

zu lösen. Dies geschieht durch den Ansatz:

(9) $$\begin{cases} W = W_0 + \lambda W_1 + \lambda^2 W_2 + \cdots \\ S = \sum_k w_k^0 J_k + \lambda S_1 + \lambda^2 S_2 + \cdots\,, \end{cases}$$

der auf die Rekursionsformeln führt:

(10) $$\begin{cases} W_0 = H_0(J)\,, \\ W_1 = \sum_k \nu_k \frac{\partial S_1}{\partial w_k^0} + \frac{\partial S_1}{\partial t} + H_1(J, w^0) \\ \dots\dots\dots\dots\dots\dots \end{cases}$$

Dabei bedeuten die ν_k die Frequenzen des *ungestörten* Systems: $\nu_k = \frac{\partial H_0}{\partial J_k}$. Die erste von diesen Gleichungen liefert nichts Neues, nämlich die Energie des ungestörten Systems als Funktion der J_k. Die zweite Gleichung lautet nach (5) ausführlich:

$$W_1 = \sum_k \nu_k \frac{\partial S_1}{\partial w_k^0} + \frac{\partial S_1}{\partial t} - \sum_\tau \mathfrak{P}_\tau \mathfrak{E}(t)\, e^{2\pi i (w^0 \tau)}.$$

Durch den Ansatz[1]

$$S_1 = -\sum_\tau \mathfrak{P}_\tau \mathfrak{S}_\tau(t)\, e^{2\pi i (w^0 \tau)} \tag{11}$$

geht sie über in

$$W_1 = -\sum_\tau \left(2\pi i (\nu \tau)\, \mathfrak{S}_\tau + \dot{\mathfrak{S}}_\tau + \mathfrak{E}\right) \mathfrak{P}_\tau\, e^{2\pi i (w^0 \tau)}.$$

Mittelt man über die w_k^0, so erhält man

$$W_1 = -\mathfrak{E}\, \mathfrak{P}_0. \tag{12}$$

Sodann ergibt sich für $\mathfrak{S}_\tau$ $(\tau \neq 0)$ die Differentialgleichung

$$\dot{\mathfrak{S}}_\tau + 2\pi i (\nu \tau)\, \mathfrak{S}_\tau = -\mathfrak{E}(t). \tag{13}$$

Ihre für $t = t_0$ verschwindende Lösung ist

$$\mathfrak{S}_\tau(t) = -\int_{t_0}^{t} e^{-2\pi i (\nu \tau)(t - t')}\, \mathfrak{E}(t')\, dt'. \tag{14}$$

Das Näherungsverfahren läßt sich fortsetzen, doch genügt hier die erste Näherung.

Aus der Entwickelung (9) von S erhält man nach (7)

$$J_k^0 = J_k + \lambda \frac{\partial S_1}{\partial w_k^0} + \cdots, \qquad w_k = w_k^0 + \lambda \frac{\partial S_1}{\partial J_k} + \cdots,$$

oder aufgelöst in erster Näherung

$$J_k = J_k^0 - \lambda \frac{\partial S_1}{\partial w_k^0}, \qquad w_k = w_k^0 + \lambda \frac{\partial S_1}{\partial J_k^0}.$$

Daher wird das elektrische Moment unter dem Einfluß der Störung

$$\mathfrak{P}(w, J) = \mathfrak{P}_0 + \lambda\, \mathfrak{P}_1 + \cdots \tag{15}$$

[1] Diese Methode stammt von JORDAN, P.: Z. Phys. Bd. **33**, S. 506. 1925.

mit

(15a) $$\mathfrak{P}_1 = \sum_k \left(\frac{\partial \mathfrak{P}}{\partial w_k^0} \frac{\partial S_1}{\partial J_k^0} - \frac{\partial \mathfrak{P}}{\partial J_k^0} \frac{\partial S_1}{\partial w_k^0} \right).$$

Setzt man hier die Ausdrücke (2) und (11) für $\mathfrak{P}$ und S_1 ein, so erhält man

$$\mathfrak{P}_1 = -2\pi i \sum_{\tau, \sigma} \left\{ \mathfrak{P}_\tau \cdot \left(\tau, \frac{\partial \mathfrak{P}_\sigma \mathfrak{S}_\sigma}{\partial J} \right) - \left(\sigma, \frac{\partial \mathfrak{P}_\tau}{\partial J} \right) \cdot \mathfrak{P}_\sigma \mathfrak{S}_\sigma \right\} e^{2\pi i (\tau+\sigma, w)},$$

wobei der Index 0 bei w_k, J_k fortgelassen ist. Da nach (14) $\mathfrak{S}_\tau(t_0) = 0$ ist, so stellt (16) in der Tat eine zur Zeit t_0 einsetzende Störung dar.

Die in der Zeit Δt absorbierte Energie ist die vom Felde $\lambda \mathfrak{E}$ geleistete Arbeit:

(17) $$\Delta E^{(a)} = -\lambda \int_{t_0}^{t_1} \dot{\mathfrak{P}} \mathfrak{E} \, dt;$$

sie hängt noch von den Phasenkonstanten ab, und da man diese nicht kennt, hat man über sie zu mitteln. Nun ist das Phasenmittel von $\dot{\mathfrak{P}}_0$ gleich Null, und da offenbar Phasenmittelung und Zeitdifferentiation vertauschbare Operationen sind, erhält man:

(17a) $$\Delta E^{(a)} = -\lambda^2 \int_{t_0}^{t_1} \dot{\overline{\mathfrak{P}}}_1 \mathfrak{E} \, dt.$$

Aus (16) folgt zunächst

$$\overline{\mathfrak{P}}_1 = -2\pi i \sum_\tau \left\{ \mathfrak{P}_\tau \cdot \left(\tau, \frac{\partial \mathfrak{P}_{-\tau} \mathfrak{S}_{-\tau}}{\partial J} \right) + \left(\tau, \frac{\partial \mathfrak{P}_\tau}{\partial J} \right) \cdot \mathfrak{P}_{-\tau} \mathfrak{S}_{-\tau} \right\}.$$

Hier hängt $\mathfrak{S}_\tau$ noch von der Zeit ab, und man hat nach (13)

$$\dot{\mathfrak{S}}_{-\tau} = -\mathfrak{E} + 2\pi i (\nu \tau) \mathfrak{S}_{-\tau}.$$

Daher wird

$$\begin{aligned}
-\dot{\overline{\mathfrak{P}}}_1 \mathfrak{E} &= 2\pi i \sum_\tau \left\{ \mathfrak{P}_\tau \mathfrak{E} \cdot \left(\tau, \frac{\partial \mathfrak{P}_{-\tau} \dot{\mathfrak{S}}_{-\tau}}{\partial J} \right) + \left(\tau, \frac{\partial \mathfrak{P}_\tau \mathfrak{E}}{\partial J} \right) \cdot \mathfrak{P}_{-\tau} \dot{\mathfrak{S}}_{-\tau} \right\} \\
&= 2\pi i \sum_\tau \left(\tau, \frac{\partial}{\partial J} [\mathfrak{P}_\tau \mathfrak{E} \cdot \mathfrak{P}_{-\tau} \dot{\mathfrak{S}}_{-\tau}] \right) \\
&= -2\pi i \sum_\tau \left(\tau, \frac{\partial |\mathfrak{P}_\tau \mathfrak{E}|^2}{\partial J} \right) \\
&\quad + 4\pi^2 \sum_\tau \left(\tau, \frac{\partial}{\partial J} [(\nu\tau) \cdot \mathfrak{P}_\tau \mathfrak{E} \cdot \mathfrak{P}_{-\tau} \mathfrak{S}_{-\tau}] \right).
\end{aligned}$$

Die erste Summe verschwindet, da sich immer je zwei Glieder $\tau, -\tau$ fortheben. In die zweite setzen wir den Ausdruck (14) von $\mathfrak{S}_\tau$ ein und finden dann nach (17a)

$$\Delta E^{(a)} = 4\pi^2 \lambda^2 \cdot$$
$$\int_{t_0}^{t_1} dt \int_{t_0}^{t} dt' \sum_\tau \left(\tau, \frac{\partial}{\partial J}[(\nu\tau)\cdot \mathfrak{P}_\tau \mathfrak{E}(t)\cdot \mathfrak{P}_{-\tau}\mathfrak{E}(t')]\right) e^{2\pi i(\nu\tau)(t-t')}\,.$$

Der Integrand ist symmetrisch in t und t'; denn vertauscht man t und t', so kann man den Vorzeichenwechsel im Exponenten durch Vertauschung von τ mit $-\tau$ rückgängig machen. Man kann daher im innern Integral bis t_1 integrieren, wenn man zugleich den Faktor $\frac{1}{2}$ zufügt. Dann erhält man unter Benutzung der Definition (4a):

$$\Delta E^{(a)} = 2\pi^2 \sum_\tau \left(\tau, \frac{\partial}{\partial J}[(\nu\tau)\, \mathfrak{P}_\tau \mathfrak{e}(\nu\tau)\cdot \mathfrak{P}_{-\tau}\mathfrak{e}(-\nu\tau)]\right)$$

oder, indem man nur über die Werte von τ summiert, für die $(\nu\tau) > 0$ ist:

$$\Delta E^{(a)} = 4\pi^2 \sum_{(\nu\tau)>0} \left(\tau, \frac{\partial}{\partial J}[(\nu\tau)\cdot |\mathfrak{P}_\tau \mathfrak{e}(\nu\tau)|^2]\right). \tag{18}$$

Die Stellung des Vektors $\mathfrak{P}$ im Raume ist willkürlich, sofern nicht durch ein äußeres Kraftfeld eine ausgezeichnete Richtung hergestellt wird; man wird daher noch über alle Stellungen zu mitteln haben. Statt dessen kann man auch das Atom festgehalten denken und über alle Richtungen des Feldvektors oder seines monochromatischen Anteils $\mathfrak{e}(\nu\tau)$ mitteln. Diese Art der Mittelung ist auch dann erlaubt, wenn für die Atome zwar eine bestimmte Richtung der Einstellung ausgezeichnet, aber das Strahlungsfeld völlig isotrop ist. Nun ist

$$\begin{aligned} |\mathfrak{P}_\tau \mathfrak{e}(\nu\tau)|^2 &= \mathfrak{P}_\tau \mathfrak{e}(\nu\tau)\cdot \mathfrak{P}_{-\tau}\mathfrak{e}(-\nu\tau) \\ &= \mathfrak{P}_{\tau x}\mathfrak{P}_{-\tau x}\mathfrak{e}_x(\nu\tau)\mathfrak{e}_x(-\nu\tau) + \cdots \\ &+ \mathfrak{P}_{\tau y}\mathfrak{P}_{-\tau x}\mathfrak{e}_y(\nu\tau)\mathfrak{e}_x(-\nu\tau) + \cdots \\ &+ \mathfrak{P}_{\tau z}\mathfrak{P}_{-\tau x}\mathfrak{e}_z(\nu\tau)\mathfrak{e}_x(-\nu\tau) + \cdots. \end{aligned}$$

Die Mittelwerte der Produkte $\mathfrak{e}_y(\nu\tau)\,\mathfrak{e}_z(-\nu\tau), \ldots$ sind Null, die der drei Qudrate $|\mathfrak{e}_x(\nu\tau)|^2, \ldots$ einander gleich, und zwar gleich $\frac{1}{3} | \mathfrak{e} (\nu\tau) |^2$. Also wird im Mittel

(19) $$| \mathfrak{P}_\tau \mathfrak{e} (\nu \tau) |^2 = \frac{1}{3} | \mathfrak{P}_\tau |^2 \cdot | \mathfrak{e} (\nu\tau) |^2 .$$

Man kann nun $| \mathfrak{e} (\nu\tau) |^2$ durch die mittlere monochromatische Energiedichte des Feldes ausdrücken.

Die gesamte Energiedichte im elektromagnetischen Felde $\mathfrak{E}, \mathfrak{H}$ beträgt

$$u = \frac{1}{8\pi} (\mathfrak{E}^2 + \mathfrak{H}^2) ,$$

Bei stationärer Strahlung sind die Zeitmittelwerte von $\mathfrak{E}^2$ und $\mathfrak{H}^2$ gleich, also die mittlere Energiedichte

(20) $$\bar{u} = \frac{1}{4\pi} \frac{1}{\Delta t} \int_{t_0}^{t_1} \mathfrak{E} (t)^2 \, dt .$$

Nun ist nach (4) und (4a)

$$\begin{aligned} \int_{t_0}^{t_1} \mathfrak{E} (t)^2 \, dt &= \int_{t_0}^{t_1} \mathfrak{E} (t) \, dt \cdot \int_{-\infty}^{\infty} \mathfrak{e} (\omega) \, e^{2\pi i \omega t} \, d\omega \\ &= \int_{-\infty}^{\infty} \mathfrak{e} (\omega) \int_{t_0}^{t_1} \mathfrak{E} (t) \, e^{2\pi i \omega t} d\omega \\ &= \int_{-\infty}^{\infty} | \mathfrak{e} (\omega) |^2 \, d\omega = 2 \int_0^{\infty} | \mathfrak{e} (\omega) |^2 \, d\omega . \end{aligned}$$

Setzt man das in (20) ein, so kann man schreiben

(21) $$\bar{u} = \int_0^{\infty} \varrho (\omega) \, d\omega , \qquad \varrho (\omega) = \frac{| \mathfrak{e} (\omega) |^2}{2\pi \Delta t}$$

und $\varrho (\omega)$ hat dann die Bedeutung der mittleren monochromatischen Energiedichte. Aus (19) wird jetzt

(22) $$| \mathfrak{P}_\tau \mathfrak{e} (\nu \tau) |^2 = \frac{2\pi}{3} | \mathfrak{P}_\tau |^2 \cdot \varrho (\nu \tau) \cdot \Delta t ,$$

und für die absorbierte Energie folgt aus (18):

(23) $$\Delta E^{(a)} = \frac{8\pi^3}{3} \sum_{(\nu\tau) > 0} \left(\tau , \frac{\partial}{\partial J} [(\nu \tau) \cdot | \mathfrak{P}_\tau |^2 \cdot \varrho (\nu \tau)] \right) \cdot \Delta t .$$

Das einzelne Glied dieser Summe ist die im Texte § 1, (8b) angegebene *monochromatische Absorption*:

(24) $$\Delta E^{(a)}_{(\tau \nu)} = \frac{8\pi^3}{3} \sum_k \tau_k \frac{\partial}{\partial J_k} [(\nu \tau) \cdot | \mathfrak{P}_\tau |^2 \cdot \varrho (\nu \tau)] \cdot \Delta t .$$

Anhang II.

Die JACOBI-POISSONschen Klammersymbole in der klassischen Mechanik[1]. In Bd. 1, § 7 wurde gezeigt, wie man auf verschiedene Weisen alle kanonischen Transformationen von f Paaren kanonisch konjugierter Variabeln q_k, p_k mit Hilfe einer willkürlichen Funktion von $2f$ Veränderlichen (außer der Zeit t) darstellen kann. Eine dieser Darstellungen [Bd. 1, § 7, (2)] schreiben wir hier für den Spezialfall, daß die Zeit nicht explizite vorkommt, mit etwas anderer Bezeichnung an:

$$(1)\qquad \left|\begin{aligned} p_k &= \frac{\partial}{\partial q_k} V(q, P), \\ Q_k &= \frac{\partial}{\partial P_k} V(q, P); \end{aligned}\right.$$

dabei ist $V(q, P)$ statt $V(q_1, \ldots q_f, P_1, \ldots P_f)$ geschrieben.

In Bd. 1, § 8 wurde sodann eine Reihe von f mehrfachen Integralen angegeben, die gegenüber kanonischen Transformationen invariant sind, die sogenannten POINCARÉschen Integralinvarianten. Es gibt aber auch *kanonische Differentialinvarianten*, und von diesen soll hier die Rede sein.

Es seien $x(p,q)$, $y(pq)$ irgend welche (differenzierbare) Funktionen der p_k, q_k. Dann nennt man die Größen

$$(2)\qquad [x, y] = \sum_k \begin{vmatrix} \dfrac{\partial x}{\partial p_k} & \dfrac{\partial x}{\partial q_k} \\ \dfrac{\partial y}{\partial p_k} & \dfrac{\partial y}{\partial q_k} \end{vmatrix}$$

JACOBIsche oder POISSONsche Klammersymbole.

Wir zeigen nun, daß diese kanonisch invariant (besser: kovariant) sind, und zwar nach einer Methode, die der in Bd. 1, § 7 benützten, von BRODY stammenden nachgebildet ist.

Man denke sich zunächst in x und y statt p_k, q_k als unabhängige Variable p_k, Q_k, wobei die q_k und die Q_l durch die zweite der Gleichungen (1) (bei fest gehaltenen P_k) verbunden sind.

[1] Vgl. auch die Darstellungen bei NORDHEIM, L. u. E. FUES: Handb. d. Physik, Bd. V, Kap. 3; FRANK, PH.: Phys. Z. Bd. 30, S. 209. 1929.

Dann hat man

$$[x, y] = \sum_k \begin{vmatrix} \frac{\partial x}{\partial p_k} & \sum_l \frac{\partial x}{\partial Q_l} \frac{\partial^2 V}{\partial P_l \partial q_k} \\ \frac{\partial y}{\partial p_k} & \sum_l \frac{\partial y}{\partial Q_l} \frac{\partial^2 V}{\partial P_l \partial q_k} \end{vmatrix} = \sum_{kl} \frac{\partial^2 V}{\partial P_l \partial q_k} \begin{vmatrix} \frac{\partial x}{\partial p_k} & \frac{\partial x}{\partial Q_l} \\ \frac{\partial y}{\partial p_k} & \frac{\partial y}{\partial Q_l} \end{vmatrix}$$

$$= \sum_l \begin{vmatrix} \sum_k \frac{\partial x}{\partial p_k} \frac{\partial^2 V}{\partial q_k \partial P_l} & \frac{\partial x}{\partial Q_l} \\ \sum_k \frac{\partial y}{\partial p_k} \frac{\partial^2 V}{\partial q_k \partial P_l} & \frac{\partial y}{\partial Q_l} \end{vmatrix};$$

denkt man sich nunmehr in x und y statt p_k, Q_k unabhängige Variable P_k, Q_k, wobei die p_k und die P_l vermöge der ersten Gleichung (1) (bei festgehaltenen q_k) zusammenhängen, so erhält man

$$(3) \qquad [x, y] = \sum_l \begin{vmatrix} \frac{\partial x}{\partial P_l} & \frac{\partial x}{\partial Q_l} \\ \frac{\partial y}{\partial P_l} & \frac{\partial y}{\partial Q_l} \end{vmatrix}.$$

Die $[x, y]$ hängen also tatsächlich nicht von der Wahl der zu ihrer Berechnung benützten kanonischen Variabeln ab.

Nimmt man nun speziell für x und y eine Koordinate oder einen Impuls selbst, so folgt aus (2) unmittelbar

$$(4) \qquad \begin{cases} [p_r, q_s] = \delta_{rs}, \\ [p_r, p_s] = 0, \quad [q_r, q_s] = 0. \end{cases}$$

Das liefert aber nach (3) notwendige Bedingungen dafür, daß die Variabeln P_k, Q_k aus den p_k, q_k durch kanonische Transformationen hervorgehen, nämlich

$$(5) \qquad \begin{cases} \sum_k \begin{vmatrix} \frac{\partial p_r}{\partial P_k} & \frac{\partial p_r}{\partial Q_k} \\ \frac{\partial q_s}{\partial P_k} & \frac{\partial q_s}{\partial Q_k} \end{vmatrix} = \delta_{rs}, \\ \sum_k \begin{vmatrix} \frac{\partial p_r}{\partial P_k} & \frac{\partial p_r}{\partial Q_k} \\ \frac{\partial p_s}{\partial P_k} & \frac{\partial p_s}{\partial Q_k} \end{vmatrix} = 0, \quad \sum_k \begin{vmatrix} \frac{\partial q_r}{\partial P_k} & \frac{\partial q_r}{\partial Q_k} \\ \frac{\partial q_s}{\partial P_k} & \frac{\partial q_s}{\partial Q_k} \end{vmatrix} = 0. \end{cases}$$

Diese Bedingungen sind aber auch hinreichend. Denn damit zugleich mit p_k, q_k auch P_k, Q_k kanonische Variable sind, ist notwendig und hinreichend, daß

$$\sum_k (p_k\, d q_k - P_k\, d Q_k) \tag{6}$$

ein totales Differential ist; denkt man sich hier Q_k als Funktion von p_k, q_k ausgedrückt, so soll also

$$\sum_r \left\{\left(p_r - \sum_k P_k \frac{\partial Q_k}{\partial q_r}\right) d q_r - \sum_k P_k \frac{\partial Q_k}{\partial p_r}\, d p_r\right\} \tag{6a}$$

ein totales Differential sein. Hierfür aber wieder ist notwendig und hinreichend, daß die Integrationsbedingungen

$$\frac{\partial}{\partial p_r}\left(p_s - \sum_k P_k \frac{\partial Q_k}{\partial q_s}\right) + \frac{\partial}{\partial q_s} \sum_k P_k \frac{\partial Q_k}{\partial p_r} = 0\,,$$

$$\frac{\partial}{\partial p_r} \sum_k P_k \frac{\partial Q_k}{\partial p_s} - \frac{\partial}{\partial p_s} \sum_k P_k \frac{\partial Q_k}{\partial p_r} = 0\,,$$

$$\frac{\partial}{\partial q_r}\left(p_s - \sum_k P_k \frac{\partial Q_k}{\partial q_s}\right) - \frac{\partial}{\partial q_s}\left(p_r - \sum_k P_k \frac{\partial Q_k}{\partial q_r}\right) = 0$$

erfüllt sind; diese vereinfachen sich aber zu

$$\left\{\begin{aligned} &\sum_k \begin{vmatrix} \dfrac{\partial P_k}{\partial p_r} & \dfrac{\partial P_k}{\partial q_s} \\ \dfrac{\partial Q_k}{\partial p_r} & \dfrac{\partial Q_k}{\partial q_s} \end{vmatrix} = \delta_{rs}\,, \\ &\sum_k \begin{vmatrix} \dfrac{\partial P_k}{\partial p_r} & \dfrac{\partial P_k}{\partial p_s} \\ \dfrac{\partial Q_k}{\partial p_r} & \dfrac{\partial Q_k}{\partial p_s} \end{vmatrix} = 0\,, \qquad \sum_k \begin{vmatrix} \dfrac{\partial P_k}{\partial q_r} & \dfrac{\partial P_k}{\partial q_s} \\ \dfrac{\partial Q_k}{\partial q_r} & \dfrac{\partial Q_k}{\partial q_s} \end{vmatrix} = 0\,. \end{aligned}\right. \tag{7}$$

Die Summen linker Hand sind Spezialfälle des LAGRANGE*schen Klammersymbols*:

$$\{x, y\} = \sum_k \begin{vmatrix} \dfrac{\partial P_k}{\partial x} & \dfrac{\partial P_k}{\partial y} \\ \dfrac{\partial Q_k}{\partial x} & \dfrac{\partial Q_k}{\partial y} \end{vmatrix}\,, \tag{8}$$

die man für irgend eine zweidimensionale Fläche $P_k(x, y)$, $Q_k(x, y)$ des PQ-Raumes bilden kann. Man kann also (7) schreiben:

$$(9)\qquad \begin{cases} \{p_r, q_s\} = \delta_{rs}, \\ \{p_r, p_s\} = 0, \qquad \{q_r, q_s\} = 0. \end{cases}$$

Sind $u_1, u_2, \ldots u_{2f}$ irgend $2f$ unabhängige Funktionen der p_k, q_k, so sind die Matrizen mit den Elementen $[u_r, u_s]$ bzw. $\{u_s, u_r\}$ *reziprok*, d. h. es gilt

$$(10)\qquad \sum_{t=1}^{2f} [u_t, u_r] \cdot \{u_t, u_s\} = \delta_{rs}.$$

Die linke Seite ist nämlich auf Grund der Multiplikationsregel der Determinanten nach (3) und (8) gleich

$$\sum_{kl} \sum_t \begin{vmatrix} \frac{\partial u_t}{\partial P_l} & \frac{\partial u_t}{\partial Q_l} \\ \frac{\partial u_r}{\partial P_l} & \frac{\partial u_r}{\partial Q_l} \end{vmatrix} \cdot \begin{vmatrix} \frac{\partial P_k}{\partial u_t} & \frac{\partial P_k}{\partial u_s} \\ \frac{\partial Q_k}{\partial u_t} & \frac{\partial Q_k}{\partial u_s} \end{vmatrix}$$

$$= \sum_{kl} \sum_t \begin{vmatrix} \frac{\partial u_t}{\partial P_l}\frac{\partial P_k}{\partial u_t} + \frac{\partial u_t}{\partial Q_l}\frac{\partial Q_k}{\partial u_t} & \frac{\partial u_t}{\partial P_l}\frac{\partial P_k}{\partial u_s} + \frac{\partial u_t}{\partial Q_l}\frac{\partial Q_k}{\partial u_s} \\ \frac{\partial u_r}{\partial P_l}\frac{\partial P_k}{\partial u_t} + \frac{\partial u_r}{\partial Q_l}\frac{\partial Q_k}{\partial u_t} & \frac{\partial u_r}{\partial P_l}\frac{\partial P_k}{\partial u_s} + \frac{\partial u_r}{\partial Q_l}\frac{\partial Q_k}{\partial u_s} \end{vmatrix}.$$

Hier ist das erste Glied der Diagonale, summiert über t, gleich $2\delta_{kl}$; daher wird der Ausdruck gleich:

$$2\sum_k \left(\frac{\partial u_r}{\partial P_k}\frac{\partial P_k}{\partial u_s} + \frac{\partial u_r}{\partial Q_k}\frac{\partial Q_k}{\partial u_s}\right)$$

$$-\sum_{kl} \left(\frac{\partial P_k}{\partial u_s}\frac{\partial u_r}{\partial P_l}\sum_t \frac{\partial P_k}{\partial u_t}\frac{\partial u_t}{\partial P_l} + \frac{\partial P_k}{\partial u_s}\frac{\partial u_r}{\partial Q_l}\sum_t \frac{\partial Q_k}{\partial u_t}\frac{\partial u_t}{\partial P_l}\right.$$

$$\left. + \frac{\partial Q_k}{\partial u_s}\frac{\partial u_r}{\partial P_l}\sum_t \frac{\partial P_k}{\partial u_t}\frac{\partial u_t}{\partial Q_l} + \frac{\partial Q_k}{\partial u_s}\frac{\partial u_r}{\partial Q_l}\sum_t \frac{\partial Q_k}{\partial u_t}\frac{\partial u_t}{\partial Q_l}\right)$$

$$= 2\delta_{rs} - \sum_k \left(\frac{\partial P_k}{\partial u_s}\frac{\partial u_r}{\partial P_k} + \frac{\partial Q_k}{\partial u_s}\frac{\partial u_r}{\partial Q_k}\right)$$

$$= 2\delta_{rs} - \delta_{rs} = \delta_{rs},$$

womit (10) bewiesen ist.

Aus (10) folgt zunächst, daß die LAGRANGEschen Klammersymbole ebenso wie die JACOBI-POISSONschen kanonisch invariant sind.

Nimmt man ferner für die $u_1, \ldots u_{2f}$ die Variabeln $q_1, \ldots q_f$, $p_1, \ldots p_f$, so zeigt (10) ohne weiteres, daß die Gleichungssysteme (4) und (9) gleichbedeutend sind. Da nun die Bedingungen (9) für die kanonische Invarianz *hinreichend* sind, gilt dasselbe für (4).

Von diesen Formeln (4) wird im Texte (§ 17) für den Fall Gebrauch gemacht, daß P_k, Q_k die Wirkungs- und Winkelvariabeln J_k, w_k sind.

Die Klammerausdrücke $[x, y]$ genügen folgenden trivialen Identitäten:

$$(11)\quad \begin{cases} [x, y] = -[y, x], \\ [x + y, z] = [x, z] + [y, z], \\ [xy, z] = [x, z]\,y + x\,[y, z]. \end{cases}$$

Ferner hat man

$$(12)\quad \frac{\partial x}{\partial q_k} = -[x, p_k], \qquad \frac{\partial x}{\partial p_k} = [x, q_k].$$

Man kann die Klammersymbole auch als Operatoren auffassen, nämlich als *infinitesimale Berührungstransformationen*. Eine infinitesimale Transformation, durch die eine beliebige Funktion $z(p, q)$ in $z + \delta z$ mit

$$(13)\quad \delta z = \sum_k \left(\frac{\partial z}{\partial p_k}\delta p_k + \frac{\partial z}{\partial q_k}\delta q_k\right)$$

verwandelt wird, heißt Berührungstransformation, wenn δp_k, δq_k sich aus einer willkürlich gegebenen Funktion $x(p, q)$, der Erzeugenden, durch die Gleichungen

$$(14)\quad \delta p_k = -\frac{\partial x}{\partial q_k}, \qquad \delta q_k = \frac{\partial x}{\partial p_k}$$

ableiten lassen; wir schreiben $\delta_x z$. Dann wird aber

$$(15)\quad \delta_x z = \sum_k \left(\frac{\partial x}{\partial p_k}\frac{\partial z}{\partial q_k} - \frac{\partial x}{\partial q_k}\frac{\partial z}{\partial p_k}\right) = [x, z].$$

Bildet man nun mit Hilfe einer zweiten Erzeugenden $y(p, q)$ die infinitesimale Transformation δ_y und dann

$$\delta_x \delta_y z - \delta_y \delta_x z,$$

so ist das wieder eine infinitesimale Berührungstransformation, und zwar gehörig zu der erzeugenden Funktion $[x, y]$. Denn dieser Ausdruck ist jedenfalls von der Form

$$\sum_k \left(P_k \frac{\partial z}{\partial p_k} + Q_k \frac{\partial z}{\partial q_k} \right).$$

Zur Bestimmung von P_k und Q_k setze man zunächst $z = p_l$; dann wird offenbar

$$\delta_x \delta_y p_l - \delta_y \delta_x p_l = P_l,$$

oder, da nach (15) $\delta_x p_l = -\frac{\partial x}{\partial q_l}$ ist:

$$\begin{aligned} P_l &= -\delta_x \frac{\partial y}{\partial q_l} + \delta_y \frac{\partial x}{\partial q_l} \\ &= \left[\frac{\partial y}{\partial q_l}, x\right] + \left[y, \frac{\partial x}{\partial q_l}\right] \\ &= -\frac{\partial}{\partial q_l}[x, y]. \end{aligned}$$

In derselben Weise zeigt man, indem man $z = q_l$ setzt, daß

$$Q_l = \frac{\partial}{\partial p_l}[x, y]$$

ist. Somit wird

$$\delta_x \delta_y z - \delta_y \delta_x z = \sum_k \left(\frac{\partial [x, y]}{\partial p_k} \frac{\partial z}{\partial q_k} - \frac{\partial [x, y]}{\partial q_k} \frac{\partial z}{\partial p_k} \right) = \delta_{[x, y]} z. \tag{16}$$

Hierfür kann man aber auch schreiben:

$$[x, [y, z]] - [y, [x, z]] = [[x, y], z]$$

oder in symmetrischer Form

$$[x, [y, z]] + [y, [z, x]] + [z, [x, y]] = 0. \tag{17}$$

Dies ist die sogenannte JACOBI*sche Identität.*

Die kanonischen Bewegungsgleichungen

$$\dot{q}_k = \frac{\partial H}{\partial p_k}, \qquad \dot{p}_k = -\frac{\partial H}{\partial q_k} \tag{18}$$

kann man wegen (12) in der Form

$$\dot{q}_k = [H, q_k], \qquad \dot{p}_k = [H, p_k] \tag{18a}$$

schreiben. Ist $F(p,q)$ ein Integral dieser Gleichungen, das die Zeit nicht explizite enthält, d. h. $\dot{F} = 0$, so gilt nach (18)

$$[H, F] = 0. \tag{19}$$

Ist G ein zweites solches Integral, also auch

$$[H, G] = 0,$$

so folgt aus (17) und (18)

$$[H, [F, G]] = \frac{d}{dt}[F, G] = 0, \tag{20}$$

d. h. auch $[F, G]$ ist ein Integral der kanonischen Gleichungen. Dieser *Satz von* POISSON erlaubt es manchmal, aus bekannten Integralen neue abzuleiten.

Hat man ein System von f' Massenpunkten mit den $f = 3f'$ kartesischen Koordinaten und Impulsen

$$\begin{matrix} x_1, x_2, \ldots x_{f'}, & p_{1x}, p_{2x}, \ldots p_{f'x}, \\ y_1, y_2, \ldots y_{f'}, & p_{1y}, p_{2y}, \ldots p_{f'y}, \\ z_1, z_2, \ldots z_{f'}, & p_{1z}, p_{2z}, \ldots p_{f'z}, \end{matrix}$$

so definiert man als *Drehmoment des k-ten Teilchens* den Vektor $\mathfrak{M}_k$ mit den Komponenten

$$\left\{\begin{aligned} M_{kx} &= y_k p_{kz} - z_k p_{ky}, \\ M_{ky} &= z_k p_{kx} - x_k p_{kz}, \\ M_{kz} &= x_k p_{ky} - y_k p_{kx}. \end{aligned}\right. \tag{21}$$

Bildet man nun die JACOBI-POISSONschen Klammersymbole für die Kombination dieser Größen mit den Koordinaten und Impulsen und untereinander, so bekommt man nach (2):

$$[M_{kx}, x_k] = 0, \ \ldots \ [M_{kx}, p_{kx}] = 0, \ \ldots \tag{22}$$

$$\left\{\begin{aligned} [M_{kz}, x_k] &= -y_k, \ \ldots \\ [M_{kz}, y_k] &= x_k, \ \ldots \end{aligned}\right. \tag{23}$$

$$\left\{\begin{aligned} [M_{kz}, p_{kx}] &= -p_{ky}, \ \ldots \\ [M_{kz}, p_{ky}] &= p_{kx}, \ \ldots \end{aligned}\right. \tag{24}$$

und

$$[M_{ky}, M_{kz}] = -M_{kx}, \ \ldots \tag{25}$$

Auch für die Gesamtdrehimpulse

$$M_x = \sum_{k=1}^{f'} M_{kx}, \ldots \tag{26}$$

gelten entsprechende Relationen, insbesondere

$$[M_y, M_z] = -M_x, \ldots \tag{27}$$

Alle diese Relationen stimmen formal mit den entsprechenden quantenmechanischen Formeln der §§ 17, 18, 21, 25 überein.

Anhang III[1].

Hilfssatz zum Adiabatensatz.

Um das Integral

$$\int_0^\sigma (Q_0)_{mn}(s)\, e^{iT(\varphi_m - \varphi_n)}\, ds$$

abzuschätzen, bezeichnen wir abkürzend den reellen (oder den imaginären) Teil der Funktion $(Q_0)_{mn}(s)$ mit $f(s)$ und die Differenz $\varphi_m(s) - \varphi_n(s)$ mit $g(s)$ und betrachten das Integral

$$J = \int_0^\sigma f(s)\, e^{iTg(s)}\, ds.$$

Wir teilen das Integrationsintervall $(0, \sigma)$ in zwei Gruppen, E_1 und E_2, von Teilintervallen, nämlich erstens (E_1) die Umgebungen

$$\alpha_k - \varepsilon < s < \alpha_k + \varepsilon$$

der Nullstellen α_k der Ableitung $g'(s)$ und zweitens (E_2) den übrigen Teil von $(0, \sigma)$.

Das Integral über E_1

$$J_1 = \int_{E_1} f(s)\, e^{iTg(s)}\, ds$$

genügt offenbar der Ungleichung

$$|J_1| < M \int_{E_1} ds = 2MN_1\varepsilon,$$

wo N_1 die Anzahl der Nullstellen α_k von $g'(s)$ und M das Maximum des absoluten Betrages von $f(s)$ ist.

---

[1] Born, M. und V. Fock: Z. Phys. Bd. 51, S. 165, 1928.

Das Integral über E_2 schreiben wir in der Form

$$J_2 = \int_{E_2} \frac{f(s)}{g'(s)} e^{i T g(s)} g'(s)\, ds\,.$$

In E_2 ist $\frac{1}{g'(s)}$ endlich, und zwar kann man wegen der in der Nähe der Nullstellen gültigen Abschätzungen

$$\frac{1}{|g'(s)|} < \frac{A}{\varepsilon^r}$$

annehmen.

Indem wir den zweiten Mittelwertsatz der Integralrechnung

$$\int_\alpha^\beta \varphi(s)\, \psi(s)\, ds = \varphi(\alpha) \int_\alpha^\vartheta \psi(s)\, ds + \varphi(\beta) \int_\vartheta^\beta \psi(s)\, ds\,,$$

$$\alpha \leqq \vartheta \leqq \beta$$

für

$$\varphi(s) = \frac{f(s)}{g'(s)}$$

und

$$\psi(s) = g'(s) \cos[T g(s)]$$

oder

$$\psi(s) = g'(s) \sin[T g(s)]$$

auf jedes der N_2 Teilintervalle anwenden, wo $\frac{f(s)}{g'(s)}$ monoton ist, gelangen wir wegen

$$\frac{f(s)}{g'(s)} < \frac{MA}{\varepsilon^r}$$

und

$$\left| \int_{\vartheta_1}^{\vartheta_2} g'(s) \begin{smallmatrix}\sin\\ \cos\end{smallmatrix} [T g(s)]\, ds \right| = \left| \int_{g_1}^{g_2} \begin{smallmatrix}\sin\\ \cos\end{smallmatrix} [T g]\, dg \right| < \frac{2}{T}$$

zur Ungleichung

$$|J_2| < \frac{8\, MA}{\varepsilon^r T} N_2\,.$$

Zusammen mit der Ungleichung für das erste Integral ergibt das

$$|J| < 2 M N_1 \varepsilon + \frac{8\, M A N_2}{\varepsilon^r T}\,.$$

Die Wahl von ε blieb bisher willkürlich (nur daß es klein sein sollte). Wählen wir nun

$$\varepsilon = \left(\frac{4A}{T}\right)^{\frac{1}{r+1}},$$

so erhalten wir die gewünschte Abschätzung

$$|J| < 2M(N_1 + N_2)\sqrt[r+1]{\frac{4A}{T}}.$$

Der imaginäre Teil von $(Q_0)_{mn}(s)$ kann einfach durch Multiplikation der Abschätzung mit 2 berücksichtigt werden. Somit ist die Formel § 62, (13) bewiesen.

Sachverzeichnis.

Die Zahlen geben die Seiten an.

MIX
Papier aus verantwortungsvollen Quellen
Paper from responsible sources
FSC® C105338

FSC
www.fsc.org

If you have any concerns about our products,
you can contact us on
ProductSafety@springernature.com

In case Publisher is established outside the EU,
the EU authorized representative is:
Springer Nature Customer Service Center GmbH
Europaplatz 3, 69115 Heidelberg, Germany

Printed by Libri Plureos GmbH
in Hamburg, Germany